Periodensystem der Elemente

In der Kopfzeile sind die alte (oben, römische Ziffern) und die neue Gruppennummer (nach dem IUPAC-Empfehlungen von 1986, arabische Ziffern) aufgeführt.

I A 1	II A 2	III B 3		IV B 4	V B 5	VI B 6	VII B 7	VIII B 8	VIII B 9
1 1.00794 1 (99.985) 2 (0.015) **H** Wasserstoff $1s^1$ 0.88 % 1, −1									
3 6.941 6 (7.5) 7 (92.5) **Li** Lithium $2s^1$ $6\cdot10^{-3}$ % 1	4 9.012182 9 (100) **Be** Beryllium $2s^2$ $5\cdot10^{-4}$ % 2								
11 22.989768 23 (100) **Na** Natrium $3s^1$ 2.64 % 1	12 24.3050 24 (79.0) 25 (10.0) 26 (11.0) **Mg** Magnesium $3s^2$ 1.94 % 2								
19 39.0983 39 (93.3) 40 (0.01) 41 (6.7) **K** Kalium $4s^1$ 2.4 % 1	20 40.078 40 (96.9) 42 (0.6) 44 (2.1) **Ca** Calcium $4s^2$ 3.39 % 2	21 44.955910 45 (100) **Sc** Scandium $4s^3$ $5\cdot10^{-4}$ % 3		22 47.88 46 (8.3) 47 (7.4) 48 (73.7) **Ti** Titan $4s^2\,3d^2$ 0.41 % 4, 3	23 50.9415 50 (0.2) 51 (99.8) **V** Vanadium $4s^2\,3d^3$ 0.01 % 5, 4, 3, 2, 0	24 51.9961 50 (4.3) 52 (83.8) 53 (9.6) **Cr** Chrom $4s^1\,3d^5$ 0.02 % 6, 3, 2, 0	25 54.93805 55 (100) **Mn** Mangan $4s^2\,3d^5$ 0.09 % 7, 6, 4, 3, 2, 0, −1	26 55.845 54 (5.8) 56 (91.8) 57 (2.1) **Fe** Eisen $4s^2\,3d^6$ 4.7 % 6, 3, 2, 0, −2	27 58.93320 59 (100) **Co** Cobalt $4s^2\,3d^7$ $4\cdot10^{-3}$ % 3, 2, 0, −1
37 85.4678 85 (72.2) 87 (27.8) **Rb** Rubidium $5s^1$ 0.03 % 1	38 87.62 86 (9.9) 87 (7.0) 88 (82.6) **Sr** Strontium $5s^2$ 0.01 % 2	39 88.90585 89 (100) **Y** Yttrium $5s^2\,4d^1$ $3\cdot10^{-3}$ % 3		40 91.224 90 (51.5) 92 (17.1) 94 (17.4) **Zr** Zirconium $5s^2\,4d^2$ 0.02 % 4	41 92.90638 93 (100) **Nb** Niob $5s^1\,4d^4$ $2\cdot10^{-3}$ % 5, 3	42 95.94 95 (15.9) 96 (16.7) 98 (24.1) **Mo** Molybdän $5s^1\,4d^5$ 10^{-3} % 6, 5, 4, 3, 2, 0	43 98.9063 **Tc** Technetium $5s^1\,4d^6$ $5\cdot10^{-16}$ % 7 ◢	44 101.07 101 (17.0) 102 (31.6) 104 (18.7) **Ru** Ruthenium $5s^1\,4d^7$ $2\cdot10^{-6}$ % 8, 6, 4, 3, 2, 0, −2	45 102.90550 103 (100) **Rh** Rhodium $5s^1\,4d^8$ 10^{-7} % 5, 4, 3, 1, 2, 0
55 132.90543 133 (100) **Cs** Cäsium $6s^1$ $6\cdot10^{-4}$ % 1	56 137.327 136 (7.9) 137 (11.2) 138 (71.7) **Ba** Barium $6s^2$ 0.03 % 2	57 138.9055 138 (0.1) 139 (99.9) **La** Lanthan $6s^2\,5d^1$ $2\cdot10^{-3}$ % 3	58–71 Lanthanoiden (Seltene Erden)	72 178.49 177 (18.6) 178 (27.3) 180 (35.1) **Hf** Hafnium $6s^2\,5d^2$ $4\cdot10^{-4}$ % 4	73 180.9479 180 (0.01) 181 (≈100) **Ta** Tantal $6s^2\,5d^3$ $8\cdot10^{-4}$ % 5	74 183.84 182 (26.5) 184 (30.6) 186 (28.4) **W** Wolfram $6s^2\,5d^4$ $6\cdot10^{-3}$ % 6, 5, 4, 3, 2, 0	75 186.207 185 (37.4) 187 (62.6) **Re** Rhenium $6s^2\,5d^5$ 10^{-7} % 7, 6, 4, 2, −1	76 190.23 189 (16.1) 190 (26.3) 192 (40.8) **Os** Osmium $6s^2\,5d^6$ 10^{-6} % 8, 6, 4, 3, 2, 0, −2	77 192.217 191 (37.3) 193 (62.7) **Ir** Iridium $6s^2\,5d^7$ 10^{-7} % 6, 4, 3, 2, 1, 0, −1
87 223.0197 **Fr** Francium $7s^1$ 10^{-21} % 1 ◢	88 226.0254 **Ra** Radium $7s^2$ 10^{-10} % 2 ◢	89 227.0278 **Ac** Actinium $7s^2\,6d^1$ $6\cdot10^{-14}$ % 3 ◢	90–103 Actinoiden	104 261.1087 **Db** Dubnium $7s^2\,6d^2$ ⊿					

↓

Lanthanoiden (Z = 58 … 71)	58 140.115 138 (0.3) 140 (88.5) 142 (11.1) **Ce** Cer $5d^0\,4f^2$ $4\cdot10^{-3}$ % 4, 3	59 140.90765 141 (100) **Pr** Praseodym $5d^0\,4f^3$ $5\cdot10^{-4}$ % 4, 3	60 144.24 142 (27.1) 144 (23.8) 146 (17.2) **Nd** Neodym $5d^0\,4f^4$ $2\cdot10^{-3}$ % 3	61 146.9151 **Pm** Promethium $5d^0\,4f^5$ 10^{-19} % 3 ◢	62 150.36 147 (15.0) 152 (26.7) 154 (22.7) **Sm** Samarium $5d^0\,4f^6$ $6\cdot10^{-4}$ % 3, 2	63 151.965 151 (47.8) 153 (52.2) **Eu** Europium $5d^0\,4f^7$ 10^{-5} % 3, 2	64 157.25 156 (20.5) 158 (24.8) 160 (21.9) **Gd** Gadolinium $5d^1\,4f^7$ $6\cdot10^{-4}$ % 3
Actinoiden (Z = 90 … 103)	90 232.0381 230 (≈$5\cdot10^{-4}$) 232 (≈100) **Th** Thorium $6d^2\,5f^0$ 10^{-3} % 4 ◢	91 231.03588 231 (≈100) 234 (≈10^{-9}) **Pa** Protactinium $6d^1\,5f^2$ $9\cdot10^{-11}$ % 5, 4 ◢	92 238.0289 234 (0.005) 235 (0.72) 238 (99.275) **U** Uran $6d^1\,5f^3$ $3\cdot10^{-4}$ % 6, 5, 4, 3 ◢	93 237.0482 **Np** Neptunium $6d^1\,5f^4$ $4\cdot10^{-17}$ % 6, 5, 4, 3 ◢	94 244.0642 **Pu** Plutonium $6d^0\,5f^6$ $2\cdot10^{-19}$ % 6, 5, 4, 3 ◢	95 243.0614 **Am** Americium $6d^0\,5f^7$ 6, 5, 4, 3 ⊿	96 247.0703 **Cm** Curium $6d^1\,5f^7$ 4, 3 ⊿

◢: radioaktives Element

⊿: künstliches Element

Bei radioaktiven Elementen entspricht die relative Atommasse der Masse eines wichtigen Isotops, bei Uran und Thorium der Masse des natürlichen Isotopengemischs.

Legende	Beispiel	Erläuterung
Ordnungszahl	20	
	40.078	relative Atommasse
	40 (96.6) 42 (0.6) 44 (2.1)	Massenzahlen der häufigsten Isotope. In Klammern: Natürliche Häufigkeit in Prozent
	Ca Calcium	
Elektronenkonfiguration der Valenzelektronen	$4s^2$	
	3.93 %	Massenanteil in der Erdhülle
	2	wichtige Oxidationszahl(en)

VIII B 10	I B 11	II B 12	III A 13	IV A 14	V A 15	VI A 16	VII A 17	VIII A 18
								2 4.002602 3 (10^{-4}) 4 (≈100) **He** Helium $1s^2$
			5 10.811 10 (19.9) 11 (80.1) **B** Bor $2p^1$ 10^{-3} % 3	**6** 12.011 12 (98.89) 13 (1.11) **C** Kohlenstoff $2p^2$ 0.09 % 4, 2, −4	**7** 14.00674 14 (99.63) 15 (0.37) **N** Stickstoff $2p^3$ 0.03 % 5, 4, 3, 2, −3	**8** 15.9994 16 (99.76) 17 (0.04) 18 (0.20) **O** Sauerstoff $2p^4$ 49.4 % −2, −1	**9** 18.9984032 19 (100) **F** Fluor $2p^5$ 0.03 % −1	**10** 20.1797 20 (90.5) 21 (0.3) 22 (9.2) **Ne** Neon $2p^6$
			13 26.981539 27 (100) **Al** Aluminium $3p^1$ 7.57 % 3	**14** 28.0855 28 (92.2) 29 (4.7) 30 (3.1) **Si** Silicium $3p^2$ 25.8 % 4, −4	**15** 30.973762 31 (100) **P** Phosphor $3p^3$ 0.09 % 5, 3, −3	**16** 32.066 32 (95.0) 33 (0.8) 34 (4.2) **S** Schwefel $3p^4$ 0.05 % 6, 4, 2, −2	**17** 35.4527 35 (75.8) 37 (24.2) **Cl** Chlor $3p^5$ 0.19 % 7, 5, 3, 1, −1	**18** 39.948 36 (0.3) 38 (0.1) 40 (99.6) **Ar** Argon $3p^6$
28 58.6934 58 (68.1) 60 (26.2) 62 (3.6) **Ni** Nickel $4s^2\ 3d^8$ 0.01 % 3, 2, 0	**29** 63.546 63 (69.2) 65 (30.8) **Cu** Kupfer $4s^1\ 3d^{10}$ 0.01 % 2, 1	**30** 65.39 64 (48.6) 66 (27.9) 68 (18.8) **Zn** Zink $4s^2\ 3d^{10}$ 0.01 % 2	**31** 69.723 69 (60.1) 71 (39.9) **Ga** Gallium $4p^1$ 10^{-3} % 3	**32** 72.61 70 (21.2) 72 (27.7) 74 (35.9) **Ge** Germanium $4p^2$ $6 \cdot 10^{-4}$ % 4	**33** 74.92159 75 (100) **As** Arsen $4p^3$ $6 \cdot 10^{-4}$ % 5, 3, −3	**34** 78.96 76 (9.4) 78 (23.8) 80 (49.6) **Se** Selen $4p^4$ $8 \cdot 10^{-5}$ % 6, 4, −2	**35** 79.904 79 (50.7) 81 (49.3) **Br** Brom $4p^5$ $6 \cdot 10^{-4}$ % 7, 5, 3, 1, −1	**36** 83.80 82 (11.6) 84 (57.0) 86 (17.3) **Kr** Krypton $4p^6$
46 106.42 105 (22.3) 106 (27.3) 108 (26.5) **Pd** Palladium $5s^0\ 4d^{10}$ 10^{-6} % 4, 2, 0	**47** 107.8682 107 (51.8) 109 (48.2) **Ag** Silber $5s^1\ 4d^{10}$ 10^{-5} % 2, 1	**48** 112.411 111 (12.8) 112 (24.1) 114 (28.7) **Cd** Cadmium $5s^2\ 4d^{10}$ $3 \cdot 10^{-5}$ % 2	**49** 114.818 113 (4.3) 115 (95.7) **In** Indium $5p^1$ 10^{-5} % 3	**50** 118.710 116 (14.5) 118 (24.2) 120 (32.6) **Sn** Zinn $5p^2$ $3 \cdot 10^{-3}$ % 4, 2	**51** 121.760 121 (57.2) 123 (42.8) **Sb** Antimon $5p^3$ $7 \cdot 10^{-5}$ % 5, 3, −3	**52** 127.60 126 (19.0) 128 (31.7) 130 (33.8) **Te** Tellur $5p^4$ 10^{-6} % 6, 4, −2	**53** 126.90447 127 (100) **I** Iod $5p^5$ $6 \cdot 10^{-6}$ % 7, 5, 1, −1	**54** 131.29 129 (26.4) 131 (21.2) 132 (26.9) **Xe** Xenon $5p^6$ 2, 4, 6
78 195.08 194 (32.9) 195 (33.8) 196 (25.3) **Pt** Platin $6s^1\ 5d^9$ $5 \cdot 10^{-7}$ % 4, 2, 0	**79** 196.96654 197 (100) **Au** Gold $6s^1\ 5d^{10}$ $5 \cdot 10^{-7}$ % 3, 1	**80** 200.59 199 (16.9) 200 (23.1) 202 (29.9) **Hg** Quecksilber $6s^2\ 5d^{10}$ $4 \cdot 10^{-5}$ % 2, 1	**81** 204.3833 203 (29.5) 205 (70.5) **Tl** Thallium $6p^1$ $3 \cdot 10^{-5}$ % 3, 1	**82** 207.2 206 (24.1) 207 (22.1) 208 (52.4) **Pb** Blei $6p^2$ $2 \cdot 10^{-3}$ % 4, 2	**83** 208.98037 209 (100) **Bi** Bismut $6p^3$ $2 \cdot 10^{-5}$ % 5, 3	**84** 208.9824* **Po** Polonium $6p^4$ $2 \cdot 10^{-14}$ % 6, 4, 2	**85** 209.9871 **At** Astat $6p^5$ $3 \cdot 10^{-24}$ % 7, 5, 3, 1, −1	**86** 222.0176 **Rn** Radon $6p^6$

65 158.92534 159 (100) **Tb** Terbium $5d^0\ 4f^9$ $9 \cdot 10^{-5}$ % 4, 3	**66** 162.50 162 (25.5) 163 (24.9) 164 (28.2) **Dy** Dysprosium $5d^0\ 4f^{10}$ $4 \cdot 10^{-4}$ % 3	**67** 164.93032 165 (100) **Ho** Holmium $5d^0\ 4f^{11}$ 10^{-4} % 3	**68** 167.26 166 (33.6) 167 (22.9) 168 (26.8) **Er** Erbium $5d^0\ 4f^{12}$ $2 \cdot 10^{-4}$ % 3	**69** 168.93421 169 (100) **Tm** Thulium $5d^0\ 4f^{13}$ $2 \cdot 10^{-5}$ % 3, 2	**70** 173.04 172 (21.9) 173 (16.1) 174 (31.8) **Yb** Ytterbium $5d^0\ 4f^{14}$ $3 \cdot 10^{-4}$ % 3, 2	**71** 174.967 175 (97.4) 176 (2.6) **Lu** Lutetium $5d^1\ 4f^{14}$ $7 \cdot 10^{-5}$ % 3
97 247.0703 **Bk** Berkelium $6d^0\ 5f^9$ 4, 3	**98** 251.0796 **Cf** Californium $6d^0\ 5f^{10}$ 4, 3	**99** 252.0829 **Es** Einsteinium $6d^0\ 5f^{11}$ 3	**100** 257.0951 **Fm** Fermium $6d^0\ 5f^{12}$ 3	**101** 258.0986 **Md** Mendelevium $6d^0\ 5f^{13}$ 3	**102** 259.1009 **No** Nobelium $6d^0\ 5f^{14}$ 3, 2	**103** 260.1053 **Lr** Lawrencium $6d^1\ 5f^{14}$ 3

Nach IUPAC-Daten

Chemie für Biologen

Bernhard K. Keppler/Achim Ding

Chemie für Biologen

Spektrum Akademischer Verlag Heidelberg · Berlin · Oxford

Anschriften der Autoren:

Prof. Dr. Dr. Bernhard K. Keppler
Institut für Anorganische Chemie
Universität Wien
Währinger Staße 42
A-1090 Wien

Dr. Achim Ding
Schillerstraße 21
68259 Mannheim

Die Deutsche Bibliothek – CIP-Einheitsaufnahme

Keppler, Bernhard K.:
Chemie für Biologen / Bernhard K. Keppler / Achim Ding. – Heidelberg ; Berlin ; Oxford : Spektrum, Akad. Verl., 1997
ISBN 3-8274-0244-1 brosch.
ISBN 3-86025-107-4 Gb.

Lektorat: Karin von der Saal
Copy-editing: Ruth Karcher
Produktion: Elke Littmann
Umschlaggestaltung: Kurt Bitsch, Birkenau
Satz: Hagedorn GmbH, Viernheim
Druck und Verarbeitung: Druckhaus Beltz, Hemsbach

Vorwort

Die Chemie in lebenden Organismen unterscheidet sich von der mehr technisch orientierten traditionellen Chemie vorwiegend durch den Reaktionsweg. Sie ist die Chemie der (energetisch) kleinen Schritte, immer in der Nähe von Gleichgewichtszuständen, fast immer unter Mitwirkung von Katalysatoren und in wäßriger Umgebung. Die einzelnen chemischen Reaktionen sind meist sehr einfach, wenngleich biochemische Prozesse in ihrer Gesamtheit durch ihre Vielzahl von Einzelschritten und der Komplexität der Substrate alles andere als trivial sind.

Mit dem vorliegenden Buch sollen die Grundlagen zum Verständnis biochemischer Vorgänge gelegt werden, soweit sie die Chemie betreffen. Dazu sind Kenntnisse über den Aufbau von Materie ebenso notwendig, wie über die Kräfte, die sie zusammenhält. Man muß wissen, wie Moleküle sich gegenseitig beeinflussen und wie ihre Struktur die chemischen und physikalischen Eigenschaften prägen. Das Wissen um Säure-Base-Reaktionen ist dazu genauso Voraussetzung wie das um Redoxvorgänge oder Katalysen. Die chemischen Charakteristika von Biomolekülen werden durch eine vergleichsweise geringe Anzahl von immer wiederkehrenden Strukturmerkmalen geprägt, deren Erkennen sowie die Vertrautheit mit ihren typischen Reaktionen das biochemische Verständnis erheblich vereinfacht.

Die physiologische Wirkung von Stoffen ist nicht nur zur Beurteilung ihrer Toxizität, sondern auch zur Abschätzung ihrer Relevanz für die Umwelt von Bedeutung. Wir haben deshalb besonders im anorganischen Teil des Buches, aber auch im organischen, wenn es sich vom Zusammenhang her angeboten hat, auf diese Sachverhalte hingewiesen.

Wien/Mannheim, April 1997

B. K. Keppler
A. Ding

Inhaltsübersicht

Inhaltsverzeichnis

Allgemeine und Anorganische Chemie

Die Natur differenziert nicht zwischen Anorganischer und Organischer Chemie. Die Aufteilung dieser Gebiete ist ausschließlich wissenschaftshistorisch bedingt.

Letztlich machen so einfache anorganische Moleküle wie Wasser und Kohlendioxid als die mengenmäßig wichtigsten Rohstoffe der Photosynthese irdisches Leben erst möglich.

Viele Enzyme benötigen Metalle wie Eisen, Mangan, Molybdän und Zink, um ihre Wirkung entfalten zu können. Metalloproteine, zu denen so wichtige Vertreter wie das Hämoglobin oder das Chlorophyll zählen, enthalten Eisen oder Magnesium. Natrium und Kalium sind von großer Bedeutung für die Entstehung des Ruhemembranpotentials der Zelle und damit für die Weiterleitung von Impulsen in Nerven und Muskelgewebe. Stickstoff-, phosphor- und kaliumhaltige Verbindungen sind wichtige Nährstoffe für Pflanzen und müssen in gelöster Form über die Wurzeln aufgenommen werden. Düngemittel wie Kalkstickstoff (Calciumcyanamid, ($CaN-C\equiv N$), Doppelsuperphosphat (Calciumdihydrogenphosphat, $Ca(H_2PO_4)_2$, sind von enormer Bedeutung für die Ernährung einer schnell wachsenden Weltbevölkerung.

Die Allgemeine Chemie innerhalb der Anorganischen Chemie ist für die Biologie von besonderem Interesse wegen der grundlegenden Bedeutung z. B. des Aufbaus des Periodensystems, der chemischen Bindungen oder der Säure-Base-Theorie für die belebte Natur.

Einigen Elementen des Periodensystems haben wir besondere Aufmerksamkeit geschenkt: Kohlenstoff (C), Wasserstoff (H), Stickstoff (N), Sauerstoff (O), Phosphor (P) und Schwefel (S). Diese Elemente sind für die Chemie der Lebewesen von zentraler Bedeutung. Sie werden daher im folgenden Text etwas ausführlicher behandelt.

1 Atome und ihre Bestandteile

Die Erforschung des Atombaus ist nach wie vor eine der großen Herausforderungen für die Physik. Trotz der beachtlichen Fortschritte in den letzten Jahren steht eine allgemeingültige Theorie der Elementarteilchen noch aus. Man kennt inzwischen mehrere hundert verschiedene Atombausteine. Es ist weder sinnvoll noch im Rahmen dieses Buches möglich, auf diese atomaren Details einzugehen. Zum Verständnis chemischer Zusammenhänge ist die in den 30er Jahren entwickelte Vorstellung, wonach Atome aus **Protonen**, **Neutronen** und **Elektronen** bestehen, völlig ausreichend. Nach diesen Ansichten wird ein aus Protonen (p) und Neutronen (n) zusammengesetzter, positiv geladener Atomkern von negativ geladenen Elektronen (e^-) umgeben. Protonen und Neutronen faßt man als **Nukleonen** zusammen. Die Ladungen des Atomkerns und der Elektronen sind dem Betrag nach gleich groß; Atome sind nach außen elektrisch neutral.

Für die **Kernladung** sind die Protonen verantwortlich, die jeweils eine positive Elementarladung tragen. Bis auf eine Ausnahme (Wasserstoff) enthält der Kern noch ein oder mehrere Neutronen, die keinen Beitrag zur Kernladung leisten. Während Protonen stabil sind, zerfallen isolierte Neutronen nach einer mittleren Lebensdauer von ca. 15 Minuten in ein Proton, ein Elektron und ein Elektron-Antineutrino. Die Masse von Proton und Neutron ist annähernd gleich. Elektronen sind nach heutigem Kenntnisstand nicht teilbar. Sie tragen jeweils eine negative Elementarladung. Im neutralen Atom müssen also genauso viele Protonen wie Elektronen vorhanden sein. Elektronen besitzen nur etwa 1/1836 der Masse der Nukleonen (vgl. Tab. 1.1). Im Kern ist damit fast die gesamte Atommasse konzentriert.

Tabelle 1.1: Ladung und Masse von Atombausteinen.

	Ladung	Ruhemasse
Elektron	−1	$9{,}110 \cdot 10^{-28}$ g
Proton	+ 1	$1{,}673 \cdot 10^{-24}$ g
Neutron	ungeladen	$1{,}675 \cdot 10^{-24}$ g

Der Atomradius wird durch die Ausdehnung der den Kern umgebenden Elektronenhülle bestimmt. Die üblichen Werte liegen zwischen $4 \cdot 10^{-11}$ und $2 \cdot 10^{-10}$ m bzw. zwischen 40 und 200 pm. Trotz seiner großen Masse hat der Kern nur einen Durchmesser bis ca. 10^{-14} m (0,01 pm). Bei einem makroskopischen Modell mit einem Kerndurchmesser von 10 cm könnten sich in einer Entfernung von 2 km noch Elektronen aufhalten!

Chemische Elemente unterscheiden sich in der Anzahl ihrer Protonen im Kern. Man bezeichnet diese Zahl auch als **Kernladungszahl**. Jede Kernladungszahl entspricht einem Element. Im Periodischen System der Elemente (Kap. 2) sind die Elemente, beginnend mit Wasserstoff (H), nach steigender Kernladungszahl angeordnet. Die Kernladungszahl wird daher auch als **Ordnungszahl** bezeichnet.

Die Anzahl der Neutronen eines Elements kann variieren. Die Neutronenzahl hat keinen unmittelbaren Einfluß auf die chemischen Eigenschaften, aber sie wirkt sich deutlich auf die Atommasse aus. Atome mit gleicher Kernladungszahl und unterschiedlicher Neutronenzahl sind verschiedene **Isotope** des gleichen Elements.

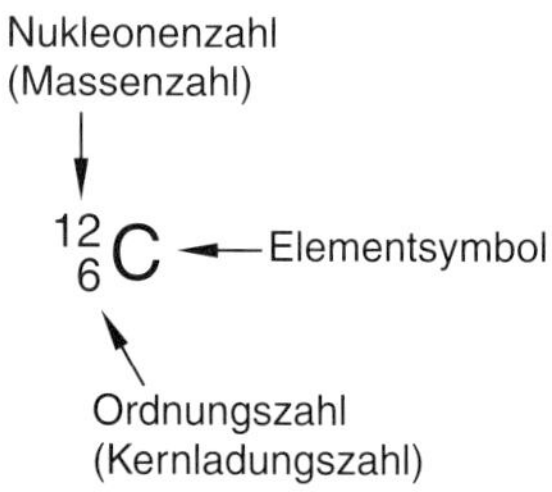

Zur Symbolisierung der Isotope verwendet man zusätzlich zum Elementsymbol eine Zahlenkombination, die die Ordnungszahl (Z) und die Gesamtzahl der Nukleonen (A), auch Massenzahl genannt, angibt:

$$^{A}_{Z}\,\text{Elementsymbol}$$

$^{1}_{1}H$
$^{16}_{8}O$
$^{23}_{11}Na$
$^{238}_{92}U$

Die Differenz aus beiden ist die Neutronenzahl. Die Isotopen des Wasserstoffs sind also mit ^{1}H, ^{2}H und ^{3}H anzugeben. Das Isotop ohne Neutron, ^{1}H, kommt mit 99,985 % am häufigsten vor. ^{3}H ist instabil und zerfällt unter Aussendung radioaktiver Strahlung mit einer Halbwertszeit (die Zeit, innerhalb der die Hälfte des anfangs vorliegenden Materials zerfallen ist) von 12,26 Jahren. Dieses Isotop kommt nicht natürlich vor.

Die Einheit der relativen Atommassen ist definitionsgemäß $^{1}/_{12}$ der Masse des Kohlenstoffisotops ^{12}C (vgl. auch Abschn. 2.3). Im Periodensystem im Einband des Buches sind die mittleren Atommassen angegeben, d. h. Mittelwerte, die die Häufigkeit der natürlich vorkommenden Isotope berücksichtigen.

Die chemischen Eigenschaften der Elemente und ihrer Verbindungen werden von der Elektronenhülle der Atome bestimmt.

Das bekannteste frühe Atommodell stammt von **Niels Bohr** und wurde 1913 aufgestellt. Es basiert auf dem Rutherfordschen Modell, wonach sich die Elektronen planetenartig um den ruhenden Atomkern bewegen. Eine solche periodische Bewegung einer Ladung ist jedoch mit der Abgabe von elektromagnetischer Strahlung verbunden. Die Elektronen müßten dadurch Energie verlieren und nach einiger Zeit in den Atomkern stürzen.

Bohr versuchte, das Rutherfordsche Modell so zu erweitern, daß das – schon bekannte – Atomspektrum des Wasserstoffs quantitativ erklärbar wurde. Dieses zeigt, daß angeregter, gasförmiger Wasserstoff Licht bestimmter, genau definierter Energie aussendet. Für sein Modell postulierte Bohr, daß

a) die Elektronen sich auf Kreisbahnen bewegen,
b) nur ganz bestimmte Kreisbahnen (mit einem definierten Radius *r*) möglich sind, für die der Bahndrehimpuls $n \cdot h/2\pi$ ist („*n*" ist dabei eine ganze positive Zahl),
c) ein Elektron auf einer solchen Bahn nicht strahlt.

Mit dem zweiten Postulat (b) führte Bohr das Plancksche Wirkungsquantum (*h*) ein und stellte damit die Behauptung auf, daß ein Elektron (ein Teilchen!) seine Energie nur quantenhaft ändern kann, was mit den Gesetzen der klassischen Physik nicht vereinbar war. (Den Beweis für die Richtigkeit dieser Annahme konnte Bohr allerdings nicht erbringen.) Die Zahl „*n*" wurde später als **Hauptquantenzahl** bezeichnet und mit den Buchstaben K, L, M, ... Q für $n = 1$, $n = 2$, $n = 3$, ..., $n = 7$ belegt.

Mit einem Wechsel der Elektronen zwischen den Kreisbahnen (Energieniveaus) ist eine Energieänderung verbunden. Der Übergang in eine weiter außen liegende Kreisbahn (*n* wird größer) ist mit einer Energieaufnahme verbunden, im umgekehrten Fall wird Energie in Form von elektromagnetischer Strahlung abgegeben. Abb. 1.1 zeigt die möglichen Übergänge zwischen K-, L- und M-Schale. Die Banden des Wasserstoffspektrums konnten so quantitativ interpretiert werden.

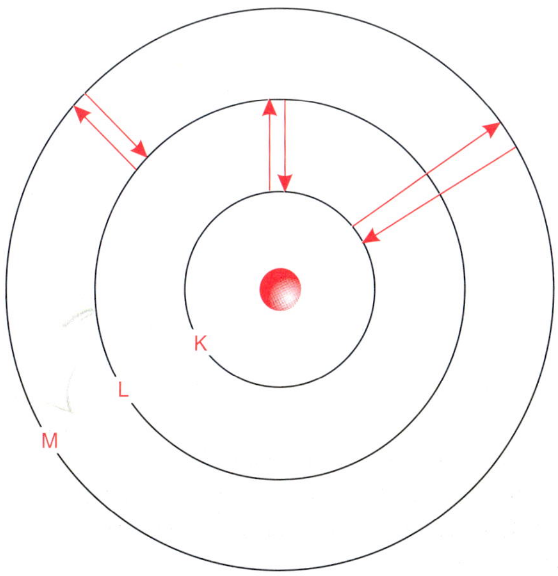

Abb. 1.1 Elektronenschalen und Elektronenübergänge.

Das Bohrsche Atommodell trägt aber einen Widerspruch in sich: Einerseits werden wichtige Regeln der klassischen Physik außer Kraft gesetzt, andererseits benutzt man genau diese Physik zur Berechnung von Energieinhalten und Elektronenbahnen.

Die Widersprüche der Bohrschen Theorien zur klassischen Mechanik konnten erst aufgelöst werden, als de Broglie erkannte, daß Elementarteilchen auch Wellencharakter besitzen. Sehr kleine Teilchen sollten sich sowohl wie Partikel, als auch wie Wellen verhalten (Dualismus von Teilchen und Welle). Nach de Broglie kann ein Elektron auch als *stehende Welle* (wie eine schwingende Saite zwischen zwei Befestigungspunkten) auf einer Elektronenbahn mit dem Radius r beschrieben werden. Eine solche Welle löscht sich nur dann nicht durch Interferenz, wenn sie nach ihrem Kreisumlauf wieder mit gleicher Phase auf ihren Ausgangspunkt auftrifft. Der Kreisumfang ($2\pi r$) muß ein ganzzahliges Vielfaches der Wellenlänge (λ) der Schwingung, also $2\pi r = n\lambda$ sein. Mit dieser Überlegung konnte de Broglie unter Zuhilfenahme der verallgemeinerten Planckschen Beziehung ($E = h\nu$) und dem Einsteinschen Äquivalenzprinzip ($E = mc^2$) das Bohrsche Postulat herleiten.

Die Heisenbergsche Matritzenmechanik und die äquivalente Schrödingersche Wellenmechanik sind identische neue Theorien der Mechanik, die sich nur in ihrer mathematischen Behandlung unterscheiden. Diese **Quantenmechanik** betrachtet die klassische Mechanik als Grenzfall für makroskopische Systeme. Es wurde damit möglich, den Dualismus von Teilchen und Welle mathematisch zu behandeln. Exakte Lösungen sind jedoch nur für Einelektronensysteme erreichbar. Für Mehrelektronensysteme kommen verschiedene Näherungsmethoden zur Anwendung.

In der Chemie ist es üblich geworden, sich des Schrödingerschen Formalismus zu bedienen. Der Weg, der zu der axiomatisch eingeführten „Schrödinger-Gleichung" führt, kann hier nicht nachvollzogen werden. Er wird in den Lehrbüchern für Physikalische Chemie dargestellt. Das für den Chemiker interessante Ergebnis ist die zeitunabhängige Form der Schrödinger-Gleichung in ihrer einfachsten Form:

$$\mathrm{H}\psi(x) = E\psi(x)$$

ψ ist eine nur noch ortsabhängige Wellenfunktion (x sind die Ortskoordinaten). H ist der **Hamilton-Operator** (eine Rechenvorschrift) und E der Energieeigenwert, für die die obige Gleichung lösbar ist. Die zu den Eigenwerten E_n gehörige Wellenfunktion $\psi_n(x)$ (Lösungsfunktion) bezeichnet man als **Eigenfunktion**.

Die Anwendung der Schrödinger-Gleichung auf das Wasserstoffatom führt zu dem Ergebnis, daß die Energieeigenwerte E_n nur von einer natürlichen Zahl n abhängen, die der Hauptquantenzahl entspricht. Die

Eigenfunktion (Wellenfunktion) $\psi_n(x)$ zum Eigenwert E_n wird durch vier Quantenzahlen, der **Hauptquantenzahl *n***, der **Nebenquantenzahl *l*** für den Bahndrehimpuls, der **magnetischen Quantenzahl *m*** und der **Spinquantenzahl** *s* für den Eigendrehimpuls des Elektrons bestimmt (die Spinquantenzahl für Kerne wird mit „*I*“ symbolisiert).

Die Hauptquantenzahl *n* kann die Werte 1,2,3, ... oder K, L, M, N, ... annehmen. Jede dieser Schalen kann maximal $2n^2$ Elektronen aufnehmen. Für die Nebenquantenzahl *l* sind die Werte von $l = 1$ bis $l = n - 1$ zulässig.

	K	L	M	N	...
n	1	2	3	4	...
$2n^2$	2	8	18	32	...

Die Nebenquantenzahl wird in der Chemie meist mit kleinen lateinischen Buchstaben abgekürzt: s für $l = 0$, p für $l = 1$, d für $l = 2$ und f für $l = 3$. Für die magnetische Quantenzahl *m* sind die Werte $m = -l$ bis $m = +l$ möglich. Die Spinquantenzahl *s* kann entweder $-1/2$ oder $+1/2$ sein.

Die Eigenfunktionen ψ_n haben keine anschauliche physikalische Bedeutung. Ihr Betragsquadrat $|\psi_n|^2$ ist jedoch ein Maß für die Wahrscheinlichkeit, ein Teilchen (Elektron) in einem bestimmten räumlichen Bereich anzutreffen. Nach der Heisenbergschen Unschärferelation kann entweder nur der Impuls oder der Ort eines Teilchens genau angegeben werden.

Die Eigenfunktion ψ_1 entspricht der innersten Bohrschen Kreisbahn mit $n = 1$. Die Nebenquantenzahl muß $1 = 0$ (Drehimpuls = 0) bzw. s, die magnetische Quantenzahl $m = 0$, die Spinquantenzahl kann $-1/2$ oder $+1/2$ sein. Das Betragsquadrat von ψ_1 entspricht einer kugelsymmetrischen Verteilung der Aufenthaltswahrscheinlichkeit. Diese Bereiche werden auch als **Atomorbitale** (AO) oder einfach als **Orbitale** bezeichnet. Das Orbital für $n = 1$ wird üblicherweise als 1s-Orbital gekennzeichnet. Nebenstehend ist der Schnitt durch ein solches Orbital abgebildet. (s-Orbitale sind immer kugelsymmetrisch.) Dargestellt wird definitionsgemäß immer der Bereich, in dem das bzw. die Elektronen mit 90%iger Wahrscheinlichkeit anzutreffen sind.

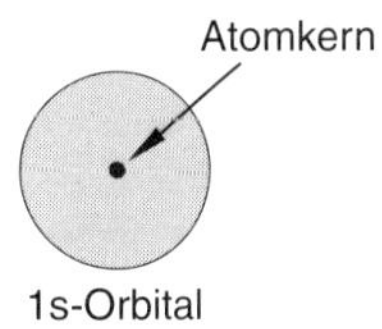

Zu $n = 2$ (ψ_2) gehören die Nebenquantenzahlen $1 = 0$ und $1 = 1$ bzw. s und p, die magnetischen Quantenzahlen $m = -1$, $m = 0$, $m = 1$ und die Spinquantenzahlen $-1/2$ und $+1/2$. Mit diesen Randbedingungen lassen sich vier anschauliche Atomorbitale konstruieren. (Abb. 1.2).

Ein kugelsymmetrisches 2s-Orbital ($1 = 0$ und $m = 0$) und drei 2p-Orbitale, entsprechend den magnetischen Quantenzahlen -1, 0, $+1$ (die Spinquantenzahl trägt nicht zur Orbitalgestalt bei). Die drei p-Orbitale sind normalerweise nicht unterscheidbar. Erst durch ihre Ausrichtung in einem Magnetfeld (Bezeichnung!) kann man drei hantelförmige Orbitale unterscheiden, die entsprechend den kartesischen Koordinatenachsen als p_x, p_y und p_z-Orbitale benannt werden. Die Farbigkeit eines Orbitallappens in Abb. 1.2b zeigt die unterschiedlichen Phasen der Wellenfunktion ψ und *nicht* die Aufenthaltswahr-

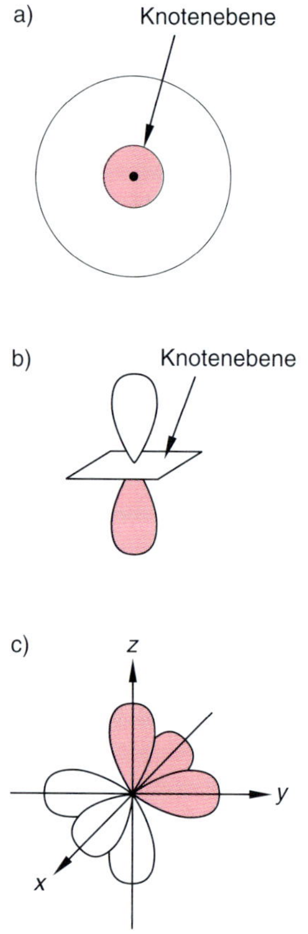

Abb. 1.2 Die Orbitale der L-Schale. a) 2s-Orbital (Querschnitt)
b) ein 2p-Orbital, c) die Ausrichtung der drei 2p-Orbitale p_x, p_y und p_z.

scheinlichkeit der Elektronen an. Diese ist in beiden Orbitallappen gleich groß. Abb. 1.2c demonstriert die Ausrichtung der drei p-Orbitale. Im Unterschied zum 1s-Orbital besitzen die Orbitale mit der Hauptquantenzahl $n = 2$ Bereiche, in denen die Aufenthaltswahrscheinlichkeit der Elektronen Null ist. Diese Bereiche werden als Knotenflächen oder Knotenebenen bezeichnet. Die Orbitale zur Wellenfunktion ψ_2 haben jeweils *eine* Knotenebene bzw. Knotenfläche: Das 2s-Orbital hat eine kugelsymmetrische Knotenfläche (Abb. 1.2a), die 2p-Orbitale weisen eine Knotenfläche in der Ebene des Atomkerns auf (Abb. 1.2b).

Zu ψ_3 ($n = 3$) gehören die Nebenquantenzahlen $l = 0$ bis 2 oder s, p und d. Entsprechend ihrer höheren Energie sind die mittleren Abstände der Aufenthaltswahrscheinlichkeit zum Kern größer bzw. die Orbitale haben einen größeren Raumbedarf. Die Orbitale zur Hauptquantenzahl 3 besitzen jeweils zwei Kotenebenen bzw. -flächen. Davon abgesehen entspricht die Form des 3s-Orbitals und der 3p-Orbitale denen von 2s und 2p. Zu $l = 2$ (=d) lassen sich $m = -2$ bis $m = +2$, also fünf anschauliche d-Orbitale mit jeweils zwei Knotenflächen konstruieren, die sich wie die p-Orbitale erst nach Anlegen eines äußeren Feldes unterscheiden lassen. Man bezeichnet sie als d_{xy}, d_{xz}, d_{yz}, $d_{x^2-y^2}$ und d_{z^2}. Abb. 1.3 zeigt deren Gestalt.

Die vier Orbitallappen der d_{xy}-, d_{xz}-, d_{yz}- und $d_{x^2-y^2}$-Orbitale sind gleich groß, liegen in einer Ebene und bilden jeweils einen Winkel von 90° zueinander. Die $d_{x^2-y^2}$-Orbitale umschließen die x- und die y-Achse des Koordinatensystems, die von d_{xy}, d_{yz}, und d_{xz} liegen zwischen den Achsenkreuzen. Gegenüberliegende Orbitallappen haben jeweils die gleiche Phase. Zwischen benachbarten Orbitallappen verläuft eine Knotenebene.

Die **Besetzung der Orbitale** im Atom erfolgt konsequent nach steigender Energie. Bis zu der Nebenquantenzahl l = 1 (p) entspricht dies auch der steigenden Hauptquantenzahl (n).

Die **maximale Besetzung der Schalen** nimmt mit größer werdender Hauptquantenzahl nach $2n^2$ zu. Die K-Schale ($n = 1$) kann zwei Elektronen aufnehmen, die L-Schale für $n = 2$ ist mit acht Elektronen voll besetzt, bei $n = 3$ (M-Schale) sind 18 Elektronen möglich usw. Die Energieniveaus der Nebenquantenzahlen erreichen ihre Maximalbesetzung für $l = 0$ (s) mit zwei, für $l = 1$ (p) mit 6, für $l = 2$ (d) mit 10 und für $l = 3$ (f) mit 14 Elektronen.

Nach dem **Pauli-Prinzip** müssen sich die Elektronen eines Atoms in mindestens einer Quantenzahl unterscheiden. Die Elektronen eines s-Orbitals der Hauptquantenzahl n differieren nur durch ihren antiparallelen Spin (−1/2 und +1/2).

Die drei np-Orbitale ($n>1$), die insgesamt sechs Elektronen aufnehmen können, unterscheiden sich in den magnetischen Quantenzahlen $m = -1$, $m = 0$ und $m = +1$. Jedes dieser drei Niveaus nimmt wieder

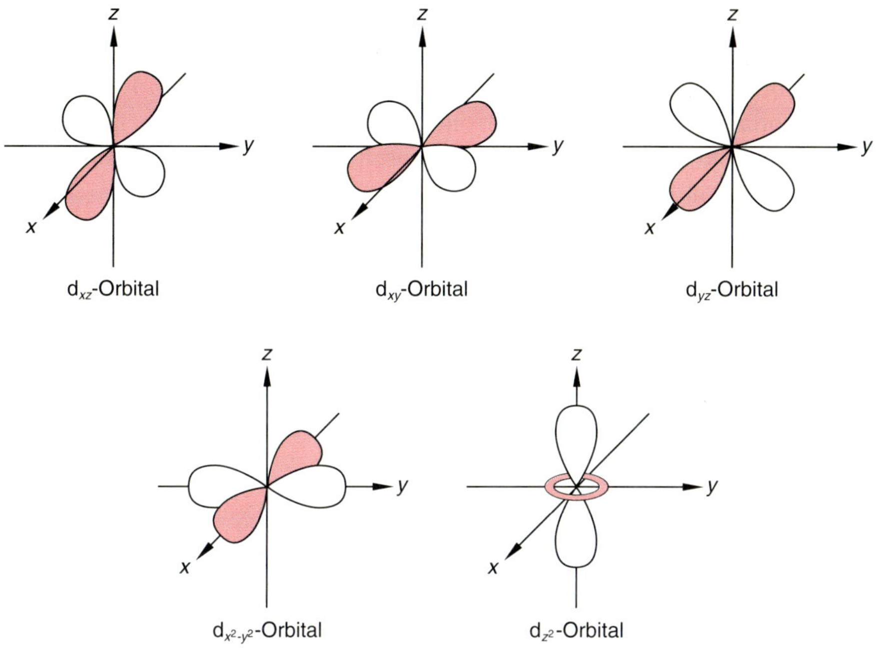

Abb. 1.3 Die fünf d-Orbitale.

zwei Elektronen mit antiparallelem Spin auf. Entsprechend der fünf zulässigen magnetischen Quantenzahlen des d-Orbitals sind fünf Elektronenpaare, also 10 Elektronen erlaubt.

Tab. 1.2 gibt eine Übersicht über die Orbitale und die maximale Besetzung der Schalen.

Tabelle 1.2: Übersicht über die Orbitale und deren maximale Besetzung.

Schale	Hauptquantenzahl *n*	Nebenquantenzahl *l*	Orbitalform	Magnetische Quantenzahl *m*	Spinquantenzahl	Zahl der Elektronen	Elektronen pro Schale
K	1	0	s	0	± 1/2	2	2
L	2	0	s	0	± 1/2	2	8
		1	p	−1, 0, +1	± 1/2	6	
M	3	0	s	0	± 1/2	2	18
		1	p	−1, 0, +1	± 1/2	6	
		2	d	−2, −1, 0, +1, +2	± 1/2	10	
N	4	0	s	0	± 1/2	2	32
		1	p	−1, 0, +1	± 1/2	6	
		2	d	−2, −1, 0, +1, +2	± 1/2	10	
		3	f	−3, −2, −1, 0, +1, +2, +3	± 1/2	14	

Energiegleiche (entartete) Niveaus wie die drei p-Orbitale oder die fünf d-Orbitale werden nach der **Hundschen Regel** aufgefüllt. Jedes der p- oder d-Orbitale erhält zunächst nur ein Elektron und erst wenn alle Orbitale einfach mit Elektronen des gleichen Spins besetzt sind, werden weitere Elektronen mit antiparallelem Spin aufgenommen, es erfolgt Spinpaarung.

Es wurde schon angedeutet, daß die Besetzung der Atomorbitale nur bis zum 3p-Orbital nach steigender Hauptquantenzahl erfolgt. Statt der 3d-Orbitale wird dann zunächst das 4s-Niveau aufgefüllt, danach erst die fünf 3d-Niveaus (s. Abb. 1.4). Dies liegt daran, daß die Elektronen miteinander wechselwirken und daß dadurch das 4s-Orbital energetisch tiefer zu liegen kommt als die 3d-Orbitale.

Die Elektronenbesetzung der Atomorbitale eines Elements bezeichnet man als **Elektronenkonfiguration**. Sie wird gewöhnlich durch eine Zahlenkombination angegeben, der man alle Haupt- und Nebenquantenzahlen nebst Besetzungsgrad (als Exponent) entnehmen kann.

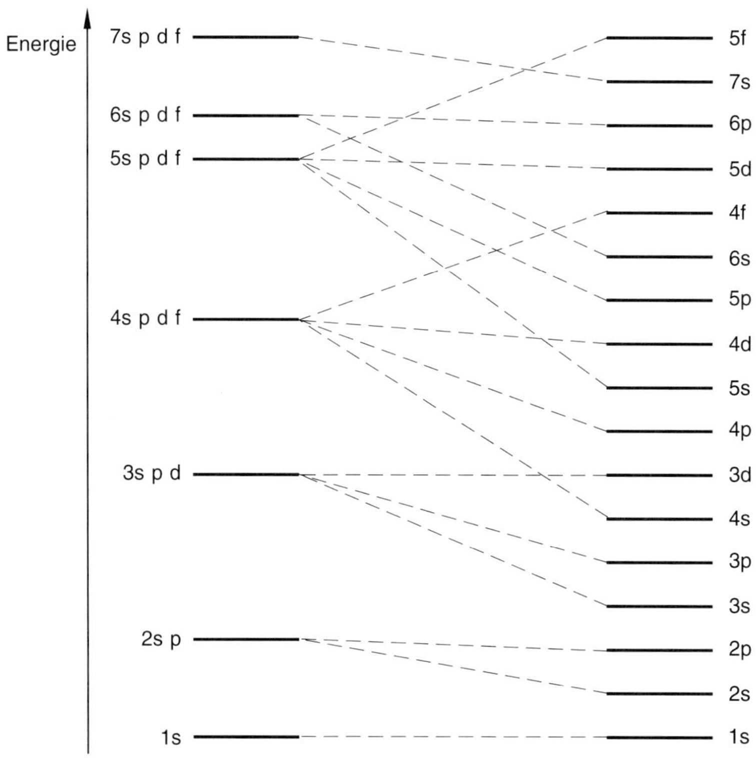

Abb. 1.4 Atomorbitale, angeordnet nach steigender Energie. Nach: Jander/Spandau, Kurzes Lehrbuch der Anorganischen und Allgemeinen Chemie, Springer Verlag, 7. Auflage 1973.

Die Elektronenkonfiguration des Wasserstoffs ist mit $1s^1$ anzugeben, die des Heliums mit $1s^2$, die des Lithiums mit $1s^22s^1$, die des Neons mit $1s^22s^22p^6$ usw. Häufig werden vollständig besetzte Schalen mit dem in eckige Klammern geschriebenen Elementsymbol des Edelgases, das sie repräsentieren, abgekürzt. Dem Ne folgt im Periodensystem das Na. Statt $1s^22s^22p^63s^1$ kann man auch $[Ne]3s^1$ schreiben. Eine vollständige Übersicht über die Elektronenkonfigurationen der Elemente gibt das Periodensystem im Einband des Buches.

2 Das Periodensystem der Elemente (PSE)

Die ersten Schritte in Richtung eines periodischen Systems der Elemente (PSE) unternahm 1819 J. W. Döbereiner. Er ordnete chemisch nah verwandte Elemente nach steigender Masse in sogenannte Triaden ein. Eine seiner Triaden umfaßte die Elemente Calcium, Strontium und Barium, eine andere Chlor, Brom und Iod usw. Im Jahre 1869 stellten der Russe D. Mendelejew und L. Mayer unabhängig voneinander fest, daß sich die Eigenschaften der Elemente periodisch ändern, wenn man sie nach steigender Atommasse ordnet. Acht Atome hinter dem Natrium folgt das nächste typische Alkalimetall, das Kalium und acht Atome hinter dem Fluor folgt Chlor, ein Element, das dem Fluor in vielem ähnelt. Sie stellten ein erstes Periodensystem der Elemente auf, das aber noch nicht vollständig sein konnte, da man damals viele Elemente noch nicht kannte. Mendelejew und Mayer waren aber so erfolgreich, daß sie Fehlstellen in ihrem periodischen System erkannten und sogar die Eigenschaften des noch nicht entdeckten Elementes und den Daten der darüber- und darunterstehenden Elemente interpolieren konnten. An einigen Stellen mußten sie die Reihenfolge der (nach der Atommasse geordneten) Atome umkehren, um einander ähnliche Atome untereinander stellen zu können. Tellur z. B. ist zwar schwerer als Iod, gehört aber eindeutig zu der Gruppe, in der auch Schwefel und Selen stehen, während Iod mit den Halogenen verwandt ist. Weitere Umstellungen waren bei Argon/Kalium und bei Kobalt/Nickel nötig. Der Grund hierfür ist inzwischen bekannt: Nicht die Atommasse bestimmt die chemischen Eigenschaften der Atome, sondern ihre Elektronenkonfiguration. Die Zahl der Elektronen entspricht der Zahl der Protonen im Kern (= Kernladungszahl = Ordnungszahl). Wenn man im Periodensystem der Elemente von einem Element zum anderen voranschreitet, erhöht sich die Ordnungszahl und damit die Zahl der Elektronen jeweils um eins. So gelangt man von Wasserstoff zu Helium, Lithium, Beryllium, Bor etc. (Abb. 2.1). Die Elektronen füllen die Orbitale nach steigender Energie auf, wie in Abb. 1.4 schon dargestellt, also erst das 1s-Orbital, dann das 2s-, die 2p-, das 3s- und schließlich die 3p-Orbitale, die beim Argon mit sechs Elektronen vollständig besetzt sind. Nach den 3p- wird zuerst das 4s-Orbital aufgefüllt, dann die fünf 3d-Orbitale, was den Übergangsmetallen Se bis Zn entspricht.

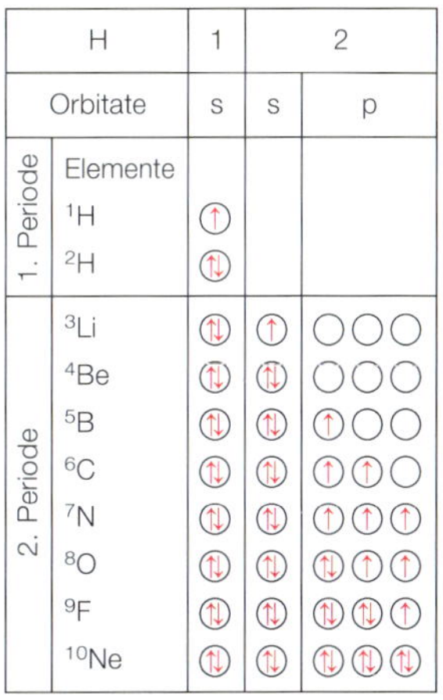

Abb. 2.1 Wie die einzelnen Orbitale nacheinander mit Elektronen besetzt werden, ist hier an den Elementen Wasserstoff bis Neon gezeigt.

2.1 Aufbau des Periodensystems

Die waagerechten Reihen (Perioden) des Periodensystems (Abb. 2.2) entsprechen den Hauptquantenzahlen (Schalen). Die erste Periode (K-Schale) besteht nur aus den Elementen Wasserstoff und Helium, da es zur Hauptquantenzahl $n = 1$ nur die Nebenquantenzahl $l = 0$ (s-Orbital) mit zwei möglichen Elektronenspins gibt. Vollständig besetzte Schalen sind energetisch besonders stabil. Gemäß der Hundschen Regel (vgl. Abschn. 1.1), werden die 2p-Orbitale zunächst (vom Bor bis zum Stickstoff) einfach besetzt, vom Sauerstoff an erfolgt Spinpaarung.

In der dritten Periode ($n = 3$, M-Schale) werden die Orbitale zunächst analog der zweiten aufgefüllt. Diese Elemente besitzen auch d-Orbitale, die hier noch nicht aufgefüllt werden. Sie sind aber prinzipiell vorhanden und verursachen die Unterschiede im chemischen Verhalten zwischen den Elementen der zweiten und dritten Periode. In der vierten Periode folgen auf das Calcium ($[Ar]4s^2$) 10 Elemente (**Nebengruppenelemente** oder **Übergangselemente**) bei denen die 3d-Orbitale aufgefüllt werden. Der Energieunterschied zwischen 3d- und 4s-Orbitalen ist so gering, daß es hier zum Elektronentausch kommen kann: ein $3d^4$- und ein $3d^9$-Zustand tritt bei den Elementen der ersten Übergangsreihe nicht auf, da halb- und vollbesetzte d-Orbitale energetisch besonders günstig liegen, und Chrom und Kupfer sich daher ein Elektron aus dem 4s-Orbital holen, um diese Halb- bzw. Vollbesetzung zu erreichen. Gleiches gilt für die fünfte Periode; es kommen allerdings noch weitere Unregelmäßigkeiten hinzu. In der sechsten Periode folgt auf Lanthan ($[Xe]6s^25d^1$) Cer, welches sein zusätzliches Elektron in ein 4f-Orbital einbaut und damit die Reihe der **Lanthanoiden** (auch **Seltene Erden** genannt) beginnt. Die 4f-Elektronen liegen so weit im Innern der Elektronenhülle, daß sie für Bindungen praktisch nicht mehr zur Verfügung stehen. Daher bestimmen die drei äußeren Elektronen (Valenzelektronen) weitgehend das chemische Verhalten aller 14 Lanthanoiden, die sich untereinander sehr ähneln. Die siebte Periode ist nicht mehr vollständig. Für sie gilt im Prinzip das Gleiche wie bei der sechsten Periode. Die 5f-Orbitale werden von den **Actinoiden** aufgefüllt. Im Anhang ist die Elektronenkonfiguration sämtlicher Elemente aufgelistet.

	I A 1	II A 2	III A 3	IV A 4	V A 5	VI A 6	VII A 7	VIII A 8	9	10	I B 11	II B 12	III B 13	IV B 14	V B 15	VI B 16	VII B 17	VIII A 18
								1 H 1.008										2 He 4.003
2	3 Li 6.941	4 Be 9.012											5 B 10.81	6 C 12.01	7 N 14.01	8 O 16.00	9 F 19.00	10 Ne 20.18
3	11 Na 22.99	12 Mg 24.30											13 Al 26.98	14 Si 28.09	15 P 30.97	16 S 32.07	17 Cl 35.05	18 Ar 39.95
4	19 K 39.10	20 Ca 40.08	21 Sc 44.96	22 Ti 47.88	23 V 50.94	24 Cr 52.00	25 Mn 54.94	26 Fe 55.35	27 Co 58.93	28 Ni 58.69	29 Cu 63.55	30 Zn 65.39	31 Ga 69.72	32 Ge 72.61	33 As 74.92	34 Se 78.96	35 Br 79.90	36 Kr 83.80
5	37 Rb 85.47	38 Sr 87.62	39 Y 88.91	40 Zr 91.22	41 Nb 92.91	42 Mo 95.94	43 Tc 98.91	44 Ru 10[illegible].1	45 Rh 102.9	46 Pd 106.4	47 Ag 107.9	48 Cd 112.4	49 In 114.8	50 Sn 118.7	51 Sb 121.8	52 Te 127.6	53 I 126.9	54 Xe 131.3
6	55 Cs 132.9	56 Ba 137.3	La-Lu	72 Hf 178.5	73 Ta 180.9	74 W 183.8	75 Re 186.2	76 Os 190.2	77 Ir 192.2	78 Pt 195.1	79 Au 197.0	80 Hg 200.6	81 Tl 204.4	82 Pb 207.2	83 Bi 209.0	84 Po 210.0	85 At 210.0	86 Rn 222.0
7	87 Fr 223.0	88 Ra 226.0	Ac-Lr	104 Db	105 Il	106 Rf	107 Bh	108 Hn	109 Mt	......								
	s-Block		d-Block										p-Block					

Lanthanoiden	57 La 138.9	58 Ce 140.1	59 Pr 140.9	60 Nd 144.2	61 Pm 144.9	62 Sm 150.4	63 Eu 152.0	64 Gd 157.2	65 Tb 158.9	66 Dy 162.5	67 Ho 164.9	68 Er 167.3	69 Tm 168.9	70 Yb 173.0	71 Lu 175.0
Actinoiden	89 Ac 227.0	90 Th 232.0	91 Pa 231.0	92 U 238.0	93 Np 237.0	94 Pu 239.1	95 Am 243.1	96 Cm 247.1	97 Bk 247.1	98 Cf 252.1	99 Es 252.1	100 Fm 257.1	101 Md 256.1	102 No 259.1	103 Lr 260.1
	f-Block														

Abb. 2.2 Das Periodensystem der Elemente. Angegeben sind die neuen Gruppenbezeichnungen nach IUPAC, die Ordnungszahl und die relative Atommasse jedes Elements.

2.2 Gesetzmäßigkeiten im Periodensystem

Viele Eigenschaften der Elemente verändern sich systematisch innerhalb der Perioden oder Gruppen und lassen sich daher oft aus der Stellung des Elements im Periodensystem bestimmen. Aufgrund ähnlicher chemischer Eigenschaften sind viele Elemente des Periodensystems in Gruppen daher mit eigenen Bezeichnungen zusammengefaßt. Die **Alkalimetalle** umfassen die Elemente der 1. Gruppe (Natrium bis Francium), die 2. Gruppe enthält die **Erdalkalimetalle** (Beryllium bis Radon). In der 16. Gruppe umfassen die sog. **Chalkogene** (Erzbildner) die Elemente Sauerstoff bis Tellur. **Halogene** (Salzbildner) ist die Bezeichnung für die Elemente der 17. Gruppe (Fluor bis Astat).

Da vollständig besetzte Schalen energetisch besonders stabil sind, zeigen die Elemente, bei denen dies der Fall ist, wenig Neigung, Elektronen abzugeben oder aufzunehmen. Dies sind die **Edelgase** Helium, Neon, Argon, Krypton und Radon. Andere Elemente versuchen, durch Abgabe oder Aufnahme von Elektronen zu einer **Edelgaskonfiguration** zu gelangen. Ein Element wie z. B. Fluor, das nur ein Elektron weniger als das darauffolgende Neon hat, nimmt bereitwillig ein Elektron auf und bildet ein einfach negativ geladenes **Ion** (ein **Anion**). Entsprechend geben Elemente, die nur ein Elektron mehr besitzen als das vorangehende Edelgas, dieses leicht ab und bilden positive Ionen (**Kationen**). Dies ist der Fall bei Elementen der ersten Gruppe (Lithium, Natrium usw.) und bei vielen Nebengruppenelementen. Diese sind sämtlich **Metalle** und die Bereitwilligkeit zur Bildung positiver Ionen ist ein Charakteristikum dafür.

Ein Maß für die Leichtigkeit, mit der ein Elektron aus einem Atom entfernt werden kann, also ein Kation gebildet wird, ist die **Ionisierungsenergie**. Sie wird in der Gasphase gemessen. Entsprechend der Entfernung des ersten oder zweiten Elektrons spricht man von erster, bzw. zweiter Ionisierungsenergie usw. Elemente, die leicht Elektronen abgeben, haben kleine Ionisierungsenergien.

Die Tendenz, im umgekehrten Vorgang ein Elektron aufzunehmen, wird durch die **Elektronenaffinität** ausgedrückt. Sie ist wie die Ionisierungsenergie von der Elektronenkonfiguration des Elementes abhängig. So ist die Elektronenaffinität groß, wenn das Atom durch Aufnahme eines Elektrons eine voll besetzte Schale erlangt, wie etwa bei unserem oben gezeigten Beispiel Fluor. Die Gesetzmäßigkeiten im Periodensystem sind in Tabelle 2.1 zusammengefaßt.

Tabelle 2.1: Gesetzmäßigkeiten innerhalb der Perioden und Gruppen.

Eigenschaften der Elemente	Innerhalb einer Periode von links nach rechts	Innerhalb einer Gruppe von oben nach unten
Atomradius	Nimmt ab	Nimmt zu
Ionenradius	Nimmt ab	Nimmt zu
Elektronegativität	Nimmt zu	Nimmt ab
Metallcharakter	Nimmt ab	Nimmt zu
Elektronenaffinität	Nimmt zu	Nimmt ab
Ionisierungsenergie	Nimmt zu	Nimmt ab

2.3 Einige quantitative Beziehungen: Atom- und Molekülmassen, das Mol und die molare Masse

Bevor wir uns den Zusammenschluß von mehreren Atomen zu *Molekülen* zuwenden (vgl. Kapitel 3), wollen wir einige Grundbegriffe der Chemie kennenlernen, auf die wir in den folgenden Kapiteln häufig stoßen. Mit diesen lassen sich Formeln, Reaktionen und Gesetze der Chemie quantitativ erfassen.

Atommassen werden nach internationaler Übereinkunft und natürlich aus praktischen Gründen nicht als absolute Massen (in kg), sondern als **relative Massen** angegeben. Eine Atommasseneinheit u ist als 1/12 der Masse des Kohlenstoffisotops ^{12}C definiert. Auch die Massen von Elementarteilchen werden in dieser Einheit angegeben.

Die Molekülmasse errechnet sich aus der Summe der Atommassen aller am Molekül beteiligten Atome. Sie ist nicht mit der molaren Masse zu verwechseln (s.u.).

Das **Mol** ist das „Dutzend" des Chemikers und die wichtigste Einheit in der Chemie schlechthin. Es ist das Maß für eine *Stoffmenge* und definiert eine **Anzahl** von Teilchen. Ein Mol ist genau diejenige Anzahl von Teilchen, die in 12 g des Kohlenstoffisotops ^{12}C enthalten ist. Nach heutigem Kenntnisstand sind dies $6{,}022045 \cdot 10^{23}$ Teilchen (**Avogadrosche Zahl**).

Aufgrund dieser Definition des Mols sind die Werte der relativen Atom- bzw. Molekülmasse und die der molaren Masse, also der Masse eines Mols der entsprechenden Substanz (in Gramm) zahlenmäßig identisch, was das Rechnen in der Chemie sehr einfach macht. So ist

z. B. die molare Masse des Schwefels (Atommasse 32,06) 32,06 g/mol, die des Wassers (H_2O) mit der Molekülmasse 9,005 beträgt 9,005 g/mol.

In der Literatur werden die Begriffe molare Massen, Molekülmasse (oder auch Molekulargewicht) oft nicht unterschieden und synonym benutzt. Dazu trägt auch bei, daß Molekülmasse und molare Masse gleiche Zahlenwerte, wenn auch unterschiedliche Einheiten tragen. Besonders für das Rechnen mit anderen Größen, die sich auf das Mol beziehen (*molare* Größen), ist es jedoch wichtig, diese Begriffe klar zu trennen und die korrekte Einheit zu beachten.

Prozentuale Zusammensetzung von Verbindungen

Die Massenanteile der Elemente einer chemischen Verbindung können aus der Summenformel errechnet werden. Man berechnet die Masse eines betrachteten Elements einer Verbindung (Atommasse multipliziert mit dem Index), dividiert durch die Molekülmasse und multipliziert mit 100.

Als Beispiel berechnen wir den prozentualen Natrium-Anteil in Natriumsulfat: Wir betrachten 1 Mol Na_2SO_4.

Masse des Natriums: $m_{Na} = 2 \cdot 22{,}99\ g = 45{,}98\ g$
Molekülmasse von Na_2SO_4: $m_{Na_2SO_4} = 2 \cdot 22{,}99\ g + 32{,}06\ g + 4 \cdot 16{,}00\ g = 142{,}04\ g$.
Der prozentuale Anteil des Na ist dann $(m_{Na}/m_{Na_2SO_4}) \cdot 100\ \% = 32{,}37\ \%$.

Entsprechend können die prozentualen Massenanteile von Schwefel und Sauerstoff berechnet werden. Man erhält 22,57 % bzw. 45,06 %.

3 Moleküle und chemische Bindungen

Das, „was die Welt im Innersten zusammenhält“ ist (rein naturwissenschaftlich gesehen) die chemische Bindung. Einzelne Atome verbinden sich zu Molekülen. Moleküle verbinden sich zu Makromolekülen. Aus Makromolekülen bauen sich die Zellorganellen auf, aus diesen die Zellen und aus diesen wiederum die höheren Lebewesen. Ganz analog verhält es sich in der unbelebten Natur. Die Atome von Calcium, Kohlenstoff und Sauerstoff zum Beispiel bilden zusammen ein Calciumcarbonatmolekül. Viele dieser Moleküle zusammen bilden z. B. Kalkstein, Kreide oder Marmor.

Was veranlaßt nun Atome, sich zu Molekülen zusammenzulagern? Die Edelgase mit ihrer abgeschlossenen Elektronenschale zeigen normalerweise keinerlei Tendenz, Moleküle zu bilden. Aber alle anderen Elemente versuchen zu einer Elektronenhülle zu gelangen, die der der Edelgase entspricht. Manchen Elementen fehlt ein Elektron zu einer Edelgaselektronenkonfiguration. Sie holen sich das fehlende Elektron von einem Bindungspartner und werden, wie wir in Abschn. 2.2 gesehen haben, zu negativ geladenen Ionen, **Anionen** (z. B. Cl^-). Andere besitzen ein oder zwei Elektronen zuviel, und sie versuchen diese Elektronen unter Bildung von positiv geladenen Ionen, **Kationen** (z. B. Na^+, Ca^{2+}), an einen Bindungspartner abzugeben. Zwischen den beiden entgegengesetzt geladenen Bindungspartnern besteht eine elektrostatische Anziehung, die zu einer **Ionenbindung** führt.

Höher geladene Ionen können nicht mehr so leicht gebildet werden; die Anziehungskräfte des Kerns sind dann zu stark (bei Kationen) bzw. zu schwach (bei Anionen). Die Elemente in der Mitte des Periodensystems verwenden deshalb eine andere Strategie, um zu einer stabilen Edelgaselektronenkonfiguration zu gelangen: Sie teilen Elektronen mit Bindungspartnern. So fehlen dem Kohlenstoffatom ($1s^2 2s^2 2p^2$) vier Elektronen, um die Neon-Elektronenkonfiguration $1s^2 2s^2 2p^6$, [Ne], zu erreichen. Einem Wasserstoffatom ($1s^2$) fehlt ein Elektron, um die Elektronenkonfiguration des Heliums ($1s^2$) zu erreichen. Wenn nun der Kohlenstoff mit vier Wasserstoffatomen eine Verbindung eingeht und die bindenden Elektronen den Bindungspartnern *gemeinsam* angehören, ergibt sich für jedes Atom eine Edelgaskonfiguration: Die vier Wasserstoffatome gelangen zur He-Konfiguration, indem jeweils ein Valenzelektron des Kohlenstoffs gleichzeitig auch noch dem Wasserstoff angehört. Umgekehrt erreicht der Kohlenstoff die Neonkonfiguration, indem er auf die Elektronen der Wasserstoffatome zurückgreift. Dies drücken wir in folgender Schreibweise aus:

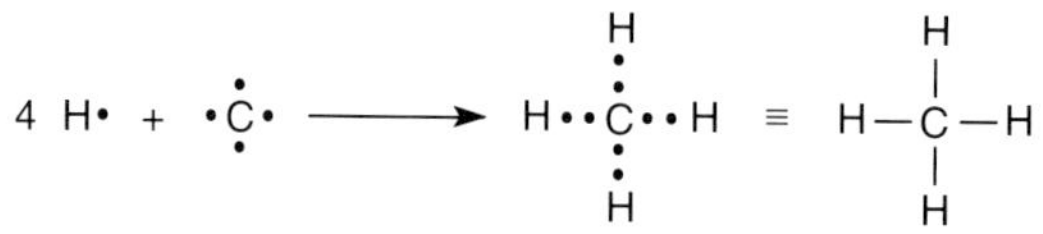

Wir nennen diese Form der Bindung **kovalente Bindung** oder **Atombindung**.

Ionenbindung und kovalente Bindung, sowie weitere Formen, die sog. koordinative Bindung und die Metallbindung besprechen wir in den folgenden Abschnitten ausführlich.

3.1 Die ionische Bindung

Natrium und Chlor reagieren miteinander, indem das Natrium ein Elektron an das Chlor abgibt. Es entstehen ein positiv geladenes Natrium-Kation und ein negativ geladenes Chlor-Anion. Beide neuen Teilchen haben nun eine Edelgaskonfiguration in ihrer Elektronenhülle, das Natrium-Kation die von Neon und das Chlor-Anion die von Argon:

$$Na \longrightarrow Na^+ + e^-$$
$$1/2\ Cl_2 + e^- \longrightarrow Cl^-$$

(Wir schreiben $^1/_2$ Cl_2, da elementares Chlor als Cl_2 vorliegt und wir formal die Reaktion eines Chloratoms betrachten). Beide Reaktionen lassen sich zu einer Reaktionsgleichung zusammenfassen:

$$Na + 1/2\ Cl_2 \longrightarrow Na^+ + Cl^-$$

$$\text{Na: } 1s^2\ 2s^2\ 2p^6\ 3s^1 = [Ne]\ 3s^1 \Rightarrow Na^+ \mathrel{\hat{=}} [Ne]$$
$$\text{Cl: } [Ne]\ 3s^2\ 3p^5 \Rightarrow Cl^- \mathrel{\hat{=}} [Ne]\ 3s^2\ 3p^6 \mathrel{\hat{=}} [Ar]$$

Die Bindung zwischen Na^+ und Cl^- kommt durch elektrostatische Anziehungskräfte zwischen den entgegengesetzt geladenen Teilchen zustande. Die Anziehungskraft (K) kann mit dem **Coulombschen Gesetz** berechnet werden; sie ist proportional zu den beiden elektrischen Ladungen (e_1 und e_2) und nimmt mit dem Quadrat des Abstands

(r) der Ionen ab (der Term $4\pi\varepsilon_0 \cdot \varepsilon$ ist eine Materialkonstante des Mediums, in dem gemessen wird):

$$K = \frac{e_1 \cdot e_2}{4\pi\varepsilon_0 \cdot r^2}$$

Ionische Bindungen sind *nicht gerichtet*, d. h. die Bindungskräfte wirken gleichmäßig in alle Raumrichtungen. Die Ionen lagern sich zu regelmäßigen **Ionengittern** (Ionenkristallen) zusammen, in denen die negativ geladenen Teilchen immer von möglichst vielen positiv geladenen Teilchen umgeben sind und umgekehrt. In Abbildung 3.1 ist als Beispiel die räumliche Anordnung der Ionen im Kochsalz (NaCl) skizziert. Positive und negative Ladungen kompensieren sich, Ionenkristalle sind nach außen hin ungeladen. Die Ionenpaare bilden also keine kleinen diskreten Moleküle wie im Falle der kovalenten Bindung, sondern die makroskopischen Ausmaße des Ionenkristalls bestimmen die Molekülgröße. Wenn man bei ionischen Verbindungen trotzdem von molarer Masse oder von einem Mol spricht, bezieht sich diese Angabe nur auf eine Formeleinheit. Die Formeleinheit einer Ionenverbindung (z. B. NaCl) gibt das kleinste ganzzahlige Verhältnis der am Ionengitter beteiligten Ionen an. Die Größe der Ladungen und die Radien der beteiligten Ionen bestimmen die Geometrie des jeweiligen Gitters.

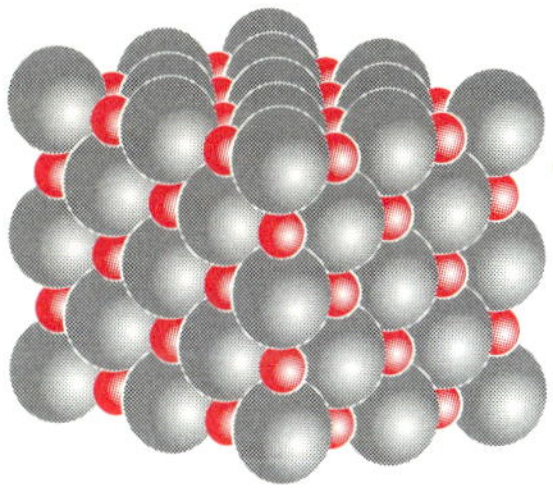

Abb. 3.1 Aufbau eines Kochsalzgitters (NaCl). Kleine Kugeln Na^+, große Kugeln Cl^-.

Ionische Bindungen entstehen bevorzugt zwischen Elementen mit hoher Elektronenaffinität und niedriger Ionisierungsenergie, und Partnern, die leicht Elektronen abgeben können, also den Elementen am äußersten rechten bzw. am äußersten linken Rand des Periodensystems. Nur sie sind in der Lage, Elektronen vollständig aufzunehmen oder abzugeben. Typische Ionenverbindungen sind z. B. Kochsalz (NaCl), Calciumchlorid ($CaCl_2$) und Calciumfluorid (CaF_2).

In Abbildung 3.2 ist nochmals der Aufbau des Kochsalzgitters gezeigt. Man erkennt, daß jedes Na-Kation von sechs Chlor-Anionen und jedes Cl^- von sechs Na^+ umgeben ist. Man spricht hier von der **Koordinationszahl** sechs für Na^+ bzw. Cl^-.

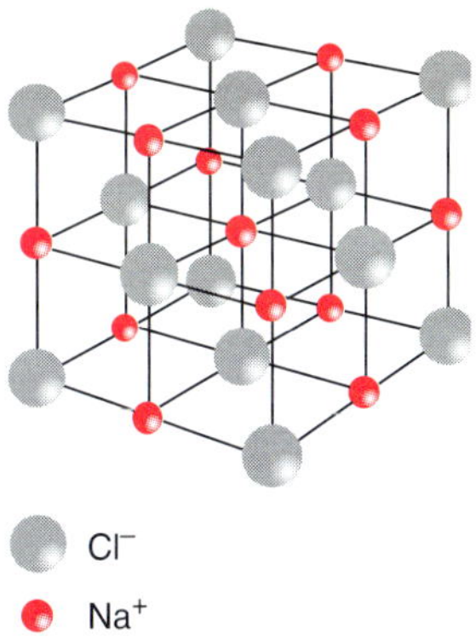

Abb. 3.2 Ausschnitt aus dem Natriumchlorid-Gitter.

Auch elektrisch geladene Moleküle (Molekül-Ionen) wie z. B. Sulfat ($SO_4{}^{2-}$), Nitrat ($NO_2{}^-$), Carbonat ($CO_3{}^{2-}$) und Hydroxid-Ionen (OH^-) können Bestandteil eines Ionengitters sein; typische Beispiele sind NaOH (Natriumhydroxid), $Ca(OH)_2$ (Calciumhydroxid), $CaCO_3$ (Calciumcarbonat) und Na_2SO_4 (Natriumsulfat).

3.2 Die kovalente Bindung

Atombindung

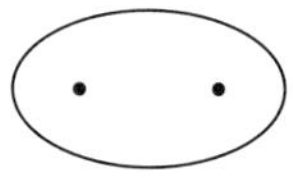

Eine kovalente Bindung liegt vor, wenn ein oder mehrere Elektronenpaare zwei Atomen gleichzeitig angehören. Den Atomen ist es dadurch möglich, zu einer stabilen Edelgaselektronenkonfiguration zu gelangen, z. B.:

$$2\,H^{\bullet} \rightarrow H{-}H$$

Zwei Wasserstoffatome vereinigen sich hier zu einem Wasserstoffmolekül; jedes H-Atom hat dann die Elektronenkonfiguration des Heliums. Der Strich zwischen den beiden Wasserstoffatomen symbolisiert hierbei das gemeinsame bindende Elektronenpaar und damit eine kovalente Bindung.

Man kann die kovalente Bindung mit zwei (mathematischen) Modellen beschreiben: mit dem **Valence-Bond**-(VB)-) und den **Molekülorbital**-(MO-)**Modell**.

Das VB-Modell geht davon aus, daß die einzelnen Atome in einer kovalenten Bindung ihre Elektronenorbitale behalten. Die Bindung kommt dann durch Überlappung der Elektronenhüllen zustande. Die MO-Theorie geht davon aus, daß bei der Bildung von Molekülen die einzelnen Atomorbitale verschwinden und statt dessen allen Atomen gemeinsame Molekülorbitale entstehen. Diese Molekülorbitale werden aus den einzelnen Atomorbitalen berechnet. Die VB-Beschreibung der Bindungsverhältnisse ist etwas anschaulicher und wird aus diesem Grunde überwiegend in diesem Buch benutzt. Beide Theorien kommen zwar oft zu ähnlichen Ergebnissen, jedoch bietet die MO-Beschreibung in manchen Fällen deutliche Vorteile.

3.2.1 Hybridisierung von Orbitalen nach der Valence-Bond-Theorie

Betrachten wir nochmals die Elektronenkonfiguration des Kohlenstoffs (Ordnungszahl 6): $1s^2 2s^2 2p^2$. Dies bedeutet, daß die beiden s-Orbitale vollständig besetzt sind, und daß zwei der drei p-Orbitale mit jeweils einem Elektron besetzt sind. Demnach sollte der Kohlenstoff in der Lage sein, zwei Bindungen auszubilden, indem er jeweils ein Elektron des Bindungspartners mit seinen ungepaarten Elektronen in den p-Orbitalen koppelt. Die einzig mögliche Verbindung zwischen einem Kohlenstoffatom und Wasserstoffatom wäre demnach also das CH_2.

Die drei Atome sollten in einem 90°-Winkel angeordnet sein, da die an den Bindungen beteiligten p-Orbitale senkrecht aufeinander stehen. Dieser postulierte zweibindige Kohlenstoff existiert jedoch in der Natur nicht. Statt dessen ist Kohlenstoff in all seinen Verbindungen immer vierbindig. Dieses Phänomen wird mit der sogenannten **Hybridisierung** erklärt. Unter Hybridisierung versteht man die Linearkombination von verschiedenen Atomorbitalen am gleichen Atom, wobei eine gleiche Anzahl energetisch gleichwertiger Atomorbitale entsteht.

Für den Kohlenstoff gibt es drei Möglichkeiten der Hybridisierung (Abb. 3.3):

(1) Er kann das 2s-Orbital und die drei 2p-Orbitale zu einem sp^3-Hybrid mit vier gleichartigen, einfach besetzten sp^3-Orbitalen verschmelzen. Die Orbitale zeigen in die Ecken eines Tetraeders. Der Winkel zwischen den Bindungen beträgt 109°.

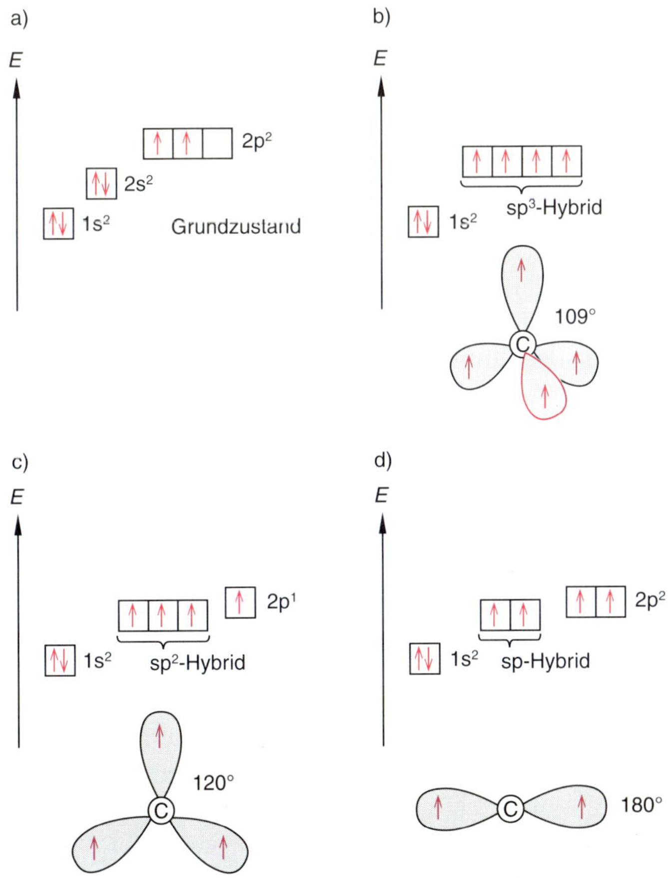

Abb. 3.3 Energieschemata des C-Atoms: a) im Grundzustand, b) sp^3-hybridisiert, c) sp^2-hybridisiert und d) sp-hybridisiert. Jedes Kästchen symbolisiert ein Orbital, jeder Pfeil ein Elektron.

(2) Er kann aus dem 2s-Orbital und zwei 2p-Orbitalen ein sp^2-Hybrid mit drei gleichwertigen sp^2-Orbitalen bilden. Die drei Orbitale liegen sternförmig in einer Ebene. Der Bindungswinkel beträgt 120°. Das verbleibende dritte 2p-Orbital steht senkrecht zu dieser Ebene.
(3) Der Kohlenstoff kann weiterhin sein 2s-Orbital mit einem 2p-Orbital zu zwei linear gebauten sp-Hybridorbitalen (Bindungswinkel 180°) verbinden. In diesem Fall bleiben zwei p-Orbitale zurück, die jeweils senkrecht aufeinander und auf den zwei sp-Hybridorbitalen stehen.

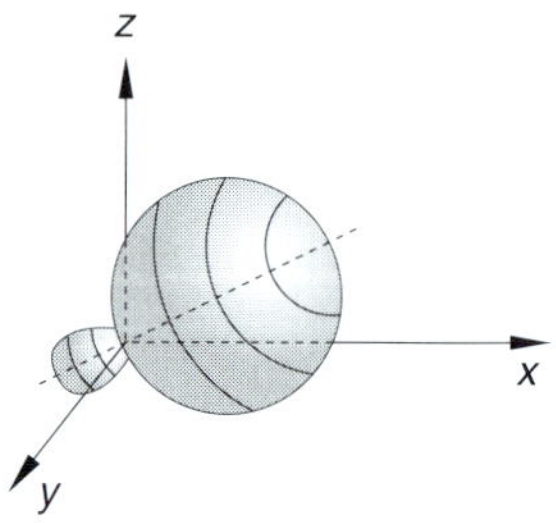

sp^3-Hybridorbital

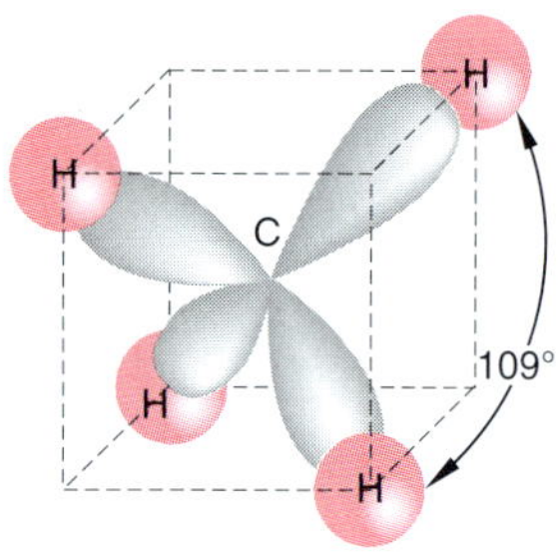

Methan

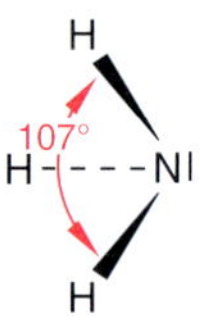

Ammoniak

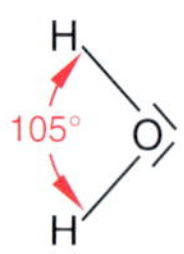

Wasser

Hybridorbitale aus s- und p-Orbitalen haben wie p-Orbitale eine Knotenfläche in der Ebene des Atomkerns und bestehen deshalb wie die p-Orbitale aus zwei Orbitallappen mit unterschiedlichen Phasen der Wellenfunktion. Die Aufenthaltswahrscheinlichkeit ist jedoch in einem dieser Lappen sehr viel geringer, weshalb man diese in einfachen Darstellungen meist unterschlägt.

Mit der VB-Methode lassen sich viele Moleküle einfach beschreiben. Sowohl dem Methan (CH_4) als auch dem Ammoniak (NH_3) und dem Wasser (H_2O) liegen sp^3-Hybridorbitale zugrunde.

Im Methan befinden sich die vier Valenzelektronen des Kohlenstoffs in vier sp^3-Hybridorbitalen, die mit den 1s-Orbitalen von vier Wasserstoffatomen überlappen. Die Struktur des Methans entspricht einem Tetraeder mit H−C−H-Bindungswinkeln von 109°.

Der Stickstoff im Ammoniak, NH_3, besitzt ein Elektron mehr und deshalb ist eines seiner vier sp^3-Hybridorbitale doppelt besetzt und damit voll. Es beteiligt sich also nicht an einer Bindung; man nennt es **freies** oder **einsames Elektronenpaar**. In der Zeichnung am Rand ist es durch den Strich ausgedrückt. Die drei verbleibenden sp^3-Hybridorbitale werden jeweils durch das Elektron eines Wasserstoffatoms aufgefüllt. Die H−N−H-Bindungswinkel im Ammoniak entsprechen mit 107° nicht mehr denen eines idealen Tetraeders. Grund ist der erhöhte Platzbedarf des freien Elektronenpaares, das nur der Wirkung *eines* Kerns ausgesetzt ist. Die H−N−H-Bindungswinkel werden dadurch etwas zusammengedrückt.

Beim Wasser, H_2O, sind sogar zwei sp^3-Hybridorbitale des Sauerstoffs mit einsamen Elektronenpaaren besetzt, was zu einer weiteren Stauchung der Bindungswinkel führt. Der H−O−H-Bindungswinkel beträgt nur noch 105°.

Wie wir in späteren Kapiteln sehen werden, können sich freie Elektronenpaare sehr wohl an Bindungen beteiligen, z. B. ein Proton, H^+, anlagern, so daß NH_4^+ bzw. H_3O^+ entstehen, oder eine koordinative Bindung eingehen (Abschnitt 3.4).

3.2.2 σ- und π-Bindungen

Im Ethen (C_2H_4) sind die beiden Kohlenstoffatome sp^2-hybridisiert. Zwei der drei sp^2-Orbitale eines Kohlenstoffatoms gehen jeweils eine Bindung mit dem s-Elektron des Wasserstoffs ein. Das dritte sp^2-Orbital überlappt mit dem sp^2-Orbital des benachbarten Kohlenstoffs. Diese Bindungen besitzen ihre größte Elektronendichte zwischen den Kernen. Die Elektronendichteverteilung der bindenden Elektronen ist rotationssymmetrisch bezüglich der Kern-Kern-Verbindungsachse. Derartige Bindungen heißen **σ-Bindungen**.

Neben den drei sp^2-Orbitalen in der Molekülebene besitzen die Kohlenstoffatome jeweils noch ein einfach besetztes p-Orbital senkrecht auf der Molekülebene. Diese können ebenfalls überlappen und bilden eine **π-Bindung** aus, wie es in Abb. 3.4 schematisch dargestellt ist. Die beiden Kohlenstoffatome des Ethens sind also durch eine **Doppelbindung** miteinander verknüpft, die aus einer π- und einer σ-Bindung besteht. Im Unterschied zur σ-Bindung ist die π-Bindung nicht mehr rotationssymmetrisch zur Kern-Kern-Verbindungsachse. Die Ladungsdichte ist in Bereichen oberhalb und unterhalb der Molekülebene verteilt und das Orbital besitzt eine Knotenebene in der Molekülebene. Solche Bindungen sind nicht mehr um die Kernverbindungsachse C−C drehbar.

Im Ethin C_2H_2 ist jedes C-Atom sp-hybridisiert. Die sp-Hybridorbitale bilden die σ-Bindung zwischen den Kohlenstoffatomen und die C−H-Bindungen (Abb. 3.5). Es verbleiben an jedem C-Atom zwei senkrecht aufeinander stehende einfach besetzte p-Orbitale, die zwei π-Bindungen bilden.

Die **Bindungslängen** werden von der Bindungsordnung (Einfach-, Doppel- oder Dreifachbindung), der Hybridisierung und schließlich von den spezifischen Eigenschaften der Bindungspartner bestimmt. In Abbildung 3.6 sind einige Beispiele zusammengestellt.

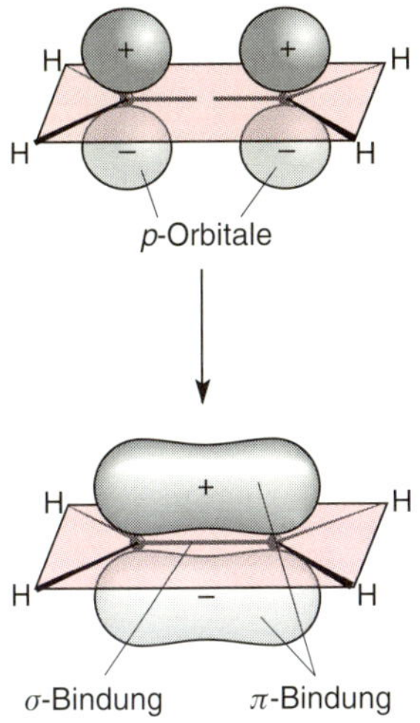

Abb. 3.4 Die Doppelbindung im Ethan. Die Striche symbolisieren diese σ-Bindungen, die π-Bindung entsteht durch Überlappen der beiden p-Orbitale.

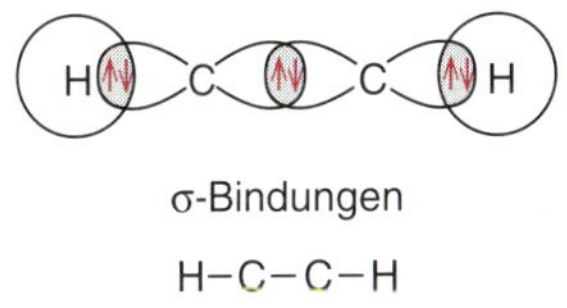

Abb. 3.5 Die σ-Bindungen im Ethin.

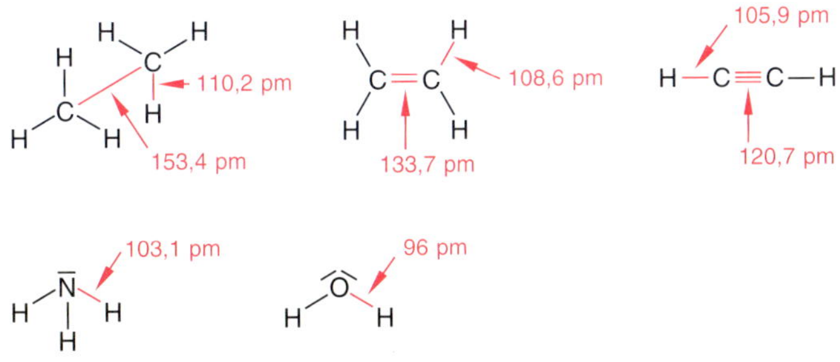

Abb. 3.6 Einige Beispiele für Bindungslängen.

3.2.3 Die Molekülorbitaltheorie (MO-Theorie)

Die MO-Theorie ist ein Verfahren zur Berechnung von Molekülorbitalen auf Basis der Quantenmechanik: Aus symmetrieadaptierten (der Symmetrie des Moleküls angepaßten) Atomorbitalen (AOs) der isolierten Atome werden durch Annäherung der Atome auf Bindungsabstand neue, **das ganze Molekül umfassende** Molekülorbitale (MOs) gebildet, die nach steigender Energie mit den Elektronen der das Molekül aufbauenden Atome besetzt werden. Es gilt das Pauli-Prinzip und die Hundsche Regel. Man kann die MO-Theorie als Ausdehnung der Schrödingerschen Quantenmechanik auf mehratomige Moleküle betrachten.

Mathematisch exakt behandelbar ist nur das H_2^+-Ion (2 Kerne und 1 Elektron). Für kompliziertere Systeme stehen Näherungsmethoden zur Verfügung. In der Chemie wird meist das LCAO-MO-Verfahren (Linear Combination of Atomic Orbitals) angewandt. Eine weiter vereinfachende Variante hiervon ist die Hückel-LCAO-Methode (vgl. Organische Chemie, Kap. 3).

Sehr vereinfachend kann man sich das Prinzip der LCAO-Methode so vorstellen, daß durch lineare (symmetrieangepaßte) AOs neue MOs gebildet werden. Linear deshalb, da bei der Operation nur Additionen und Subtraktionen erlaubt sind. Es können hierbei nur gleichartige AOs zu MOs kombiniert werden, d. h. sie müssen vergleichbare Energien besitzen und sie müssen sich bezüglich einer charakteristischen molekularen Symmetrieoperation gleich verhalten. Die Zahl der entstehenden MOs muß immer gleich der Summe aller AOs der am Molekül beteiligten Atome sein. Bei einem allgemeinen k-atomigen Molekül gilt für das i-te MO ψ_i:

$$\psi_i = \Sigma c_{ki}\varphi_{\mathrm{k}}.$$

φ sind die symmetrieadaptierten AOs, c ist ein Faktor für die Stärke der Wechselwirkung zwischen den AOs. Er kann auch negative Werte annehmen. Bei der Bildung von MOs aus AOs können drei Fälle auftreten:

(1) Die Kombination führt zu einer Energieabsenkung im Vergleich zu den isolierten AOs. Diese MOs werden als **bindend** bezeichnet.
(2) Die Kombination ist energieneutral; dies sind die **nichtbindenden** MOs.
(3) Bei den **antibindenden** MOs liegt die Energie über der der AOs. Der Faktor (c) für die Überlappung wird negativ.

Dies alles macht wegen der gebotenen Knappheit der Darstellung einen sehr komplizierten Eindruck. Die Diskussion zweier Beispiele für Mokeküle aus zwei gleichen Atomen läßt jedoch erkennen, daß die MO-Theorie zumindest in grober Näherung und bei kleinen Molekülen auf einfache Weise zu sehr anschaulichen Ergebnissen führt.

Für das Wasserstoffmolekül $H_a - H_b$ werden die Atomorbitale φ_a und φ_b linear kombiniert: $\varphi = c_1\varphi_a + c_2\varphi_b$. In einem homonuklearen Molekül (aus zwei gleichen Atomen) muß $|c_1| = |c_2|$ sein, d.h. c_1 und c_2 können sich allenfalls im Vorzeichen unterscheiden. Im Grundzustand des Wasserstoffatoms ist nur das 1s-Orbital besetzt. Wenn man statt φ_a und φ_b $1s^1(a)$ und $1s^1(b)$ schreibt, erhält man durch Linearkombination die beiden Molekülorbitale:

$$\psi_1 = 1s^1(a) + 1s^1(b) \text{ und } \psi_2 = 1s^1(a) - 1s^1(b)$$

Aus den zwei 1s-Orbitalen der H-Atome entstehen also zwei Molekülorbitale ψ_1 und ψ_2.

Das charakteristische Symmetrieelement eines homonuklaren zweiatomigen Moleküls ist ein Inversionszentrum (*i*) im Schwerpunkt der Kern-Kern-Verbindungsachse.

Die positive Kombination der beiden s-Orbitale entlang der Bindungsachse (*z*-Achse) führt zu einem MO mit erhöhter Ladungsdichte zwischen den Kernen. Das entstehende MO ist rotationssymmetrisch um die *z*-Achse und symmetrisch bezüglich des Inversionszentrums. Der Drehimpuls um die *z*-Achse ist 0 und man bezeichnet dieses Orbital deshalb analog der Nebenquantenzahl *s* ($l = 0$, Drehimpuls = 0!) mit „σ". Die Symmetrie wird durch ein tiefgestelltes „g" für „gerade" markiert.

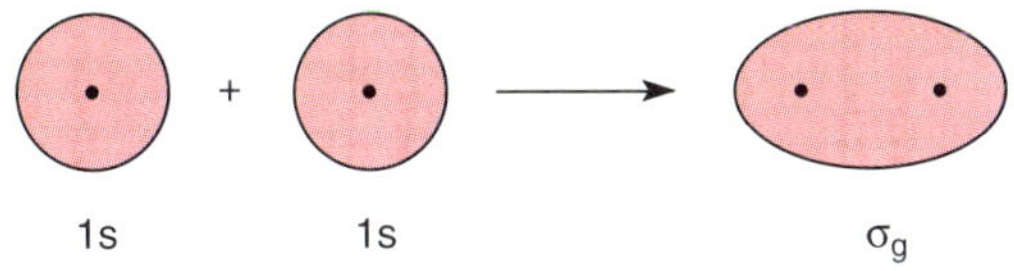

ψ_2 entspricht der negativen Kombination der beiden 1s-Orbitale. ψ_2 besitzt eine Kotenebene durch das Inversionszentrum senkrecht zur *z*-Achse. Das Orbital ist noch rotationssymmetrisch, aber antisymmetrisch zum Inversionszentrum, und es ist antibindend. Häufig werden antibindende Orbitale mit einem hochgestellten Stern markiert. Nach der Symbolik für MOs ist es als σ_u*-Orbital zu bezeichnen. „u" steht für „ungerade" und bezieht sich auf das antisymmetrische Verhalten bezüglich *i*.

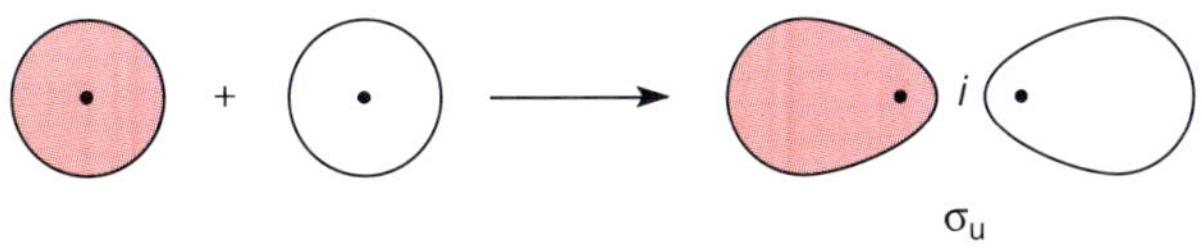

Die Linearkombinationen stellt man üblicherweise in qualitativen Energiediagrammen, den **MO-Diagrammen** dar (Abb. 3.7). Man erkennt, daß die beiden Elektronen von H_a und H_b unter Spinpaarung

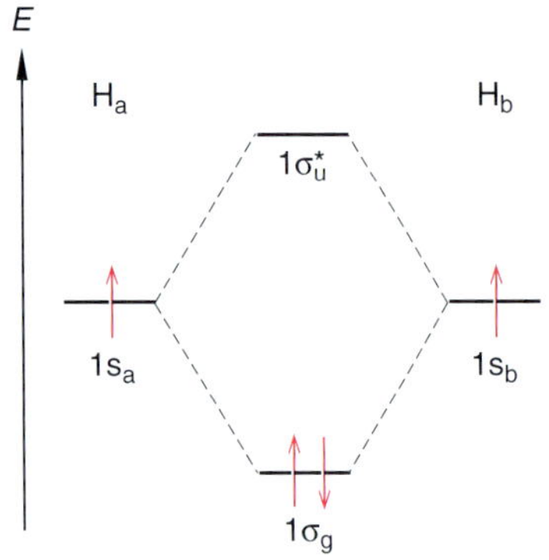

Abb. 3.7 MO-Diagramm für das H_2-Molekül. Die Atomorbitale der isolierten Atome H_a und H_b sind außen dargestellt. Sie werden zu den Molekülorbitalen (Mitte) kombiniert. Die Orbitale sind nach ihrer Energie *E* aufgetragen.

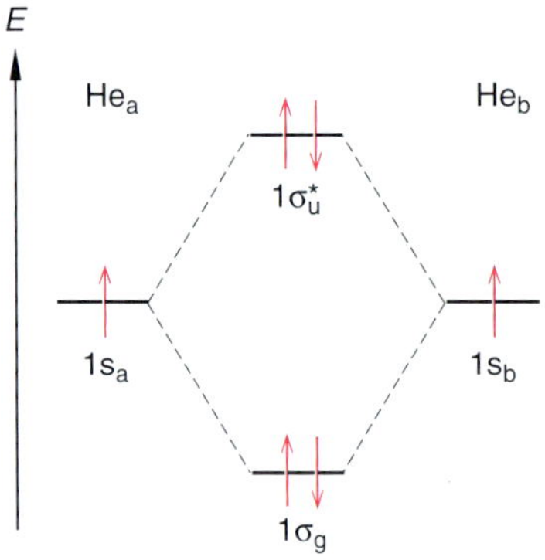

Abb. 3.8 MO-Diagramm eines hypothetischen He_2-Moleküls.

das energiearme $1\sigma_g$-MO besetzen können. Das H_2-Molekül ist also gegenüber den getrennten H-Atomen energetisch begünstigt.

Mit einem MO-Diagramm läßt sich auch einfach erklären, warum die Edelgase atomar vorliegen. In einem hypothetischen He_2-Molekül mit vier Elektronen müßte neben dem bindenden σ_g-Orbital auch das σ_u*-Orbital voll besetzt sein (vgl. Abb. 3.8). Dies ist ein Zustand, der energetisch keine Vorteile gegenüber dem der getrennten Atome bietet.

Bei schwereren Atomen geht man völlig analog vor. Meist genügt für eine grobe Abschätzung der Bindungsverhältnisse die Diskussion der obersten besetzten Orbitale, also die Betrachtung der Valenzelektronen.

Der Vorteil der MO-Beschreibung von Molekülen zeigt sich vor allem bei der Beschreibung des Sauerstoffmoleküls, O_2. Sauerstoff ist *paramagnetisch*, was ein Hinweis auf nicht gepaarte Elektronen ist, und er ist auffallend reaktiv. Betrachten wir die Bindungsverhältnisse im O_2-Molekül: Die Elektronenkonfiguration des Sauerstoffs ist [He]$2s^22p^4$. Zur Konstruktion von MOs nach der LCAO-Methode nimmt man wieder an, daß sich die isolierten Atome entlang der *z*-Achse auf Bindungsabstand nähern. Das O_2-Molekül besitzt dann ein Inversionszentrum (*i*) im Schwerpunkt der Kernverbindungsachse. Durch Kombination der beiden doppelt besetzten 2s-AOs erhält man (wie bei den 1s-AOs im He) zwei vollständig besetzte σ_g- und $\sigma^*{}_u$-Orbitale. Aus den zwei p_z-AOs sind ebenfalls zwei σ-Orbitale erhältlich.

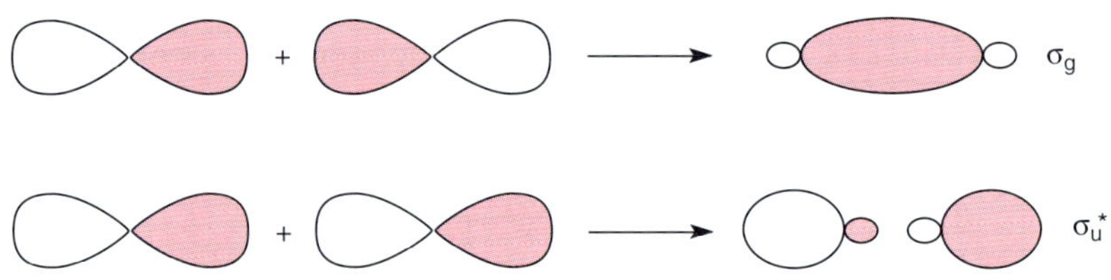

Durch die Kombination der p_y-AOs erhält man ein bindendes MO mit einer Knotenfläche in der *xz*-Ebene und ein antibindendes MO mit einer zusätzlichen Knotenfläche in der *xy*-Ebene. Das bindende MO ist antisymmetrisch bezüglich *i*.

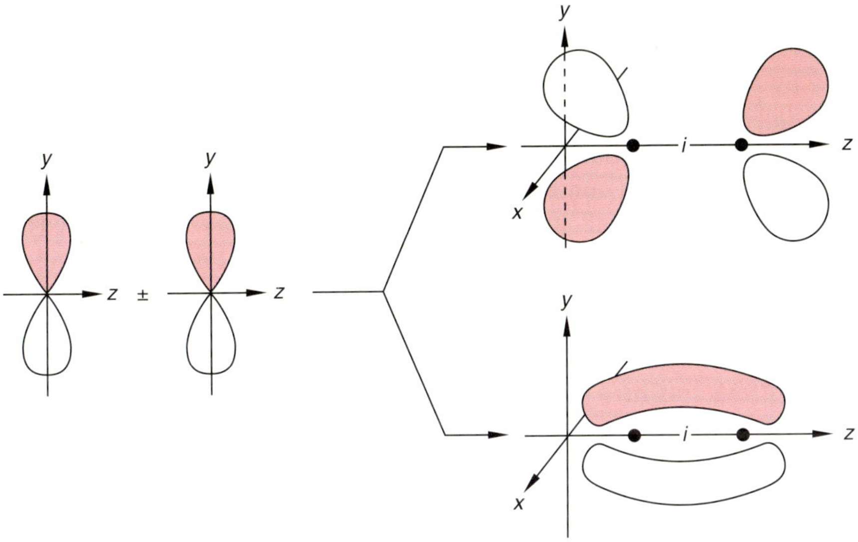

Zwei völlig analoge MOs erhält man durch Kombination der beiden p_x-Orbitale. Das resultierende qualitative MO-Diagramm ist in Abbildung 3.9 dargestellt. Man erkennt, daß das Sauerstoffmolekül in seinen beiden obersten besetzten Orbitalen jeweils ein Elektron mit parallelem Spin enthält. Die Molekülorbital-Theorie kann also die Eigenschaften des O_2-Moleküls zwanglos beschreiben – mit der VB-Methode wäre dies nur mit aufwendigen Ergänzungen möglich gewesen.

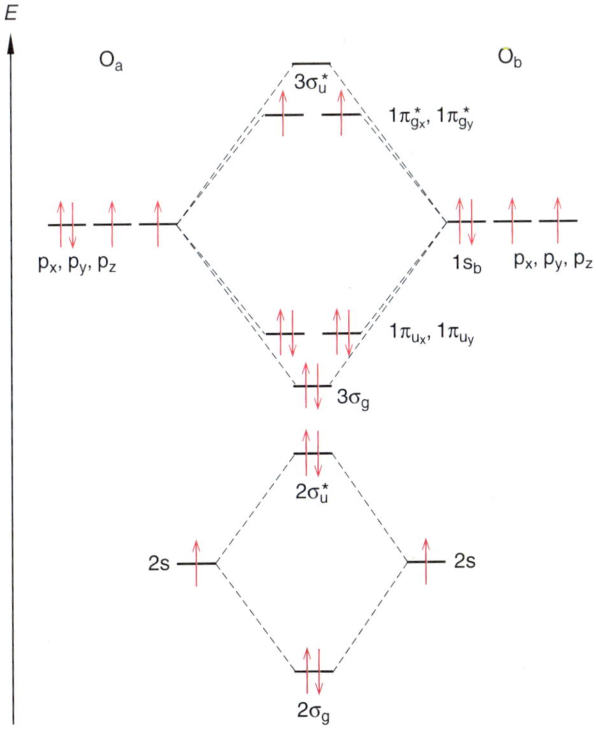

Abb. 3.9 Qualitatives MO-Schema von O_2. Man beachtete, daß die Numerierung der MO's nichts mit der Hauptquantenzahl der AO's zu tun hat; sie entspricht lediglich einer Aufzählung nach steigender Energie.

3.2.4 Die polare kovalente Bindung

polare Atombindung

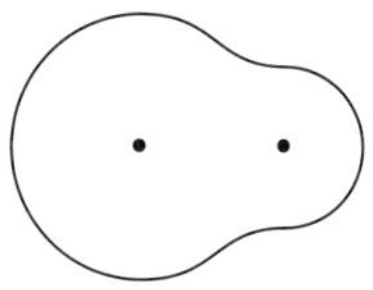

z.B. $\overset{\delta\oplus}{H}-\overset{\delta\ominus}{Cl}$

Bei vielen kovalenten Molekülen, z. B. H_2 oder CH_4, gehören die beiden Bindungselektronen beiden Bindungspartnern gleichermaßen an. Dies ist jedoch bei einer kovalenten Bindung nicht immer der Fall. Manche Elemente sind bestrebt, die Elektronen einer kovalenten Bindung stärker anzuziehen als der Bindungspartner. Die Tendenz eines Atoms in einer Elektronenpaarbindung Elektronen an sich zu ziehen, bezeichnet man als **Elektronegativität**. Der elektronegativere Partner erhält dadurch eine negative Partialladung; der elektropositivere Partner trägt eine positive Partialladung. Diese Partialladung wird durch δ^+ bzw. δ^- ausgedrückt. Die kovalente Bindung ist *polar*, und das Molekül weist ein **Dipolmoment** auf. Dieses wird in der Einheit Coulomb · Meter gemessen, vielfach auch noch oft in der alten Einheit Debye ($1\ D = 3{,}336 \cdot 10^{-30}\ C\,m$).

Die Elektronegativität ist mit der Elektronenaffinität und Ionisierungsenergie korreliert. Nach Mulliken ist sie das arithmetische Mittel aus beiden Werten (vgl. Tab. 3.1).

Tabelle 3.1: Elektronegativitäten der Hauptgruppenelemente (nach Mulliken).

			H 2,1			
Li 1,0	**Be** 1,5	**B** 2,0	**C** 2,5	**N** 3,0	**O** 3,5	**F** 4,0
Na 0,9	**Mg** 1,2	**Al** 1,5	**Si** 1,8	**P** 2,1	**S** 2,5	**Cl** 3,0
K 0,8	**Ca** 1,0	**Ge** 1,6	**Ge** 1,8	**As** 2,0	**Se** 2,4	**Br** 2,8
Rb 0,8	**Sr** 1,0	**In** 1,7	**Sn** 1,8	**Sb** 1,9	**Te** 2,1	**I** 2,5
Cs 0,7	**Ba** 0,9	**Tl** 1,8	**Pb** 1,8	**Bi** 1,9	**Po** 2,0	**At** 2,2

Stark elektronegative Elemente befinden sich also rechts oben im Periodensystem, stark elektropositive links unten. Je stärker sich zwei Bindungspartner in ihrer Elektronegativität unterscheiden, desto polarer ist die kovalente Bindung.

Eine unpolare kovalente Bindung nennt man auch *homöopolar*, eine polare kovalente Bindung *heteropolar*.

3.3 Die metallische Bindung

Mehr als drei Viertel aller Elemente des periodischen Systems sind Metalle. Im Grenzbereich zwischen Metallen und Nichtmetallen gibt es die Halbmetalle: Antimon, Arsen, Bismut, Bor, Germanium, Polonium, Selen, Silicium, Tellur (vgl. Abb. 3.10). Sie treten in einer metallischen und halb-metallischen bzw. in einer nicht-metallischen und halb-metallischen Form auf.

Li	Be	B	C	N	O	F
Na	Mg	Al	Si	P	S	Cl
K	Ca	Ga	Ge	As	Se	Br
Rb	Sr	In	Sn	Sb	Te	I
Cs	Ba	Tl	Pb	Bi	Po	At

Abb. 3.10 Die Halbmetalle im Periodensystem.

Viele charakteristische physikalische Eigenschaften der Metalle lassen sich durch die metallische Bindung erklären:

- mechanische Verformbarkeit (Duktilität)
- metallischer Glanz
- gute thermische und elektrische Leitfähigkeit
- geringe Strahlungsdurchlässigkeit
- meist hohe Dichte

In den elektropositiven Metallatomen sind die Valenzelektronen normalerweise nicht sehr fest gebunden. Im Metallkristall liegen dicht gepackte Metallkationen vor, die durch die Valenzelektronen zusammengehalten werden. Diese sind über den gesamten Kristall delokalisiert und frei beweglich. Man spricht von einem idealen **Elektronengas-Modell**. Die Duktilität der Metalle erklärt sich aus dem leichten Übereinandergleiten von dicht gepackten Ebenen aus Metallatomen, wobei eine gegenseitige Abstoßung der Metallkationen durch das Elektronengas vermieden wird. Die Leitfähigkeit und der metallische Glanz wird mit den leicht beweglichen Elektronen erklärt.

Mit Hilfe der MO-Theorie, der **Bändertheorie**, lassen sich die qualitativen Aussagen des beschriebenen Bindungsmodells theoretisch untermauern.

Im letzten Abschnitt wurde gezeigt, wie sich durch die Kombination von Atomorbitalen neue, das ganze Molekül umfassende Molekülorbitale konstruieren lassen. Die Bändertheorie geht von einem analogen Ansatz aus. Im Unterschied zu den Molekülorbitalen betrachtet man bei der metallischen Bindung eine sehr große Zahl von Bindungspartnern, nämlich alle Atome, die in einer makroskopischen Probe eines Metalls vorhanden sind.

Das 2s-Orbital eines Lithiumatoms ist mit einem Elektron besetzt (Elektronenkonfiguration $[He]2s^1$). Durch Kombination der 2s-Orbitale zweier Li-Atome erhält man ein bindendes und ein antibindendes (lockerndes) σ-MO. Die beiden 2s-Elektronen des Lithiums besetzen das 2σ-Orbital, während das 2σ*-Orbital unbesetzt bleibt. Bei drei Li-Atomen erhält man entsprechend drei MOs, ein bindendes, ein nichtbindendes und ein antibindendes, wobei das bindende doppelt und das nichtbindende einfach besetzt ist. Die Kombination von vier Lithium-AOs ergibt zwei bindende und zwei antibindende Orbitale mit vollständiger Besetzung der beiden bindenden MOs. Man beachte, daß die entstehenden Molekülorbitale über das ganze Molekül delokalisiert, aber nicht entartet sind, d. h. jedes MO hat sein eigenes Energieniveau. Mit steigender Zahl von Li-Atomen ergeben sich immer mehr bindende und antibindende MOs, die energetisch immer dichter zusammenrücken. Bei einer sehr großen Zahl von Li-Atomen liegen die einzelnen Energieniveaus so dicht beieinander, daß sie sich praktisch nicht mehr unterscheiden lassen. Bindende und antibindende Energieniveaus gehen ineinander über. Man spricht dann von einem (Energie)band, in dem sich die Elektronen, solange keine vollständige Besetzung vorliegt, frei bewegen können. Ein Band, das durch Valenzorbitale gebildet wird, nennt man auch **Valenzband**. In Abbildung 3.11 ist die Entstehung eines solchen Bandes am Beispiel von Lithium dargestellt.

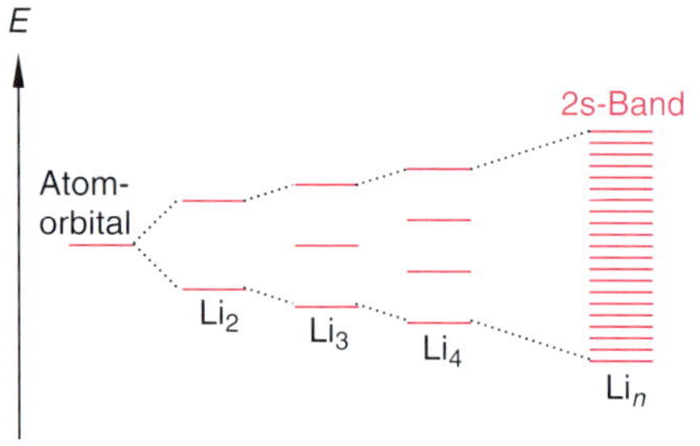

Abb. 3.11 Schematische Entwicklung eines Valenzbandes aus Metallatomorbitalen.

3.3.1 Leiter, Halbleiter und Isolatoren

Mit Hilfe des Bändermodells lassen sich auf einfache Weise Leiter-, Halbleiter-, und Isolatoreneigenschaften von Elementen erklären.

Im Falle des Lithiums ist das Valenzband nur zur Hälfte gefüllt. Die elektrische Leitfähigkeit kommt durch die freie Beweglichkeit der Elektronen zwischen den Energieniveaus dieses Bandes und durch die Überlappung mit dem unbesetzten 2p-Band zustande.

Beryllium hat die Elektronenkonfiguration [He]$2s^2$; bei ihm ist das 2s-Valenzband vollständig mit Elektronen besetzt. Die freie Beweglichkeit ist dadurch aufgehoben. Dennoch leitet Beryllium den Strom immer noch etwa halb so gut wie Lithium. Dies erklärt sich dadurch, daß sich, wie beim Lithium, der Energiebereich des 2s-Bandes mit dem unbesetzten 2p-Band überschneidet – die Elektronen können sich auf den gesamten Bereich ausdehnen. Ein solches unbesetztes Band nennt man **Leitungsband**.

Allgemein gilt für einen Leiter, daß entweder das Valenzband nicht vollständig besetzt ist und/oder sich Valenz- und Leitungsband überschneiden oder berühren.

Umgekehrt ist bei einem **Isolator** das Valenzband vollständig besetzt; gleichzeitig ist das Leitungsband durch einen breiten Energiebereich, die **verbotene Zone** abgetrennt.

Bei **Halbleitern** ist der energetische Abstand zwischen dem voll besetzten Valenzband und dem Leitungsband klein genug, um durch Zufuhr von thermischer Energie überwunden werden zu können. Dadurch ist eine – wenn auch nur geringe – Leitfähigkeit gegeben. Dies erklärt auch, weshalb im Unterschied zu den Leitern die Leitfähigkeit von Halbleitern mit steigender Temperatur zunimmt.

In Abb. 3.12 sind die Bänderdiagramme von Leitern, Halbleitern und Isolatoren dargestellt.

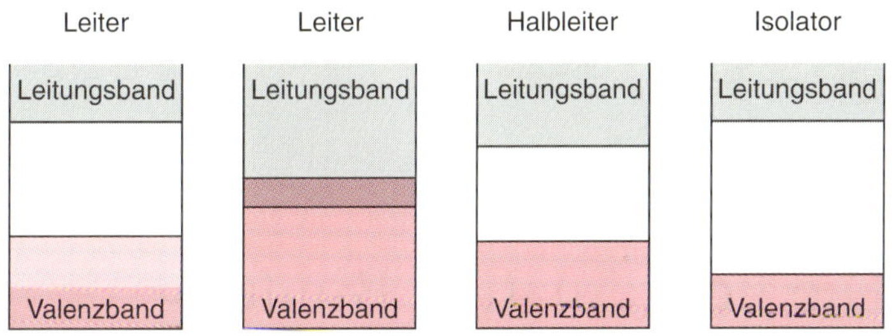

Abb. 3.12 Energiebänder in Leitern, Halbleitern und Isolatoren.
a) Leiter: Das Valenzband ist teilweise besetzt, so daß die Elektronen beweglich sind.
b) Leiter: Das Valenzband ist vollständig oder teilweise besetzt. Valenzband und Leitungsband überlappen sich, so daß die Elektronen in das Leitungsband übergehen können.
c) Halbleiter: Valenz- und Leitungsband sind durch eine schmale, verbotene Zone getrennt, die durch Energiezufuhr (z. B. Wärme) überwunden werden kann.
d) Isolator: Valenz- und Leitungsband sind durch eine breite verbotene Zone getrennt, die nicht überwunden werden kann.

3.3.2 Dotierung von Halbleitern

Halbleiter wie Germanium oder Silicium leiten den Strom nur schlecht. Es ist allerdings möglich, durch Einbau einer geringen Menge von Fremdatomen in das Kristallgitter des Halbmetalls dessen Leitfähigkeit deutlich zu steigern (**Dotierung**). Man unterscheidet nach Art der Dotierung zwischen **p-** und **n-Halbleitern**.

n-Halbleiter enthalten neben den eigentlichen Halbleiteratomen noch Fremdatome mit mehr Valenzelektronen als das Halbleiteratom. Beim Beispiel des Siliciums sind dies die Elemente der 5. Hauptgruppe, etwa P oder As. Da im Si-Kristall das Valenzband vollständig besetzt ist, werden die zusätzlichen Elektronen in Energieniveaus knapp unterhalb des Leitungsbandes untergebracht, aus dem sie schon durch geringe Energiezufuhr in das Leitungsband angehoben werden können.

p-Halbleiter sind mit Atomen dotiert, die ein Elektron weniger enthalten, als das eigentliche Halbleitermaterial. Dadurch wird erreicht, daß sich knapp oberhalb des Valenzbandes unvollständig besetzte Energieniveaus ausbilden. Zwischen dem Valenzband und diesen Niveaus ist ein leichter Elektronenübergang möglich, was zu einer deutlichen Leitfähigkeitssteigerung führt. Ein Boratom pro 100 000 Si-Atome bewirkt z. B. eine Steigerung der Leitfähigkeit um den Faktor 200 000.

Da durch Art und Ausmaß der Dotierung die elektrischen Eigenschaften von Halbleitern in einem weiten Bereich variiert werden können, hat die Halbleitertechnik breite Anwendung in der Elektronik gefunden, man denke nur an Transistoren, integrierte Schaltkreise in der Computertechnik usw..

3.4 Die koordinative Bindung

Eine koordinative Bindung ist prinzipiell eine kovalente Bindung, wie sie in Abschn. 3.2 beschrieben wurde. Der Unterschied zu dieser liegt darin, daß *beide* Bindungselektronen von *einem* Partner beigesteuert werden.

Koordinative Bindungen treten in den sog. **Koordinations-** oder **Komplexverbindungen** auf. Die Bindungspartner, die die Bindungselektronen beisteuern, sind die **Liganden**: es sind Atome oder Atomgruppen, die freie Elektronenpaare haben oder sonst elektronenreich sind. Das **Zentralatom**, meist ein Übergangsmetall, nimmt die Bindungselektronen in seine leeren Orbitale auf.

Ein Zentralatom kann von mehreren Liganden umgeben sein. Die **Koordinationszahl** KZ gibt die Anzahl der Liganden an. Es gibt Koordinationszahlen von 1 bis 12, wobei 2, 4 und 6 am häufigsten zu beobachten sind. Die Koordinationszahlen führen zu charakteristischen Geometrien: oktaedrische (KZ = 6), tetraedrische (KZ = 4) und planar-quadratische (KZ = 4) Komplexen. Komplexe mit KZ = 2 sind linear, vgl. Abb. 3.13.

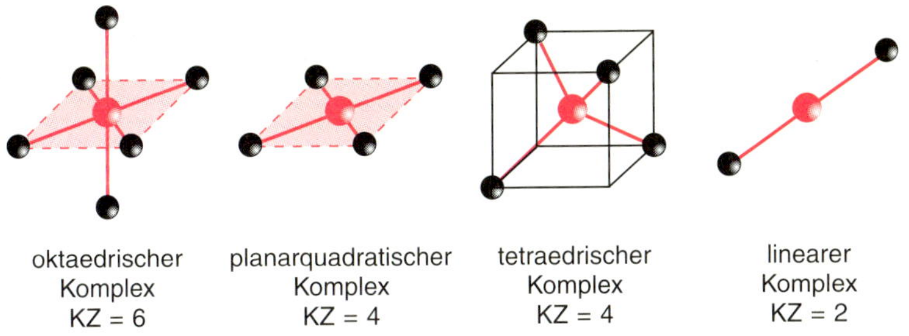

Abb. 3.13 Geometrien von Komplexen mit den Koordinationszahlen sechs, vier und zwei.

3.4.1 Bindungsverhältnisse in Komplexen

Die theoretische Behandlung der Bindungsverhältnisse in Komplexen geht von drei Modellen aus: der Valence Bond (VB)-, der Kristall- bzw. Ligandenfeld- und der MO-Theorie.

Valence-Bond-Theorie

Die Valence-Bond (VB)-Theorie geht auf Linus Pauling zurück. Die Komplexbildung wird als Reaktion eines elektronenarmen Teilchens (des Zentralatoms) mit elektronenreichen Teilchen (den Liganden) betrachtet. Dadurch entsteht eine im wesentlichen kovalente Bindung. Dieses Modell läßt sich auch nach der Lewis'schen Säure-Base-Theorie beschreiben (vgl. Abschn. 9.1). Danach ist das Zentralatom als Lewis-Säure, der Ligand als Lewis-Base anzusehen.

Durch Hybridisierung von Atomorbitalen des Zentralatoms werden neue gleichwertige Hybridorbitale gebildet, die jeweils mit einem doppelt besetzten Orbital eines Liganden überlappen.

Betrachten wir $PtCl_4^{2-}$, einen planarquadratischen Komplex: Er bildet sich nach der VB-Theorie auf folgende Weise aus:

Im Grundzustand besitzt das Pt(II)-Kation die Elektronenkonfiguration [Xe]$4f^{14}$ $5d^8$:

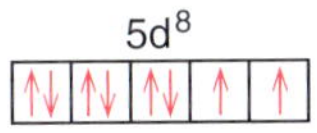

Die Wechselwirkung mit den Liganden bewirkt eine Paarbildung der beiden ungepaarten Elektronen.

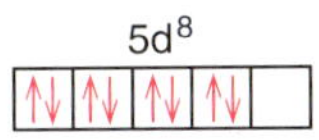

Das leere 5d-Orbital, das 6s- und zwei 6p-Orbitale hybridisieren zu vier gleichartigen dsp^2-Orbitalen mit planarquadratischer Symmetrie.

Diese überlappen jeweils mit einem Orbital eines Chlorid-Ions, das ein freies Elektronenpaar enthält.

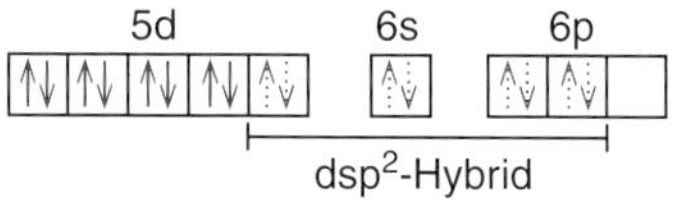

Die acht Elektronen der Chlorliganden sind in der Zeichnung farbig hervorgehoben. (Sie sind in der Realität natürlich nicht von den übrigen Elektronen unterscheidbar.)

Betrachten wir als weiteres Beispiel den Hexamincobalt(III)-Komplex $[Co(NH_3)_6]^{3+}$, einen oktaedrischen Komplex. Das Co^{3+}-Ion enthält im Grundzustand sechs ungepaarte Elektronen, die sich auf fünf 3d-Orbitale verteilen. Bei der Komplexbildung besetzen sie unter Spinpaarung drei 3d-Orbitale. Die verbleibenden zwei 3d-Orbitale hybridisieren mit dem 4s- und den 4p-Orbitalen zu sechs d^2sp^3-Hybridorbitalen; diese werden von den freien Elektronenpaaren des Ammoniakstickstoffs in NH_3 besetzt.

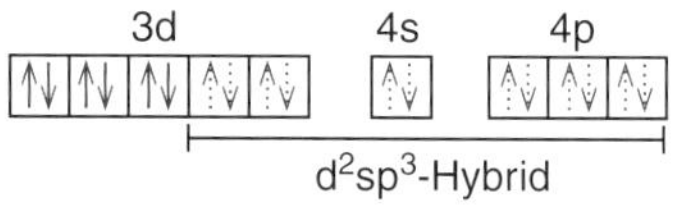

Es gibt aber auch Komplexe, in denen die Elektronenkonfiguration des Grundzustands des Zentralatoms oder Zentral-Ions erhalten bleibt: Ein Beispiel dafür ist der Hexafluoro-Cobalt-Komplex $[CoF_6]^{3-}$.

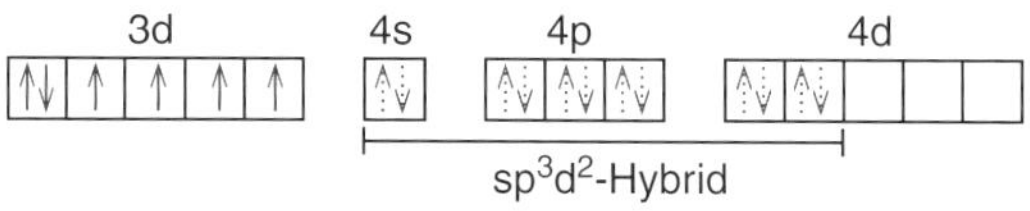

Die Ligandenfeld-Theorie

Die VB-Methode führt ohne großen Aufwand zu akzeptablen Ergebnissen, ist aber von ihrer ursprünglichen Konzeption her nicht in der Lage, einige charakteristische Eigenschaften von Komplexen, wie Farbigkeit oder das Auftreten mehrerer ungepaarter Elektronen zu erklären, wie es für manche Komplexe typisch ist.

Die Kristallfeldtheorie geht von einem rein elektrostatischen Modell aus, in dem Zentralatom bzw. Zentralion und Liganden als Punktladungen behandelt werden. Dabei betrachtet man die energetischen Veränderungen der Valenzorbitale des Zentralatoms/-ions bei Annäherung der Liganden auf Bindungsabstand. In die **Ligandenfeld-Theorie** wird der Raumbedarf des Zentralatoms und der Liganden einbezogen sowie der kovalente Charakter der Bindung zwischen Zentralatom/-ion und Ligand zum Teil mit berücksichtigt. Die Ligandenfeldtheorie soll am Beispiel eines oktaedrischen Komplexes erläutert werden.

Im isolierten Zentralatom sind die fünf d-Orbitale d_{xy}, d_{xz}, d_{yz}, $d_{x^2-y^2}$ und d_{z^2} energetisch gleichwertig, also entartet. In einer formalisierten Betrachtungsweise führt die Annäherung der Liganden aus Richtung der kartesischen Koordinaten (x-, y-, z-Richtung) durch die Abstoßung der Elektronenwolken von Zentralatom und Liganden zu einer generellen Anhebung der Orbitalenergien, wobei das $d_{x^2-y^2}$-Orbital und das d_{z^2}-Orbital, deren Ladungsdichte entlang dieser Achsen am größten ist, mit den Liganden in eine stärkere abstoßende Wechselwirkung treten als jene Orbitale, deren größte Ladungsdichte zwischen den Achsen liegt (d_{xy}, d_{xz}, d_{yz}). Abbildung 3.14 verdeutlicht dies am Beispiel des $d_{x^2-y^2}$ und des d_{yz}-Orbitals.

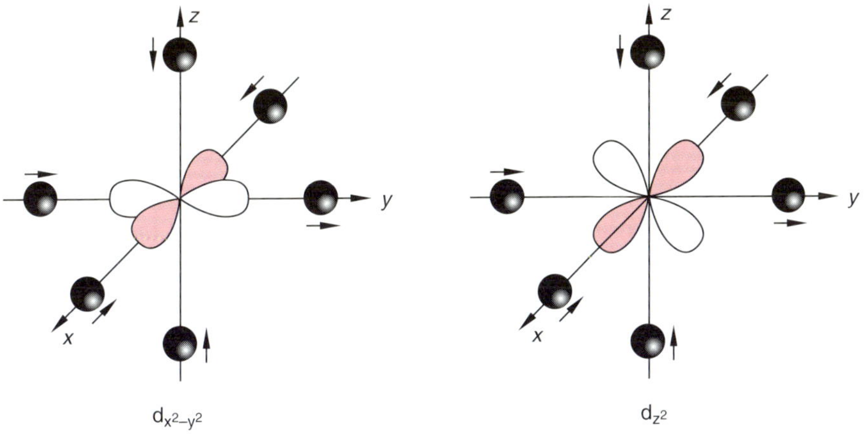

Abb. 3.14 Wechselwirkung der Liganden a) mit dem $d_{x^2-y^2}$-Orbital und b) mit dem d_{yz}-Orbital bei Annäherung an das Zentralatom entlang der Achsen des kartesischen Koordinatensystems.

Dies führt zu einer Aufspaltung der Energieniveaus in drei Orbitale von niedriger Energie, die ***t_{2g}*-Orbitale** und zwei energetisch höher liegende ***e_g*-Orbitale**, (Abb. 3.15). Die t_{2g}- bzw. die e_g-Orbitale sind zwei- bzw. dreifach entartet. (Die Bezeichnungen t_{2g} und e_g entstammen der Symmetrielehre). Der Energieschwerpunkt, die Summe der Orbitalenergien, bleibt bei dem Aufspaltungsprozeß erhalten.

Die Energieaufspaltung zwischen den t_{2g}- und e_g-Orbitalen beträgt definitionsgemäß 10 Dq. Die Größe Δ der Aufspaltung hängt vom Zentralatom, seiner Stellung im Periodensystem und seiner Oxidationszahl ab. So steigt der Betrag von 10 Dq von Cr^{2+} zum isoelektronischen Mn^{3+} (mit gleicher Elektronenzahl) um etwa 50 %. Innerhalb derselben Gruppe, also beim Übergang von 3d- zu 4d-Metallen, nimmt die Aufspaltung um 30 bis 40 % zu, z. B. von Fe^{2+} zu Ru^{2+}.

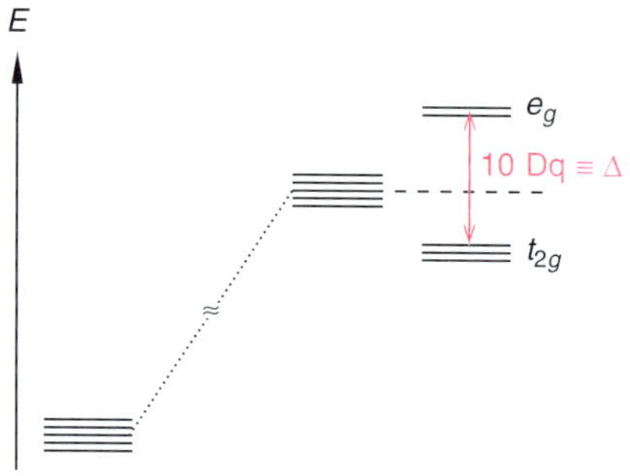

Abb. 3.15 Aufspaltung der d-Orbitale im oktaedrischen Ligandenfeld.

Darüber hinaus wird die Größe der Aufspaltung durch die Liganden beeinflußt. Sie steigt in der folgenden Reihe (**spektrochemische Reihe**):

$$I^- < Br^- < Cl^- < HO^- < F^- < H_2O < SCN^- < NH_3 < NO_2^- < CN^- \simeq CO$$

t_{2g}-Elektronen können häufig schon durch sichtbares Licht auf das e_g-Niveau angehoben werden. Viele Komplexe sind deshalb farbig.

Wäßrige Lösungen von Ti^{3+} sind violett; es bildet sich ein Komplex aus Ti^{3+} aus sechs Wassermolekülen aus. Im oktaedrischen $[Ti(H_2O)_6]^{3+}$-Komplex besetzt das einzelne d-Elektron des Ti(III) das t_{2g}-Niveau. Der Komplex absorbiert Licht der Wellenzahl 20 300 cm^{-1} (243 kJ/mol). Diese Energie entspricht der Energiedifferenz zwischen den t_{2g}- und den e_g-Orbitalen und liegt im Bereich schwächerer kovalenter Bindungen.

Beim Auffüllen der d-Orbitale im oktaedrischen Komplex ergeben sich bei den Konfigurationen d^4, d^5, d^6 und d^7 jeweils zwei Möglichkeiten, die hier am Beispiel eines Zentralatoms bzw. -ions mit vier d-Elektronen aufgezeigt werden. Ein Komplex mit der links im Bild gezeigten Elektronenkonfiguration besitzt die maximale Zahl *gepaarter* Elektronen.

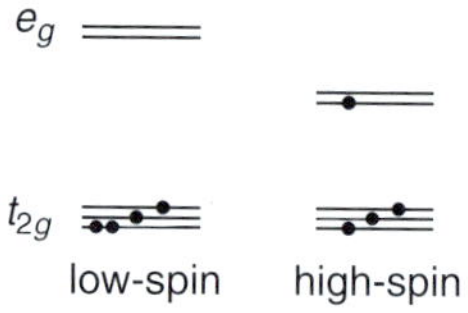

Er wird **low-spin-Komplex** genannt. Hat der Komplex dagegen eine Elektronenkonfiguration mit einer maximalen Zahl an *ungepaarten* Elektronen, so wird er als **high-spin-Komplex** bezeichnet. In den low-spin-Komplexen übersteigt die Größe der Spinpaarungsenergie der Elektronen den Betrag von 10 Dq. Diese Energie setzt sich zusammen aus der Abstoßung zweier Elektronen und dem Verlust an Austauschenergie nach der Regel von Hund, die eintritt, wenn Elektronen mit parallelem Spin gezwungen werden, antiparallelen Spin einzunehmen.

Ob ein Komplex bevorzugt in der low-spin- oder der high-spin-Konfiguration vorkommt, läßt sich also anhand der Stellung des Zentralatoms/-ions im Periodensystem, seiner Oxidationszahl und der Stellung des Liganden in der spektrochemischen Reihe abschätzen.

Die Ligandenfeldtheorie kann sehr viele Einzelheiten der Koordinationschemie gut erklären, hat aber auch erhebliche Mängel. Ein Modell, das in seiner ursprünglichen Form, der Kristallfeld-Theorie, von Punktladungen ausgeht, stellt eine unzulässige Vereinfachung dar. Wenn man annimmt, daß die Energieaufspaltung der d-Orbitale ausschließlich durch elektrostatische Effekte verursacht wird und die Bindung keinen kovalenten Anteil besitzt, dürfte z. B. Kohlenmonoxid (CO) nicht ganz rechts in der spektrochemischen Reihe stehen und nicht die stärkste Feldwirkung ausüben, da es keine Ionenladungen und praktisch kein Dipolmoment besitzt.

Die Molekülorbital-Theorie für Koordinationsverbindungen

Die Molekülorbitaltheorie kommt qualitativ zu den gleichen Aussagen wie die Ligandenfeldtheorie.

Betrachten wir wieder einen oktaedrischen Komplex mit sechs Liganden, die jeweils ein Elektronenpaar zur Bindung beisteuern. Durch die Kombination dieser sechs Ligandenorbitale und den 3d-, 4s- und 4p-Orbitalen des Zentralatoms ergeben sich neun Molekülorbitale. Davon tragen die 3 t_{2g}-Orbitale nicht zur Bindung bei; sie sind nichtbindend. Weiter entstehen sechs bindende Molekülorbitale, deren Energie niedriger liegt als die Energie der isolierten Atome, und sechs antibindende Molekülorbitale mit höherer Energie. Die Energieaufspaltung im oktaedrischen Feld, 10 Dq, ist in der MO-Theorie die Energiediffe-

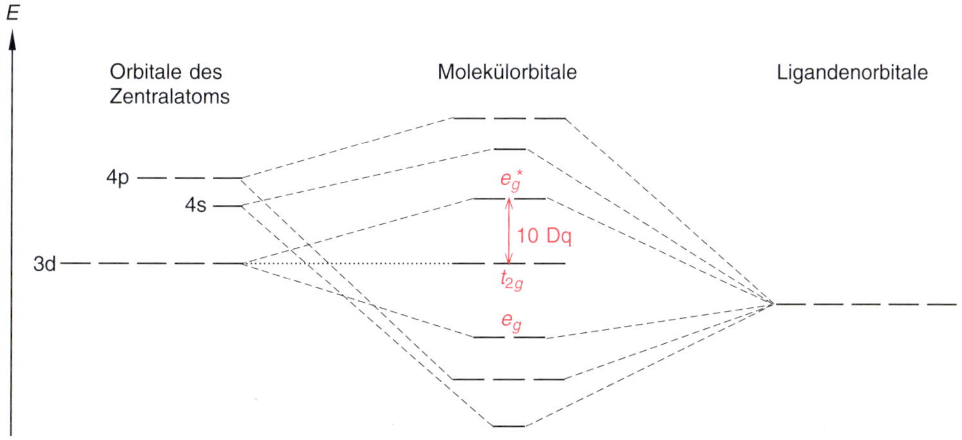

Abb. 3.16 Molekülorbitaldiagramm für einen oktaedrischen Komplex.

renz zwischen den nichtbindenden Orbitalen und den antibindenden e_g^*-Orbitalen. In Abb. 3.16 ist das MO-Diagramm für einen oktaedrischen Komplex dargestellt.

Koordinationsverbindungen in der Biologie

In der Biologie sind Komplexe an vielen verschiedenen Reaktionen beteiligt, z. B. enthalten die Proteine Hämoglobin, Myoglobin und die Cytochrome Eisen in ihren Reaktionszentren. Das Eisen hat dabei unterschiedliche Funktionen: In Hämoglobin und Myoglobin dient es zum Sauerstofftransport, indem es reversibel O_2 koordiniert. In den Cytochromen ist Eisen am Transport von Elektronen beteiligt. Hämocyanin ist ein Kupferkomplex, der ebenfalls dem Sauerstofftransport dient. Chlorophyll, ein Pigment, das an der Photosynthese beteiligt ist, enthält Magnesium in seinem Zentrum. Vitamin B_{12} ist ein Cobaltkomplex.

4 Wechselwirkungen zwischen Molekülen

Zwischen Molekülen oder Atomen (Edelgasen) gibt es Anziehungskräfte, die weder ionischer noch kovalenter Natur sind. Sie beruhen auf elektrostatischen Wechselwirkungen, deren Bindungsenergien sehr viel geringer sind als die von ionischen oder kovalenten Bindungen. Sie liegen gewöhnlich im Bereich thermischer Energien, können also schon durch leichte Temperaturerhöhungen aufgehoben werden. Deshalb beeinflussen sie das physikalisch-chemische Verhalten chemischer Verbindungen.

4.1 van-der-Waals-Wechselwirkungen

van-der-Waals-Wechselwirkungen sind weitreichende, nicht kovalente Wechselwirkungen zwischen valenzmäßig abgesättigten Molekülen oder zwischen inerten Atomen, z. B. Edelgasen. Das können Wechselwirkungen zwischen permanenten und induzierten Dipolen und sog. Dispersionskräfte (London-Kräfte) sein.

Der Zusammenhalt dipolarer Moleküle, z. B. HCl, kommt durch die Ausrichtung des Dipols unter der Wirkung von Nachbardipolen zustande. Zwischen den entgegengesetzten Ladungen besteht eine Coulomb-Anziehung:

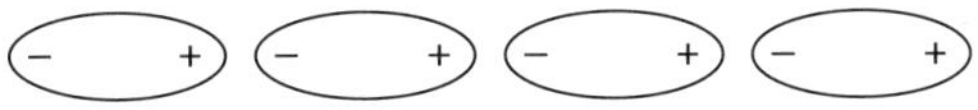

Die **Induktionswechselwirkung** kommt dadurch zustande, daß ein Molekül mit permanentem Dipol in einem unpolaren Molekül ein Dipolmoment induziert, indem es dessen symmetrische Ladungsverteilung stört. Permanenter und induzierter Dipol ziehen sich gegenseitig an.

Die **Dispersionswechselwirkung** tritt zwischen gänzlich unpolaren Molekülen oder Atomen auf. Atome oder unpolare Moleküle besitzen nur im Zeitmittel eine symmetrische Ladungsverteilung und damit kein Dipolmoment. Betrachtet man jedoch sehr kurze Zeitintervalle, stellt man ständig wechselnde Asymmetrien der Elektronen fest. Die Teilchen verhalten sich also wie Dipole mit sich schnell ändernder Orientierung. Der Zusammenhalt zwischen den einzelnen Partikeln kommt durch eine kurzzeitige Induktion eines Dipolmoments in den Nachbarmolekülen zustande. Man bezeichnet die wirkenden Kräfte auch als **London-Kräfte**. Sie nehmen mit wachsender Elektronenzahl und steigender Molekülmasse, also mit der leichteren **Polarisierbarkeit** der Elektronenhülle zu.

Nähern sich zwei Moleküle aufgrund von van-der-Waals-Wechselwirkungen, so beginnen ihre Elektronenwolken, sich gegenseitig abzustoßen. An einem bestimmten Punkt wiegt diese Abstoßung die van-der-Waals-Anziehung auf, so daß die Moleküle sich nicht weiter nähern. Jedes Atom hat einen charakteristischen **van-der-Waals-Radius**, ein Maß dafür, wie weit dieses Atom die Annäherung eines anderen Atoms zuläßt.

4.2 Wasserstoffbrückenbindung

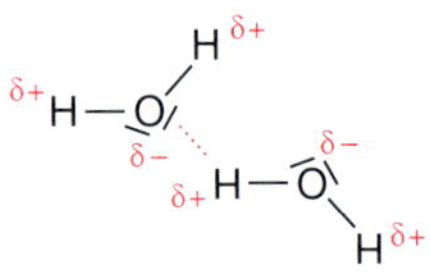

Wasserstoffatome, die kovalent an elektronegative Atome gebunden sind, sind stark positiv polarisiert. Sie können daher mit elektronegativen Partnern oder mit Atomen, die einsame Elektronenpaare haben, in eine elektrostatische Wechselwirkung treten. Das wichtigste Beispiel für das Auftreten einer solchen Wasserstoffbrückenbindung ist das Wasser.

Durch Wasserstoffbrücken entstehen ausgedehnte, dreidimensionale Molekülnetzwerke. Sie sind bei vielen Flüssigkeiten und Feststoffen für den Molekülzusammenhalt verantwortlich. Durch Zufuhr von Wärme brechen sie zum Teil auf. Substanzen, die Wasserstoffbrücken ausbilden können, z. B. H_2O, sieden in der Regel sehr viel höher als solche, die keine H-Brücken ausbilden, z. B. CH_4.

Wasserstoffbrücken sind auch für die Biochemie von enormer Bedeutung (Organische Chemie, Kap. 33). Sie stabilisieren Proteine und die doppelhelicale Struktur von DNA und RNA.

4.3 Hydrophobe Wechselwirkungen

Hydrophobe Wechselwirkungen treten zwischen unpolaren Molekülen in wässrigem Medium auf; sie sind eine Folge der starken Wechselwirkung aufgrund von Wasserstoffbrücken unter den Wassermolekülen. Unpolare Moleküle stören die Wasserstruktur, deshalb hat das Wasser die Tendenz, diese Störung so gering wie möglich zu halten und die unpolaren Moleküle zu verdrängen. Hydrophobe Wechselwirkungen sind also keine anziehenden Wechselwirkungen zwischen unpolaren Molekülen, die Anziehung rührt vielmehr vom Bestreben des Wassers, den Kontakt mit ihnen zu minimieren. Sie beruhen letztlich auf einem Effekt der Entropie (Abschn. 6.4).

Hydrophobe Wechselwirkungen spielen in der Biologie ebenfalls eine große Rolle. Sie bewirken die Bildung von Micellen und Membranen und stabilisieren die Raumstruktur von Proteinen im wäßrigen Milieu der Zelle.

4.4 Bindungsenergien

Die Bindungsenergie ist die Energie, mit der zwei Bindungspartner zusammengehalten werden und entspricht etwa der Energie, die aufzuwenden wäre, um die beiden Atome vollständig voneinander zu trennen.

van-der-Waals-Wechselwirkungen, Wasserstoffbrücken und hydrophobe Wechselwirkungen zählen zu den *schwachen* Bindungen, im Gegensatz zu den starken Bindungen, die kovalente, ionische und metallische Bindung, sowie die koordinative Bindung umfasssen. In Tabelle 4.1 sind die Bindungsenergien dieser unterschiedlichen Wechselwirkungen nochmals zusammengefaßt.

Tabelle 4.1: Bindungsenergien

Art der Bindung	Bindungsenergie in kJ/mol^{-1}
Kovalente, Ionen-, koordinative-, und metallische Bindung	300–900
Wasserstoffbrückenbindung	15–45
van-der-Waals-Bindung, hydrophobe Wechselwirkung	10

5 Zustandsformen der Materie

Die augenfälligste makroskopische Unterscheidungsmöglichkeit des Zustandes von Materie ist die nach den Eigenschaften **gasförmig**, **flüssig** oder **fest**, d. h. nach ihrem **Aggregatzustand**.

Darüber hinaus kann man zwischen **reinen Stoffen** einerseits, **homogenen** und **heterogenen Gemischen** andererseits unterscheiden. Die Beschreibung heterogener Gemische erfordert einen weiteren Begriff: den der **Phase**. Man versteht darunter optisch unterscheidbare, in sich einheitliche Materiebereiche, die durch scharfe Grenzflächen markiert sind. Öl und Wasser bilden beispielsweise ein zweiphasiges System, in dem zwei flüssige Phasen klar voneinander getrennt sind.

Heterogene Gemische sind mehrphasige Systeme, in denen sich die einzelnen Bestandteile oft sogar makroskopisch unterscheiden lassen. In heterogenen Gemischen ist die Zusammensetzung einer Probe abhängig vom Ort der Probenahme. Die Zusammensetzung ist also abhängig von dem betrachteten Volumenclement. Milch ist ein Beispiel für ein heterogenes Gemisch, in dem feine Fetttröpfchen in Wasser schweben (**Emulsion**). In **Suspensionen** schweben feste Bestandteile in einer flüssigen Phase. In **Aerosolen** sind feste Bestandteile (Rauche, Staube) oder flüssige Bestandteile (Nebel) in einer Gasphase feinst verteilt. Heterogene Gemische können nicht zwischen gasförmigen Bestandteilen auftreten.

Bei **homogenen Stoffen** muß man unterscheiden zwischen echten Lösungen wie Alkohol in Ether, Kochsalz in Wasser oder homogenen Mischungen wie Luft (eine Mischung aus Stickstoff, Sauerstoff, Edelgasen und Kohlendioxid usw.) und reinen Stoffen, die nur aus einer einzigen Verbindung oder einem Element bestehen.

5.1 Der gasförmige Zustand

Der gasförmige Zustand ist dadurch gekennzeichnet, daß zwischen den Gasteilchen nur sehr geringe Kräfte wirken, daß die Gasteilchen im Verhältnis zu ihrer Größe weit voneinander entfernt sind, sich schnell bewegen und einen durch äußere Begrenzungen limitierten Raum statistisch ausfüllen.

Der Zustand von Gasen läßt sich durch das **Modell des idealen Gases** besonders einfach beschreiben: Die Gasteilchen werden als Massepunkte ohne räumliche Ausdehnung betrachtet, zwischen denen keine Wechselwirkungen auftreten. Damit läßt sich der Zustand des idealen Gases mit den Zustandsgrößen Druck (p), Volumen (V) und Temperatur (T, in Kelvin = 273,15 + t°C) durch folgende Zustandsgleichung beschrieben:

$$p \cdot V = n \cdot R \cdot T$$

n ist dabei die Stoffmenge in Mol (vgl. Abschn. 23) und R die allgemeine Gaskonstante (R = 8,3144 J $mol^{-1}K^{-1}$).

Das Verhalten eines realen Gases kommt diesem Idealfall umso näher, je geringer sein Druck und je höher seine Temperatur ist.

Ideales Verhalten vorausgesetzt, setzt sich das Volumen einer Gasmischung p_M bzw. deren Druck V_M additiv aus den Einzelvolumina (Partialvolumina v_i) bzw. den Einzeldrücken (Partialdrücken) p_i der Komponenten i zusammen:

$$V_M = \Sigma v_i \quad \text{bzw.} \quad p_M = \Sigma p_i$$

5.2 Der flüssige Zustand

In Flüssigkeiten ist die Materie wesentlich stärker geordnet. Wechselwirkungen zwischen den Flüssigkeitsteilchen halten die Flüssigkeit zusammen. Flüssigkeiten haben deshalb meist eine klar erkennbare Phasengrenzfläche und ein definiertes Volumen, jedoch keine definierte äußere Form, weil die einzelnen Flüssigkeitsteilchen leicht aneinander vorbeigleiten können. Auf Teilchen an der Phasengrenzfläche wirken einseitig nach innen gerichtete Kräfte. Flüssigkeiten sind deshalb immer danach bestrebt, eine möglichst kleine Oberfläche einzunehmen.

Flüssigkeitsteilchen besitzen, wie Gasteilchen natürlich auch, eine temperaturabhängige kinetische (Bewegungs-)Energie. Diese Energie ist aber nicht für alle Teilchen gleich, sondern über einen bestimmten Bereich verteilt. Der Durchschnittswert der kinetischen Energie aller Teilchen ist von der Temperatur abhängig und wird als **mittlere kinetische Energie** bezeichnet. Während die meisten Teilchen eine Energie im Bereich der mittleren kinetischen Energie besitzen, gibt es immer auch einige, die eine besonders niedrige oder besonders hohe Energie besitzen. Durch die ständigen Zusammenstöße der Teilchen ändert sich die kinetische Energie jedes einzelnen dauernd.

Ist die Energie einzelner Flüssigkeitsteilchen hoch genug, sind sie in der Lage, die gegenseitige Anziehung zu überwinden und in den Gasraum überzugehen. Umgekehrt können sie auch unter Verlust ihrer hohen Energie von der Flüssigkeit wieder eingefangen werden. In einem geschlossenen Gefäß stellt sich so zu jeder Temperatur ein Gleichgewicht zwischen Verdampfung und Kondensation ein, d. h. die Konzentration der Teilchen im Gasraum ist konstant. Der dann über der Flüssigkeit herrschende Druck wird **Dampfdruck** genannt.

Führt man einem System bei konstantem Druck kontinuierlich Energie zu, so erhöht sich die Temperatur des Systems stetig, bis zu einem Punkt, an dem der Dampfdruck dem äußeren Druck entspricht. Diese Temperatur wird als **Siedepunkt** bezeichnet. Bei weiterer Energiezufuhr bleibt die Temperatur so lange konstant, bis die gesamte Flüssigkeit verdampft ist. Die Siedetemperatur ist proportional dem äußeren Druck. Tabellierte Siedepunktsangaben beziehen sich, wenn nicht ausdrücklich anders vermerkt, auf den Normaldruck (1 atm oder 101,3 kPa).

Durch Abkühlen kann man den Flüssigkeitsteilchen so lange Energie entziehen, bis ihre Geschwindigkeit so gering geworden ist, daß sie durch zwischenmolekulare Kräfte fixiert werden können. Dies entspricht dem Übergang von der flüssigen zur festen Phase: Die Flüssigkeit erstarrt zu einem kristallinen Festkörper. Der **Gefrierpunkt** entspricht der Temperatur, bei der (bei Normaldruck) Feststoff und Flüssigkeit im Gleichgewicht nebeneinander vorliegen. Während des Gefrierens bleibt die Temperatur so lange konstant, bis die gesamte Flüssigkeit erstarrt ist.

Die Umkehrung des Vorganges, das Schmelzen, tritt unter gleichen Bedingungen auch bei gleichen Temperaturen ein. Der **Schmelzpunkt** ist völlig analog dem Siedepunkt definiert.

Nicht immer tritt bei Erreichen des Gefrierpunkts tatsächlich Kristallisation ein. Zuweilen behalten die Flüssigkeitsteilchen ihre Beweglichkeit auch unterhalb des Gefrierpunktes. Man spricht dann von **unterkühlten Flüssigkeiten**. Durch Zusatz von sog. Impfkristallen, anderen Kristallisationskeimen oder auch ohne makroskopisch ersichtlichen Grund können solche Flüssigkeiten fast schlagartig kristallisieren.

5.3 Der feste Zustand

Materie im festen Zustand besitzt ein definiertes Volumen und eine definierte äußere Form. Man unterscheidet **kristalline** und **amorphe** Feststoffe. In kristallinen Feststoffen sind die Teilchen nach einem strengen Ordnungsprinzip angeordnet. Kristalle sind **anisotrop**, d. h. physikalische Eigenschaften wie Härte, Wärme- und elektrische Leitfähigkeit, Spaltbarkeit, thermische Expansion usw. sind richtungsabhängig. Reine kristalline Substanzen haben einen exakten Schmelzpunkt. Der Schmelz- und Gefriervorgang wurde im Abschnitt über Flüssigkeiten beschrieben.

Daneben gibt es jedoch auch Stoffe, die beim Abkühlen zunehmend viskoser (zäher) und schließlich fest werden, ohne eine kristalline Ordnung aufzubauen. Diese Substanzen besitzen keinen definierten Gefrierpunkt. Man bezeichnet sie als **amorphe Feststoffe** oder als **Gläser**. Neben dem namensgebenden Glas gehören zu dieser Gruppe auch viele Kunststoffe und neuerdings auch durch verschiedene Techniken herstellbare „metallische Gläser" mit hochinteressanten Werkstoffeigenschaften. Amorphe Substanzen zeichnen sich dadurch aus, daß ihre physikalischen Eigenschaften richtungsunabhängig sind; sie sind also isotrop.

5.3.1 Kristalline Feststoffe

Kristalline Feststoffe können nach Art der Teilchen und der Kräfte, die zwischen ihnen wirken, und auch nach dem räumlichen Aufbau des Kristalls unterschieden werden.

Ionenkristalle werden durch Ionen aufgebaut. Ihren Zusammenhalt bewirken elektrostatische (Coulomb-) Kräfte zwischen gegensätzlich geladenen Ionen. Beispiele dafür sind Kochsalz, NaCl oder Kaliumnitrat, KNO_3. Bei dem Aufbau eines Ionengitters wird die sog. Gitterenergie U_G frei. In Tabelle 5.1 sind einige Gitterenergien für Ionengitter zusammengestellt.

Zwischen **Molekülkristallen** können van-der-Waals-Kräfte, Dipolkräfte und Wasserstoffbrücken wirken. Beispiele sind Methan, CH_4, Schwefeldioxid, SO_2 und Eis.

Atomkristalle werden durch kovalente Bindungen zusammengehalten. Sie bestehen nur aus einer Atomsorte. So besteht das Diamantgitter nur aus Kohlenstoff (vgl. Kap. 14.2.2).

Tabelle 1.7 Gitterenergien U_G einiger Salze in kJ/mol (nach: Christen/Meyer, Allgemeine und Anorganische Chemie. Sauerländer + Salle, 1994)

LiF	–1019	LiCl	–838	MgO	–3929	CaF_2	–2611
LiCl	–838	NaCl	–766	CaO	–3477	$CaCl_2$	–2146
LiBr	–798	KCl	–703	BaO	–3042	$CaBr_2$	–2025
LiI	–742	RbCl	–665	Al_2O_3	–15100	CaI_2	–1920
		CsCl	–623				
				MgS	–3347		
				CaS	–3084		
				BaS	–2707		

Im **Metallkristall** wirken metallische Bindungen: Positive Metall-Ionen werden durch bewegliche (delokalisierte) Elektronen verbunden (vgl. Abschn. 3.3).

Die genannten Kristallarten kommen selten rein vor, meist findet man Übergangsformen. Molekülkristalle, die durch Dipolkräfte zusammengehalten werden, bilden den Übergang zum Ionenkristall, Ionenkristalle aus stark polarisierbaren (weichen) Ionen tendieren in Richtung Molekülkristall, um nur einige Beispiele zu nennen. Unterscheidet man nach dem räumlichen Aufbau, kann man in drei Typen einteilen:

Dreidimensional verknüpfte **Koordinations-, Gerüst-** oder **Raumnetzstrukturen**, in denen die Gitterkräfte in alle Raumrichtungen etwa gleichstark wirken (Ionenbindung, Atombindung, metallische Bindung),

Schichtstrukturen, deren Gitterkräfte in einer Ebene (zweidimensional) besonders stark ausgeprägt sind und die einzelnen Schichten durch vergleichsweise geringe Kräfte verbunden sind (Graphit, Tone),

Kettenstrukturen, deren Gitterkräfte nur eindimensional stark wirken (Asbest).

5.3.2 Kristallstruktur und Kristallgitter

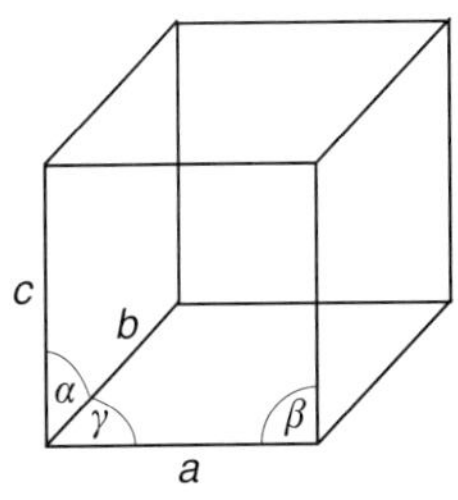

Durch die Kristallstruktur wird die räumliche Anordnung aller am Kristallaufbau beteiligten Atome beschrieben.

Durch das Kristallgitter (Raumgitter) werden die symmetrischen Gegebenheiten eines Kristalls beschrieben, wobei die Gitterbausteine auf ihre Schwerpunkte, die sogenannten Gitterpunkte, reduziert werden. Ein Kristall- oder Raumgitter zeichnet sich dadurch aus, daß es sich in einzelne gleichartige (kongruente) Zellen, die **Elementarzel-**

len, zerlegen läßt. Umgekehrt muß sich jedes Kristallgitter durch Aneinanderreihen der Elementarzellen bzw. durch deren Parallelverschiebung aufbauen lassen. Jede der Elementarzellen ist durch drei Paare paralleler Flächen begrenzt. Bei der Festlegung der Elementarzelle ist darauf zu achten daß nur identische Gitterpunkte in gleicher Umgebung als Eckpunkte verwendet werden dürfen. Es ergeben sich so sieben Kristallsysteme, die durch ihre drei Kantenlängen, a, b, c sowie durch die Winkel α, β und γ beschrieben werden.

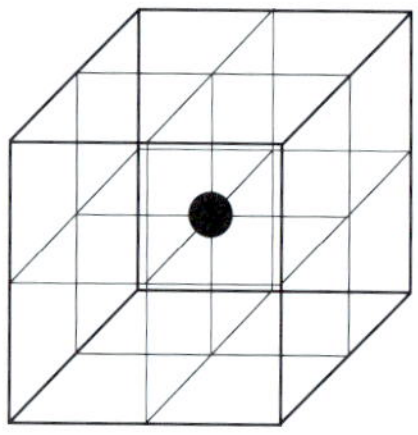

Jeder Eckpunkt einer Elementarzelle gehört gleichzeitig sieben weiteren Elementarzellen an, so daß jede Zelle nur insgesamt einen ganzen Gitterpunkt besitzt.

Daneben gibt es noch Elementarzellen, die mehr als nur einen Gitterpunkt besitzen. So kann sich im Zentrum ein weiterer Punkt befinden, der dann allein der betrachteten Zelle angehört. Solche Elementarzellen bestehen dann aus zwei ganzen Gitterpunkten. Elementarzellen, die aus vier Gitterpunkten aufgebaut werden, tragen jeweils im Zentrum ihrer sechs Begrenzungsflächen einen Punkt, der jeweils zur Hälfte der Nachbarzelle angehört.

Aus den sieben Kristallsystemen erhält man so die 14 **Bravais-Gitter**, die in Abb. 5.1 dargestellt sind.

Kristallstrukturen bei Metallen

Zur Beschreibung der Metallstrukturen stellt man sich die Metallkristalle als aus starren, sich berührenden Kugeln aufgebaut vor. Die meisten Metalle kristallisieren entweder in einem kubisch innenzentrierten Gitter, in der hexagonal dichtesten Kugelpackung oder in der kubisch dichtesten Kugelpackung.

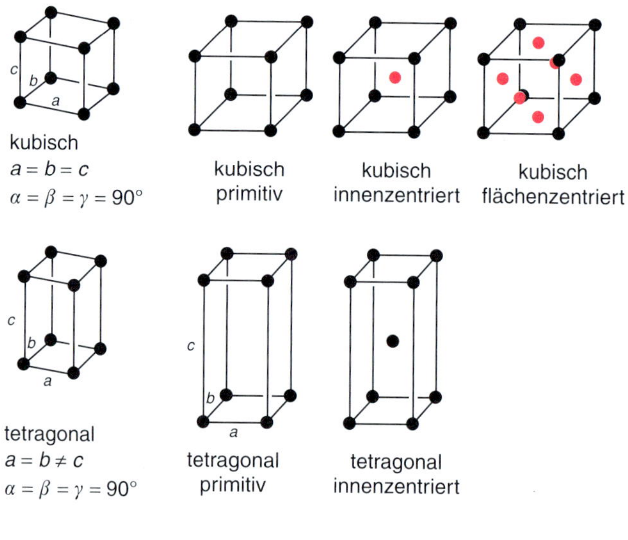

Abb. 5.1
Die 14 Bravais-Gitter.

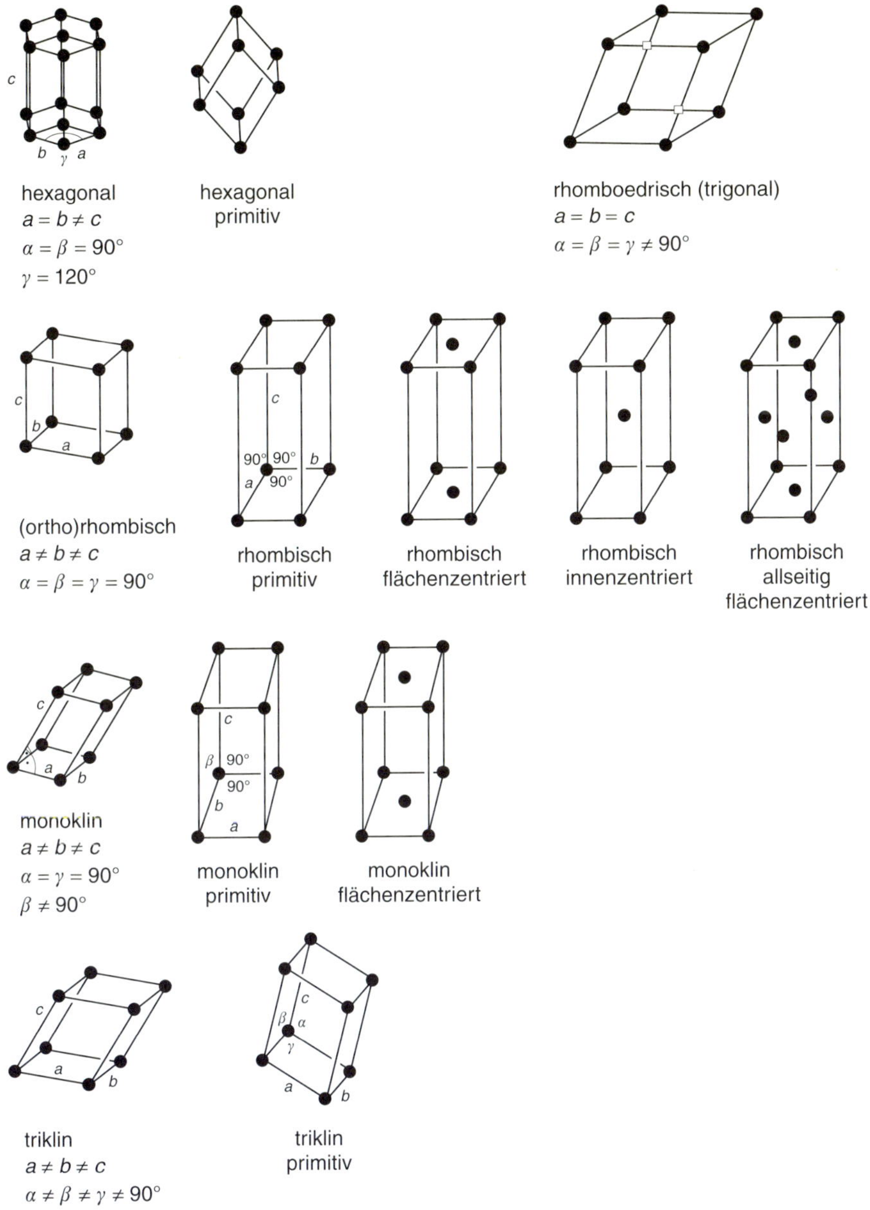

Abb. 5.1 Die 14 Bravais-Gitter (Fortsetzung).

Im **kubisch innenzentrierten Gitter** befindet sich ein Metallatom im Zentrum eines Würfels und seine direkten Nachbarn besetzen die acht Würfelecken. Zur besseren Übersichtlichkeit wurden die Metallatome hier zu klein gezeichnet.

Die beiden anderen Strukturen beruhen auf einer **dichtesten Kugelpackung**. Dieser Ausdruck besagt, daß die starren Kugeln so angeordnet sind, daß die zwischen den Kugeln verbleibenden Hohlräume möglichst klein sind, die „Packung“ also so dicht wie möglich ist.

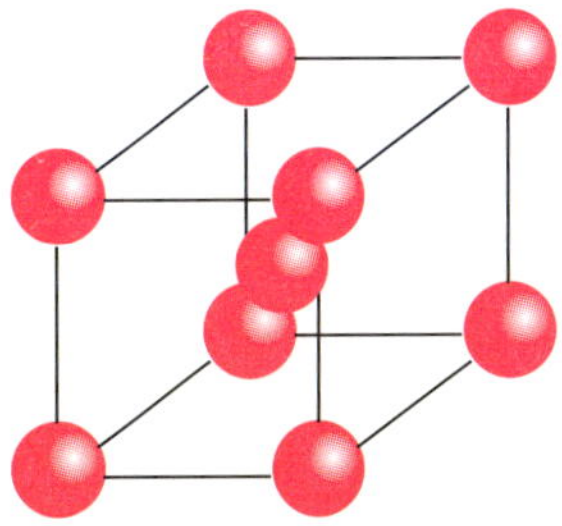

kubisch innenzentriert

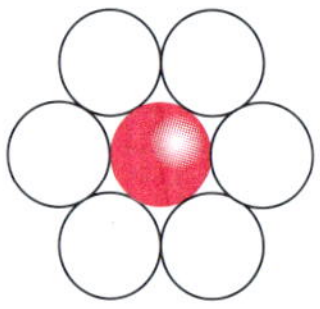

dichtest gepackte Schicht

Die **hexagonal** und die **kubisch dichteste Kugelpackung** unterscheiden sich in der Abfolge ihrer dichtest gepackten Schichten. In beiden Typen ist in einer Ebene jede Kugel von sechs Nachbarn umgeben. In der nächsten Ebene (Schicht) kommen die Atome in die „Vertiefungen“ der ersten Schicht zu liegen.

Von der dritten Schicht an gibt es Alternativen, die in der oben gewählten zweidimensionalen Darstellung nicht erkennbar sind. Kommt die dritte Schicht genau über der ersten zu liegen, hat man es mit einer hexagonal dichtesten Kugelpackung zu tun (Abb. 5.2a).

Liegt erst die vierte Schicht genau über der ersten, spricht man von einer kubisch dichtesten Kugelpackung (Abb. 5.2b). Die Elementarzelle ist kubisch flächenzentriert.

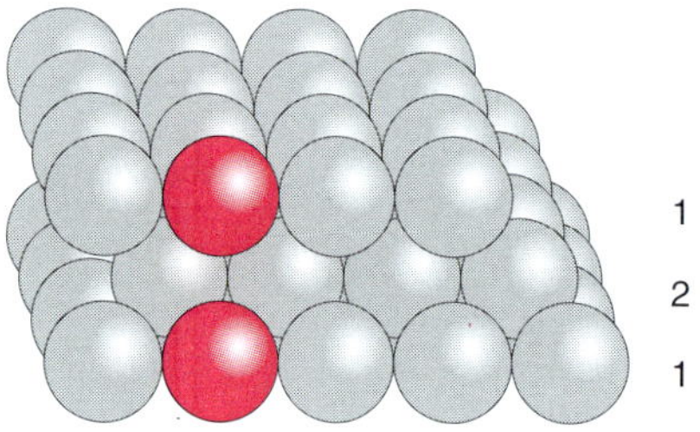

a)

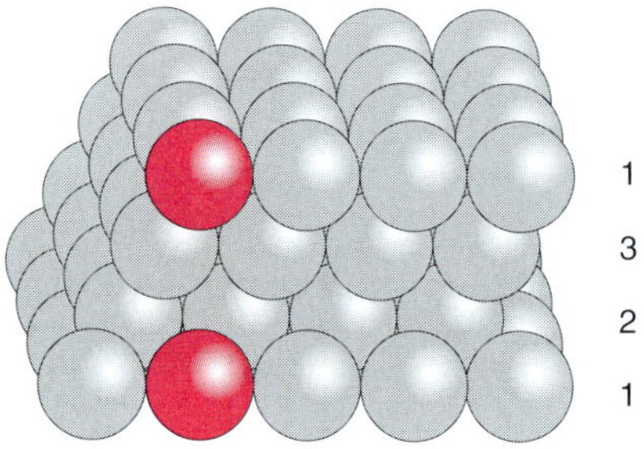

b)

Abb. 5.2 a) Hexagonal dichteste Kugelpackung: Die dritte Schicht kommt genau gegenüber der ersten zu liegen.

b) Kubisch dichteste Kugelpackung: Die vierte Schicht liegt genau über der ersten Schicht.

6 Thermodynamik

Die chemische Thermodynamik beschreibt die energetischen Effekte bei chemischen Vorgängen. Ganz allgemein ist die Thermodynamik eine Theorie, die sich mit makroskopischen, der direkten Messung zugänglichen Materieeigenschaften befaßt. Sie ist unabhängig von den Vorstellungen über den mikroskopischen Aufbau von Materie und kann alleine aus drei empirischen Erfahrungssätzen, den **Hauptsätzen der Thermodynamik**, hergeleitet werden. Entsprechend dieser Konzeption sind von der Thermodynamik keine Aussagen über den mikroskopischen Ablauf von chemischen Vorgängen (Reaktionsmechanismus) oder deren Geschwindigkeit (Reaktionskinetik) zu erwarten.

Thermodynamische Betrachtungen beschränken sich auf die Beschreibung von **Systemen**. Man versteht darunter einen definierten Materiebereich, der entweder durch tatsächliche (physikalische) oder gedachte Grenzen von seiner Umgebung abgesetzt ist.

Man unterscheidet dabei drei Möglichkeiten:

a) das **abgeschlossene (isolierte) System**, das weder Materie noch Energieaustausch mit seiner Umgebung zuläßt,
b) das **geschlossene System**, das Energieaustausch, aber keinen Materieaustausch ermöglicht, und
c) das **offene System**, bei dem sowohl Materie- als auch Energieaustausch möglich ist.

In der Thermodynamik werden die makroskopischen Materieeigenschaften, der **Zustand** eines Systems, als Funktionen von **Zustandsvariablen**, d.h. mit Hilfe von **Zustandsfunktionen** beschrieben. Zustandsvariablen sind Druck, Temperatur, Volumen, Konzentration, chemische Zusammensetzung usw.

6.1 Der erste Hauptsatz der Thermodynamik

Der Erkenntnis, daß Arbeit und Wärme nur verschiedene Erscheinungsformen von Energie sind und Arbeit vollständig in Wärme umgewandelt werden kann (umgekehrt nur teilweise!), folgte die Formulierung des ersten Hauptsatzes der Thermodynamik:

> Energie kann weder vernichtet, noch aus dem Nichts gewonnen werden. Für ein abgeschlossenes System gilt, daß die Summe aller Energieformen konstant sein muß.

Mit der Definition der **inneren Energie *U*** als Summe aller Energieformen eines Systems kann man für ein abgeschlossenes System den 1. Hauptsatz auch mathematisch als $\Delta U = 0$ formulieren (Δ bezeichnet dabei eine Differenz bzw. eine Änderung von U). Die verschiedenen Energieformen können ineinander umgewandelt werden, aber eine Änderung der Gesamtenergie tritt dabei nicht ein.

Läßt man in einem geschlossenen System Energieaustausch in Form von Wärme Q und Arbeit A zu, ist der erste Hauptsatz mathematisch gegeben durch:

$$\Delta U = Q + A$$

Dabei gelten die folgenden Vorzeichen-Konventionen:

$Q > 0$: Wärmeaufnahme durch das System
$Q < 0$: Das System gibt Wärme an die Umgebung ab
$A > 0$: Arbeit wird *an* dem System verrichtet
$A < 0$: das System verrichtet Arbeit

Die Innere Energie U beschreibt den Zustand eines Systems und ist eine **Zustandsfunktion**; sie ist nur vom momentanen Zustand eines Systems abhängig und sagt nichts über den Weg aus, auf dem ein bestimmter Zustand erreicht wird.

6.1.1 Prozesse bei konstantem Druck und die Enthalpie

In der chemischen Praxis tritt die Arbeit A in der Regel als Volumenarbeit $A_{vol} = p \cdot V$ auf. Bei konstantem Druck p gilt für die vom System geleistete Arbeit: $A_{vol} = -p \cdot \Delta V$. Das negative Vorzeichen ist notwendig, weil bei Volumenzunahme von dem System Arbeit gegen den äußeren Druck geleistet wird.

Wenn man keine andere Arbeit als Volumenarbeit bei konstantem Druck zuläßt, gilt für die Änderung der inneren Energie U:

$$U_2 - U_1 = \Delta Q_p - p(V_2 - V_1) \quad \text{oder} \quad \Delta U = \Delta Q_p - p\Delta V$$

Hierin bedeutet ΔQ_p die bei konstantem Druck aufgenommene oder abgegebene Wärme und $p\Delta V$ die Volumenarbeit bei konstantem Druck. Durch Auflösung nach ΔQ_p ergibt sich:

$$\Delta U + p\Delta V = \Delta Q_p$$

Die bei konstantem Druck aufgenommene oder abgegebene Wärmemenge Q_p wird als Enthalpieänderung ΔH definiert:

$$\Delta U + p\Delta \mathrm{V} = \Delta H \quad \text{oder} \quad \Delta H = \Delta U + p\Delta V$$

Die **Enthalpie** H ist eine neue Zustandsfunktion. Sie ist letztlich, wie die Innere Energie U, ein Maß für die Energie eines Systems und unterscheidet sich von dieser nur durch den Term pV.

6.1.2 Exotherme und endotherme Reaktionen

Chemische Reaktionen, in deren Verlauf Energie (in Form von Wärme) an die Umgebung abgegeben wird, bezeichnet man als **exotherm**. Definitionsgemäß ist bei konstantem Druck ΔH oder, bei konstantem Volumen, ΔU negativ. **Endotherme** Reaktionen nehmen Wärmeenergie aus der Umgebung auf; ΔH bzw. ΔU sind positiv.

$\Delta U < 0$ oder $\Delta H < 0$	exotherme Reaktion
$\Delta U > 0$ oder $\Delta H > 0$	endotherme Reaktion

6.1.3 Messung von Reaktionswärmen

Reaktionsenergien ΔU und Reaktionsenthalpien ΔH lassen sich durch Messung der bei einer Reaktion frei werdenden oder verbrauchten Wärme kalorimetrisch bestimmen. Man bezieht dazu immer auf ein

Mol der betrachteten Substanz. Reaktionsenthalpien und -energien sind sowohl vom Aggregatzustand der beteiligten Stoffe (fest, flüssig oder gasförmig), als auch von den Reaktionsbedingungen wie Druck und Temperatur abhängig. Eine thermochemische Reaktionsgleichung muß deshalb neben den stöchiometrischen Angaben auch noch Aussagen über die Temperatur und den Zustand der Reaktionspartner enthalten. Die Aggregatzustände werden meist mit s für solid (= fest), f für fluid (= flüssig) und g für „gas" bezeichnet.

Wir betrachten die Reaktion eines Mols Benzol, C_6H_6, mit Sauerstoff. Bei dieser Verbrennungsreaktion (Oxidation) wird Benzol zu Kohlendioxid (CO_2) und Wasser (H_2O) umgewandelt.

$$C_6H_{6(f)} + {}^{15}/_2\, O_{2(g)} \longrightarrow 6\, CO_{2(g)} + 3\, H_2O_{(f)} \quad \Delta H^0_{298} = -3306 \text{ kJ/mol}$$

Der Exponent ^{0} bedeutet, daß die Reaktion bei Normaldruck (101325 Pa, s.u.) ausgeführt wurde. Der Index bezieht sich auf die Temperatur in K.

Wir sehen, daß die Reaktion stark exotherm ist. Die Änderung der Reaktionsenthalpie ΔH^0_{298} beträgt -3306 kJ/mol, die als Wärme frei werden.

6.2 Standardbildungsenthalpie

ΔU und ΔH lassen sich kalorimetrisch bestimmen. Absolutwerte von U oder H sind jedoch nicht erhältlich und die thermodynamische Theorie kann darüber auch keine Aussagen machen (eine statistische Berechnung ist allerdings möglich).

Um einen Bezugspunkt zu haben, ordnete man dem Zustand der Elemente, die sich bei 298 K (25 °C) und einem Druck von 101325 Pa (1 atm) *in ihrem stabilsten Zustand* befinden, den Wert 0 zu. Man nennt diese Temperatur auch **Standard-** oder **Normaltemperatur** T_n und den Druck **Normal-** oder **Standarddruck** p_n. Die Enthalpien der Elemente bei Standard- oder Normalbedingungen bezeichnet man als **Standardenthalpien**. Die **Standardbildungsenthalpien** für Verbindungen ergeben sich gemäß der getroffenen Übereinkunft als die Bildungswärmen der Verbindungen aus den Elementen bei Standardbedingungen. Tabellierte Werte beziehen sich immer auf ein Mol der *gebildeten* Verbindung. Man verwendet dafür das Symbol $\Delta H^\circ_{(f)}$, z.B.:

$$H_{2(g)} + {}^1/_2\, O_{2(g)} \longrightarrow H_2O_{(f)};\ \Delta H^0_f = -286{,}25 \text{ kJ}$$

f steht für *formation* (engl. Bildung). Die Festlegung einer Temperatur ist notwendig, weil ΔH sich mit der Temperatur ändert.

6.2.1 Indirekte Bestimmung von Bildungswärmen und Heßscher Satz

Standardbildungsenergien für Verbindungen aus den Elementen können nicht immer direkt gemessen werden. Interessiert man sich beispielsweise für $\Delta H^0_{(f)}$ der Bildung von Methan (CH_4) aus Graphit und Wasserstoffgas, erfolgt die Bestimmung der Standardbildungsenthalpie indirekt. Dies ist möglich, weil Enthalpie und Innere Energie Zustandsfunktionen sind, d. h. ihr Wert ist unabhängig von dem Weg, auf dem ein bestimmter Zustand erreicht wird. Das ist auch die Aussage des **Heßschen Wärmesatzes**, der interessanterweise noch *vor* dem Energieerhaltungssatz formuliert wurde.

Zwei Beispiele sollen das Gesagte erläutern und die praktische Anwendung demonstrieren:

Gesucht sei die Standardbildungsenergie von Methan aus den Elementen Kohlenstoff (in Form von Graphit) und Wasserstoff nach der Gleichung:

$$C_{(Graphit)} + 2\,H_2 \longrightarrow CH_4 \quad \Delta H^0_f = ?$$

Die direkte kalorimetrische Bestimmung der Bildungsenthalpie ist nicht möglich. Man zerlegt die Reaktion deshalb in einzelne Teilschritte, aus denen dann mit Hilfe von einfachen algebraischen Operationen die gesuchte Reaktion isoliert wird.

Die drei folgenden Reaktionen sind Verbrennungen, deren Wärmeumsatz leicht bestimmt werden kann:

$$\text{(a)}\quad 2\,H_{2(g)} + O_{2(g)} \longrightarrow 2\,H_2O_{(f)} \quad \Delta H^0 = -572{,}5\ \text{kJ}$$
$$\text{(b)}\quad C_{(Graphit)} + O_{2(g)} \longrightarrow CO_{2(g)} \quad \Delta H^0 = -394{,}1\ \text{kJ}$$
$$\text{(c)}\quad CH_{4(g)} + 2\,O_{2(g)} \longrightarrow CO_{2(g)} + 2\,H_2O \quad \Delta H^0 = -891{,}6\ \text{kJ}$$

Die Verbrennungswärme des Methans muß von denen der Elemente abgezogen werden. Man multipliziert Gl. c mit dem Faktor -1 und addiert alle drei Gleichungen.

$$\Sigma:\ C_{(Graphit)} + 2\,H_{2(g)} \longrightarrow CH_{4(g)};\quad \Delta H^0_f = (-572{,}5 - 394{,}1 + 891{,}6)\ \text{kJ} = -75\ \text{kJ/mol}$$

Bei der Bildung von Methan aus den Elementen wird also Energie frei, nämlich −75 kJ/mol. Methan ist also stabiler (energieärmer) als die Elemente, aus denen es aufgebaut ist.

Das folgende Beispiel soll erläutern, warum es so wichtig ist, die Standardbildungsenthalpien immer auf den stabilsten Zustand zu beziehen.

Wir betrachten Kohlenstoff in seinen verschiedenen Formen Diamant und Graphit (Kap. 14.2.2). Gesucht sei nun die Standardbildungsenthalpie von Diamant aus Graphit. Die direkte Umwandlung ist technisch möglich, aber einer Messung der Reaktionswärmen nicht zugänglich. Man greift deshalb wieder auf die Verbrennungwärmen zurück.

$$\begin{array}{lcl} C_{(Graphit)} + O_{2(g)} & \longrightarrow & CO_{2(g)} \quad \Delta H^0 = -394{,}08 \text{ kJ/mol} \\ -C_{(Diamant)} + O_{2(g)} & \longrightarrow & CO_{2(g)} \quad \Delta H^0 = -395{,}96 \text{ kJ/mol} \\ \hline C_{(Graphit)} & \longrightarrow & C_{(Diamant)} \quad \Delta H^0 = 1{,}88 \text{ kJ/mol} \end{array}$$

Wir finden also, daß für die Umwandlung von Graphit in Diamant Energie aufgewendet werden muß, nämlich 1,88 kJ/mol. Dies bedeutet auch, daß Graphit stabiler (energieärmer) ist als Diamant.

Mit Hilfe des ersten Hauptsatzes der Thermodynamik, mit der Inneren Energie und der Enthalpie ist es möglich, die Energieumsätze einer chemischen Reaktion zu behandeln. Aber eine Aussage, *ob* eine chemische Reaktion abläuft und *in welche Richtung*, ist nicht möglich.

6.3 Der zweite Hauptsatz der Thermodynamik

Der zweite Hauptsatz der Thermodynamik ist, wie der erste, ein empirischer Erfahrungssatz, der auf viele verschiedene Arten formuliert worden ist. Zwei Möglichkeiten sollen hier angegeben werden.

> „Es gibt keine Maschine, die Wärme *vollständig* in Arbeit umwandeln kann."
>
> Oder:
>
> „Es ist nicht möglich, Wärme in Arbeit zu verwandeln, ohne dabei gleichzeitig eine bestimmte Wärmemenge von einem wärmeren Reservoir zu einem kälteren zu transportieren."

Die Grundlagen zu diesen Formulierungen legte Carnot mit einem Gedankenexperiment, dem **Carnotschen Kreisprozess**. Dieser besteht aus einer Folge **reversibler** Expansionen und Kompressionen eines idealen Gases in einem geschlossenen System. Der Begriff „reversibel“ besagt, daß sich das System während des Vorgangs in jedem Moment mit seiner Umgebung im Gleichgewicht befindet. Eine infinitesimale Änderung einer Größe der Umgebung, etwa des äußeren Druckes, könnte eine Umkehrung des Vorgangs bewirken. In jedem Zyklus des Kreisprozesses verrichtet nun das Gas die Volumenarbeit A. Dazu wird einem wärmeren Reservoir mit der Temperatur T_2 eine bestimmte Wärmemenge Q_2 entzogen. Ein Teil der Wärmeenergie wird in mechanische Arbeit umgewandelt und gleichzeitig die nicht in Arbeit umgewandelte Wärmemenge Q_1 einem kälteren Reservoir zugeführt. Am Ende des Prozesses besitzt das Arbeitsmedium Gas wieder den gleichen Zustand wie zu Anfang (Kreisprozess).

Man definiert den **Wirkungsgrad** η als das Verhältnis des Betrages geleisteter mechanischer Arbeit zur verbrauchten Wärmemenge Q_2:

$$\eta = \frac{|A|}{Q_2} \qquad \text{(Gl. 6.1)}$$

Mit Hilfe des Carnotschen Kreisprozesses läßt sich zeigen, daß der Wirkungsgrad auch durch

$$\eta = \frac{T_2 - T_1}{T_2} \qquad \text{(Gl. 6.1a)}$$

ausgedrückt werden kann. Dies ist gleichzeitig eine mathematische Formulierung des 2. Hauptsatzes: η wird nur dann 1, wenn $T_1 = 0$ wird, also am absoluten Nullpunkt (0 K oder –273 °C), der aber nicht erreicht werden kann. Soweit kann der zweite Hauptsatz nur mit Hilfe des ersten Hauptsatzes mathematisch exakt hergeleitet werden. Er wird erst dann zum Postulat (oder empirischen Erfahrungssatz), wenn man die Gültigkeit der gefundenen Ausdrücke auf andere Arbeitssubstanzen als ein ideales Gas ausdehnt.

6.4 Die Entropie

Das Postulat, daß Wärme nicht vollständig in Arbeit umgewandelt werden kann, muß selbstverständlich auch für chemische Vorgänge gelten. Man berücksichtigt dies durch die Definition einer neuen Zustandsfunktion, der **Entropie** S. Wie die innere Energie U oder die

Enthalpie H ist die Entropie eine thermodynamische, makroskopische Eigenschaft eines Systems.

Die im Carnotschen Kreisprozess geleistete mechanische Arbeit A muß dem Betrage nach gleich der Summe aus der dem System zugeführten Wärme Q_2 und der vom System abgegebenen Wärme Q_1 sein (wobei $Q_2 > 0$ und $Q_1 < 0$; vgl. Definition Abschnitt 6.1).

$$|A| = Q_2 + Q_1$$

Mit Gl. 6.1 erhält man:

$$\eta = \frac{Q_2 + Q_1}{Q_2}$$

Wird dieser Ausdruck gleichgesetzt mit Gl. 6.1a und umgeformt, so ergibt sich:

$$\frac{T_2 - T_1}{T_2} = \frac{Q_2 + Q_1}{Q_2}\,;\; \frac{Q_1}{T_1} + \frac{Q_2}{T_2} = 0 \qquad \text{(Gl. 6.2)}$$

Der Quotient Q/T ist eine Zustandsfunktion, die Entropie S, wobei Q sich immer auf einen reversibel geführten Prozess beziehen muß. Zur Verdeutlichung wird statt Q deshalb oft Q_{rev} geschrieben.

In einem Kreisprozess muß, wie auch Gl. 6.2 zu entnehmen ist, die Entropie eines Systems konstant bleiben. Dies entspricht der Definition einer Zustandsfunktion!

Für einen beliebigen Vorgang gilt:

$$\Delta S = \Sigma Q_i/T_i = \Sigma S_i$$

Eine molekulare Interpretation der Entropie ist auf vielfältige Weise versucht worden. Man spricht von dem Ordnungszustand eines Systems, wobei die Entropie mit steigender Unordnung zunimmt, von der Entropie als Maß für den Ungleichgewichtszustand, in dem sich ein System befindet oder als Maß für die Spontaneität, mit der ein betrachteter Vorgang abläuft. Die vielleicht allgemeinste Erklärung ist, die Entropie als Maß für die Wahrscheinlichkeit zu sehen, mit der ein Systemzustand erreicht werden kann.

6.5 Freie Energie und Freie Enthalpie

Gleichgewichtsbetrachtungen von nicht abgeschlossenen Systemen müssen sowohl die Energie-, als auch die Entropieänderungen berücksichtigen.

Man definiert deshalb zwei neue thermodynamische Zustandsfunktionen, die **freie Energie** F und die **freie Enthalpie** G (auch Gibb'sche Energie genannt).

$$F = U - TS \quad \text{bzw.} \quad \Delta F = \Delta U - T\Delta S$$

$$G = H - TS \quad \text{bzw.} \quad \Delta G = \Delta H - T\Delta S$$

$\Delta G < 0$: exergone Reaktion. Die Reaktion kann ohne Energiezufuhr in der angegebenen Richtung spontan ablaufen. (In der Praxis liegt allerdings oft eine kinetische Reaktionshemmung vor, vgl. Abschn. 7.4).

$\Delta G = 0$: Gleichgewicht; das (chemische) System befindet sich in einem stabilen Zustand minimaler Energic, den es nicht freiwillig verläßt (s. Abb. 6.1).

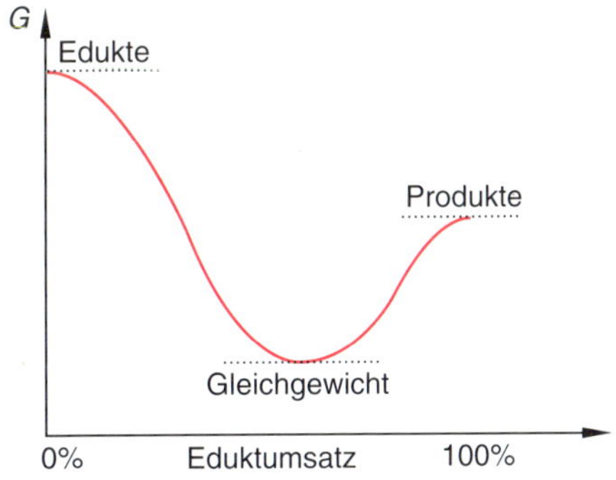

Abb. 6.1 Energiediagramm einer Gleichgewichtsreaktion.

$\Delta G > 0$: endergone Reaktion. Die Reaktion kann in der angegebenen Richtung nur durch Energiezufuhr erzwungen werden. In umgekehrter Richtung läuft sie, bei Abwesenheit kinetischer Hinderungen, spontan ab.

Mit der freien Reaktionsenthalpie ΔG ist es somit möglich, die Richtung einer spontanen Reaktion vorauszusagen.

Zwei Faktoren bestimmen also die Richtung einer Reaktion:

a) ΔH bzw. ΔU müssen möglichst negativ sein. Die Enthalpie bzw. die Innere Energie streben einem Minimum zu.
b) ΔS muß möglichst positiv sein. Das System und seine Umgebung streben einen Zustand mit möglichst wenig Beschränkungen an (es soll ein Zustand größtmöglicher Unordnung erreicht werden).

Die Energiebilanz einer Reaktion, ΔU oder ΔH bzw. ΔF oder ΔG bezeichnet man auch als **Wärmetönung** einer Reaktion.

6.6 Freie Standardenthalpien

Die **freie Standardenthalpie** ΔG° bzw. die **freie Standardbildungsenthalpie** $\Delta G^\circ_{(f)}$ sind analog der Standardenthalpie bzw. der Standardbildungsenthalpie definiert. Unter der freien Standardenthalpie versteht man ΔG für einen Prozess unter Standardbedingungen (101,3 kPa, 298 K). Die freie Standardbildungsenthalpie bezieht sich auf ein Mol einer Verbindung, gebildet aus den Elementen in Standardzuständen. Tabellierte $\Delta G^\circ_{(f)}$-Werte dienen zum Beispiel zur Berechnung von ΔG°-Werten beliebiger Reaktionen oder von Gleichgewichtskonstanten in chemischen Gleichgewichten.

7 Kinetik

Die Thermodynamik beschäftigt sich nur mit makroskopischen Eigenschaften chemischer Systeme und mit den energetischen Veränderungen, die im Laufe eines Prozesses auftreten, wobei nur der Anfangs- und der Endzustand betrachtet werden. Aussagen über die Geschwindigkeit chemischer Vorgänge, die chemische Kinetik, sind mit Hilfe der Thermodynamik nicht möglich.

Die Kinetik befaßt sich mit der Zeitabhängigkeit chemischer Umsetzungen und interpretiert makroskopisch gefundene Zusammenhänge auf molekularer Ebene. Die genaue Beschreibung, wie eine chemische Reaktion in einzelnen Schritten vom Edukt zum Produkt abläuft, bezeichnet man als **Reaktionsmechanismus**.

Die **Reaktionsgeschwindigkeit** v ist gegeben durch die zeitliche Veränderung der Konzentration *eines* Eduktes oder *eines* Produktes. Die Konzentration c (= Stoffmengenkonzentration) wird meist in mol/l angegeben.

Für eine allgemeine Reaktion

$$a_1\mathrm{A}_1 + a_2\mathrm{A}_2 + ... \longrightarrow b_1\mathrm{B}_1 + b_2\mathrm{B}_2 + ...$$

ist die Reaktionsgeschwindigkeit:

$$v = -\frac{1}{a_1}\frac{\mathrm{d}c_{\mathrm{A}_1}}{\mathrm{d}t} = -\frac{1}{a_2}\frac{\mathrm{d}c_{\mathrm{A}_2}}{\mathrm{d}t} = \frac{1}{b_1}\frac{\mathrm{d}c_{\mathrm{B}_1}}{\mathrm{d}t} = \frac{1}{b_2}\frac{\mathrm{d}c_{\mathrm{B}_2}}{\mathrm{d}t}$$

Häufig benutzt man jedoch für die Konzentrationsangabe statt c eine eckige Klammer, die das Symbol für die betreffende Substanz einschließt:

$$v = -\frac{1}{a_1}\frac{\mathrm{d}[\mathrm{A}_1]}{\mathrm{d}t} = -\frac{1}{a_2}\frac{\mathrm{d}[\mathrm{A}_2]}{\mathrm{d}t} = \frac{1}{b_1}\frac{\mathrm{d}[\mathrm{B}_1]}{\mathrm{d}t} = \frac{1}{b_2}\frac{\mathrm{d}[\mathrm{B}_2]}{\mathrm{d}t}$$

Zur Beschreibung von Reaktionsgeschwindigkeiten müssen Differentiale verwendet werden, weil v zeitabhängig ist. Die Zeitabhängigkeit der Reaktionsgeschwindigkeit ist eine direkte Folge der Konzentrationsabhängigkeit von v.

Nehmen wir an, daß zwei Teilchen A und B zu einem Produkt C reagieren:

$$A + B \longrightarrow C$$

A und B können nur eine Bindung eingehen, wenn sich die Kerne auf Bindungsabstand und in der richtigen Orientierung annähern. Dies wird umso häufiger der Fall sein, je mehr Teilchen A und B in einem Volumenelement vorhanden sind, je höher also deren Konzentration ist. Nun wird aber im Verlauf der Reaktion die Konzentration von A und B zugunsten von C immer geringer, mit der Folge, daß auch v immer geringer wird.

7.1 Geschwindigkeitsgesetz und Geschwindigkeitskonstante

Die Reaktionsgeschwindigkeit ist eine Funktion der Eduktkonzentrationen und der Temperatur. v wird mathematisch durch die **Geschwindigkeitsgleichung** beschrieben:

$$v = -\frac{d[A_1]}{dt} = f([A_1], [A_2], [A_3], \ldots, T)$$

Häufig ist die Reaktionsgeschwindigkeit proportional einem oder mehreren Reaktionspartnern ($v \sim [A_1]\,[A_2]\ldots$). Die Geschwindigkeitsgleichung läßt sich dann auch als Produktansatz

$$v = -\frac{d[A_1]}{dt} = k(T)[A_1]\,[A_2]\,[A_3]\ldots$$

schreiben.

k ist eine temperaturabhängige Proportionalitätskonstante, die als **Geschwindigkeitskonstante** bezeichnet wird. Man bezeichnet die obige Gleichung auch als **Zeit-** oder **Geschwindigkeitsgesetz**. Statt $k(T)$ schreibt man meist nur k und bezieht sich auf eine konstante Temperatur.

Reaktionsmechanismen müssen den empirisch gefundenen Geschwindigkeitsgesetzen genügen. Umgekehrt kann man jedoch einen Reaktionsmechanismus *nicht* aus den Geschwindigkeitsgesetzen ableiten!

7.2 Reaktionsordnung

Die **Reaktionsordnung** bezieht sich auf die Abhängigkeit der Reaktionsgeschwindigkeit von der Konzentration der Edukte.

Experimentell findet man häufig ganz einfache Zusammenhänge zwischen der Reaktionsgeschwindigkeit und den Konzentrationen der Reaktionspartner.

Betrachten wir Reaktionen vom Typ

$$A + B \longrightarrow C$$

so gibt es darunter einige, deren Reaktionsgeschwindigkeit nur von der Konzentration *eines* Reaktionspartners abhängt, also nur von [A] oder nur von [B]. Die Reaktionsgeschwindigkeit folgt dann der Gleichung

$$v = k[A] \text{ oder } v = k[B]$$

In diesem Fall liegt eine **Reaktion erster Ordnung** vor.

Reaktionen zweiter Ordnung treten am häufigsten auf. Die Reaktionsgeschwindigkeit ist proportional dem Produkt der Konzentrationen zweier Edukte oder dem Quadrat eines Eduktes:

$$v = k[A][B] \text{ für die Reaktion } A + B \rightarrow C$$
$$\text{oder } v = k[A]^2 \text{ für die Reaktion } 2A \rightarrow C$$

Reaktionen dritter Ordnung sind selten. Das Geschwindigkeitsgesetz kann drei verschiedene Formen annehmen.

$$v = k[A][B][C] \text{ für die Reaktion } A + B + C \rightarrow \text{Produkte,}$$
$$\text{oder } v = k[A]^2[B] \text{ für die Reaktion } 2\,A + B \rightarrow \text{Produkte}$$
$$\text{oder } v = k[A]^3 \text{ für die Reaktion } 3\,A \rightarrow \text{Produkte}$$

Allgemein ist die Reaktionsordnung die Summe der Exponenten der Konzentrationen im Geschwindigkeitsgesetz.

7.3 Pseudo-Ordnung von Reaktionen

Die Reaktionsordnung wird, wie gezeigt wurde, durch die Konzentrationsabhängigkeit eines oder mehrerer Reaktionspartner bestimmt.

Betrachten wir wiederum eine Reaktion mit der Reaktionsgleichung

$$A + 2\,B \longrightarrow C$$

Es gilt ein Geschwindigkeitsgesetz dritter Ordnung:

$$v = k\,[A]\,[B]^2$$

Liegt nun der Reaktionspartner B in einem hohen Überschuß vor, wie es der Fall ist, wenn B gleichzeitig Lösungsmittel ist, so ändert sich seine Konzentration im Verlauf der Reaktion nicht merklich und man erhält ein Geschwindigkeitsgesetz erster Ordnung:

$$v = k_1[A] \text{ mit } k_1 = k[B]^2$$

Im Experiment läßt sich nur noch eine Abhängigkeit der Reaktionsgeschwindigkeit von der Konzentration von A finden. Man bezeichnet solche Reaktionen als **pseudo-erster Ordnung.**

Läge dagegen A im großen Überschuß vor, so ist die Reaktionsgeschwindigkeit nur von B abhängig:

$$v = k_2[B]^2 \text{ mit } k_2 = k[A]$$

Eine solche Reaktion nennt man **pseudo-zweiter Ordnung.**

7.4 Reaktionsmolekularität und Übergangszustand

Wir haben bisher so getan, als würde jede Reaktion in *einem* Schritt von den Edukten zu den Reaktionsprodukten führen. Dies ist jedoch häufig nicht der Fall: chemische Reaktionen verlaufen oft in zwei oder mehr Schritten über eine oder mehrere Zwischenstufen. Die Reaktionsgeschwindigkeit wird dabei stets von dem *langsamsten* Reaktionsschritt festgelegt.

Während die *Reaktionsordnung* durch das (empirisch gefundene) Geschwindigkeitsgesetz bestimmt wird, bezieht sich die **(Reaktions-) Molekularität** auf einen einzelnen Schritt im Reaktionsmechanismus.

Wenn in einer Reaktion zwei zweiatomige Moleküle (z. B. Gasmoleküle) A_2 und B_2 zu zwei Molekülen des Produktes AB reagieren nach:

$$A_2 + B_2 \longrightarrow 2\,AB$$

so müssen sich die Moleküle A_2 und B_2 in der richtigen Orientierung auf Bindungsabstand annähern. Es ist also die elektrostatische Abstoßung zwischen den Elektronenhüllen der Edukte zu überwinden, wozu ein bestimmter Betrag an kinetischer Energie der Teilchen nicht unterschritten werden darf. Es muß sich eine Wechselwirkung zwischen A und B aufbauen und die ursprünglichen Bindungen A−A und B−B müssen sich lösen. Für einen solchen Reaktionsmechanismus sind mehrere Möglichkeiten denkbar, die sich vor allem durch den Zeitpunkt des Lösens der alten Bindungen und der Bildung der neuen Bindungen unterscheiden.

Im einfachsten Fall verläuft die Reaktion in einem einzigen Schritt. In einem Zustand hoher potentieller Energie, dem **Übergangszustand**, lösen sich die alten Bindungen A−A und B−B. Gleichzeitig entstehen die beiden A−B-Bindungen.

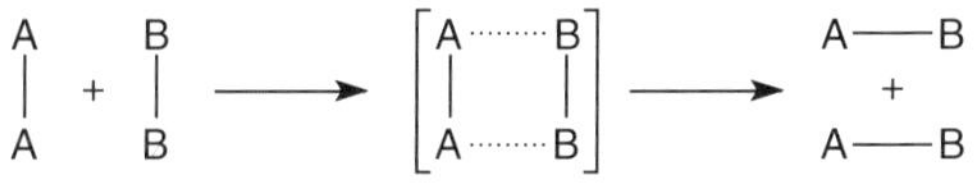

Man bezeichnet den nicht isolierbaren, meist durch eckige Klammern gekennzeichneten Übergangszustand, auch als **aktivierten Komplex.**

Wenn man die potentielle Energie der an der Reaktion beteiligten Substanzen gegen den Reaktionsverlauf, die **Reaktionskoordinate** aufträgt, entspricht der Übergangszustand einem Energiemaximum (Abb. 7.1).

$$A + B \longrightarrow C$$

In unserem Beispiel in Abb. 7.1 haben wir es mit einer exothermen Reaktion zu tun. Sie ist einstufig und am geschwindigkeitsbestimmenden Schritt sind zwei Teilchen, die Edukte A_2 und B_2, beteiligt. Die einstufige Reaktion ist *bimolekular.*

Das Auftreten der Aktivierungsenergie E_{akt} erklärt auch, warum exotherme oder exergone Reaktionen (vgl. Abschn. 6.1.2) häufig nicht spontan ablaufen; sie sind kinetisch gehemmt.

Bei Reaktionen, die in mehreren Schritten ablaufen, besitzt das Energiediagramm mehrere Übergangszustände oder Energiemaxima. Die dazwischen liegenden Minima entsprechen energiereichen **Zwischenstufen**, die oft charakterisierbar und gelegentlich auch isolierbar sind. Abb. 7.2 zeigt das Energieprofil für einen zweistufigen Prozeß.

Schulbeispiele für solche Reaktionen sind die nukleophile Substitution nach S_N1 oder die Eliminierung nach E_1. Beide Reaktionen laufen als Konkurrenzreaktionen gleichzeitig ab (vgl. Organische Chemie, Kapitel 29).

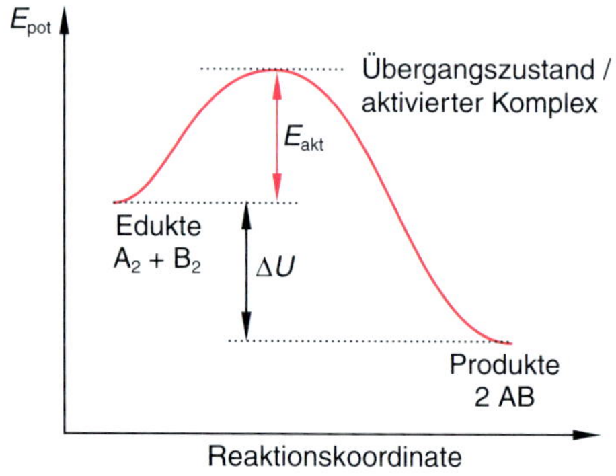

Abb. 7.1 Energieprofil einer einstufigen, bimolekularen Reaktion. Die Reaktion ist exothem.

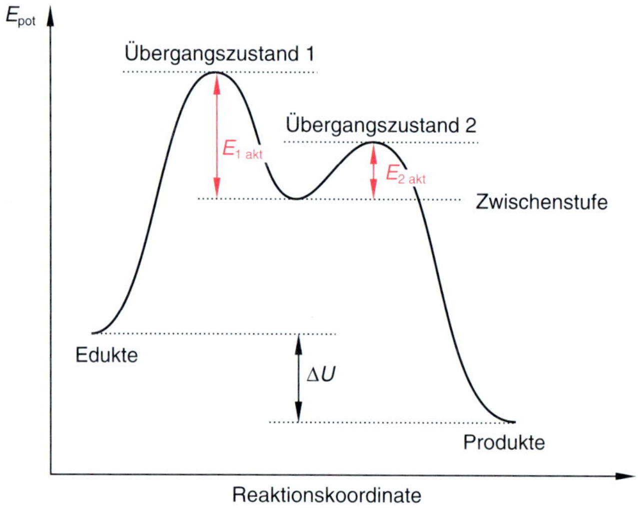

Abb. 7.2 Energieprofil einer zweistufigen Reaktion.

Die beiden Reaktionen seien am Beispiel *t*-Butylbromid (2-Brom-2-methylpropan) kurz erläutert.

Die S_N1-Reaktion

$$(CH_3)_3CBr + OH^{\ominus} \longrightarrow (CH_3)_3COH + Br^{\ominus}$$

verläuft in zwei Schritten. Zunächst spaltet sich das t-Butylbromid ohne direkte Beteiligung eines anderen Teilchens langsam in ein Bromid-Ion und ein Carbenium-Ion, $(CH_3)_3C^+$.

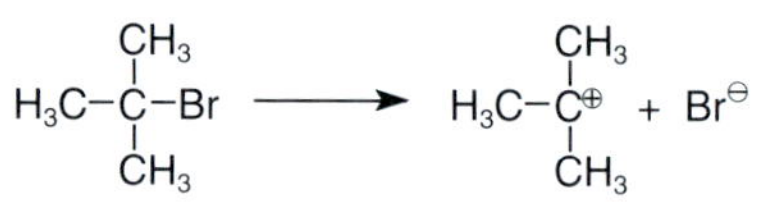

In einem zweiten, schnellen Schritt lagert sich das Hydroxyl-Ion an das Carbenium-Ion an.

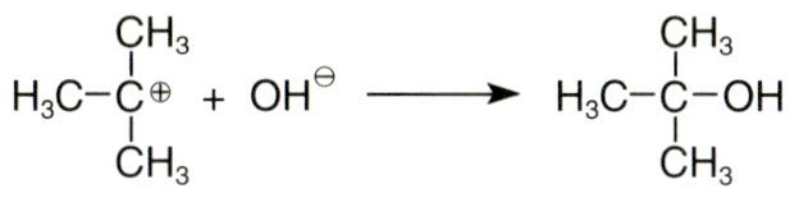

Als Konkurrenz- oder Parallelreaktion kann das Carbenium-Ion ein Proton abspalten und es entsteht Methylpropen.

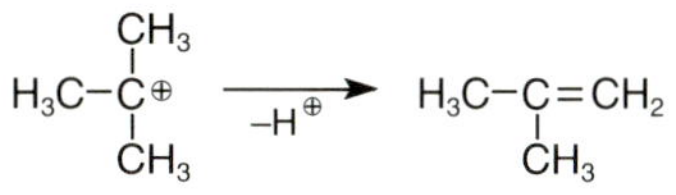

Welches der möglichen Produkte bevorzugt entsteht, hängt von der Reaktionsführung ab. Man unterscheidet zwischen **kinetisch** und **thermodynamisch kontrollierten Reaktionen**. Bei kinetisch kontrollierter Reaktion entsteht überwiegend das Produkt, das sich schneller bildet. Es ist das Produkt mit der niedrigeren Aktivierungsenergie E_{2akt}. Bei thermodynamisch kontrollierter Reaktion entsteht das stabilere Produkt, also jenes, dessen potentielle Energie am Ende der Reaktion am niedrigsten ist (Abb. 7.3).

Da die Reaktionsgeschwindigkeit nur vom langsamsten Schritt, dem Dissoziationsschritt abhängt, lautet das Geschwindigkeitsgesetz:

$$v = k[(CH_3)_3Br]$$

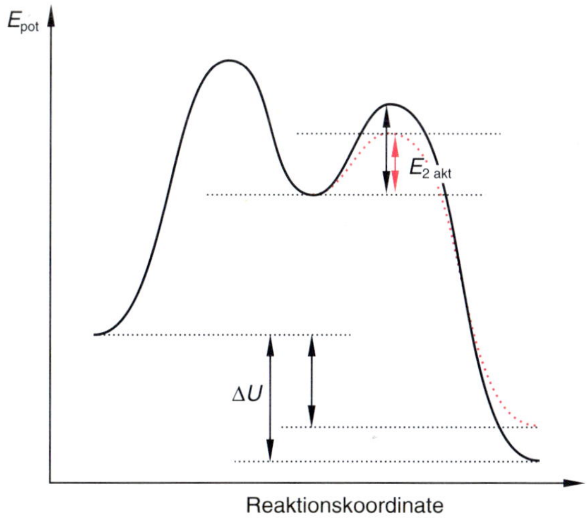

Abb. 7.3 Energieprofil einer thermodynamisch und einer kinetisch kontrollierten Reaktion (rot).

Die Reaktionsordnung ist eins und der geschwindigkeitsbestimmende Schritt ist *unimolekular*.

Es sei an dieser Stelle darauf hingewiesen, daß die Reaktionsordnung nur experimentell und nicht anhand von Reaktionsgleichungen bestimmt werden kann!

Die Umsetzung von NO (Stickstoffmonoxid) mit Fluor nach

$$2\,NO + F_2 \longrightarrow 2NOF$$

ist eine Reaktion zweiter Ordnung nach dem Geschwindigkeitsgesetz

$$v = k[NO][F_2].$$

Die Oxidation von Stickstoffmonoxid mit Sauerstoff nach

$$2\,NO + O_2 \longrightarrow 2NO_2$$

ist hingegen eine Reaktion 3. Ordnung mit dem Geschwindigkeitsgesetz

$$v = k[NO]^2[O_2].$$

7.5 Katalyse

Katalysatoren greifen in das Reaktionsgeschehen ein und erhöhen die Reaktionsgeschwindigkeit, ohne dabei selbst verbraucht zu werden. Ihre reaktionsbeschleunigende Wirkung beruht auf einer Änderung des Reaktionsweges über weniger energiereiche Übergangszustände und damit auf einer Verringerung der Aktivierungsenergie (Abb. 7.4). Katalysatoren verändern weder die potentielle Energie der Edukte noch der Produkte und mithin nicht die Wärmetönung einer Reaktion.

Die Wirkweise von Katalysatoren ist in vielen Fällen unbekannt. Liegt der Katalysator in gleicher Phase vor wie die Reaktanden (z. B. in Lösung), spricht man von **homogener Katalyse**. Beispiele dafür sind viele säure- oder basekatalysierte Katalysatoren, auf die wir im chemischen Teil dieses Buches oft stoßen werden. **Heterogene Katalyse** liegt vor, wenn der Katalysator und die Reaktanden sich in unterschiedlichen Phasen befinden. Ein Beispiel dafür ist die platinkatalysierte Verbrennung von Autoabgasen (Organische Chemie, Exkurs 25.1).

Enzyme sind die äußerst effizienten Katalysatoren der Biologie (Exkurs 7.1).

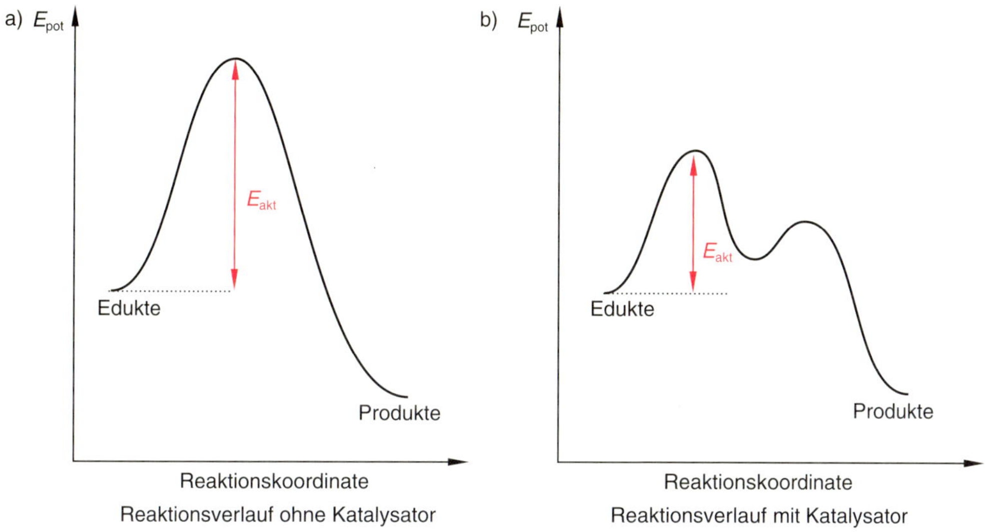

Abb. 7.4 a) Reaktionsverlauf einer unkatalysierten Reaktion. b) Reaktionsverlauf mit Katalysator: Die Aktivierungsenergie wird deutlich gesenkt.

Exkurs 7.1: Katalyse in der Biologie

Die Umsetzung von Substraten in biochemischen Prozessen wird durch Biokatalysatoren durch Enzyme beschleunigt. Dabei handelt es sich fast ausschließlich um hochmolekulare Proteine, die durch Bildung eines reaktiven Enzym-Substratkomplexes die Aktivierungsenergie für eine biochemische Umsetzung spezifisch herabsetzen (vgl. Abb. 7.4). Am Ende des Prozesses wird das Enzym unverändert wieder freigesetzt.

Die Geschwindigkeit einfacher enzymkatalysierter Prozesse ist bei konstanter Enzymkonzentration von der Menge des Substrates abhängig und strebt einem Maximum zu. Dieses Maximum v_{max} ist dadurch gekennzeichnet, daß alle vorhandenen Enzymmoleküle an Substratmoleküle gebunden sind.

Bei solchen Systemen wird die Reaktionsgeschwindigkeit v durch die **Michaelis-Menthen-Gleichung** beschrieben.

$$v = \frac{v_{max} \cdot [S]}{K_M \cdot [S]}$$

Michaelis-Menthen-Gleichung

Dabei stellt [S] die Substratkonzentration und K_M die Michaeliskonstante dar; es ist die Substratkonzentration für die $v = 1/2\ v_{max}$ gilt. In Abb. 1 ist die Reaktionsgeschwindigkeit als Funktion der Substratkonzentration gezeigt.

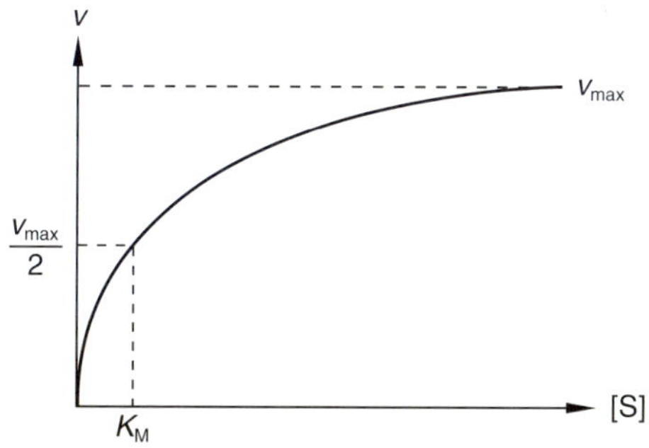

Abb. 1 Reaktionsgeschwindigkeit einer einfachen enzymkatalysierten Reaktion.

8 Quantitative Beziehungen

Mit den Grundlagen der Thermodynamik und der chemischen Kinetik, die wir in den letzten beiden Kapiteln kennengelernt haben, lassen sich viele fundamentale Prozesse der Chemie erfassen und quantitativ beschreiben.

8.1 Das Massenwirkungsgesetz

Viele chemische Reaktionen laufen nicht nur in Richtung der Reaktionsprodukte (Hinreaktion) ab. Vielmehr können die Reaktionsprodukte, wenn auch zum Teil nur in sehr geringem Maße, wieder in die Ausgangsverbindungen (Edukte) zerfallen (Rückreaktion). Solche Reaktionen bezeichnet man als **reversibel**. Gibt man beispielsweise Wasserstoff und Iod in einen verschlossenen Kolben und erwärmt diesen auf eine konstante Temperatur, so entsteht in der Hinreaktion Iodwasserstoff (HI).

Hinreaktion: $H_2 + I_2 \longrightarrow 2\,HI$

Unter den selben Bedingungen kann der Iodwasserstoff aber auch wieder zu Iod und Wasserstoff zerfallen.

Rückreaktion: $2\,HI \longrightarrow H_2 + I_2$

Eine solche reversible Reaktion wird durch einen Doppelpfeil gekennzeichnet.

$$H_2 + I_2 \rightleftharpoons 2\,HI$$

Zunächst ist im Reaktionsraum nur I_2 und H_2 vorhanden und eine Rückreaktion kann nicht stattfinden. Mit dem Fortgang der Reaktion bildet sich aber immer mehr HI und die Konzentration von H_2 und I_2

wird immer geringer. Dadurch gewinnt die Rückreaktion immer mehr an Bedeutung, bis sich ein Gleichgewicht zwischen Hin- und Rückreaktion eingestellt hat: Es bildet sich dann immer genau so viel HI neu, wie in die Elemente zerfällt. Die Konzentrationen von H_2, I_2 und HI verändern sich bei gleichbleibenden äußeren Bedingungen nicht mehr. Ein solcher Zustand wird als **chemisches Gleichgewicht** bezeichnet. Hin- und Rückreaktion verlaufen gleich schnell. Nach der Definition für die Reaktionsgeschwindigkeit (Abschn. 7.1) ist die (makroskopische) Reaktionsgeschwindigkeit gleich Null. Für diesen Fall gelten die Geschwindigkeitsgesetze

$$v_{\text{hin}} = k_1[H_2][I_2] \text{ und } v_{\text{rück}} = k_{-1}[HI]^2.$$

Im Gleichgewicht ist $v_{\text{hin}} = v_{\text{rück}}$;

$$\text{daraus folgt: } k_1[H_2][I_2] = k_{-1}[HI]^2 \text{ und } \frac{k_1}{k_{-1}} = \frac{[HI]^2}{[H_2][I_2]}.$$

Den Quotienten k_1/k_{-1} faßt man als **Gleichgewichtskonstante *K*** zusammen und man erhält den Ausdruck:

$$K = \frac{[HI]^2}{[H_2][I_2]}.$$

Im konkreten Beispiel ist $K = 45{,}9$ bei 490 °C. Allgemein kann man für eine Reaktion

$$a\text{A} + b\text{B} \rightleftharpoons c\text{C} + d\text{D}$$

die Gleichgewichtskonstante wie folgt schreiben:

$$K = \frac{[\text{C}]^c\,[\text{D}]^d}{[\text{A}]^a\,[\text{B}]^b}$$

Diese Beziehung ist das **Massenwirkungsgesetz**. In Worten bedeutet es: Der Quotient aus dem Produkt der Konzentrationen der Endprodukte dividiert durch das Produkt der Konzentrationen der Ausgangsstoffe (Edukte) ist konstant. Die Gleichgewichtskonstante *K* wird experimentell bestimmt. Sie ist von der Temperatur abhängig. Die Gleichgewichtskonstante ist eine thermodynamische und keine kinetische Größe; das bedeutet, daß sie nur die Lage des Gleichgewichts beschreibt, sofern es sich einstellt. Sie gibt keine Auskunft darüber, ob es sich einstellt, und wie lange es dauert bis es sich eingestellt hat. Die Reaktion von Benzin mit Sauerstoff zu Kohlendioxid und Wasser liegt beispielsweise fast gänzlich auf der Seite der Produkte. Trotzdem kann man Benzin lagern und muß es „zünden", um die Gleichgewichtseinstellung zu ermöglichen. Diese Reaktion ist auch ein Beispiel für „einseitig" ablaufende Reaktionen. Die Rückreaktion existiert praktisch nicht. Für derart einseitig ablaufende Reaktionen benutzt man meist keinen Doppelpfeil, sondern einen einfachen Reaktionspfeil.

8.2 Das chemische Gleichgewicht und die freie Enthalpie

Für eine chemische Gleichgewichtsreaktion

$$a_1\,A_1 + a_2\,A_2 + \ldots + a_n\,A_n \rightleftharpoons b_1\,B_1 + b_2\,B_2 + \ldots + b_m\,B_m$$

ist die freie Reaktionsenthalpie:

$$\Delta G = \Delta G^0 + RT\ln\frac{[B_1]^{b_1}\,[B_2]^{b_2}\ldots[B_m]^{b_m}}{[A_1]^{a_1}\,[A_2]^{a_2}\ldots[A_n]^{a_n}}$$

Der Bruch in dieser Gleichung ist gleich der Gleichgewichtskonstanten K dieser Reaktion. Der Ausdruck für ΔG vereinfacht sich also zu:

$$\Delta G = \Delta G^\circ + RT\ln K$$

Für den Gleichgewichtszustand ist $\Delta G = 0$, also kann man schreiben

$$\Delta G^\circ = -RT\ln K$$

ΔG° ist also proportional dem natürlichen Logarithmus der Gleichgewichtskonstanten K. Dies ist für die chemische Praxis von zweifacher Bedeutung. Zum einen läßt sich bei bekannten freien Standardenthalpien die Lage eines chemischen Gleichgewichts ermitteln, zum anderen, und das ist noch viel wichtiger, lassen sich ΔG°-Werte aus den meist einfach zu bestimmenden Gleichgewichtskonstanten berechnen.

8.3 Gleichgewichte in Lösungen

Die Gesetzmäßigkeiten, die wir im letzten Abschnitt kennengelernt haben, lassen sich auch auf Lösungen anwenden. Bevor wir dies tun, wollen wir zum besseren Verständnis zunächst die Verhältnisse in Lösungen auf molekularer Ebene betrachten.

8.3.1 Hydratation und Solvatation

Nicht alle Stoffkombinationen bilden Lösungen. Bringt man unpolares Tetrachlormethan (Tetrachlorkohlenstoff, CCl_4) und Wasser unter kräftigem Mischen zusammen, trennt sich die im ersten Augenblick trübe Flüssigkeit in zwei scharf getrennte flüssige Phasen, wobei sich das Wasser über das viel schwerere CCl_4 schichtet. Beide Komponenten treten nicht miteinander in Wechselwirkung, und die viel stärkeren zwischenmolekularen Kräfte der Wassermoleküle verdrängen die Tetrachlormethanmoleküle aus ihrer Struktur (vgl. hydrophobe Wechselwirkung, Abschn. 4.3). Unpolares Brom, Br_2, oder Iod, I_2, lösen sich hingegen gut in CCl_4. Die zwischenmolekularen Kräfte (van-der-Waals-Kräfte) sind etwa gleich groß zwischen Lösungsmittel und gelöstem Stoff und die Halogenmoleküle verteilen sich statistisch zwischen den Lösungsmittelmolekülen.

Ganz anders ist der Lösevorgang zwischen polaren Molekülen oder Ionen und polaren Solventien. Hier stellen sich dipolare Wechselwirkungen oder Wasserstoffbrückenbindungen ein.

Die Löslichkeit von Aceton in einem Alkohol wie Ethanol beruht sowohl auf Dipolkräften, als auch auf Wasserstoffbrücken. Der Kohlenstoff im Aceton ist positiv polarisiert und der Sauerstoff negativ.

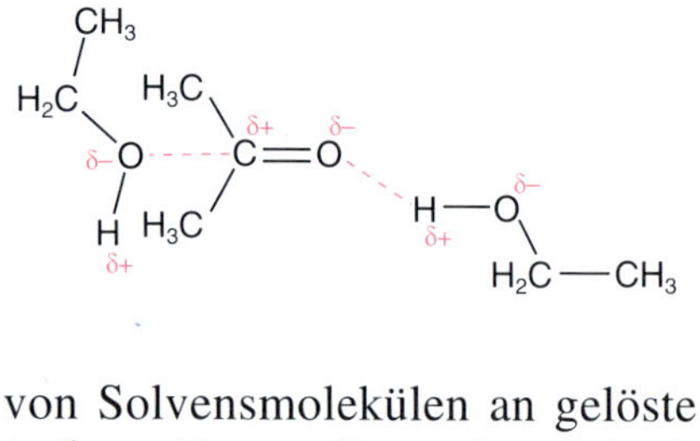

Die Anlagerung von Solvensmolekülen an gelöste Teilchen bezeichnet man als **Solvatation**. (Im vorliegenden Beispiel kann man nicht ohne weiteres zwischen Lösungsmittel und gelöstem Stoff unterscheiden, weil beide Substanzen unbegrenzt miteinander mischbar sind.)

Salze werden am häufigsten in Wasser gelöst. Die Wechselwirkung zwischen den Protonen des Wassers und den Anionen (negativ geladenen Ionen) sowie die zwischen den freien Elektronenpaaren des Sauerstoffs und den Kationen sind stark genug, um die Kristallstruktur vieler Salze aufzulösen. Jedes Anion ist dann von einer Anzahl Wassermoleküle umgeben:

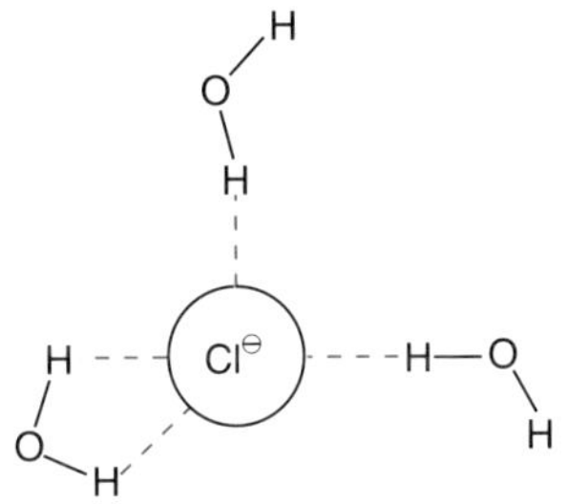

Entsprechend ist jedes Kation durch Wechselwirkung mit dem negativ polarisierten Sauerstoff von mehreren Wassermolekülen umgeben.

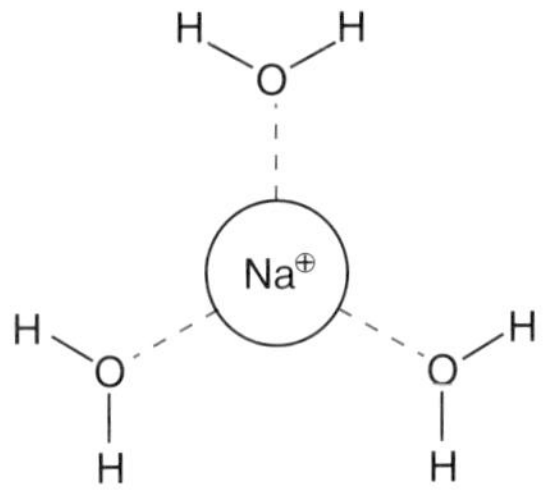

Wird Wasser als Lösungsmittel benutzt, spricht man statt von Solvatation von **Hydratation**. In Kurzschreibweise wird dies folgendermaßen angegeben: $Cl^-_{(aq)}$; $Na^+_{(aq)}$.

8.3.2 Elektrolytlösungen

Reines Wasser leitet den elektrischen Strom sehr schlecht, eine wässrige Lösung eines Salzes jedoch gut. Diese Steigerung der elektrischen Leitfähigkeit ist auf die Dissoziation des Salzes in hydratisierte Kationen und Anionen zurückzuführen. Man spricht deshalb auch von **Ionenleitfähigkeit**. Stoffe, die in (wäßriger) Lösung in Ionen dissoziieren, bezeichnet man als **Elektrolyte**.

Starke Elektrolyte liegen in wäßriger Lösung fast vollständig als Ionen vor und leiten daher den elektrischen Strom gut.

Schwache Elektrolyte dissoziieren in Wasser wenig. Bei gleicher Konzentration leiten sie den Strom deutlich schlechter als starke Elektrolyte.

Unter dem **Dissoziationsgrad** α versteht man das Verhältnis der Stoffmenge eines Elektrolyten in einer Lösung, der in seine Ionen dissoziiert ist, zur gesamten zugesetzten Stoffmenge des Elektrolyten. α ist temperaturabhängig und wird meist in Prozent tabelliert.

8.3.3 Löslichkeitsprodukt

Beim Lösen eines Elektrolyten in Wasser stellt sich ein Gleichgewicht zwischen dissoziierter und undissoziierter Verbindung ein.

$$AB \rightleftharpoons A^{\oplus} + B^{\ominus}$$

Für diesen Dissoziationsvorgang kann man das Massenwirkungsgesetz aufstellen:

$$K = \frac{[A^{\oplus}][B^{\ominus}]}{[AB]}$$

K ist nur von der Temperatur abhängig.

Steht eine gesättigte Lösung einer Verbindung mit einem festen Bodenkörper der gleichen Verbindung in Kontakt, so stellt sich ein Gleichgewicht zwischen gelöstem Stoff und ungelöstem Bodenkörper ein. Bei konstanten äußeren Bedingungen löst sich immer nur so viel Elektrolyt, wie in der Gegenreaktion wieder aus der Lösung auskristallisiert. [AB] ist nicht mehr variabel, wie in einer ungesättigten Lösung, sondern wird bei konstanter Temperatur nur noch von der (konstanten) Löslichkeit von AB bestimmt.

Bariumsulfat, $BaSO_4$, löst sich beispielsweise in geringem Maß in Wasser:

$$BaSO_4 \rightleftharpoons Ba^{2\oplus} + SO_4^{2\ominus}$$

Die Anwendung des Massenwirkungsgesetzes führt zu:

$$K = \frac{[BA^{2+}][SO_4^{2-}]}{[BaSO_4]}$$

Nun kann aber die Konzentration von $BaSO_4$ über festem $BaSO_4$ (dem Bodenkörper) als konstant angesehen und deshalb in die Gleichgewichtskonstante mit einbezogen werden:

$$K \cdot [BaSO_4] = K_{L(BaSO_4)} = [Ba^{2+}][SO_4^{2-}]$$

Für einen allgemeinen Vorgang $AB \rightarrow A^+ + B^-$ gilt:

$$K[AB] = [A^+][B^-] = K_L$$

Das Produkt K[AB] nennt man **Löslichkeitsprodukt** (K_L). Es ist als Produkt zweier Konstanten ebenfalls eine (temperaturabhängige) Konstante. Statt „K_L" findet man auch „L" und gelegentlich „L_p".

9 Säuren und Basen

Der saure oder basische Charakter einer Verbindung, eines Reagens oder eines Lösungsmittels ist eine fundamentale Eigenschaft, die die Chemie wesentlich bestimmt und auch viele biochemische Reaktionen beeinflußt.

9.1 Definitionen

Die erste Definition von Säuren und Basen, die über die Beschreibung makroskopischer Charakteristika hinausging, stammt von **Arrhenius**. Nach seiner Definition sind Säuren Verbindungen, die beim Lösen in Wasser Protonen (H^+) bilden. Entsprechend sind Basen Stoffe, die in wäßriger Lösung Hydroxid-Ionen (OH^-) bilden. Die Neutralisation einer Säure mit einer Base hat man sich deshalb als

$$H^+(aq) + OH^-(aq) \longrightarrow H_2O$$

vorzustellen.

Starke und schwache Säuren bzw. starke und schwache Basen unterscheiden sich im Grad ihrer Dissoziation in wäßriger Lösung. Starke Säuren bzw. Basen bilden in wäßriger Lösung viel H^+ bzw. OH^-. Schwache Säuren bzw. Basen bilden bei gleicher Konzentration wenig H^+ bzw. OH^-. Eine wäßrige Lösung einer Base bezeichnet man auch als Lauge.

Der Nachteil der Arrheniusschen Definition besteht in ihrer Abhängigkeit vom Lösungsmittel Wasser. Daher werden in einer weiter gefaßten Definition, die auf **Brønstedt und Lowry** zurückgeht, unter Säuren Substanzen verstanden, die Protonen abgeben können. Basen können Protonen aufnehmen.

> Definition nach Brønstedt:
> **Säuren** können Protonen abgeben; es sind **Protonen-Donatoren**.
> **Basen** können Protonen aufnehmen; es sind **Protonen-Akzeptoren**.

Eine Substanz reagiert als Säure, indem sie ein Proton auf eine Base überträgt.

$$HA + B \rightleftharpoons A^- + HB^+$$

Die Säure HA überträgt ein Proton auf die Base B. In der Regel sind solche **Protolysen** reversibel und in der Rückreaktion überträgt die Säure HB^+ ein Proton auf die Base A^-. A^- ist die **konjugierte Base** der Säure HA. Man bezeichnet HA und sein Anion A^- auch als **konjugiertes** oder **korrespondierendes Säure-Base-Paar**. Bei starken Säuren liegt das Protolysegleichgewicht weit auf der Seite der Produkte.

In wäßrigen Lösungen übernimmt das Wasser meist die Rolle der Säure und der Base:

$$\underset{\text{Säure}}{HNO_3} + \underset{\text{Base}}{H_2O} \rightleftharpoons \underset{\text{Base}}{NO_3^-} + \underset{\text{Säure}}{H_3O^+}$$

$$\underset{\text{Säure}}{H_2O} + \underset{\text{Base}}{NH_3} \rightleftharpoons \underset{\text{Base}}{OH^-} + \underset{\text{Säure}}{NH_4^+}$$

Verbindungen, die sowohl als Säure als auch als Base reagieren können, wie das Wasser, bezeichnet man als **amphoter**.

Weitere Beispiele sind:

$$RO^- \xleftarrow[\text{Reaktion als Säure}]{+\text{ Base}} ROH \xrightarrow[\text{Reaktion als Base}]{+\text{ Säure}} ROH_2^+$$ ein Alkohol (R = organische Gruppe)

$$NH_2^- \longleftarrow NH_3 \longrightarrow NH_4^+$$ Ammoniak

$$HPO_4^{2-} \longleftarrow H_2PO_4^- \longrightarrow H_3PO_4$$ Dihydrogenphosphat

Obwohl die Säure-Base-Theorie von Brønstedt und Lowry eine erhebliche Verbesserung zu den Vorstellungen von Arrhenius darstellt, gibt es Vorgänge, die als Säure-Base-Reaktionen zu betrachten sind, jedoch mit Hilfe der Brønstedt-Lowry-Theorie nicht beschrieben werden können. Durch die Definition von Säuren als Protonendonatoren und Basen als Protonenakzeptoren, sind die Begriffe fest an das Vorhandensein von abspaltbaren Protonen gebunden.

Nach der **Säure-Base-Theorie von Lewis** sind die oben vorgestellten Protonenübertragungsreaktionen lediglich ein Spezialfall einer Säure-Basen-Beziehung.

Nach den bisher behandelten Theorien ist saures oder basisches Verhalten eine Folge der Eigenschaften eines Moleküls oder eines Molekülteils, nämlich der Fähigkeit, ein Proton abzuspalten oder aufzunehmen. Das Proton ist letztendlich als Vehikel zur Übertragung von Säure- oder Baseneigenschaften zu betrachten. Die Lewissche Theorie geht demgegenüber von den Eigenschaften des Protons selbst oder denen vergleichbarer Teilchen aus. Das Proton wird als Spezies mit Elektronenlücke gesehen, das in der Lage ist, mit dem freien Elektronenpaar eines anderen Teilchens eine *kovalente* Bindung einzugehen. Die Verallgemeinerung dieses Vorgangs führt zur Säure-Base-Definition nach Lewis:

Definition nach Lewis:
Säuren können Elektronenpaare aufnehmen; es sind **Elektronenpaar-Akzeptoren**. **Basen** sind in der Lage Elektronenpaare zur Verfügung zu stellen; es sind **Elektronenpaar-Donatoren.**

Mit dieser Definition sind auch die folgenden Reaktionen als Säure-Base-Reaktionen behandelbar:

$$BF_3 + NH_3 \longrightarrow BF_3NH_3$$

$$Fe^{3+} + 6\ CN^- \longrightarrow Fe(CN)_6^{3-}$$

$$AlCl_3 + Cl^- \longrightarrow [AlCl_4]^-$$

Um ihr Elektronenoktett aufzufüllen, lagern BF_3, Fe^{3+} und $AlCl_3$ Teilchen mit freiem Elektronenpaar oder mit negativer Ladung an.

In der Säure-Base-Theorie nach Lewis wird das Proton selbst als die Säure betrachtet. HCl, H_2SO_4, HNO_3 usw., die bisher als Säure betrachtet wurden, dürfen nach Lewis nicht mehr als solche bezeichnet werden. (Man sieht das häufig als den großen Nachteil der Lewisschen Theorie an.)

Die Brønstedtsche Theorie ist einfacher handhabbar, weshalb meist auf sie zurückgegriffen wird. Die Lewissche Theorie ist umfassender, aber sehr viel schwieriger quantifizierbar und wird deshalb meist auf spezielle Fälle, so zum Beispiel in der Komplexchemie, angewandt.

Bevor die Säure- und Baseneigenschaften quantitativ beschrieben werden können, ist es notwendig, auf die Eigenschaften von Wasser, dem meist verwendeten Lösungsmittel, etwas ausführlicher einzugehen.

9.2 Das Ionenprodukt des Wassers und der pH-Wert

Wir haben Wasser bisher als Ampholyten kennengelernt, der je nach den sauren oder basischen Eigenschaften einer zugesetzten Substanz entweder ein Proton aufnimmt oder abgibt. In Abschnitt 8.2.2 wurde behauptet, daß Wasser den Strom nur sehr schlecht leitet. Daß es überhaupt eine gewisse Leitfähigkeit aufweist, ist auf die **Autoprotolyse** des Wassers zurückzuführen:

$$H_2O + H_2O \rightleftharpoons H_3O^+ + OH^-$$

Unter Autoprotolyse versteht man einen Vorgang, in dem ein und dieselbe Verbindung gleichzeitig als Säure und als Base reagiert.

Die Anwendung des Massenwirkungsgesetzes auf dieses sehr weit links liegende Gleichgewicht führt zu:

$$K = \frac{[H_3O^+][OH^-]}{[H_2O][H_2O]} = \frac{[H_3O^+][OH^-]}{[H_2O]^2}$$

K ist nur von der Temperatur abhängig. Da die Konzentration von Wasser im Vergleich zu H_3O^+ und OH^- sehr groß ist, kann sie als konstant angesehen und $[H_2O]^2$ in die Dissoziationskonstante mit einbezogen werden.

$$K\,[H_2O]^2 = K_W = [H_3O^+][OH^-]$$

K_W wird als **Ionenprodukt des Wassers** bezeichnet und beträgt bei 22 °C 10^{-14} mol^2 l^{-2} (exakt $1{,}001 \cdot 10^{-14}$ mol^2 l^{-2}). Bei 100 °C steigt K_W auf $5{,}483 \cdot 10^{-13}$ mol^2 l^{-2}.

Für 22 °C gilt also:

$$[H_3O^+][OH^-] = K_W = 10^{-14}\ \text{mol}^2 \cdot \text{l}^{-2}$$

Nun wird der negative dekadische Logarithmus (log) der H_3O^+-Konzentration mit pH bezeichnet:

$$\text{pH} = -\log[H_3O^+] \qquad \text{(Gl. 9.1)}$$

Entsprechend wird der negative dekadische Logarithmus der OH^--Konzentration durch pOH ausgedrückt. Der logarithmische Ausdruck für das Ionenprodukt des Wassers lautet damit

$$\text{pH} + \text{pOH} = 14 = -\log K_W. \qquad \text{(Gl. 9.2)}$$

In reinem Wasser sind die Konzentrationen von H_3O^+ und OH^- gleich groß und es gilt damit:

$$\text{pH} = \text{pOH} = 7$$

Durch den Zusatz einer Säure oder einer Base kann die Konzentration von H_3O^+ oder OH^- in einem weiten Bereich variiert werden. Für verdünnte Lösungen darf man die Konzentration des Wassers weiterhin als konstant betrachten. Nach dem in Gl. 9.1 oder 9.2 dargestellten Zusammenhang genügt die Angabe des pH oder des pOH; normalerweise wird der pH-Wert angegeben. Bei Lösungen mit einem pH-Wert, der kleiner ist als 7, übersteigt die H_3O^+-Konzentration die von OH^-. Solche Lösungen reagieren sauer. Lösungen, deren pH-Wert über 7 liegt, nennt man basisch. Neutrale Lösungen besitzen bei 22 °C einen pH-Wert von 7.

$\text{pH} < 7$: saure Lösungen
$\text{pH} = 7$: neutrale Lösungen
$\text{pH} > 7$: basische Lösungen

Für die chemische Praxis ist es in den allermeisten Fällen nicht notwendig, die zu einer pH-Angabe gehörige Temperatur anzugeben. In biologischen Systemen, in denen es sehr oft auf geringste Schwankungen des pH-Wertes ankommt, muß man die Temperatur sehr wohl berücksichtigen. Bei Körpertemperatur liegt beispielsweise der Neutralpunkt bei pH = 6,84.

9.3 Die Stärke von Säuren und Basen; Säure- und Basen-Konstante

Für die Protolyse einer Säure in Wasser nach

$$HA + H_2O \rightleftharpoons H_3O^+ + A^-$$

erhält man das Massenwirkungsgesetz:

$$K = \frac{[H_3O^+][A^-]}{[HA][H_2O]}$$

Nun ist in verdünnten wäßrigen Lösungen die Konzentration des Wassers sehr groß gegenüber der Säure und bleibt deshalb während der Protolyse praktisch konstant. $[H_2O]$ kann deshalb wieder in die Gleichgewichtskonstante einbezogen werden:

$$K[H_2O] = \frac{[H_3O^+][A^-]}{[HA]} = K_s$$

Das Produkt $K[H_2O]$ wird als **Säure**- oder **Aciditätskonstante** K_s bezeichnet. Die **Basenkonstante** ist völlig analog definiert.

$$B + H_2O \rightleftharpoons BH^+ + OH^-$$

$$K[H_2O] = \frac{[BH^+][OH^-]}{[B]} = K_B$$

Statt K_S oder K_B verwendet man meist deren negativen dekadischen Logarithmus pK_S oder pK_B. Starke Säuren haben negative pK_S-Werte. Mit positiver werdenden pK_S-Werten nimmt die Säurestärke ab und die Basenstärke zu (vgl. Tab. 9.1).

Tabelle 9.1: pK_S-Werte wichtiger Säuren (Aus: Hollemann/Wiberg, Anorganische Chemie, de Gruyter 1995).

Name	Formel	pK_s
Salzsäure	$HCl \rightarrow Cl^- + H^+$	− 7,0
Schwefelsäure	$H_2SO_4 \rightarrow HSO_4^- + H^+$	− 3,0
	$HSO_4^- \rightarrow SO_4^{2-} + H^+$	+ 1,96
Salpetersäure	$HNO_3 \rightarrow NO_3^- + H^+$	− 1,37
Flußsäure	$HF \rightarrow F^- + H^+$	+ 3,17
„Kohlensäure“	$CO_2 + H_2O \rightarrow HCO_3^- + H^+$	+ 6,35
	$HCO_3^- \rightarrow CO_3^{2-} + H^+$	+10,33
Essigsäure	$CH_3COOH \rightarrow CH_3COO^- + H^+$	+ 4,75
Phosphorsäure	$H_3PO_4 \rightarrow H_2PO_4^- + H^+$	+ 2,161
	$H_2PO_4^- \rightarrow HPO_4^{2-} + H^+$	+ 7,207
	$HPO_4^{2-} \rightarrow PO_4^{3-} + H^+$	+12,324
Ammoniak	$NH_4^+ \rightarrow NH_3 + H^+$	+ 9,25
	$NH_3 \rightarrow NH_2^- + H^+$	+23
Blausäure	$HCN \rightarrow CN^- + H^+$	+ 9,21

Zu jedem Säure-Base-Gleichgewicht existiert ein pK_S- und ein pK_B-Wert. Mehrprotonige Säuren, also Verbindungen, die mehrere Protonen abspalten können, besitzen demnach auch mehrere pK_S-Werte. Entsprechendes gilt selbstverständlich auch für Basen (z. B. $Ca(OH)_2$).

Phosphorsäure besitzt drei Protolysegleichgewichte:

$$H_3PO_4 \rightleftharpoons H_2PO_4^- + H^+$$

$$H_2PO_4^- \rightleftharpoons HPO_4^{2-} + H^+$$

$$HPO_4^{2-} \rightleftharpoons PO_4^{3-} + H^+$$

Säuren mit einem pK_S-Wert kleiner 0, also solche, die acider sind als Wasser, lassen sich in wäßriger Lösung bezüglich ihrer Säurestärke nicht unterscheiden, sie liegen auf jeden Fall dissoziiert vor. Undissoziierte Säure kann in Gegenwart einer schwächeren Säure (stärkeren Base), hier in Gegenwart von Wasser, nicht existieren. Die stärkste in Wasser mögliche Säure ist H_3O^+. Entsprechend kann in wäßriger Lösung auch keine stärkere Base als OH^- vorkommen. Wasser übt einen „nivellierenden Effekt" auf starke Säuren und Basen aus. Zur Messung der pK_S- oder pK_B-Werte solch starker Säuren oder Basen müssen acidere oder basischere Lösungsmittel wie z. B. Essigsäure (CH_3COOH) oder flüssiger Ammoniak (NH_3) verwendet werden.

9.4 Berechnung von pH-Werten verdünnter Säuren und Basen in Wasser

Wie oben erwähnt liegen starke Säuren oder Basen in wäßriger Lösung nahezu vollständig in Form ihrer konjugierten Basen oder Säuren vor. $[H_3O^+]$ entspricht der Menge der zugesetzten Säure HA bzw. $[OH^-]$ der der zugesetzten Base B.

Eine 0,3 molare Salzsäure enthält demnach 0,3 mol H_3O^+ pro Liter Lösung. Der negative dekadische Logarithmus von 0,3 ist 0,522. Eine 0,3 molare wäßrige HCl-Lösung besitzt also einen pH-Wert von 0,522.

Eine 0,02 molare NaOH-Lösung enthält $2 \cdot 10^{-2}$ mol OH^--Ionen. Der pH-Wert einer solchen Lösung ergibt sich zu

$$pH = 14 - pOH; \; pH = 14 - 1{,}699 = 12{,}301$$

Genau genommen gilt dieser Ansatz nur für sehr verdünnte Lösungen. Für höhere Konzentrationen und genauere Berechnungen müssen die Konzentrationen aller in Lösung vorkommenden Ionen und deren Wechselwirkungen berücksichtigt werden. Statt der Konzentrationen müssen „Aktivitäten" benutzt werden!

Bei schwachen Säuren und Basen liegt das Protolysegleichgewicht meist weit auf der Seite der Edukte. Der für starke Elektrolyte verwendete Ansatz ist hier nicht verwendbar. Man geht von dem in Abschn. 9.3 abgeleiteten Ausdruck für die Säure- bzw. Basenkonstante K_S bzw. K_B aus.

Am Beispiel der Essigsäure soll das Procedere erläutert werden.

$$H_3C{-}COOH + H_2O \rightleftharpoons H_3C{-}COO^- + H_3O^+$$

Mit den Abkürzungen HOAc für $H_3C{-}COOH$ (Essigsäure) und AcO^- für $H_3C{-}COO^-$ (Acetat-Ion) kann man schreiben:

$$K_S = \frac{[AcO^-][H_3O^+]}{[HOAc]} \qquad \text{(Gl. 9.3)}$$

Die Konzentration des Acetats AcO^- muß gleich der von H_3O^+ sein und es muß gelten:

$$K_S = \frac{[H_3O^+]^2}{[HOAc]}$$

Die Konzentration des undissoziierten HOAc ist unbekannt, läßt sich aber als Differenz der anfangs zugesetzten Säure zu $[Ac^-]$ oder $[H_3O^+]$ angeben. Wenn $[HOAc]_0$ die Gesamtmenge der zugesetzten Säure bedeutet, kann man die letzte Gleichung schreiben:

$$K_S = \frac{[H_3O^+]^2}{[HOAc]_0 - [H_3O^+]} \text{ oder } pK_S = 2pH + \log([HOAc]_0 - [H_3O^+]) \qquad \text{(Gl. 9.4)}$$

Nun ist bei verdünnten schwachen Säuren $[H_3O^+]$ sehr klein im Verhältnis zur Gesamtkonzentration der Säure und ist ohne allzu großen Fehler vernachlässigbar. Man erhält damit näherungsweise:

$$pK_S = 2pH + \log[HOAc]_0 \text{ oder } pH = \frac{pK_S - \log[HOAc]_0}{2}$$

Durch Einsetzen in die obige Formel erhält man für eine 0,1 molare Essigsäure einen pH-Wert von 2,875.

Für genauere Berechnungen bzw. für etwas stärker dissoziierende Elektrolyte ist es notwendig, die Konzentration des Anions bei Säuren oder des Kations bei Basen mit Hilfe tabellierter Dissoziationskonstanten zu berechnen. Dies soll abermals am Beispiel von Essigsäure durchgeführt werden. Man erkennt damit leicht die Berechtigung, die Konzentration des Wassers zu vernachlässigen.

0,1 molare Essigsäure ist bei 25 °C zu 1,34 % dissoziiert. Die Konzentration von AcO^- oder H_3O^+ beträgt 0,1 mol · l^{-1} · 0,0134 = 0,00134 mol · l^{-1}. Gl. 9.4 umgeformt und eingesetzt:

$$\mathrm{pH} = 0{,}5\ (\mathrm{p}K_\mathrm{S} - \log\ ([\mathrm{HOAc}]_0 - [\mathrm{H_3O^+}])$$
$$\mathrm{pH} = 0{,}5\ (4{,}75 - \log\ (0{,}1 - 0{,}00134) = 2{,}878$$

Die pH-Berechnung für schwach dissoziierte Basen ist völlig analog. Es ist lediglich zu beachten, daß pH = 14 − pOH gilt.

9.5 Zusammenhang zwischen Säure- und Basenstärke

Betrachten wir zunächst die Reaktion einer Säure und ihrer konjugierten Base mit Wasser:

$$\mathrm{HA} + \mathrm{H_2O} \rightleftharpoons \mathrm{A^-} + \mathrm{H_3O^+}$$
$$\mathrm{A^-} + \mathrm{H_2O} \rightleftharpoons \mathrm{HA} + \mathrm{OH^-}$$

Daraus erhält man die Gleichgewichtskonstanten:

$$K_\mathrm{s} = \frac{[\mathrm{H_3O^+}][\mathrm{A^-}]}{[\mathrm{HA}]} \qquad K_\mathrm{B} = \frac{[\mathrm{HA}][\mathrm{OH^-}]}{[\mathrm{A^-}]}$$

Aus der Kombination der beiden ergibt sich:

$$K_\mathrm{s} \cdot K_\mathrm{B} = \frac{[\mathrm{H_3O^+}][\mathrm{A^-}]}{[\mathrm{HA}]} \cdot \frac{[\mathrm{HA}][\mathrm{OH^-}]}{[\mathrm{A^-}]} = [\mathrm{H_3O^+}][\mathrm{OH^-}] = K_\mathrm{W} = 10^{-14}$$

oder:

$$\mathrm{p}K_\mathrm{S} + \mathrm{p}K_\mathrm{B} = \mathrm{p}K_\mathrm{W} = 14$$

Die letzten beiden Gleichungen sind der mathematische Ausdruck für die Feststellung, daß zu jeder starken Säure eine schwache konjugierte Base und zur starken Base eine schwache konjugierte Säure gehört.

9.6 Säure-Base-Titrationen

Eine Säure HA kann mit Hilfe einer Base B^- neutralisiert werden. In wäßriger Lösung laufen dabei die folgenden Vorgänge ab:

$$HA + H_2O \rightleftharpoons A^- + H_3O^+$$
$$B^- + H_3O^+ \rightleftharpoons HB + H_2O$$
$$\overline{HA + B^- \rightleftharpoons A^- + HB}$$

Am **Äquivalenzpunkt** entspricht die zugesetzte Menge der Base B^- genau der Menge der Säure HA. Bringt man eine starke Säure mit einer starken Base zur Reaktion, entspricht der Äquivalenzpunkt genau dem Neutralpunkt, also pH = 7. Die Neutralisation von Salzsäure, HCl mit Natronlauge, NaOH wird durch die Gleichung

$$HCl + NaOH \rightleftharpoons NaCl + H_2O$$

beschrieben, wobei NaCl als starker Elektrolyt, zumindest in verdünnter Lösung, völlig dissoziiert als Na^+ und Cl^- vorliegt. Man benutzt deshalb Säure-Base-Reaktionen zur Gehaltsbestimmung von Säure- oder Basenlösungen.

Zu einem definierten Volumen (der Probe) einer Säure (Base) unbekannten Gehaltes gibt man so lange eine Lösung mit bekannter Basen-(Säure-) Konzentration (Maßlösung) zu, bis der Äquivalenzpunkt erreicht ist. Man bezeichnet den beschriebenen analytischen Vorgang als **Titration**. Anhand des verbrauchten Volumens an Maßlösung kann man auf den Gehalt der Probe an Säure (Base) zurückrechnen.

Trägt man den pH-Wert, den man mit einem pH-Meter direkt verfolgen kann, gegen die Menge der Maßlösung auf, erhält man eine **Titrationskurve**, die für die Titration von starken Säuren mit starken Basen in Abb. 9.1a dargestellt ist.

Zunächst steigt der pH-Wert bei stetiger Basenzugabe nur langsam an, um in der Nähe des Äquivalenzpunktes sehr steil anzusteigen. Bei weiterer Basenzugabe steigt der pH-Wert dann jenseits des Äquivalenzbereiches nur langsam weiter. Der **Wendepunkt** der Titrationskurve markiert den Äquivalenzpunkt; Säure und Base liegen im gleichen Verhältnis vor. Nur bei starken Säuren, die mit starken Basen titriert werden (und umgekehrt; s. Abb. 9.16), ist der Äquivalenzpunkt auch gleichzeitig der Neutralpunkt (pH = 7).

Titriert man eine schwache Säure mit einer starken Base oder eine schwache Base mit einer starken Säure, sind Neutralpunkt und Äquivalenzpunkt **nicht** identisch.

Bei der Titration von Essigsäurelösung mit NaOH als Maßlösung nach

$$HOAc + NaOH \rightleftharpoons Na^+ + AcO^- + H_2O$$

liegen am Äquivalenzpunkt, dem Wendepunkt der Titrationskurve, Na^+ und AcO^- in gleichen molaren Mengen vor. Während Na^+ keinerlei Tendenz zur Rückreaktion zeigt, reagiert das Acetat-Ion als starke konjugierte Base einer schwachen Säure merklich mit Wasser:

$$AcO^- + H_2O \rightleftharpoons AcOH + OH^-$$

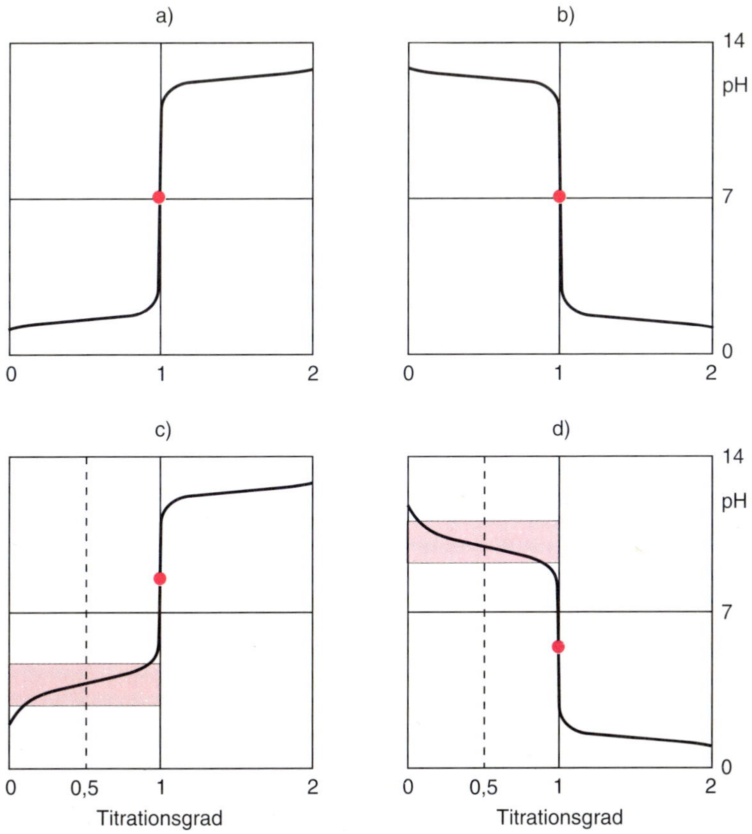

Abb. 9.1a) Titration einer starken Säure mit einer starken Base
b) Titration einer starken Base mit einer starken Säure
c) Titration einer schwachen Säure mit einer starken Base
d) Titration einer schwachen Base mit einer starken Säure

In Lösung überwiegen somit die OH^--Ionen und am Äquivalenzpunkt liegt deshalb ein $pH > 7$ (im Beispiel $pH = 8{,}72$) vor. Abb. 9.1c zeigt den Verlauf des pH-Wertes während der Titration.

Titriert man eine schwache Base mit einer starken Säure, liegt der Äquivalenzpunkt im sauren Bereich. Abb. 9.1 d zeigt die in der Praxis auftretenden Titrationskurve. Titrationen von schwachen Säuren mit schwachen Basen (und umgekehrt) haben keine praktische Bedeutung.

Bei der **volumetrischen Analyse**, auch **Maßanalyse** oder **Titrimetrie** genannt, ermittelt man die Masse eines zu bestimmenden Stoffes durch eine Volumenmessung. Man mißt hierbei das Volumen einer Lösung mit bekanntem Gehalt eines geeigneten Reaktionspartners (Titrans), das bis zur vollständigen Umsetzung des zu bestimmenden gelösten Stoffes in einer eindeutig ablaufenden Reaktion verbraucht wird. Der Vorgang heißt **Titration**, die Operation **Titrieren**, das Ende der Titration ist am Äquivalenzpunkt erreicht. Am häufigsten werden Säure-Base-Titrationen und Redoxtitrationen angewendet (Redoxreaktionen vgl. Kapitel 10). Voraussetzung für die praktische Durchführbarkeit einer Maßanalyse ist der vollständige, stöchiometrisch eindeutige und schnelle Ablauf der Reaktion des zu bestimmenden Stoffes mit den Titrans sowie die Möglichkeit, den Äquivalenzpunkt eindeutig sichtbar zu machen. Dies geschieht entweder, wie oben gezeigt, durch Verfolgung des pH-Wertes oder durch Verwendung eines Indikators.

9.7 Pufferlösungen

Lösungen mit einem definierten pH-Wert sind nicht schwierig herzustellen, aber es ist schwierig, den pH-Wert solcher Lösungen über längere Zeit konstant zu halten, weil äußere Einflüsse, wie das in der Luft enthaltene CO_2, basische Bestandteile im Flaschenglas usw. die Protonenkonzentration stark beeinflussen. Schon geringe Säure- oder Basezusätze bewirken besonders bei verdünnten Lösungen drastische pH-Sprünge. Nun ist es besonders in biologischen Systemen von großer Wichtigkeit, bestimmte pH-Werte über längere Zeit stabil zu halten. Dies wird durch **Puffersysteme** erreicht.

Eine Pufferlösung enthält eine relativ hohe Konzentration einer schwachen Säure *und* ihrer konjugierten Base. Bei Zugabe einer begrenzten Menge einer Säure zu einer solchen Pufferlösung wird die in der Lösung in großer Menge vorhandene konjugierte Base protoniert, wobei der pH-Wert weitgehend stabil bleibt. Gibt man eine Base zu, spaltet primär die in Lösung vorhandene undissoziierte Säure Protonen ab und der pH-Wert verändert sich deshalb zunächst nur wenig.

Der Zusatz von etwa 13 % Säure oder Base bezogen auf die Pufferkonzentrationen, ändert sich der pH-Wert um ±0,1.

9.7.1 pH-Wert von Pufferlösungen

Zur Berechnung des pH-Wertes von Pufferlösungen löst man in der Gleichung für die Säurekonstante nach $[H_3O^+]$ auf:

$$K_s = \frac{[H_3O^+][A^-]}{[HA]} \quad \text{und} \quad [H_3O^+] = K_S \frac{[HA]}{[A^-]},$$

in logarithmierter Form:

$$\text{pH} = \text{p}K_S - \log \frac{[HA]}{[A^-]} \quad \text{oder} \quad \text{pH} = \text{p}K_S + \log \frac{[A^-]}{[HA]}$$

Obige Gleichung ist als **Henderson-Hasselbalch-Gleichung** bekannt. Für den Fall, daß die Säure und ihre konjugierte Base in gleicher Konzentration vorliegt, wird der Bruch $[HA]/[A^-] = 1$ und $\text{pH} = \text{p}K_S$.

Je nach Säure-Base-Paar läßt sich in ganz bestimmten Bereichen puffern. In Tab. 9.2 sind einige Puffer und ihre $\text{p}K_S$-Werte zusammengestellt.

Tabelle 9.2: Einige gebräuchliche Puffer und ihre $\text{p}K_S$-Werte

Name	Formel	$\text{p}K_S$-Werte*		
Phosphorsäure	H_3PO_4	2,15	7,20	12,35
Essigsäure	CH_3COOH	4,76		
Borsäure	$B(OH)_3$	8,40	12,74	
Zitronensäure		3,13	4,76	6,40
TRIS		8,08		
HEPES		7,55		

* Angegeben sind die $\text{p}K_S$-Werte der ersten, gegebenenfalls auch weiterer Deprotonierungsstufen.

Exkurs 9.1: Biologische Bedeutung von Puffern

Der pH-Wert des Blutes liegt etwa bei 7,4. Dies entspricht einer H_3O^+-Ionenaktivität von etwa 40 nmol/l. Die Konstanthaltung des pH-Wertes ist für den Organismus von enormer Wichtigkeit. Blut-pH-Werte, die unter 7,0 bzw. über 7,8 liegen, sind nicht mehr mit dem Leben vereinbar. Die Struktur zahlreicher Zellbestandteile wie zum Beispiel der Proteine ist sehr stark pH-abhängig. Ebenfalls ist die Wirksamkeit der Enzyme an einen bestimmten pH-Wert gebunden. Es kommt deshalb bei größeren Abweichungen von der Norm zu Stoffwechselstörungen, Veränderungen von Membranen (Durchlässigkeit) und Veränderungen der Elektrolytverteilungen. Die wichtigsten Puffersysteme im Blut sind der Kohlensäure/Hydrogencarbonat-Puffer (H_2CO_3/HCO_3^-), der etwa 6 % der Pufferkapazität ausmacht, der Dihydrogenphosphat/Hydrogenphosphat-Puffer ($H_2PO_4^-/HPO_4^{2-}$), mit etwa 1 % Pufferkapazität und der Protein/Anion-Puffer, der ca. 93 % der Pufferkapazität besitzt. Der Kohlensäure/Hydrogencarbonat-Puffer hat den Vorteil, daß es sich hier um ein sogenanntes offenes Puffersystem handelt, bei dem das Gleichgewicht zusätzlich noch durch Abatmung von Kohlendioxid (CO_2) aus der Lunge, durch Ausscheidung von HCO_3^- durch die Niere und durch Synthese von Harnstoff aus HCO_3^- und NH_4^+ in der Leber reguliert werden kann. Insofern ist das CO_2/HCO_3^--System von großer Wichtigkeit für die schnelle Regulation des pH-Wertes im Blut.

Wie eingangs erwähnt, sind chemische, vor allem aber viele biochemische Reaktionen empfindlich vom pH-Wert des Mediums abhängig, in dem sie stattfinden. Exkurs 9.1 berichtet dazu über die Bedeutung biologischer Puffersysteme.

9.8 Indikatoren

Statt der direkten pH-Messung mit pH-Metern (Glaselektroden, Redoxelektroden) verwendet man in der chemischen Praxis, besonders für Titrationen, **pH-Indikatoren**.

pH-Indikatoren sind schwach saure organische Farbstoffe, deren Farbe davon abhängig ist, ob die freie Säure oder ihre konjugierte Base vorliegt. Die Farbe ist also pH-abhängig. Je nach Säurestärke des Indikators liegt der Umschlagspunkt bei unterschiedlichen pH-Bereichen. Tabelle 9.3 gibt hierüber Auskunft.

Bei der Titration von Essigsäure mit NaOH, deren Äquivalenzpunkt bei pH = 8,72 liegt, wählt man also Phenolphthalein als Indikator, dessen Umschlagbereich diesen pH umfaßt. Man gibt so lange NaOH-Lösung zu, bis ein plötzlicher Farbumschlag nach rot erfolgt.

Tabelle 9.3: Farbumschläge einiger Indikatoren. (Aus: P. A. Atkins, Kurzlehrbuch Physikalische Chemie, Spektrum Akademischer Verlag 1993).

Indikator	Säure-farbe	pH-Bereich des Farbumschlags	pK_{In}	Basen-farbe
Thymolblau	rot	1,2 bis 2,8	1,7	gelb
Methylorange	rot	3,2 bis 4,4	3,4	gelb
Bromphenolblau	gelb	3,0 bis 4,6	3,9	blau
Bromkresolgrün	gelb	4,0 bis 5,6	4,7	blau
Methylrot	gelb	4,8 bis 6,0	5,0	rot
Bromthymolblau	gelb	6,0 bis 7,6	7,1	blau
Lackmus	rot	5,0 bis 8,0	6,5	blau
Phenolrot	gelb	6,6 bis 8,0	7,9	rot
Thymolblau	gelb	9,0 bis 9,6	8,9	blau
Phenolphthalein	farblos	8,2 bis 10,0	9,4	rosa
Alizaringelb	gelb	10,1 bis 12,0	11,2	rot
Alizarin	rot	11,0 bis 12,4	11,7	purpur

10 Oxidation und Reduktion

Oxidationen und Reduktionen spielen nicht nur in der Chemie eine außerordentlich wichtige Rolle. Der gesamte Energiestoffwechsel in der belebten Natur ist auf Oxidations- und Reduktionsprozessen aufgebaut.

Der Name **Oxidation** (von *oxygène*, franz. für Sauerstoff) stammt von Antoine Laurent Lavoisier, welcher darunter Verbrennungsvorgänge verstand, bei denen Sauerstoff verbraucht wird. Umgekehrt verstand man unter **Reduktion** die Abgabe von Sauerstoff.

10.1 Redoxreaktionen und Oxidationszahl

Kohlenstoff, C, verbrennt unter Aufnahme von Sauerstoff zu Kohlendioxid, CO_2. Eisen, Fe, reagiert mit dem Sauerstoff der Luft zu Eisenoxid, Fe_2O_3. Wasserstoff setzt sich mit Sauerstoff explosionsartig zu H_2O um. Umgekehrt ist es aber auch möglich, das Eisenoxid z. B. mit Kohlenstoff wieder zu Eisen zu reduzieren. Man macht sich diese Reaktion im Hochofenprozeß zunutze.

$$C + O_2 \longrightarrow CO_2$$

$$4\,Fe + 3\,O_2 \longrightarrow 2\,Fe_2O_3$$

$$2\,H_2 + O_2 \longrightarrow 2\,H_2O$$

$$2\,Fe_2O_3 + 3\,C \longrightarrow 4\,Fe + 3\,CO_2$$

Daneben gibt es aber Prozesse, die zu den Oxidationen oder Reduktionen zu zählen sind, ohne daß dabei Sauerstoff in irgendeiner Weise beteiligt ist.

Die Umsetzung von Wasserstoffgas mit Chlor läuft, wie auch die Oxidation von Wasserstoff mit Sauerstoff, explosionsartig ab:

$$H_2 + Cl_2 \longrightarrow 2\,HCl$$

Wasserstoff wird bei diesem Prozeß oxidiert, das Chlor reduziert. Heute definiert man die Oxidation und die Reduktion deshalb wesentlich umfassender.

> Unter **Oxidation** versteht man die **Abgabe von Elektronen**; die Oxidationszahl wird erhöht.
> Unter **Reduktion** versteht man die **Aufnahme von Elektronen**; die Oxidationszahl wird erniedrigt.

Wenn metallisches Natrium (Na) sein Außenelektron abgibt und zu Na^+ wird, handelt es sich um eine Oxidation; Natrium wird oxidiert. Wenn umgekehrt ein Chlormolekül (Cl_2) zwei Elektronen aufnimmt und daraus zwei Chlorid-Anionen entstehen, ist dies eine Reduktion; Chlor wird reduziert.

Ein Teilchen (Molekül, Ion, Atom) kann nur oxidiert werden, wenn die bei der Oxidation frei werdenden Elektronen anderweitig untergebracht werden können. Dies kann entweder durch ein Teilchen geschehen, das in der Lage ist, weitere Elektronen aufzunehmen und dabei selbst reduziert wird, oder es kann eine positiv geladene Elektrode sein (anodische Oxidation).

Im Fall der Reaktion von Natrium mit Chlor übernimmt das Natrium die Rolle des Elektronendonators und das Chlor die des Elektronenakzeptors: Natrium wird **oxidiert**, während das Chlor gleichzeitig **reduziert** wird. Den gesamten Vorgang nennt man deshalb **Redoxreaktion**. Sie wird durch die nachfolgenden **Redoxgleichungen** beschrieben:

$$2\,Na \rightleftharpoons 2\,Na^+ + 2\,e^- \qquad \text{Oxidation}$$
$$Cl_2 + 2\,e^- \rightleftharpoons 2\,Cl^- \qquad \text{Reduktion}$$
$$2\,Na + Cl_2 \rightleftharpoons 2\,Na^+ + 2\,Cl^- \qquad \text{Redoxreaktion}$$

Das Chlor ist **Oxidationsmittel** und das Natrium **Reduktionsmittel**.

Zur Aufstellung von Redoxgleichungen ist es nützlich, den Zustand eines Atoms in einer bestimmten Verbindung (formal) mit Hilfe der **Oxidationszahl** zu beschreiben.

Unter der Oxidationszahl versteht man bei einfachen, rein ionischen Verbindungen die Zahl der Ladungen eines Ions. Natrium hat in Kochsalz (NaCl) die Oxidationszahl $+1$, Chlor -1. Im Falle kovalenter Bindungen zwischen den Atomen und bei Molekül-Ionen werden die Bindungselektronen ganz dem elektronegativeren Bindungspartner zugeordnet. Die sich daraus ergebenden, *rein formalen* Ladungen sind die Oxidationszahlen der einzelnen Elemente in den jeweiligen Verbindungen. Reine Elemente besitzen die Oxidationszahl Null. Die Oxidationszahl wird jeweils über das betreffende Element geschrieben. Im Text werden sie als römische Zahlen geschrieben.

$\overset{+1}{Na}\overset{-1}{Cl}$	$\overset{+3}{Fe_2}\overset{-2}{O_3}$	$\overset{+1}{Na}\overset{+5}{N}\overset{-2}{O_3}$
$\overset{+1}{H}\overset{-1}{Cl}$	$\overset{+4}{C}\overset{-2}{O_2}$	$\overset{+1}{Na_2}\overset{+6}{S}\overset{-2}{O_4}$
$\overset{+1}{H}\overset{+7}{Cl}\overset{-2}{O_4}$	$\overset{+1}{H_2}\overset{-2}{O}$	$\overset{+1}{K}\overset{+7}{Mn}\overset{-2}{O_4}$

10.2 Aufstellung von Redoxgleichungen

An zwei Beispielen soll die korrekte Aufstellung von Redoxgleichungen erläutert werden:

1) Die Oxidation von Eisen(II) zu Eisen(III) mit Kaliumpermanganat, $KMnO_4$, in saurer Lösung.

Fe(II) wird durch Abgabe eines Elektrons zu Fe(III) oxidiert. Gleichzeitig wird das Mangan(VII) des Kaliumpermanganats, in saurer Lösung durch Aufnahme von 5 Elektronen zu Mn^{2+} reduziert:

$$FeCl_2 + Cl^- \rightleftharpoons FeCl_3 + e^-$$
$$KMnO_4 + 8\,H_3O^+ + 3\,Cl^- + 5\,e^- \rightleftharpoons MnCl_2 + 12\,H_2O + KCl$$

Ein Molekül $KMnO_4$ kann also 5 Moleküle Fe(II) zu Fe(III) oxidieren. Die obere Gleichung muß also mit fünf multipliziert werden.

$$5\,\overset{+2}{Fe}Cl_2 + 5\,Cl^- \rightleftharpoons 5\,\overset{+3}{Fe}Cl_3 + 5\,e^-$$
$$K\overset{+7}{Mn}O_4 + 8\,H_3O^+ + 3\,Cl^- + 5\,e^- \rightleftharpoons \overset{+2}{Mn}Cl_2 + 12\,H_2O + KCl$$
$$\overline{5\,FeCl_2 + KMnO_4 + 8\,H_3O^+ + 8\,Cl^- \rightleftharpoons 5\,FeCl_3 + MnCl_2 + 12\,H_2O + KCl}$$

Statt „8 H_3O^+ + 8 Cl^-" kann man vereinfachend auch „8 HCl + 8 H_2O" schreiben. Man muß sich dabei jedoch bewußt sein, daß undissoziiertes HCl in verdünnter wäßriger Lösung nicht existiert.

Meist beschränkt man sich bei der Angabe von Redoxgleichungen auf das unbedingt Notwendige. Dies sei am Beispiel der Oxidation von schwefliger Säure (H_2SO_3) mit Dichromat ($Cr_2O_7^{2-}$) gezeigt.

$$3\,H_2\overset{+4}{S}O_3 + 3\,H_2O \rightleftharpoons 3\,H\overset{+6}{S}O_4^- + 9\,H^+ + 6\,e^-$$
$$\overset{+6}{Cr_2}O_7^{2-} + 14\,H^+ + 6\,e^- \rightleftharpoons 2\,\overset{+3}{Cr}{}^{3+} + 7\,H_2O$$
$$Cr_2O_7^{2-} + 5\,H^+ + 3\,H_2SO_3 \rightleftharpoons 2\,Cr^{3+} + 4\,H_2O + 3\,HSO_4^-$$

10.3 Normalpotentiale

Chlor und Wasserstoff reagieren zu HCl, indem das Chlor als *Oxidationsmittel* wirkt und dem Wasserstoff ein Elektron entzieht. Andererseits kann Kaliumpermanganat Chlorid-Ionen zu Chlor oxidieren. Die Chlorid-Ionen wirken in diesem Fall als *Reduktionsmittel.* Mangan(VII) ist also ein stärkeres Oxidationsmittel als Chlor. Die Stärke eines Oxidationsmittels ist durch seine Fähigkeit, Elektronen aufzunehmen (seine Reduzierbarkeit) charakterisiert.

Die Stärke eines Oxidationsmittels bzw. eines Reduktionsmittels läßt sich recht einfach quantitativ bestimmen.

Eine Oxidation ist dadurch gekennzeichnet, daß Elektronen von einem Reduktionsmittel auf ein Oxidationsmittel übertragen werden. Solche Elektronenverschiebungen stellen einen elektrischen Strom dar, der meßbar gemacht werden kann, wenn man die Lösung des Oxidations- und die des Reduktionsmittels räumlich voneinander trennt und elektrisch leitend verbindet.

Praktisch geschieht dies dadurch, daß man die Lösung von Oxidationsmittel und Reduktionsmittel in verschiedene Gefäße füllt, in beide ein Platin-Blech als Meßelektrode taucht und die Bleche leitend verbindet. Nun können Elektronen vom Reduktions- zum Oxidationsmittel fließen. Für den Ladungsausgleich in beiden Lösungen benötigt man zusätzlich einen **Stromschlüssel**, denn mit der geringer werdenden negativen Ladung in der Lösung des Reduktionsmittels muß sich entsprechend die Kationenkonzentration ändern. Das gleiche gilt, mit umgekehrten Vorzeichen, auch für die Lösung des Oxidationsmittels. Ein solcher Stromschlüssel kann beispielsweise aus einer Lösung von Kaliumnitrat, KNO_3, in Agar-Agar-Gel bestehen oder ein Diaphragma sein. In Abbildung 10.1 ist eine solche Anordnung für die Oxidation von Sn^{2+} zu Sn^{4+} mit Cl_2 dargestellt. Man bezeichnet die beiden Gefäße als **Halbzellen**.

Bringt man in die Verbindung zwischen den beiden Pt-Blechen einen Spannungsmesser ein, läßt sich eine Potentialdifferenz, das **Redoxpotential** messen, das umso größer ist, je stärker das Oxidationsmittel und das Reduktionsmittel in den beiden Halbzellen ist. Um einen Maßstab für die oxidierende oder reduzierende Wirkung eines Teilchens zu haben, hat man das **Normalpotential** definiert. Man ver-

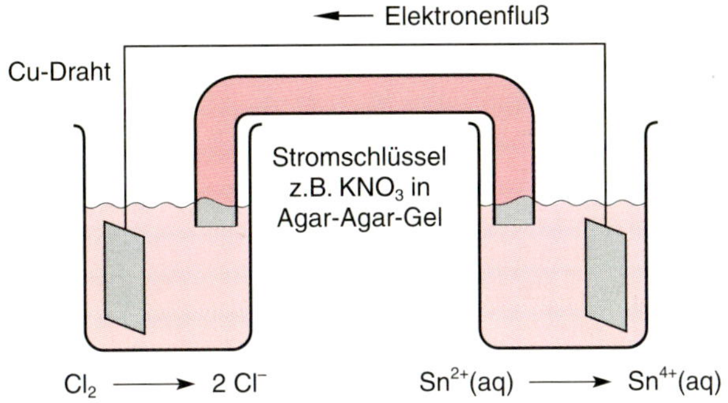

Abb. 10.1 Eine Redoxreaktion, die in zwei Halbzellen stattfindet. Kupferdraht als leitende Verbindung sorgt für den Elektronenfluß

steht darunter die Potentialdifferenz zwischen der **Normalwasserstoffelektrode** und der Probe eines Oxidations- oder Reduktionsmittels.

Die Normalwasserstoffelektrode besteht aus einem Platinblech, das in eine Säure der Konzentration 1 mol l^{-1} taucht und von Wasserstoff unter einem Druck von 1 bar umspült wird. Die Temperatur wird dabei konstant auf 25 °C gehalten. An dieser Elektrode (in dieser Halbzelle) sind die folgenden Reaktionen möglich:

$$2\,H_3O^+ + 2\,e^- \underset{\text{Reduktion}}{\overset{\text{Oxidation}}{\rightleftharpoons}} H_2 + H_2O$$

Läuft die Reaktion von links nach rechts ab, wird Wasserstoff reduziert; er nimmt Elektronen auf. In umgekehrter Richtung wird der Wasserstoff oxidiert.

Schaltet man andere Halbzellen, die wie die Normalwasserstoffelektrode sowohl die oxidierte, als auch die reduzierte Form des zu untersuchenden Stoffs in einmolarer Konzentration enthalten (**Redoxpaar**), gegen diese Normalelektrode, so fließen entweder Elektronen zur Normalwasserstoffelektrode hin oder von ihr weg. Im ersten Fall wird H^+ reduziert und die gemessene Spannung, das Normalpotential E^0, bekommt ein negatives Vorzeichen, Wasserstoff oxidiert also die Stoffprobe in der zweiten Halbzelle. Das Potential der Normalwasserstoffelektrode wird dabei willkürlich Null gesetzt. Stoffe mit negativerem Normalpotential als die Wasserstoffelektrode bezeichnet man als „unedler" als Wasserstoff.

Im zweiten Fall wird Wasserstoff oxidiert und das gemessene Normalpotential erhält ein positives Vorzeichen. Stoffe, die in der Lage sind, Wasserstoff zu oxidieren, sind „edler" als Wasserstoff. Wenn man die Normalpotentiale nach steigendem Potential ordnet, so gelangt man zur **Redox**- oder **Spannungsreihe** (Tab. 10.1).

Red		Ox	E^0[V]
Li	$\rightleftarrows$	$Li^+ + e^-$	–3,05
K	$\rightleftarrows$	$K^+ + e^-$	–2,92
Ca	$\rightleftarrows$	$Ca^{2+} + 2\,e^-$	–2,76
Na	$\rightleftarrows$	$Na^+ + e^-$	–2,71
Mg	$\rightleftarrows$	$Mg^{2+} + 2\,e^-$	–2,40
Zn	$\rightleftarrows$	$Zn^{2+} + 2\,e^-$	–0,76
S^{2-}	$\rightleftarrows$	$S + 2\,e^-$	–0,51
$(COOH)_2$	$\rightleftarrows$	$2\,CO_2 + 2\,H^+ + 2\,e^-$	–0,47
Fe	$\rightleftarrows$	$Fe^{2+} + 2\,e^-$	–0,44
H_2	$\rightleftarrows$	$2\,H^+ + 2\,e^-$	0,00
Cu^+	$\rightleftarrows$	$Cu^{2+} + e^-$	+0,17
Cu	$\rightleftarrows$	$Cu^{2+} + 2\,e^-$	+0,35
$2\,I^-$	$\rightleftarrows$	$I_2 + 2\,e^-$	+0,58
H_2O_2	$\rightleftarrows$	$O_2 + 2\,H^+ + 2\,e^-$	+0,68
Hydrochinon	$\rightleftarrows$	Chinon $+ 2\,H^+ + 2\,e^-$	+0,70
Fe^{2+}	$\rightleftarrows$	$Fe^{3+} + e^-$	+0,75
Ag	$\rightleftarrows$	$Ag^+ + e^-$	+0.80
Hg	$\rightleftarrows$	$Hg^{2+} + 2\,e^-$	+0,85
$2\,Br^-$	$\rightleftarrows$	$Br_2 + 2\,e^-$	+1,07
$2\,Cr^{3+} + 7\,H_2O$	$\rightleftarrows$	$Cr_2O_7^{2-} + 14\,H^+ + 6\,e^-$	+1,33
$2\,Cl^-$	$\rightleftarrows$	$Cl_2 + 2\,e^-$	+1,36
$Mn^{2+} + 4\,H_2O$	$\rightleftarrows$	$MnO_4^- + 2\,H^+ + 5\,e^-$	+1,51
$2\,H_2O$	$\rightleftarrows$	$H_2O_2 + 2\,H^+ + 2\,e^-$	+1,78
$2\,F^-$	$\rightleftarrows$	$F_2 + 2\,e^-$	+2,85

reduzierende Wirkung

oxidierende Wirkung

Tabelle 10.1: Die elektrochemische Spannungsreihe

Mit positiver werdendem Normalpotential steigt der edle Charakter. Die Oxidationswirkung der oxidierten Form nimmt zu.

Bei der Messung der Potentiale von Metallen verwendet man meist das Metall selbst als Meßelektrode und taucht es in eine 1M Lösung seines Salzes. In Abb. 10.2 ist die Versuchsanordnung zur Messung des Normalpotentials von Zink gezeigt.

Mit Hilfe der Normalpotentiale kann man die Spannung berechnen, die zwei zusammengeschaltete Halbzellen entwickeln. Diese Spannung ist die sog. **elektromotorische Kraft, EMK**. Eine Zelle aus Kupfer und Zink liefert eine Spannung von +0,17 Volt −(−0,76 Volt) = 0,93 Volt. Die Elektronen fließen hierbei von der Zink- zur Kupferhalbzelle. Zusammengeschaltete Halbzellen werden in der Technik in großem Maßstab als Energiespeicher (Batterien) eingesetzt.

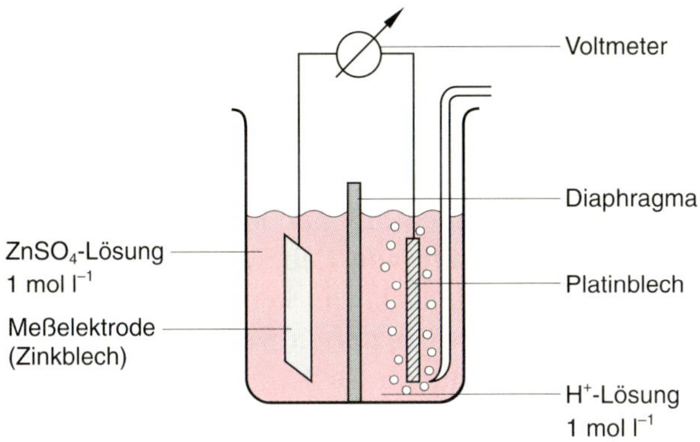

Abb. 10.2 Versuchsanordnung zur Messung von Redoxpotentialen im Vergleich zur Normalwasserstoffelektrode.

Wenn man die Konzentrationen oder die Temperatur einer Halbzelle ändert, so ändert sich deren Potential. Die **Nernstsche Gleichung** beschreibt diese Veränderungen:

$$E = E_0 \frac{R \cdot T}{n \cdot F} \ln \frac{[\mathrm{Ox}]}{[\mathrm{Red}]}$$

E steht hierbei für das Potential der Halbzelle, *R* für die allgemeine Gaskonstante, *T* für die absolute Temperatur (in Kelvin), *n* für die Anzahl der übertragenen Elektronen, *F* für die Faraday-Konstante (96486 C mol^{-1}), [Ox] für die Konzentration an oxidierter Form des Elements und [Red] für die Konzentration an reduzierter Form des Elements. Für Halbzellen, die aus einem Metallblech bestehen, das in die Lösung seines Salzes taucht, kann [Red] als konstant angesehen werden. Damit vereinfacht sich der logarithmische Term zu ln $[\mathrm{Me}^{n+}]$. Me steht für Metall und $n+$ für die positive Ladung des Metallkations:

$$E = E_0 \frac{R \cdot T}{n \cdot F} \ln [\mathrm{Me}^{n+}]$$

Man sieht, wie das Potential neben der Konzentration auch von der Temperatur abhängig ist. Dies ist eine der Ursachen der Startprobleme von Autos in kalten Wintertagen.

Entsprechend kann man bei der Normalwasserstoffelektrode, die von Wasserstoff bei *konstantem* Druck umspült wird, dessen Konzentration ebenfalls als konstant ansehen. Die Nernstsche Gleichung vereinfacht sich zu:

$$E = E_0 \frac{R \cdot T}{n \cdot F} \ln [\mathrm{H_3O^+}]$$

10.4 Redoxreaktionen in der Natur

Redoxreaktionen spielen auch im biochemischen Geschehen eine wichtige Rolle. Der Elektronenfluß bei Redoxreaktionen ist – direkt oder indirekt – für die gesamte von Lebewesen verrichtete Arbeit verantwortlich. Bei Tier und Mensch, die keine Photosynthese betreiben, stammen die Elektronen aus reduzierten Verbindungen, den Nahrungsmolekülen, die dabei letztendlich zu Kohlendioxid und Wassser oxidiert werden:

$$\overset{0}{C}_6H_{12}O_6 + 6\,\overset{0}{O}_2 \longrightarrow 6\,\overset{+4}{C}\overset{-2}{O}_2 + 6\,H_2\overset{-2}{O}$$

Die Elektronen, die aus dem Hexosemolekül $C_6H_{12}O_6$ stammen, gehen dabei in enzymkatalysierten Stoffwechselreaktionen von verschiedenen Zwischenprodukten auf spezialisierte Elektronencarrier über. Diese wiederum geben die Elektronen an Akzeptoren mit höherem Redoxpotential weiter, wobei Energie frei wird, die vom Organismus nutzbringend in Arbeit – zum Beispiel zur Biosynthese hochmolekularer Verbindungen oder Muskelarbeit – umgesetzt wird.

Zur Photosynthese fähige Organismen, wie Pflanzen und manche Bakterien, nutzen das Sonnenlicht, um das hochoxidierte Kohlendioxid, CO_2, über viele Schritte zu einer reduzierten Kohlenstoffverbindung wie Glucose umzuwandeln. Dies ist ein enorm aufwendiger Prozeß; die Energie dafür entstammt dem Sonnenlicht. Durch Lichtabsorption entsteht eine angeregte chemische Verbindung, die als primärer Elektronendonator fungiert. Über eine Elektronentransportkette, die verschiedene Elektronencarrier einbezieht, wird in der Summe H_2O oxidiert und CO_2 zu Kohlenhydraten reduziert. Dies ist die Umkehrung der obigen Reaktion.

$$6\,\overset{+4}{C}\overset{-2}{O}_2 + 6\,H_2\overset{-2}{O} \longrightarrow \overset{0}{C}_6H_{12}O_6 + 6\,\overset{0}{O}_2$$

Neben der Verbindung mit Sauerstoff und der Übertragung von Elektronen gibt es einen weiteren Typ biologischer Redoxreaktionen: Die Übertragung von Wasserstoffatomen oder von Hydrid-Ionen, H^-. Kohlenstoff tritt in lebenden Zellen in verschiedenen Oxidationsstufen auf, die oft durch formale Dehydrierung ineinander überführt werden können.

Ebenso gibt es biochemische Reaktionen, bei denen ein Hydrid-Ion übertragen, und so das Akzeptormolekül reduziert wird. Diese Formen der Wasserstoffübertragung finden vor allem bei der Biosynthese komplexer organischer Moleküle statt und werden von speziellen Enzymen und Cofaktoren gesteuert.

Die Haupt-gruppenelemente

Die Hauptgruppenelemente besitzen vollständig leere oder vollständig gefüllte d-Orbitale. Elemente mit nur teilweise gefüllten d-Orbitalen werden als Nebengruppenelemente bezeichnet.

11 Die erste Hauptgruppe: Der Wasserstoff und die Alkalimetalle

Die erste Hauptgruppe besteht aus den Elementen Wasserstoff und den Metallen Lithium, Natrium, Kalium, Rubidium, Cäsium und Francium. Bis auf Francium sind die Elemente stabil. Der Wasserstoff ist neben dem Kohlenstoff das häufigste Element in der Biologie. Die Chemie der Lebewesen besteht zum größten Teil aus Molekülen, die sich überwiegend aus Kohlenstoff und Wasserstoff zusammensetzen. Natrium und Kalium sind sehr wichtige Elemente in der Physiologie und Biochemie, sie spielen vor allem eine Rolle beim Aufbau des Membranpotentials und ermöglichen so unter anderem die Reizleitung in den Nerven. Lithiumverbindungen finden Anwendung zur Therapie manisch depressiver Erkrankungen. Rubidium und Cäsium sind biologisch nicht relevant. Das nicht natürlich vorkommende $^{137}_{55}Cs$-Isotop hat eine Halbwertszeit von 33 Jahren und entsteht bei der Uranspaltung.

11.1 Der Wasserstoff

Der Wasserstoff (lat. *hydrogenium*, engl. *hydrogen*, franz. *hydrogène*) ist in der ersten Gruppe eine Ausnahmeerscheinung. Er ist ein Nichtmetall und tritt in elementarer Form als H_2-Molekül auf, während die übrigen Elemente der Gruppe Metalle sind. Wasserstoff erreicht durch die *Aufnahme* eines Elektrons eine Edelgaskonfiguration, während die Alkalimetalle ihre Edelgaskonfiguration durch *Abgabe* eines Elektrons erreichen. Die Elektronegativitäten von Wasserstoff und den in der gleichen Gruppe stehenden Elementen unterscheiden sich erheblich. Die Elektronegativität von Wasserstoff liegt bei 2,20 und damit zwischen der von Bor und Kohlenstoff, während die der Alkalimetalle zwischen 1,01 (Na) und 0,86 (Cs und Fr) liegen.

11.1.1 Vorkommen

Im Weltall ist Wasserstoff das bei weitem häufigste Element. An der Erdoberfläche ist es mit 15,4 % aller Atome (nicht Gew.%!) das dritthäufigste Element nach Sauerstoff und Silicium. Er kommt fast ausschließlich in gebundener Form vor: hauptsächlich als H_2O, weniger häufig in Kohlenwasserstoffen und als Bestandteil anderer organischer Verbindungen in der belebten Natur.

11.1.2 Physikalische und chemische Eigenschaften des Wasserstoffs

Wasserstoff besitzt drei Isotope: ^{1}H, ^{2}H und das instabile radioaktive Isotop ^{3}H. ^{2}H wird meist als Deuterium (D) und ^{3}H als Tritium (T) bezeichnet. In Tab. 11.1 sind einige wichtige Daten zusammengefaßt.

	H_2 ($^{1}H_2$)	D_2 ($^{2}H_2$)	T_2 ($^{3}H_2$)
Schmelzpunkt	13,957 K	18,73 K	20,62 K
Siedepunkt	20,39 K	23,67 K	25,04 K
relative Atommasse	1,007825	2,014102	3,016049
Elektronegativität	2,2	–	–

K ist die Temperatur in Kelvin

Wasserstoff ist ein farb-, geruch- und geschmackloses Gas mit sehr niedrigem Schmelz- und Siedepunkt. Die physikalischen und chemischen Eigenschaften der drei Isotope zeigen die größten Unterschiede, die es zwischen den Isotopen eines Elements im gesamten Periodensystem gibt. So ist zum Beispiel die Bindung zwischen Deuterium und anderen Elementen wesentlich stabiler als die von ^{1}H. Dies führt dazu, daß Versuchstiere, die D_2O statt H_2O erhalten, nicht überleben können, da die deuterierten Stoffwechselprodukte die körpereigenen Enzymsysteme stören.

Molekularer Wasserstoff (Wasserstoffgas) ist als Folge der hohen Bindungsenergie (431 kJ/mol) ziemlich reaktionsträge (hohe Aktivierungsenergie). Atomarer Wasserstoff ist wesentlich reaktiver und wirkt als starkes Reduktionsmittel. Durch hohe Temperaturen oder energiereiche Strahlung kann der molekulare Wasserstoff zerlegt werden. Katalysatoren – besonders wirksam sind Platin und Nickel – treten mit dem Wasserstoffmolekül in Wechselwirkung und schwächen so die H−H-Bindung, was zu einer Absenkung der Aktivierungsenergie führt.

11.1.3 Gewinnung und Verwendung von Wasserstoff

Zur **Wasserstoffgewinnung** stehen eine ganze Reihe technischer Methoden zur Verfügung.

Beim **Steam-Reforming**-Verfahren werden Kohlenwasserstoffe (vor allem Methan) und Wasserdampf bei 900 °C über einen Nickelkatalysator geleitet.

$$H_2O + CH_4 \longrightarrow 3\,H_2 + CO$$

Mit weiterem Wasser wird bei etwa 450 °C das CO katalytisch zu CO_2 oxidiert, wobei man nochmals Wasserstoff erhält.

$$H_2O + CO \longrightarrow H_2 + CO_2$$

In einem älteren Verfahren wird Wasserdampf bei 800–1000 °C über Koks geleitet, wobei „**Wassergas**" entsteht.

$$H_2O + C \longrightarrow \underbrace{H_2 + CO}_{\text{Wassergas}}$$

Das Kohlenmonoxid kann wie bei dem Steam-Reforming-Verfahren weiterverarbeitet werden.

Sehr reiner Wasserstoff, wie er für die Verwendung bei Lebensmitteln (s. u.) notwendig ist, kann durch die Elektrolyse von Wasser erhalten werden.

$$2\,H_2O \longrightarrow 2\,H_2 + O_2$$

Bei diesem Verfahren wird durch den elektrischen Strom der Sauerstoff des H_2O an der Anode zu O_2 oxidiert und der Wasserstoff an der Kathode zu H_2 reduziert. Ein weiteres elektrolytisches Verfahren werden wir bei der „Chlor-Alkali-Elektrolyse" kennenlernen (Abschn. 11.2.3).

Wasserstoff fällt als Nebenprodukt des Crackprozesses bei der Herstellung von ungesättigten Verbindungen aus Rohbenzin an (Organische Chemie, Exkurs 25.1).

Im Labormaßstab kann man H_2 erzeugen, indem man eine Säure mit einem unedlen Metall reagieren läßt, z. B.

$$2\,HCl + Zn \longrightarrow H_2 + ZnCl_2$$

oder

$$2\,Na + 2\,H_2O \longrightarrow H_2 + 2\,Na^+ + 2\,OH^-$$

Bei diesen Redoxreaktionen (vgl. Kapitel 10) wird H^+ durch das Metall reduziert.

Die größten Mengen an Wasserstoff werden zur Ammoniaksynthese eingesetzt. Darüber hinaus verwendet man ihn zur katalytischen Hydrierung von flüssigen ungesättigten Pflanzenölen zu festen Fetten wie Margarine, für die Methanol-Synthese, als Reduktionsmittel zur Gewinnung bestimmter Metalle (z. B. Wolfram), zum Schweißen und in flüssiger Form als Raketentreibstoff.

Deuterium und deuterierte Lösungsmittel sind für die NMR-Spektroskopie wichtig (Organische Chemie, Kap. 8).

Tritium ist ein reiner β-Strahler (vgl. Exkurs 24.1), der mit einer Halbwertszeit von 12,35 Jahren zu ^3He und einem beschleunigten Elektron zerfällt. Tritium wird oft für radioaktive Markierungen benutzt, da es eines der billigsten und am wenigsten toxischen Radioisotope ist. Es sendet nur niederenergetische β-Strahlung aus, deren Reichweite in der Luft ca. 6 cm und in Wasser (bzw. in Körpergewebe) ca. 6 μm beträgt. Tritium entsteht in geringen Mengen in den oberen Schichten der Atmosphäre, wenn kosmische Strahlung (insbesondere schnelle Neutronen) auf Luftstickstoff trifft:

$$^{14}N + 1\,n \longrightarrow {}^{3}H + {}^{12}C$$

Für technische Zwecke wird Tritium in großen Mengen aus ^6Li durch Bestrahlung mit Neutronen in Kernreaktionen hergestellt.

11.1.4 Wasserstoffverbindungen

Wasserstoff geht mehr chemische Verbindungen ein als jedes andere Element. Die Wasserstoffchemie umfaßt daher, von den Edelgasen abgesehen, das ganze Periodensystem. Die Wasserstoffverbindungen werden deshalb bei den jeweiligen Elementen besprochen.

Die Wasserstoffverbindungen lassen sich je nach Polarisation bzw. Ladung des Wasserstoffs in drei Gruppen einordnen: in salzartige, metallische und kovalente Hydride.

Salzartige (ionische oder elektrovalente) **Hydride** bilden sich aus Wasserstoff und Alkali- oder Erdalkalimetallen bei mäßiger Hitze. Es sind typische Salze (weiße kristalline Substanzen) mit positiv geladenen Metallatomen und negativ geladenen Hydrid-Ionen (H^-). Mit positiv geladenen oder polarisierten (aciden) Wasserstoffatomen reagieren sie sehr heftig zu H_2 z. B.:

$$Na^+ + H^- + H_2O \longrightarrow Na^+ + OH^- + H_2$$

Die metallischen (metallartigen) **Hydride**, die auch als Einlagerungs- oder interstitielle Verbindungen bezeichnet werden, besitzen häufig keine stöchiometrische Zusammensetzung. Die meisten Nebengruppenmetalle absorbieren bei höheren Temperaturen zum Teil große Mengen an Wasserstoff. Die Metallstruktur bleibt in diesen so entstandenen Hydriden weitgehend erhalten. Die Wasserstoffatome werden in die Lücken der dichtesten Kugelpackungen (Abschn. 5.3.2) eingelagert. Die Hydride sehen meist metallisch aus und leiten den elektrischen Strom. Die Wasserstoffeinlagerung ist reversibel und man kann deshalb einige dieser metallischen Hydride als Wasserstoffspeicher benutzen.

Kovalente Wasserstoffverbindungen bilden die Elemente der 3. bis zur 7. Hauptgruppe, der 1. und 2. Nebengruppe und Beryllium. Die meisten dieser Verbindungen sind flüchtige Stoffe und viele von ihnen sind Gase (z. B. H_2S, HCl, CH_4, NH_3 etc.). Die X−H-Bindung ist in fast allen kovalenten Hydriden polar, wobei der Wasserstoff je nach der Elektronegativität des Bindungspartners positiv (HCl, H_2O) oder negativ polarisiert sein kann. In Abhängigkeit vom Ausmaß der Polarisation sind die kovalenten Hydride mehr oder minder reaktiv. Bei den Hydriden des Kohlenstoffs, den Kohlenwasserstoffen, ist diese Polarisierung vernachlässigbar klein. Besonders die Alkane (Organische Chemie, Kap. 1), die auch als Paraffine bezeichnet werden, zeichnen sich deshalb durch ihre Reaktionsträgheit als Folge hoher Aktivierungsenergie aus.

11.2 Die Alkalimetalle

Der Name Alkalimetalle stammt aus dem Arabischen (*al kalja*) und bezeichnet Substanzen, die man aus Pflanzenasche gewinnt. Diese besteht hauptsächlich aus Na_2CO_3 (Soda) und K_2CO_3 (Pottasche). Der englische Name des Natriums ist *sodium,* der von Kalium *potassium.*

11.2.1 Vorkommen

Die Alkalimetalle sind sehr reaktiv und kommen daher in der Natur nur als Ionen mit der Ladung +1 vor. Lithium, Rubidium und Cäsium sind recht seltene Elemente. Natriumchlorid ist im Meerwasser zu ca. 3 % enthalten. Durch Eintrocknen prähistorischer Meere entstanden die heutigen Steinsalzlagerstätten. Sie enthalten auch K- und Mg-Salze. Natrium ist weiterhin Bestandteil vieler Gesteine (Natriumaluminiumsilikate), aber beispielsweise auch des Chilesalpeters ($NaNO_3$), des Sodas (Na_2CO_3) und des Kryoliths ($Na_3[AlF_6]$). Die Konzentration von Kaliumchlorid im Meerwasser beträgt nur ca. 1/40 der Natriumchlorid-Konzentration, da Kalium-Ionen vom Erdboden wesentlich fester gebunden werden als Natrium-Ionen. Dieses Na/K-Verhältnis hat sich in den Körperflüssigkeiten der Tiere erhalten, wie in Tab. 11.2 deutlich wird.

Tabelle 11.2: Natrium-Kalium-Verhältnis in den Körperflüssigkeiten einiger Tiere

Relative Ionenzusammensetzung	Na^+	K^+
Seewasser	100	2,16
Aurelia (Qualle)	100	2,89
Oktopus (Tintenfisch)	100	2,68
Myxine (Hexenfisch)	100	1,72
Frosch	100	2,41
Mensch	100	3,51

11.2.2 Eigenschaften

In Tabelle 11.3 sind einige atomare und physikalische Daten der Alkalimetalle aufgeführt. Auffallend sind die niedrigen Schmelzpunkte und die geringen Dichten. (Die ersten drei Elemente sind leichter als Wasser!)

Die Alkalimetalle sind weich und lassen sich mit einem Messer schneiden oder durch Düsen zu Drähten pressen. An den Schnittstellen zeigt sich Metallglanz, der aber an der Luft durch Oxidation schnell verschwindet. Alkalimetalle werden deshalb unter inerten, flüssigen Kohlenwasserstoffen aufbewahrt. Mit Wasser zeigen die Alkalimetalle eine heftige und stark exotherme Reaktion:

$$2\,Na + H_2O \longrightarrow 2\,Na^+ + 2\,OH^- + H_2$$

Alkalimetalle lösen sich in flüssigem Ammoniak (Sdp. −33 °C) mit blauer Farbe. Die Lösung leitet den elektrischen Strom und wirkt sehr stark reduzierend. Es wird vermutet, daß in solchen Lösungen „solvatisierte" Elektronen vorliegen. Die Birch-Reduktion aromatischer Verbindungen wird in solchen Lösungen durchgeführt. Mit Katalysatoren wie Eisen entwickelt sich H_2 und es entsteht Natriumamid ($Na^+NH_2^-$).

Die Alkalimetalle und ihre Salze färben die Bunsenflamme charakteristisch an. Lithium bewirkt eine Rotfärbung, Natrium färbt gelb, Kalium fahlviolett, Rubidium rot und Cäsium blau.

Tabelle 11.3: Eigenschaften der Alkalimetalle

	Lithium (Li)	Natrium (Na)	Kalium (K)	Rubidium (Rb)	Cäsium (Cs)
Ordnungszahl	3	11	19	37	55
Elektronenkonfiguration	$[He]2s^1$	$[Ne]3s^1$	$[Ar]4s^1$	$[Kr]5s^1$	$[Xe]6s^1$
Atommasse	6,939	22,939	39,102	85,47	132,91
Dichte [g/cm^3]	0,535	0,971	0,862	1,532	1,90
Schmelzpunkt [°C]	180,54	97,81	63,25	38,89	28,40
Siedepunkt [°C]	1342	882,9	759,9	686	669,3
Elektronegativität[1]	1,0	1,0	0,9	0,9	0,9

[1] Nach Allred und Rochow

11.2.3 Herstellung und Verwendung

Die Alkalimetalle sind die unedelsten Elemente überhaupt. Sie besitzen die negativsten Normalpotentiale der Spannungsreihe und wirken deshalb sehr stark reduzierend. Die Reduktion ihrer Kationen zum elementaren Metall erfolgt deshalb mit Hilfe des elektrischen Stroms. Mit Natrium wird dies im technischen Maßstab durchgeführt. Hierzu wird NaCl geschmolzen und in einer Downs-Zelle (s. Abb. 11.1) elektrolysiert (**Schmelzflußelektrolyse**). Als Nebenprodukt fällt elementares Chlor an. An den Elektroden laufen dabei folgende Vorgänge ab:

Kathode (aus Eisen):	$2\,Na^+ + 2\,e^- \longrightarrow 2\,Na$	Reduktion
Anode (aus Kohle):	$2\,Cl^- \longrightarrow Cl_2 + 2\,e^-$	Oxidation

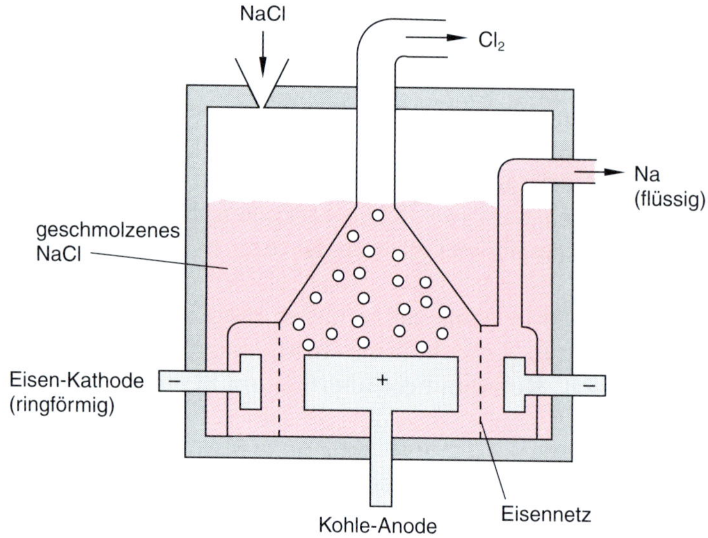

Abb. 11.1 Schematisches Diagramm einer Downs-Zelle für die Schmelzflußelektrolyse von Natriumchlorid (Nach: Mortimer, Chemie, Thieme, 1987, S. 446)

Durch Schmelzflußelektrolyse können auch andere unedle Metalle, wie Mg oder Al hergestellt werden.

Metallisches Natrium wird technisch vielseitig genutzt: in Natriumdampf-Entladungslampen, als Kühlmittel in Kernreaktoren, zur Herstellung von Natriumperoxid (Na_2O_2, Bleichmittel) und als kräftiges Reduktionsmittel. Die Reaktion des Natrium mit Wasser nutzt man immer noch zur Trocknung von organischen Lösungsmitteln, wenngleich inzwischen wesentlich bequemere und vor allem sicherere Methoden hierfür existieren.

11.2.4 Verbindungen der Alkalimetalle

Auf Grund ihrer Elektronenkonfiguration bilden die Alkalimetalle fast ausschießlich einfach positiv geladene Ionen, die zusammen mit negativ geladenen Atomen oder Molekülen Ionengitter ausbilden. Alkalihalogenide, z. B. das Kochsalz, NaCl, sind die Schulbeispiele für Ionengitter (vgl. Kap. 3 und 5). Bis auf ganz wenige Ausnahmen sind die Verbindungen der Alkalimetalle leicht wasserlöslich.

An der Luft bildet nur Lithium das „normale" Oxid Li_2O. Aus Natrium entsteht Natriumperoxid Na_2O_2 (mit einem O_2^{2-}-Ion). Kalium, Rubidium und Cäsium bilden Hyperoxide wie z. B. KO_2 (mit O_2^--

Ionen). Die Stöchiometrie dieser Oxide spiegelt das *Größenverhältnis* der beteiligten Ionen wider.

Technisch sehr wichtig ist das Natriumhydroxid (NaOH), ein weißer, stark hygroskopischer Festkörper, der sich leicht in Wasser exotherm löst. Die wäßrige Lösung, die als „Natronlauge“ bezeichnet wird, ist ein sehr starker Elektrolyt und reagiert stark alkalisch (vgl. Kap. 9). Natronlauge löst unter anderem auch Proteine auf, weshalb Verätzungen der Augen damit sehr gefährlich sind. Es bilden sich „Kolliquationsnekrosen“ (von lat. colliquescere = verflüssigen). Aus dem gleichen Grund bestehen die Pulver, die (meist durch Haare = Protein) verstopfte Abflüsse im Haushalt wieder gängig machen sollen, zum größten Teil aus NaOH. Industriell wird NaOH bei der Produktion von Seife, Farben und Zellstoff eingesetzt. Zur Herstellung des Natriumhydroxids bedient man sich der **Chlor-Alkali-Elektrolyse**. Die beiden wichtigsten Verfahren sind das Amalgam-Verfahren und das Diaphragma-Verfahren (Abb. 11.2a und b).

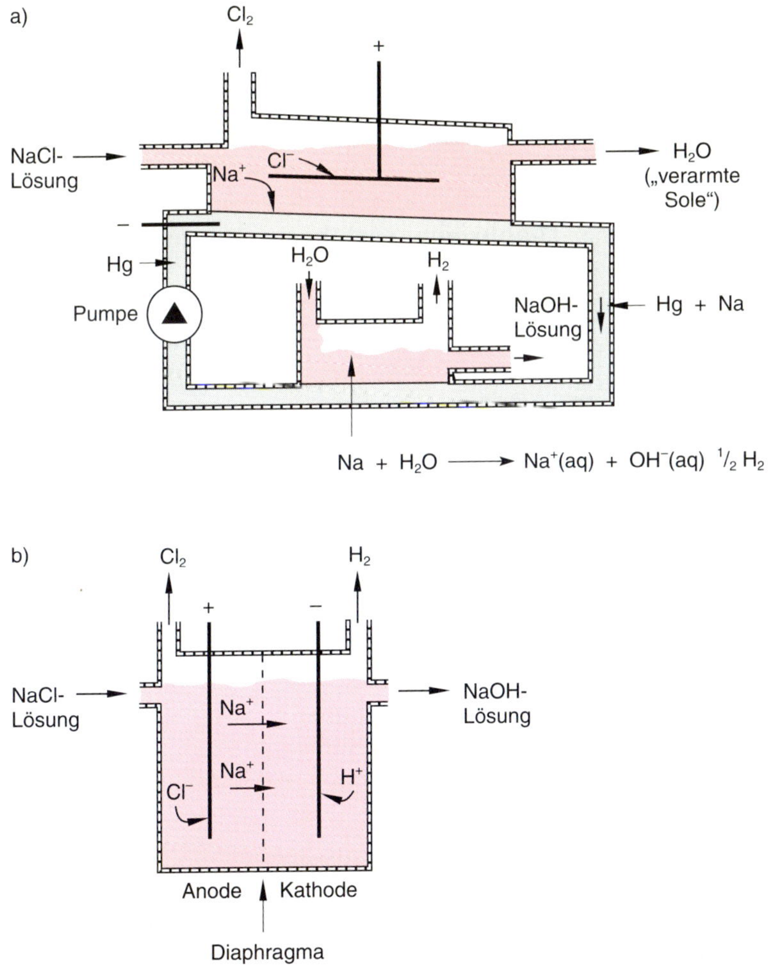

Abb. 11.2 Chlor-Alkali-Elektrolyse: Zellen zur Elektrolyse von NaCl-Lösungen
a) Amalgam-Verfahren
b) Diaphragma-Verfahren

In Europa wird hauptsächlich das Amalgam-Verfahren angewandt. Hierbei wird wäßrige NaCl-Lösung an Kohleanoden und an fließendem Quecksilber als Kathode elektrolysiert. An der Anode werden die Chlorid-Ionen zu Cl_2 oxidiert. An der Quecksilberkathode werden die Natrium-Ionen zu Natrium-Metall reduziert, welches sofort mit dem Quecksilber eine flüssige Legierung, das Natriumamalgam, bildet. Das Natriumamalgam wird abgepumpt und mit Wasser zu NaOH, Wasserstoff und Quecksilber zersetzt. Das Quecksilber kehrt dann im Kreislauf in die Zelle zurück. Die beim Amalgamverfahren gewonnene Natronlauge erfüllt hohe Reinheitsanforderungen. Die notwendigen Quecksilbermengen sind außerordentlich gering. Für 1 t Chlor werden weniger als 3 g Quecksilber benötigt. Quecksilberemissionen treten praktisch nicht mehr auf.

$$Hg/Na + H_2O \longrightarrow Hg + Na^+ + OH^- + {}^1/_2\,H_2$$

Nach der Spannungsreihe (Tabelle 10.1) müßte an der Kathode statt des Natriums H^+ reduziert werden. Wasserstoff hat jedoch an Quecksilber eine hohe **Überspannung**, das heißt, daß die für die Reaktion tatsächlich benötigte Spannung deutlich höher liegt als die berechnete. (Die Höhe von Überspannungen hängt von mehreren Faktoren ab und eine Erörterung der Ursachen würde hier zu weit führen.)

Ein weiteres Verfahren, das ohne die Verwendung von Quecksilber auskommt, ist das **Diaphragmaverfahren**. Anoden- und Kathodenraum sind durch ein Diaphragma getrennt, welches verhindert, daß das an der Anode gebildete Chlor mit dem im Kathodenraum entstehenden H_2 oder HO^- in Kontakt kommt. (Chlor reagiert mit OH^- unter Disproportionierung zu Cl^- und OCl^-, vgl. Kap. 17). Das Diaphragmaverfahren hat trotz ständiger Verbesserung der Trennwirkung des Diaphragmas den Nachteil, daß die entstehende NaOH nie ganz chlorfrei ist und weiter aufgearbeitet werden muß. Darüber hinaus ist der Energieaufwand deutlich höher.

Neben dem Natriumhydroxid hat auch das Natriumcarbonat (Na_2CO_3, „Soda") vor allem für die Glasherstellung große Bedeutung. Man kann es aus natürlich vorkommenden Mineralien oder nach dem **Solvay-Verfahren** gewinnen:

1.: $2\,Na^+ + 2\,Cl^- + 2\,NH_3 + 2\,CO_2 + 2\,H_2O \longrightarrow 2\,\mathbf{NaHCO_3} + 2\,NH_4^+ + 2\,Cl^-$

2.: $2\,NaHCO_3 \longrightarrow \mathbf{Na_2CO_3} + H_2O + CO_2$ — Calcinierung

3.: $CaCO_3 \longrightarrow CaO + CO_2$

4.: $CaO + H_2O \longrightarrow Ca(OH)_2$

5.: $Ca(OH)_2 + 2\,NH_4^+ + 2\,Cl^- \longrightarrow Ca^{2+} + 2\,Cl^- + 2\,NH_3 + H_2O$

(4. und 5.: Rückgewinnung des Ammoniak)

$$2\,NaCl + CaCO_3 \longrightarrow Na_2CO_3 + CaCl_2$$

1.: In eine gesättigte Kochsalzlösung wird zunächst Ammoniak, dann CO_2 eingeleitet, wodurch Natriumhydrogencarbonat ausfällt. 2.: Im nächsten Schritt wird das Natriumhydrogencarbonat durch Erhitzen in Natriumcarbonat überführt (Calcinierung). 3.: Durch trockenes Erhitzen von Calciumcarbonat („Kalkstein“) erhält man Calciumoxid („gebrannter Kalk“) und Kohlendioxid. 4.: Zur Rückgewinnung des Ammoniaks setzt man Calciumoxid mit Wasser zu Calciumhydroxid („gelöschter Kalk“) um. 5.: Die starke Base OH^- deprotoniert das Ammonium-Ion und man erhält Ammoniak zurück. Zur Herstellung von Soda wird letztlich nur das reichlich vorkommende Kochsalz und der ebenfalls in großen Mengen vorkommende Kalkstein verbraucht.

12 Die zweite Hauptgruppe: Die Erdalkalimetalle

Die zweite Hauptgruppe besteht aus den Elementen Beryllium, Magnesium, Calcium, Strontium, Barium und Radium. Es sind silberglänzende Metalle mit guter elektrischer Leitfähigkeit. Sie besitzen eine höhere Dichte als die Alkalimetalle und sind härter. Infolge ihrer höheren Kernladung sind ihre Atomradien kleiner als die der Alkalimetalle derselben Periode. Bis auf Radium sind die Erdalkalimetalle stabile Elemente. Magnesium und vor allem Calcium sind biologisch wichtige Elemente. Magnesium ist das Zentralatom im Chlorophyll, dem Pigment der Photosynthese in grünen Pflanzen (Exkurs 12.1). Es wirkt aktivierend auf Phosphorylierungsvorgänge in der Photosynthese

Exkurs 12.1: Chlorophyll

Chlorophylle sind die Farbpigmente der grünen Pflanzen. Sie ermöglichen die Photosynthese, also die Reduktion von CO_2 zu Kohlenhydraten. Als Beispiel sei das wichtige Chlorophyll a angeführt:

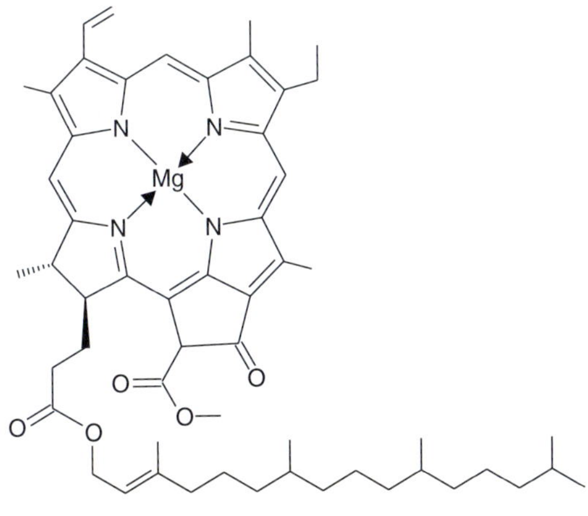

Chlorophyll a

Zentrales Element ist ein Porphyrin (s. Abschnitt 9.3.2.6 im organischen Teil) mit Magnesium als Zentralatom. Das Magnesium ist planar-quadratisch von vier Stickstoffatomen umgeben (vgl. auch Koordinative Bindung, Abschnitt 3.4). Die lange Seitenkette verleiht dem Molekül lipophile Eigenschaften.

Der Mechanismus der Photosynthese verläuft über viele Stufen und kann hier nicht im Detail wiedergegeben werden. Der erste Schritt ist die Absorption eines Photons durch das ausgedehnte π-System des Chlorophylls, wobei ein Elektron in einen angeregten Zustand angehoben wird.

und in Stoffwechselvorgängen. Calcium ist sowohl Bestandteil des Skeletts als auch wichtig für die Blutgerinnung und Steuerung vieler Körperfunktionen wie z. B. der Muskelkontraktion.

12.1 Vorkommen

Die Erdalkalimetalle sind sehr reaktiv und kommen daher in der Natur nur in Verbindungen, meist als zweifach positiv geladene Ionen, vor. Radium ist ein radioaktives Element und sehr selten, da es nur als Zerfallsprodukt anderer radioaktiver Elemente vorkommt. Auch Beryllium ist wenig verbreitet. Die restlichen vier Elemente kommen in der Erdrinde recht häufig vor, meist in Form ihrer Carbonate und Sulfate. Als Beispiele seien $CaCO_3$ in seinen verschiedenen Formen (Calcit, Aragonit, Marmor, Kalkstein und Kreide), $CaSO_4 \cdot 2H_2O$ (Gips), $SrSO_4$ (Cölestin) und $BaSO_4$ (Schwerspat) genannt. Im Meerwasser sind größere Mengen an Magnesiumsalzen gelöst. Der anorganische Teil der Knochensubstanz und der Zähne besteht zum größten Teil aus Hydroxylapatit $Ca_5[(OH)(PO_4)_3]$. Die größere Härte und Beständigkeit des Zahnschmelzes wird durch einen höheren Anteil an Fluorapatit, $Ca_5[F(PO_4)_3]$ verursacht. In der Natur kommt Apatit als Mischung von Fluor-, Chlor- und Hydroxylapatit vor.

12.2 Eigenschaften, Gewinnung und Verwendung

Tabelle 12.1: Eigenschaften der Erdalkalimetalle.

	Beryllium (Be)	Magnesium (Mg)	Calcium (Ca)	Strontium (Sr)	Barium (Ba)
Ordnungszahl	4	12	20	38	56
Elektronenkonfiguration	$[He]2s^2$	$[Ne]3s^2$	$[Ar]4s^2$	$[Kr]5s^2$	$[Xe]6s^2$
Atommasse	9,012182	24,3050	40,078	87,62	137,327
Dichte [g/cm^3]	1,85	1,74	1,54	2,63	3,65
Schmelzpunkt [°C]	1278	648,8	839	769	725
Siedepunkt [°C]	$\sim$ 2500	1105	1494	1381	
Elektronegativität	1,5	1,2	1,0	1,0	1,0

Beryllium ist ein stahlgraues, sehr hartes, etwas sprödes Metall, das Glas ritzt. Es ist gegen Luft und Wasser stabil, da sich wie beim Aluminium eine dünne schützende Oxidhaut an der Oberfläche bildet. Es eignet sich ausgezeichnet als Bestandteil von Legierungen. Eine Kupferlegierung mit ca. 7 % Beryllium besitzt gleichzeitig die Härte von Stahl und die gute Leitfähigkeit von Kupfer.

Magnesium ist ein silbrig glänzendes, an der Luft weiß anlaufendes, mittelhartes Metall. Es überzieht sich an der Luft mit einer schützenden Oxidhaut. Es reagiert jedoch mit heißem Wasser und mit Wasserdampf. Bei höherer Temperatur verbrennen Magnesiumpulver und Magnesiumbänder mit blendend weißem Licht zu MgO und Mg_3N_2. Auch Magnesium wird, wegen seiner geringen Dichte (1,74 gegenüber 2,70 g/cm^3 beim Aluminium), gerne als Legierungsbestandteil vor allem im Flugzeugbau und neuerdings auch im Fahrzeugbau (Karosserien, Fahrwerke, Motorblöcke) eingesetzt.

Calcium, Strontium und Barium sind so weich wie Blei und reagieren mit Luftsauerstoff und mit Wasser ähnlich wie die Alkalimetalle, wenn auch weniger heftig.

Die Erdalkalimetalle werden mit Ausnahme von Barium durch Schmelzelektrolyse hergestellt. Letzteres gewinnt man durch Reduktion mit Aluminium oder Silicium im Vakuum.

12.3 Verbindungen der Erdalkalimetalle

Erdalkalimetalle sind nach den Alkalimetallen die reaktivsten Metalle. Allen Verbindungen der Erdalkalielemente gemeinsam ist die Oxidationsstufe +2. Berylliumverbindungen können Krebs auslösen. Bei Menschen, die durch Einatmen von Berylliumverbindungen enthaltenden Stäuben vorgeschädigt sind (Beryllose), treten vermehrt Lungenkarzinome auf. Lösliche Bariumsalze bzw. solche, die sich wie $BaCO_3$ in der Magensäure lösen, sind giftig. Bei akuter Vergiftung sind zwei bis vier Gramm $BaCl_2$ durch Auslösen von Herzrhythmusstörungen tödlich. Bariumsulfat als nahezu unlösliche Verbindung kann hingegen problemlos oral als Röntgenkontrastmittel aufgenommen werden. Be und Mg reagieren erst bei höheren Temperaturen, Ca, Sr und Ba schon bei Raumtemperatur mit Sauerstoff zu den Oxiden (BeO, MgO, CaO, SrO, BaO und BaO_2) und mit Stickstoff zu den Nitriden (Be_3N_2, Mg_3N_2, Ca_3N_2, Sr_3N_2, Ba_3N_2). Wegen der relativ hohen Ladungsdichte des Be^{2+}-Ions haben Berylliumverbindungen kovalente Bindungsanteile. Dies zeigt sich beispielsweise in der schlechten elektrischen Leitfähigkeit einer $BeCl_2$-Schmelze. Festes Berylliumchlorid ist polymer. Jedes Be-Atom ist tetraedrisch von vier Chloratomen umgeben.

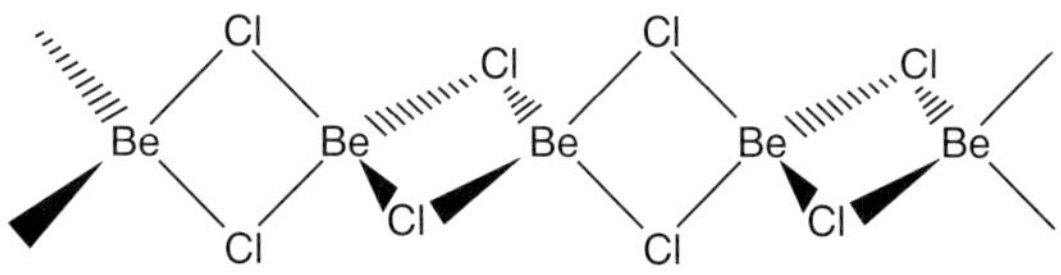

Viele Verbindungen der Erdalkalimetalle sind, im Gegensatz zu denen der Alkalimetalle, in Wasser schwer löslich (Carbonate, Sulfate und Phosphate). Von besonderer Bedeutung ist das Calciumcarbonat. Viele Gesteine (und Gebirge wie z. B. die Kalkalpen und die Dolomiten) bestehen ganz oder teilweise aus $CaCO_3$. Sie entstanden aus den Gehäusen von Muscheln und Schnecken, die in urweltlichen Meeren zu Boden sanken, sich dort verfestigten und später zu Gebirgen aufgefaltet wurden. $CaCO_3$ löst sich nicht in Wasser. Ist allerdings CO_2 zugegen, so bildet sich wasserlösliches Calciumhydrogencarbonat:

$$CaCO_3 + H_2O + CO_2 \longrightarrow Ca(HCO_3)_2$$

Wenn Calciumhydrogencarbonat-haltiges Wasser über 70 °C erhitzt wird oder langsam verdunstet, verschiebt sich das oben dargestellte Gleichgewicht nach links und $CaCO_3$ fällt wieder aus. Diesen Effekt kann man sowohl in Dampfkesseln und an den Heizstäben von Waschmaschinen als auch in Tropfsteinhöhlen beobachten. An den Heizstäben lagert sich der schädliche „Kesselstein" ab, und in den Höhlen bilden sich beim Verdunsten des $Ca(HCO_3)_2$-haltigen Wassers Stalaktiten (oben) und Stalagmiten (unten). Um die Bildung von Kesselstein zu verhindern, werden dem Wasser für bestimmte Verwendungszwecke Komplexbildner zugesetzt, die mit Calcium-Ionen stabile, wasserlösliche Verbindungen eingehen. Beispiele hierfür sind Polyphosphate und Phosphonate[1)]. Trinkwasser enthält, je nach Herkunft, mehr oder weniger Calcium und Magnesium, meist als Carbonat oder Sulfat. Wasser, das große Mengen an Calcium- und Magnesiumsalzen enthält, heißt „hartes" Wasser, im Gegensatz zu calcium- und magnesiumarmem, „weichem" Wasser. Früher wurde die Wasserhärte in Härtegraden (°d) angegeben. 1 °d entspricht dabei 10 mg CaO oder 7,19 mg MgO pro Liter Wasser. Heute soll man die Wasserhärte in mmol/l Erdalkali-Ionen angeben, wobei 1 mmol/l Erdalkali-Ionen 5,6 °d entsprechen. Wenn man Wasser kocht, so fällt das gelöste $Ca(HCO_3)_2$ als $CaCO_3$ aus, wobei CO_2 entweicht und ein Teil der Härte, die **temporäre Härte**, verschwindet (die oben angegebene Reaktionsgleichgewichtsreaktion verläuft von rechts nach links). Das $CaSO_4$ verbleibt im Wasser und bildet die **permanente Härte**. Entsprechendes gilt für

Mg. Temporäre und permanente Härte ergeben zusammen die Gesamthärte des Wassers. Sehr weiches Wasser aus einer kalkfreien Gegend wie z. B. Gotha hat die Härte 1 °d. Sehr hartes Wasser, wie in Würzburg (die Stadt liegt in einer Muschelkalkgegend) besitzt 37 °d.

Säuren zersetzen $CaCO_3$ zu CO_2, Wasser und dem Calciumsalz der Säure, z. B.:

$$CaCO_3 + 2\,HCl \longrightarrow CaCl_2 + CO_2 + H_2O$$

Intermediär entsteht bei dieser Reaktion freie Kohlensäure (H_2CO_3), die aber nicht stabil ist und sofort zu CO_2 und Wasser zerfällt. Auf ähnlichen Reaktionen von Marmor oder kalkhaltigen Gesteinen (z. B. Sandstein) beruht die rasche Verwitterung von Skulpturen durch die Einwirkung des sauren Regens.

Erhitzt man Calciumcarbonat (Kalk) auf ca. 900–1000 °C, so spaltet es CO_2 ab:

$$CaCO_3 \longrightarrow CaO + CO_2$$

Dieser Vorgang wird als Brennen von Kalk bezeichnet; das Reaktionsprodukt, CaO, ist der **gebrannte Kalk**. Er reagiert mit Wasser unter heftiger Wärmeentwicklung zu Calciumhydroxid (**gelöschter Kalk**):

$$CaO + H_2O \longrightarrow Ca(OH)_2$$

Das (wasserlösliche) Calciumhydroxid nimmt aus der Luft CO_2 auf, gibt Wasser ab und wandelt sich langsam in (wasserunlösliches) festes $CaCO_3$ um:

$$Ca(OH)_2 + CO_2 \longrightarrow CaCO_3 + H_2O$$

Auf dieser Eigenschaft beruht die Verwendung von gebranntem Kalk für **Kalkmörtel**. Kalkmörtel ist eine breiige Mischung aus gelöschtem Kalk, Sand und Wasser.

Zement ist ein wasserbeständiger Kalkmörtel. Zu seiner Herstellung werden Kalk ($CaCO_3$) und Ton (ungefähre Zusammensetzung Al_2O_3 + SiO_2 + H_2O) zusammen bei 1400 °C gebrannt. Beim Abbinden bildet sich mit Wasser $Ca(OH)_2$. Beim späteren Erhärten bilden sich verfilzte Kristalle aus Calciumsilicat und Calciumaluminat. Überschüssiges $Ca(OH)_2$ wird zuletzt in $CaCO_3$ überführt. Die Überführung in Calciumcarbonat ist bei Stahlbeton unerwünscht, weil die basische Umgebung des Calciumhydroxids den Armierungsstahl vor Korrosion schützt. Man versucht also möglichst unporösen Beton zu erhalten. **Beton** ist eine Mischung aus Zement und Kies oder Schotter.

Eine weitere Calciumverbindung, die als Baustoff Anwendung findet, ist das Calciumsulfat. Man unterscheidet zwei Formen des Calciumsulfats, je nach dem Gehalt an Kristallwasser: den Gips $CaSO_4 \cdot 2H_2O$ und den wasserfreien Anhydrit $CaSO_4$. Beide Materialien kommen in der Natur vor. Erhitzt man den Gips auf ca. 100 °C, spaltet er einen Teil seines Kristallwassers ab. Übrig bleibt „gebrannter Gips", eine Verbindung, die auf zwei $CaSO_4$ $CaSO_4$-Moleküle nur noch ein Molekül Wasser enthält: $CaSO_4 \cdot \frac{1}{2} H_2O$. Er hat die Eigenschaft, bei Raumtemperatur langsam Wasser aufzunehmen und das Dihydrat (Gips) zurückzubilden. Wenn man gebrannten Gips mit Wasser anrührt, so nimmt er allmählich Wasser als Kristallwasser auf. Durch die Bildung sich verfilzender feiner Gipskristalle wird die Masse fest. Während man früher auf natürliche Vorkommen zurückgegriffen hat, wird heute Gips aus den Rauchgasentschwefelungsanlagen der Kohlekraftwerke verwendet.

13 Die dritte Hauptgruppe

Die dritte Hauptgruppe besteht aus den Elementen Bor, Aluminium, Gallium, Indium und Thallium. Tabelle 13.1 gibt eine Übersicht über die wichtigsten atomaren und physikalischen Eigenschaften dieser Elemente. Borverbindungen kommen spurenweise in allen Organismen vor. Für Pflanzen ist es ein wichtiges Spurenelement, das zur Zellteilung notwendig ist, und es scheint den Calciumhaushalt der Pflanzen zu regeln. Aluminium ist in Gesteinen und im Erdboden recht häufig vertreten. Bei neutralem pH-Wert sind Aluminiumsalze wasserunlöslich. In Säuren und Basen lösen sie sich. Durch den sauren Regen lösen sich Aluminiumsalze aus dem Boden. Diese gelösten Aluminiumsalze gelangen dann in Flüsse und Seen und wirken dort auf Fische toxisch. Gallium wird in Form von ^{67}Ga in der Szintigraphie, einem Diagnoseverfahren der Nuklearmedizin eingesetzt. Thallium und seine Verbindungen sind sehr toxisch. Thalliumverbindungen wie Tl_2SO_4 wurden als Rodentizide (Bekämpfungsmittel gegen Nagetiere) eingesetzt. Die äußerst bedenkliche Verwendung als Enthaarungsmittel ist wegen der toxischen Wirkung inzwischen eingestellt worden.

Tabelle 13.1: Physikalische Eigenschaften der Elemente der dritten Hauptgruppe

	Bor (B)	Aluminium (Al)	Gallium (Ga)	Indium (In)	Thallium (Tl)
Ordnungszahl	5	13	31	49	81
Elektronenkonfiguration	$[He]2s^22p$	$[Ne]3s^23p$	$[Ar]3d^{10}4s^24p$	$[Kr]4d^{10}5s^25p$	$[Xe]4f^{14}5d^{10}6s^26p$
Atommasse	10,811	26,9815	69,723	114,82	204,3833
Dichte [g/cm³]	2,46	2,70	5,91	7,31	11,85
Schmelzpunkt [°C]	2079	660,4	29,8	156,6	303,5
Elektronegativität	2,0	1,5	1,8	1,5	1,4

13.1 Vorkommen und Eigenschaften

Nur Aluminium ist in größeren Mengen (zu ca. 7,3 Gew.-%) in der Erdrinde inklusive der Atmosphäre und der Ozeane enthalten. Die restlichen Elemente der Gruppe finden sich nur in Spuren auf der Erde, Bor nur in Form von Sauerstoffverbindungen, z. B. als Borax, $Na_2[B_4O_5(OH)_4]\cdot 8H_2O$, Gallium, Indium und Thallium meist in Spuren in sulfidischen Mineralien, z. B. in der Zinkblende. Aluminium kommt in Form von Alumosilicaten als gesteinsbildendes Material vor. Beispiele hierfür sind die Feldspate und die Glimmer. Verwitterungsprodukte der Feldspate sind die Tone, verformbare Massen aus Aluminiumoxid, Siliciumoxid und Wasser. Eine besondere Form des Tons ist der hauptsächlich aus Kaolinit bestehende Kaolin, der zu Porzellan verarbeitet wird. Durch Sand und Eisenoxide verunreinigte Tone heißen Lehm. Reines Al_2O_3 kommt in der Natur als Korund und leicht verunreinigt als Schmirgel vor (Al_2O_3 ist sehr hart, daher das Schmirgelpapier). Gut ausgebildete Al_2O_3-Kristalle, die durch Spuren anderer Metalle gefärbt sind, werden als Edelsteine gehandelt: Rubin (mit Spuren von Chrom) und Saphir (mit Spuren von Titan und Eisen). Technisch von Bedeutung für die Aluminiumherstellung sind der Bauxit $Al_2O_3\cdot H_2O$ und der Kryolith $Na_3[AlF_6]$.

Bor ist das einzige Nichtmetall der dritten Hauptgruppe. Der Radius des Boratoms ist mit 80 pm deutlich kleiner als der der übrigen Gruppenmitglieder; das Aluminiumatom weist einen Radius von 143 pm auf. Man schreibt dieser Tatsache die großen Unterschiede zwischen Bor und den übrigen Elementen der dritten Hauptgruppe zu.

Bor hat einen sehr großen Einfangquerschnitt für thermische Neutronen und wird deshalb in der „Bor-Neutronen-Einfang-Therapie" (*boron neutron capture therapy*) verwendet.

Die häufigste Oxidationszahl ist +3. Bor bildet jedoch keine B^{3+}-Ionen, und Borverbindungen sind deshalb kovalent. Die Bindungen der schwereren Elemente sind ionisch oder kovalent. Mit steigender Ordnungszahl steigt die Tendenz zur Oxidationszahl +1: Tl(I)-Verbindungen sind stabiler als Tl(III)-Verbindungen, sie ähneln denen der Alkalimetalle. Thalliumverbindungen sind stark toxisch.

Mit steigender Ordnungszahl nimmt der Säurecharakter der Oxide ab. B_2O_3 und $B(OH)_3$ sind sauer, In_2O_3 und Tl_2O_3 basisch und die entsprechenden Al- und Ga-Verbindungen amphoter.

13.2 Bor

13.2.1 Darstellung und Struktur des elementaren Bors

Bor wird durch Reduktion seiner Chloride oder Bromide (BCl_3, BBr_3) mit Wasserstoff an einem glühenden Wolframdraht oder durch Reduktion von B_2O_3 mit Magnesium gewonnen. Elementares Bor ist polymorph, d. h. es kommt in verschiedenen Modifikationen mit teilweise sehr komplizierter Struktur vor. Die charakteristische Baugruppe ist das B_{12}-Ikosaeder.

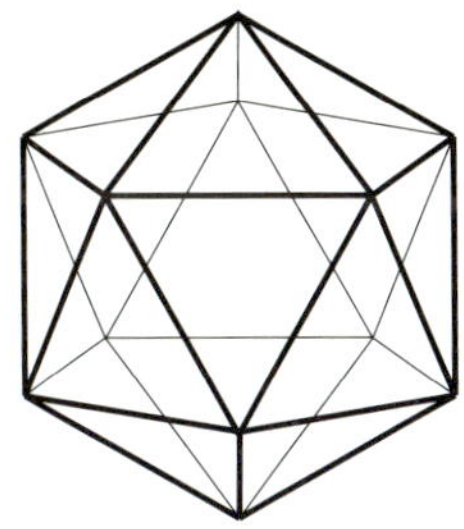

Ein Ikosaeder ist ein regelmäßiger geometrischer Körper mit 20 gleichen Dreiecksflächen. Die Ecken des Ikosaeders sind von Boratomen besetzt.

Die metallische Bindung (vgl. Abschnitt 3.3) ist dadurch charakterisiert, daß die vorhandenen Valenzelektronen im Metallkristall nicht zur Ausbildung von kovalenten Bindungen zu den Nachbaratomen ausreichen. Dies trifft auch für das Bor zu, mit dem Unterschied, daß das Bor seine Elektronen infolge seiner hohen Ionisierungsenergie nicht für ein "Elektronengas" zur Verfügung stellen kann. Folge davon ist die Ausbildung von **Dreizentrenbindungen**, in denen drei Atome sich zwei Elektronen teilen. Man hat es hier mit einem Atomorbital zu tun, das drei Atome umfaßt und mit zwei Elektronen besetzt ist.

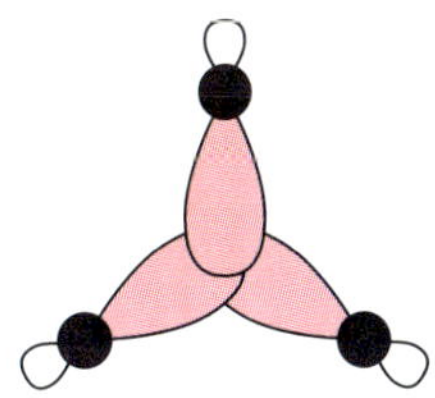

Diese Dreizentrenbindungen bewirken den Zusammenhalt in den Bor-Ikosaedern, finden sich aber auch in den Boranen, die wir im nächsten Abschnitt besprechen werden.

13.2.2 Verbindungen des Bors

Boride. Bor geht bei hohen Temperaturen mit Metallen binäre Verbindungen von sehr variabler Zusammensetzung ein. Am weitaus häufigsten sind solche der Stöchiometrie M_2B, MB, MB_4, MB_6 und MB_{12} (M = Metall). Es handelt sich um harte, elektrisch leitende Verbindungen, deren Struktur hauptsächlich vom M/B-Verhältnis abhängt.

Borhalogenide. Bei hohen Temperaturen reagiert Bor mit Halogenen zu den Bortrihalogeniden, BX_3. Daneben gibt es noch einige spezielle technische Synthesemethoden. Bor besitzt in den Trihalogeniden ein Elektronensextett und wirkt deshalb als starke Lewis-Säure. In dieser Eigenschaft finden die Bortrihalogenide auch Anwendung in der präparativen Chemie. Von Bor sind auch noch Halogenide der Oxidationszahlen +2, B_2X_4, und +1, $(BX)_n$, bekannt.

Bor-Sauerstoff-Verbindungen. Bortrioxid, B_2O_3 kann man entweder durch Verbrennung von Bor an der Luft oder durch Erhitzen von Borsäure, $B(OH)_3$, erhalten. Die Wasserabspaltung zum Anhydrid B_2O_3 verläuft über die Metaborsäure, HBO_2.

Borsäure, $B(OH)_3$, gelegentlich auch als H_3BO_3 formuliert, kristallisiert aus Wasser in Form weicher Blättchen. Reine Borsäure besitzt eine Schichtstruktur, in der die $B(OH)_3$-Moleküle durch Wasserstoffbrücken zusammengehalten werden (Abb. 13.1).

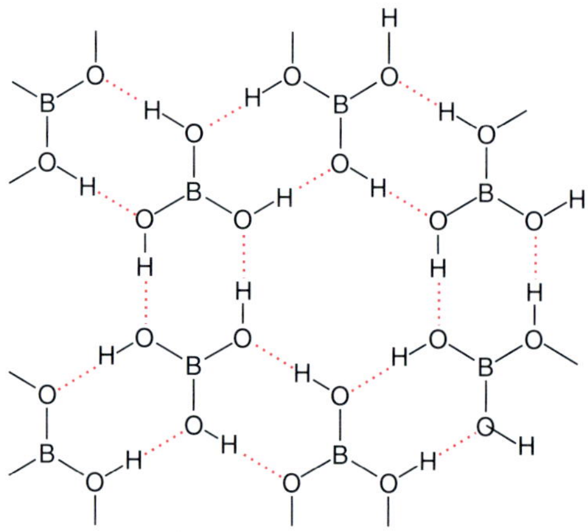

Abb. 13.1 Die Schichtstruktur der Borsäure

In wässriger Lösung wirkt Borsäure sehr schwach sauer, jedoch nicht als Protonendonator, sondern als HO^--Akzeptor (als Lewis-Säure).

$$B(OH)_3 + 2\,H_2O \rightleftharpoons B(OH)_4^{\ominus} + H_3O^{\oplus}$$

$B(OH)_4^-$-Ionen sind jedoch nur in sehr verdünnten Lösungen oder bei pH-Werten über 12 beständig. Bei niedrigerem pH kommt es zur Kondensation (Wasserabspaltung) unter Bildung von Polyborat-Ionen. Polyborate weisen eine außerordentliche Strukturvielfalt auf, in denen sowohl tetraedrische BO_4-Einheiten, als auch ebene BO_3-Einheiten auftreten können, die über gemeinsame Sauerstoffatome miteinander verknüpft sind.

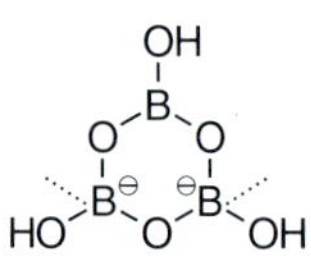

$[B_3O_4(OH)_3^{2\ominus}]_n$

Borax $Na_2[B_4O_5(OH)_4]\cdot 8H_2O$ wird für Glasuren für Porzellan und Emaille verwendet. Additionsverbindungen von Wasserstoffperoxid (Abschnitt 16.1.3) an Borate, die sogenannten Perborate, werden als Bleichmittel in Waschmitteln und in der Kosmetik eingesetzt.

Bor-Stickstoff-Verbindungen. Die B-N-Einheit ist isoelektronisch mit C−C, das heißt sie hat die gleiche Elektronenkonfiguration. Daher zeigen Verbindungen, in denen Bor und Stickstoff im Verhältnis 1:1 vorkommen, starke Ähnlichkeiten zu Kohlenstoff oder organischen Verbindungen.

Durch Erhitzen von Bor mit Stickstoff bei Weißglut oder Umsetzung von Bortribromid mit Ammoniak kann man Bornitrid, BN, herstellen. BN tritt wie Kohlenstoff in einer aus zweidimensionalen Schichten aufgebauten Graphitstruktur (Abb. 13.2) und einer dreidimensionalen Diamantstruktur auf (zum Vergleich: siehe auch Kapitel 14, Abbildung 14.1 und 14.2).

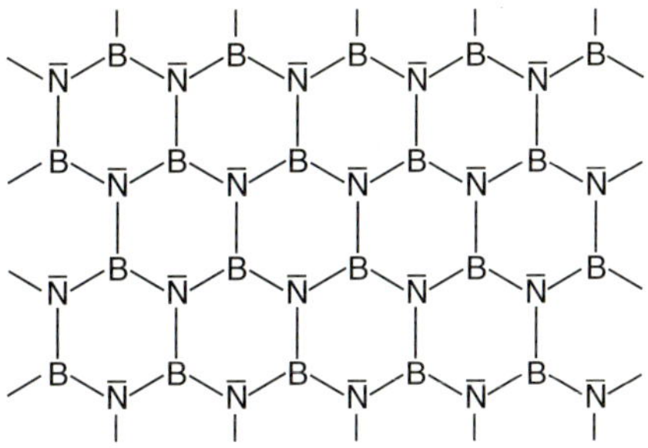

Abb. 13.2 Die Schichtstruktur von Bornitrid, BN

Durch Erhitzen von Diboran, B_2H_6 (siehe unten), mit Ammoniak erhält man Borazin, $B_3N_3H_6$. Es ist isoelektronisch mit Benzol (Abschn. 27.1) und zeigt in mancher Hinsicht sehr ähnliche Eigenschaften, weshalb man die Verbindung auch als „anorganisches Benzol" bezeichnet.

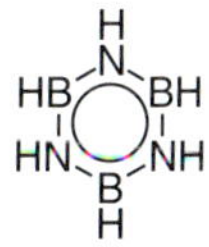

Borazin

Borane. Hydride des Bors werden als Borane bezeichnet. Borane zeigen eine sehr große Strukturvielfalt. Das einfachste Hydrid ist das B_2H_6. Das entsprechende Monomere, BH_3, ist nicht isolierbar. Diboran wird durch **Dreizentren-Zweielektronenbindungen** zusammengehalten. Das Boratom ist tetraedrisch hybridisiert.

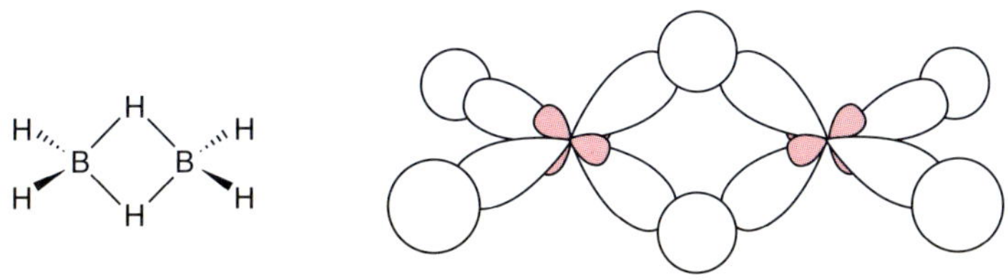

13.3 Aluminium, Gallium, Indium und Thallium

13.3.1 Darstellung der Elemente

Obwohl Aluminium zu den unedlen Metallen gehört, wird es von Luftsauerstoff und Wasser nicht angegriffen. Der Grund hierfür ist die Ausbildung einer sehr widerstandsfähigen dichten Oxidschicht, die das Metall vor weiteren Angriffen schützt. Aluminium ist ein leichtes, ungiftiges, nichtmagnetisches, silbrigweißes Metall.

In jüngster Zeit werden Aluminium-Ionen als Cofaktoren der Alzheimer-Krankheit diskutiert. Bei intravenöser Applikation oder anderweitiger Resorption ist Aluminium äußerst toxisch. Es wird nur in geringem Maß durch den Darm aufgenommen.

Aluminium leitet den elektrischen Strom fast ebensogut (63,5 %) wie Kupfer. Aluminium und Aluminiumlegierungen lassen sich gießen, walzen, pressen, schmieden und ziehen. Wie schon eingangs erwähnt, verdankt das Aluminium seine Korrosionsbeständigkeit einer dünnen Oxidschicht. Dieser Korrosionsschutz kann durch **Eloxieren** verstärkt werden (Eloxal = *el*ektrolytisch *ox*idiertes *Al*uminium). Hierzu taucht man die Aluminiumwerkstücke in ca. 20 %ige Schwefelsäure und schaltet sie als Anode. Man kann auf diese Weise schützende Al_2O_3-Schichten von 10 bis 100 µm Dicke erzeugen. Gibt man Farbstoffe in das Elektrolysebad, werden sie fest in die Oxidschicht eingebaut. Aluminium zeigt amphoteres Verhalten, das heißt das Metall und seine Salze lösen sich sowohl in Säuren als auch in Laugen.

Aluminium wird durch Schmelzelektrolyse gewonnen. Es ist, nach dem Eisen, das im größten Maßstab produzierte Metall. Das Rohmaterial der Aluminiumherstellung ist hauptsächlich Bauxit (siehe Abschnitt 13.1). Der natürlich vorkommende Bauxit ist mit Eisenoxiden und mit Kieselsäure verunreinigt und kann so nicht zur Schmelzelektrolyse eingesetzt werden. Zur Abtrennung dieser Verunreinigungen nutzt man das amphotere Verhalten des Aluminiums. In ca. 35 %iger Natronlauge (stark alkalische Lösung) löst sich nur das Aluminium als $[Al(OH)_4]^-$. Man filtriert die Verunreinigungen ab und verdünnt so weit (die Lösung wird dabei weniger stark alkalisch) bis das reine Al_2O_3 ausfällt. Der Schmelzpunkt des Aluminiumoxids beträgt 2045 °C. Um diesen sehr hohen Schmelzpunkt zu senken löst man Aluminiumoxid in geschmolzenem Kryolith ($Na_3[AlF_6]$). Der Schmelzpunkt eines Gemischs von 81,5 % $Na_3[AlF_6]$ und 18,5 % Al_2O_3 liegt nur noch bei 935 °C. Die Elektrolyse wird in einer Eisenwanne durchgeführt, die mit Graphit ausgekleidet ist (Kathode). Als Anode dient ein Graphitblock (Hall-Héroult-Verfahren, s. Abb. 13.3).

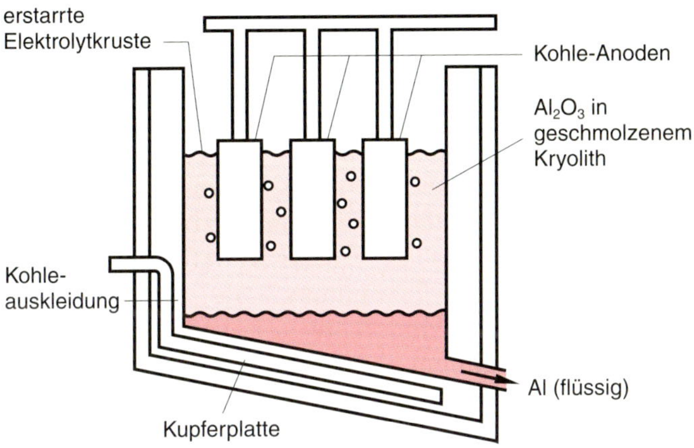

Abb. 13.3 Schmelzelektrolyse zur Gewinnung von Aluminium

Man elektrolysiert mit 5 bis 7 Volt. Pro Tonne gewonnenem Aluminium werden 22 000 kWh Strom verbraucht, die Produktion von Aluminium erfordert also billigen Strom. Bei der Aluminiumherstellung entsteht als Nebenprodukt hochgiftiges und sehr aggressives Fluorgas, das die Natur in der näheren Umgebung der Aluminiumhütte stark schädigt, wenn man keine geeigneten Vorsichtsmaßnahmen trifft.

Aluminium wird sehr vielseitig verwendet. Überall dort, wo es auf geringes Gewicht und Korrosionsbeständigkeit ankommt, findet man Aluminium. So vor allem im Schiffsbau, im Flugzeugbau und in der Raumfahrt. Circa ein Fünftel der Aluminiumproduktion geht in die Bauindustrie für Gebäudeverkleidungen, Türen, Fenster etc.. Es dient weiterhin als Material für Tanks und Container und für Verpackungen (Dosen, Tuben usw.).

Aluminiumpulver brennt an der Luft, und es reduziert die Oxide edlerer Metalle zu dem entsprechenden Metall, wobei es selbst zu Al_2O_3 oxidiert wird. Bei diesem Prozeß wird sehr viel Wärme frei, so daß das Metall als glühende Flüssigkeit anfällt, die sich dann langsam abkühlt. Mit Hilfe von Eisenoxid und Aluminiumpulver werden auf diese Weise Eisenbahnschienen zusammengeschweißt (Thermitverfahren).

Gallium und Indium werden in kleinem Maßstab für lichtemmitierende Dioden (LED), Laser und Photozellen benötigt. Thallium ist technisch nicht relevant. Gallium erhält man als Nebenprodukt aus der Aluminiumgewinnung (Bauxit enthält etwa 0,01 % Ga). Indium und

Thallium gewinnt man durch Elektrolyse der wässrigen Lösungen ihrer Salze.

13.3.2 Verbindungen des Aluminiums

Aluminium tritt in seinen Verbindungen in der Oxidationsstufe +3 auf. Neben den bereits erwähnten Aluminiumverbindungen (Aluminiumsilikate, Korund, Rubin, Saphir, Schmirgel) verdienen noch die Aluminiumhalogenide besondere Erwähnung. Sie liegen (in organischen Lösungsmitteln) nicht als Monomere vor, sondern als dimere Moleküle, z. B. als Al_2Cl_6, bei dem ein Chloratom jeweils zwei Aluminiumatome in einer Dreizentren-Zweielektronenbindung überbrückt.

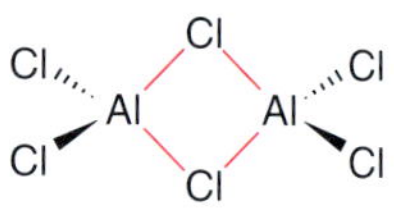

Die Aluminiumhalogenide sind sehr starke Lewis-Säuren. Mit Lewis-Basen bilden sie recht beständige Additionsverbindungen. In der Organischen Chemie macht man sich diese Eigenschaft bei den „Friedel-Crafts-Reaktionen“ (Alkylierung, Acylierung; s. Abschn. 27.3) zunutze. Weitere bekannte Aluminiumverbindungen sind die Alaune, Doppelsalze der allgemeinen Zusammensetzung $Me^{I}Me^{III}(SO_4)_2 \cdot 18\ H_2O$, wie der Kalialaun, $KAl(SO_4)_2$. Er wirkt auf Proteine denaturierend und daher auch blutstillend und wird unter anderem als Rasierstein verwendet.

Basisches Aluminiumacetat (essigsaure Tonerde, $Al(CH_3COO)_3$) wird in der Medizin als mildes Desinfektionsmittel eingesetzt.

Die Sulfate (SO_4^{2-}), Nitrate (NO_3^-) und Halogenide (X^-) der Metalle der dritten Hauptgruppe sind wasserlöslich; ihre Lösungen reagieren sauer. Aus diesem Grund sind die Lösungen der Salze schwacher Säuren, wie Carbonate (CO_3^{2-}), Sulfide (S^{2-}), Cyanide (CN^-) und Acetate (H_3CCOO^-) nicht beständig.

Von den Hydriden hat das Aluminiumhydrid gewisse Bedeutung erlangt. Es weist ähnliche Bindungsverhältnisse wie das Diboran auf. Das Tetrahydro-Anion AlH_4^- wird, wie auch BH_4^-, als starkes Reduktionsmittel benutzt.

14 Die vierte Hauptgruppe

Die vierte Hauptgruppe besteht aus den Elementen Kohlenstoff, Silicium, Germanium, Zinn und Blei. Der Kohlenstoff ist das Grundelement aller organischen Verbindungen und damit das wichtigste Element in der Biologie überhaupt. Silicium und Zinn sind möglicherweise wichtige Spurenelemente für den Menschen. Einige Silicate sind carcinogen; Stannan (SnH_4) und viele Zinn-organische Verbindungen sind toxisch. Im Tierreich kommen Silicate vor allem in den Diatomeen (Kieselalgen) vor, die ihre Schalen aus Silicatstrukturen aufbauen. SiO_2 kommt auch in verschiedenen Nutzpflanzen und in Blättern von Gräsern vor. Die teilweise sehr scharfen Siliciumkristalle haben hier eine passive Schutzfunktion (Fraßschutz). Blei spielt in der Technik zur Herstellung von Bleiakkumulatoren (Autobatterien) eine bedeutende Rolle. In der Umwelttoxikologie ist Blei wegen der früher weit verbreiteten Verwendung von organischen Bleiverbindungen als Antiklopfmittel in Treibstoffen (vgl. Exkurs 25.1) von erheblicher Bedeutung. Glücklicherweise zeigt die Bleibelastung in den letzten Jahren rückläufige Tendenz.

14.1 Allgemeine Eigenschaften

Einige wichtige physikalische und chemische Daten der vierten Hauptgruppe sind in Tabelle 14.1 zusammengefaßt.

Wie bei den zuvor besprochenen Gruppen, nimmt der metallische Charakter der Elemente mit steigender Ordnungszahl zu. Kohlenstoff ist ein typisches Nichtmetall, wenngleich eine seiner Elementmodifikationen, der Graphit, den elektrischen Strom leitet (siehe unten). Von Kohlenstoff gibt es nach dem Wasserstoff die meisten verschiedenen Verbindungen überhaupt. Dies ist vor allem auf seine Fähigkeit zurückzuführen, mit sich selbst Einfach- und Mehrfachbindungen unter Bildung von ketten- und ringförmigen Molekülen einzugehen. Silicium ist an der Grenze zu den Halbmetallen angesiedelt. Während

Tabelle 14.1: Einige Eigenschaften der Elemente der vierten Hauptgruppe

	Kohlenstoff (C)	Silicium (Si)	Germanium (Ge)	Zinn (Sn)	Blei (Pb)
Ordnungszahl	6	14	32	50	82
Elektronenkonfiguration	$[He]2s^2 2p^2$	$[Ne]3s^2 3p^2$	$[Ar]3d^{10}4s^2 4p^2$	$[Kr]4d^{10}5s^2 5p^2$	$[Xe]4f^{14}5d^{10}6s^2 6p^2$
Atommasse	12,011	28,0855	72,61	118,71	207,2
Dichte [g/cm³]	3,5116	2,33	5,32	7,34417	11,34
Schmelzpunkt [°C]	3550	1410	937,4	232	327,5
Elektronegativität	2,5	1,7	2,0	1,7	1,6

es sich chemisch wie ein Nichtmetall verhält, zeigt es in seinen physikalischen Eigenschaften den Charakter von Halbmetallen. Germanium ist ein Halbmetall; Zinn und Blei sind Metalle.

Die Elemente der vierten Hauptgruppe müßten entweder vier Elektronen abgeben oder aufnehmen, um zu einer Edelgaskonfiguration zu gelangen; rein ionische Bindungen sind wegen der hohen Ladungen nicht zu erwarten. In Methan, CH_4, hat der Kohlenstoff die formale Oxidationszahl –4, in Kohlendioxid, CO_2, +4. Innerhalb der Gruppe nimmt mit zunehmender Ordnungszahl die Tendenz zur Bildung der Oxidationszahl +2 zu. Als reine Ionenverbindungen sind jedoch nur einige Pb(II)-Salze anzusehen; Ge(II)- und Sn(II)-Verbindungen sind eher kovalent.

Durch die Ausbildung von vier kovalenten Bindungen erreichen die Elemente der 4. Hauptgruppe die Elektronenkonfiguration des nächst schwereren Edelgases. Vom Silicium an stehen den Elementen zusätzlich d-Orbitale zur Verfügung, so daß auch Komplexbildung wie zum Beispiel SiF_6^{2-} möglich ist.

14.2 Kohlenstoff

14.2.1 Vorkommen des Kohlenstoffs

Kohlenstoff findet sich sowohl elementar als auch gebunden in der Natur. Elementarer Kohlenstoff tritt als **Graphit**, als **Diamant** und in Form der erst seit 1985 bekannten **Fullerene** auf. Kohlen sind komplizierte Gemische organischer Verbindungen mit mineralischen Bestandteilen bei Kohlenstoffanteilen zwischen 65 und mehr als 90 %. Sie sind durch „Inkohlung“ pflanzlichen Materials entstanden. In Verbindungen findet man den Kohlenstoff vor allem in den Carbonaten (CO_3^{2-}). Calciumcarbonat (Kalkstein, Marmor und Kreide) und Calcium-Magnesiumcarbonat (Dolomit) sind wichtige und in großer Menge auftretende Mineralien. In der Luft sind 0,03 Vol.-% bzw. 0,04 Gew.-% CO_2 enthalten. Erdöl und Erdgas, Verbindungen die hauptsächlich aus C und H bestehen (Kohlenwasserstoffe), sind Abbauprodukte urweltlicher Kleintiere und Kleinpflanzen und werden derzeit wie auch Kohle zur Energiegewinnung in großem Maßstab verbrannt. Dadurch entstehen erhebliche Mengen an CO_2, die möglicherweise das Weltklima merklich verändern könnten. Dieser Treibhaus-Effekt ist in Exkurs 14.1 beschrieben.

Organisches Material ist überwiegend aus Kohlenstoff und Wasserstoff aufgebaut. Daneben sind als Heteroatome vor allem Stickstoff, Sauerstoff, Phosphor und Schwefel in organischen Verbindungen enthalten.

Exkurs 14.1: Treibhauseffekt

Die Wellenlängen der elektromagnetischen Strahlung der Sonne sind mit einem Intervall zwischen etwa 0,3 und 2 µm deutlich kürzer als jene, die von der Erde wieder abgestrahlt werden. Ihr Strahlungsmaximum liegt zwischen 5 und 50 µm, also im IR-Bereich. In diesem Fenster des Spektrums absorbieren einige atmosphärische Gase, von denen die wichtigsten Wasserdampf, Kohlendioxid und Methan sind. Die Strahlungsabsorption bewirkt eine Erwärmung der Erdatmosphäre um etwa 33 °C. Ohne diesen Effekt wäre Leben auf der Erde, wie wir es kennen, nicht möglich.

Die aktuelle Diskussion um den Treibhauseffekt bezieht sich nicht auf die geschilderte positive Eigenschaft der Erdatmosphäre, sondern auf die Auswirkungen, die anthropogene Änderungen der Zusammensetzung der Atmosphäre auslösen könnten.

Durch den menschlichen Einfluß nehmen vor allem die Konzentrationen von Kohlendioxid (Energiebedarf), Methan (Tierhaltung, Reisanbau), Distickstoffmonoxid (Zersetzung von Stickstoffdünger) und die Fluorchlorkohlenwasserstoffe (Treibgase, Aufschäummittel) stark zu. Für CO_2 gehen manche Berechnungen von einer Verdoppelung innerhalb der nächsten 100 Jahre aus. Die meisten Rechenmodelle postulieren bei unverändertem Umweltverhalten einen Anstieg der durchschnittlichen Temperatur auf der Erdoberfläche durch den Einfluß der klimaaktiven Gase von 2 bis 4 °C.

14.2.2 Eigenschaften, Gewinnung und Verwendung

Kohlenstoff liegt überwiegend als Isotop ^{12}C vor (99,89 %), neben geringen Mengen an ^{13}C (1,11 %) und Spuren des radioaktiven Isotops ^{14}C ($1{,}2 \cdot 10^{-10}$ %). ^{14}C entsteht in den oberen Schichten der Atmosphäre, wenn thermische Neutronen aus der kosmischen Höhenstrahlung auf Luftstickstoff treffen:

$$^{14}N + {}^{1}n \longrightarrow {}^{14}C + {}^{1}H$$

^{14}C setzt sich dann mit Luftsauerstoff zu CO_2 um.

Das radioaktive Kohlenstoffisotop, ^{14}C, zerfällt mit einer Halbwertszeit von 5730 Jahren zu ^{14}N, wobei er ein Elektron aussendet. Ähnlich wie Tritium wird ^{14}C als Traceratom eingesetzt.

Pflanzen nehmen CO_2 aus der Luft auf und bauen den Kohlenstoff in Biomoleküle ein, die die Nahrungsgrundlage der Tiere bilden. In lebendigen Pflanzen und Tieren liegen deshalb ca. $1{,}2 \cdot 10^{-10}\,\%$ des enthaltenen Kohlenstoffs als ^{14}C vor. Vom Zeitpunkt des Todes an wird kein weiterer ^{14}C aufgenommen, so daß sein Anteil am Gesamtkohlenstoffgehalt danach exponentiell abnimmt (vgl. Exkurs 24.1: Radioaktivität). Durch Messung der Strahlung kann mit Hilfe der Halbwertszeit das Alter von totem organischen Material bestimmt werden. Die beschriebene **Radiocarbonmethode** wird in der Archäologie zur Altersbestimmung (bis maximal 50 000 Jahre) eingesetzt.

Kohlenstoff kommt elementar in drei Modifikationen vor: als schwarzer, etwas metallisch glänzender Graphit, als harter farbloser Diamant und als gelbes Fulleren. Das Auftreten eines Elementes in verschiedenen Modifikationen wird als **Allotropie** bezeichnet.

Die drei Modifikationen des Kohlenstoffs unterscheiden sich stark. Der Diamant ist die härteste in der Natur vorkommende Substanz (Mohshärte 10; s. Tabelle 14.2). Graphit ist, wie auch die Fullerene, ein recht weiches Material mit der Mohshärte 1. Sowohl Graphit und die Fullerene, als auch Diamant sind bei Raumtemperatur chemisch sehr widerstandsfähig und reaktionsträge. Bei höheren Temperaturen reagieren sie mit fast allen Elementen des Periodensystems. (Die Physik und Chemie der Fullerene ist noch nicht gänzlich erforscht, da diese erst seit 1990 in Gramm-Mengen zur Verfügung stehen.) Graphit leitet den elektrischen Strom, Diamant ist ein Isolator. Graphit ist thermodynamisch um 1,9 kJ mol^{-1} stabiler als Diamant.

Tabelle 14.2: Mineralische Härteskala nach Mohs. Friedrich Mohs führte diese von 1 bis 10 reichende Skala ein. Die sogenannte Mohshärte wird durch Ritzproben ermittelt: Diamant (Härte 10) ritzt Korund (Härte 9) usw.

Talk	1	Feldspat	6
Gips oder Steinsalz	2	Quarz	7
Kalkspat	3	Topas	8
Flußspat	4	Korund	9
Apatit	5	Diamant	10

Im **Diamantgitter** sind alle Kohlenstoffatome sp^3-hybridisiert. Dadurch entsteht ein sehr stabiles dreidimensionales Raumgitter (Abb. 14.1), in dem die Kohlenstoffatome durch unpolare kovalente Bindungen zusammengehalten werden. Diamant leitet den elektrischen Strom deshalb nicht.

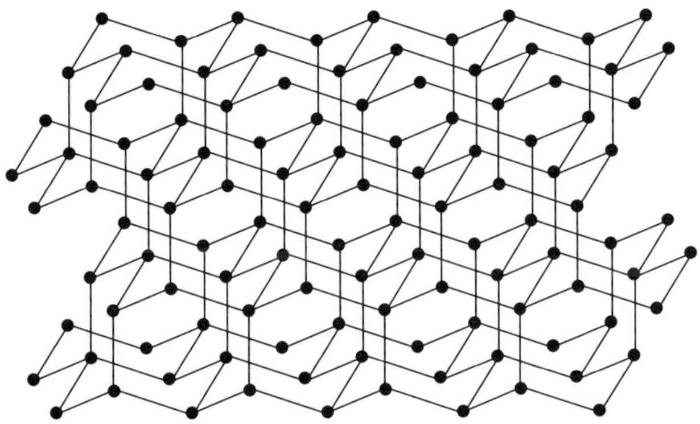

Abb. 14.1 Diamantgitter

Neben seiner Verwendung als Schmuckstein, wofür nur sehr wenige Diamanten geeignet sind, ist der Diamant auch in der Technik sehr beliebt. Wegen ihrer Härte werden Diamantsplitter als Schleif-, Fräß- und Bohrmaterial eingesetzt. Neuerdings kann man auch die Oberflächen stark beanspruchter Maschinenteile mit mikroskopisch dünnen Diamantschichten überziehen und sie dadurch widerstandsfähiger machen. Für technische Zwecke eingesetzte Diamanten werden häufig künstlich aus Graphit bei hohen Temperaturen und sehr hohem Druck hergestellt (sogenannte **Industriediamanten**). Je nach Verfahren werden Drücke von etwa 60 kbar (6 GPa) bzw. 300 kbar (30 GPa) bei dem „Schockwellenverfahren" und Temperaturen um 1500 °C angewandt. Diamantpulver mit Korngrößen von etwa 50 μm werden kommerziell angeboten. Industriediamanten von mehr als 1 mm Durchmesser sind die ganz große Ausnahme.

Graphit zeigt ein typisches Schichtgitter. Die völlig ebenen Schichten bestehen aus sp^2-hybridisierten, durch kovalente Bindungen zusammengehaltenen Kohlenstoffatomen.

Die Bindungswinkel betragen also 120 °. Alle Bindungen innerhalb dieser Schicht sind gleich lang, so daß sich ein Netz aus regelmäßigen Sechsecken ergibt, das in Abbildung 14.2 dargestellt ist.

Zwischen den Schichten wirken nur schwache van-der-Waals-Kräfte. Der Graphitkristall ist deshalb **anisotrop**, d. h. seine Eigenschaften sind richtungsabhängig. Parallel zu den Schichten besitzt Graphit eine gute elektrische Leitfähigkeit, während sie senkrecht dazu gering ist. In gleicher Weise verhält sich seine Spaltbarkeit.

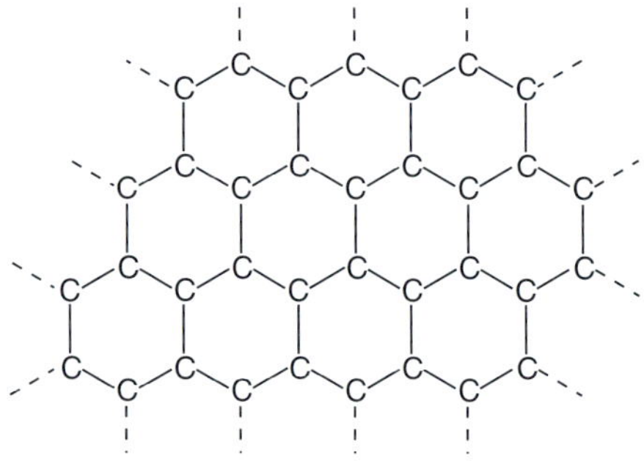

Abb. 14.2 Ausschnitt aus einer Schicht des Graphitgitters

Die Abstände der Kohlenstoffatome innerhalb einer Schicht betragen 142,1 pm, der Schichtabstand 335,4 pm. Die Schichtstruktur bedingt, daß nur drei der vier Valenzen des Kohlenstoffs für drei σ-C-C-Einfachbindungen benutzt werden. Ein einfach besetztes p-Orbital, das senkrecht auf dem trigonalen sp^2-Hybrid steht, stellt sein Elektron einem π-Molekülorbital zur Verfügung, das aus sämtlichen p-Orbitalen einer Schicht gebildet wird. Die p-Elektronen können nicht mehr einem bestimmten Atom zugeordnet werden, sondern sind über die gesamte Schicht des Graphitgitters **delokalisiert**. Es resultiert, entsprechend der Geometrie eines p-Orbitals eine Elektronenwolke oberhalb und unterhalb einer Graphitschicht, in der die Elektronen frei beweglich sind. Diese Tatsache bewirkt die gute elektrische Leitfähigkeit parallel zu den Schichten. Das zusätzliche π-Orbital verstärkt die C-C-Bindungen. Mit 142,1 pm liegt der Bindungsabstand zwischen dem einer Einfach- und dem einer Doppelbindung. Kapitel 27 geht im Zusammenhang mit den aromatischen Kohlenwasserstoffen etwas detaillierter auf delokalisierte π-Bindungen ein.

Im **Graphitgitter** liegen die Atome der Schichten nicht senkrecht übereinander, sondern sie sind so angeordnet, daß die Hälfte der Kohlenstoffatome einer Schicht jeweils über oder unter dem Zentrum der Sechsringe der Nachbarschicht zu liegen kommen und die anderen C-Atome sich genau senkrecht unter- oder oberhalb eines C-Atoms der Nachbarschicht befinden (vgl. Abb. 14.3).

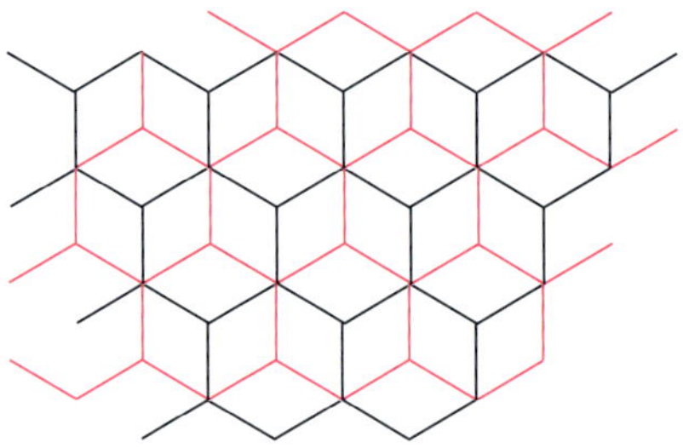

Abb. 14.3 Zwei aufeinanderfolgende Schichten des Graphitgitters

Graphit wird wegen seiner Reaktionsträgheit und seiner elektrischen Leitfähigkeit gerne als Elektrodenmaterial verwendet. Er dient dank seiner Spaltbarkeit als hervorragendes, nicht verharzendes und temperaturbeständiges Schmiermittel. In feinst verteilter Form (Ruß) wird Graphit als schwarzer Farbstoff eingesetzt, zum Beispiel in Autoreifen, um das lichtempfindliche Gummimaterial zu schützen. In Form von **Aktivkohle** (Kohle die von feinsten Kapillaren durchzogen ist) besitzt der Graphit eine sehr große innere Oberfläche und vermag darin viele Gase und gelöste organische Stoffe zu binden (adsorbieren). Aktivkohle findet man deswegen in den Filtern der Gasmasken und in Anlagen zur Wasseraufbereitung.

Wenn man Steinkohle trocken erhitzt, so entweichen die in ihr enthaltenen flüchtigen Verunreinigungen (als Kokereigas und Steinkohleteer) wobei **Koks** mit einem Kohlenstoffgehalt von etwa 98 % zurückbleibt. Koks wird in großem Maßstab zur Reduktion von Metalloxiden, hauptsächlich zur Eisengewinnung im Hochofenprozeß, verbraucht.

$$2\,PbO + C \longrightarrow 2\,Pb + CO_2$$

$$2\,HgO + C \longrightarrow 2\,Hg + CO_2$$

$$2\,Fe_2O_3 + 3\,C \longrightarrow 4\,Fe + 3\,CO_2$$

14.2.3 Kohlenstoffverbindungen

Der Kohlenstoff geht mit fast allen Elementen des Periodensystems Verbindungen ein. Wir behandeln zunächst diejenigen binären Kohlenstoffverbindungen, in denen der Kohlenstoff der elektronegativere Partner ist. Sie werden als **Carbide** bezeichnet. Danach wenden wir uns den übrigen Kohlenstoffverbindungen zu.

Carbide

Man unterscheidet drei große Gruppen von Carbiden: die **salzartigen Carbide**, die **metallischen Carbide** und die **kovalenten Carbide.** Entsprechend der fließenden Übergänge zwischen den einzelnen Bindungsarten, können keine scharfen Grenzen zwischen den einzelnen Gruppen gezogen werden. Carbide können bei hohen Temperaturen aus den Elementen, aus Kohlenstoff und Elementverbindungen, aus Kohlenstoffverbindungen und Element oder aus Kohlenstoffverbindung und Elementverbindung hergestellt werden.

Man unterscheidet drei wichtige Gruppen. Carbide wie Berylliumcarbid, B_2C, oder Aluminiumcarbid, Al_4C_3, bezeichnet man als **Methanide**, da sie formal das Methanid-Ion C^{4-} enthalten (abgeleitet von Methan, CH_4; vgl. Abschn. 25.1.1). Häufig sind auch Carbide mit C_2^{2-}-Ionen, wie etwa CaC_2. Man nennt sie **Ethinide** oder **Acetylide** (von Ethin, siehe Abschn. 26.13). Seltener finden sich **Allylenide** mit C_3^{4-}-Ionen, zum Beispiel Li_4C_3 oder Mg_2C_3.

Mit Wasser zersetzen sich die Methanide zu Methan:

$$Al_4C_3 + 12\,H_2O \longrightarrow 4\,Al(OH)_3 + 3\,CH_4 \quad \text{(Methan)}$$

Die Hydrolyse der Acetylide ergibt Acetylen, die der Allylenide Propin.

$$CaC_2 + 2\,H_2O \longrightarrow Ca(OH)_2 + HC{\equiv}CH \quad \text{(Acetylen, Ethin)}$$

$$Mg_2C_3 + 4\,H_2O \longrightarrow H_3C{-}C{\equiv}CH \quad \text{(Propin)}$$

Abhängig von der Oxidationszahl des Metalls besitzen die Acetylide die Zusammensetzung $M^{I}{}_2C_2$ (M = Alkalimetall, Cu, Ag, Au). $M^{II}C_2$ (M = Erdalkalimetall, Zn, Cd, Hg) und $M^{III}{}_2(C_2)_3$ (M = Al, La, Ce, Pr, Tb). Die Schwermetallacetylide sind hochexplosiv, weshalb man z. B. Acetylen niemals durch Cu-Rohre leiten darf.

Technisch wichtig ist das **Calciumcarbid**. Es wird aus Calciumoxid und Kohle bei ca. 2000 °C im Lichtbogen hergestellt.

$$CaO + 3\,C \longrightarrow CaC_3 + CO$$

Aus Calciumcarbid wird der Kunstdünger „Kalkstickstoff", Calciumcyanamid CaN-C≡N) hergestellt.

Kovalente Carbide bildet der Kohlenstoff mit Bor und Silicium, da sich deren Elektronegativität nicht allzusehr von der des Kohlenstoffs unterscheidet (B: 2,0; Si: 1,8; C: 2,5). Sowohl die Borcarbide $B_{13}C_2$ und $B_{24}C$ als auch das Siliciumcarbid SiC sind extrem harte und chemisch inerte Verbindungen.

Metallische Carbide werden von den Übergangsmetallen gebildet; sie ähneln in ihren Eigenschaften den Metallen (Aussehen, elektrische Leitfähigkeit). Ihre Schmelzpunkte liegen recht hoch (3000 bis 4000 °C) und sie sind sehr hart (Mohshärte 8–10). Gegen Wasser und Säuren sind sie resistent. Ihre allgemeine Formel lautet meist MC oder M_2C. Die Kohlenstoffatome besetzen hierbei die Hälfte (MC_2) oder alle (MC) oktaedrischen Lücken im Metallgitter. Hierzu müssen die Lücken und damit die Metallatome recht groß sein, das ist bei Metallatomradien ab 130 pm der Fall. Technisch bedeutsam ist in dieser Gruppe unter anderem das Wolframcarbid, WC. Dieses extrem harte Material wird entweder selbst oder als Legierung mit 10 % Kobalt

(Widia-Metall, „*wi*e *Dia*mant“) für Bohrspitzen und ähnliches eingesetzt.

Weitere Kohlenstoffverbindungen

Halogenverbindungen. Kohlenstoff bildet mit den Halogenen die binären Verbindungen von CF_4 bis CI_4, gemischte Halogenide wie CF_nCl_{4-n} (Freon) oder Halogenide die noch Wasserstoffatome enthalten, wie $HCCl_3$ (Chloroform), H_2CBr_2 (Dibrommethan) oder H_3CI (Iodmethan). Zusätzlich können noch C-C-Bindungen auftreten wie im Teflon -$(CF_2\text{-}CF_2)_x$-. Die Halogenide des Kohlenstoffs werden im organischen Teil etwas näher betrachtet (siehe Kapitel 25 und 26).

Die **Wasserstoffverbindungen des Kohlenstoffs,** die Kohlenwasserstoffe, gehören zum Gebiet der Organischen Chemie und werden dort behandelt.

Sauerstoffverbindungen des Kohlenstoffs. Die beiden wichtigsten **Oxide des Kohlenstoffs** sind das Kohlenmonoxid (CO) und das linear gebaute Kohlendioxid (CO_2).

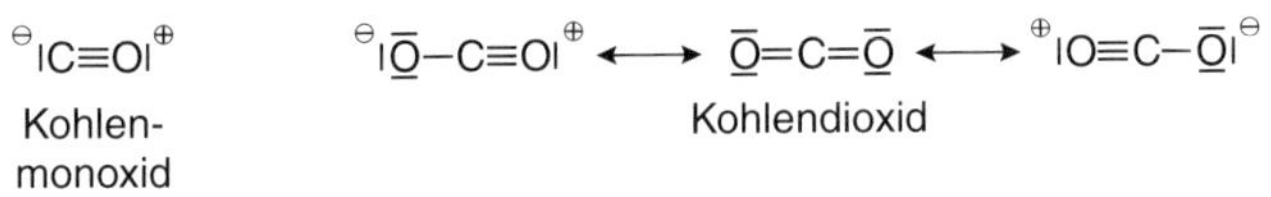

Das Kohlenmonoxid ist isoelektronisch mit N_2. Kohlendioxid läßt sich nicht durch eine einzige Strukturformel angeben. Die tatsächliche Struktur stellt ein Energieminimum zwischen den angegebenen mesomeren Grenzstrukturen dar (zur Mesomerie vgl. Kapitel 27).

An der Luft verbrennt der Kohlenstoff zu gasförmigem, farb- und geruchlosem Kohlendioxid. Falls nicht genügend Sauerstoff zur Verfügung steht, bildet sich das ebenfalls farb- und geruchlose Kohlenmonoxid. Kohlenmonoxid entsteht auch, wenn Kohlendioxid mit heißer Kohle reagiert:

$$CO_2 + C \rightleftharpoons 2\,CO$$

Dieses Reaktionsgleichgewicht ist druck- und temperaturabhängig, es wird als **Boudouard-Gleichgewicht** bezeichnet. Die Temperaturabhängigkeit ist wichtig zum Verständnis des Hochofenprozesses (vgl. Abschnitt 23.1.1.1). Bei 450 °C sind 98 % Kohlendioxid mit 2 % Kohlenmonoxid im Gleichgewicht. Bei 1000 °C findet man neben 0,7 % Kohlendioxid 99,3 % Kohlenmonoxid.

Kohlendioxid führt in höheren Konzentrationen wegen Verdrängung des Sauerstoffs zum Ersticken. In der Luft ist CO_2 zu ca. 0,03 Vol.-% enthalten. Die Verbrennung fossiler Brennstoffe sowie die Rodung großer Waldflächen führt seit einiger Zeit zu einem Anstieg der CO_2-Konzentration. Über den Einfluß des CO_2-Gehaltes der Luft auf das Klima siehe Exkurs 14.1.

Kohlenmonoxid wirkt als Lewis-Base (σ-Bindung) und gleichzeitig als Lewis-Säure bzw. π-Säure durch Rückbindung in leere π-Bahn-Funktionen und bildet so zahlreiche Komplexe mit Metallen, die als Metallcarbonyle bezeichnet werden, wobei niedrige Oxidationszahlen des Metalls besonders stabilisiert werden, bzw. formal die Oxidationszahl 0 vorliegt. Auf der Bildung stabiler Komplexe beruht auch seine Toxizität. Kohlenmonoxid lagert sich an die Bindungsstelle des Sauerstoffs im Hämoglobin – an ein Eisen(II)-Ion – an und unterbindet dadurch den Sauerstofftransport.

Die **Kohlensäure**, H_2CO_3, ist eine schwache zweiprotonige Säure und als Reinsubstanz nicht beständig. Sie zerfällt leicht zu CO_2 und H_2O.

Kohlensäure entsteht zu etwa 0,2 % beim Lösen ihres Anhydrids, dem CO_2, in Wasser:

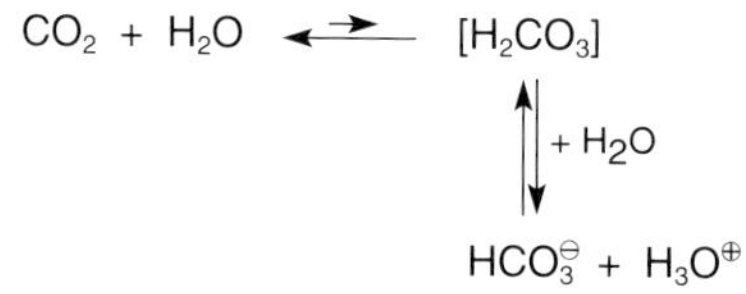

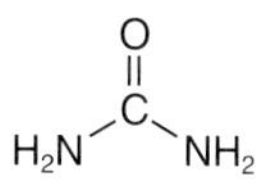

Harnstoff

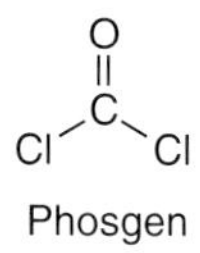

Phosgen

In der Lösung liegt zum weit überwiegenden Teil hydratisiertes CO_2 vor. Stabiler als die Kohlensäure sind einige ihrer Derivate, wie der Harnstoff oder das sehr reaktive und giftige Phosgen.

Carbamate, die auch als **Urethane** bezeichnet werden, sind die einigermaßen stabilen Ester der unbeständigen Carbamidsäure (früher „Carbaminsäure"). **Polyurethane** sind wichtige polymere Kunststoffe.

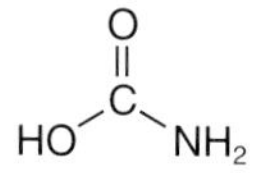

Carbamidsäure

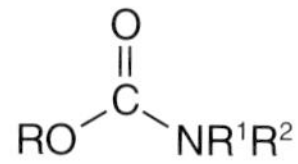

Carbamat

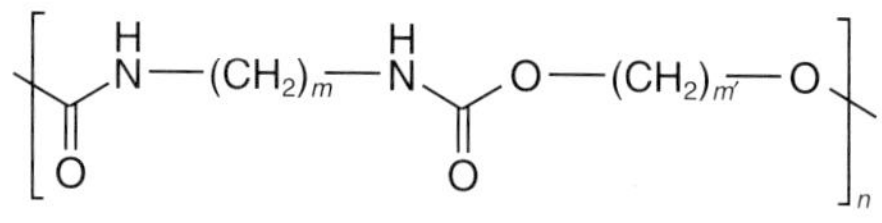

Polyurethan

Die **Salze der Kohlensäure**, die Carbonate mit dem Anion $CO_3{}^{2-}$ und die Hydrogencarbonate mit dem Anion $HCO_3{}^-$ sind stabil. Sie wurden bereits bei den Erdalkalimetallen besprochen. Durch Ansäuern der Lösungen von Carbonaten oder Hydrogencarbonaten bildet sich nach der obigen Reaktionsfolge CO_2. So löst sich Kalkstein in Säuren unter Aufschäumen auf:

$$CaCO_3 + 2\,H_3O^{\oplus} \longrightarrow CO_2 + Ca^{2\oplus} + H_2O$$

14.3 Silicium

14.3.1 Eigenschaften, Gewinnung und Verwendung

Nach dem Sauerstoff (mit ca. 50 Gew.-%) ist das Silicium das zweithäufigste Element in der Erdrinde mit ca. 27 Gew.-%. Silicium kommt nicht elementar vor, sondern nur als Siliciumdioxid (SiO_2), dem Anhydrid der Kieselsäure, oder in Form daraus abgeleiteter Salze (Silicate). SiO_2 ist der Hauptbestandteil von Sand.

Elementares Silicium kristallisiert im Diamantgitter. Der Abstand zwischen den Siliciumatomen ist aber größer als beim Diamant, so daß Silicium nicht so hart wie Diamant ist. Chemisch ist Silicium ziemlich resistent. Nur von Laugen wird es unter Bildung von Silicaten aufgelöst.

Silicium befindet sich im Periodensystem im Grenzbereich zwischen Metallen und Nichtmetallen. Es besitzt bereits teilweise metallische Eigenschaften: metallischer Glanz, dunkle Farbe; Silicium ist ein Halbleiter.

Silicium wird großtechnisch durch Reduktion von Quarz (SiO_2) mit Koks gewonnen. Im Labormaßstab kommen die Reduktion mit Magnesium oder, noch vorteilhafter, mit Aluminium (aluminothermisches Verfahren) zur Anwendung.

Höchstreines Silicium ist die Grundvoraussetzung für die gesamte Halbleitertechnik. Seine Reindarstellung ist deshalb von sehr großer wirtschaftlicher Bedeutung.

Zur Gewinnung von Reinstsilicium werden zwei Verfahren beschrieben: Die Reduktion von Trichlorsilan ($HSiCl_3$) mit Wasserstoff und die thermische Zersetzung von (Mono-)Silan, SiH_4 (Siliciumwasserstoff, Sdp. 112 °C).

Nach dem ersten Verfahren wird Rohsilicium mit Chlorwasserstoff zum Trichlorsilan, einem Analogon des Trichlormethans, $HCCl_3$

(Chloroform), umgesetzt, durch Destillation (Sdp. 30 °C) gereinigt und schließlich mit Wasserstoff reduziert.

$$Si_{fest} + 3\,HCl \xrightarrow{300°C} HSiCl_3 + H_2$$

$$HSiCl_3 + H_2 \xrightarrow{1000°C} Si_{fest} + 3\,HCl$$

SiH_4 läßt sich in einer Salzschmelze herstellen:

$$SiCl_4 + 4\,LiH \xrightarrow[(400°C)]{LiCl/KCl\text{-}Eutektikum} SiH_4 + 4\,LiCl$$

Durch Erhitzen von reinstem Silan auf 500 °C erhält man sehr reines Silicium.

$$SiH_4 \xrightarrow{500°C} Si + 2\,H_2$$

Zur weiteren Reinigung des elementaren Siliciums wendet man das **Zonenschmelzen** an. Bei diesem Verfahren läßt man eine schmale Zone geschmolzenen Siliciums (Schmp. 1410 °C) einmal durch einen Stab aus sehr reinem Silicium wandern. Die Schmelzzone muß dabei in Kontakt zu den festen Bereichen des Stabes bleiben. In der Schmelze sind Verunreinigungen besser löslich als in festem Silicium. Auf diese Weise reichern sich die Verunreinigungen in der durch den Si-Stab wandernden Schmelzzone schließlich an einem Ende an. Dieses wird dann mechanisch entfernt. Praktisch geht man dabei so vor, daß man eine elektrische Heizung langsam den Siliciumstab entlang wandern läßt. Der so erhaltene Stab aus Reinstsilicium ist monokristallin.

14.3.2 Verbindungen des Siliciums

Sauerstoffverbindungen

Die mengenmäßig wichtigsten Verbindungen des Siliciums sind das Siliciumdioxid, SiO_2 und die daraus abgeleiteten Verbindungen.

SiO_2 kommt natürlicherweise amorph und in acht kristallinen Modifikationen vor. Die häufigste ist der **Quarz**, mit seinen Abarten Bergkristall, Amethyst, Citrin, Milchquarz, Tigerauge, um nur einige Beispiele zu nennen. Letztere werden auch als Schmucksteine verwendet. Im Gemenge findet man kristallisiertes Siliciumdioxid in zahlreichen Gesteinen.

Quarz wandelt sich bei Temperaturerhöhung sehr langsam in verschiedene Modifikationen um.

$$\underset{\text{trigonal}}{\alpha\text{-Quarz}} \xrightleftharpoons{573\,°C} \underset{\text{hexagonal}}{\beta\text{-Quarz}} \xrightleftharpoons{870\,°C} \underset{\text{hexagonal}}{\beta\text{-Tridymit}} \xrightleftharpoons{1470\,°C} \underset{\text{kubisch}}{\beta\text{-Cristobalit}}$$

Ab 1705 °C schmilzt β-Cristobalit. Die Umwandlungsgeschwindigkeit ist so gering, daß auch die Hochtemperaturmodifikationen in der Natur als **metastabile** Modifikationen verbreitet sind.

In Siliciumdioxidkristallen ist jedes Siliciumatom tetraedrisch von vier Sauerstoffatomen umgeben, wobei die Si-Atome über jeweils *ein* gemeinsames Sauerstoffatom miteinander verbunden sind. Jede Tetraeder*ecke* ist zwei Tetraedern gemeinsam. Gemeinsame Kanten treten nicht auf. β-Cristobalit hat Diamantstruktur mit jeweils einem Sauerstoffatom zwischen den Si-Atomen; der Si-O-Si-Winkel beträgt 151 ° (Abb. 14.4).

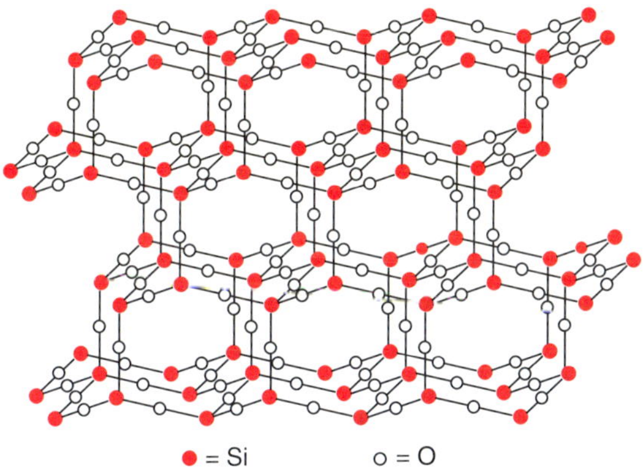

Abb. 14.4 Ausschnitt aus der Struktur des β-Cristobalits (die Si-O-Si-Gruppen sind übersichtlichkeitshalber linear gezeichnet; tatsächlich beträgt der Si-O-Si-Winkel 151 °.

Durch Unterkühlung einer Quarzschmelze oder beim Sintern (Erhitzen bis knapp unterhalb des Schmelzpunktes) von SiO_2-Pulver erhält man völlig durchsichtiges **Quarzglas**. Es besitzt nur einen geringen Wärmeausdehnungskoeffizienten und ist sehr temperaturbeständig. Daher wird es für stark beanspruchte Geräte in der Chemie eingesetzt. Quarzglas ist im Gegensatz zum „normalen" Glas (siehe unten) für ultraviolette Strahlung durchlässig. Im biologisch-biochemischen Bereich werden viele optisch-enzymatische Tests im UV-Bereich gemessen, so daß hierfür Quarzküvetten eingesetzt werden müssen.

Kieselsäuren. Kieselsäure (Orthokieselsäure, Monokieselsäure), $Si(OH)_4$ ist nur in sehr verdünnter Lösung (<2 mmol/l) beständig.

Man kann solche Lösungen durch Auflösen von amorphem SiO_2 erhalten. Bei höheren Konzentrationen tritt eine intermolekulare Kondensation ein, die über Di-, Tri-, usw. Kieselsäure zu den **Polykieselsäuren** führt. Die Wasserlöslichkeit der Kieselsäuren sinkt mit steigendem Kondensationsgrad.

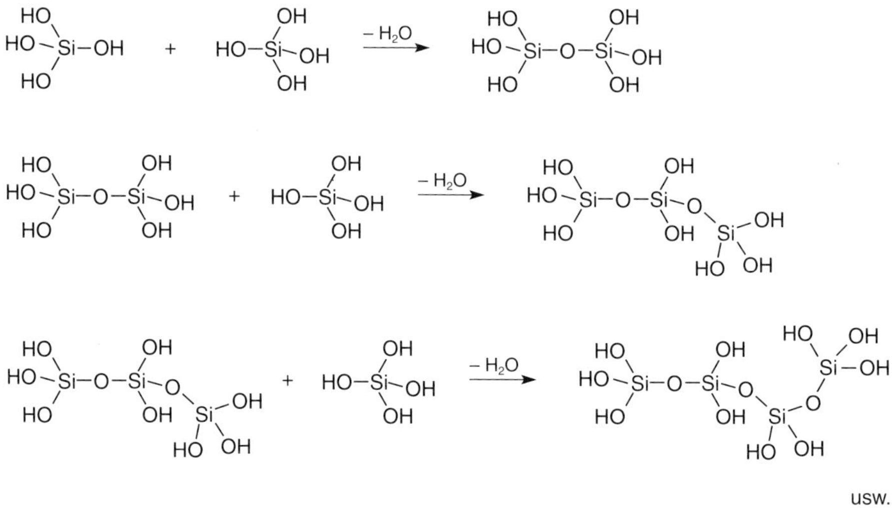

Die Kondensation kann sich an allen freien OH-Gruppen fortsetzen und formales Endprodukt ist dann polymeres Siliciumdioxid.

Durch Protonieren einer Lösung von Monosilicaten (vgl. folgender Abschnitt) wie $Na_2SiO_4 \cdot 9H_2O$ lassen sich auch höher konzentrierte Kieselsäurelösungen herstellen. Sie sind jedoch nicht stabil und abhängig von Konzentration, Temperatur und pH-Wert tritt eine mehr oder minder rasche (Tage bis Sekunden) Kondensation ein. Die zunächst klare Lösung trübt sich und erstarrt schließlich zu einer gallertigen Masse. Dieses **Kiesel-Hydrogel** besteht aus kugelförmigen Polykieselsäure-Aggregaten, die über Sauerstoffbrücken zu einem weitmaschigen Netz verknüpft sind. In die Zwischenräume dieses Netzes ist Wasser eingelagert. Die kugelförmigen Polykieselsäuren bilden sich durch unkontrollierte Kondensation von $Si(OH)_4$ und bestehen überwiegend aus SiO_4-Einheiten, die nach außen hin durch nicht an der Kondensation beteiligte OH-Gruppen abgegrenzt werden.

Silicate sind die Salze der Kieselsäuren. Durch vollständige Deprotonierung von Orthokieselsäure erhält man das Orthosilicat-Ion (SiO_4^{4-}), in dem das Silicium tetraedrisch von vier Sauerstoffatomen umgeben ist. Die den höher kondensierten Kieselsäuren entsprechenden Silicate sind ebenfalls bekannt.

Durch Kondensation von freier (Mono-) Kieselsäure sind keine einheitlichen, regelmäßig gebauten Polymere erhältlich. Demgegenüber können Silicate sehr wohl einheitliche, kristalline Strukturen aufbauen.

Man unterscheidet zwischen sieben verschiedenen Typen. In allen ist das Silicium tetraedrisch koordiniert. Abb. 14.5 zeigt die Verknüpfung der SiO_4-Tetraeder in sechs dieser Strukturtypen. Im siebten (nicht abgebildeten) Strukturtyp sind die SiO_4-Tetraeder zu dreidimensionalen Gerüsten verknüpft.

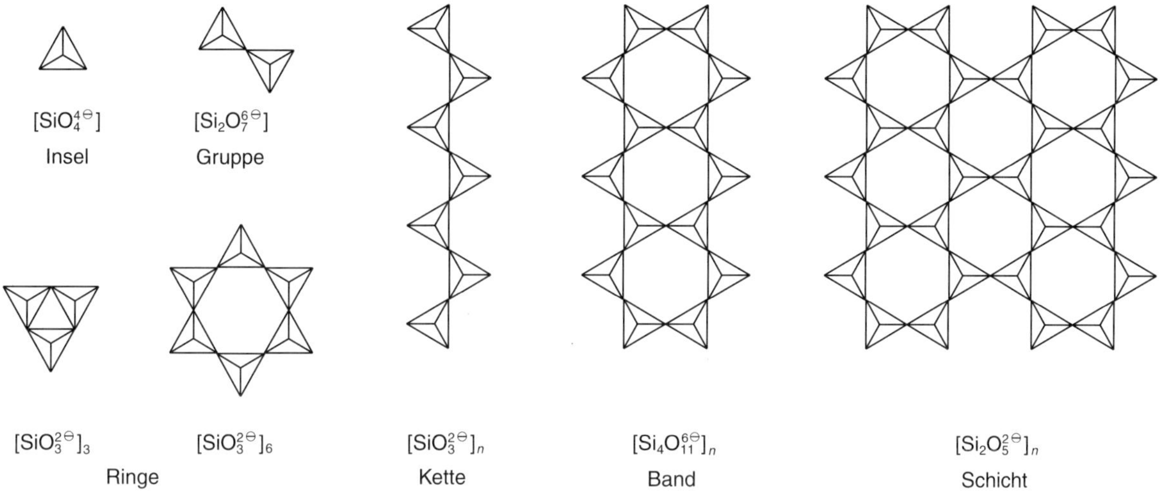

Abb. 14.5 Beispiele der Tetraederanordnung in verschiedenen Silicaten (schematisch)

In den Tetraedern können einzelne Siliciumatome durch andere Metalle, häufig Aluminium, aber auch Bor und Beryllium ersetzt sein. Man bezeichnet solche Verbindungen als **Alumo-, Boro-** oder **Beryllosilicate.** Entsprechend der geringeren Zahl an Valenzelektronen tritt eine entsprechende Zahl negativer Ladung auf, die durch Kationen ausgeglichen wird.

Der Strukturtyp wirkt sich unmittelbar auf die makroskopischen Eigenschaften aus. Silicate mit Band- oder Kettenstruktur sind fasrig, die mit Schichtstruktur leicht parallel zu den Schichten spaltbar und häufig weich (vgl. Graphit). Schichtsilicate können Wasser zwischen den Schichten einlagern und dabei quellen. Zu ihnen gehören die weit verbreiteten Glimmer und Tonmineralien.

Tonwaren. Glüht („brennt“) man Tone, so verschwindet das zwischen den Schichten eingelagerte Wasser, das Material schrumpft und die Tonwaren werden hart. Man unterscheidet hierbei das poröse Tongut (Brenntemperatur meist zwischen 900 °C und 1200 °C) und das wasserdichte Tonzeug (Brenntemperatur 1400 °C–1500 °C).

Zum **Tongut** gehören Baustoffe wie Mauerziegel, Dachziegel, Schamottesteine, Feldspat-Steingut (Spülbecken, Badewannen usw.) Ofenkacheln etc. und Geschirre wie irdenes Haushaltsgeschirr, Blumentöpfe, Majolika, Fayence etc.. Das Tongut ist an sich porös und muß für viele Anwendungen glasiert und damit wasserdicht gemacht werden.

Zum **Tonzeug** gehört das gröbere Steinzeug (Fliesen, Klinker, Kanalisationsrohre, Terrakotta, Steinzeuggeschirr etc.) und das feinere Porzellan, für dessen Herstellung ein besonderer Ton, der Kaolin, benötigt wird.

Technisch kann man Silicate durch Zusammenschmelzen von SiO_2 mit Metalloxiden, -hydoxiden und -carbonaten erhalten. Einige Alkalimetallsilicate sind wasserlöslich.

$$2\,Na_2CO_3 + SiO_2 \xrightarrow{\text{Schmelze}} Na_4SiO_4 + 2\,CO_2 \qquad \text{(Inselsilikat)}$$

$$2\,SiO_4 + K_2CO_3 \longrightarrow K_2Si_2O_5 + CO_2 \qquad \text{(Schichtsilikat)}$$

Die Silicate fallen zunächst glasartig, d. h. ohne Kristallbildung an und können durch **Tempern** (= längeres Erhitzen) zur Kristallisation gebracht werden.

Zu den künstlichen Silicaten ist auch das **Glas** zu zählen. Allgemein versteht man unter Gläsern Stoffe im amorphen, nicht-kristallinen Zustand. Man kann Gläser als unterkühlte Schmelze oder erstarrte Flüssigkeit auffassen, als Stoffe, die beim Übergang vom flüssigen zum festen Aggregatzustand die Nahordnung der Flüssigkeiten beibehalten und keine (kristalline) Fernordnung aufbauen.

Gläser im engeren Sinne sind unterkühlte Schmelzen, die hauptsächlich aus SiO_2 und Beimengungen von Na-, K-, Ca-, Ba-, Pb-, Al- und Boroxiden bestehen. Gläser besitzen keinen definierten Schmelzpunkt, sondern sie erweichen über ein großes Temperaturintervall, so daß man sie biegen, pressen, blasen und im dünnflüssigen Zustand gießen kann. Die Gläser gehören zu den ältesten Kunststoffen der Menschheit. Sie werden durch Zusammenschmelzen von Quarzsand (SiO_2) und den entsprechenden Metallcarbonaten (aus denen beim Erhitzen die Metalloxide entstehen) auf ca. 1000 °C hergestellt. Gewöhnliches Fensterglas (für Fenster, Flaschen, Gläser, Spiegel etc.) hat die ungefähre Zusammensetzung: $Na_2O \cdot CaO \cdot 6\,SiO_2$. Es dehnt sich stark aus, wenn es erwärmt wird und zerspringt bei ungleichmäßigem Erhitzen infolge innerer Spannungen. Außerdem ist es gegen Alkalien recht empfindlich. Das Laborglas (Jenaer Glas, Duranglas) enthält zusätzlich Bor- und Aluminiumoxid, um diese Nachteile auszugleichen. Bleioxid verleiht dem Glas ein hohes Gewicht und ein starkes Lichtbrechungsvermögen (Bleikristallglas für geschliffene Gläser, Kronleuchter etc.). Ein extremes Beispiel hierfür ist der besonders bleireiche und etwas boroxidhaltige Strass, der das Licht ähnlich wie ein Diamant bricht. Stark lichtbrechende Glassorten werden ebenfalls für optische Geräte wie beispielsweise Mikroskope und Kameraobjektive benötigt.

Die Färbung von Gläsern kommt durch Beimengungen von Metalloxiden zustande. FeO bewirkt eine Grünfärbung, Fe_2O_3 färbt braun und Cobaltoxid, CoO, blau.

Wasserstoffverbindungen und Silicide

Die **Wasserstoffverbindungen** des Siliciums, die **Silane**, zeigen die gleiche allgemeine Summenformel wie die entsprechenden Kohlenstoffverbindungen (Alkane, vgl. Kap. 25) $\mathbf{Si_nH_{2n+2}}$. Im Gegensatz zu den Kohlenwasserstoffen scheint wegen der deutlich schwächeren Si-Si-Bindungsstärke die Kettenbildung auf eine vergleichsweise geringe Zahl von Si-Atomen beschränkt zu sein.

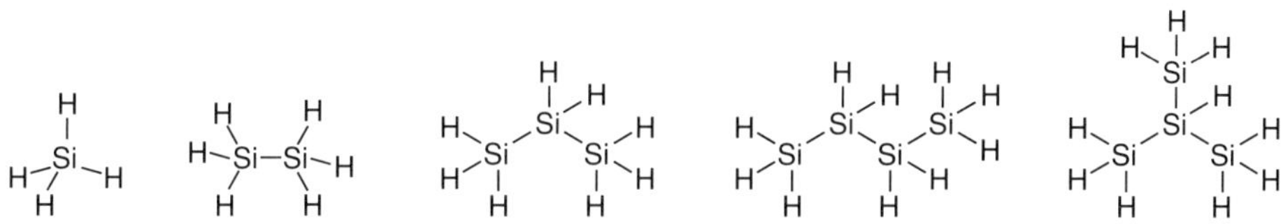

SiH_4 Si_2H_6 Si_3H_8 Si_4H_{10}

Silane bis $n = 15$ sollen nachgewiesen sein. Ab $n = 4$ treten wie bei den Kohlenwasserstoffen Verzweigungen auf. Silane sind wesentlich reaktiver als Alkane. An der Luft entzünden sie sich selbst und verbrennen explosionsartig zu Siliciumdioxid und Wasser.

In Wasser werden sie in Gegenwart von Alkalien zu Wasserstoff und Kieselsäure hydrolysiert.

$$SiH_4 + 2\,O_2 \longrightarrow SiO_2 + 2\,H_2O$$

Besonders mit Alkali- und Erdalkalimetallen bildet Silicium Silicide. Es sind häufig nichtstöchiometrische Verbindungen, die durch Zusammenschmelzen der betreffenden Metalle mit Silicium oder durch Reduktion von SiO_2 mit Metallüberschuß erhalten werden können. Von Calcium sind beispielsweise die Verbindungen der Zusammensetzung $CaSi_2$, CaSi, Ca_5Si_3 und Ca_2Si bekannt.

Kohlenstoff- und Halogenverbindungen

Mit **Kohlenstoff** bildet Silicium die 1:1-Verbindung SiC, Siliciumcarbid. Es entsteht durch Reduktion von SiO_2 mit überschüssigem Koks.

$$SiO_2 + 3\,C \longrightarrow SiC + 2\,CO$$

Siliciumcarbid kristallisiert im Diamantgitter und ist auch fast so hart wie Diamant. Technisches SiC (**Carborundum**) wird deshalb häufig als Schleifmittel eingesetzt. Darüber hinaus eignet es sich wegen seiner hohen Temperaturbeständigkeit und hohen chemischen Widerstandsfähigkeit als feuerfester Werkstoff.

Von den **Halogenverbindungen** wurden $SiCl_4$ und $HSiCl_3$ schon erwähnt. Die binären Silicium-Halogenverbindungen besitzen die allgemeine Summenformel Si_nX_{2n+2}. Sie werden von Wasser leicht hydrolysiert.

SiF_4 läßt sich direkt aus den Elementen, aber auch durch Umsetzung von Siliciumdioxid mit Flußsäure (Fluorwasserstoff, HF) darstellen. Durch Reaktion mit weiterem HF erhält man Hexafluorkieselsäure.

$$SiO_2 + 4\,HF \rightleftharpoons SiF_4 + 2\,H_2O \qquad \text{(Gl. 14.1)}$$

$$SiF_4 + 2\,HF \longrightarrow H_2SiF_6 \qquad \text{(Gl. 14.2)}$$

Technisch wird Hexafluorkieselsäure durch Hydrolyse von Siliciumtetrafluorid hergestellt. Das ist zunächst überraschend, denn die Hydrolyse stellt den Umkehrschritt der Bildung von SiF_4 aus HF und Siliciumdioxid nach Gleichung 14.1 dar. Der bei der Rückreaktion gebildete Fluorwasserstoff reagiert jedoch mit noch nicht hydrolisiertem SiF_4 gemäß Gleichung 14.2 zu Hexafluorkieselsäure und man erhält als Gesamtgleichung:

$$3\,SiF_4 + 2\,H_2O \longrightarrow SiO_2 + 2\,H_2SiF_6$$

Das gasförmige SiF_4 kann man bei seiner Herstellung deshalb nicht in Wasser lösen, sondern es muß durch Quecksilber abgefangen werden.

Das Siliciumanaloge des Kohlenstofftetrachlorids (Tetrachlorkohlenstoff, Tetrachlormethan, CCl_4, Abschn. 29.1) das **Siliciumtetrachlorid, $SiCl_4$**, läßt sich entweder durch direkte Umsetzung aus den Elementen oder durch Erhitzen von SiO_2 mit Kohle im Chlorstrom erhalten. Im Unterschied zu dem wenig reaktionsfähigen CCl_4 hydrolysiert $SiCl_4$ in Wasser zu Kieselsäure und Chlorwasserstoff.

$$SiCl_4 + 4\,H_2O \longrightarrow Si(OH)_4 + 4\,HCl$$

Trichlorsilan reagiert analog:

$$HSiCl_3 + 4\,H_2O \longrightarrow Si(OH)_4 + 3\,HCl + H_2$$

Silicone

Siliciumtetrachlorid bietet einen Zugang zu einer wichtigen Gruppe von Kunststoffen, den **Siliconen**.

Als Silicone bezeichnet man trivial die Polykondensationsprodukte von **Silandiolen** und **Silantriolen**. Die systematische Bezeichnung ist Polyorganosiloxane. Die Si-O-Si-Bindung wird als Siloxanbindung bezeichnet.

Bei den Silanolen sind eine bis drei OH-Gruppen der Orthokieselsäure durch organische Reste, in der Praxis meist Methyl (CH_3), ersetzt. Es können auch höhere Alkylreste wie Ethyl, Propyl (Abschn. 25.1.4) usw. oder aromatische Reste (Kap. 27) auftreten.

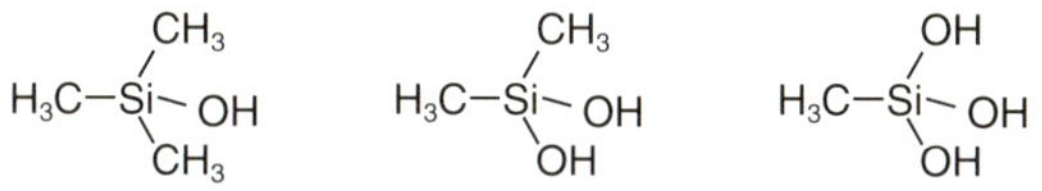

Trimethylsilanol Dimethylsilandiol Methylsilantriol

Während Si-C-Bindungen sehr reaktionsträge sind, gehen die OH-Gruppen die von den Polykieselsäuren her bekannten Polykondesationen ein.

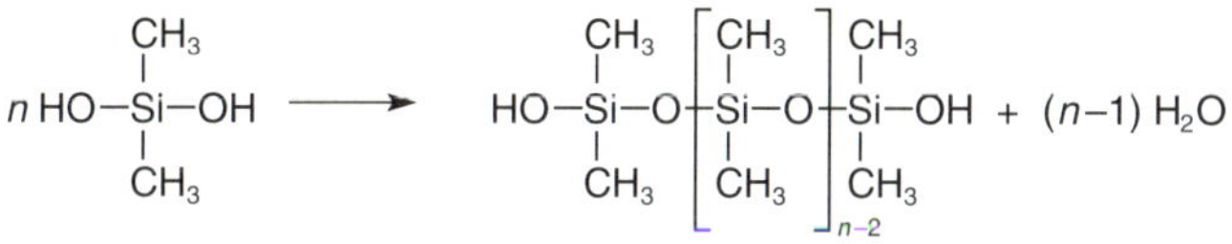

Die Kondensation von Silandiolen wird entweder durch Ringbildung oder durch Trialkylsilanol als Endgruppe beendet.

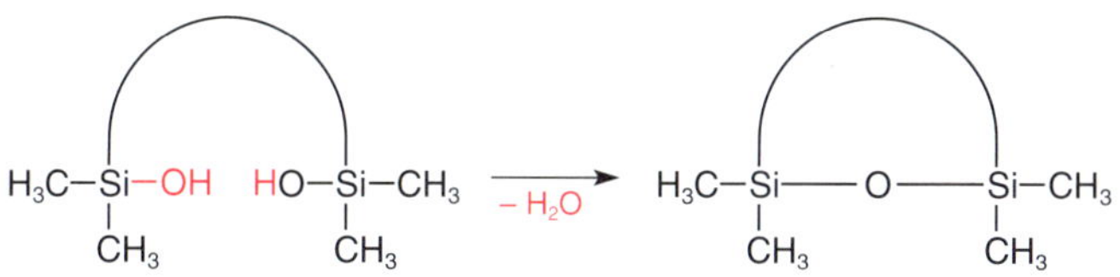

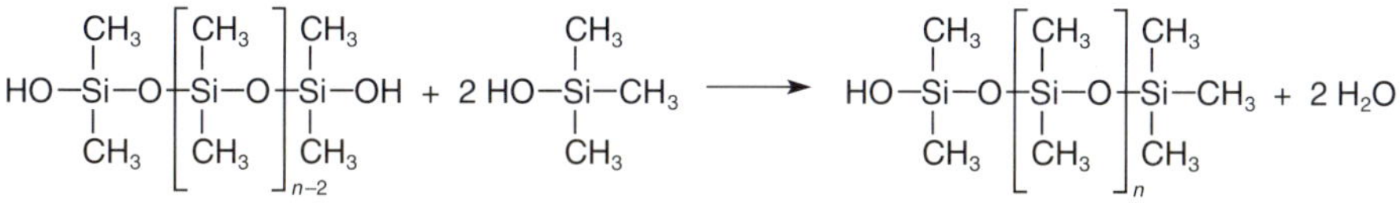

Die Polykondensation von Silantriolen führt zu Schichtstrukturen, wie in Abb. 14.6 dargestellt.

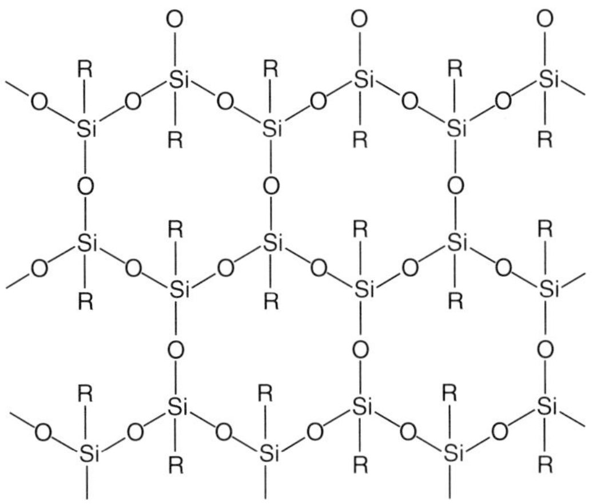

Abb. 14.6 Schichtstruktur polykondensierter Silantriole

Durch geeignete Mischung von SiO_4-Einheiten (doppelte, dreidimensionale Verzweigungen), Silantriolen (Verzweigungen), Silandiolen (Kettenglieder), und Silanolen (Endgruppen) lassen sich die Eigenschaften der Polymeren in sehr weiten Bereichen variieren. Zwischen dünnflüssigen Ölen und harten Harzen sind alle Konsistenzen möglich. Silicone können deshalb und wegen ihrer chemischen und thermischen Resistenz sehr vielseitig eingesetzt werden. Das Spektrum reicht vom Ölbadöl über Dichtungen bis hin zu chirurgischen Prothesen.

Zur **Synthese der Silicone** geht man von Alkylchlorsilanen aus, die man durch Umsetzung von pulverisiertem Silicium mit Methylenchlorid bei 300 °C unter Verwendung eines Cu-Katalysators erhält.

$$2\,CH_3Cl + Si \xrightarrow[300°C]{[Cu]} (CH_3)_2SiCl_2$$

Neben Dimethyldichlorsilan entstehen als Nebenprodukte noch Methyltrichlorsilan, CH_3SiCl_3 und Trimethylchlorsilan, $(CH_3)_3SiCl$, weshalb das Reaktionsgemisch durch Destillation aufgetrennt werden muß.

Silane mit anderen organischen Resten als Methyl, werden vorteilhafter über die Umsetzung von Tetrachlorsilan mit Grignard-Verbindungen (Abschn. 29.5.4) in einer nucleophilen Substitution (Abschn. 29.5.1) hergestellt.

$$2\,RMgCl + SiCl_4 \longrightarrow R_2SiCl_2 + 2\,MgCl_2$$

Die Hydrolyse der Alkylchlorsilane ergibt Silanole, die, durch die ebenfalls entstehende Salzsäure beschleunigt, zu den Siliconen polykondensieren.

$$R_2SiCl_2 + 2\,H_2O \longrightarrow R_2Si(OH)_2 + 2\,HCl \xrightarrow{\text{Polykondensation}} \text{Silicone}$$

14.4 Germanium, Zinn und Blei

Germanium (Ge) ist ein silberweißes metallisch glänzendes Halbmetall. Mit dem elektrischen Widerstand von ca. 50 Ω cm^{-1} ist es ein typischer Halbleiter. Es kristallisiert in der Diamantstruktur, ist weicher als Silicium und mäßig reaktionsfähig. Germanium ist recht selten und kommt überwiegend in Form von Thiogermanaten vor. Meist gewinnt man es aus Germanit ($Cu_6FeGe_2S_8$). Durch Umsetzung von Germanit mit einem HNO_3/H_2SO_4-Gemisch scheidet sich Germaniumdioxid ab, das mit Kohlen- oder Wasserstoff zum Germanium reduziert werden kann.

Germanium kommt in der Natur nur in der Oxidationszahl +4 vor. Ge(II)-Verbindungen sind nicht besonders stabil und wässrige Ge(II)-Salzlösungen sind nicht haltbar.

Sowohl GeO als auch GeO_2 sind bekannt. GeO entsteht u. a. durch Oxidation von Ge(0) mit CO_2 bei 800 °C oder durch Synproportionierung analog dem Boudouard-Gleichgewicht nach

$$Ge + CO_2 \longrightarrow GeO + CO \quad \text{oder} \quad GeO_2 + Ge \longrightarrow 2\,GeO$$

GeO_2 bildet sich beim Erhitzen von Germanium oder Germaniumsulfid an der Luft (Rösten).

$$Ge + O_2 \longrightarrow GeO_2$$

Die den Silicaten analogen Germanate können entweder durch Lösen von GeO_2 in Alkalilaugen oder durch Zusammenschmelzen von GeO_2 mit den entsprechenden Metalloxiden erhalten werden.

Germaniumdisulfid, GeS_2, kann direkt aus den Elementen gewonnen werden, das recht stabile GeS durch Reduktion von GeS_2 mit Wasserstoff.

Germanium bildet alle Halogenide der Oxidationszahlen +2 und +4. Erstere sind nicht sehr stabil.

Mit Wasserstoff sind einige Hydride der allgemeinen Summenformel Ge_nH_{2n+2} bekannt.

Zinn (Sn) kommt in der Natur unter anderem in Form seines Dioxids als „Kassiterit“ oder „Zinnstein“ vor. Man gewinnt es hieraus durch Reduktion mit Kohlenstoff.

$$SnO_2 + 2\,C \longrightarrow Sn + 2\,CO$$

Vom Zinn existieren eine nichtmetallische, im Diamantgitter (mit gerichteten kovalenten Bindungen) auskristallisierende Modifikation (α-Zinn, „graues Zinn“) und zwei einander sehr ähnliche metallische Formen, die häufig jedoch nicht als unterschiedliche Modifikationen angesehen werden (β-Zinn bzw. γ-Zinn, „weißes Zinn“).

$$\alpha\text{-Zinn} \xrightleftharpoons{13{,}2\,°C} \beta\text{-Zinn} \left[\xrightleftharpoons{162\,°C} \gamma\text{-Zinn}\right]$$

Die nichtmetallische Form wandelt sich bei 13,2 °C reversibel in die metallische Form um. Bei 161 °C wandelt sich das β-Zinn reversibel in das γ-Zinn um. Zinngegenstände können bei langer Einwirkung von tiefen Temperaturen zu einem grauen Pulver (α-Zinn) zerfallen. Dieser Vorgang ist als sogenannte „Zinnpest“ gefürchtet, z. B. bei Orgelpfeifen in nicht geheizten Kirchen. Durch geeignete Legierung kann man heute die Umwandlung von β-Zinn in α-Zinn vollständig unterbinden. Biegt man Zinnstangen oder Zinnbleche, tritt dabei ein knirschendes Geräusch, das „Zinngeschrei“ auf, das durch die Reibung der Zinnkristallite gegeneinander verursacht wird. Metallisches Zinn ist sehr weich und kann zu dünnen Folien ausgewalzt werden (Stanniol). Zinn wird als Überzug für Eisen zum Zwecke des Rostschutzes benutzt (Weißblech, z. B. für Konservendosen). Orgelpfeifen und Cremetuben bestehen ebenfalls oft aus Zinn. Bronze ist eine Legierung aus Zinn und Kupfer. Sie wurde schon recht früh von der Menschheit als Werkstoff genutzt. Bronze ist wesentlich härter als Kupfer oder Zinn alleine. Die Legierung von Zinn mit Blei heißt Weichlot und dient als Lötdraht.

Zinnoxide. Neben dem als Zinnerz in der Natur vorkommenden SnO_2 ist auch das Oxid der Oxidationszahl +2 bekannt. SnO_2 ist weder in wässrigen Säuren noch wässrigen Laugen löslich. Beim Zusammenschmelzen mit Alkalihydroxiden oder -oxiden erhält man **Stannate**.

$$SnO_2 + Na_2O \longrightarrow Na_2[SnO_3]$$

Zinn bildet mit Schwefel sowohl SnS als auch SnS_2.

Von Zinn sind alle **Halogenide** der Oxidationszahlen +2 und +4 bekannt. Zinn(II)chlorid wird als Reduktionsmittel benutzt.

Zinnwasserstoff, SnH_4, läßt sich unter anderem durch Reduktion von Sn(II)salzlösungen mit Magnesium in saurer Lösung herstellen. SnH_4 ist sehr stark giftig.

Vom **Blei** existiert nur eine metallische Modifikation in kubisch dichtester Kugelpackung. Blei ist ein sehr schweres und weiches Metall. Blei wird für Bleiakkumulatoren (Autobatterien), als Strahlenschutz gegen Röntgen- und γ-Strahlen und (noch) als Letternmetall in der Druckindustrie verwendet. Bleiverbindungen sind sehr giftig. Aus diesem Grunde findet man so gut wie keine Wasserrohre mehr aus Blei, und auch der Einsatz von Bleitetraethyl als Antiklopfmittel im Benzin geht seinem Ende entgegen. Blankes silberglänzendes Blei überzieht sich an der Luft rasch mit einer schützenden Oxidschicht. Feinstverteiltes Blei ist hingegen an der Luft selbstentzündlich. Bei Berührung mit Schwefelsäure oder Salzsäure bilden sich schwerlösliche stabile Oberflächenschichten (Sulfate bzw. Chloride), die eine weitere Reaktion verhindern. Salpetersäure löst Blei auf.

Blei(II)-Verbindungen sind deutlich stabiler als Pb(IV)-Verbindungen, die oxidierend wirken. So wird Bleitetraacetat $Pb(CH_3COO)_4$ in der organischen Synthese als Oxidationsmittel eingesetzt.

Von Blei sind drei Oxide bekannt: rotgelbes, blättriges PbO („Bleiglätte"), schwarzbraunes PbO_2 und leuchtend rotes Pb_3O_4 (Mennige), das in Rostschutzmitteln für Eisen enthalten ist. In Mennige ist Blei in zwei Oxidationszahlen enthalten: $Pb_2^{II}Pb^{IV}O_4$. Es läßt sich durch thermische Sauerstoffabspaltung aus PbO_2 oder beim Erhitzen von feinverteiltem PbO an der Luft erhalten.

$$3\,PbO_2 \xrightarrow{\Delta} Pb_3O_4 + O_2;\quad 3\,PbO + {}^1/_2\,O_2 \xrightarrow{\Delta} Pb_3O_4$$

Blei(IV)oxid läßt sich nur durch Oxidation von PbO mit starken Oxidationsmitteln wie Hypochlorit (ClO^-), Chlor oder Brom erhalten.

$$Pb^{2\oplus} + Cl_2 + 2\,H_2O \longrightarrow PbO_2 + 2\,Cl^{\ominus} + 4\,H^{\oplus}$$

Bleiglätte, PbO, ist bei erhöhter Temperatur direkt aus den Elementen herstellbar.

Wasser greift Blei nicht an. In Gegenwart von Luftsauerstoff bilden sich jedoch giftige Blei(II)-Verbindungen nach

$$Pb + {}^1/_2\,O_2 + H_2O \longrightarrow Pb(OH)_2$$

Auf dieser Reaktion beruht die gesundheitsschädigende Wirkung von Wasserrohren aus Blei. In Wasser, das zusätzlich noch CO_2 enthält, entsteht leichtlösliches Pb(II)hydrogencarbonat, $Pb(HCO_3)_2$.

$$Pb + {}^1/_2\,O_2 + H_2O + 2\,CO_2 \longrightarrow Pb(HCO_3)_2$$

PbS, das in der Natur als Bleiglanz vorkommt, ist eine sehr schwerlösliche Verbindung. Man kann sie durch Einleiten von H_2S (Schwefelwasserstoff) in eine Pb(II)salzlösung als schwarzen Niederschlag erhalten. Der bei schweren Bleivergiftungen am Zahnfleischrand auftretende dunkle „Bleisaum“ wird durch Pb(II)sulfid hervorgerufen. Dabei überführt in der Mundhöhle durch bakterielle Zersetzung gebildetes H_2S das im Blut gelöste Pb^{2+} in PbS.

Alle Halogenverbindungen des Pb(II) sind bekannt. Sie sind schwer löslich und man kann sie aus Pb(II)-Lösungen durch Zusatz der entsprechenden Halogenid-Ionen erhalten. Von den Pb(IV)-Halogeniden sind nur das salzartige PbF_4 und das instabile $PbCl_4$ bekannt. Die Brom- und Iodverbindungen können nicht existieren, weil Pb(IV) Br^- und I^- zu den Elementen oxidiert. Die Verwendung von Blei im sog. Bleiakkumulator ist in Exkurs 14.2 dargestellt.

Exkurs 14.2: Bleiakkumulator

Ein großer Teil des heute in der Bundesrepublik erzeugten Bleis (1988: 340 000 t) geht in die Produktion von Bleiakkumulatoren. Sie dienen im großen Umfang der Speicherung elektrischer Energie und finden als Starterbatterien in Kraftfahrzeugen sehr breite Anwendung.

Ein Bleiakkumulator besteht aus gitterförmigen Bleigerüsten, die in eine 20–30 %ige Schwefelsäure („Akkumulatorensäure“) tauchen. Eine Akkumulatorenzelle besteht aus einem Paar dieser gitterförmigen Elektroden, von denen eine mit schwammigem Blei (Pb^0) und eine mit Bleidioxid (PbO_2) gefüllt ist. Die Überspannung von Wasserstoff an Blei verhindert dessen Auflösung in H_2SO_4, wie es bei dem Normalpotential des Bleis von –0,126 V in saurer Lösung zu erwarten wäre.

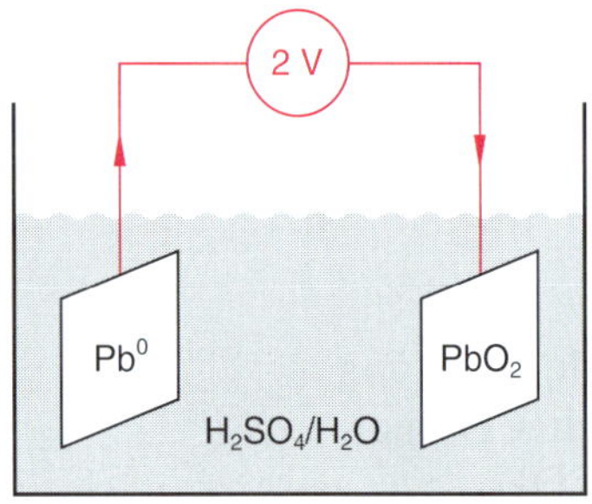

Verbindet man beide Elektrodenplatten elektrisch leitend, laufen die folgenden Vorgänge ab:

$$(1)\quad Pb + SO_4^{2-} \longrightarrow PbSO_4 + 2\,e^-$$

$$(2)\quad PbO_2 + SO_4^{2-} + 4\,H_3O^+ + 2\,e^- \longrightarrow PbSO_4 + 6\,H_2O$$

$$(3)\quad Pb + PbO_2 + 2\,H_2SO_4 \longrightarrow 2\,PbSO_4 + 2\,H_2O$$

Man erkennt, daß beim Entladungsvorgang Schwefelsäure zur Bildung von Bleisulfat und Wasser verbraucht wird. An Hand der Säurekonzentration (Säuredichte) läßt sich somit der Ladungszustand eines Pb-Akkumulators ablesen.

Die elektrische Spannung zwischen einem Elektrodenpaar beträgt etwa 2 V. Für die heute üblichen 12 V Pkw-Batterien müssen also sechs solcher Zellen parallel geschaltet werden.

Beim Laden eines Pb-Akkumulators läuft unter der Wirkung einer von außen angelegten Gleichspannung der Vorgang nach Gl. (3) von rechts nach links ab. Am negativen Pol der äußeren Stromquelle wird $PbSO_4$ wieder zu Pb^0 reduziert und am positiven Pol $PbSO_4$ zu PbO_2 oxidiert. Bei beiden Vorgängen wird Schwefelsäure zurückgebildet. Wenn am Ende des Ladungsvorgangs kein $PbSO_4$ mehr vorhanden ist, wird Wasser elektrolysiert, wozu jedoch eine erheblich größere Spannung erforderlich ist. Das Ende des Ladevorgangs macht sich deshalb durch eine starke Zunahme der Klemmenspannung bemerkbar.

15 Die fünfte Hauptgruppe

Die fünfte Hauptgruppe besteht aus den Elementen Stickstoff, Phosphor, Arsen, Antimon und Bismut (in der älteren Literatur Wismut). Einige wichtige physikalische und chemische Daten sind in Tab. 15.1 angegeben. Sowohl Stickstoff als auch Phosphor sind in ausgesprochen vielen biologisch wichtigen Molekülen vertreten: Stickstoff ist ein wesentlicher Baustein in Aminosäuren, DNA, RNA und Alkaloiden, Phosphor findet sich in der DNA, RNA, in Knochen, Membranen etc. Arsen ist für den Menschen vermutlich ein essentielles Spurenelement. Einige Arsenverbindungen sind allerdings giftig und krebserregend.

Stickstoff und Phosphor sind typische Nichtmetalle, Arsen und Antimon Halbmetalle, Bismut ist ein Metall. Zum Erreichen der nächsten Edelgaskonfiguration müssen die Elemente entweder fünf Elektronen abgeben oder drei Elektronen aufnehmen. Vom Stickstoff sind alle Oxidationszahlen von –3 bis +5 bekannt. Die Bildung von Ionen der Ladung –3 ist nicht sehr ausgeprägt. Man kennt sie bei den Nitriden (N^{3-}) mit sehr elektropositiven Metallen und einigen Phosphorverbindungen.

Rein ionische Verbindungen mit der Ladung +5 sind nicht bekannt. Verbindungen der Oxidationszahl +5 sind eher kovalent. Durch Abgabe der drei p-Elektronen wird die Oxidationszahl +3 erreicht; sie

Tabelle 15.1: Einige wichtige Eigenschaften der Elemente der 5. Hauptgruppe

	Stickstoff (N)	Phosphor (P)	Arsen (As)	Antimon (Sb)	Bismut (Bi)
Ordnungszahl	7	15	33	51	83
Elektronenkonfiguration	$[He]2s^22p^3$	$[Ne]3s^23p^3$	$[Ar]3d^{10}4s^24p^3$	$[Kr]4d^{10}5s^25p^3$	$[Xe]4f^{14}5d^{10}6s^26p^3$
Atommasse	14,00674	0,973762	74,92159	121,75	208,98037
Dichte [g/ml]	$1{,}1722 \cdot 10^{-3}$	1,82 (weiß)	5,72	6,69	9,80
Schmelzpunkt [°C]	–209,86	44,1 (weiß)	817 (28 atm)	630,7	271,3
Siedepunkt [°C]	–195,8	280 (weiß)	613 (subl.)	1750	1560 ± 5
Elektronegativität	3,1	2,1	2,2	1,8	1,7

wird mit steigender Atommasse stabiler. Antimon und Bismut bilden Salze mit M^{3+}-Ionen.

Der saure Charakter der Oxide nimmt zum Bismut hin ab. Die Oxide der Oxidationszahl +3 sind bei Stickstoff, Phosphor und Arsen sauer, beim Antimon amphoter und beim Bismut deutlich basisch. Die Oxide der Oxidationszahl +5 sind alle sauer.

15.1 Stickstoff

15.1.1 Vorkommen

Die Luft enthält ca. 75,51 % Gew.-% oder 78,1 Vol.-% Stickstoff (N_2). In gebundenem Zustand findet er sich hauptsächlich in Form von Nitraten. Mengenmäßig am wichtigsten ist der Chilesalpeter, $NaNO_3$. Organische Stickstoff-Verbindungen sind in Tabelle 30.1 zusammengestellt. Bei der Zersetzung organischen Materials durch Mikroorganismen entstehen Ammoniak und Amine. Der Geruch dieser Verbindungen ist charakteristisch, einfache Amine riechen nach Ammoniak, höhere Amine intensiv nach Fisch.

15.1.2 Eigenschaften, Gewinnung und Verwendung

Stickstoff ist ein farb-, geschmack- und geruchloses Gas. Es liegt als N_2-Molekül vor, in dem die beiden N-Atome durch eine Dreifachbindung – eine σ- und zwei π-Bindungen – verbunden sind. (vgl. Abschnitt 3.2.2 und Abb 3.5; die Bindung des N_2 entspricht derjenigen im Ethin.) Der Siedepunkt des farblosen flüssigen Stickstoffs liegt bei –195,8 °C. Flüssiger Stickstoff wird häufig zu Kühlzwecken eingesetzt (z. B. zum Einfrieren von Gewebeproben, bei der Elektronenmikroskopie etc.). In einem Liter Wasser lösen sich bei 0 °C 23,2 ml Stickstoff. Das Stickstoffmolekül (N_2) ist infolge seiner unpolaren Dreifachbindung sehr stabil und gegenüber den meisten Reagenzien sehr reaktionsträge, daher wird Stickstoff gern als Inertgas zum Schutz empfindlicher Substanzen benutzt. Flüssiger Stickstoff wird durch fraktionierte Destillation von Luft nach Linde gewonnen. Das Verfahren wird beim Sauerstoff (Abschnitt 16.1.2) detailliert besprochen. Die

$\overline{N}\equiv\overline{N}$

Hauptmenge des aus der Luft gewonnenen Stickstoffs wird nach dem Haber-Bosch-Prozess in Ammoniak umgewandelt.

15.1.3 Stickstoffverbindungen

Stickstoffverbindungen, insbesondere die durch Oxidation von Ammoniak erhältlichen Sauerstoffverbindungen sind als Pflanzendünger von großer wirtschaftlicher Bedeutung. Viele Stickstoffverbindungen zersetzen sich explosionsartig unter Rückbildung von gasförmigem N_2. Die damit verbundene Volumenvergrößerung macht eine ganze Reihe von Stickstoffverbindungen zum Einsatz als Sprengstoffe und (Raketen-)Treibstoffe geeignet. Bekannte Beispiele sind Nitroglycerin (in sicherer Form als Dynamit), Trinitrotoluol (TNT) und Schießbaumwolle.

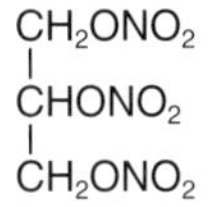

Nitroglycerin

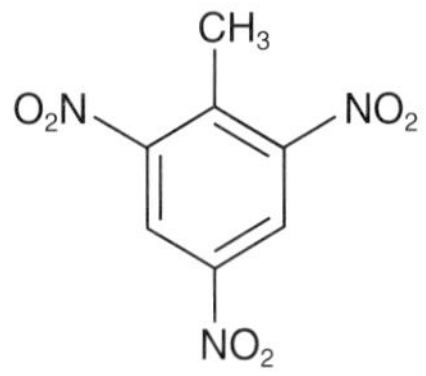

Trinitrotoluol (TNT)

Nitride

Nitride sind Verbindungen des Stickstoffs mit Metallen, Halbmetallen und einigen Nichtmetallen. Man unterscheidet zwischen salzartigen, kovalenten und metallischen Nitriden.

Salzartige oder ionische Nitride bilden Lithium (Li_3N), die Erdalkalimetalle, Cadmium und Zink (M_3N_2). Der Stickstoff liegt in diesen Nitriden als N^{3-}-Ion vor. Von Wasser werden sie zu Ammoniak hydrolysiert.

Häufig erwähnte kovalente Nitride sind BN, AlN, S_4N_4, P_3N_5, und Si_3N_4. Bornitrid besitzt die gleiche Valenzelektronenzahl wie zwei Kohlenstoffatome (C-C). Hieraus ergeben sich sehr interessante Parallelen zum Kohlenstoff und einigen Kohlenstoffverbindungen. BN wurde in Abschn. 13.3.2 schon vorgestellt.

In den metallischen Nitriden der Übergangsmetalle werden Stickstoffatome in die Oktaederlücken der metallischen Kugelpackungen eingelagert. Metallische Nitride sind häufig nicht stöchiometrisch, sie leiten den elektrischen Strom, sind sehr hart und reaktionsträge.

Stickstoffwasserstoffverbindungen

Stickstoff bildet mit Wasserstoff eine ganze Anzahl binärer Verbindungen, von denen jedoch nur das Ammoniak (NH_3), das Hydrazin (N_2H_4), die Stickstoffwasserstoffsäure (HN_3) und das Hydroxylamin (H_2NOH) als sauerstoffhaltiges Ammoniakderivat erwähnt werden sollen.

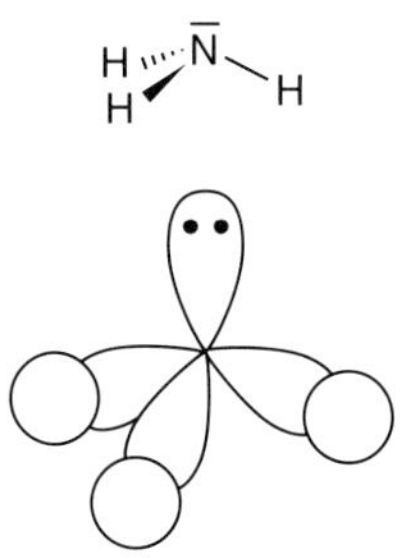

Ammoniak

Ammoniak (NH_3) ist der Ausgangspunkt vieler technisch wichtiger, synthetisch hergestellter Stickstoffverbindungen. Es entsteht natürlicherweise unter anderem beim anaeroben Abbau organischen Materials und trägt dadurch zu dem üblen Geruch in Viehställen bei. In Gebieten mit intensiver Tierhaltung kann es deshalb zu basischem Regen kommen. Ammoniak ist bei Raumtemperatur ein farbloses, stechend riechendes, giftiges und ätzendes Gas. Ammoniak siedet bei –33,43 °C und stellt in flüssiger Form ein polares wasserähnliches Lösungsmittel dar, das häufig präparativ eingesetzt wird.

Das Ammoniakmolekül ist annähernd tetraedrisch gebaut. Vom zentralen Stickstoffatom gehen drei kovalente Bindungen zu den Wasserstoffatomen aus. Die vierte Tetraederecke besetzt das Orbital mit dem freien Elektronenpaar des Stickstoffs. Dies führt zu dem hohen Dipolmoment des Ammoniaks von 1,47 Debye und zu seiner Fähigkeit, Wasserstoffbrückenbindungen einzugehen. Dies gilt auch für die organischen Derivate des Ammoniaks, die Amine (Kapitel 30). Die Basenpaarung der DNA beruht auf diesen Wasserstoffbrückenbindungen. Ammoniak löst sich sehr gut unter Wärmeentwicklung in kaltem Wasser (900 g pro Liter bei 0 °C!).

Das Ammoniakmolekül ist nicht starr und die Wasserstoffmoleküle können über einen ebenen Übergangszustand „umklappen". Man bezeichnet den Vorgang als **Inversion**.

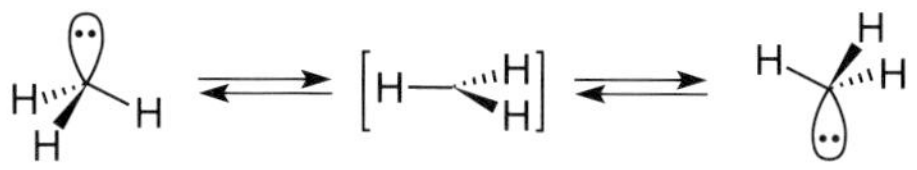

Die Inversionsschwingung des Ammoniaks ist orts- und zeitinvariant und von äußeren Einflüssen weitgehend unabhängig. Damit ist sie für die Definition eines primären Zeitstandards geeignet. Diese Eigenschaft des Ammoniaks wurde deshalb für die hochpräzisen „Atomuhren" verwendet. Heute verwendet man vornehmlich Cäsiumatomuhren.

Das freie Elektronenpaar des Ammoniaks ist auch für seine basischen Eigenschaften verantwortlich. Lewis-Säuren (Elektronenpaar-Akzeptoren) können sich dort anlagern; im einfachsten und häufigsten Fall handelt es sich dabei um ein Proton. Dadurch entsteht ein Ammonium-Ion (NH_4^+).

$$NH_3 + HCl \rightleftharpoons NH_4^{\oplus}\ Cl^{\ominus}$$

Im sauren und neutralen Milieu ist das Ammonium-Ion beständig und zeigt chemisch viele Ähnlichkeiten mit dem ungefähr gleich großen Kalium-Ion. Starke Basen (wie z. B. NaOH) deprotonieren das Ammonium-Ion und Ammoniak wird frei.

$$NH_4Cl + NaOH \rightleftharpoons NH_3 + H_2O + NaCl$$

Mit den elektropositiven Alkali- und Erdalkalimetallen reagiert (gasförmiges) Ammoniak bei erhöhter Temperatur als Säure unter Bildung von Amiden mit dem NH_2^--Ion. Die Reaktion ist der von Wasser mit Alkalimetallen völlig analog. Die Metalle werden oxidiert und Protonen zu Wasserstoff reduziert.

$$2\,Na + 2\,NH_3 \longrightarrow 2\,NaNH_2 + H_2$$

Amide reagieren sehr stark basisch und werden wegen dieser Eigenschaft häufig präparativ eingesetzt.

Ammoniaksynthese. Die Reaktion von Stickstoff mit Wasserstoff zu Ammoniak

$$N_2 + 3\,H_2 \rightleftharpoons 2\,NH_3$$

ist unter Normalbedingungen exergonisch, d. h. sie läuft freiwillig ab und das Reaktionsgleichgewicht liegt auf der Seite des Reaktionsprodukts. Da aber sowohl N_2 als auch H_2 sehr reaktionsträge sind, ist die Aktivierungsenergie für diese Reaktion sehr hoch. Die Reaktion läuft bei normalen Temperaturen praktisch nicht ab. Andererseits kann man die Aktivierungsenergie nicht durch Temperaturerhöhung beisteuern, da sich die Gleichgewichtslage bei den erforderlichen hohen Temperaturen umkehrt. Bei dem **Haber-Bosch-Verfahren zur Ammoniaksynthese** wird deshalb ein Eisenkatalysator eingesetzt, der die Aktivierungsenergie herabsetzt. Dennoch sind Temperaturen von mindestens 400 °C erforderlich, wodurch die Ammoniakausbeute nur noch etwas über 0,1 % beträgt. Durch Anwendung hoher Drucke (10 bis 100 MPa) läßt sich die Ausbeute wieder steigern, da die Bildung von Ammoniak mit einer Volumenverminderung und dadurch mit einer Druckverminderung verbunden ist. Aus vier Raumteilen Stickstoff und Wasserstoff bilden sich zwei Raumteile Ammoniak. Bei 20 MPa steigt die Ausbeute auf ca. 18 % an. Man erklärt dieses Verhalten gerne mit dem „Prinzip des kleinsten Zwanges“ oder auch „Le-Châtelier-Prinzip“, wonach ein System, auf das ein äußerer Zwang ausgeübt wird, immer versuchen wird, diesem Zwang auszuweichen. Letztlich ist das Le Châteliersche Prinzip nichts anderes als eine wissenschaftlich unpräzise Erklärung von Phänomenen, die auf andere Weise, z. B. über das Massenwirkungsgesetz oder die Thermodynamik wesentlich aussagekräftiger beschrieben werden können.

$$\text{Luft} + C \longrightarrow CO + N_2 \quad \text{(Generatorgas)}$$

$$H_2O + C \longrightarrow H_2 + CO \quad \text{(Wassergas)}$$

Der zu Ammoniaksynthese notwendige Stickstoff und Wasserstoff wird durch alternierende Durchleitung von Luft und Wasserdampf durch glühende Kohle erhalten.

Durch die Verbrennung von Kohle wird Sauerstoff reduziert, während der in der Luft ebenfalls enthaltene Stickstoff unverändert bleibt. Die Reaktion ist exotherm und das System heizt sich bei der Bildung von Generatorgas auf. Nun wird Wasserdampf durch den glühenden Koks geleitet und nach der obigen Reaktion wird der Wasserstoff in endothermer Reaktion durch Kohlenstoff reduziert. Das in beiden Reaktionen entstehende Kohlenmonoxid wird mit Wasser katalytisch zu Kohlendioxid oxidiert und man erhält weiteren Wasserstoff (Konvertierung).

$$CO + H_2O \xrightarrow{[Co_3O_4]} CO_2 + H_2$$

CO_2 kann mit Wasser oder verdünnter Base ausgewaschen werden.

Im **Steamreforming-Verfahren** wird Wasserstoff nicht aus Kohle und Wasser, sondern durch Umsetzung von Methan (CH_4) mit Wasser am Nickelkatalysator erhalten.

$$CH_4 + H_2O \longrightarrow 3\,H_2 + CO$$

Überschüssiges Methan wird bei hoher Temperatur durch Luft in CO und H_2 überführt. Durch dieses Sekundär-Reforming erhält man den notwendigen Stickstoff aus der Luft. Kohlenmonoxid wird wie oben beschrieben mit Wasser zu CO_2 und Wasserstoff konvertiert.

$$\text{Luft} + CH_4 \xrightarrow[1100°C]{\text{Nickel}} CO + 2\,H_2 + \text{Stickstoff}$$

In Abb. 15.1 ist die Anordnung für das Haber-Bosch-Verfahren schematisch dargestellt.

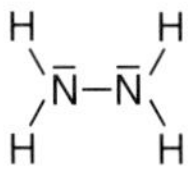
Hydrazin

Hydrazin (N_2H_4) kann durch die Raschig-Synthese hergestellt werden, in der Ammoniak in wässriger Lösung durch Hypochlorit (ClO^-, Abschn. 17.2.2) oxidiert wird.

$$2\,\overset{-3}{N}H_3 + \overset{+1}{Cl}O^{\ominus} \longrightarrow H_2\overset{-2}{N}\text{—}\overset{-2}{N}H_2 + H_2O + \overset{-1}{Cl}^{\ominus}$$

Tatsächlich verläuft die Reaktion zweistufig mit Chloramin als Zwischenprodukt, welches mit überschüssigem Ammoniak zum Hydrazin umgesetzt wird.

$$NH_3 \xrightarrow[-\,OH^{\ominus}]{OCl^{\ominus}} NH_2Cl \xrightarrow[-\,HCl]{NH_3} H_2N\text{—}NH_2$$

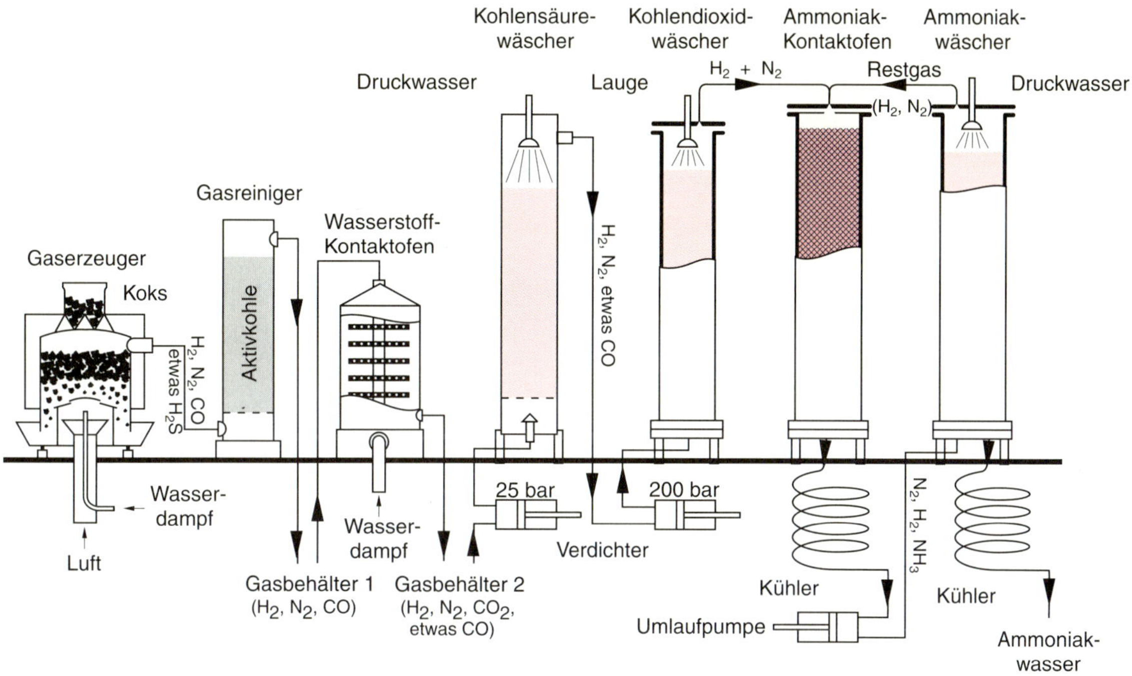

Abb. 15.1 Schematische Darstellung des Haber-Bosch-Verfahrens (nach: Römpp, Chemie-Lexikon, Thieme 1989, S. 1688)

Hydrazin ist eine farblose, giftige und möglicherweise krebserregende Flüssigkeit, die in reinem Zustand bei Erhitzen (> 250 °C) explosionsartig in N_2 und NH_3 disproportionieren kann. Metalle katalysieren diese Disproportionierung. Zusammen mit Oxidationsmitteln können wasserfreies Hydrazin und seine Derivate als Raketentreibstoff verwendet werden. $H_2N\text{-}NH_2$ ist ein starkes Reduktionsmittel mit dem Vorteil, daß nur N_2 und H_2O als Oxidationsprodukte entstehen.

Hydroxylamin (H_2NOH) kann wie das Hydrazin als Derivat des Ammoniaks aufgefaßt werden, es wirkt stark reduzierend. Zur Synthese stehen verschiedene Methoden zur Verfügung. Nach Raschig wird im Prinzip salpetrige Säure (HNO_2) mit schwefliger Säure (H_2SO_3) reduziert.

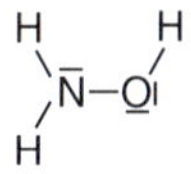
Hydroxylamin

$$HNO_2 + 2\,H_2SO_3 + H_2O \longrightarrow H_2NOH + 2\,H_2SO_4$$

Die kathodische Reduktion von Salpetersäure (siehe unten) führt ebenfalls zu Hydroxylamin.

$$HNO_3 + 6\,H^{\oplus} + 6\,e^{\ominus} \longrightarrow NH_2OH + 2\,H_2O$$

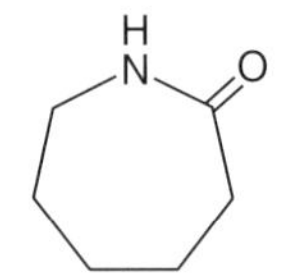

ε - Caprolactam

Hydroxylamin wird zum überwiegenden Teil zur Synthese von ε-Caprolactam, dem Ausgangsprodukt für die Herstellung von Perlon (Nylon 6) verwendet. (vgl. Abschn. 30.4).

Die **Stickstoffwasserstoffsäure HN_3** ist eine farblose, sehr giftige und extrem explosive Flüssigkeit. Sie ist direkt aus Hydrazin und salpetriger Säure bei 0 °C in Ether (Kapitel 31) oder durch Protonierung von Alkaliazid mit Schwefelsäure erhältlich.

$$HNO_2 + H_2N{-}NH_2 \longrightarrow HN_3 + 2\,H_2O$$

$$NaNH_2 + N_2O \longrightarrow NaN_3 + H_2O$$

$$NaN_3 \xrightarrow{H_2SO_4} HN_3$$

Die Salze des Stickstoffwasserstoffsäure heißen Azide. Schwermetallazide (mit einer eher kovalenten Metall-Stickstoff-Bindung) sind sehr stoß- und hitzeempfindlich. Bleiazid dient aus diesem Grund als Initialzünder für Patronen. Rein salzartige Azide, wie zum Beispiel Natriumazid sind nicht explosiv. Sie werden in der Biologie und Biochemie wegen ihrer keimtötenden Wirkung den Wasserbädern zugesetzt.

Oxide

Vom Stickstoff sind alle Oxide der Oxidationszahlen von +1 bis +5 bekannt. Die wichtigsten sind in Tab. 15.2 zusammengefaßt.

Tabelle 15.2: Übersicht über die Stickstoff-Sauerstoff-Verbindungen

Summenformel NO_n	Oxidationszahl des Stickstoffs	Summenformel N_2O_n
	1	N_2O Distickstoffmonoxid
NO Stickstoffmonoxid	2	N_2O_2 Distickstoffdioxid
	3	N_2O_3 Distickstofftrioxid
NO_2 Stickstoffdioxid	4	N_2O_4 Distickstofftetroxid
NO_3 Stickstofftrioxid	5	N_2O_5 Distickstoffpentoxid
	6	N_2O_6 Distickstoffhexoxid

Distickstoffoxid läßt sich durch vorsichtiges Erhitzen von Ammoniumnitrat erhalten (Explosionsgefahr bei Temperaturen über 300 °C!)

$$NH_4NO_3 \xrightarrow{\approx 200\,°C} N_2O + 2\,H_2O$$

Die Struktur des linearen Moleküls läßt sich durch zwei mesomere Grenzstrukturen beschreiben, wie sie am Rand angegeben sind.

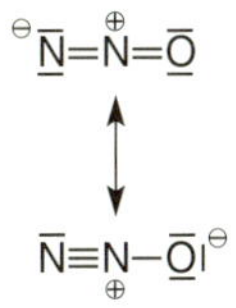

Distickstoffoxid

Distickstoffoxid ist nicht sehr reaktiv, zersetzt sich jedoch bei höherer Temperatur in die Elemente, weshalb es auch die Verbrennung unterhalten kann, nicht jedoch die Atmung. N_2O ruft einen rauschartigen Zustand hervor (Lachgas) und wird zusammen mit Sauerstoff und anderen Verbindungen in der Medizin als Narkotikum eingesetzt. Das süßlich riechende Gas wird in Schlagsahnebereitern als Aufschäummittel verwendet.

Stickstoffmonoxid entsteht nur bei sehr hohen Temperaturen aus den Elementen. In der Natur geschieht das in Gewittern durch die Reaktion des Luftstickstoffs mit dem Luftsauerstoff. Es entsteht ebenfalls in geringen Mengen bei den sehr hohen Arbeitstemperaturen in Verbrennungsmotoren. Aufgabe eines Automobilkatalysators ist es, dieses NO und seine Folgeprodukte wieder zu N_2 und O_2 zu zerlegen. Der Sauerstoff oxidiert dann unvollständig verbrannte Kohlenwasserstoffe in den Auspuffgasen zu CO_2 und H_2O. Im Säugetierorganismus wird NO aus L-Arginin (Abschn. 33.3) erzeugt. Es wirkt erweiternd in den Blutgefäßen, als Botenmolekül im Gehirn und als Neurotransmitter im Magen-Darm-Trakt.

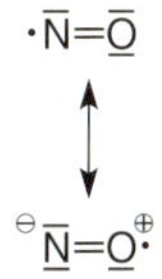

Stickstoffmonoxid besitzt nach dem in Abb. 15.2 angegebenen MO-Schema ein ungepaartes Elektron und ist paramagnetisch. Das einzelne Elektron kann unter Bildung des Nitrosyl-Kations (NO^+) abgegeben werden. Mit Luftsauerstoff reagiert das farblose Gas bereits bei Raumtemperatur rasch zu braunen NO_2.

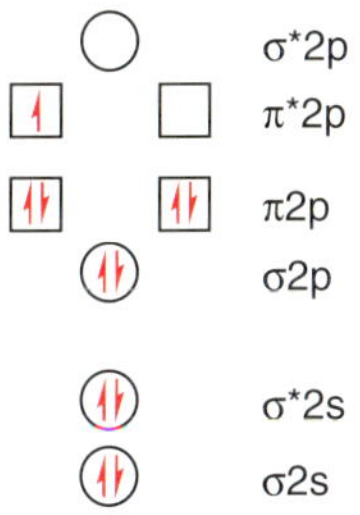

Abb. 15.2
MO-Diagramm von NO

Früher wurde NO technisch im elektrischen Lichtbogen aus N_2 und O_2 gewonnen. Es war die erste großtechnische Methode der Stickstoff-Fixierung. Heute kommt zur NO-Herstellung das **Ostwald-Verfahren** zum Einsatz, in dem Ammoniak katalytisch mit Luftsauersoff verbrannt wird.

$$4\,NH_3 + 5\,O_2 \xrightarrow[600\text{–}850\,°C]{[Pt/Rh]} 4\,NO + 6\,H_2O$$

Bei den angewandten Temperaturen ist NO metastabil und zerfällt in N_2 und O_2. Die Zerfallsreaktion kann jedoch durch sehr kurze Kontaktzeiten (Berührungszeit mit dem Katalysator: 10^{-3} s) fast völlig unterdrückt werden. Das Stickstoffoxid dient zur Herstellung von Nitraten und Salpetersäure.

Das dimere N_2O_2 kommt bei Raumtemperatur praktisch nicht vor. Erst bei tiefen Temperaturen in der Flüssigkeit und im festen Zustand überwiegt die Assoziation zum N_2O_2.

$$2\,NO \rightleftharpoons N_2O_2$$

Distickstofftrioxid läßt sich aus NO und NO_2 bei tiefen Temperaturen als blaue Flüssigkeit erhalten. Es ist instabil und zersetzt sich beim Erwärmen in Umkehrung der Bildungsreaktion.

$$NO + NO_2 \rightleftharpoons N_2O_3$$

Distickstofftrioxid ist das Anhydrid der salpetrigen Säure. In Alkalihydroxidlösungen ist N_2O_3 unter Bildung des Nitrit-Ions (NO_2^-) löslich.

Das braune, paramagnetische **Stickstoffdioxid** (NO_2) steht mit dem farblosen diamagnetischen **Distickstofftetroxid** (N_2O_4) in einem temperaturabhängigen Gleichgewicht.

$$2\,NO_2 \rightleftharpoons N_2O_4$$

Stickstoffdioxid

Bei 140 °C liegt praktisch ausschließlich monomeres NO_2 vor, am Siedepunkt (21,25 °C) fast nur das dimere N_2O_4. NO_2 ist sehr giftig und wirkt stark korrodierend. Es besitzt wie NO ein ungepaartes Elektron (Paramagnetismus!) und kann dieses unter Bildung des Nitryl-Kations (NO_2^+) leicht abgeben. Durch die Aufnahme eines Elektrons entsteht das Nitrit-Ion, NO_2^- (vgl. salpetrige Säure).

NO_2 wird als Zwischenprodukt der Salpetersäuresynthese in großen Mengen technisch über das Ostwald-Verfahren durch Oxidation von NO hergestellt.

Bei einigen Reaktionen wurde als Zwischenprodukt in der Gasphase eine Substanz der Zusammensetzung NO_3 (Stickstoffperoxid) und dessen Dimeres N_2O_6 nachgewiesen. Beide sind jedoch instabil und schlecht charakterisiert.

Im **Distickstoffpentoxid** besitzt der Stickstoff die formale Oxidationszahl +5. N_2O_5 ist eine farblose, kristalline Substanz, die bei 32,5 °C sublimiert. Es ist das Anhydrid der Salpetersäure und läßt sich aus dieser mit wasserentziehenden Mitteln erhalten.

$$2\,HNO_3 \rightleftharpoons N_2O_5 + H_2O$$

Im Gaszustand und in CCl_4-Lösung liegt das Molekül planar mit kovalenten Bindungen vor (1), während es im Festzustand ionisch aufgebaut ist (2).

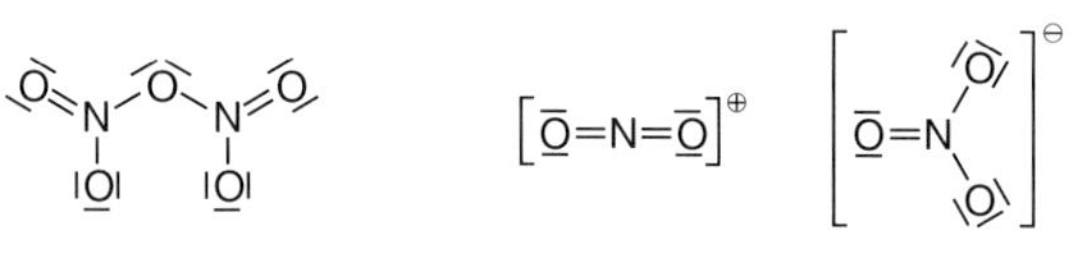

(1) (2)

Sauerstoffsäuren

Salpetrige Säure, HNO_2, ist nur in verdünnter wäßriger Lösung einigermaßen beständig. Beim Erwärmen und beim Aufkonzentrieren disproportioniert sie in Salpetersäure und Stickstoff(II)oxid.

$$3\,H\overset{+3}{N}O_2 \longrightarrow H\overset{+5}{N}O_3 + 2\,\overset{+2}{N}O + H_2O$$

Man stellt sie zweckmäßigerweise in verdünnter Lösung aus ihren Alkali- oder Erdalkalisalzen durch Zugabe einer starken Säure in der Kälte her.

$$NaNO_2 + H_3O^{\oplus} \longrightarrow HNO_2 + H_2O + Na^{\oplus}$$

Lösungen von salpetriger Säure dienen in der präparativen organischen Chemie zur „Diazotierung“, d. h. Überführung von Aminogruppen ($-NH_2$) in – instabile – Diazoniumgruppen ($-N_2^+$).

Die Salze der salpetrigen Säure, die Nitrite, lassen sich entweder durch Erhitzen von Nitraten in Gegenwart von schwachen Reduktionsmitteln oder durch Einleiten eines 1:1-Gemischs von Stickstoffmonoxid und Stickstoffdioxid ($NO + NO_2 = N_2O_3$) in Alkali- oder Erdalkalilauge erhalten.

$$KNO_3 + Pb \xrightarrow{\Delta} KNO_2 + PbO$$

$$2\,NaOH + N_2O_3 \longrightarrow 2\,NaNO_2 + H_2O$$

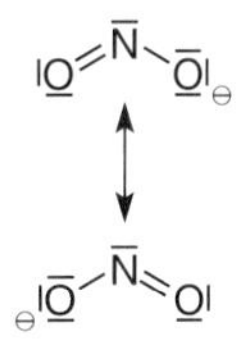

Nitrit-Ion

Die Alkali- und Erdalkalisalze sind als Feststoffe stabil. Das Nitrit-Ion ist gewinkelt gebaut. Die wässrigen Lösungen von Nitriten sind nicht lange haltbar: Salpetrige Säure ist eine schwache Säure, deren Anionen in Wasser teilweise zur Säure protoniert werden, die wiederum leicht disproportioniert.

Die **Salpetersäure, HNO_3**, ist die wichtigste Säure des Stickstoffs und eine der wichtigsten Säuren überhaupt. Sie wird aus Ammoniak über das Ostwald-Verfahren gewonnen. Die katalytische Verbrennung von NH_3 führt zunächst zum NO, das sich aber beim Abkühlen spontan mit dem Luftsauerstoff zu NO_2 umsetzt. Beim weiteren Abkühlen dimerisiert Stickstoffdioxid zu N_2O_4. In „Rieseltürmen“ läßt man N_2O_4 mit Wasser reagieren, wobei Salpetersäure und salpetrige Säure entsteht. Letztere disproportioniert, wie oben gezeigt wurde, in Salpetersäure und Stickstoffmonoxid, das wiederum von Luftsauerstoff zu NO_2 oxidiert wird und den oben beschriebenen Prozess von neuem durchläuft. Unter Mitwirkung des Luftsauerstoffs wird also das gesamte NO des Ostwald-Prozesses zu Salpetersäure umgesetzt.

$$4\,NO + 3\,O_2 + 2\,H_2O \longrightarrow 4\,HNO_3$$

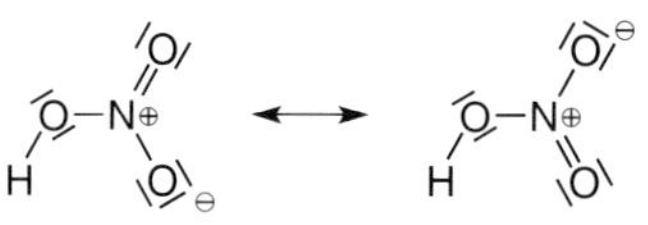

Resonanzformel für Salpetersäure

Für die Salpetersäure lassen sich – wie oben angegeben – zwei mesomere Formeln angeben. Eine Schreibweise mit zwei Doppelbindungen vom Stickstoff zu den Sauerstoffatomen ist falsch, da der Stickstoff nur vier Orbitale zur Ausbildung von Bindungen zur Verfügung hat (2s, $2p_x$, $2p_y$ und $2p_z$). d-Orbitale existieren erst ab der dritten Periode. Die Bindungslängen zu den beiden Sauerstoffatomen sind identisch und entsprechen jeweils einer 1,5fachen Bindung.

In reiner Form ist die Salpetersäure eine klare Flüssigkeit mit einem Schmelzpunkt von –42 °C und einem Siedepunkt von 86 °C. Licht zersetzt die HNO_3 teilweise:

$$2\,HNO_3 \xrightarrow{h\nu} 2\,NO_2 + H_2O + {}^1/_2\,O_2$$

Durch das gebildete NO_2 ist die reine und die konzentrierte (68%ige) Salpetersäure meist gelb gefärbt und raucht an der Luft (braune Dämpfe). In Wasser ist verdünnte Salpetersäure vollständig in H^+ und NO_3^- dissoziiert; sie ist eine starke Säure. Das Nitrat-Ion besitzt drei mesomere Grenzformen, die freie Säure nur zwei; dies erklärt die starke Tendenz zur Dissoziation.

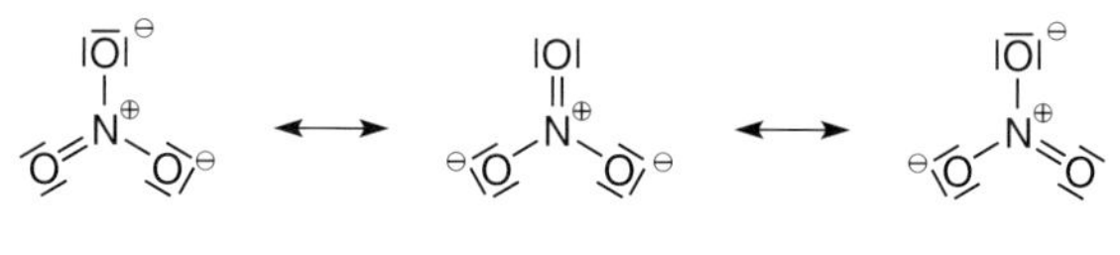

Verdünnte HNO_3 ist ein schwaches und konzentrierte HNO_3 ein starkes Oxidationsmittel, das mit vielen organischen Verbindungen schon bei Raumtemperatur sehr heftig und teilweise unter Entzündung reagiert. Proteine, beispielsweise die Haut, werden von konzentrierter HNO_3 gelb gefärbt (Xanthoproteinreaktion). Als Reduktionsprodukte der Salpetersäure treten hauptsächlich Stickoxide, manchmal auch N_2 oder sogar NH_3, auf. Fast alle Metalle lösen sich in konzentrierter HNO_3, so auch Silber.

Die Bildung der verschiedenen Stickoxide ist von der Konzentration der angewendeten Säure abhängig. Häufig entsteht NO als Hauptprodukt, wenn man verdünnte Salpetersäure einsetzt und NO_2 bei konzentrierter Säure.

$$3\,Cu(NO_3)_2 + 4\,H_2O + 2\,NO \xleftarrow[\text{(verdünnt)}]{8\,HNO_3} 3\,Cu \xrightarrow[\text{(konzentriert)}]{12\,HNO_3} 6\,NO_2 + 6\,H_2O + 3\,Cu(NO_3)_2$$

Gold (und auch Pt, Ir und Rh) löst sich nicht in Salpetersäure. Daher stammt die alte alchimistische Bezeichnung „Scheidewasser" für HNO_3. Um Gold aufzulösen muß man HNO_3 mit Salzsäure (HCl) im Verhälnis 1:3 mischen. In diesem Gemisch, dem sogenannten „Königswasser", wird die Salzsäure von der Salpetersäure oxidiert:

$$HNO_3 + 3\,HCl \longrightarrow NOCl + 2\,Cl^{\bullet} + 2\,H_2O$$

Das entstehende aktive Chlor (Chlor in statu nascendi, „$Cl^{\bullet}$" vermag das Gold dann oxidativ aufzulösen.

Die Mischung aus Salpetersäure und Schwefelsäure (jeweils konzentriert) heißt „Nitriersäure" und wird in der Organischen Chemie zur Produktion von Nitrocellulose (Schießbaumwolle), Nitroglycerin, Trinitrotoluol etc. verwendet. Bis zum ersten Weltkrieg wurde die Salpetersäure zur Sprengstoff- und Munitionsherstellung aus Chilesalpeter, $NaNO_3$, durch Umsetzung mit Schwefelsäure gewonnen.

$$2\,NaNO_3 + H_2SO_4 \longrightarrow Na_2SO_4 + 2\,HNO_3$$

Die Salze der Salpetersäure werden in großem Maßstab als Kunstdünger eingesetzt. Nachteil der Nitratdüngung ist, daß sämtliche Nitrate sehr gut wasserlöslich sind und vom Regen sehr leicht ausgewaschen werden. Dadurch gelangen sie sowohl ins Grundwasser als auch in die Gewässer. Im Grundwasser sind sie für die Nitratbelastung des Trinkwassers verantwortlich, während sie in den Gewässern zu deren Eutrophierung beitragen.

15.2 Der Phosphor

15.2.1 Vorkommen

Phosphor kommt in der Natur nicht frei vor, sondern nur in Form von Derivaten der Phosphorsäure, den Phosphaten. Das wichtigste Mineral ist der Apatit, $Ca_5(X)(PO_4)$, wobei X = F, Cl, OH oder 1/2 CO_3 sein kann. Der anorganische Bestandteil der Knochensubstanz der Wirbeltiere ist Hydroxylapatit (X = OH), $Ca_5(OH)(PO_4)_3$. Fluorapatit (X = F) ist im Zahnschmelz enthalten und ist viel widerstandsfähiger als Hydroxylapatit. Das Rückgrat der DNA und RNA besteht aus Phosphorsäureestern (Phosphorsäure verestert mit 2-Desoxy-D-ribofuranose oder D-Ribofuranose, Abschn. 33.3) und auch die biologischen Membranen bauen sich hauptsächlich aus Phosphoglyceriden auf. Anhydride der Phosphorsäure dienen im ATP und GTP als Energieüberträger in der Zelle. Die Kotablagerungen von Vögeln (Guano) enthalten große Mengen an Calciumphosphaten.

15.2.2 Eigenschaften, Gewinnung und Verwendung

Der natürlich vorkommende Phosphor besteht ausschließlich aus dem stabilen Isotop $^{31}_{15}P$. Das radioaktive Isotop $^{32}_{15}P$ (β-Strahler mit einer Halbwertszeit von 14,2 Tagen, vgl. Kapitel 24, Exkurs 24.1) wird künstlich hergestellt und für Markierungszwecke eingesetzt.

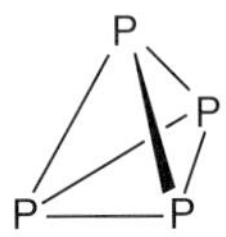

Elementarer Phosphor existiert in mehreren Modifikationen, die sich untereinander sehr stark unterscheiden. Es gibt den hochreaktiven, sehr giftigen **weißen Phosphor** (Schmelzupunkt 44,1 °C, Siedepunkt 280,5 °C), eine wachsweiche, weiße, durchscheinende Masse, die bis etwa 800 °C aus tetraedrisch angeordneten P_4-Molekülen besteht. Oberhalb dieser Temperatur beginnt der weiße Phosphor in P_2-Moleküle zu dissoziieren und bei 2000 °C zerfällt P_2 in die Atome. Der Bindungswinkel in den P_4-Molekülen ist mit 60 ° anomal klein und führt zu einer erheblichen Ringspannung. Man führt die hohe Reaktivität des weißen Phosphors auf diese Ringspannung zurück.

Weißer Phosphor entsteht aus den Schmelzen aller Phosphormodifikationen. An der Luft wandelt er sich langsam in P_4O_6 und weiter unter Aussendung von Licht (bläuliches Leuchten) in P_4O_{10} um. Es kann auch zu spontanen Selbstentzündungen kommen, daher bewahrt man weißen Phosphor unter Wasser auf. Beim Stehenlassen unter Sauerstoffausschluß wandelt er sich von selbst langsam in roten Phosphor um.

Der amorphe **rote Phosphor**, P_n, den man technisch aus weißem Phosphor durch vorsichtiges Erhitzen auf 200 bis 400 °C erhält, ist ungiftig, wesentlich reaktionsträger und weniger flüchtig als der weiße Phosphor. Zusammen mit Oxidationsmitteln, wie Kaliumchlorat ($KClO_3$) kann roter Phosphor jedoch durch Reibung oder Schlag zur Explosion gebracht werden. Praktische Anwendung findet diese Reaktion bei Zündhölzern.

Durch längeres Erhitzen auf 400 °C erhält man eine kristalline Form des roten Phosphors, den **violetten** oder **Hittorfschen Phosphor**. Violetter Phosphor besitzt eine sehr komplizierte Schichtstruktur aus kreuzweise übereinander geschichteten Röhren aus P_5-Ringen, die bis zum Schmelzpunkt von ca. 620 °C erhalten bleibt.

Eine weitere Modifikation ist der kristalline **schwarze Phosphor**, der aus weißem Phosphor durch Erhitzen bei sehr hohem Druck oder in Gegenwart von Quecksilber als Katalysator erhalten werden kann. Er kristallisiert in einer Schichtstruktur, bei der jedes Phosphoratom durch drei kovalente Bindungen mit anderen Phosphoratomen der Schicht verbunden ist. Die verbleibenden nichtbindenden Elektronenpaare sind teilweise delokalisiert, daher ist der schwarze Phosphor elektrisch leitfähig.

Phosphorgewinnung. Phosphor wird durch Reduktion von Calciumphosphat in Form von Fluorapatit [$Ca_5(F)(PO_4)_3$ = 1,5 $Ca_3(PO_4)_2$ · 0,5 CaF_2] mit Koks im elektrischen Lichtbogenofen bei 1400–1500 °C gewonnen. Um eine niedrig schmelzende Schlacke zu erhalten wird noch Siliciumdioxid zugesetzt. Die Summengleichung für den Reduktionsvorgang lautet:

$$Ca_3(PO_4)_2 + 3\,SiO_2 + 5\,C \longrightarrow P_2 + 5\,CO + 3\,CaSiO_3$$

Bei den hohen Arbeitstemperaturen fällt der Phosphor zunächst als P_2 an und dimerisiert beim Abkühlen langsam zu P_4. Der rohe Phosphor wird durch Destillation gereinigt und kommt in Form von gelblichweißen Stangen in den Handel. Die größte Menge an gewonnenem elementarem Phosphor wird zu Phosphorsäure verarbeitet, den Ausgangsstoff für zahlreiche weitere Produkte, wie Dünger, Wasch- und Reinigungsmittel.

15.2.3 Phosphorverbindungen

Phosphide

Während Phosphorverbindungen mit positiv geladenen Phosphor-Ionen unbekannt sind, sind eine ganze Anzahl von Phosphorverbindungen mit Metallen bekannt, in denen Phosphor-Anionen, entweder als P^{3-} oder als negativ geladene P-Ketten, -Ringe oder -Käfige in teilweise sehr komplizierten Strukturen vorkommen. Die Alkali- und Erdalkalimetalle bilden unter anderem salzartige Phosphide mit dem P^{3-}-Ion; sie haben die Stöchiometrie M_3P (LiP_3, Na_3P und K_3P) bzw. M_3P_2 mit M = Be, Mg, Ca, Sr und Ba. Daneben sind aber auch kompliziertere Anionen möglich. Salzartige Phosphide reagieren mit Wasser unter Bildung von Phosphan, PH_3.

Neben den salzartigen Phosphiden sind auch kovalente Phosphide bekannt. Beispiele sind BP, SiP, AlP bzw. Fe_3P, NiP_3 mit Übergangsmetallen, um nur einige zu nennen.

Wasserstoffverbindungen

Nach IUPAC sollten die Phosphorwasserstoffe als **„Phosphane"** bezeichnet werden, aber Chemical Abstracts benutzt die Bezeichnung **„Phosphine"**. Entsprechend uneinheitlich ist die Bezeichnungsweise in der Literatur. Die Phosphane sind sehr zahlreich.

Das dem Ammoniak analoge **Phosphan** (PH_3) ist der wichtigste Vertreter. Es ist ein hochgiftiges, farbloses, übelriechendes, bei erhöhter Temperatur (150 °) an der Luft selbstentzündliches Gas. Es ist nicht in Wasser löslich und besitzt deutlich geringere basische Eigenschaften als Ammoniak. Analog dem Ammoniak hat es eine pyramidale Struktur. PH_3, das sich langsam durch Hydrolyse aus feuchtem Calciumphosphid entwickelt, wird zur Bekämpfung von Vorratsschädlingen eingesetzt.

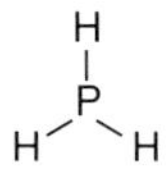

Phosphan

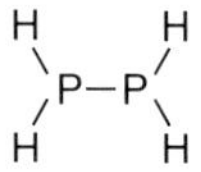

Diphosphan

$$Ca_3P_2 + 6\,H_2O \longrightarrow 3\,Ca(OH)_2 + 2\,PH_3$$

Diphosphan (P_2H_4) ist in reinem Zustand wasserklar und entzündet sich an der Luft selbst.

Phosphorhalogenide

Vom Phosphor sind alle Trihalogenide PX_3 und die Pentahalogenide PX_5 mit X = F, Cl und Br bekannt.

Die **Phosphortrihalogenide** sind pyramidal gebaut. PF_3 ist ein sehr giftiges Gas, die übrigen sind bei Raumtemperatur flüssig. PF_3 stellt man vorteilhaft durch Halogenaustausch aus PCl_3 und einem Fluorid wie ZnF_2 her. Die übrigen Trihalogenide lassen sich aus den Elementen erhalten. Am wichtigsten ist das **Phosphortrichlorid**. PCl_3 wird von Wasser rasch zu Phosphonsäure und Salzsäure hydrolysiert.

$$PCl_3 + 3\,H_2O \longrightarrow H_3PO_3 + 3\,HCl$$

PCl_3 wirkt reduzierend und wird von Oxidationsmitteln wie Chlorat (ClO_3^-) in das Phosphorylchlorid $POCl_3$ überführt. Phosphortrichlorid wird unter anderem zur Herstellung von Phosphonsäuren (siehe unten), von Säurechloriden (Carbonsäurehalogenide, vgl. Abschn. 31.10.1) und als Ausgangsstoff für viele Pflanzenschutzmittel verwendet.

Von den drei **Phosphor(V)halogeniden** werden die Chloride und Bromide aus den Elementen hergestellt, das PF_5 wieder durch Halogenaustausch aus dem Chlorid. Am wichtigsten ist das Pentachlorid. Es dient in der präparativen Chemie als hochreaktives Chlorierungsmittel. Im gasförmigen Zustand liegt PCl_5 als trigonale Bipyramide, im Festzustand ionisch mit einem aus tetraedrischen PCl_4^+- und oktaedrischen PCl_6^--Ionen aufgebauten Gitter vor.

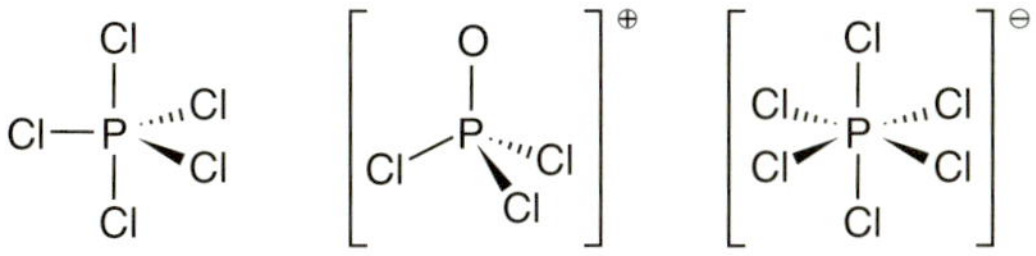

Phosphorpentachlorid ist eine starke Lewis-Säure. Mit Cl^- als Elektronenpaardonator (Lewis-Base) bildet sich beispielsweise der oben angegebene Hexachlorokomplex PCl_6^-.

PCl_5 ist hygroskopisch. Beim Stehenlassen an der Luft bildet sich Chlorwasserstoff und Phosphorylchlorid.

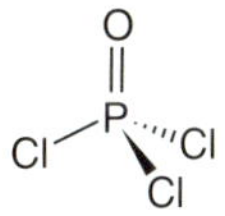

Phosphorylchlorid

$$PCl_5 + H_2O \longrightarrow POCl_3 + 2\,HCl$$

Beim Einbringen in Wasser (Wasserüberschuß) erhält man Phosphorsäure und Salzsäure.

$$PCl_5 + 4\,H_2O \longrightarrow H_3PO_4 + 5\,HCl$$

Dabei entsteht zunächst wie oben angegeben, Phosphorylchlorid, das mit weiterem Wasser reagiert.

$$POCl_3 + 3\,H_2O \longrightarrow H_3PO_4 + 3\,HCl$$

Phosphoroxide

Weißer Phosphor reagiert begierig mit Sauerstoff. Wird er mit einem Unterschuß an Sauerstoff bei niedriger Temperatur verbrannt, entsteht Tetraphosphorhexaoxid, P_4O_6, das aus historischen Gründen als **Phosphortrioxid** (P_2O_3) bezeichnet wird.

$$P_4 + 3\,O_2 \longrightarrow P_4O_6$$

Formal schiebt sich in jede P-P-Bindung des P_4-Tetraeders ein Sauerstoffatom. Der P-O-P-Bindungswinkel beträgt 126 °, der O-P-O-Winkel 100 °. Die dadurch entstehende Käfigstruktur (vgl. nebenstehende Abbildung) wird als Adamantan- oder Urotropin-Struktur bezeichnet. Das Tetraphosphorhexaoxid ist eine giftige, wachsartige, weiße, brennbare Masse, die bei 23,8 °C schmilzt. An der (trockenen) Luft wandelt es sich bei Raumtemperatur (bei vermindertem Druck unter Chemolumineszenz) langsam zu P_4O_{10} um. Mit Wasser reagiert Phosphortrioxid zu Phosphonsäure.

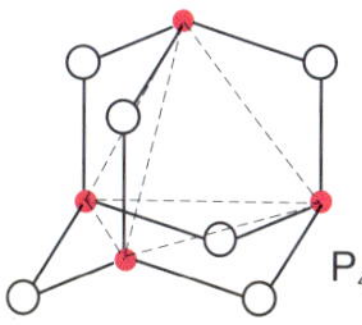

„Phosphortrioxid"
● = Phosphor
○ = Sauerstoff

$$P_4O_6 + 6\,H_2O \longrightarrow 4\,H_3PO_3$$

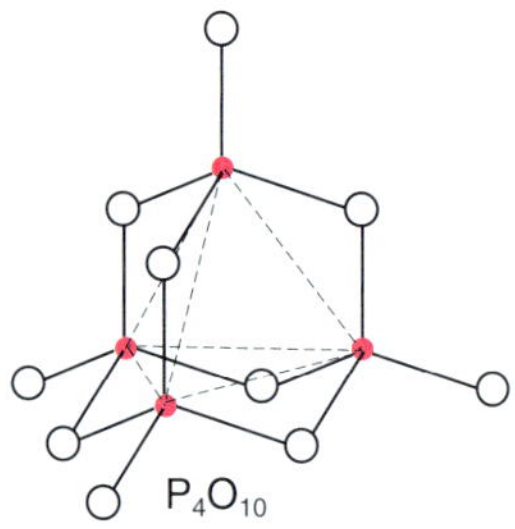

„Phosphorpentoxid“

Tetraphosphordecaoxid, P_4O_{10}, das – ebenfalls aus historischen Gründen – als **Phosphorpentoxid** bezeichnet wird, entsteht bei der Verbrennung von Phosphor bei ausreichendem Sauerstoffangebot. Es ist ein weißes Pulver, das bei 250 °C sublimiert. Im Phosphorpentoxid ist jedes Phosphoratom tetraedrisch von Sauerstoffatomen umgeben. P_4O_{10} zieht begierig Wasser an und wandelt sich dabei über Zwischenstufen allmählich in Orthophosphorsäure, H_3PO_4, um. Aus diesem Grund wird es als sehr wirksames Trockenmittel und zur Wasserabspaltung aus chemischen Verbindungen, wie zur Bildung von Säureanhydriden (Abschn. 31.6.4), eingesetzt.

Sauerstoffsäuren

Von Phosphor sind alle Sauerstoffsäuren der Oxidationszahlen +1 bis +5 bekannt. Dazu kommen noch Peroxosäuren (mit der Peroxogruppe -O-O-) und höhere Säuren, die durch Ausbildung von P-P oder P-O-P-Bindungen entstehen. Hier sollen nur die Säuren der Oxidationszahlen +1, +3 und +5 vorgestellt werden.

Phosphinsäure (H_3PO_2). Die Säure der formalen Oxidationszahl +1 wird namentlich in der älteren Literatur auch als „unterphosphorige“ oder „hypophosphorige Säure“ bezeichnet. Es handelt sich um eine **ein**basige Säure, in der zwei Wasserstoffatome direkt an den Phosphor gebunden und deshalb nicht acide sind. Der Phosphor ist hier, wie in den anderen Säuren, streng tetraedrisch koordiniert. Die Herstellung der Phosphinsäure basiert auf der Tatsache, daß weißer Phosphor beim Erwärmen in Wasser in einer Gleichgewichtsreaktion in Phosphan (PH_3) und Phosphinsäure disproportioniert. Man verschiebt das Reaktionsgleichgewicht auf die Produktseite, indem man Phosphor nicht in Wasser, sondern in KOH- oder $Ba(OH)_2$-Lösung kocht. Man isoliert die entstehenden Phosphinate und erhält durch Ansäuern mit Schwefelsäure die freie Phosphinsäure.

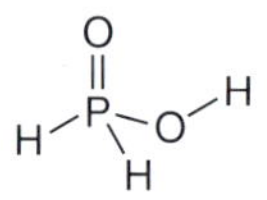
Phosphinsäure

$$2\,P_4 + 6\,H_2O + 3\,Ba(OH)_2 \longrightarrow 3\,Ba(H_2PO_3)_2 + 2\,PH_3$$

$$Ba(H_2PO_2)_2 + H_2SO_4 \longrightarrow BaSO_4 + 2\,H_3PO_2$$

Phosphinsäure ist eine mittelstarke, stark reduzierend wirkende Säure. Phosphinate sind leicht wasserlöslich und wirken ebenfalls stark reduzierend.

Phosphonsäure (H_3PO_3). In der Phosphonsäure, früher als phosphorige Säure bezeichnet, liegt der Phosphor in der Oxidationszahl +3 vor. H_3PO_3 entsteht bei der Hydrolyse von PCl_3 oder P_4O_6 (siehe oben).

Es handelt sich um eine zweibasige Säure, die zwei Reihen von Salzen bilden kann: die primären Phosphonate (Hydrogenphosphonate) mit dem $H_2PO_3^-$-Anion und die sekundären Phosphonate (Phosphonate mit dem HPO_3^{2-})-Anion. Die Säure und ihre Salze wirken stark reduzierend.

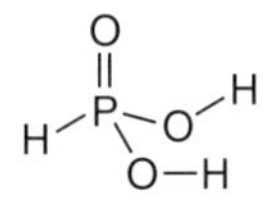

Phosphonsäure

Unter Phosphonsäuren versteht man in der Organischen Chemie Verbindungen mit der allgemeinen Formel $R\text{-}PO_3H_2$. Hierbei steht R für einen organischen Rest, der über ein Kohlenstoffatom an den Phosphor gebunden ist. Phosphonsäuren und ihre Salze, die Phosphonate, kommen in zahlreichen Lebewesen vor. Sie ähneln in ihren Eigenschaften den organischen Phosphorsäureestern. In der Technik und in der Medizin ist unter anderem die Hydroxyethandiphosphonsäure (HEDP) von großer Bedeutung. Sie dient einerseits als Verkalkungsinhibitor und andererseits als Medikament gegen bestimmte Knochen-Stoffwechselstörungen, zum Beispiel Morbus Paget.

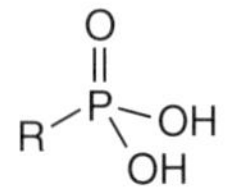

organische Phosphonsäuren

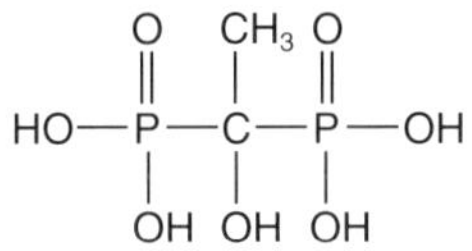

(HEDP)

Hydroxyethan-diphosphonsäure

Phosphorsäure (H_3PO_4, Orthophosphorsäure) bildet harte klare Kristalle vom Schmelzpunkt 42,3 °C. Sie ist die weitaus wichtigste Sauerstoffsäure des Phosphors. Mit Wasser ist sie in jedem Verhältnis mischbar. Die Phosphorsäure ist eine dreibasige mittelstarke Säure (pK_{S1} = 2,12, pK_{S2} = 7,21, pK_{S3} = 12,67). Selbst in ihrer ersten Dissoziationsstufe ist sie eine schwächere Säure als HCl, HNO_3 oder H_2SO_4. Zur Herstellung von Phosphorsäure sind vornehmlich zwei Methoden in Gebrauch: Zum einen werden natürliche Phosphatmineralien, wie Calciumphosphat, mit verdünnter Schwefelsäure protoniert:

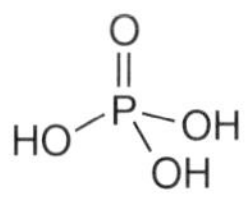

Phosphorsäure

$$Ca_3(PO_4)_2 + 3\,H_2SO_4 \longrightarrow 2\,H_3PO_4 + 3\,CaSO_4$$

Dies ergibt je nach Verfahren 20 bis 50 %ige nicht sehr reine Phosphorsäure. Zum anderen ist durch Hydrolyse von Phosphorpentaoxid (P_4O_{10}) sehr reine 75 bis 85 %ige Phosphorsäure erhältlich. Gut 90 % des technisch gewonnenen elementaren Phosphors wird auf diese Weise zu Phosphorsäure verarbeitet.

Phosphorsäure wird sehr vielseitig angewendet. Man benutzt sie zum Ansäuern von koffeinhaltigen Erfrischungsgetränken (E 338) ebenso wie als WC-Reiniger, als Phosphorlieferant bei der Kultur von Hefen ebenso wie zur Produktion von Kosmetika. Der weitaus größte

Teil der Phosphorsäure wird jedoch als Ausgangsstoff für die Herstellung von Phosphatdüngemitteln verbraucht. Die Rolle von Phosphat in Düngemitteln ist in Exkurs 15.1 beschrieben.

Phosphorsäure bildet drei Reihen von Salzen: Die primären (Dihydrogen-)Phosphate enthalten $H_2PO_4^-$-Ionen, die sekundären (Hydrogen-)Phosphate HPO_4^{2-}-Ionen und die tertiären Phosphate („Phosphate") PO_4^{3-}-Ionen. In Phosphorsäure und allen Phosphaten ist der Phosphor tetraedrisch von vier Sauerstoffatomen umgeben. Die primären Phosphate sind alle wasserlöslich, während von den sekundären und tertiären Phosphaten sich nur die Alkalisalze in Wasser lösen. Natürlich vorkommende Phosphate sind sämtlich tertiär.

Primäre Phosphate reagieren in Wasser schwach sauer, sekundäre und tertiäre Phosphate dagegen basisch:

$$H_2PO_4^{\ominus} + H_2O \rightleftharpoons HPO_4^{2\ominus} + H_3O^{\oplus}$$

$$HPO_4^{2\ominus} + H_2O \rightleftharpoons H_2PO_4^{\ominus} + OH^{\ominus}$$

$$PO_4^{3\ominus} + H_2O \rightleftharpoons HPO_4^{2\ominus} + OH^{\ominus}$$

Phosphatpuffer spielen in der Biologie und Biochemie eine große Rolle. Neben dem Carbonatpuffer ist er der zweitwichtigste anorganische Puffer im Blut. Eine äquimolare Lösung von Natriumdihydrogenphosphat und Dinatriumhydrogenphosphat (Pufferlösung) hat einen pH-Wert von 7,1. Gibt man nun eine Säure zu, so nimmt das Hydro-

Exkurs 15.1: Phosphatdünger / Düngemittel

Pflanzen benötigen zu ihrer Ernährung einige anorganische Salze, die in wasserlöslicher Form im Boden vorhanden sein müssen. Die drei wichtigsten von ihnen sind Phosphate, Kaliumsalze und stickstoffhaltige Salze. Schwefel und Calcium sind ebenfalls von Bedeutung. Bei intensiver Bewirtschaftung des Bodens verarmt er an diesen Stoffen und sie müssen von außen als Kunstdünger zugeführt werden. Kaliumchlorid aus den Salzstöcken kann direkt eingesetzt werden. Stickstoffdünger wird nach dem Haber-Bosch-Verfahren aus Luftstickstoff gewonnen und meist direkt als Ammoniumsalz oder nach Umwandlung zum Nitrat über das Ostwald-Verfahren eingesetzt. Die natürlich vorkommenden Phosphate (Apatit, Phosphorit) lösen sich nicht in Wasser. Um aus ihnen ein brauchbares Düngemittel zu gewinnen, setzt man sie mit Schwefelsäure um. Die wasserunlöslichen Phosphate werden dabei in wasserlösliche Dihydrogenphosphate umgewandelt:

$$Ca_3(PO_4)_2 + 2\,H_2SO_4 \longrightarrow Ca(H_2PO_4)_2 + 2\,CaSO_4$$

Das entstandene Gemisch trägt den Namen „Superphosphat". Analog kann man statt der Schwefelsäure auch Phosphorsäure einsetzen, dabei entsteht dann das „Doppelsuperphosphat".

$$Ca_3(PO_4)_2 + 4\,H_3PO_4 \longrightarrow 3\,Ca(H_2PO_4)_2$$

Ohne den Einsatz künstlicher Düngemittel wäre die Ernährung der heutigen Weltbevölkerung nicht mehr möglich.

genphosphat die Protonen auf und wird zu Dihydrogenphosphat. Der pH-Wert bleibt in erster Näherung gleich. Umgekehrt gibt das Dihydrogenphosphat bei Basenzugabe Protonen ab, die mit den OH^--Ionen zu Wasser reagieren.

Polyphosphorsäuren entstehen, wenn Orthophosphorsäure erhitzt wird. Bei dieser Kondensation entstehen kettenförmige Moleküle in denen die Phosphoratome über Sauerstoffbrücken miteinander verbunden sind. Bei Temperaturen über 200 °C entsteht zunächst die Diphosphorsäure, die bei weiterem Erwärmen (> 300 °C) über Oligophosphorsäuren zu kettenförmigen Polyphosphorsäuren polymerisieren.

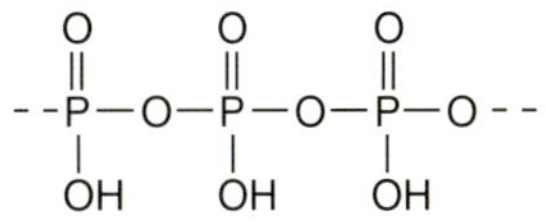

Ausschnitt aus einer Polyphosphorsäurekette

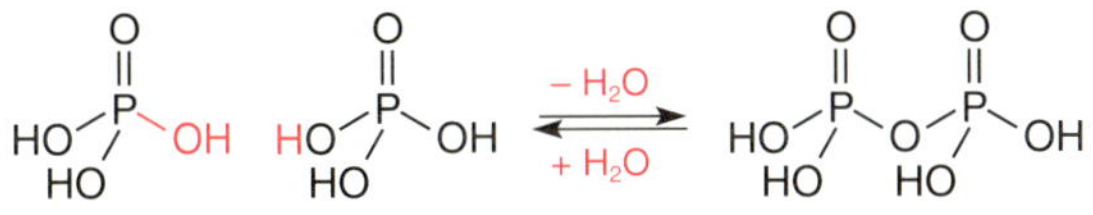

Diphosphorsäure

Diphosphor- und Triphosphorsäureester sind für den Energiestoffwechsel des Organismus von zentraler Bedeutung.

Formales Endprodukt der Kondensation ist Phosphorpentaoxid (P_4O_{10}). Die Reaktion ist die Umkehrung der Phosphorsäureherstellung aus dem Oxid. Entsprechend wandeln sich alle kondensierten Phosphorsäuren beim Stehenlassen in Wasser wieder in Orthophosphorsäure um.

Ab drei Phosphorsäureeinheiten können sich auch ringförmige **Metaphosphorsäuren** $(HPO_3)_n$ durch intramolekulare Kondensation bilden.

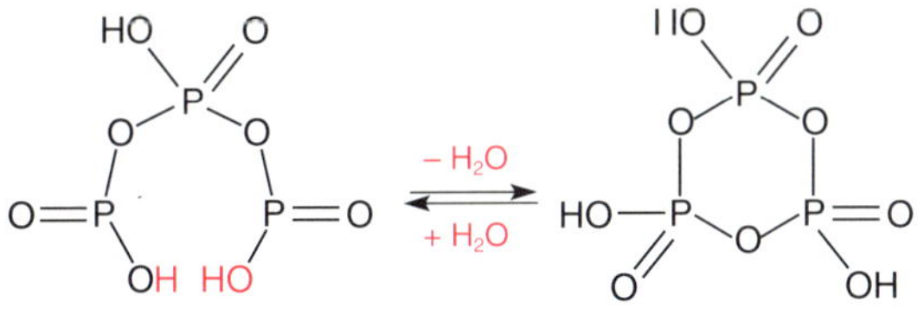

Trimetaphosphorsäure

Die den kondensierten Phosphorsäuren entsprechenden Salze werden durch Erhitzen von primären Phosphaten erhalten. Metaphosphate werden stöchiometrisch durch die allgemeine Summenformel $M^I{}_nP_nO_{3n}$ mit $n = 3$ bis 8 beschrieben. In den höhermolekularen Polyphosphaten liegen P-O-Ketten vor. Die allgemeine Summenformel ist $M^I{}_nH_2P_nO_{3n+1}$ bis $M^I{}_{n+2}P_nO_{3n+1}$ mit $n = 15$ bis 5000, je nach Reaktionsbedingungen. Als Beispiele sind hier die Natriumsalze angegeben:

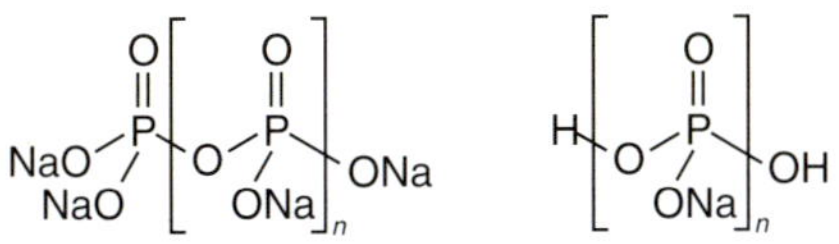

Die endständigen Protonen sind jedoch wenig acide. Erhitzt man $NaHPO_4$ auf 600 °C und schreckt die Schmelze ab, erhält man – abhängig von den Reaktionsbedingungen – „Grahamsches Salz" ($Na_nH_2P_nO_{3n+1}$; n = 30–90) oder ein Polykondensat mit n = 15–20, das lange als „Calgon®" im Handel war und der Wasserenthärtung diente. Das Natriumpolyphosphat bildet mit Erdalkalimetallen wasserlösliche Komplexe und verhindert so das Ausfällen schwer löslicher Erdalkalisalze wie $CaCO_3$ oder $MgCO_3$. Heute sind in fast allen Waschmitteln und Verkalkungsinhibitoren die Phosphate durch Zeolithe (Polycarboxylate) ersetzt, um die Eutrophierung der Gewässer zu reduzieren.

Die Natrium- und Kaliumphosphate binden große Wassermengen und emulgieren Fette. Man verwendet sie daher in der Lebensmittelindustrie als Zusätze zu Konserven, zu Schmelzkäse, Würsten und anderen Fleischwaren.

15.3 Arsen, Antimon und Bismut

Die Elemente Arsen, Antimon und Bismut sind von geringerer Bedeutung als die leichteren Homologen; sie werden deshalb gemeinsam kurz vorgestellt.

15.3.1 Vorkommen, Gewinnung, Eigenschaften und Verwendung

Arsen, Antimon und Bismut findet man sowohl elementar als auch kationisch in Form sulfidischer Erze in der Natur. Besonders bekannte Vorkommen des Arsens sind Realgar (Rauschrot, rote Arsenblende, As_4S_4) und Auripigment (Rauschgelb, gelbe Arsenblende, As_2S_3). Sie werden als Farbpigmente benutzt. Das verbreitetste Antimonerz ist der Grauspießglanz (Sb_2S_3). Bismut kommt unter anderem als Bismutglanz (Bi_2S_3) und Bismutocker (Bi_2O_3) vor. Arsen und Antimon kommen auch anionisch vor.

Arsen gewinnt man hauptsächlich aus Arsenkies (FeAsS) durch Erhitzen unter Luftabschluß. FeAsS ist ein gemischtes Arsenid-Sulfid ($FeAs_2 \cdot FeS_2$)

$$FeAsS \longrightarrow FeS + As$$

Antimon gewinnt man aus Grauspießglanz entweder durch Reduktion mit Eisen

$$Sb_2S_3 + 3\,Fe \longrightarrow 2\,Sb + 3\,FeS$$

oder durch Reduktion des Oxids mit Kohlenstoff. Dazu wird Grauspießglanz vorher durch Rösten (trockenes Erhitzen an der Luft) in Sb_2O_4 (Tetraoxid) überführt.

$$Sb_2S_3 + 5\,O_2 \longrightarrow Sb_2O_4 + 3\,SO_2; \quad S_2O_4 + 4\,C \longrightarrow 2\,Sb + 4\,CO$$

Bismut wird entweder analog dem Antimon aus den Sulfiden oder durch Reduktion oxidischer Erze mit Kohlenstoff gewonnen.

Die wichtigsten und stabilsten Modifikationen von Arsen (graues oder metallisches Arsen), Antimon (graues oder metallisches Antimon) und Bismut besitzen ähnlich wie schwarzer Phosphor eine Schichtstruktur, wobei bei Bismut der Übergang zur metallischen Bindung schon deutlich zu erkennen ist. Von Arsen existiert noch eine sehr instabile nichtmetallische Modifikation, die aus As_4-Tetraedern besteht. Antimon und Bismut werden für Legierungen verwendet.

15.3.2 Verbindungen von Arsen, Antimon und Bismut

Wasserstoffverbindungen

Alle drei monomeren Wasserstoffverbindungen, AsH_3, SbH_3, BiH_3, sind bekannt. Sie entstehen durch Hydrolyse der Arsenide, Antimonide und Bismutide. Sie sind instabil; BiH_3 zerfällt bereits bei Raumtemperatur, AsH_3 und SbH_3 beim Erhitzen in die Elemente. Man nutzt diese Eigenschaft zum Arsen- und Antimonnachweis mit Hilfe der Marshschen Probe: As- oder Sb-Verbindungen werden durch Zn/Säure (H^+ wird von Zn zu $H^{\cdot}$ reduziert; „naszierender Wasserstoff") zu den gasförmigen Wasserstoffverbindungen reduziert und pyrolytisch in elementares Arsen bzw. Antimon überführt, das sich an einer kühlen Fläche als Arsen- oder Antimonspiegel abscheiden läßt (Abb. 15.3). Die Reaktion mit naszierendem Wasserstoff wird auch präparativ genutzt, um AsH_3 oder SbH_3 aus löslichen Arsen- bzw. Antimonverbindungen herzustellen.

$$As(OH)_3 + 6\,H \longrightarrow AsH_3 + 3\,H_2O$$

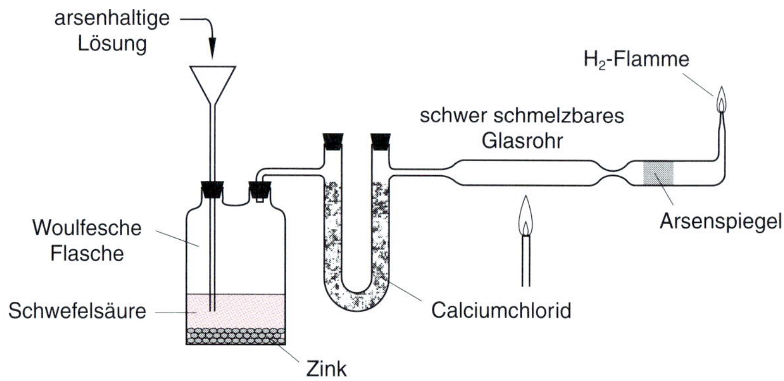

Abb. 15.3 Versuchsaufbau für den Arsen- oder Antimon-Nachweis mittels Marshscher Probe

Halogenverbindungen

Alle Halogenide der Oxidationszahl +3 von As, Sb und Bi sind bekannt. Außer den Fluoriden können sie direkt aus den Elementen hergestellt werden. Die Fluoride erhält man durch Umsetzung der Oxide mit HF. Von den **Pentahalogeniden** sind alle Fluoride bekannt. Von den Chloriden kennt man nur die von Arsen und Antimon, wobei $AsCl_5$ instabil ist. Die Pentaiodide von As, Sb und Bi sind unbekannt.

Oxide und Oxosäuren

Die Oxide der Oxidationszahl +3 sind As_4O_6 (Arsenik), Sb_4O_6 und Bi_2O_3. Das Arsen(III)oxid, das die Struktur von P_4O_6 besitzt, reagiert in Wasser schwach sauer unter Bildung von arseniger Säure, H_3AsO_3. Mit Basen sind primäre, sekundäre und tertiäre Arsenite zugänglich. Antimon(III)oxid reagiert amphoter. Mit Säure erhält man Sb^{3+} und SbO^+-Ionen mit Basen $Sb(OH)_4^-$. Bi_2O_3 ist nur noch in Säuren unter Bildung von Bi^{3+} oder BiO^+-Ionen löslich. Die Zugabe von Basen zu solchen Lösungen fällt $Bi(OH)_3$.

Von den **Oxiden der Oxidationszahl +5** sind nur die des Arsens und des Antimons stabil. Antimon(V)oxid ist in reiner Form unbekannt; es ist instabil und spaltet spontan Sauerstoff ab. As_2O_5 und Sb_2O_5 lassen sich aus den Elementen und Sauerstoff unter erhöhtem Druck herstellen. Gebräuchlicher ist jedoch die Dehydrierung von Arsensäure (H_3AsO_4) bzw. von Antimon(V)oxid-Hydraten („Antimonsäure"), $Sb_2O_5 \cdot xH_2O$.

$$2\,H_3AsO_4 \rightleftharpoons As_2O_3 + 3\,H_2O$$

Die Säuren sind unter anderem durch Oxidation der Elemente mit konzentrierter Salpetersäure erhältlich.

16 Die sechste Hauptgruppe – die Chalkogene

Die sechste Hauptgruppe besteht aus den Elementen Sauerstoff, Schwefel, Selen, Tellur und Polonium. Der griechische Name Chalkogene bedeutet „Erzbildner". Ganz besonders die Oxide (als Silicate oder Carbonate) und Sulfide sind in erheblichem Ausmaß am Aufbau der Erdrinde beteiligt. Bis auf Polonium sind alle Elemente stabil. Polonium kommt als Zerfallsprodukt des Radiums vor. Es besitzt nur eine Halbwertszeit von etwa 134 Tagen, ist wenig erforscht und wird deshalb hier nicht näher besprochen. Biologisch relevant sind der Sauerstoff (Atmung, oxidative Wirkung), der Schwefel (schwefelhaltige Aminosäuren, Schwefelbrücken) und das Selen (Spurenelement).

Durch Aufnahme von zwei Elektronen bzw. durch Abgabe von sechs Elektronen wird jeweils eine Edelgaskonfiguration erreicht. Von Sauerstoff, der nach Fluor das elektronegativste Element des Periodensystems ist, sind allerdings nur formale Oxidationszahlen bis +2 (OF_2) bekannt. Wie bei den bisher besprochenen Hauptgruppen nimmt der Metallcharakter mit steigender Ordnungszahl zu. Von Selen gibt es eine halbmetallische und mehrere nichtmetallische Modifikationen, Tellur ist ein Halbmetall. Chemisch verhalten sich die Chalkogene jedoch eher wie Nichtmetalle. Einige atomare und physikalische Eigenschaften der Elemente sind in Tabelle 16.1 zusammengestellt.

Tabelle 16.1: Einige wichtige Eigenschaften der Elemente der 6. Hauptgruppe

	Sauerstoff (O)	Schwefel (S)	Selen (Se)	Tellur (Te)
Ordnungszahl	8	16	34	52
Elektronenkonfiguration	$[He]2s^22p^4$	$[Ne]3s^23p^4$	$[Ar]3d^{10}4s^24p^4$	$[Kr]4d^{10}5s^25p^4$
Atommasse	15,9994	32,066	78,96	127,60
Dichte [g/ml]	–	2,06	4,82	6,25
Schmelzpunkt [°C]	–218,4	119,6	221	449,5
Siedepunkt [°C]	–183,0	444,7	684,9±1	989,8±3,8
Elektronegativität	3,5	2,4	2,5	2,1

16.1 Der Sauerstoff

16.1.1 Vorkommen und Eigenschaften

Der Sauerstoff ist das häufigste Element auf der Erdoberfläche. Die Luft enthält circa 23 Gew.-% elementaren Sauerstoff (O_2), in der Lithosphäre ist er zu 49 Gew.-% in gebundener Form vertreten (Oxide, Silicate, Carbonate usw.) und in Meerwasser zu 85,8% (als H_2O und als elementarer Sauerstoff darin physikalisch gelöst). Praktisch der gesamte elementare Sauerstoff ist biologischen Ursprungs. Vor 3 Milliarden Jahren war sehr wenig oder überhaupt kein Sauerstoff in der Erdatmosphäre vorhanden. Erst durch die Photosynthese der grünen Pflanzen (Beginn vor circa 2,5 Milliarden Jahren) entstanden signifikante Mengen an O_2. Die Photosynthesereaktion kann schematisch wie folgt formuliert werden:

$$H_2O + CO_2 + \text{Licht} \longrightarrow O_2 + \{CH_2O\}$$

($\{CH_2O\}$ steht hier für Kohlenhydrate und analoge Verbindungen)

Sauerstoff besitzt drei stabile Isotope: ^{16}O,^{17}O und ^{18}O. ^{16}O ist das häufigste Isotop (99,763% aller Sauerstoffatome). Das langlebigste radioaktive Isotop hat eine Halbwertszeit von 122 Sekunden und ist daher als Tracer ungeeignet. Sauerstoff kommt elementar in zwei Modifikationen vor: als zweiatomiges diradikalisches Sauerstoffmolekül und als diamagnetisches Ozonmolekül, O_3.

Ozon (O_3)

Ozon ist ein instabiles, blaues Gas von charakteristisch stechendem Geruch, der noch in Konzentrationen von 1 ppm wahrgenommen werden kann. Flüssiges Ozon ist tiefblau, festes Ozon schwarz-violett. In diesen Aggregatzuständen neigt Ozon zu spontanen Detonationen. Das Ozonmolekül ist gewinkelt gebaut. Seine Struktur läßt sich mit zwei mesomeren Formeln beschreiben.

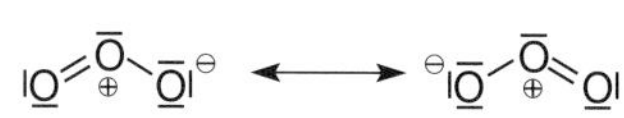

Ozon

Ozon ist eine stark endotherme Verbindung, das heißt, es zerfällt zu O_2 und atomarem Sauerstoff und setzt dabei Energie frei. Dieser Zerfall wird durch Spuren von Verunreinigungen katalysiert. Der atomare Sauerstoff ist noch wesentlich reaktiver als der molekulare und wirkt als extrem starkes Oxidationsmittel.

In den höheren Luftschichten (der Stratosphäre) sorgt das Ozon dafür, daß die harte ultraviolette Strahlung der Sonne nicht bis zum Erdboden gelangt, indem es sie absorbiert (Absorptionsmaximum des Ozons bei 255,3 nm). Anthropogene Luftschadstoffe, besonders chlorierte Kohlenwasserstoffe, wie die als Treibgase und Kühlmittel verwendeten Fluorchlorkohlenwasserstoffe (FCKW) zerstören diese Schutzschicht (Ozonloch), so daß in verstärktem Maße die Hautkrebs auslösende UV-Strahlung bis zum Erdboden gelangt (vgl. Abschnitt 29.3). In bodennahen Luftschichten allerdings verursacht Ozon anthropogenen Ursprungs den sog. Sommersmog (Exkurs 16.1).

Sauerstoff (O_2)

O_2 ist ein farb-, geschmack- und geruchsloses Gas. Flüssiger Sauerstoff ist blaßblau gefärbt, fester Sauerstoff ebenso. O_2 löst sich physikalisch recht gut in Wasser, so daß aerobe Organismen dort atmen können.

Das Sauerstoffmolekül ist ein **Diradikal**, das heißt, es enthält zwei ungepaarte Elektronen (siehe Abschnitt 3.2.3 und Abb. 3.9). Sauerstoff

Exkurs 16.1: Sommersmog

Unter „Sommersmog“ versteht man in erster Linie erhöhte Ozonkonzentrationen in bodennahen Luftschichten. Sie entstehen hauptsächlich durch photochemisch induzierte Spaltung von NO_2 aus Autoabgasen und Luftschadstoffen; dabei entstehen Sauerstoffradikale, die mit dem O_2 der Luft zu O_3 reagieren können:

$$NO_2 \underset{h\nu \geq 400\ nm}{\overset{Licht}{\rightleftharpoons}} NO + O$$

$$O + O_2 \rightleftharpoons O_3$$

Das Stickstoffdioxid entstammt in den bodennahen Luftschichten vorwiegend dem NO aus Verbrennungsmotoren, das mit Sauerstoff zum NO_2 oxidiert wird.

$$2\ NO + O_2 \longrightarrow 2\ NO_2$$

Bei fehlender oder schwacher Sonneneinstrahlung (nachts, an trüben Tagen oder im Winter) wird das Ozon durch Oxidation von anderen Luftschadstoffen, wie Kohlenwasserstoffen wieder abgebaut. Dies erklärt die vergleichsweise hohen Ozonkonzentrationen in sog. Reinluftgebieten. Das in den Ballungszentren gebildete Ozon wird teilweise durch die Luftbewegungen in weniger belastete Regionen getragen und kann dort wegen des geringen Vorkommens oxidierbarer Substanzen nicht so schnell abgebaut werden.

ist daher ein außerordentlich reaktionsfähiges Element, das mit zahlreichen anderen Elementen (z. B. Wasserstoff, Kohlenstoff, Schwefel, Phosphor, Natrium, Eisen) direkt reagiert. Wegen der hohen Bindungsenergie des O_2-Moleküls (494 kJ/mol) verlaufen die Reaktionen meist nicht spontan, sondern erst nach Zufuhr von Aktivierungsenergie. Dann können diese Umsetzungen sehr heftig sein, wie zum Beispiel die „Knallgasreaktion“:

$$H_2 + 1/2\, O_2 \longrightarrow H_2O \qquad \Delta H = -287\ \text{kJ/mol}$$

Eine ähnliche Reaktion findet kontrolliert in der Atmungskette am Cytochrom C statt:

$$2\, H^{\oplus} + 2\, e^{\ominus} + {}^{1}/_{2}\, O_2 \longrightarrow H_2O \qquad \Delta H = -220\ \text{kJ/mol}$$

Die meisten Oxidationen (Verbrennungen) sind exotherm und laufen von selbst ab, wenn sie durch Erwärmen (Anzünden) einmal in Gang gesetzt sind. Mit organischen Verbindungen reagiert der Sauerstoff meist sehr bereitwillig zu CO_2 und H_2O. Kohlenstoff-Kohlenstoff-Doppelbindungen reagieren auch ohne Zündung – allerdings sehr langsam – mit Sauerstoff zu vernetzten Makromolekülen. Ein typisches Beispiel hierfür ist das Verharzen von Pflanzenölen, wie z. B. von Leinöl in der Malerei.

16.1.2 Gewinnung und Verwendung von Sauerstoff

Im großen Maßstab gewinnt man Sauerstoff durch fraktionierte Destillation von flüssiger Luft. Hierzu läßt man Luft bei circa –200 °C kondensieren. Derart tiefe Temperaturen erzeugt man mit der **Lindeschen Kältemaschine** (Abb. 16.1), die den **Joule-Thompson-Effekt** ausnutzt: Wenn man ein stark komprimiertes Gas expandieren läßt, kühlt es ab. Bei der Expansion müssen die gegenseitigen Anziehungskräfte der Gasmoleküle überwunden werden. Die dafür notwendige Energie wird der kinetischen Energie der Gasmoleküle entnommen. Durch eine Folge mehrmaliger Kompressionen und Expansionen kann man so zu immer tieferen Temperaturen gelangen, bis man schließlich flüssige Luft erhält.

Der Stickstoff siedet bereits bei –196 °C und kann dadurch vom Sauerstoff, der erst bei –183 °C siedet, getrennt werden. Der Sauerstoff kommt unter hohem Druck in Stahlflaschen (sogenannten „Bomben“) in den Handel. Eine weitere, allerdings teure Methode zur Gewinnung

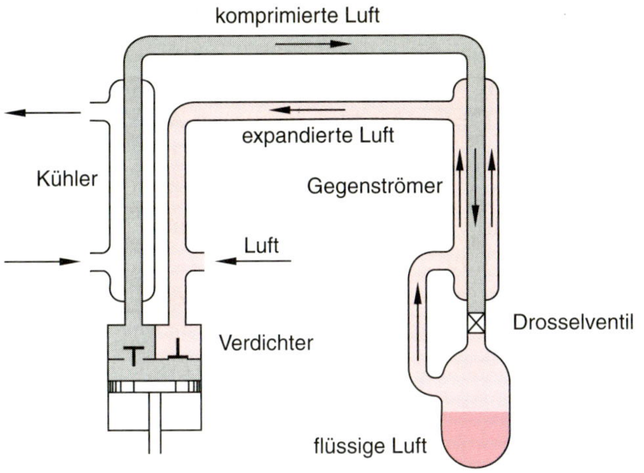

Abb. 16.1: Das Linde-Verfahren zur Luftverflüssigung (nach: Hollemann-Wiberg, Lehrbuch der Anorganischen Chemie, de Gruyter 1985, S. 13)

von sehr reinem Sauerstoff ist die Elektrolyse von Wasser. Im Labormaßstab kann man Sauerstoff durch thermische Zersetzung von geeigneten Oxiden gewinnen, zum Beispiel Ag_2O, $KClO_3$, $KMnO_4$, KNO_3, oder BaO_2:

$$2\,BaO_2 \longrightarrow 2\,BaO + O_2$$

Seit mehr als 1,5 Milliarden Jahren nutzen Lebewesen den Sauerstoff zur Energiegewinnung. Im letzten Schritt einer langen Reaktionskette (Glycolyse, Citratcyclus, Atmungskette) wird dabei (rein schematisch) aus Wasserstoff und Sauerstoff in einer enzymatisch geregelten Reaktion Wasser und Energie erzeugt. Technisch wird Sauerstoff als Oxidationsmittel eingesetzt. Man verwendet ihn bei der Stahlerzeugung, beim Röstprozeß zur Umwandlung von sulfidischen in oxidische Erze, bei der Ammoniakverbrennung zur Herstellung der Salpetersäure (Ostwald-Verfahren) und bei der Schwefelsäuresynthese. Ein Gemisch aus Acetylen und Sauerstoff sorgt für die heiße Flamme (circa 2800 °C) der Schweißgeräte. Sauerstoff-Helium bzw. -Stickstoff-Gemische sind in den Druckflaschen der Taucher enthalten.

16.1.3 Sauerstoffverbindungen

Außer den leichteren Edelgasen verbindet sich der Sauerstoff mit allen anderen Elementen des Periodensystems. Sauerstoff ist nach Fluor das elektronegativste Element. Mit Ausnahme der Sauerstoff-Fluor-Verbindungen und einigen Fluorkomplexen ist der Sauerstoff immer negativ geladen beziehungsweise polarisiert. Sauerstoff liegt fast immer in der Oxidationszahl –2 vor, entweder durch Bildung des O^{2-}-Ions oder durch die Ausbildung zweier kovalenter Bindungen wie im Wasser (H-O-H) oder CO_2 (O=C=O). Die wenigen Ausnahmen sind Peroxoverbindungen mit der formalen Oxidationszahl –1, in denen eine -O-O-Bindung vorliegt und Verbindungen wie NaO_2 mit der Oxidationszahl –1/2. In ganz seltenen Spezies können auch die Oxidationszahlen –2/3 oder –1/3 auftreten.

Die meisten Sauerstoffverbindungen wurden bzw. werden bei den jeweiligen Elementen besprochen. Wir werden uns deshalb im Folgenden auf eine schematische Einteilung der Oxide und die Diskussion von Wasser und Wasserstoffperoxid beschränken.

Einteilung der Oxide

Man teilt Oxide allgemein nach ihrem Verhalten in wässriger Lösung ein und unterscheidet zwischen basischen (salzartigen bzw. ionischen), amhoteren und sauren (kovalenten) Oxiden. Ebensowenig wie Bindungstypen oder Säure/Basen-Charakter streng abgegrenzt werden können, ist dies bei den Oxiden möglich, und die Übergänge sind fließend. Darüber hinaus gibt es noch Oxide, die zu keinen der angegebenen Gruppen passen, wie die „indifferenten Oxide", die sich weder in Säuren noch in Basen lösen (z.B. N_2O, CO, MnO_2) oder nichtstöchiometrische Oxide mit einem dichtest gepackten Oxidgitter und Metallatomen in den Zwischenräumen.

Basische oder **salzartige Oxide** werden von den meisten Metallen in deren niedrigen und mittleren Oxidationszahlen und besonders den elektropositiven Alkali- und Erdalkalimetallen gebildet. Der Sauerstoff kann in diesen Oxiden als Hyperoxid-Ion, O_2^- (KO_2, RbO_2, CsO_2), als Peroxid-Ion O_2^{2-} (Na_2O_2, BaO_2) oder, das ist der häufigste Fall, als Oxid-Ion, O^{2-} vorliegen (Li_2O, MgO, CaO usw.). Sauerstoff-Anionen sind als sehr starke Basen in Wasser nicht beständig und werden sofort protoniert:

$$O^{2\ominus} + H_2O \longrightarrow 2\,OH^{\ominus};\ CaO + H_2O \longrightarrow Ca^{2\oplus} + 2\,OH^{\ominus}$$

Nicht wasserlösliche Oxide werden meist von verdünnten Säuren in Lösung gebracht:

$$MgO + 2\,H_3O^{\oplus} \longrightarrow Mg^{2\oplus} + 3\,H_2O$$

Saure und **kovalente Oxide** werden von den meisten Nichtmetallen und einigen wenigen elektropositiven Metallen in ihren höchsten Oxidationszahlen (V_2O_5, CrO_3, Mn_2O_7) gebildet. Die Reaktion in

Wasser ergibt entweder Anionen oder Säuren. Diese Oxide sind somit als Säureanhydride anzusehen.

$$N_2O_5 + 3\,H_2O \longrightarrow 2\,H_3O^{\oplus} + 2\,NO_3^{\ominus};\quad Sb_2O_5 + 2\,OH^{\ominus} + 5\,H_2O \longrightarrow 2\,Sb(OH)_6^{\ominus}$$

Bei Auftreten mehrerer Oxidationszahlen ist das Oxid in der höchsten Stufe das sauerste. So ist CrO basisch, Cr_2O_3 amphoter und CrO_3 sauer.

Das Wasser (H_2O)

Die biologisch wichtigste Sauerstoffverbindung überhaupt ist das Wasser. Ohne Wasser ist kein Leben, wie wir es kennen, möglich, da sich die gesamte Biochemie im wäßrigen Milieu abspielt.

Wasser ist eine flüchtige, leicht bewegliche Flüssigkeit, die in dickeren Schichten blau gefärbt ist. Viele Eigenschaften des Wassers sind außergewöhnlich. Kühlt man Wasser ab, so zeigt es wie die meisten anderen Substanzen eine Volumenkontraktion. Seine größte Dichte besitzt Wasser bei 4 °C; durch weiteres Abkühlen und beim Übergang zum Festzustand dehnt es sich jedoch wieder aus (Dichteanomalie). In Abb. 16.2 ist das Zustandsdiagramm von Wasser gezeigt.

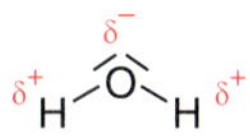

Wassermolekül

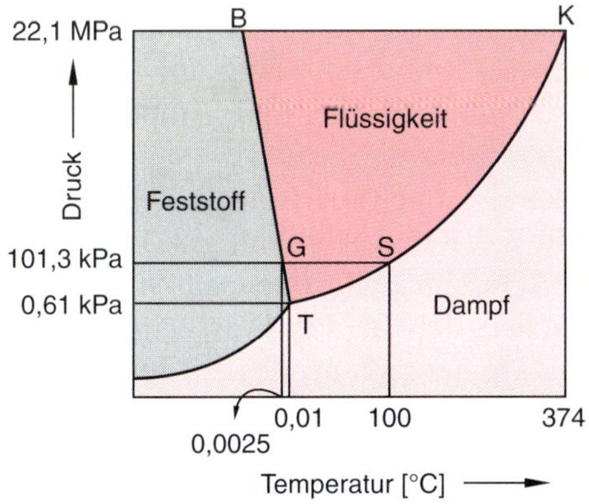

Abb. 16.2: Das Zustandsdiagramm des Wassers (nach: Mortimer, Chemie, Thieme 1987, S. 168)

Wie aus Tabelle 16.2 ersichtlich, liegen Schmelzpunkt und Siedepunkt von Wasser, verglichen mit anderen Verbindungen von ähnlicher Molekülmasse, unerwartet hoch.

Die Ionenbeweglichkeit von H^+ und OH^- in Wasser sind ungewöhnlich hoch. Das gleiche gilt für die Viskosität, die Verdampfungswärme und die Oberflächenspannung. Die meisten dieser Phänomene lassen sich durch die **Wasserstoffbrückenbindungen** (Abschn. 4.2) erklären.

Tabelle 16.2: Schmelz- und Siedepunkte der Wasserstoffverbindungen einiger Elemente

Name	Summenformel	Molekülmasse	Smp. [°C]	Sdp. [°C]
Ammoniak	NH_3	17,03	–77,7	–33,3
Methan	CH_4	16,04	–182,5	–161,5
Wasser	H_2O	18,02	0,00	100,00
Fluorwasserstoff	HF	20,01	–83,1	19,54
Schwefelwasserstoff	H_2S	34,08	–85,5	–60,7

Die **Dichteanomalie des Wassers** hat große Bedeutung für die Natur. Wenn andere Flüssigkeiten „gefrieren", dann sinkt der entstandene Feststoff nach unten ab, weil er meist dichter ist als die Flüssigkeit. In Gewässern vollzieht sich beim Abkühlen ein umständlicher Prozeß. Vereinfacht kann man ihn sich folgendermaßen vorstellen: An der Oberfläche kühlt Wasser zunächst bis zu seiner größten Dichte von 4 °C ab und sinkt dadurch auf den Grund der Gewässer. Gleichzeitig steigt wärmeres Wasser von unten nach oben (Wärmeaustausch wird unterschlagen) und kühlt dort ebenfalls auf 4 °C ab. Bei weiterer Abkühlung unter 4 °C nimmt das Wasser jedoch wieder an Dichte ab und es bleibt nun an der Oberfläche, wo es bei 0 °C schließlich gefriert und sich dabei noch weiter ausdehnt. Auf diese Weise gefrieren natürliche Gewässer nur sehr langsam und von oben nach unten zu. Nur dadurch können Fische und Amphibien kalte Winter überleben.

Das Wassermolekül ist tetraedrisch aufgebaut (sp^3-Hybrid; vergleiche dazu Abschnitt 3.2.1 und Abbildung 3.3). Zwei der vier Tetraederplätze werden von freien Elektronenpaaren eingenommen. Der Bindungswinkel zwischen den beiden Wasserstoffatomen beträgt 104,5 °. Er ist damit etwas kleiner als im idealen Tetraeder (109,5 °), denn die beiden freien Elektronenpaare stoßen sich gegenseitg ab und beanspruchen damit mehr Platz als die H-Atome. Die H-O-Bindung ist stark polarisiert. Die Elektronegativität des Wasserstoffs beträgt 2,2 und die des Sauerstoffs 3,5. Das bedeutet, daß die Wasserstoffatome positive und das Sauerstoffatom negative Partialladungen tragen. Diese entgegengesetzt polarisierten Teilchen bewirken die starke Anziehung der Teilchen untereinander. Die Stärke der Wasserstoffbrückenbindungen liegt bei ca. 20 kJ. Festes und flüssiges Wasser besteht nicht aus einzelnen Wassermolekülen, sondern ist ein kompliziertes Gebilde aus über Wasserstoffbrücken verbundenen Wassermolekülen.

Wasserstoffperoxid, H_2O_2

Das Wasserstoffperoxidmolekül ist gewinkelt gebaut. Reines Wasserstoffperoxid ist eine farblose Flüssigkeit mit einem Schmelzpunkt von –0,41 °C. Den Siedepunkt kann man nur extrapolieren (150,2 °C), da die Verbindung beim Erhitzen explosionsartig zu Wasser und Sauerstoff zerfallen kann. Der Zerfall wird durch rauhe Oberflächen, Metalle, Metalloxide, Metall-Ionen, Nichtmetall-Ionen wie I^-, Basen usw. katalysiert, so daß der Umgang mit reinem H_2O_2 viel Sorgfalt erfordert. Die wäßrigen Lösungen des Wasserstoffperoxids („Perhydrol") sind stabiler. Ihnen werden zusätzlich noch „Stabilisatoren" oder „Inhibitoren" wie Phosphorsäure oder Harnsäure zugegeben. Das Wasserstoffperoxid ist ein starkes Oxidationsmittel und wird als solches vielseitig verwendet, da es bei seiner Reduktion nur Wasser bildet:

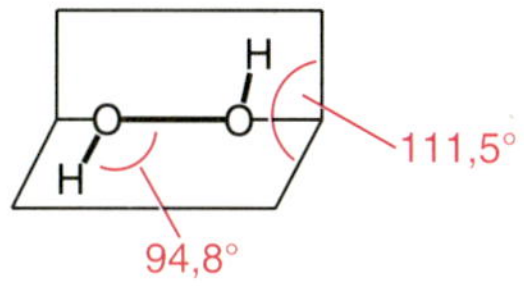

Wasserstoffperoxid

$$H_2O_2 + 2\,HI \longrightarrow 2\,H_2O + I_2$$

Es dient zur oxidativen Bleichung von Haaren („wasserstoffblond"), Seide, Wolle, Baumwolle, Papier, Fetten etc. Gegenüber sehr starken Oxidationsmitteln wie Permanganat kann H_2O_2 auch als Reduktionsmittel wirken:

$$2\,MnO_4^{\ominus} + 6\,H_3O^{\oplus} + 5\,H_2O_2 \longrightarrow 2\,Mn^{2\oplus} + 5\,O_2 + 14\,H_2O$$

Das technisch wichtigste Verfahren zur Herstellung von Wasserstoffperoxid ist die Hydrierung von Sauerstoff mit Anthrahydrochinon.

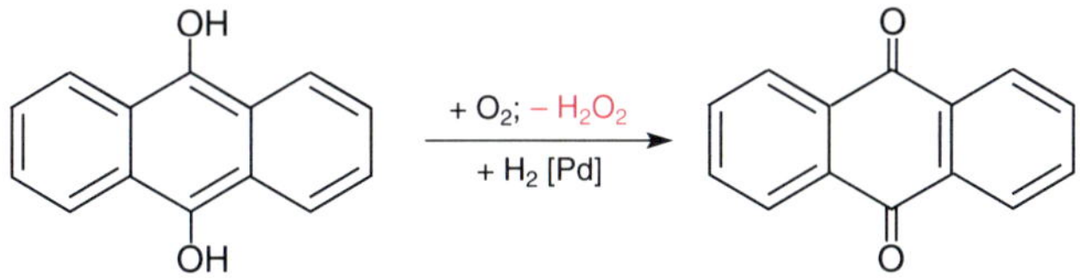

16.2 Der Schwefel

16.2.1 Vorkommen

Schwefel ist zu 0,05 % am Aufbau der Erdkruste beteiligt. Elementarer Schwefel findet sich in der Nähe von Vulkanen (z.B. in Sizilien) und im Deckgestein von Salzdomen (vor allem in Mexico). Die häufigsten Schwefelverbindungen sind die Sulfate (SO_4^{2-}) und die Sulfide (S^{2-}). Sulfate findet man gelöst in den Ozeanen oder in festem Zustand an Land als Calciumsulfat in Form von *Gips* bzw. *Alabaster* ($CaSO_4 \cdot 2H_2O$) oder *Anhydrit* ($CaSO_4$), als Magnesiumsulfat (*Bittersalz,* $MgSO_4 \cdot 7H_2O$) und als Natriumsulfat (*Glaubersalz,* $Na_2SO_4 \cdot 10H_2O$), um nur einige Beispiele zu nennen. Die natürlichen Sulfidmineralien unterscheidet man aus historischen Gründen nach ihrem Aussehen: Die harten **Kiese** sind farbig und glänzen metallisch wie der goldglänzende Pyrit (FeS_2, *Katzengold, Narrengold*) oder der goldfarbene Kupferkies (Chalkopyrit, $CuFeS_2$), der auch bunt glänzend angelaufen sein kann. Die **Glanze** sind nicht sehr hart und dunkel metallisch glänzend. Beispiele bilden der Kupferglanz (Chalkosin, Cu_2S), oder der Bleiglanz (PbS). Die Blenden sind ebenfalls nicht hart, halbmetallisch glänzend und oft durchscheinend, wie die Zinkblende (ZnS).

Zwei der zwanzig α-Aminosäuren, aus denen sich die Proteine hauptsächlich aufbauen, enthalten Schwefel, und Proteinketten sind häufig über Disulfidbrücken (-S-S-) verknüpft. Das heißt, daß Schwefel in sämtlichen Pflanzen und Tieren enthalten ist. Wenn Lebewesen absterben, werden Schwefelverbindungen freigesetzt. Der dabei auftretende Verwesungsgeruch, der auch bei Sumpfgas zu beobachten ist, ist auf das nach faulen Eiern riechende H_2S und auf noch deutlich unangenehmer riechende, schwefelorganische Verbindungen (Thiole, RSH) zurückzuführen. Fossile Brennstoffe enthalten aufgrund ihrer Herkunft unterschiedliche Mengen an Schwefel: Kohle 1–2 %, Erdöl 0,05–12 % und Erdgas 15–20 %.

16.2.2 Eigenschaften, Gewinnung und Verwendung

Schwefel ist polymorph. Die bei gewöhnlicher Temperatur thermodynamisch einzig stabile Modifikation ist ein ungiftiges, reaktionsträges, geruchloses und geschmackloses gelbes Pulver bzw. besteht aus durchscheinenden gelben Kristallen (Mohshärte 1,5–2). Neben den stabilen Schwefelisotopen ^{32}S (95 %), ^{33}S (0,8 %) und ^{34}S (4,2 %) ist auch das radioaktive Isotop ^{35}S mit einer Halbwertszeit von 87,2 Tagen für radioaktive Markierungen von Bedeutung. Schwefel zeigt im Gegensatz zum Sauerstoff eine ausgeprägte Tendenz, sich mit sich selbst zu verbinden und dadurch Ketten oder Ringe zu bilden. Bei Raumtemperatur ist der Schwefel sehr stabil und reaktionsträge, bei höheren Temperaturen jedoch verbindet er sich fast mit allen Elementen des Periodensystems. Er ist dabei aber wesentlich weniger reaktiv als der Sauerstoff.

Schwefel kommt je nach Bedingungen in einer ganzen Reihe verschiedener Modifikationen vor. Die wichtigsten sind der α-, β-, λ- und μ-Schwefel. Der α-Schwefel kristallisiert rhombisch und ist die einzig bei Raumtemperatur thermodynamisch stabile Modifikation. Sie besteht aus gewellten S_8-Ringen in Form einer Krone. Bei 95,6 °C tritt eine langsame reversible Umlagerung in monoklinen β-Schwefel ein, in der nach wie vor S_8-Ringe vorliegen. Bei 119,6 °C schmilzt der β-Schwefel und man erhält eine dünnflüssige, hellgelbe klare Flüssigkeit aus ringförmigen S_8-Molekülen (λ-Schwefel). Beim weiteren Erhitzen wird die Schmelze zunehmend dunkler und zäher. Die Viskosität steigt bei 159 °C rasch an und es liegt vorwiegend hochmolekularer μ-Schwefel vor. Die Modifikation besteht aus S_x-Ketten mit $x = 10^3$ bis 10^6. Bei 187 °C wird ein Viskositätsmaximum erreicht. Danach wird die Schmelze schnell wieder dünnflüssiger, was auf eine Abnahme der Kettenlängen zurückzuführen ist. Bei 444,6 °C siedet der Schwefel. Beim langsamen Abkühlen durchläuft der Schwefel alle Zustände in umgekehrter Reihenfolge, bis schließlich wieder S_α vorliegt.

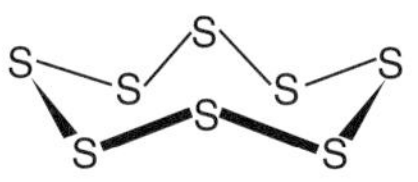

α-Schwefel

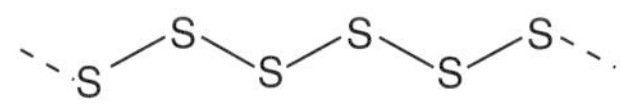

μ-Schwefel

Reversibel ineinander umwandelbare Modifikationen bezeichnet man als **enantiotrop**. Irreversibel umwandelbare Modifikationen als **monotrop** ($P_{weiß} \rightarrow P_{rot}$).

Plastischen Schwefel erhält man, wenn eine Schwefelschmelze oberhalb des Viskositätsmaximums durch Eingießen in Wasser abgeschreckt wird. Es handelt sich um eine plastisch verformbare unterkühlte Schmelze vorwiegend aus λ- und μ-Schwefel. Plastischer Schwefel erhärtet allmählich durch Auskristallisieren des λ-Schwefels. Bei der Vulkanisation von Kautschuk lagern sich S_λ-Ketten zwischen die *cis*-Polyisoprenketten (natürlicher Kautschuk, vgl. Abschn. 26.12.5) ein.

Die älteste Methode, den Schwefel zu gewinnen, wurde auf Sizilien praktiziert. Man erhitzte das an der Oberfläche frei zugängliche schwefelhaltige Gestein durch Verbrennen von Schwefel (!) bis flüssiger Schwefel heraustropfte.

Nach dem **Frasch-Verfahren** wird überhitztes Wasser (z.B. 155 °C bei einem Druck von 2,5 MPa) in tiefliegende Schwefelvorkommen eingepreßt und der auf diese Weise aufgeschmolzene Schwefel mit Druckluft zusammen mit dem Wasser an die Oberfläche befördert. Der so gewonnene Schwefel ist bis zu 99,5 % rein und kann durch Destillation weiter gereinigt werden.

Der größte Teil des derzeit gewonnenen Schwefels stammt jedoch aus der Petrochemie. Erdöl und Erdgas enthalten größere Mengen an Schwefelverbindungen. Beim Verbrennen entsteht daraus unerwünschtes Schwefeldioxid. Die Schwefelverbindungen im Erdöl werden deshalb mit Wasserstoff zu H_2S hydriert. Im Erdgas ist H_2S direkt enthalten. Aus den Gasen wird Schwefelwasserstoff durch Absorption in einer schwachen Base in der Kälte abgetrennt. Beim Erhitzen dieser

Lösungen wird H_2S wieder frei gesetzt. Als Basen verwendet man Aminoalkohole wie Ethanolamin ($HOCH_2CH_2NH_2$) oder Lösungen aminosaurer Salze.

$$HOCH_2CH_2NH_2 + H_2S \underset{\text{Erwärmen}}{\rightleftharpoons} HOCH_2CH_2NH_3^{\oplus} + HS^{\ominus}$$

Der Schwefelwasserstoff wird mit Hilfe des **Claus-Prozesses** zu Schwefel und Wasser umgesetzt. Hierzu wird ein Teil des H_2S mit Sauerstoff zu SO_2 und Wasser verbrannt. Dieses SO_2 reagiert mit dem restlichen H_2S (mit AlO(OH) als Katalysator) zu Schwefel und Wasser. Bei dieser Reaktion wird der Schwefel im SO_2 reduziert, der im H_2S wird oxidiert. Eine solche Reaktion nennt man Symproportionierung.

$$2\,H_2S + 3\,O_2 \longrightarrow 2\,H_2O + 2\,SO_2$$

$$SO_2 + 2\,H_2S \longrightarrow 2\,H_2O + 3\,S$$

Schwefel und seine Verbindungen werden in sehr großen Mengen für die verschiedensten Anwendungen benötigt. Weltweit werden derzeit ca. 88 % des Schwefels zu Schwefelsäure (H_2SO_4) verarbeitet. Sie ist die bedeutendste Industriechemikalie überhaupt und spielt in sehr vielen unterschiedlichen Anwendungen eine Rolle (Dünger, Sprengstoffe, Farben, Waschmittel, Beizen von Stahl, Batteriesäure etc.). Sie ist die billigste Säure, die in großen Mengen bezogen werden kann. Schwefeldioxid (SO_2) und die schweflige Säure (H_2SO_3) werden bei der Papierherstellung und als Bleichmittel eingesetzt. Elementarer Schwefel vernetzt beim „Vulkanisieren" den Buna oder Kautschuk, ist Bestandteil des Schwarzpulvers (75 % KNO_3 + 15 % C + 10 % S), wird für Natrium-Schwefel-Batterien benötigt, wird pharmazeutisch seit mehreren tausend Jahren genutzt und dient zum „Schwefeln" der Rosinen und Weinfässer (hierbei wird Schwefel verbrannt und das entstehende SO_2 wirkt keimtötend).

16.2.3 Schwefelverbindungen

Schwefelwasserstoff (Sulfan)

Der Schwefel verbindet sich bei ca. 600 °C unter Katalysatorwirkung direkt mit Wasserstoff zu dem sehr giftigen, äußerst übelriechenden gasförmigen Schwefelwasserstoff, H_2S (Siedepunkt –60,75 °C). Bei sehr hohen Temperaturen ist die Reaktion umkehrbar. Häufiger ist jedoch die Umsetzung von Sulfiden mit Säure.

$$FeS + 2\,HCl \longrightarrow H_2S + FeCl_2$$

H_2S ist in geringsten Mengen in faulen Eiern enthalten und verleiht ihnen ihren abstoßenden Geruch. Es entsteht in der Natur durch anaeroben bakteriologischen Abbau von organischem Material und auch von anorganischen Sulfaten. Der Schwefelwasserstoff unterscheidet sich sehr von seinem Analogon, dem Wasser. Aus dem Claus-Prozeß wissen wir, daß H_2S im Unterschied zu H_2O brennbar ist. Je nach Sauerstoffangebot entsteht Schwefeldioxid oder Schwefel.

$$2\,H_2S + 3\,O_2 \longrightarrow 2\,SO_2 + 2\,H_2O; \quad 2\,H_2S + O_2 \longrightarrow {}^1/_4\,S_8 + 2\,H_2O$$

Die letzte der beiden angegebenen Reaktionen findet schon bei Raumtemperatur und am Licht statt, so daß wässrige H_2S-Lösungen nur im Dunkeln und in Abwesenheit von Sauerstoff über längere Zeit haltbar sind.

H_2S kann keine Wasserstoffbrückenbindungen eingehen und ist deshalb bei Raumtemperatur im Unterschied zu Wasser gasförmig. H_2S löst sich nur mäßig in Wasser; bei Raumtemperatur und Normaldruck entsteht eine etwa 0,1molare Lösung (Schwefelwasserstoffwasser), die schwach sauer reagiert:

$$H_2S + H_2O \rightleftharpoons HS^{\ominus} + H_3O^{\oplus} \qquad pKs = 7$$

$$HS^{\ominus} + OH^{\ominus} \rightleftharpoons S^{2\ominus} + H_2O \qquad pKs = 12{,}9$$

Entsprechend bildet H_2S zwei Reihen von Salzen, **Hydrogensulfide** (M^ISH) und **Sulfide.** Die Hydrogensulfide sind alle leicht wasserlöslich; bei den Sulfiden sind es nur die Alkalisalze. Nach der obigen Gleichung werden sie ebenso wie die Erdalkalisulfide, Al_2S_3 und Cr_2S_2 in Wasser hydrolisiert. Mit vielen anderen Metall-Ionen, besonders mit Schwermetall-Ionen, bilden die Sulfid-Ionen schwer lösliche Niederschläge. Das kleinste bekannte Löslichkeitsprodukt überhaupt besitzt das Quecksilbersulfid mit $1{,}67 \cdot 10^{-54}$ $mol^2\,l^{-2}$. Die unterschiedlichen Löslichkeitsprodukte der Metallsulfide können analytisch zur gruppenweisen Abtrennung von Metallen genutzt werden.

Die Tendenz des Schwefels zur Kettenbildung zeigt sich auch bei den Wasserstoffverbindungen. Neben dem „einfachen" H_2S sind auch **Polyschwefelwasserstoffe** bekannt, die man heute korrekter als **Polysulfane** bezeichnet. Die Verbindungen besitzen Schwefelketten mit formal zweifach negativer Ladung (H_2S_x). Die instabilen Polysulfane lassen sich durch Protonieren von Polysulfiden ($M^{II}S_x$, siehe unten) herstellen. Dazu muß eine Lösung des Polysulfids entweder unter Kühlung in konzentrierte Salzsäure gegossen werden oder festes Polysulfid mit wasserfreier Ameisensäure behandelt werden. Die entstehende gelbe ölige Flüssigkeit enthält die Polysulfane H_2S_x mit $x=4$ bis 8.

Die einzelnen Homologen können durch Hochvakuumdestillation unter sehr milden Bedingungen teilweise aufgetrennt werden. Bei höheren Destillationstemperaturen erhält man nur die niederen Sulfane H_2S_3 und H_2S_4. Beim Ansäuern einer Lösung von Polysulfiden tritt Zersetzung in Sulfan (H_2S) und Schwefel ein.

Polysulfide mit dem Anion S_x^{2-} lassen sich durch Zusammenschmelzen von Alkalimetallen bzw. Alkalimetallsulfiden mit Schwefel oder durch Lösen von Schwefel in Sulfidlösungen herstellen.

Halogenverbindungen

Schwefel kann in Verbindungen mit Halogenen die Oxidationszahlen von +1 bis +6 mit Ausnahme von +3 annehmen. In Tabelle 16.3 sind die wichtigsten binären Halogenverbindungen aufgeführt.

Tabelle 16.3: Die wichtigsten Schwefel-Halogen-Verbindungen

	Oxidationszahl des Schwefels				
Halogen	6	5	4	2	1
Fluor	SF_6	S_2F_{10}	SF_4	SF_2	S_2F_2
Chlor			SCl_4	SCl_2	S_2Cl_2
					S_2Br_2

Oxide des Schwefels

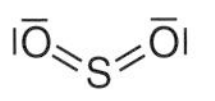

Schwefeldioxid SO_2

Schwefeldioxid. Verbrennt man Schwefel oder Schwefelverbindungen niedriger Oxidationszahlen an der Luft, so entsteht Schwefeldioxid (SO_2), ein farbloses, stechend riechendes, giftiges Gas. SO_2 fällt in großen Mengen beim Rösten sulfidischer Erze und, unerwünschterweise, beim Verfeuern fossiler Brennstoffe an. Das SO_2-Molekül ist gewinkelt gebaut mit einem O-S-O-Winkel von 119,5 °.

Schwefeldioxid wirkt sowohl als Reduktionsmittel als auch als Oxidationsmittel:

$$2\,SO_2 + O_2 \longrightarrow 2\,SO_3$$

$$SO_2 + 2\,H_2S \longrightarrow 2\,H_2O + 3/8\,S_8$$

Die wässrige Lösung von SO_2 reagiert sauer und zeigt die Eigenschaften einer Säure, auf die wir im Abschnitt „Säurestoffsäuren des Schwefels“ eingehen werden. SO_2 spielte besonders in der Vergangenheit eine unrühmliche Rolle als Luftschadstoff (Exkurs 16.2).

Schwefeltrioxid (SO_3) besteht in der Gasphase aus einzelnen Molekülen. Im festen Zustand kommt SO_3 in drei verschiedenen Modifikationen vor, die unterschiedliche Schmelzpunkte besitzen. Die metastabile γ-Modifikation erhält man durch Abkühlen von Schwefeltrioxid-dampf auf –80 °C als eisartig durchscheinende Masse. Sie schmilzt bei 16,9 °C. Feststoff und Schmelze bestehen aus ringförmigen Trimeren

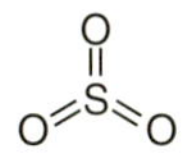
Schwefeltrioxid

Exkurs 16.2: Das SO_2-Problem

Kohle enthält aufgrund seiner Herkunft aus organischem Material Schwefel. Verbrennt man Kohle zu Heizzwecken oder zur Stromerzeugung, so entsteht aus dem Schwefel SO_2. Eine frühe Beschreibung der Auswirkungen des SO_2 stammt aus dem Jahre 1661 von John Evelyn (Mitbegründer der Royal Society): „Ist auch die Luft andernorts klar und rein, so ist sie doch allhier (London) mit solchen Schwefelschwaden geschwängert, daß selbst die Sonne ... es kaum vermag sie zu durchdringen, und der müde Wanderer, viele Meilen entfernt, riecht bereits die Stadt nach der er strebt, noch ehe er sie sieht. Dieser verderbliche Rauch ist es, ... der alle bewegliche Habe verdirbt, der das Blech, die Vergoldungen und die Möbel ermatten läßt und sogar Eisenstangen und den härtesten Stein mit diesen stechenden, scharfen Dämpfen zernagt, die aus dem Schwefel kommen." An dieser Misere änderte sich nichts, bis im Jahre 1952 in kurzer Zeit über 2000 Menschen durch den hohen SO_2-Gehalt des Herbstnebels in London starben. Daraufhin wurde die Kohlefeuerung verboten und es ereigneten sich keine weiteren Smogkatastrophen.

Schwefeldioxid ist ein giftiges, stark lokal reizendes Gas (MAK-Wert 2 ppm). Bei Pflanzen führt es schon ab 1 ppm zu schweren Schäden. Das Schwefeldioxid dringt in die Spaltöffnungen ein und schädigt im Blattinneren wichtige Biomoleküle. SO_2 bildet zusammen mit Wasser schweflige Säure („H_2SO_3"), eine Komponente des sauren Regens. Dies führt dort, wo noch durch die Verbrennung von Braunkohle oder das Fehlen von Rauchgasentschwefelungsanlagen nennenswerte Mengen SO_2 in die Atmosphäre gelangen, zu einer Versauerung des Bodens, auf die das Feinwurzelsystem der Bäume äußerst empfindlich reagiert.

Die Hauptursache des sauren Regens sind heute jedoch die Nitrosen Gase, die zusammen mit Wasser salpetrige Säure bzw. Salpetersäure bilden.

Durch den sauren Regen werden Metallsalze, hauptsächlich Aluminiumsalze im Boden gelöst und in die Seen gespült. Dies gefährdet auch den Fischbestand in Seen, vor allem in Skandinavien.

Um umweltverträgliche Kohlekraftwerke zu bauen, muß man das SO_2 aus den Verbrennungsgasen entfernen. Man erreicht dies, indem man Calciumcarbonat, das billig und in großen Mengen verfügbar ist, mit dem SO_2 zu Gips ($CaSO_4 \cdot 2H_2O$) umsetzt:

$$CaCO_3 + SO_2 + 1/2\,O_2 + 2H_2O \rightarrow CaSO_4 \cdot 2H_2O + CO_2$$

1990 fielen aus den westdeutschen Kohlekraftwerken $3{,}3 \cdot 10^6$ t Gips an, der in der Bauwirtschaft verwendet werden konnte.

Die Reaktion verläuft in zwei Schritten. Zunächst setzt sich SO_2 mit dem Calciumcarbonat unter CO_2-Abspaltung zum Calciumsulfit ($CaSO_3$) um, das dann durch Luftsauerstoff oxidiert wird.

Statt Calciumcarbonat kann man auch gelöschten Kalk ($Ca(OH)_2$) verwenden. Dieser reagiert mit SO_2 zunächst zu Calciumsulfit, das wiederum mit Luftsauerstoff zum Sulfat oxidiert wird.

Der Kalk wird entweder gleich bei der Verbrennung zudosiert (Wirbelschichtverbrennung) oder in Filteranlagen zur Rauchgasentschwefelung eingesetzt. Entschwefelungsanlagen sind sehr energieaufwendig. Sie verdoppeln nahezu den Energieeigenbedarf der Kraftwerke.

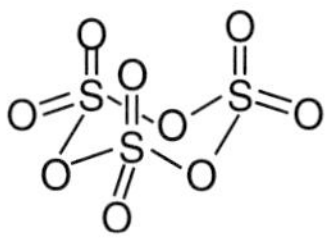

γ-SO₃

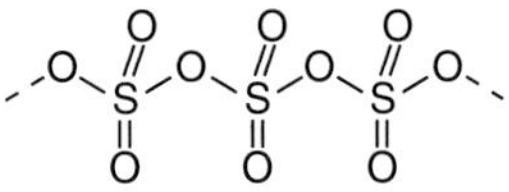

β- bzw. α-SO₃

$(SO_3)_3$; im Dampf liegen hauptsächlich Schwefeltrioxidmoleküle vor. Bewahrt man γ-SO_3 längere Zeit unterhalb von 25 °C auf, wandelt es sich in β- und α-SO_3 um, die aus polymeren SO_3-Ketten bestehen. Es handelt sich hierbei um eine weiße, asbestartige Masse aus verfilzten langen Nadeln.

Schwefeltrioxid läßt sich nicht durch Verbrennen von Schwefel an der Luft erhalten. Man gewinnt es als Anhydrid der Schwefelsäure in großen Mengen durch katalytische Oxidation von Schwefeldioxid mit einem Sauerstoffüberschuß bei 400–600 °C. Bei dem heute fast ausschließlich angewendeten Kontakt- oder Doppelkontaktverfahren arbeitet man mit Vanadiumoxidkatalysatoren bei 420–440 °C (vgl. „Schwefelsäure").

Schwefeltrioxid ist ein starkes Oxidationsmittel. Mit Wasser reagiert festes SO_3 sehr heftig (unter Umständen explosionsartig) zur Schwefelsäure, H_2SO_4.

$$SO_3\,(\text{fest}) + H_2O \longrightarrow H_2SO_4$$

Sauerstoffsäuren

Schwefel bildet Sauerstoffsäuren aller Oxidationszahlen von +2 bis +6 einschließlich Peroxosäuren. Man unterscheidet zwischen Säuren des Typs H_2SO_n, von denen nur die geradzahligen Oxidationszahlen +2, +4 und +6 existieren können, und Säuren des Typs $H_2S_2O_n$. In Tab. 16.4 sind die Sauerstoffsäuren und ihre Salze zusammengefaßt, wobei zu beachten ist, daß in der Thioschwefelsäure und in der dischwefligen

Tabelle 16.4: Die Sauerstoffsäuren des Schwefels und ihre Salze

Oxid.-zahl	Säuren des Typus H_2SO_n Formel	Name	Salze	Säuren des Typus $H_2S_2O_n$ Formel	Name	Salze
+2	H_2SO_2	Sulfoxylsäure	Sulfoxylate	$H_2S_2O_3$	Thioschwefelsäure	Thiosulfate
+3				$H_2S_2O_4$	Dithionige Säure	Dithionite
+4	H_2SO_3	Schweflige Säure	Sulfite	$H_2S_2O_5$	Dischweflige Säure	Disulfite
+5				$H_2S_2O_6$	Dithionsäure	Dithionate
+6	H_2SO_4	Schwefelsäure	Sulfate	$H_2S_2O_7$	Dischwefelsäure	Disulfate
+6	H_2SO_5	Peroxoschwefelsäure	Peroxosulfate	$H_2S_2O_8$	Peroxodischwefel(VI)säure	Peroxodisulfate

Säure die beiden Schwefelatome in unterschiedlichen Oxidationszahlen vorliegen, die Einordnung in die Tabelle jedoch einem Durchschnittswert entspricht und damit rein formal ist.

Schweflige Säure. Schwefeldioxid ist das Anhydrid der schwefligen Säure.

$$SO_2 + H_2O \rightleftharpoons [H_2SO_3] \xrightleftharpoons{H_2O} HSO_3^{\ominus} + H_3O^{\oplus}$$

Das Gleichgewicht liegt jedoch fast völlig auf der Eduktseite, so daß man eher von einem hydratisierten SO_2 sprechen kann. Die geringe Menge an schwefliger Säure ist praktisch vollständig dissoziiert. Freie schweflige Säure ist wegen des obigen Gleichgewichts nicht beständig und nicht isolierbar.

Als zweiprotonige Säure bildet schweflige Säure zwei Reihen von Salzen: die Hydrogensulfite oder primären Sulfite mit dem HSO_3^--Anion und die Sulfite oder sekundären Sulfite mit dem SO_3^{2-}-Anion. Alle Hydrogensulfite M^IHSO_3 sind wasserlöslich. M^I steht für ein beliebiges Metalläquivalent. Die sekundären Sulfite sind mit Ausnahme der Alkalisulfite schwer löslich.

Die wichtigste Eigenschaft der schwefligen Säure und ihrer Salze ist deren reduzierende Wirkung, von der vielfältig Gebrauch gemacht wird. Durch die Oxidation entstehen Schwefelsäure bzw. Sulfate.

Ersetzt man formal die zwei OH-Gruppen der – nicht existierenden – schwefligen Säure $O{=}S(OH)_2$ durch Halogene, erhält man Thionylhalogenide ($O{=}SX_2$). Praktisch lassen sich diese Verbindungen durch Halogenierung von Schwefeldioxid mit dem entsprechenden Phosphorpentahalogenid herstellen. Thionylchlorid wird technisch aus SO_3 und SCl_2 hergestellt.

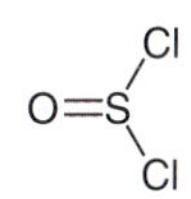

Thionylchlorid

$$SO_2 + PCl_5 \longrightarrow SOCl_2 + OPCl_3; \quad SO_3 + SCl_2 \longrightarrow SOCl_2 + SO_2$$

$SOCl_2$ ist in der Organischen Chemie ein beliebtes Chlorierungsmittel (Austausch von OH-Gruppen), weil die Produkte SO_2 und HCl gasförmig sind. Hier als Beispiel die Chlorierung von Essigsäure zu Acetylchlorid:

Essigsäure Acetylchlorid

Die Schwefelsäure (H_2SO_4) wird aus Schwefel, Sauerstoff und Wasser hergestellt. Der Schwefel wird zunächst zu SO_2 verbrannt und dieses dann nach dem Kontaktverfahren mit einem Sauerstoffüberschuß katalytisch zu SO_3 oxidiert.

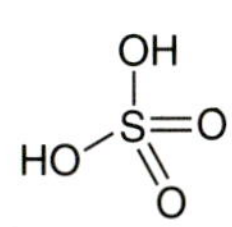

Schwefelsäure

$$2\,SO_2 + O_2 \xrightarrow{V_2O_5} 2\,SO_3$$

Da sich gasförmiges Schwefeltrioxid im Unterschied zu festem SO_3 nur schlecht in Wasser löst, wird das gebildete SO_3 in konzentrierte Schwefelsäure eingeleitet, die bis zu 65 % ihres Gewichtes an SO_3 absorbieren kann. Die hierbei entstehende, an der Luft stark rauchende Lösung nennt man rauchende Schwefelsäure oder **Oleum** und sie enthält überwiegend Dischwefelsäure ($H_2S_2O_7$). Man verdünnt vorsichtig mit Wasser und erhält so konzentrierte Schwefelsäure. Reine Schwefelsäure schmilzt bei 10,4 °C. Sie ist eine klare hochviskose Flüssigkeit (Dichte: 1,8 g ml^{-1}), die bei 338 °C siedet. Beim Verdünnen mit Wasser werden große Wärmemengen frei. Man gießt deshalb immer die Säure in das Wasser; im umgekehrten Falle verdampft das Wasser explosionsartig und verspritzt die Säure. Dies führt immer wieder zu ernsten Laborunfällen. Die konzentrierte Schwefelsäure zieht Wasser stark an und wird deswegen als Trocknungsmittel eingesetzt. Wenn konzentrierte H_2SO_4 mit Kohlenhydraten (Papier, Baumwolle, Zucker etc.) in Berührung kommt, so entzieht sie auch ihnen das Wasser und Kohlenstoff bleibt zurück (Verkohlung).

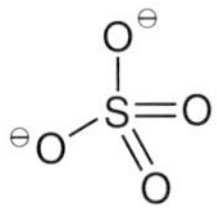
Sulfat-Ion

Schwefelsäure ist eine starke zweibasige Säure und bildet **primäre Sulfate** oder **Hydrogensulfate** (HSO_4^-) und (**sekundäre**) **Sulfate** (SO_4^{2-}). Die Hydrogensulfate und die meisten Sulfate sind wasserlöslich. Ausnahmen sind Ba-, Sr-, Pb- und Hg-Sulfat. Calciumsulfat und Silbersulfat sind wenig löslich. Beim Erhitzen gehen Hydrogensulfate zunächst unter Wasserabspaltung in Disulfate (Pyrosulfate) und schließlich unter SO_3-Abspaltung in Sulfate über.

$$2\,NaHSO_4 \xrightarrow{-\,H_2O} Na_2S_2O_7 \xrightarrow{-\,SO_3} Na_2SO_4$$

Unedle Metalle mit einem negativen Redoxpotential lösen sich in verdünnter Schwefelsäure unter Wasserstoffentwicklung.

$$Mg + H_2SO_4 \longrightarrow MgSO_4 + H_2$$

Warme konzentrierte Schwefelsäure löst als starkes Oxidationsmittel, einige Edelmetalle wie Kupfer oder Quecksilber. Der Schwefel wird dabei von der Oxidationszahl +6 zum Schwefeldioxid mit der Oxidationszahl +4 reduziert.

$$2\,H_2SO_4 + Cu \longrightarrow CuSO_4 + SO_2 + 2\,H_2O$$

Ersetzt man beim Sulfat formal ein Sauerstoffatom durch ein Schwefelatom, so gelangt man zum **Thiosulfat**, $S_2O_3^{2-}$. Die Thiosulfat-Anionen bilden mit Silber-Ionen einen gut wasserlöslichen Komplex: $[Ag(S_2O_3)_2]^{3-}$. Aus diesem Grunde wird das Natriumthiosulfat beim photographischen Prozeß als *Fixiersalz* benutzt; es löst nach dem Entwickeln/Vergrößern das überschüssige Silberbromid als Komplex aus der photographischen Schicht.

Im **Sulfurylchlorid** (SO_2Cl_2) sind die beiden OH-Gruppen der Schwefelsäure durch zwei Cl-Atome ersetzt. Sulfurylchlorid dient in der Organischen Chemie zur Einführung der SO_2-Gruppe (Sulfonsäuren, Sulfonate) und, wie das Thionylchlorid, als Chlorierungsmittel. Man kann es durch Oxidation von SO_2 mit Chlor an Aktivkohle erhalten.

$$SO_2 + Cl_2 \longrightarrow SO_2Cl_2$$

16.3 Selen und Tellur

Selen und Tellur sind recht seltene Halbmetalle. Sie finden sich als Selenide beziehungsweise Telluride spurenweise in Begleitung anderer Metallerze, vor allem der Sulfide.

16.3.1 Eigenschaften, Gewinnung und Verwendung

Selen gewinnt man vor allem aus dem Anodenschlamm der elektrolytischen Kupfer-Raffination, in dem sich die wasserunlöslichen Selenide der edleren Metalle, wie Cu_2Se, Ag_2Se, Au_2Se anreichern. Selenide werden bei hohen Temperaturen mit Sauerstoff in Gegenwart von Natriumcarbonat (Soda, Na_2CO_3) oder mit Nitrat ($NaNO_3$) zum Selenit oxidiert und dadurch wasserlöslich gemacht. Die wässrige basische Produktlösung enthält neben Selenit auch Tellurit (Na_2TeO_3).

$$M^{I}_2Se + O_2 + Na_2CO_3 \longrightarrow Na_2SeO_3 + 2\,M^0 + CO_2$$

Das Tellurit kann durch Neutralisation mit Schwefelsäure als Telluroxid (TeO_2) gefällt werden. Die bei der Zugabe von H_2SO_4 gebildete selenige Säure wird durch Einleiten von Schwefeldioxid zu Selen reduziert.

$$H_2SeO_3 + 2\,SO_2 + H_2O \longrightarrow Se + 2\,H_2SO_4$$

Tellur kann durch elektrolytische Reduktion in basischer Lösung oder nach Lösen in starken Säuren ebenfalls durch Reduktion mit SO_2 erhalten werden.

Selen ist polymorph. Es gibt eine rote amorphe Modifikation und zwei rote kristalline Modifikationen, die aus Se_8-Ringen, ähnlich den Schwefelringen bestehen. Diese wandeln sich aber in das bei Raumtemperatur thermodynamisch stabile graue metallische Selen um, das aus spiraligen Selenketten besteht.

Selen wird in der Elektrotechnik zur Herstellung von Gleichrichtern und Photozellen verwendet, es dient als roter Pigmentfarbstoff bei der Keramik- und Glasherstellung, als Legierungsbestandteil und in der Pharmazie zur Behandlung von Hauterkrankungen. Antischuppenmittel dürfen bis zu 1% SeS_2 enthalten.

Selen wirkt einerseits in höheren Dosen auf den Organismus stark toxisch, indem es den Schwefel in den Proteinen verdrängt, andererseits ist es aber ein wichtiges Spurenelement. Die selenhaltige Glutathion-Peroxidase schützt Proteine vor der Oxidation. Grauer Star und Rheumatismus werden mit Se-Mangel in Verbindung gebracht. Die in China auftretende Keshan-Krankheit (eine Herzmuskelschwäche) ist ebenfalls auf Se-Mangel zurückzuführen und kann durch Selengabe geheilt werden.

Die elektrische Leitfähigkeit des Selens erhöht sich, wenn das Selen belichtet wird. Aus diesem Grunde wurde Selen in Belichtungsmessern eingesetzt. Inzwischen ist es aber durch die wesentlich empfindlicheren Cadmiumsulfid bzw. durch noch weiter verbesserte Silizium- oder Galliumarsenid-Zellen ersetzt worden.

16.3.2 Verbindungen des Selens und Tellurs

Selen- und Tellurwasserstoff (H_2Se und H_2Te) sind farblose, sehr giftige und sehr unangenehm riechende Gase. **Se(IV)- und Te(V)-oxid** kann durch direkte Umsetzung aus den Elementen erhalten werden. Es sind weiße Feststoffe. Während sich das Selenoxid leicht in Wasser unter Bildung von seleniger Säure löst, ist vom schwer löslichen TeO_2 die entsprechende tellurige Säure in reinem Zustand nicht bekannt. SeO_2 und TeO_2 lösen sich in Basen unter Bildung der Selenite beziehungsweise Tellurite. Die **Oxide der Oxidationszahl 6** sind nur schwer mit starken Oxidationsmitteln herstellbar. Selensäure und Tellursäure sowie ihre Salze sind bekannt, jedoch nicht stabil gegen Sauerstoffabspaltung, namentlich bei erhöhter Temperatur.

17 Die siebte Hauptgruppe – die Halogene

Die siebte Hauptgruppe besteht aus den Elementen Fluor, Chlor, Brom, Iod und Astat. Bis auf Astat sind alle Elemente stabil. Biologisch interessant sind in dieser Gruppe Chlor, Brom und Iod. Chlorid-Ionen sind in Organismen allgegenwärtig und haben große, vor allem elektrophysiologische Bedeutung. An Kohlenstoff (kovalent) gebundenes Chlor ist in natürlich vorkommenden Verbindungen eher selten vertreten. Brom findet man gelegentlich in natürlichen Verbindungen, das bekannteste Beispiel ist wohl der 6,6'-Dibromindigo im Purpurfarbstoff, der in der Antike mühsam aus einer kleinen Meeresschnecke gewonnen wurde. Iod ist weit verbreitet, kommt jedoch meist nur in Spuren vor; es ist für Wirbeltiere ein Spurenelement.

17.1 Vorkommen, Herstellung, Eigenschaften

Die wichtigsten physikalischen Eigenschaften der Halogene sind in Tabelle 17.1 zusammengestellt.

Tabelle 17.1: Einige atomare und physikalische Eigenschaften der Halogene

	Fluor (F)	Chlor (Cl)	Brom (Br)	Iod (I)
Ordnungszahl	9	17	35	53
Elektronenkonfiguration	$[He]2s^22p^5$	$[Ne]3s^23p^5$	$[Ar]3d^{10}4s^24p^5$	$[Kr]4d^{10}5s^25p^5$
Atommasse	18,9984	35,4527	79,904	126,90447
Dichte [g/ml]			3,14	4,94
Schmelzpunkt [°C]	–219,62	–100,98	–7,2	113,5
Siedepunkt [°C]	–188,1	–34,6	58,78	184,35
Elektronegativität	4,1	2,8	2,7	2,2

Die Halogene kommen in der Natur nicht elementar, sondern nur in Form ihrer Verbindungen als Anionen vor. **Fluor** findet man hauptsächlich in wasserunlöslichen Verbindungen wie Fluorit (Flußspat, CaF_2), (Kryolith Na_3AlF_6) und Fluorapatit $Ca_5(PO_4)_3F$. In der belebten Natur findet es sich mit bis zu 11,5 % des Trockengewichts besonders angereichert in einem in Neuseeland vorkommenden Schwamm; spurenweise in fast allen Organismen. **Chlor** kommt in riesigen Mengen im Meerwasser gelöst als NaCl (Meersalz) und in geringerem Umfang als KCl vor. Die eingetrockneten Reste urweltlicher Meere bestehen zum Großteil aus NaCl (Steinsalz). In der Pflanzen- und Tierwelt kommt Chlor stets in geringen Mengen vor. **Brom** findet sich ebenfalls gelöst im Meerwasser und als „Abraumsalz" in Form von Bromcarnallit ($MgBr_2 \cdot KBr \cdot 6H_2O$) auf Steinsalzvorkommen. Als „Abraumsalze" bezeichnet man die Schicht der sehr leicht wasserlöslichen Salze über Steinsalzvorkommen, die durch Eintrocknen der urweltlichen Meere entstanden sind. Bei der Verdunstung des Wassers kristallisierten die leichtlöslichen Salze als letzte. **Iod** ist vergleichsweise selten und kommt vor allem im Meerwasser vor. Es wird aber von einigen Meerespflanzen (Algen, Schwämmen, Tang) angereichert und wurde früher aus ihnen gewonnen.

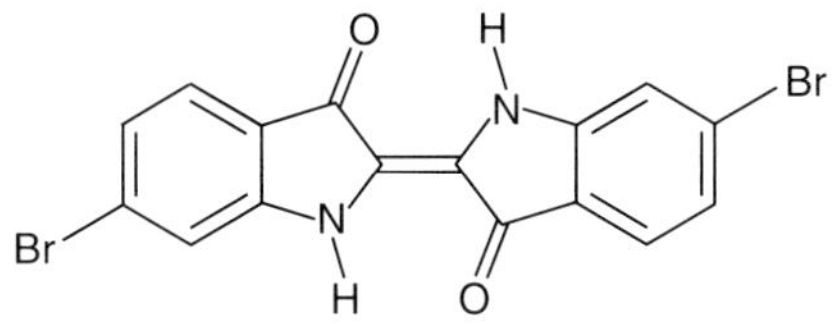

Dibromindigo

Fluor gewinnt man heute noch fast ausschließlich durch die Elektrolyse einer Schmelze von wasserfreiem Fluorwasserstoff (siehe unten), dem ca. 50 Mol-% KF zur Erhöhung der Leitfähigkeit zugesetzt sind, bei etwa 70 bis 130 °C.

Fluor ist ein sehr giftiges, blaßgelbes, außerordentlich aggressives Gas. Es ist das reaktivste Element und gleichzeitig das stärkste Oxidationsmittel. Verbindungen, in denen Fluor in einer positiven Oxidationszahl vorkommt, sind nicht bekannt. Fluor wird zur Synthese von Teflon $(\text{-}CF_2CF_2\text{-})_n$ benutzt. Daneben verwendet man es immer noch zur Herstellung von Fluor-Chlor-Kohlenwasserstoffen (FCKW), die als Verdampferflüssigkeit in Kühlaggregaten sowie als Treibgase eingesetzt werden. Da diese Verbindungen jedoch den Ozonabbau in der Stratosphäre katalysieren, werden sie in letzter Zeit in zunehmendem Maße durch andere Substanzen ersetzt. Größere Mengen Fluor werden auch zur Synthese von Kryolith zur Aluminiumgewinnung (Abschn. 13.3.1) verbraucht.

Fluorverbindungen kommen im menschlichen Organismus vor allem in den Knochen und den Zähnen vor. Geringe Mengen von Fluorverbindungen verringern die Kariesanfälligkeit der Zähne, in der Osteoporosetherapie wird es zur Stabilisierung der Knochen eingesetzt. Größere Fluoridmengen führen jedoch zu einer Verdickung und Versteifung von Gelenken.

Chlor gewinnt man als Nebenprodukt der Chloralkalielektrolyse wäßriger Natriumchloridlösungen. Es ist wie das Fluor sehr giftig, indem es einerseits die Atemwege verätzt, zum anderen organische Materialien entweder durch Oxidation, Substitution von Wasserstoff oder Addition an Doppelbindungen (siehe Abschnitt 26.12.3) verändert oder zerstört. Dem gegenüber sind Chloride (Cl^-) für den Organismus lebensnotwendig. Sie sind für das Säure-Base-Gleichgewicht, für den Wasserhaushalt, sowie für die Magen- und Nieren-sekretion erforderlich. Viele organische Chlorverbindungen verursachen Leberschäden.

Chlor wird als Desinfektions- und Bleichmittel verwendet, jedoch aus ökologischen Gründen zunehmend durch Sauerstoff (oder Ozon) ersetzt. Es ist Ausgangsstoff zur Synthese von chlororganischen Verbindungen (PVC) ebenso wie zur Herstellung anorganischer Chloride.

Zur Gewinnung von **Brom** geht man von natürlich vorkommenden Bromiden aus, die man mit elementarem Chlor in wässriger Lösung oxidiert.

$$2\,Br^{\ominus} + Cl_2 \longrightarrow Br_2 + 2\,Cl^{\ominus}$$

Das elementare Brom wird entweder mit Wasserdampf (Heißentbromierung) oder mit Luft (Kaltentbromierung) aus der wässrigen Lösung ausgetrieben.

Flüssiges Brom ruft auf der Haut tiefe, schmerzhafte und nur schlecht heilende Wunden hervor. Eingeatmet verursacht es wie die voranstehenden Halogene schwere Verätzungen der Atemwege. Bromverbindungen wurden als Sedativa verwendet. Ihre Wirkung beruht auf einer Minderung der Erregbarkeit des zentralen Nervensystems.

Technisch findet Brom, wie Chlor, Anwendung in der präparativen Organischen Chemie. Silberbromid ist die wichtigste lichtempfindliche Substanz in der Fotografie.

Iod gewinnt man entweder wie Brom durch Oxidation mit Chlor aus Iodidlösungen und anschließendem Austreiben oder durch Reduktion von in Chilesalpeter vorkommenden Iodaten mit SO_2.

Ioddämpfe sind giftig und ätzend. Im Organismus der höheren Tiere ist es ein Spurenelement. Iod ist ein Bestandteil der Schilddrüsenhormone Thyroxin und Triiodthyronin. 99 % des Körpervorrates an Iod befindet sich in der Schilddrüse. Iodmangel führt zu Hypothyreose und Kropfbildung mit zahlreichen Folgen für den Stoffwechsel.

17.2 Halogenverbindungen

Entsprechend ihrer Stellung im Periodensystem (vgl. Elektronenkonfiguration in Tab. 17.1) können die Elemente durch Aufnahme eines Elektrons bzw. durch Abgabe von sieben Elektronen Edelgaskonfigurationen erreichen. Die Oxidationszahl +7 wird nur in kovalenten (polaren) Bindungen erreicht, wobei die Stabilität der hohen Oxidationszahlen mit zunehmender Atommasse abnimmt. Innerhalb einer Periode stellt das Halogen stets das elektronegativste Element dar. Innerhalb der Gruppe nimmt die Elektronegativität mit zunehmender Atommasse ab. Gleichzeitig nimmt der kovalente Charakter der Halogenide zu. Iodide werden schon unter milden Bedingungen zu Iod oxidiert.

17.2.1 Halogenwasserstoffe

Fluor, Chlor, Brom und Iod bilden Wasserstoffverbindungen der Zusammensetzung HX, jedoch nimmt die Affinität zum Wasserstoff innerhalb der Gruppe drastisch ab.

Die Eigenschaften von HF unterscheiden sich deutlich von denen der übrigen Halogenwasserstoffe. Festes Fluor reagiert mit flüssigem Wasserstoff bereits bei –253 °C explosionsartig zu **Fluorwasserstoff** (Flußsäure). Wasser wird von Fluor in einer heftigen Reaktion zu HF und Sauerstoff zersetzt.

$$2\,H_2O + 2\,F_2 \longrightarrow O_2 + 4\,HF$$

Technisch gewinnt man HF durch Umsetzung von Flußspat (CaF_2) mit konzentrierter Schwefelsäure.

Fluorwasserstoff hat infolge sehr starker Wasserstoffbrücken mit 19,51 °C einen in der Reihe der Halogenwasserstoffe abnorm hohen Siedepunkt. Fluorwasserstoff kann nicht in Glasgefäßen aufbewahrt werden, weil diese unter Bildung von Siliciumtetrafluorid aufgelöst werden.

$$SiO_2 + 4\,HF \longrightarrow SiF_4 + 2\,H_2O$$

In Wasser reagiert Flußsäure als schwache Säure.

Die Reaktion von Chlor mit Wasserstoff läuft nach thermischer oder photochemischer Initiierung explosionsartig ab (Chlorknallgas-Reaktion), dagegen verläuft die exotherme Reaktion von Brom und Wasserstoff zum Bromwasserstoff schon deutlich gemäßigter. Hier macht sich bei höheren Temperaturen bereits die Rückreaktion bemerkbar, weshalb man zweckmäßigerweise bei niedrigeren Temperaturen unter Verwendung eines Pt-Schwamms als Katalysator arbeitet. Zur Herstellung von Iodwasserstoff verwendet man ebenfalls einen Pt-Schwamm als Katalysator, der zusätzlich erwärmt werden muß.

$$H_2 + Br_2 \rightleftharpoons 2\,HBr; \quad H_2 + I_2 \rightleftharpoons 2\,HI$$

Die wässrigen Lösungen der Halogenwasserstoffe sind mit Ausnahme von HF starke Säuren. Ihre Salze, die **Halogenide**, sind von fast allen Elementen bekannt. Bei den Metallhalogeniden nimmt der Salzcharakter mit steigender Oxidationszahl, abnehmendem Atomradius der Metalle und vom Fluorid zum Iodid ab. Überwiegend ionisch sind nur die Halogenide der Alkali- und Erdalkalimetalle sowie der Lanthanoide. Berylliumchlorid ist als Ausnahme kovalent aufgebaut, vgl. Kapitel 12. Mit abnehmendem Salzcharakter sinkt der Schmelzpunkt, während bei vielen stärker kovalenten Halogeniden die Hydrolyseempfindlichkeit und der Lewis-Säure-Charakter zunimmt. Die Lewis-Säure-Eigenschaften äußern sich unter anderem in der Bildung von Halogenkomplexen durch Anlagerung von Halogenid-Ionen.

$$AlCl_3 + Cl^{\ominus} \longrightarrow AlCl_4^{\ominus}$$

Auf dieser Reaktion beruht die Wirkung von $AlCl_3$ als Friedel-Crafts-Katalysator in der organischen Synthese (Abschnitt. 27.3).

Die meisten Chloride, Bromide und Iodide sind wasserlöslich. Schwerlöslich sind die Cu(I)-, Ag(I)-, Hg(I)-, Pb(II)- und Tl(I)-Salze.

17.2.2 Sauerstoffsäuren und deren Salze

Chlor, Brom und Iod bilden Sauerstoffsäuren, bei denen an ein zentrales Halogenatom ein, zwei, drei oder vier Sauerstoffatome gebunden sind. Dies entspricht den Oxidationszahlen +1, +3, +5 und +7. Bei Brom und Iod fehlen allerdings die Säuren der Oxidationszahl +3. In Tabelle 17.2 sind die Oxohalogensäuren und ihre Salze zusammengestellt.

Stellvertretend für die übrigen Halogensauerstoffsäuren und ihre Salze, seien hier nur die Chlorsauerstoffsäuren kurz vorgestellt.

Die schwache **hypochlorige Säure** entsteht durch Disproportionierung von Cl_2, wenn man Chlorgas in der Kälte in Wasser einleitet.

H–O–Cl
hypochlorige Säure

Tabelle 17.2: Die Sauerstoffsäuren der Halogene und deren Salze

Oxidationszahl	Summenformel			Name Säure	Salz
+1	HOCl	HOBr	HOI	Hypohalogenige Säure	Hypophalogenit
+3	$HClO_2$			Chlorige Säure	Chlorit
+5	$HClO_3$	$HBrO_3$	HIO_3	Halogensäure	Halogenat
+7	$HClO_4$	$HBrO_4$	HIO_4	Perhalogensäure	Perhalogenat

Die freien Säuren der Oxidationszahl +3 von Brom und Iod sind nicht bekannt, wohl aber deren Salze.

$$Cl_2 + H_2O \rightleftharpoons HClO + H^{\oplus} + Cl^{\ominus}$$

Das Gleichgewicht liegt allerdings sehr weit auf der Seite der Edukte. Höhere Konzentrationen von hypochloriger (unterchloriger) Säure kann man nur durch Entfernen der Salzsäure mit HgO (als unlösliches Quecksilberoxidchlorid, $HgCl_2 \cdot 2HgO$) erhalten. Bei Temperaturen über 0 °C beginnt sie jedoch bereits zu zerfallen. Hypochlorite kann man durch Einleiten von Cl_2-Gas in Lösungen von Laugen erhalten.

„Chlorkalk", das gemischte Chlorid-Hypochlorit des Calciums, entsteht aus $Ca(OH)_2$ und Cl_2; es wird als Desinfektionsmittel eingesetzt.

$$Ca(OH)_2 + Cl_2 \longrightarrow CaCl(OCl) + H_2O$$

Hypochlorige Säure und ihre Salze sind starke Oxidationsmittel.

H–O–Cl=O
chlorige Säure

Chlorige Säure ($HClO_2$) ist ebenso wie die hypochlorige Säure, eine schwache Säure und in reiner Form nicht stabil. Chlorite erhält man durch Einleiten von Chlordioxid ClO_2 in Alkalilauge durch Disproportionierung.

$$2\,NaOH + 2\,ClO_2 \longrightarrow NaClO_2 + NaClO_3 + H_2O$$

Technisch erhält man die Chlorite durch Reduktion von Chlordioxid mit H_2O_2 in basischer Lösung.

$$2\,ClO_2 + H_2O_2 + 2\,OH^{\ominus} \longrightarrow 2\,ClO_2^{\ominus} + 2\,H_2O + O_2$$

Natriumchlorit wird wegen seiner oxidierenden Wirkung zum Bleichen verwendet. Die Mischung von festen Chloriten mit oxidierbaren Substanzen (organische Verbindungen, Schwefel, Metalle) ist explosiv. Feste Schwermetallchlorite explodieren ebenfalls beim Erwärmen oder durch Schlag.

Chlorsäure ($HClO_3$) kann durch Ansäuern wässriger Hypochlorit-Lösungen mit wenig HCl (es bildet sich bei der Reaktion immer wieder neu) erhalten werden. Dabei oxidiert die zunächst entstehende hypochlorige Säure ihr eigenes Salz!

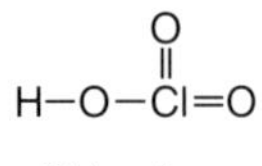

Chlorsäure

$$2\,HClO + ClO^{\ominus} \longrightarrow ClO_3^{\ominus} + 2\,HCl \quad \text{(Disproportionierung)}$$

Wegen des Gleichgewichts

$$ClO^{\ominus} + H_2O \rightleftharpoons HClO + OH^{\ominus}$$

das sich bei der Temperaturerhöhung nach rechts verschiebt, kann eine Chloratlösung auch direkt durch Einleiten von Chlorgas in eine heiße (Natrium-) Hydroxidlösung erhalten werden.

$$3\,Cl_2 + 6\,NaOH \longrightarrow 5\,NaCl + NaClO_3 + 3\,H_2O$$

$HClO_3$ ist ebensowenig wie die entsprechende Bromverbindung in reinem Zustand beständig. Iodsäure kann demgegenüber isoliert werden.

Die Säure und ihre Salze sind starke Oxidationsmittel. Feste Chlorate explodieren schon beim Zerreiben im Mörser, wenn oxidierbare Substanzen zugegen sind. Kaliumchlorat, $KClO_3$, wird in größerem Maßstab zur Herstellung von Zündhölzern, Sprengstoffen, Leuchtsätzen und Pflanzenvernichtungsmitteln verwendet.

Die **Perchlorsäure**, $HClO_4$, ist die stärkste aller bekannten Säuren. Man kann sie durch vorsichtiges Erhitzen von Chloraten durch Disproportionierung erhalten. Bei zu hohen Temperaturen zerfällt die gebildete Persäure zu Chlorid und Sauerstoff.

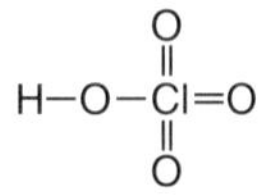

Perchlorsäure

$$4\,NaClO_3 \longrightarrow 3\,NaClO_4 + NaCl; \quad NaClO_4 \longrightarrow NaCl + 2\,O_2$$

Technisch gewinnt man die Persäuren, wie auch die übrigen Sauerstoffsäuren, elektrolytisch.

In konzentrierter Form ist Perchlorsäure eine farblose, ölige Flüssigkeit. Beim Erwärmen explodiert $HClO_4$, aber auch bei Raumtemperatur zersetzt es sich langsam. Als Folge der starken Oxidationswirkung reagiert Perchlorsäure mit organischem Material unter heftiger Detonation. Die Salze der Perchlorsäure neigen im festen Zustand ebenfalls zu Explosionen.

17.2.3 Interhalogenverbindungen

Die Halogenide gehen zahlreiche Verbindungen untereinander ein. In ihren chemischen Eigenschaften ähneln sie den Elementen, sind in der Regel jedoch deutlich reaktiver. In Tabelle 17.3 sind die gesicherten Interhalogenverbindungen zusammengestellt.

Tabelle 17.3: Zusammenstellung der gesicherten Interhalogenverbindungen

	F	Cl	Br	I
F	F_2			
Cl	ClF, ClF_3, ClF_5	Cl_2		
Br	BrF, BrF_3, BrF_5	BrCl	Br_2	
I	IF, IF_3, IF_5, IF_7	ICl, ICl_3	IBr	I_2

18 Die achte Hauptgruppe – die Edelgase

Die achte Hauptgruppe besteht aus den Elementen Helium, Neon, Argon, Krypton, Xenon und Radon. Bis auf Radon sind alle Elemente stabil. Keines der Edelgase spielt in der Biologie eine besondere Rolle.

18.1 Vorkommen und Gewinnung

In der Luft sind ca. 1 Gew.-% Edelgase enthalten. Argon ist mit 99,8 % der in der Luft vorkommenden Edelgase mit Abstand das häufigste. Darüber hinaus sind Edelgase im Meerwasser enthalten und Helium findet sich bis zu 8 % in Erdgasen, aus denen es heute vornehmlich gewonnen wird. Die übrigen Edelgase werden durch fraktionierte Destillation flüssiger Luft erhalten, wobei für Krypton und Xenon ein etwas modifiziertes Verfahren zur Anwendung kommt.

18.2 Eigenschaften und Verwendung

Die wichtigsten physikalischen Daten der Edelgase sind in Tabelle 18.1 zusammengestellt.

Die Edelgase sind farb- und geruchlos. Entsprechend ihrer Elektronenkonfiguration mit vollkommen besetzten Schalen, zeigen sie keine Tendenz zur Bildung höherer Aggregate; sie liegen deshalb als einzelne Atome vor. Von Helium und Argon sind keine Verbindungen bekannt, von Krypton und Xenon sind einige wenige Verbindungen mit den elektronegativsten Elementen charakterisiert. Argon, Krypton und Xenon dienen als Schutzgase in Glühlampen. Argon wird als Schutzgas beim Schweißen (z.B. zum Schweißen von Aluminium) und

Tabelle 18.1: Einige wichtige Eigenschaften der Edelgase

	Helium (He)	Neon (Ne)	Argon (Ar)	Krypton (Kr)	Xenon (Xe)
Ordnungszahl	2	10	18	36	54
Elektronenkonfiguration	$1s^2$	$[He]2s^22p^6$	$[Ne]3s^23p^6$	$[Ar]3d^{10}4s^24p^6$	$[Kr]4d^{10}5s^25p^6$
Atommasse	4,0026	20,1797	39,948	83,80	131,29
Dichte [g/l]	0,17	0,84	1,66	3,48	5,49
Siedepunkt [°C]	–268,9	–246,0	–185,7	–152,3	–107,1

als Inertgas für chemische Umsetzungen mit hochreaktiven Reagentien oder bei drastischen Reaktionsbedingungen eingesetzt. In Gasentladungsröhren werden die Edelgase elektrisch angeregt und senden sichtbares Licht aus. Eine Heliumfüllung ergibt gelbes Licht, Neon leuchtet rot, Argon violett, Krypton gelbgrün und Xenon blaugrün. Durch Zugabe von Quecksilberdampf, Beschichtung der Innenwände der Röhren mit bestimmten Salzen oder Einfärben des Röhrenglases kann ein weites Spektrum der unterschiedlichsten Farben, vornehmlich für Leuchtreklame, realisiert werden. Die im allgemeinen Sprachgebrauch als „Neonröhren“ bezeichneten *Leuchtstoff-Lampen* funktionieren nach einem anderen Prinzip. Hier werden bestimmte Metallsalze (Leuchtstoff) durch UV-Licht zum Leuchten angeregt.

Helium dient als Füllung für Ballons, als Trägergas in der Gaschromatographie und als Kühlflüssigkeit in der Tieftemperaturtechnik, zum Beispiel für Supraleiter (supraleitende Spulen der Elektromagnete für die NMR-Tomographie etc.). Sauerstoff-Helium-Mischungen sind in den Druckflaschen der Taucher enthalten. Xenon kann als gut verträgliches Narkotikum verwendet werden, ist aber für diesen Zweck derzeit noch zu teuer.

18.3 Verbindungen

Bis zum Jahre 1962, als N. Bartlett $XePtF_6$ synthetisierte, war keine einzige Edelgasverbindung bekannt. Inzwischen kennt man eine ganze Anzahl von Xenonverbindungen mit Fluor und Sauerstoff und eine Kryptonverbindung mit Fluor. Tabelle 18.2 gibt einen Überblick.

Tabelle 18.2: Zusammenstellung der bekannten Edelgasverbindungen

Oxidationszahl	Fluoride	Oxide	Fluoridoxide	
+2	KrF_2 farblos, kristallin metastabil unter 0 °C			
	XeF_2 farblos, kristallin Smp. 129,03 °C; Sblp. 120 °C			
	RuF_2			
+4	XeF_4 farblos, kristallin Smp. 117,1 °C		$XeOF_2$ gelb, kristallin instabil	
+6	XeF_6 farblos, kristallin stabil Smp. 49,5 °C; Sdp. 75,6 °C	XeO_3 farblos, kristallin explosiv	XeO_2F_2 farblos, kristallin metastabil Smp. 30,8 °C	$XeOF_4$ farblose Flüssigkeit Smp. –46,2 °C
+8		XeO_4 farbloses Gas explosiv	XeO_3F_2 (massenspektrometrisch nachgewiesen)	XeO_2F_4 (massenspektrometrisch nachgewiesen)

Nach: Holleman-Wiberg, Anorganische Chemie, de Gruyter (1985), S. 378

Die Übergangselemente

Unter Übergangselementen versteht man nach IUPAC Elemente mit einer unvollständig besetzten d- oder f-Schale und solche, die durch Kationenbildung eine solche Elektronenkonfiguration einnehmen. Die Nebengruppen- oder Übergangselemente sind allesamt typische Metalle. Nach IUPAC umfaßt dies die Elemente der Gruppen 3 bis 12. Gebräuchlich ist jedoch eine Einteilung der Übergangsmetalle in die Gruppen IIIa bis VIIIa, Ib und IIb (vgl. Periodensystem im Einband). Daneben gibt es noch andere Gruppenbezeichnungen. Man hat versucht, mit diesen Einteilungen die Eigenschaften der Übergangselemente mit denen der Hauptgruppen in Bezug zu bringen und tatsächlich kann man in manchen Fällen bei den frühen Übergangselementen ähnliche Eigenschaften wie bei den Elementen der entsprechenden Hauptgruppe beobachten.

Bei den **äußeren Übergangsmetallen** werden sukzessive d-Orbitale bis zu ihrer Maximalbesetzung mit 10 Elektronen besetzt. Nach dem Auffüllen des 4s-Orbitals mit seinen maximal zwei Elektronen beim Calcium ($[Ar]4s^2$), schiebt sich die erste Übergangsmetallreihe mit den Elementen Scandium, Titan, Vanadium, Chrom, Mangan, Eisen, Cobalt, Nickel, Kupfer und Zink $[Ar]4s^23d^1$ bis $[Ar]4s^23d^{10}$ ein, dann geht es mit der Auffüllung des 4p-Orbitals beim Gallium ($[Ar]4s^23d^{10}4p^1$) mit den Hauptgruppenelementen weiter. Dem Strontium folgt die zweite Übergangsreihe mit den Elementen Yttrium, Zirkon, Niob, Molybdän, Technetium, Ruthenium, Rhodium, Palladium, Silber und Cadmium. Die dritte Übergangsreihe beginnt mit dem Lanthan und der Besetzung des 5d-Orbitals mit einem Elektron. Statt der weiteren Auffüllung des 5d-Orbitals wird nun zunächst in der Reihe der **Lanthanoiden** die 4f-Schale mit ihren 14 Elektronen gefüllt, dann erst folgen die weiteren Elemente der 3. Übergangsreihe: Hafnium, Tantal, Wolfram, Rhenium, Osmium, Iridium, Platin, Gold und Quecksilber. Dem Actinium der 4. Übergangsreihe folgen die **Actinoiden**, bei denen das 5f-Orbital gefüllt wird. Die Übergangselemente, bei denen f-Orbitale aufgefüllt werden, bezeichnet man auch als **innere Übergangselemente**.

Wir wollen hier dem Versuch widerstehen, die chemischen Eigenschaften der Übergangsmetalle zu systematisieren und in ein Schema zu pressen, in der die Ausnahme die Regel ist. Einige generelle Tendenzen sind jedoch – bei aller Vorsicht – zu erkennen.

Die Übergangselemente unterscheiden sich in der Besetzung eines inneren Orbitals. Dies hat zur Folge, daß sich die Elemente einer Übergangsreihe in ihren chemischen Eigenschaften weit weniger unterscheiden als die Hauptgruppenelemente. Die Übergangselemente sind typische Metalle, während bei den Hauptgruppenelementen ein kontinuierlicher Übergang von typischen Metallen zu typischen Nichtmetallen stattfindet.

Infolge der dichter beieinander liegenden Energieniveaus gehen die Übergangsmetalle leichter einen Wechsel ihrer Oxidationszahlen ein als die Hauptgruppenelemente. Darüber hinaus können sie einzelne Elektronen aufnehmen oder abgeben, während sich bei den Hauptgruppenelementen die Oxidationszahlen oft um zwei Einheiten unterscheiden. (Stickstoff ist eine der wenigen Ausnahmen). Im Unterschied zu den Hauptgruppenelementen nimmt der edle Charakter in einer Gruppe von oben nach unten zu; im gleichen Sinn stabilisieren sich die höheren Oxidationszahlen. Von links nach rechts steigen die höchstmöglichen Oxidationszahlen an, um bei Fe, Ru bzw. Os ein Maximum zu durchlaufen und dann bis zum Zn, Cd bzw. Hg wieder abzufallen.

21 Sc **3**	22 Ti 2, 3, **4**	23 V 2, 3, 4, **5**	24 Cr 2, **3**, 6	25 Mn **2**, 3, 4, 6, 7	26 Fe 2, **3**, 6	27 Co **2**, 3	28 Ni **2**, 3	29 Cu 1, **2**	30 Zn **2**
39 Y **3**	40 Zr **4**	41 Nb 3, **5**	42 Mo 2, 3, 4, 5, **6**	43 Tc 4, 6, **7**	44 Ru **3**, **4**, 8	45 Rh **1**, 2, **3**, 4	46 Pd **2**, 4	47 Ag **1**, 2	48 Cd **2**
57 La **3**	72 Hf **4**	73 Ta **5**	74 W 2, 3, 4, 5, **6**	75 Re 2, 4, 6, **7**	76 Os 2, 3, **4**, 6, 8	77 Jr **1**, 2, 3, **4**, 6	78 Pt **2**, **4**	79 Au 1, **3**	80 Hg 1, **2**
89 Ac									

19 Die erste Nebengruppe: die Münzmetalle

Die erste Nebengruppe besteht aus den Elementen Kupfer, Silber und Gold (Tab. 19.1). Kupfer tritt als Zentralatom im Hämocyanin, einem sauerstofftransportierenden Molekül im Blut von Mollusken und Arthropoden auf. Es ist auch im Plastocyanin der Chloroplasten enthalten. Auf niedere Pflanzen (Algen) wirkt es zum Teil schon in extrem geringen Konzentrationen toxisch. Silber-Ionen wirken stark fungizid und bakterizid. Die Einnahme von Silberpräparaten über einen längeren Zeitraum kann eine Argyrie, eine Dunkelfärbung der Haut an den dem Licht exponierten Stellen durch Bildung von Silber, Silbersulfid und Silberoxid hervorrufen.

Die oben angegebene Elektronenkonfiguration weist für die Metalle der Kupfergruppe ein einzelnes Elektron in der äußersten Schale aus. Dies ist aber die einzige Gemeinsamkeit mit den Alkalimetallen (I. Hauptgruppe des Periodensystems). Das einzelne Elektron ist infolge der höheren Kernladungszahl und der nicht so effektiven Abschirmung durch die äußere 18-er Schale viel fester gebunden als das der Alkalimetalle. Die Metalle der ersten Nebengruppe sind deshalb sehr viel edler als die Alkalimetalle. Selbst das am wenigsten edle Kupfer kommt in der Natur in kleinen Mengen gediegen vor. Die Metalle sind an der Luft und gegen Wasser stabil, wobei sich Kupfer mit einer dünnen durchlässigen Oxidschicht überzieht.

Tabelle 19.1: Einige Eigenschaften der Münzmetalle

	Kupfer (Cu)	Silber (Ag)	Gold (Au)
Ordnungszahl	29	47	79
Elektronenkonfiguration	$[Ar]3d^{10}4s^1$	$[Kr]4d^{10}5s^1$	$[Xe]4f^{14}5d^{10}6s^1$
Atommasse	63,546	107,8682	196,96654
Dichte [g/ml]	8,92	10,49	19,32
Schmelzpunkt [°C]	1083,4	961,9	1064,4
Siedepunkt [°C]	2567	2212	2807
Elektronegativität	1,8	1,4	1,4

19.1 Kupfer

19.1.1 Vorkommen, Herstellung und Eigenschaften

Kupfer ist eines der Metalle, nach dem eine prähistorische Periode benannt wurde: die Kupferzeit. Sie ging der Bronzezeit (Bronze: Legierung aus Kupfer und Zinn) voraus. Kupfer findet sich sowohl in geringen Mengen elementar, als auch kationisch in Erzen wie Kupferkies ($Cu_2S \cdot Fe_2S_3$), Kupferglanz (Cu_2S) oder Malachit ($CuCO_3 \cdot Cu(OH)_2$).

Kupfer wird vorwiegend aus Kupferkies gewonnen. In einem mehrstufigen Prozess wird das Eisen weitgehend und Schwefel teilweise entfernt, wobei ein Teil des Kupfersulfids zum Kupferoxid oxidiert wird. Die Reaktion des Cu_2S mit Cu_2O führt zu (Roh-) Kupfer und SO_2.

$$2\,Cu_2O + Cu_2S \longrightarrow 3\,Cu + SO_2$$

Das Rohkupfer enthält noch Kupfersulfid und eine ganze Anzahl weiterer Metalle. Durch **Raffinationsschmelzen** erhält man das **Garkupfer**, das bereits zu etwa 99 % rein ist. Für die **elektrolytische Raffination** wird es in Platten gegossen, die als Anode geschaltet werden. Als Kathode dient eine Reinkupferplatte, als Elektrolyt eine Kupfersulfatlösung. Während der Elektrolyse geht das Kupfer der Anode (anodische Oxidation) zusammen mit noch vorhandenen unedleren Metallen in Lösung. Edlere Verunreinigungen (Au, Ag, Pt) lösen sich nicht, sondern sinken während der Auflösung der Kupferanode auf den Boden des Elektrolysebehälters und bilden den **Anodenschlamm**, aus dem sie gewonnen werden können. Cu scheidet sich an der Kathode mit 99,95 %iger Reinheit ab, während die unedleren Beimengungen in Lösung bleiben.

Das rotgoldene, relativ weiche und dennoch zähe und dehnbare Metall läßt sich sehr gut kalt verarbeiten und in dünne Drähte ziehen. Nach dem Silber leitet es den elektrischen Strom und die Wärme unter allen Metallen am besten und wird daher statt des sehr viel teureren Silbers für elektrische Leitungen benutzt. Kupfer ist das unedelste Metall der ersten Nebengruppe und reagiert als einziges mit Luftsauerstoff, indem es sich mit einer dünnen Oxidschicht überzieht. Von dieser Oxidschicht (Cu_2O) stammt auch die kupferrote Farbe. Kupfer ist Bestandteil sehr vieler Legierungen: Bronze (Cu, Sn), Messing (Cu, Zn), Neusilber = Alpaka (Cu, Zn, Ni), Aluminiumbronze (Cu, Al) etc..

Kupfer wird auch Gold und Silber beigemischt, um diese sehr weichen Metalle zu härten. Kupfer ist ein häufig verwendeter Werkstoff, wenn es um hohe Beständigkeit an der Luft (Dachabdeckungen, Regenrinnen) und gute Wärmeleitfähigkeit geht (Wärmeaustauscher, Kochgeschirr, Braupfannen).

19.1.2 Kupferverbindungen

Die Elektronenkonfiguration der Kupfergruppe, wie sie am Anfang dieses Kapitels angegeben ist, läßt eine Unregelmäßigkeit in der Besetzung der (n-1)d-Schale erkennen. Bei kontinuierlicher Besetzung sollte man die Konfiguration $(n\text{-}1)d^9\ ns^2$ erwarten. Offensichtlich ist jedoch der Energiegewinn durch die Vollbesetzung des d-Orbitals so groß, daß ein Elektron aus dem ns-Orbital zur Auffüllung des (n-1)d-Orbitals benutzt wird. Dennoch ist die bevorzugte Oxidationszahl des Kupfers +2 und nicht +1.

In der **Oxidationszahl +1** besitzt Kupfer ein voll besetztes 3d- und ein leeres 4s-Orbital. Dennoch sind ionische Cu(I)-Verbindung in wässriger Lösung unbeständig gegen die Disproportionierung in Cu(II) und Cu(0). Stabil sind nur Ionenverbindungen mit sehr geringer Löslichkeit und stabile wasserlösliche Komplexe wie $CuCl_2^-$ oder $Cu(NH_3)_2^+$.

Zu den wichtigeren Cu(I)-Verbindungen gehört das **Cu_2O**, das beim Nachweis von reduzierenden Zuckern (Abschn. 33.1.1.3) mit Fehlingscher Lösung aus einer basischen Lösung von $CuSO_4$ – nach dessen Reduktion zu Cu^+ – als rotbrauner Niederschlag ausfällt:

$$2\,Cu^+ + 2\,HO^- \longrightarrow 2\,[CuOH] \longrightarrow Cu_2O + H_2O$$

Trockenes Cu_2O ist an der Luft beständig, durch feuchte Luft wird es jedoch zu blauem $Cu(OH)_2$ oxidiert. Die **Cu(I)halogenide** CuCl, CuBr und CuI sind schwerlöslich, wobei die Löslichkeit vom Chlorid zum Iodid um etwa 6 Zehnerpotenzen abnimmt. CuCl wird an feuchter Luft zum basischen Cu(II)chlorid, Cu(OH)Cl oxidiert. Die wässrige Lösung von **Cu_2SO_4** disproportioniert sofort zu Cu(II) und Cu(0).

$$Cu_2SO_4 \longrightarrow CuSO_4 + Cu$$

In den **Cu(II)-Verbindungen** hat Kupfer die Elektronenkonfiguration $3d^94s^0$. Cu^{2+}-Ionen sind in wässriger Lösung unter Bildung des Hexaquakomplexes $[Cu(H_2O)_6]^{2+}$ stabil. Durch direkte Umsetzung von Kupfer mit Luftsauerstoff bei Rotglut erhält man schwarzes **CuO**. Die Zugabe von Alkalilauge zu Cu^{2+}-Lösungen fällt flockig, lockeres hell-

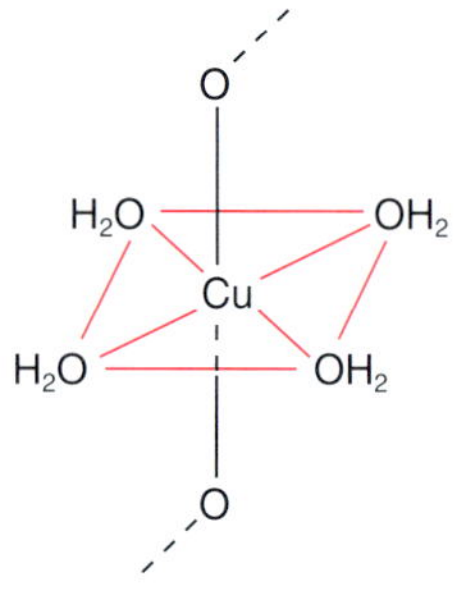

Kupfer(II)sulfat

blaues **$Cu(OH)_2$** als Oxidhydrat. In konzentrierten Alkalilaugen und in Ammoniakwasser löst sich $Cu(OH)_2$ unter Bildung von Cupraten, $[Cu(OH)_4]^{2-}$ bzw. dem hydratisierten Ammin-Komplex, $[Cu(NH_3)_4](OH)_2$ (Kupfertetraamminohydroxid). Die Lösung ist in der Lage, Cellulose aufzulösen. Technisch wird dies gelegentlich noch zur Herstellung von „Kupferseide" genutzt. Von den **Kupfer(II)halogeniden** ist das Iodid instabil, weil I^- das Cu^{2+} zu Cu^+ reduziert und selbst zu elementarem Iod oxidiert wird. Das intensiv blau gefärbte **Kupfer(II)sulfat** ($CuSO_4 \cdot 5H_2O$, „Kupfervitriol") ist verzerrt oktaedrisch gebaut. Vier Wassermoleküle sind in einer Ebene komplex an das Kupfer gebunden, in axialer Stellung befinden sich Sauerstoffatome der Sulfatgruppen, während das fünfte Wassermolekül über Wasserstoffbrücken gebunden ist. Das Kupfersulfat wirkt bakterizid und wird in der Medizin als Brechmittel eingesetzt. Die **Fehlingsche Lösung** (klar, blau) besteht aus Kupfersulfat, Weinsäure (vgl. Abschnitt 33.1.1.3) und KOH. Die Weinsäure hat die Aufgabe, das Cu(II) in der basischen Umgebung als Tartratkomplex in Lösung zu halten. Cu(I) bildet diesen Komplex nicht, weshalb nach der Reduktion von Cu(II) ein Niederschlag von Cu_2O auftritt. Die Reaktion dient zur Diagnose der Zuckerkrankheit, bei der sich im Harn der Patienten Glucose, ein reduzierender Zucker, befindet.

19.2 Silber

19.2.1 Vorkommen, Gewinnung und Eigenschaften

Schon in der Frühzeit der Menschheit war Silber ein bekannter und begehrter Werkstoff. Silber kommt elementar und in seinen Salzen, beispielsweise Ag_2S (Silberglanz) oder AgCl (Hornsilber) vor. Letzteres spielt bei der technischen Gewinnung wegen seiner Seltenheit keine Rolle. Silber läßt sich leicht kalt verarbeiten. Von allen Metallen besitzt es die höchste Leitfähigkeit für Wärme und für den elektrischen Strom. Das weißglänzende Metall ist weniger fest und zäh als Kupfer. Es ist sehr duktil und läßt sich deshalb zu sehr feinen Drähten ausziehen (1 g zu 2 km Filigrandraht). Für Münzen, Bestecke und Schmuckgegenstände wird es meist mit ca. 20 % Kupfer legiert (der Silbergehalt wird auf Promille bezogen; eine 80 %ige Legierung trägt also einen 800er Prägestempel; dies gilt auch für Goldlegierungen). Silber-Ionen wirken schon in geringsten Mengen bakterizid. Auf der Oberfläche von Silbergegenständen können Bakterien nicht existieren.

Die Silbergewinnung erfolgt wegen des geringen Silbergehaltes seiner Erze naßchemisch durch die **Cyanidlaugerei**. Das Verfahren macht sich die hohe Stabilität und gute Wasserlöslichkeit eines Cyanokomplexes von Silber, dem Natriumdicyanoargentat(I), $Na[Ag(CN)_2]$ zunutze. Aus den zerkleinerten Erzen wird sowohl elementares Silber, Silbersulfid und Silberchlorid durch eine verdünnte Natriumcyanidlösung als Cyanokomplex herausgelöst. Dies ist bemerkenswert, da Silberchlorid und besonders das Sulfid sehr schwer löslich sind (s.u.). Aus der abgetrennten klaren Lösung des Cyanokomplexes wird das Silber durch Reduktion mit Aluminium- oder Zinkstaub ausgefällt.

$$2\ Na[Ag(CN)_2] + Zn \longrightarrow \mathbf{2\ Ag} + Na_2[Zn(CN)_4]$$

Die Reinigung des etwa 95 %igen Rohsilbers erfolgt analog dem Kupfer durch elektrolytische Raffination.

19.2.2 Silberverbindungen

Silber reagiert im Unterschied zu seinem leichteren Homologen nicht mehr mit Luftsauerstoff. Von nichtoxidierenden Säuren wie Salzsäure wird Silber nicht angegriffen; für Kupfer gilt dies nur bei Abwesenheit von Luftsauerstoff. Alle wichtigen Silberverbindungen liegen in der Oxidationszahl +1 vor. **Silbernitrat** ($AgNO_3$) ist wegen seiner guten Wasserlöslichkeit Ausgangsstoff für viele Silberverbindungen und damit die wichtigste Verbindung des Silbers. Es kann leicht aus Silber und Salpetersäure hergestellt werden, wobei der Stickstoff der Salpetersäure teilweise zu NO reduziert wird.

$$4\ HNO_3 + 3\ Ag \longrightarrow 3\ AgNO_3 + NO + 2\ H_2O$$

Silbernitrat zersetzt sich im Licht in Gegenwart organischer Substanzen leicht zu feinst verteiltem, schwarzem, elementarem Silber. Bei Abwesenheit organischer Substanzen ist $AgNO_3$ am Licht stabil. Das im Gewebe von Lebewesen vorhandene Wasser ermöglicht die Bildung von HNO_3, $AgNO_3$ wirkt dadurch ätzend und oxidierend. Es wurde in der Medizin als „Höllenstein“ zur Beseitigung von Wucherungen eingesetzt. **Silberoxid** (Ag_2O) kann aus Silbersalzlösungen durch Basen gefällt werden. Als Zwischenstufe tritt dabei **Silberhydroxid** (AgOH) auf.

$$2\ Ag^+ + 2\ OH^- \longrightarrow 2\ [AgOH] \longrightarrow Ag_2O + H_2O$$

Silberoxid zerfällt beim Erhitzen auf Temperaturen über 300 °C in die Elemente. Das schwarze **Silbersulfid** (Ag_2S) bildet sich, wenn metallisches Silber oder Silberverbindungen mit Schwefel oder Schwefelwasserstoff in Berührung kommen. Ag_2S ist die schwerstlösliche Silberverbindung mit einem Löslichkeitsprodukt von ca. $5{,}5 \cdot 10^{-51}$. Auf dieser Reaktion beruht das „Anlaufen" silberner Gegenstände (in bewohnten Räumen und in vielen Speisen sind stets gewisse Mengen an H_2S vorhanden). Die **Silberhalogenide** zeigen eine deutlich ausgeprägte Abnahme ihrer Löslichkeit und eine Zunahme ihres kovalenten Bindungscharakters vom Fluorid zum Iodid. AgF ist noch leicht wasserlöslich, während das Chlorid nur noch ein Löslichkeitsprodukt von $1{,}7 \cdot 10^{-10}$ besitzt und damit schon schwerlöslich ist. Das Iodid ist mit $L = 8{,}5 \cdot 10^{-17}$ am schwersten löslich. Silberchlorid ist in Ammoniakwasser leicht unter Bildung des Diamminkomplexes $[Ag(NH_3)_2]Cl$ löslich.

$$AgCl + 2\,NH_3 \longrightarrow Ag(NH_3)_2^+ + Cl^-$$

Die Silberhalogenide sind mit Ausnahme des Fluorids lichtempfindlich, das heißt sie zersetzen sich am Licht in die Elemente. Dieses Phänomen wird für die Photographie ausgenutzt.

Vom Silber sind noch die Oxidationszahlen +2, +3 und +4 bekannt, wobei die letzteren praktisch keine Bedeutung haben. Von den Ag(II)-Verbindungen hat das Fluorid, das direkt aus den Elementen entsteht, eine gewisse Verbreitung als gutes Fluorierungsmittel.

$$Ag + F_2 \longrightarrow AgF_2$$

19.3 Gold

Genau wie Kupfer und Silber ist Gold ein Metall, das der Menschheit seit frühester Zeit bekannt ist und gut kalt bearbeitet werden kann. Es kommt in der Natur überwiegend elementar vor, aber zum Beispiel auch als Calaverit ($AuTe_2$) an Tellur gebunden. Man kann es zu extrem dünnen Folien („Blattgold") verarbeiten, die dann zum Vergolden dienen. Da es ein sehr weiches Metall ist, wird das Gold für seine Verwendung als Münzen oder Schmuck mit Kupfer (Rotgold) oder mit Palladium (Weißgold) legiert. Der Goldgehalt dieser Legierungen wird entweder in Promille vgl. Silber oder in Karat angegeben. Pures Gold ist 24-karätig, 50 %iges Gold ist 12-karätig usw. Gold ist ein sehr edles Metall, so daß viele Goldverbindungen leicht wieder zu elementarem Gold zerfallen.

Die Gewinnung von Gold ist wegen seines geringen Vorkommens sehr mühsam. Bei den moderneren Verfahren wird goldhaltiges Gestein zunächst zerkleinert und dann mit Wasser und Quecksilber gut vermischt. Etwa 60 % des enthaltenen Goldes kann auf diese Weise als Amalgam abgetrennt werden. (Amalgame sind Lösungen von Metallen in Quecksilber, vgl. Abschnitt 20.3). Das restliche Gold wird analog dem Verfahren bei Silber als Cyanidkomplex $[Au(CN)_2]^+$ in Lösung gebracht und mit einem unedlen Metall reduziert.

Gold wird als sehr edles Metall von Säuren und von Luft nicht angegriffen. Unter stark oxidierenden Bedingungen kann es zur Reaktion gebracht werden. Es löst sich in Königswasser (HNO_3/HCl im Volumenverhältnis 1:3) und in Chlorwasser. Die Lösung in Königswasser ergibt Tetrachlorogold(III)säure ($HAuCl_4$).

Gold kommt in seinen **Verbindungen** hauptsächlich in den Oxidationszahlen +1 und +3 vor. In wässriger Lösung ist Au^+ nicht beständig; es disproportioniert in Au und Au^{3+}. Deshalb sind nur die wasserunlöslichen Au(I)-Salze und stabile Komplexe der Form $[AuX_2^-]$ gegen Wasser beständig. Gold(III)-Verbindungen kommen in wässriger Lösung praktisch nur als planare Komplexe in der Koordinationszahl 4 vor. Die wichtigste Verbindung ist das $AuCl_3$, das direkt aus den Elementen beim Überleiten von Cl_2 über feinverteiltes Gold bei 180 °C entsteht. $AuCl_3$ liegt dimer vor.

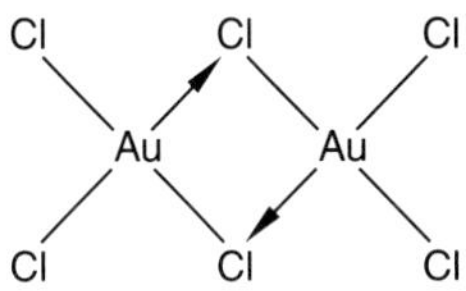

dimeres $AuCl_3$

20 Die zweite Nebengruppe

Die Metalle der zweiten Nebengruppe sind Zink (Zn), Cadmium (Cd) und Quecksilber (Hg). Einige ihrer Eigenschaften sind in Tab. 20.1 aufgelistet. Die Elemente besitzen in ihrer äußersten Schale die gleiche Elektronenkonfiguration wie die Erdalkalimetalle, ns^2. Wie diese liegen sie in ihren Verbindungen fast ausschließlich in der Oxidationszahl +2 vor. Im Gegensatz zu den Erdalkalimetallen nimmt der edle Charakter der Metalle mit steigender Atommasse zu. Dies zeigt sich in den steigenden Normalpotentialen und in einer Abnahme der thermischen Stabilität ihrer Verbindungen. Zink und Cadmium unterscheiden sich, nicht nur durch den Aggregatzustand, deutlich von Quecksilber. Infolge der starken Zunahme der Kernladung und des größeren Atomradius besitzen Quecksilberverbindungen eher kovalenten Charakter, während die Verbindungen von Zn und Cd mit den elektronegativsten Elementen ionisch sind. Im Grundzustand besitzen die Metalle der Zinkgruppe nur abgeschlossene Energieniveaus, dennoch sind sie unedler als die links neben ihnen stehenden Münzmetalle. Quecksilber zählt man wie Silber zu den Edelmetallen.

Tabelle 20.1: Einige Eigenschaften von Zink, Cadmium und Quecksilber

	Zink (Zn)	Cadmium (Cd)	Quecksilber (Hg)
Ordnungszahl	30	48	80
Elektronenkonfiguration	$[Ar]3d^{10}4s^2$	$[Kr]4d^{10}5s^2$	$[Xe]4f^{14}5d^{10}6s^2$
Atommasse	65,39	112,411	200,59
Dichte [g/ml]	7,14	8,64	13,55
Schmelzpunkt [°C]	419,58	320,9	–38,87
Siedepunkt [°C]	907	765	356,58
Elektronegativität	1,7	1,5	1,5

20.1 Zink

20.1.1 Vorkommen, Herstellung und Eigenschaften

Zink kommt nicht gediegen vor. Seine hauptsächlichen Vorkommen sind das Zinksulfid (ZnS), als Zinkblende und Wurzit, das Carbonat ($ZnCO_3$, Zinkspat) und das Kieselzinkerz ($Zn_4(OH)_2[Si_2O_7] \cdot H_2O$). Man gewinnt Zink nach einem „trockenen“ und einem „nassen“ (elektrolytischen) Reduktionsverfahren überwiegend aus dem Sulfid, das für beide Verfahren zunächst durch Rösten in das Oxid überführt werden muß.

$$2\,ZnS + 3\,O_2 \longrightarrow 2\,ZnO + 2\,SO_2$$

Nach dem trockenen Verfahren wird ZnO bei 1100 bis 1300 °C mit Kohlenstoff reduziert. Die Reduktionstemperatur liegt deutlich über dem Siedepunkt von Zink, so daß dieses dampfförmig anfällt und kondensiert werden muß.

$$ZnO + C \longrightarrow Zn_{(Dampf)} + CO$$

Das erhaltene Rohzink ist etwa 97 bis 98 %ig und wird durch Destillation auf eine Reinheit von 99,99 % gebracht (Feinzink).

Für die elektrolytische Reduktion wird das Zinkoxid mit Schwefelsäure versetzt, und die so entstehende Zinksulfatlösung mit Pb als Anode und Al als Kathode elektrolysiert. Das sich auf der Kathode abscheidende Feinzink wird mechanisch entfernt. Nach der Spannungsreihe müßte sich an der Kathode Wasserstoff bilden. In sehr reinen Zinksulfatlösungen ist jedoch die Wasserstoffüberspannung an Zink so hoch, daß statt dessen Zn^{2+} reduziert wird. Die Reinigung der Sulfatlösung ist außerordentlich aufwendig. In einer Variante zur beschriebenen Elektrolysemethode wird Quecksilber als Kathode benutzt. Die Amalgambildung von Zink macht dieses edler als den Wasserstoff und eine besondere Reinigung der Zinksulfatlösung wird überflüssig. Außerdem fällt Zn nach Entfernen des Hg in einer Reinheit von 99,999 % an.

Zink ist bei normalen Temperaturen ein ziemlich sprödes Metall. Bei Erwärmen auf 100 bis 150 °C wird es wesentlich duktiler und man kann es zu Blechen und Drähten verarbeiten. Trotz seines negativen Normalpotentials ist Zink an der Luft und gegen Wasser beständig, denn es überzieht sich mit einer widerstandsfähigen Oxid- oder basischen Carbonatschicht. Man verwendet das Metall deshalb für Dachabdeckungen oder als Überzug über Eisenteile, um deren Korrosion zu verhindern.

Zink wird als Legierungsbestandteil (Messing = Cu/Zn) für Gußteile und sein Oxid als weißes Farbpigment verwendet. Zinkoxid kann UV-Strahlung absorbieren und ist deshalb in Sonnenschutzcremes enthalten.

Zinksalze verursachen äußerlich Verätzungen, innerlich stark schmerzhafte Entzündungen der Verdauungsorgane. Wasserlösliche Zinksalze können sich durch die Reaktion von sauren Lebensmitteln mit Zn bilden.

Zink ist ein Spurenelement, das bisher in mehr als 200 Enzymen nachgewiesen wurde. Entsprechend hoch ist die Funktionsvielfalt der Zinkverbindungen im Organismus.

20.1.2 Zinkverbindungen

Die wichtigsten Zinkverbindungen sind das Oxid, das Hydroxid, das Chlorid, das Sulfat und das Sulfid. **Zinkoxid** (ZnO) kann man entweder durch Pyrolyse des Carbonats oder Nitrats oder technisch durch Verbrennen von Zinkdampf an der Luft erhalten; seine Verwendung wurde oben bereits angesprochen. **Zinkhydroxid** ($Zn(OH)_2$ erhält man durch Ausfällen aus Zinksalzlösunen mit Alkalien. $Zn(OH)_2$ ist amphoter, es löst sich in Säuren unter Bildung von saurem $[Zn(H_2O)_6]X_2$ und im Überschuß von Basen als $[Zn(OH)_4]^{2-}$. Entsprechend wird elementares Zink sowohl von Säuren als auch von Basen unter Wasserstoffentwicklung gelöst. Oxidfreier Zinkstaub löst sich sogar in Wasser. **Zinkchlorid** kann direkt aus den Elementen bei erhöhter Temperatur oder durch Auflösen von Zn in wässriger HCl erhalten werden. **Zinksulfat** entsteht ganz analog aus Zn und H_2SO_4 oder durch Versetzen von ZnO mit Schwefelsäure. Eine Alternative dazu ist das oxidierende Rösten von Zinkblende. **Zinksulfid**, das geringe Mengen an Silber oder Kupfer enthält, leuchtet nach Belichtung noch einige Zeit im Dunkeln weiter (Phosphoreszenz).

20.2 Cadmium

Cadmium kommt als Begleiter von Zink überwiegend als Cadmiumsulfid (Cadmiumblende, CdS) und als Carbonat (Octavit, $CdCO_3$) vor. Es fällt bei der Gewinnung von Zink als Nebenprodukt an und kann wie dieses sowohl durch ein trockenes als auch durch ein nasses Reduktionsverfahren erhalten werden.

Elementares Cadmium ist ein silberweiß glänzendes, ziemlich weiches Metall, das an der Luft durch dessen CO_2-Gehalt matt wird, indem es einen CO_2-haltigen Überzug bildet. Bei starkem Erhitzen verbrennt Cadmium mit roter Flamme unter Entwicklung eines äußerst giftigen braunen Rauchs aus Cadmiumoxid. Cadmium löst sich nur langsam in verdünnten, nicht oxidierenden Säuren (HCl, H_2SO_4), aber rasch in verdünnter Salpetersäure. Cadmiumsalze sind deutlich giftiger als Zinksalze. Cadmiumverbindungen schädigen vor allem die Nieren und hierdurch bedingt sekundär auch die Knochen (Itai-Itai-Krankheit). In Leber und Niere von Rauchern reichert sich Cadmium wegen des Gehaltes von 1–2 µg pro Zigarette erheblich stärker an als bei Nichtrauchern. Cadmiumverbindungen stehen im Verdacht, für den Menschen carcinogen zu sein.

Cadmium wird für Batterien (Ni/Cd, Ag/Cd), als Schutzüberzug vor allem über Eisen, als Legierungsbestandteil, für Brems- und Kontrollstäbe in Kernkraftwerken und zur Herstellung von Farbpigmenten verwendet.

In seinen Verbindungen kommt Cadmium praktisch ausschließlich in der Oxidationszahl +2 vor. **Cadmiumoxid, CdO**, entsteht durch direkte Vereinigung der Elemente ($2\ Cd + O_2 \rightarrow 2\ CdO$). Das **Hydroxid, $Cd(OH)_2$**, fällt als weißer Niederschlag aus, wenn man Cd^{2+}-Lösungen mit Alkalilaugen versetzt. Es ist sowohl in Säuren als auch im Überschuß starker Laugen wieder löslich. Cadmium bildet die **Halogenverbindungen CdX_2** mit X = F, Cl, Br und I bzw. die Komplexe CdX_3^- und CdX_4^{2-}. Durch Einleiten von H_2S in mäßig saure oder basische Lösungen von Cd-Salzen erhält man einen schönen gelben Niederschlag von schwer löslichem CdS, das als Malerfarbe verwendet wurde.

20.3 Quecksilber

20.3.1 Vorkommen, Herstellung und Eigenschaften

Quecksilber kommt vorwiegend als Zinnober (HgS), selten gediegen in Form kleiner in Gestein eingeschlossener Tröpfchen vor. Man gewinnt Quecksilber durch Rösten des Zinnobers bei Temperaturen über 400 °C nach

$$HgS + O_2 \rightarrow Hg_{Dampf} + SO_2.$$

Quecksilberoxid ist bei den angewandten Temperaturen nicht mehr beständig und man erhält sofort Quecksilberdampf, der kondensiert wird.

Quecksilber ist das einzige bei Raumtemperatur flüssige Metall. Man verwendet es in Thermometern und wegen seiner hohen Dichte in Barometern und Manometern. 1 l wiegt gut 13,5 kg. Beim Aufnehmen von Quecksilbergefäßen kommt es immer wieder zu Unfällen, weil deren Gewicht unterschätzt wird. Glas schwimmt auf Quecksilber. Weitere Anwendung findet Quecksilber bei der Chlor-Alkali-Elektrolyse, als Silberamalgam in der Zahnmedizin und für elektrische Kontrollinstrumente (Kontaktthermometer). Quecksilberverbindungen werden in der Farbenindustrie verwendet.

Quecksilber hat einen relativ hohen Dampfdruck und in 1 m^3 Luft können bei Raumtemperatur etwa 15 mg Quecksilber enthalten sein. Quecksilberdampf und Quecksilberverbindungen sind sehr giftig. Sie reagieren mit den freien Thiolgruppen der Proteine und sind damit wirksame Enzyminhibitoren. Chronische Quecksilbervergiftungen führen vor allem zu einer Schädigung des Zentralnervensystems, während akute Vergiftungen eine Entzündung der Mund-, Magen- und Darmschleimhaut sowie eine Nierenschädigung hervorrufen.

Die meisten Metalle lösen sich bei Raumtemperatur in flüssigem Quecksilber und bilden dabei Legierungen, die **Amalgame**. Je nach Quecksilbergehalt und Legierungspartner sind die Amalgame flüssig oder fest. Silberamalgam ist frisch plastisch verformbar und wird dann sehr hart und chemisch widerstandsfähig. Silberhaltige Amalgame werden zur Zeit als Quecksilberquelle für den menschlichen Organismus durch ihre Verwendung in der Zahnmedizin kontrovers diskutiert.

20.3.2 Quecksilberverbindungen

Quecksilber kommt in seinen Verbindungen in den Oxidationszahlen +1 und +2 vor; erstere sind dimer.

In den **Verbindungen der Oxidationszahl +1** sind durch Dimerisierung beide Außenelektronen des Quecksilbers beteiligt. In wässriger Lösung stellt sich ein Gleichgewicht zwischen dem dimeren Hg_2^{2+}, Hg^{2+} und elementarem Quecksilber ein.

$$Hg_2^{2+} \rightleftharpoons Hg + Hg^{2+}$$

Man kann diesem Gleichgewicht entnehmen, daß Hg(I)-Verbindungen aus Hg(II)-Verbindungen durch Zusatz von Hg(0) erhalten werden können. Die Schwerlöslichkeit von Hg(II)-Verbindungen verschiebt das Gleichgewicht nach rechts, schwerlösliche Hg(I)-Verbindungen und stabile Komplexe nach links. **Quecksilber(I)chlorid (Kalomel)** kann man entweder durch Sublimieren einer äquivalenten Mischung aus Hg und $HgCl_2$ als weiße, fasrig-kristalline Substanz oder als weißen Niederschlag durch Zugabe von HCl zu wässrigen Hg_2^{2+}-Lösungen erhalten.

$$HgCl_2 + Hg \longrightarrow Hg_2Cl_2; \quad Hg_2^{2+} + 2\,Cl^- \longrightarrow Hg_2Cl_2$$

Wie AgCl färbt sich Hg(I)chlorid am Licht durch Hg-Abscheidung dunkel. Man kann AgCl und Hg_2Cl_2 an ihrer Reaktion mit Ammoniakwasser unterscheiden: Schwarzfärbung zeigt die Quecksilberverbindung an, während Silberchlorid mit NH_3 den stabilen löslichen Komplex $[Ag(NH_3)_2]Cl$ bildet.

$$Hg_2Cl_2 + NH_3 \longrightarrow Hg(NH_2)Cl + HCl + Hg^0$$

Die Quecksilber(I)bromide und -iodide sind schwer löslich, Hg_2F_2 ist salzartig und wasserlöslich, aber auch wasserunbeständig. $Hg_2(NO_3)_2$ kann man entweder durch Behandeln eines Quecksilberüberschusses mit kalter verdünnter Salpetersäure oder durch Versetzen von $Hg(NO_3)_2$ mit Quecksilber erhalten; es ist nur in verdünnter HNO_3 haltbar. In Wasser hydrolysiert es zu $Hg_2(OH)NO_3$ und HNO_3, in Alkalilauge entsteht über das Hydroxid und das Hg(I)oxid Quecksilber und Quecksilber(II)oxid.

$$Hg_2(NO_3)_2 \xrightarrow{\text{Alkalilauge}} Hg_2(OH)_2 \longrightarrow Hg + HgO$$

Von den **Quecksilber(II)-Verbindungen** ist das Oxid, HgO (**Zinnober**) das bekannteste. Es ist das wichtigste Quecksilbererz, man kann es aber auch aus den Elementen als rotes Pulver oder durch Versetzen von Quecksilbersalzlösungen mit Laugen als gelben amorphen Niederschlag erhalten. Die unterschiedliche Farbe ist lediglich eine Folge der verschiedenen Korngrößen. Allgemein gilt für Verbindungen, daß sich die Farbe mit zunehmendem Verteilungsgrad aufhellt (für Metalle gilt das Umgekehrte).

$$2\,Hg + O_2 \underset{>400°C}{\overset{300–350°C}{\rightleftarrows}} 2\,HgO$$

$$Hg^{2+} + 2\,OH^- \longrightarrow [Hg(OH)_2] \longrightarrow HgO + H_2O$$

Quecksilber(II)halogenide. HgF_2 ist ionogen und wird als Fluorierungsmittel verwendet. $HgCl_2$ (**Sublimat**) hat seinen Namen von seiner Herstellungsmethode. Wenn man $HgSO_4$ zusammen mit Natriumchlorid erhitzt, sublimiert $HgCl_2$ als weiße, leicht wasserlösliche Substanz. Die Verbindung ist eher kovalent und leicht zu Hg(I) und Quecksilber reduzierbar.

$$HgSO_4 + 2\,NaCl \longrightarrow HgCl_2 + Na_2SO_4$$

Aus $HgCl_2$ und Ammoniak erhalt man je nach Reaktionsbedingungen entweder **schmelzbares** oder **unschmelzbares Präzipitat**.

$$\underset{\text{unschmelzbares Präzipitat}}{[HgNH_2]Cl} \xleftarrow{NH_3,\ \text{wässrig}} HgCl_2 \xrightarrow{NH_3,\ \text{Gas}} \underset{\text{schmelzbares Präzipitat}}{Hg(NH_3)_2Cl_2}$$

HgI_2 zeigt eine interessante **Thermochromie**: Bei Verreiben von Iod mit Quecksilber erhält man rotes HgI_2. Läßt man beide Elemente in der Dampfphase miteinander reagieren, erhält man gelbes HgI_2, das beim Abkühlen in die rote enantiotrope Modifikation übergeht.

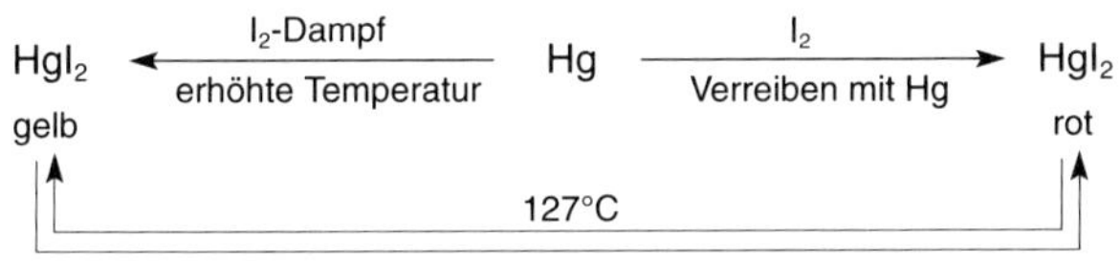

HgI_2 ist sehr schwer wasserlöslich. Bei Zugabe von I^- geht es jedoch in den löslichen HgI_4^{2-}-Komplex über. Die basische Lösung dieses Komplexes dient als „Nesslers Reagenz“ als sehr empfindlicher Nachweis auf Ammoniak. Geringe NH_3-Mengen ergeben eine orangebraune Lösung, während größere Mengen einen orangebraunen bis tiefbraunen Niederschlag verursachen.

21 Die dritte, vierte und fünfte Nebengruppe

21.1 Die dritte Nebengruppe: Scandium, Yttrium, Lanthan

Die dritte Nebengruppe besteht aus den Elementen Scandium, Yttrium, Lanthan und Actinium. Bis auf Actinium als radioaktives Zerfallsprodukt des Urans sind alle Elemente stabil. Es handelt sich um typische Metalle, die alle in der Oxidationszahl +3 vorliegen. Tabelle 21.1 zeigt einige wichtige Daten dieser Elemente.

Im Unterschied zu den Metallen der II. Nebengruppe werden die Elemente der III. Nebengruppe mit zunehmender Atommasse unedler. Sie sind unedler als das Aluminium der III. Hauptgruppe, dem sie in chemischer Hinsicht sehr ähneln. Dem Lanthan folgen die Lanthanoiden (s. Abschnitt 24.1) in denen das 4f-Orbital sukzessive mit 14 Elektronen gefüllt wird. Entsprechend folgen auf das Actinium die 14 Actinoiden (s. Abschnitt 24.2).

Scandium hat wenig technische Bedeutung. Es ist ein silberweißes, an der Luft bei normalen Temperaturen stabiles Metall. Es löst sich unter H_2-Entwicklung in nicht-oxidierenden Säuren.

Yttrium wird aus Xenotim-Sand (Xenotim = YPO_4) gewonnen. Durch Aufschluß mit H_2SO_4 erhält man wasserlösliches $Y_2(SO_4)_3$.

Tabelle 21.1: Einige Eigenschaften von Scandium, Yttrium und Lanthan

	Scandium (Sc)	Yttrium (Y)	Lanthan (La)
Ordnungszahl	21	39	57
Elektronenkonfiguration	$[Ar]3d^1 4s^2$	$[Kr]4d^1 5s^2$	$[Xe]5d^1 6s^2$
Atommasse	44,96	88,91	138,91
Dichte [g/ml]	2,99	4,47	6,16
Schmelzpunkt [°C]	1539	1523±8	920±5
Siedepunkt [°C]	2832	3337	3454
Elektronegativität	1,2	1,1	1,1

Nach Fällung als Oxalat erhält man durch Glühen das Oxid Y_2O_3, das mit HF in YF_3 überführt und mit Ca und Mg reduziert wird.

Yttrium ist ein silberweißes Metall, das sich beim Erhitzen auf 500 °C an der Luft selbst entzündet und mit hellroter Flamme brennt. Man vermutet, daß Yttrium toxisch ist. Yttrium wird in der Reaktortechnik für Rohre und Kontrollstäbe benutzt; es ist Legierungsbestandteil in Permanentmagneten. Seine Oxide, Oxidsulfide oder Vanadate werden in Verbindung mit Europium (z. B. $Y_{2-x}Eu_xO_2S$) als Leuchtstoff (rote Fluoreszenz) in Farbfernsehern und in Leuchtstoffröhren benutzt. Yttriumaluminiumgranat (YAG) dient als Schmuckstein und wird für die Herstellung von „YAG-Lasern" verwendet.

Lanthan hat kaum technische Bedeutung. Man gewinnt es analog dem Yttrium aus dem Fluorid. Es ist ein silberweißes Metall, das infolge Oxidbildung an der Luft schnell matt wird. Es löst sich in verdünnten Säuren unter H_2-Entwicklung.

21.2 Die vierte Nebengruppe: Titan, Zirkonium, Hafnium

Die vierte Nebengruppe besteht aus den Elementen Titan, Zirkonium und Hafnium (Tabelle 21.2). Ihre normale Oxidationszahl ist +4, aber es treten auch +2 und +3 auf. Im Vergleich zur vierten Hauptgruppe sind die Metalle sehr viel unedler, der edle Charakter nimmt mit steigender Atommasse ab, die Stabilität der höheren Oxidationszahlen zu. Zwischen dem Zirkonium und seinem höheren Homologen, dem Hafnium, schieben sich nicht nur die üblichen Haupt- und Nebengruppenelemente der äußeren Übergangsreihe, sondern auch noch die Lantha-

Tabelle 21.2: Einige Eigenschaften von Titan, Zirkonium und Hafnium

	Titan (Ti)	Zirkonium (Zr)	Hafnium (Hf)
Ordnungszahl	22	40	72
Elektronenkonfiguration	$[Ar]3d^24s^2$	$[Kr]4d^25s^2$	$[Xe]4f^{14}5d^26s^2$
Atommasse	50,94	91,22	178,49
Dichte [g/ml]	4,51	6,51	13,31
Schmelzpunkt [°C]	1660±10	1852±2	2227±20
Siedepunkt [°C]	3287	4377	4602
Elektronegativität	1,3	1,2	1,2

noiden. Die sehr viel höhere Kernladungszahl wird nur unzureichend von der Elektronenwolke abgeschirmt (Lanthanoidenkontraktion), weshalb der Atomradius von Zirkonium und Hafnium nahezu identisch ist. Ihre chemischen Eigenschaften sind so ähnlich, daß Hafnium erst mehr als 100 Jahre nach dem Zirkon entdeckt wurde.

Titan kommt in der Erdrinde häufig vor und findet sich als Rutil (TiO_2), Perowskit ($CaTiO_3$) und Ilmenit ($FeTiO_3$). Mit 4,1 bis 5,5 % (je nach Literaturquelle) ist es sehr viel häufiger als beispielsweise Kohlenstoff mit 0,087 %. Titanmetall gilt physiologisch als inert. Seine Verbindungen sind wenig toxisch.

Die Gewinnung des Titans erfolgt hauptsächlich nach dem **Kroll-Verfahren**, bei dem Titan(IV)oxid zunächst in $TiCl_4$ überführt und dann mit Magnesium reduziert wird. Die Reduktion mit Kohlenstoff würde zu einem Carbid (TiC) und in Abwesenheit von atmosphärischer Luft zu TiN führen, das als $TiC \cdot 4TiN$ kupferrote Nadeln bildet.

Titan ist in reiner Form silberweiß und duktil; geringe Verunreinigungen lassen es spröde werden. Ti ist ein Leichtmetall, das sich mit einer widerstandsfähigen Oxidschicht überzieht und ist bei normalen Temperaturen gegen verdünnte Säuren und bis 20 °C selbst gegen Königswasser stabil. Das geringe Gewicht des Metalls, seine mechanische Festigkeit und seine chemische Resistenz machen es zu einem begehrten Werkstoff, wenn es um gewichtssensible Anwendungen (Flugzeugbau, Weltraumforschung) geht. In der Medizin wird es für Knochennägel, Protesen, Nadeln usw. verwendet. Für höhere Temperaturen ist es nicht so sehr geeignet, weil zum einen die chemische Widerstandsfähigkeit nachläßt und zum anderen schon ab 426 °C eine rasche Erweichung des Metalls eintritt.

Titan kommt in seinen **Verbindungen** vor allem in den Oxidationszahlen +2 bis +4 vor; Titan(III)-Salze sind starke Reduktionsmittel.

$TiCl_4$ stellt (wie $SnCl_4$) eine infolge von Hydrolyse an der Luft rauchende, wasserklare Flüssigkeit dar.

$$TiCl_4 + 2\,H_2O \longrightarrow TiO_2 + 4\,HCl$$

Mit Alkoholen (ROH) bildet Titan(IV)chlorid Titansäureester, $(RO)_4Ti$. Mit Alkalichloriden entsteht der Hexachlorokomplex $Ti(Cl)_6$. Analog reagieren die Fluoride und Bromide, nicht jedoch die Iodide.

Titandioxid ist ein begehrtes Weißpigment. TiO_2 kommt in den Modifikationen Rutil, Anatas und Brookit vor. Es ist amphoter und löst sich in konzentrierter Schwefel- oder Salpetersäure als Sulfat, $Ti(SO_4)_2$ oder Nitrat, $Ti(NO_3)_4$. Beim Zusammenschmelzen mit Alkalicarbonaten oder -hydroxiden bilden sich die Titanate M_4TiO_4, M_2TiO_3, $M_2Ti_2O_5$ oder $M_2Ti_3O_7$. Aus Titan(IV)chlorid und Schwefelwasserstoff erhält man TiS_2.

Aus $TiCl_4$ und Triethylaluminium erhält man ein $TiCl_3$-haltiges Produkt, das als **Ziegler-Natta-Katalysator** zur Polymerisation von 1-Olefinen große technische Bedeutung besitzt (vgl. Abschn. 26.12.5).

$TiCl_3$ kann man aus $TiCl_4$ und Wasserstoff bei etwa 500 °C erhalten. Es ist bei diesen Temperaturen instabil gegen Disproportionierung in $TiCl_2$ und $TiCl_4$. Ti(III)oxid, Ti_2O_3 entsteht aus TiO_2 durch Reduktion mit H_2 bei ca. 1000 °C.

Die **Titan(II)halogenide** $TiCl_2$, $TiBr_2$ und TiI_2 kann man nach verschiedenen Reduktions- und Disproportionierungsreaktionen erhalten. Nichtstöchiometrisches TiO entsteht bei der Umsetzung von TiO_2 mit Ti bei 1500 °C.

Zirkonium und Hafnium sind recht selten. Zirkonium kann ähnlich wie Titan gewonnen werden. Es wird als Werkstoff für stark der Korrosion ausgesetzte Teile im chemischen Anlagenbau eingesetzt. Das Metall selbst ist relativ ungiftig. Der Edelstein Zirkon besteht aus Zirkoniumsilikat ($ZrSiO_4$) und bricht das Licht ähnlich stark wie der Diamant.

21.3 Die fünfte Nebengruppe: Vanadium, Niobium, Tantal

Die fünfte Nebengruppe besteht aus den verhältnismäßig seltenen Elementen Vanadium (V, manchmal auch als Vanadin bezeichnet), Niobium (Nb, auch Niob) und Tantal (Ta) (s. Tabelle 21.3). In ihren Verbindungen treten die Elemente bis zur maximalen Oxidationszahl +5 auf. Wie die Elemente der V. Hauptgruppe (Stickstoffgruppe) sind die Oxide der höchsten Oxidationszahl Säurebildner. Innerhalb der Neben-

Tabelle 21.3: Einige Eigenschaften von Vanadium, Niobium und Tantal

	Vanadium (V)	Niobium (Nb)	Tantal (Ta)
Ordnungszahl	23	41	73
Elektronenkonfiguration	$[Ar]3d^34s^2$	$[Kr]4d^45s^1$	$[Xe]4f^{14}5d^36s^2$
Atommasse	50,94	92,91	180,95
Dichte [g/ml]	6,09	8,58	16,68
Schmelzpunkt [°C]	1890±10	2468±10	2996
Siedepunkt [°C]	3380	4742	5425±100
Elektronegativität	1,5	1,2	1,3

gruppe nimmt die Stabilität der hohen Oxidationszahlen – im Unterschied zur V. Hauptgruppe – zu. Nb und Ta sind sich infolge der Lanthanoidenkontraktion chemisch sehr ähnlich, jedoch ist diese Ähnlichkeit nicht so extrem wie bei der IV. Nebengruppe. Die Eigenschaften von Vanadium weichen stärker von denen des Niobiums und Tantals ab.

21.3.1 Vorkommen, Herstellung und Eigenschaften von Vanadium

Vanadium kommt als Begleitmineral in Erzen vor und wird hauptsächlich aus Titanomagnetit-Erzen nach Anreicherung gewonnen. Durch oxidierendes Rösten von Erzen in Gegenwart von Alkalisalzen entstehen Alkalivanadate, die ausgewaschen werden können. Aus den wässrigen Lösungen fällt man durch Zugabe von Schwefelsäure Vanadinpentoxid, das mit Aluminium oder Calcium bei ca. 950 °C reduziert wird.

$$V_2O_5 + 5\,Ca \longrightarrow 2\,V + 5\,CaO$$

Häufig wird Vanadium nicht isoliert, sondern als „Ferrovanadium" gewonnen, eine etwa 50 %igen Eisenlegierung, die man durch gemeinsame Reduktion von Eisenoxid und Vanadiumoxid im elektrischen Ofen mit Kohle erhält. Man kann diese Legierung direkt als Zusatz zur Herstellung von Vanadiumstahl, einem Werkzeugstahl von großer Härte und Zähigkeit, verwenden.

Vanadium ist ein stahlgraues, bläulich schimmerndes Element, das in reinem Zustand duktil und kalt schmied- bzw. walzbar ist. Schon durch geringe Verunreinigungen wird es spröde. In seinen Verbindungen tritt es in den Oxidationszahlen +2 bis +5 auf.

Vanadium ist ein essentielles Spurenelement. In verschiedenen Meerestieren kann Vanadium bis zur 10-millionenfachen Meerwasserkonzentration angereichert sein. Vanadium(V)-Verbindungen können die Enzymaktivität beeinflussen, indem sie im Phosphorstoffwechsel an Stelle des Phosphors treten. Vanadium wirkt als Cofaktor der Nitrogenase, einem Enzym, das an der Stickstoff-Fixierung beteiligt ist. Im menschlichen Organismus findet man Vanadium in den Zellkernen und Mitochondrien von Hoden, Leber, Milz und Nieren. In höheren Konzentrationen wirken die Vanadiumverbindungen giftig und schleimhautreizend. Bei längerer Einwirkung hoher Konzentrationen tritt eine grünschwarze Färbung der Zunge auf. „Vanadismus" ist eine Berufskrankheit.

21.3.2 Vanadiumverbindungen

Charakteristisch für Vanadiumverbindungen ist deren Tendenz zum leichten Wechsel der Oxidationszahlen. Man verwendet Vanadiumverbindungen und vor allem die Oxide deshalb gerne als Oxidationskatalysatoren. Von den **Vanadium(V)-Verbindungen** ist vor allem das Vanadium(V)oxid zu nennen. Es ist stabil und man kann es durch Verbrennen von Vanadium im Sauerstoffüberschuß erhalten. Es ist das stabilste Oxid und zeigt dennoch oxidierende Eigenschaften. So entwickelt es mit konzentrierter Salzsäure Chlor und wird selbst zu Vanadium(IV) reduziert. Das Oxid löst sich sowohl in Säuren als auch in Laugen. In Abhängigkeit vom pH-Wert bilden sich folgende Ionen:

pH 13-8: Mono-, Di- und Metavanadate (HVO_4^{2-}, $HV_2O_7^{3-}$ und $(VO_3^-)_n$; sie leiten sich von der hypothetischen Orthovanadiumsäure „H_3VO_4“ ab.
pH 6-2: Decavanadate ($V_{10}O_{28}^{6-}$, $HV_{10}O_{28}^{5-}$, $H_2V_{10}O_{28}^{4-}$)
pH<2: Dioxovanadin(V)-Ionen (Vanadyl-Kationen, VO_2^+)

Von den **Halogeniden** der Oxidationszahl +5 ist nur VF_5 als binäre Verbindung bekannt. Demgegenüber kennt man die Halogenidoxide VOX_3 mit X = F, Cl, Br und VO_2X mit X = F und Cl.

In den **Oxidationszahlen +2 bis +4** sind alle binären **Halogenide** VX_2 bis VX_4 bekannt. Die **Oxide** dieser Oxidationszahlen sind VO, V_2O_3 und VO_2.

21.3.3 Niobium und Tantal

Die Elemente **Niobium und Tantal** kommen vor allem als Eisenmanganniobat, $(Fe,Mn)(NbO_3)_2$ und Eisenmangantantalat, $(Fe,Mn)(TaO_3)_2$ vor. Man gewinnt die Elemente entweder durch Schmelzflußelektrolyse oder Reduktion mit Na aus den komplexen Fluoriden $K_2[NbOF_5]$ bzw. $K_2[TaF_7]$. Tantal kann auch aus dem Pentaoxid (Ta_2O_5) mit Kohlenstoff bei 1700–2300 °C erhalten werden. Die Metalle sind hellgrau glänzend und wegen einer sehr dichten und widerstandsfähigen Oxidschicht beständig gegen Säuren einschließlich Königswasser. Von HF oder von heißer Schwefelsäure werden sie angegriffen. Beide Metalle sind schmied- und walzbar. Tantal wird wegen seiner gegenüber Niobium nochmals erhöhten chemischen Resistenz als Ersatz für Platin zur Herstellung chemischer Geräte und Apparate und für medizinische Instrumente eingesetzt. Beide Metalle sind Legierungsbestandteile für Stähle.

Zur Physiologie ist wenig bekannt; eingeatmete Tantalverbindungen reichern sich in den Knochen und in der Leber an.

In Ihren **Verbindungen** kommen Niobium und Tantal vor allem in den Oxidationszahlen +2 bis +5 vor. Die **Oxide** der Oxidationszahlen +5 und +4, Nb_2O_5, Ta_2O_5 und NbO_2 bzw. TaO_2 sind bekannt. Die Pentaoxide lösen sich in Alkalihydroxiden unter Bildung der Niobate und Tantalate $M(Nb/Ta)O_3$. Niob und Tantal bilden alle Penta-, Tetra- und Tri**halogenide** mit Ausnahme des TaF_4. Daneben sind noch eine ganze Anzahl niederwertigerer Halogenide mit teilweise komplizierter Struktur bekannt.

22 Die sechste und siebte Nebengruppe

22.1 Die sechste Nebengruppe: Chrom, Molybdän, Wolfram

Die sechste Nebengruppe besteht aus den Schwermetallen Chrom (Cr), Molybdän (Mo) und Wolfram (W) (Tabelle 22.1). Wie bei den vorherigen Gruppen gleichen sich die beiden schwereren Homologen stark. Bei der Orbitalbesetzung treten kleine Abweichungen vom sukzessiven Auffüllen des d-Orbitals auf. Man sollte für alle Elemente eine Elektronenkonfiguration erwarten, wie sie in Tabelle 22.1 für das Wolfram angegeben ist. Für die beiden leichteren Homologen ist die Halbbesetzung der (*n*-1)p-Orbitale offensichtlich günstiger als die Vollbesetzung des *n*s-Orbitals. Mit zunehmender Atommasse stabilisieren sich die höheren Oxidationszahlen. Cr(VI) ist ein starkes Oxidationsmittel, während bei Wolfram die Oxidationszahl + 4 am stabilsten ist.

Tabelle 22.1: Einige Eigenschaften von Chrom, Molybdän und Wolfram

	Chrom (Cr)	Molybdän (Mo)	Wolfram (W)
Ordnungszahl	24	42	74
Elektronenkonfiguration	$[Ar]3d^5 4s^1$	$[Kr]4d^5 5s^1$	$[Xe]4f^{14} 5d^4 6s^2$
Atommasse	51,996	95,94	183,85
Dichte [g/ml]	7,14	10,28	19,26
Schmelzpunkt [°C]	1857±20	2617	3410±20
Siedepunkt [°C]	2672	4612	5660
Elektronegativität	1,6	1,3	1,4

22.1.1 Vorkommen, Herstellung und Eigenschaften von Chrom

Chrom wird ausschließlich aus seinem wichtigsten Erz, dem „Chromeisenstein“, $FeCr_2O_4$, entweder nach einem chemischen oder einem elektrochemischen Verfahren gewonnen. Für beide Verfahren muß zunächst das Eisen entfernt werden. In Gegenwart von Kalk ($CaCO_3$) und Soda (Na_2CO_3) wird der Chromeisenstein unter Luftzufuhr auf Temperaturen von 1100 bis 1200 °C erhitzt. Dabei entsteht wasserunlösliches Fe_2O_3, Na_2CrO_4 und $CaCrO_4$.

$$4\,Na_2CO_3 + 2\,Cr_2O_3 + 3\,O_2 \longrightarrow 4\,Na_2CrO_4 + 4\,CO_2$$

Durch Auswaschen mit Sodalösung wird vom unlöslichen Eisen(III)oxid abgetrennt und gleichzeitig das Calciumchromat in Natriumchromat überführt. Das Chromat wird mit Schwefelsäure in Dichromat (s. u.) überführt, da dieses einen höheren Chromgehalt hat:

$$Na_2CrO_3 + H_2SO_4 \longrightarrow Na_2Cr_2O_7 + Na_2SO_4$$

Das Natriumdichromat seinerseits wird mit Kaliumchlorid zu Kaliumdichromat umgesetzt. Durch Erhitzen mit Kohlenstoff entsteht hieraus Cr_2O_3.

$$K_2Cr_2O_7 + 2\,C \longrightarrow Cr_2O_3 + CO + K_2CO_3$$

Das Chrom(III)oxid wird aluminothermisch zu Chrom reduziert. Für die elektrochemische Reduktion wird das Oxid mit Schwefelsäure in das wasserlösliche Sulfat überführt.

Chrom ist in reinem Zustand ein kalt silberglänzendes, zähes und duktiles Metall, das bei Verunreinigung mit Sauerstoff oder Wasserstoff spröde und hart wird. An Luft oder unter Wasser ist Chrom stabil; es überzieht sich mit einer dünnen widerstandsfähigen Oxidschicht, weshalb das Metall, elektrolytisch aufgebracht, als Korrosionsschutz für Stahl oder Eisen verwendet wird. In nicht oxidierenden Säuren löst sich Chrom langsam auf, dagegen wird es von oxidierenden Säuren passiviert (Oxidschicht) und ist dann für einige Zeit auch gegen nicht oxidierende Säuren stabil. Chrom wird überwiegend als Legierungsbestandteil für nichtrostende Stähle verwendet. In seinen Verbindungen tritt Chrom bis zur maximalen Oxidationszahl +6 auf; am stabilsten ist jedoch die Stufe +3.

Physiologisch ist Chrom ein Spurenelement, das unter anderem für den Glucosestoffwechsel wichtig ist. Cr(VI)-Verbindungen sind mutagen und carcinogen. Aufgrund der strukturellen Ähnlichkeit zum Sulfat-Anion kann CrO_4^{2-} Membranschranken überwinden und bis zum Zellkern vordringen.

22.1.2 Chrom(VI)-Verbindungen

Die wichtigsten Vertreter dieser Oxidationszahl sind das Chrom(VI)-oxid und die Chromate(VI). Man erhält die **Chromate** durch den oxidierenden Aufschluß aus Chromeisenstein, wie er bei der Chromgewinnung (s. o.) angewendet wird oder im Labormaßstab durch Zusammenschmelzen von Chrom(III)oxid mit Soda und Kaliumnitrat als Oxidationsmittel (Oxidationsschmelze).

$$Cr_2O_3 + 3\,KNO_3 + 2\,Na_2CO_3 \longrightarrow 2\,Na_2CrO_4 + 2\,CO_2 + 3\,KNO_2$$

In verdünnter Lösung steht das Chromat(VI) mit dem Dichromat in einem pH-abhängigen Gleichgewicht:

$$\underset{\text{gelb}}{2\,CrO_4^{2-}} + 2\,H_3O^+ \rightleftharpoons \underset{\text{orange}}{Cr_2O_7^{2-}} + 3\,H_2O$$

Säuert man konzentrierte Chromatlösungen mit konzentrierter Säure an, entstehen durch fortgesetzte Kondensation über Trichromat ($Cr_3O_{10}^{2-}$), Tetrachromat ($Cr_4O_{10}^{2-}$) usw. Polychromate [$(Cr_nO_{3n+1})^{2-}$] und schließlich das rote polymere Chromsäureanhydrid bzw. Cr(VI)-oxid [$(CrO_3)_n$]. Die den Chromaten zugrundeliegende Chromsäure H_2CrO_4 ist in wässriger Lösung bekannt, ebenso die Hydrogenchromate $HCrO_4^-$. Alkalichromate reagieren in wässriger Lösung wegen Bildung des Hydrogenchromats basisch.

$$CrO_4^{2-} + H_2O \rightleftharpoons HCrO_4^- + OH^-$$

Dichromsäure $H_2Cr_2O_7$ ist ebenfalls nur in wässriger Lösung bekannt.

Chrom(VI)oxid wird nach der oben formulierten Polykondensationsreaktion aus den Chromaten durch Ansäuern mit Schwefelsäure erhalten. Es bildet dunkelrote Nadeln, ist giftig und ein sehr starkes Oxidationsmittel. Methanol entzündet sich beim Auftropfen auf CrO_3 und Ammoniak wird beim Überleiten unter Feuererscheinung zum Stickstoff oxidiert.

Chrom(V)-Verbindungen. Von Chrom der Oxidationszahl +5 sind nur wenige Verbindungen charakterisiert. Sie sind instabil gegen Disproportionierung in Cr(III) und Cr(VI). Eine Chemie wässriger Cr(V)-Verbindungen existiert wegen der raschen Disproportionierung nicht.

Chrom(IV)-Verbindungen sind ebenfalls selten. Man kennt sämtliche binären Halogenverbindungen, wobei das Chlorid und Bromid nur im Dampfgleichgewicht neben Chrom(III) und dem Halogen existiert.

$$2\ CrX_3 + X_2 \rightleftharpoons 2\ CrX_4 \quad (X = Cl, Br)$$

CrO_2 ist ferromagnetisch und von wirtschaftlicher Bedeutung für die Herstellung von Magnetbändern und anderen elektronischen Speichermedien. Chromate(IV) wie Ba_2CrO_4 oder Sr_2CrO_4 disproportionieren in wässriger Lösung zu Chrom(III) und Chrom(VI).

Chrom(III)-Verbindungen neigen weder zur Oxidation noch zur Reduktion; Cr(III) ist die häufigste und stabilste Oxidationszahl des Elements. Es zeigt eine hohe Tendenz zur Bildung oktaedrischer Komplexe. In Abb. 22.1 sind einige Reaktionen des **Chrom(III)oxids** zusammengefaßt.

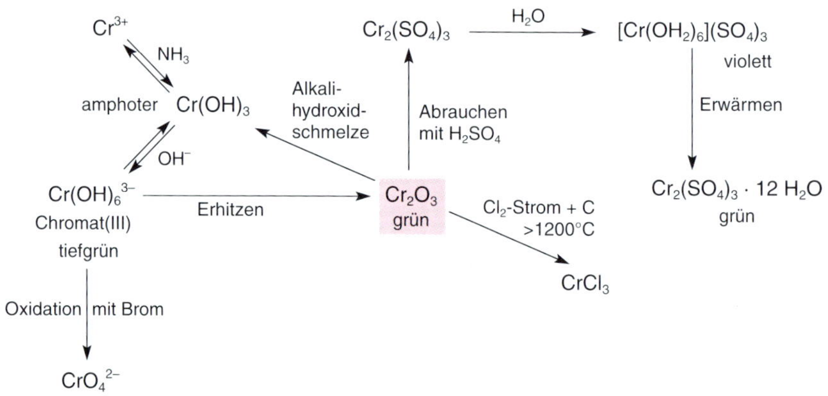

Abbildung 22.1: Einige Reaktionen des Chrom(III)oxids

Chrom(II)-Verbindungen sind starke Reduktionsmittel. Cr^{2+} entwickelt in Wasser Wasserstoff und wird dabei zum Cr(III) oxidiert. Erwähnenswerte Verbindungen sind die binären Halogenide, die bei etwa 700 °C aus Chrom und Halogenwasserstoff bzw. durch Reduktion der Cr(III)halogenide mit Wasserstoff bei 600 °C hergestellt werden können. $CrSO_4 \cdot 5H_2O$ ist einigermaßen beständig; das schwarze CrO disproportioniert bei Temperaturen über 550 °C in Cr und Cr_2O_3.

22.1.3 Vorkommen, Herstellung und Eigenschaften von Molybdän

Molybdän wird aus dem natürlich vorkommenden Molybdänglanz (MoS_2) gewonnen. MoS_2 wird zunächst durch Rösten bei ca. 700 °C in Molybdän(VI)oxid überführt und von der Gangart (dem Begleitgestein) durch Auslaugen oder Sublimation abgetrennt. Durch Reduktion mit Wasserstoff erhält man das Molybdän als graues Pulver, das durch Sintern oder Schmelzen in kompaktes Molybdän überführt wird. Zur Legierung von Eisen verwendet man jedoch kein reines Molybdän, sondern Ferromolybdän mit einem Molybdängehalt zwischen 50 und 85 %. Es ist durch die gemeinsame Reduktion von Eisenoxid und Molybdänoxid mit Kohlenstoff erhältlich.

Molybdän ist ein zinnweißes hartes und sprödes Metall, das durch eine schützende Oxidhaut stabil gegen Luft und nicht oxidierende Säuren ist. Es löst sich leicht in oxidierenden Säuren und in Alkalischmelzen. Bei erhöhter Temperatur reagiert es mit einer ganzen Reihe von Elementen. Molybdän tritt in seinen Verbindungen in den Oxidationszahlen +2 bis +6 auf; am stabilsten und wichtigsten ist die höchste. Die direkte Umsetzung von Molybdän mit Fluor, Chlor und Brom ist recht aufschlußreich:

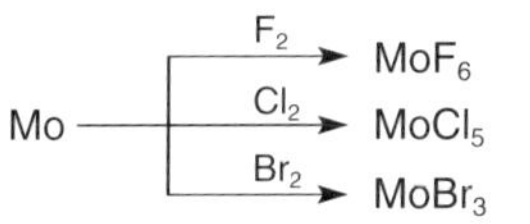

Molybdänverbindungen sind wie die seines leichteren Homologen meist farbig. Molybdän neigt zur Bildung von Iso- und Heteropolysäuren (vgl. Abschnitt 22.1.5).

Molybdän ist das einzige essentielle Metall in der Biologie aus der zweiten Übergangsreihe. Es kommt in Pflanzen im Enzym Nitrogenase zur Stickstoff-Fixierung und in der Nitratreduktase vor. Im tierischen Organismus katalysiert es wie in der Xanthinoxidase, der Leber-Aldehydoxidase, der Sulfitoxidase oder der Formiatdehydrogenase Redoxprozesse. Molybdän begünstigt den Fluorideinbau in den Zahnschmelz und dient so der Kariesvorsorge. Unphysiologische Mengen führen bei Tieren zu Durchfall und Wachstumshemmungen.

22.1.4 Molybdänverbindungen

Molybdän(VI)-Verbindungen. Die Chemie der Sauerstoffverbindungen des Molybdäns ist wie beim Chrom recht komplex. In Abb. 22.2 sind einige einfache Zusammenhänge im Überblick dargestellt.

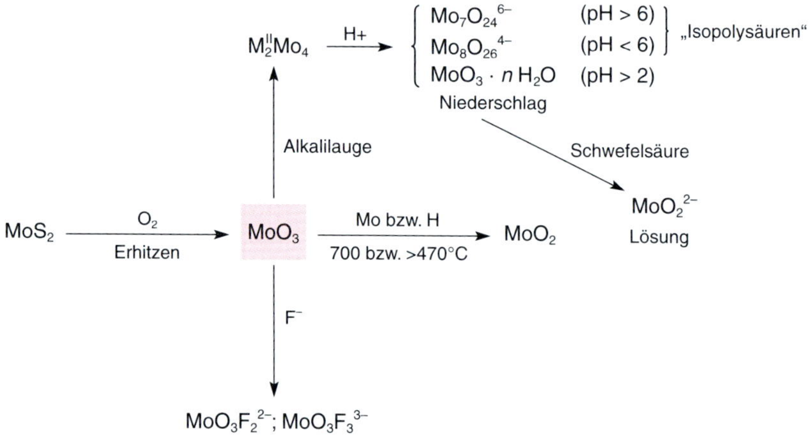

Abbildung 22.2: Einige Reaktionen des Molybdän(VI)oxids

Von den Halogenverbindungen der Oxidationszahl +6 ist nur das MoF_6 sicher charakterisiert. MoS_3 erhält man aus einer schwach sauren Lösung von MoO_4^{2-} mit H_2S.

Molybdän(V)- und Molybdän(IV)-Verbindungen. MoF_5 und $MoCl_5$ kann man direkt aus den Elementen (F_2-Unterschuß) erhalten, MoF_4 durch Reduktion von MoF_6 mit Kohlenwasserstoffen. Das oxidations- und hydrolyseempfindliche $MoCl_4$ entsteht bei der Disproportionierung von $MoCl_3$:

$$2\,MoCl_3 \longrightarrow MoCl_4 + MoCl_2$$

MoS_2 kann man durch Überleiten von Schwefelwasserstoff über heißes Molybdän(IV)- oder Molybdän(VI)oxid erhalten.

$$MoO_2 + 2\,H_2S \longrightarrow MoS_2 + 2\,H_2O$$

Das Molybdän(IV)sulfid ähnelt makroskopisch stark dem Graphit. Es baut wie dieses ein Schichtgitter auf und zeigt dessen gute Eigenschaften als Schmiermittel.

Vom Molybdän der Oxidationszahlen +3 und +2 seien nur die binären Halogenide MoX_3 und MoX_2 erwähnt. Bis auf MoF_2 sind sie alle bekannt.

22.1.5 Eigenschaften und Verwendung von Wolfram

Das wichtigste Wolframerz ist der Wolframit, $(Mn,Fe)WO_4$. Man gewinnt es hieraus analog dem Molybdän. Elementares Wolfram ist ein Bestandteil der Schnelldrehstähle (aus ca. 17 % W, 3 % Cr, 0,7 % C, Rest Fe) für Bohrer, die auch bei beginnender Rotglut noch nicht erweichen. Aufgrund seines extrem hohen Schmelzpunktes (3410 °C) wird Wolframdraht als Glühdraht in Glühbirnen, Heizleitern von Hochtemperaturöfen, Raketendüsen usw. verwendet. Wegen seiner hohen Dichte wird Wolfram überall dort eingesetzt, wo es auf hohe Masse bei geringem Volumen ankommt, wie beispielsweise bei Trimmgewichten und Geschossen. Ein Dichtevergleich zwischen Eisen, Blei und Wolfram ist ganz aufschlußreich:

	Fe	Pb	W
Dichte [g/ml]	7,87	11,34	19,27

Wolfram ist ein weißglänzendes Metall von außerordentlich hoher mechanischer Widerstandsfähigkeit. Es ist an der Luft stabil und löst sich wegen Passivierung durch eine Oxidschicht nur langsam in Säuren.

Zur Toxikologie von Wolfram ist nur wenig bekannt. Wenige bakterielle Enzyme scheinen wolframabhängig zu sein.

22.1.6 Wolframverbindungen

In seinen Verbindungen tritt Wolfram hauptsächlich in den Oxidationszahlen +2 bis +6 auf, wobei die höchste gleichzeitig auch die häufigste und stabilste ist. Mit Chlor und Brom reagiert es direkt zu WCl_6 und WBr_6. (Vergleiche dazu die Reaktionen des Molybdäns mit den Halogenen).

Durch Glühen vieler Wolframverbindungen im Sauerstoffstrom erhält man das gelbe WO_3. Es ist in Wasser und Säuren unlöslich und wirkt nur noch gegenüber starken Reduktionsmitteln oxidierend. In starken Alkalilaugen löst sich das Oxid unter Bildung von **Wolframaten**. Abhängig vom pH-Wert liegen diese unterschiedlich stark kondensiert vor. Bei hohen pH-Werten sind die monomeren Wolframate mit diskreten WO_4^{2-}-Ionen stabil, bis zu einem pH von etwa 5 sind es die Hexawolframate $HW_6O_{21}^{5-}$ bzw. hydratisiert als $H_7W_6O_{24}^{5-}$, bis etwa pH = 1,5 die Dodecawolframate, $H_2W_{12}O_{40}^{6-}$. Oberhalb dieser Protonenkonzentration fallen die Hydrate des polymeren Wolframoxids aus. Allgemein bezeichnet man anorganische Polysäuren, die partielle Anhydride der Sauerstoffsäuren darstellen und nur eine Art von Zentralatomen enthalten, als **Isopolysäuren**.

Bei Zusatz von mehrbasigen Sauerstoffsäuren von Nichtmetallen zu Isopolysäuren von Metallen, können die Zentralatome dieser Nichtmetall-Sauerstoffsäuren in die Struktur der polymeren Metallsauerstoffsäuren eingebaut werden. Die Nichtmetall-Zentralatome betätigen dabei formal die Oxidationszahl, die sie auch in der zugrundeliegenden Säure einnehmen. Die entstehenden Verbindungen bezeichnet man als **Heteropolysäuren**.

$$H_7W_6O_{24}^{5-} + H_5IO_6 \longrightarrow [I(W_6O_{24})]^{5-} + 6\,H_2O$$

$$H_7W_6O_{24}^{5-} + H_6TeO_6 \longrightarrow [Te(W_6O_{24}]^{6-} + 6\,H_2O + H^+$$

$$H_2W_{12}O_{40}^{6-} + H_3PO_4 \longrightarrow [P(W_{12}O_{40})]^{3-} + H_2O + 3\,OH^-$$

$$H_2W_{12}O_{40}^{6-} + H_4SiO_4 \longrightarrow [Si(W_{12}O_{40})]^{4-} + 2\,H_2O + 2\,OH^-$$

Man kennt Iso- und Heteropolysäuren auch von anderen Metallen, wie Chrom, Molybdän oder Vanadium. (Die Isopolysäuren wurden jeweils bei den Elementen erwähnt.)

Von den **Halogeniden** des Wolframs sind alle binären Chloride und Bromide der Stufen +2 bis +6 bekannt. Fluor bildet die Fluoride WF_4 bis WF_6. Iod die Iodide WI_x mit x = 2, 3, und 4.

22.2 Die siebte Nebengruppe: Mangan, Technetium, Rhenium

Die siebte Nebengruppe besteht aus den Elementen Mangan (Mn), Technetium (Te) und Rhenium (Re) (s. Tabelle 22.2). Mangan ist an der Erdoberfläche nach dem Eisen das häufigste Schwermetall (etwa so häufig wie Kohlenstoff oder Phosphor). Technetium kommt in der

Tabelle 22.2: Einige Eigenschaften von Mangan, Technetium und Rhenium

	Mangan (Mn)	Technetium (Tc)	Rhenium (Re)
Ordnungszahl	25	43	75
Elektronenkonfiguration	$[Ar]3d^5 4s^2$	$[Kr]4d^5 5s^2$	$[Xe]4f^{14} 5d^5 6s^2$
Atommasse	54,938	98,91	186,207
Dichte [g/ml]	7,44	11,49	21,03
Schmelzpunkt [°C]	1244±3	2172	3180
Siedepunkt [°C]	1962	4877	(5627)
Elektronegativität	1,6	1,4	1,5

Natur nur als Zerfallsprodukt des Urans spurenweise vor, da alle seine Isotope selbst radioaktiv sind und zerfallen. Man kann Technetium-Isotope künstlich in Kernreaktoren erzeugen. Sie werden für szinthigraphische Aufnahmen in der Medizin eingesetzt, z. B. gebunden an Phosphonsäuren zur Knochenszinthigraphie. Rhenium wurde, wohl wegen seiner Seltenheit, erst 1925 entdeckt. Im folgenden wird nur das Mangan besprochen. In ihren Verbindungen betätigen die Elemente überwiegend die Oxidationszahlen +2 bis +6. Mit zunehmender Atommasse stabilisieren sich die höheren Oxidationszahlen. Tc(II)- und Re(II)-Verbindungen sind instabil; Mn(VII)-Verbindungen sind starke Oxidationsmittel. Die Oxidationszahl +7 besitzt Säurecharakter; dies und die Möglichkeit, maximal 7 Elektronen für eine Bindung zur Verfügung zu stellen, sind die einzigen Gemeinsamkeiten mit den Elementen der siebten Hauptgruppe.

22.2.1 Vorkommen, Eigenschaften und Verwendung von Mangan

Mangan spielt in der Physiologie die Rolle eines Spurenelements, das in fast allen lebenden Zellen vorkommt. Bei der Photosynthese ist im Photosystem II Mangan in die Sauerstoff-Freisetzung involviert. Es sind inzwischen zahlreiche manganabhängige Enzyme isoliert worden. Im tierischen Organismus kommt es z. B. in den Oxidoreduktasen vor. Es stimuliert den Cholesterin-Aufbau und ist für die Bildung von Blutgerinnungsfaktoren notwendig. Konzentrationen, die über den physiologischen Mengen liegen, führen zu Schädigungen des Nervensystems ähnlich dem Parkinsonismus.

Mangan kommt niemals gediegen vor. Am wichtigsten sind seine oxidischen Erze, z. B. als Braunstein (MnO_2) oder als Manganit

($Mn_2O_3 \cdot H_2O$), aus denen es in untergeordneten Mengen entweder durch Reduktion mit Silicium oder elektrolytisch gewonnen wird. Am Boden der Tiefsee gibt es reiche Vorkommen in Form von Manganknollen. Die (zur Zeit nicht betriebene) Ausbeute dieser Vorkommen stellt ein international umstrittenes politisches Problem dar und ist darüber hinaus in ökologischer Hinsicht in seinen Folgen nicht abschätzbar.

Entsprechend seiner weitaus überwiegenden Verwendung für die Stahl- und Eisengewinnung wird Mangan als *Stahleisen* (2,5 % Mn), als *Spiegeleisen* (5–30 % Mn) oder als *Ferromangan* (30–80 % Mn) durch gemeinsame Reduktion von Mangan- und Eisenerzen mit Kohlenstoff gewonnen. Bei der Eisengewinnung dient Mangan zur Desoxidation und Entschwefelung.

Reines Mangan ist ein helles, hartes und sehr sprödes Metall, das sich an der Luft oft mit bunten Anlauffarben überzieht.

22.2.2 Manganverbindungen

Manganverbindungen kommen überwiegend in den Oxidationszahlen von +2 bis +7 vor. Die wichtigste und auch stabilste Oxidationszahl ist +2. Im sauren Bereich liegen alle Mangan(II)-Salze als hellrosa gefärbte $[Mn(H_2O)_6]^{2+}$-Ionen vor. Eine weitere wichtige Oxidationszahl ist die des Mangan(VII).

Oxide des Mangans. Von Mangan kennt man die Oxide MnO, Mn_2O_3, Mn_3O_4 (Mischoxid), MnO_2 und Mn_2O_7.

MnO ist basisch und löst sich in Säuren unter Bildung des oben angesprochenen Hexaqua-Komplexes. $Mn(OH)_2$ ist nur unter Luftabschluß bei Zugabe von Alkalilauge zu Mn(II)-Lösungen erhältlich.

Mn_2O_3 entsteht durch Erhitzen von Mn(IV)oxid an der Luft. Bei weiterem Erhitzen bildet sich das stabilste Manganoxid, das Mischoxid Mn_3O_4:

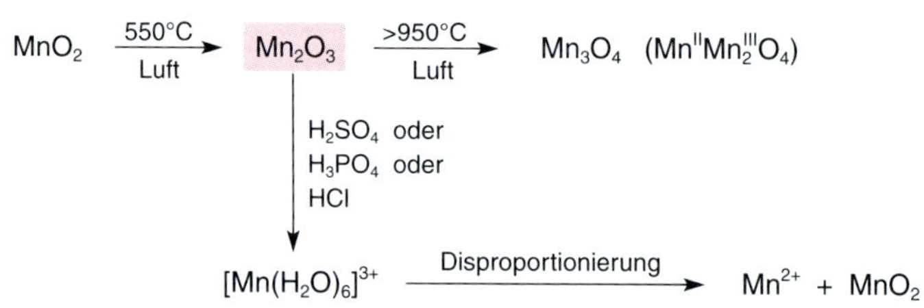

Mangan(III)oxid löst sich, wie im Schema angegeben, in Säuren, disproportioniert jedoch leicht in Mangan(IV)oxid und Mangan(II).

Das amphotere MnO_2 ist die wichtigste und stabilste Mangan(IV)-Verbindung. Es kommt natürlich als *Pyrolusit* vor und kann auch durch Erhitzen von $Mn(NO_3)_2$ erhalten werden.

$$MnCl_4 + 2\,H_2O \xleftarrow{4\,HCl} MnO_2 \xrightarrow{Ca(OH)_2} CaMnO_3 + H_2O$$

Manganat(IV) („Manganite")

$$MnCl_4 + 2\,H_2O \xrightarrow{\text{(sofort)}} MnCl_2 + Cl_2$$

Das Oxid der Oxidationszahl +7, Mn_2O_7 kann man durch Behandeln von Permanganaten (s. u.) als grünmetallisch glänzendes Öl erhalten.

Manganate. Im Unterschied zu den Oxiden sind die Manganate aller Oxidationszahlen von +2 bis +7 bekannt. Es sind die farbigen Salze der hypothetischen Mangansäuren. Tabelle 22.3 gibt eine Übersicht über die bekannten Manganate.

Tabelle 22.3: Die Manganate der Oxidationszahlen +2 bis +7

Oxidationszahl	Formel	Farbe
+2	MnO_2^{2-}	
+3	MnO_2^{-} oder MnO_3^{3-}	
+4	MnO_3^{2-}, $Mn_2O_5^{2-}$, $Mn_3O_7^{2-}$ usw.	braun
+5	MnO_4^{3-}	blau
+6	MnO_4^{2-}	grün
+7	MnO_4^{-}	violett

Bariummanganat(VI), $BaMnO_4$ wird als ungiftige, grüne Malerfarbe benutzt. Das Manganat(VII), das üblicherweise als Permanganat bezeichnet wird, ist ein starkes Oxidationsmittel. In Abhängigkeit vom pH-Wert wird es zum Mangan(IV)oxid oder zum Mn(II) reduziert.

$$MnO_2 \xleftarrow[+\,3e^-]{OH^-} MnO_4^- \xrightarrow[+\,5e^-]{H^+} Mn^{2+}$$

Von den **Halogenverbindungen** sind alle binären Halogenide MnX_2 bekannt. MnF_3 kristallisiert als Dihydrat blutrot. $MnCl_3$ zersetzt sich schon ab –40 °C. Die beiden höheren Halogenide sind nicht bekannt. Von den Halogeniden der Oxidationszahl +4 sind nur die MnX_6^{2-}-Komplexe einigermaßen stabil. Die Halogenide der höheren Oxidationszahlen scheinen unbekannt zu sein.

23 Die achte Nebengruppe

In der achten Nebengruppe sind die Metalle zusammengefaßt, die durch Aufnahme von ein bis drei d-Elektronen aus den Elementen der siebten Nebengruppe hervorgehen. Man unterteilt in die drei ferromagnetischen **Eisenmetalle** Eisen (Fe), Cobalt (Co), Nickel (Ni), und in die sechs **Platinmetalle** Ruthenium (Ru), Rhodium (Rh), Palladium (Pd), Osmium (Os), Iridium (Ir), und Platin (Pt). Die Platinmetalle werden weiter in die leichten und schweren Platinmetalle unterteilt.

Fe	Co	Ni	Eisenmetalle
Ru	Rh	Pd	leichte Platinmetalle
Os	Ir	Pt	schwere Platinmetalle

In der Reihe der Eisenmetalle erfolgt die Besetzung der Orbitale noch regelmäßig. Bei den Platinmetallen treten jedoch uneinheitliche Abweichungen auf.

23.1 Die Eisenmetalle

Die Eisenmetalle, Eisen, Cobalt und Nickel bilden die erste Triade der VIII. Nebengruppe. In ihrer Chemie weisen sie große Ähnlichkeiten auf, und alle drei kommen in der Erdkruste überwiegend als Oxide und Sulfide vor. Einige wichtige Eigenschaften der Eisenmetalle sind in Tabelle 23.1 zusammengestellt.

23.1.1 Eisen

Eisen ist das vierthäufigste Element (nach Sauerstoff, Silicium und Aluminium) in der Erdrinde. Der Erdkern besteht hauptsächlich aus Eisen und Nickel, so daß diese beiden Elemente den Großteil unseres

Tabelle 23.1: Einige Eigenschaften der Eisenmetalle.

	Eisen (Fe)	Cobalt (Co)	Nickel (Ni)
Ordnungszahl	26	27	28
Elektronenkonfiguration	$[Ar]3d^64s^2$	$[Ar]3d^74s^2$	$[Ar]3d^84s^2$
Atommasse	55,847	58,933	58,69
Dichte [g/ml]	7,87	8,89	8,91
Schmelzpunkt [°C]	1535	1495	1453
Siedepunkt [°C]	2750	2870	2732
Elektronegativität	1,6	1,7	1,8

Planeten ausmachen. Die wichtigsten Eisenerze sind der schwarze Magneteisenstein Magnetit, Fe_3O_4, der rötliche Roteisenstein Hämatit = Eisen(III)oxid, Fe_2O_3. Eisenoxide sind für die rotbraune Farbe des Erdbodens und der Mauer- und Dachziegel verantwortlich. Das schön metallisch goldglänzende „Katzen"- oder „Narrengold" ist ein als Pyrit bezeichnetes sulfidisches Erz (FeS_2). Eisen ist für sämtliche Lebewesen lebensnotwendig. Es ist im Hämoglobin, dem Myoglobin, dem Cytochrom a, b und c, im β_1-Globulin und in vielen anderen wichtigen biologischen Molekülen enthalten. Es erfüllt wichtige Funktionen in der Atmungskette und beim Sauerstofftransport.

23.1.1.1 Gewinnung und Verwendung

Die Eisenherstellung mit Hilfe des **Hochofenprozesses** ist das mengenmäßig wichtigste metallurgische Verfahren überhaupt und wird daher etwas eingehender besprochen.

Bei einem Hochofen mit einem Gestelldurchmesser von ca. 15 m liegen die Tagesleistungen bei etwa 11000 t Roheisen.

Abbildung 23.1 zeigt schematisch den Aufbau eines Hochofens. Er wird – in Größenordnungen von mehreren Tonnen – von oben durch die „Gicht" wechselweise, beginnend mit Koks und dann mit einer Mischung aus Eisenerzen, „Gangart" und „Zuschlägen" beschickt. Die Zuschläge setzt man als Flußmittel zu, um die Gangart, das nicht nutzbaren Begleitgestein des Erzes, in leicht schmelzende Calciumaluminiumsilicate ($x CaO \cdot y Al_2O_3 \cdot SiO_2$ = Schlacke) zu überführen. Abhängig von der Gangart sind dies entweder saure Zuschläge wie Feldspäte ($M^I[AlSi_3O_8]$, $Ca[Al_2Si_2O_8]$) und Tonschiefer oder basische Zuschläge wie Kalkstein (mit Ton verunreinigtes $CaCO_3$) und Dolomit, $Ca,Mg(CO_3)_2$.

In der untersten Schicht wird durch Einblasen von auf 1000–1350 °C vorgewärmter, oft noch mit Sauerstoff angereicherter Luft („Heißwind")

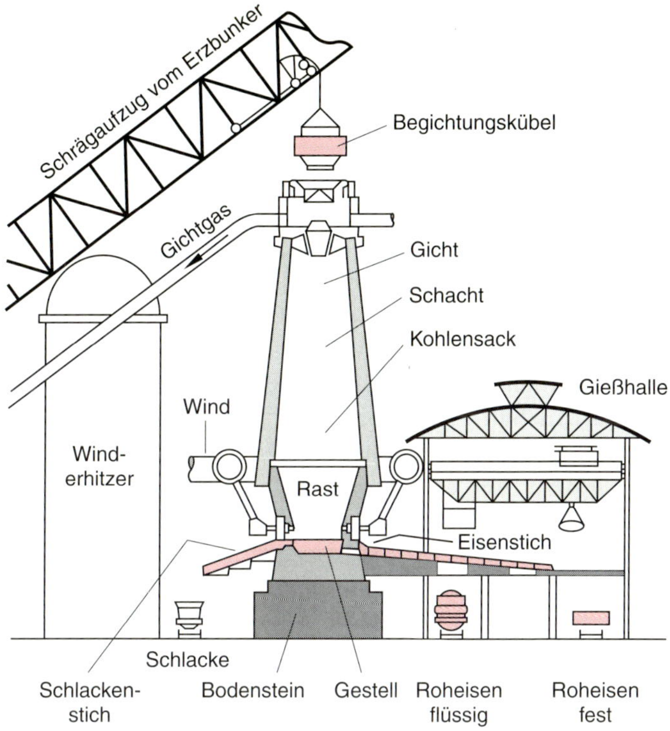

Abb 23.1 Schematische Darstellung eines Hochofens zu Eisenverhüttung (nach: Römpp, Lexikon der Chemie, Thieme-Verlag).

Koks bei hohen Temperaturen verbrannt. Zur Senkung des Koksverbrauchs werden häufig noch zusätzlich weitere Brennstoffe wie Kohlestaub, Öl oder Erdgas eingeblasen. Bei den herrschenden hohen Temperaturen von ca. 2200 °C entsteht zunächst CO_2, das nach dem ganz auf der rechten Seite liegenden Boudouard-Gleichgewicht (Abschn. 14.2.3) beim Durchgang durch unverbrannte Koksschichten Kohlenstoff aufnimmt und zu Kohlenmonoxid reduziert wird. Bei dieser endothermen Reaktion sinkt die Temperatur auf etwa 1500 °C ab.

$$C + O_2 \longrightarrow CO_2$$
$$CO_2 + C \rightleftharpoons 2\,CO \qquad \text{Boudouard-Gleichgewicht}$$
$$2\,C + O_2 \rightleftharpoons 2\,CO$$

Abhängig von den verschiedenen Abschnitten des Hochofens, liegt das Eisen in unterschiedlichen Oxidationszahlen vor. Man muß sich dabei stets bewußt machen, daß die Vorgänge im Hochofen kontinuierlich ablaufen. Das Fe_2O_3 des Eisenerzes wird auf seinem Weg nach unten stufenweise reduziert: Zunächst entsteht das Mischoxid $Fe_2^{III}Fe^{II}O_4$ (Fe_3O_4), dann das Eisen(II)oxid (FeO, „Wüstit“), das im unteren Teil schließlich zu Fe reduziert wird.

$$3\,Fe_2O_3 + CO \longrightarrow 2\,Fe_3O_4 + CO_2$$

$$Fe_3O_4 + CO \longrightarrow 3\,FeO + CO_2$$

$$FeO + CO \longrightarrow Fe + CO_2$$

Im untersten heißesten Teil der Rast unmittelbar über der Einblasebene des Windes wird bei Temperaturen zwischen 1500 und 1300 °C restliches FeO aus der Schlacke und die Roheisenbegleiter wie Mangan oder Silicium durch direkten Kontakt mit Kohlenstoff reduziert. Darüber wird bei Temperaturen von 1300 bis 1200 °C Schlacke und das in höheren Schichten bereits reduzierte Roheisen geschmolzen. Die Schmelzen tropfen durch den glühenden Koks nach unten in das Gestell. Das Roheisen kann dabei bis zur Sättigung Kohlenstoff aufnehmen.

Weiter nach oben im obersten Teil der Rast und im Kohlesack (der Teil des Hochofens mit dem größten Durchmesser) wird bei 1200 bis 1000 °C FeO durch CO zu Fe und das intermediär entstehende CO_2 durch den glühenden Koks sofort wieder zu CO reduziert.

Knapp oberhalb des Kohlesackes im Schachtbereich bei Temperaturen zwischen 1000 und 800 °C wird FeO durch CO zu Eisen reduziert, aber kein neues CO mehr gebildet.

Darüber werden bis herab auf ca. 400 °C die höheren Oxide des Eisens mit CO zu FeO reduziert. Der oberste Teil des Schachtes dient zum Erwärmen der Beschickung. Das an der Gicht austretende „Gichtgas" enthält neben CO_2 und N_2 noch viel CO, das zu Heizzwekken verwendet wird.

Im Gestell des Hochofens sammeln sich das flüssige Roheisen und die spezifisch viel leichtere, ebenfalls flüssige Schlacke. Sie schwimmt auf dem Eisen und schützt es so vor erneuter Oxidation durch den eingeblasenen Wind. In bestimmten Abständen wird das Roheisen und die Schlacke abfließen lassen („abgestochen").

Das flüssige Eisen aus dem Hochofenprozess wird entweder in spezielle Eisenbahn-Transportbehälter, die 100 bis 200 t aufnehmen können zu den Stahlwerken transportiert (das Eisen kühlt in 1 Stunde um nur etwa 5 °C ab) oder wird zu Riegeln gegossen und erstarren lassen. Das flüssige Roheisen enthält 2 bis 4 % Kohlenstoff und jeweils bis zu 3 % Silicium, 6 % Mangan und 2 % Phosphor. Abhängig von der Abkühlungsgeschwindigkeit und vom Verhältnis Si:Mn erhält man das **graue Roheisen** oder das **weiße Roheisen.**

Graues Roheisen mit grauer Bruchfläche entsteht bei langsamer Abkühlung in Sandbetten („Masselbetten"), wobei sich ein Teil des bei der Aufkohlung gelösten Kohlenstoffs als Graphit abscheidet. Es enthält in der Regel mehr als 2 % Silicium und weniger als 0,2 % Mangan. Dieses Eisen wird hauptsächlich zu Gußwaren verarbeitet.

Weißes Roheisen mit weißer Bruchfläche entsteht beim schnellen Abkühlen in flachen Eisenwannen. Bei der schnellen Abkühlung bleibt der Kohlenstoff als Eisencarbid („Zementit“, Fe_3C) im Roheisen gelöst. Diese Sorten enthalten viel mehr Mangan (4 %) als Silicium (<0,4 %). Das weiße Roheisen wird zur Stahlherstellung verwendet.

23.1.1.2 Stahlherstellung

Das Roheisen aus dem Hochofen ist infolge seines Kohlenstoffgehalts hart und spröde. Beim Erhitzen erweicht es nicht allmählich, sondern geht fast übergangslos in einen dünnflüssigen Zustand über, in dem es leicht in Formen gegossen werden kann. Gußeisen läßt sich weder kalt noch warm verformen ohne zu brechen; es läßt sich nicht schmieden und auch nicht schweißen. Um zu dem schmiedbaren Stahl zu gelangen, muß man den Kohlenstoffgehalt des Roheisens durch „Entkohlung“ auf unter 1,5 % senken. Man unterscheidet dabei zwischen dem härtbaren Stahl mit einem Kohlenstoffgehalt von 0,4 bis zu <1,7 % Kohlenstoff und dem nicht härtbaren Stahl, dem „Schmiedeeisen“ mit weniger als 0,4 % C.

Stahlhärtung. Härtbarer Stahl wird durch Erhitzen auf 800 °C und sehr rasches Abkühlen (Abschrecken) gehärtet. Ungehärteter Stahl stellt eine feindisperse Mischung aus α-Eisen („Ferrit“ = kubisch raumzentriertes Gitter) und Cementit, Fe_3C, dar. Beim Erhitzen geht das α-Eisen in das enantiotrope γ-Eisen („Austenit“ = kubisch flächenzentrierte Packung) über, in dem der Kohlenstoff nicht als Fe_3C dispergiert, sondern in (fester) Lösung vorliegt. Beim raschen Abkühlen geht zwar das γ-Eisen wieder in die α-Modifikation über, aber es bildet sich kein Cementit und der Kohlenstoff bleibt „zwangsweise“ im α-Eisen gelöst. Die ursprünglich kubisch innenzentrierte Struktur wird dadurch tetragonal verzerrt; man bezeichnet diese Struktur als „Martensit“. Die Verzerrung des Gitters bewirkt die Verhärtung des Materials bei gleichzeitiger Herabsetzung der Zähigkeit.

Entkohlung. Die Entkohlung des Roheisens wird auch als „Frischen“ bezeichnet, bei dem die Verunreinigungen im Roheisen – neben Kohlenstoff sind dies vor allem Schwefel, Phosphor, Silicium und Mangan – durch Verbrennen entfernt werden. Je nach angewandter Technik gehen dabei bis zu 12 % Eisen verloren. Man unterschied im Wesentlichen zwei prinzipiell unterschiedliche Methoden: das **Windfrischverfahren** und das **Herdfrischverfahren**. Letzteres ist seit 1982 nicht mehr in Gebrauch.

Das **Windfrischverfahren** beruht darauf, daß man geschmolzenes Roheisen in großen, mit mineralischem Futter ausgekleideten bis zu 400 t fassenden Gefäßen, den „Konvertern“ durch Einblasen oder Aufblasen mit Luft oder Sauerstoff reagieren läßt. Dabei verbrennen die Verunreinigungen unter Schlackenbildung schneller als das Eisen. Nach etwa 20 min Reaktionszeit erhält man so unter einer Schlackenschicht reines Eisen. Der Nachteil des Verfahrens besteht darin, daß man die Reaktion wegen ihrer großen Geschwindigkeit nicht bei einem bestimmten Kohlenstoffgehalt abbrechen kann, weshalb nachträglich wieder gezielt aufgekohlt werden muß. Die Auskleidung der Konverter richtet sich nach den im Roheisen enthaltenen Verunreinigungen. Bei phosphorhaltigem Roheisen verwendet man basische Futter wie Calciumoxid, wobei sich dann Calciumphosphat bildet, das als Dünger weiter verwendet wird (Thomasmehl). Bei phosphorfreiem Eisen verwendet man saure Auskleidungen.

Zur Herstellung besonderer Stähle (rostfreier Stahl, Schnelldrehstahl etc.) werden verschiedene Metalle zulegiert, z. B. Cr, V, Mo, Ni, Mn, W, Ti, Co, Cu. Die große Anwendungsbreite von Stahl hat zu einer nahezu unübersehbaren Vielfalt von Stahlsorten mit zum Teil ganz spezifischen Eigenschaften geführt.

23.1.1.3 Die Verbindungen des Eisens

Reines Eisen ist ein silberweißes, vergleichsweise weiches und reaktives Metall, das in kompakter Form dank einer Oxidschicht an der trokkenen Luft, gegen luft- und CO_2-freies Wasser und gegenüber Basen stabil ist. Diese Oxidschicht ist auch der Grund für die Passivierung des Eisens durch konzentrierte Schwefel- und Salpetersäure.

Eisen rostet an der feuchten Luft, bzw. in CO_2- oder lufthaltigem Wasser, weil die schützende Oxidschicht zunächst durch die Bildung von Eisen(II)carbonat zerstört wird und dieses dann mit weiterem Wasser und Sauerstoff zu einem lockeren Eisen(III)oxidhydrat („Rost", FeOOH = „$Fe_2O_3 \cdot H_2O$") reagiert, das tiefere Eisenschichten nicht mehr zu schützen vermag.

Im Stahlbeton werden die Stahlarmierungen durch das alkalische Milieu im Beton vor Korrosion geschützt.

$$Fe^{2+} \rightleftharpoons Fe^{3+} + e^-$$

In seinen Verbindungen kommt Eisen überwiegend in den Oxidationszahlen +2 und +3 vor, es sind jedoch keine Verbindungen in der Oxidationszahl +8 bekannt, wie man es für die VIII. Nebengruppe erwarten könnte. Fe(II) ist ein Reduktionsmittel und Fe(III) ein (schwaches) Oxidationsmittel.

Das grünliche Fe^{2+} wird bereits von Luftsauerstoff zu gelblich-bräunlichem Fe^{3+} oxidiert. Eisen(III)-Salze schwacher Säuren sind nicht stabil:

$$Fe_2(CO_3)_3 \longrightarrow Fe_2O_3 + 3\,CO_2$$

Sauerstoffverbindungen. Das Oxid der Oxidationszahl +2, FeO, ist nur bei Temperaturen über 560 °C stabil. Darunter ist der „Wüstit", ein Fe(II)oxid mit einem geringen Eisen**unter**schuß, $Fe_{1-x}O$ ($x \approx 0{,}1$ bis 0,05) stabil. Das beständigste Oxid ist das Mischoxid $\mathbf{Fe_3O_4}$

($Fe^{II}Fe^{III}{}_2O_4$), das in der Natur als „Magneteisenstein" vorkommt und im Labor durch Glühen von $\mathbf{Fe_2O_3}$ bei einer Temperatur von $>$1200 °C erhalten werden kann. Eisen(III)oxid ist in der Natur weit verbreitet und stellt das wichtigste Ausgangsmaterial zur Eisengewinnung dar. Man kann es u. a. entweder durch Oxidation von Fe_3O_4 mit Sauerstoff oder durch Entwässern von Eisen(III)hydroxid, $\mathbf{Fe(OH)_3}$ herstellen. Letzteres gewinnt man entweder durch Basenzugabe zu einer Fe^{3+}-Lösung als voluminösen, wasserreichen, rotbraunen Niederschlag oder durch Oxidation von $Fe(OH)_2$. Das Eisen(II)hydroxid fällt in Abwesenheit von Sauerstoff als weißer lockerer Niederschlag beim Basischstellen von wässrigen Fe(II)-Lösungen aus.

$$Fe^{2+} + OH^- \xrightarrow{\text{Luftabschluß}} Fe(OH)_2 \text{ (weißer Niederschlag)}$$

$$Fe(OH)_2 \xrightarrow{O_2,\ H_2O} Fe(OH)_3 \cdot x\,H_2O \text{ (rotbrauner Niederschlag)}$$

$$\underset{\text{(„Hämatit")}}{\alpha\text{-}Fe_2O_3} \xleftarrow[-\,H_2O]{\Delta} Fe(OH)_3 \cdot x\,H_2O$$

$Fe(OH)_3$ ist basisch und löst sich im Unterschied zu $Al(OH)_3$ nicht in Basen. Man nutzt diese Tatsache bei der Aluminium-Gewinnung zum Entfernen von Eisenbeimengungen aus Bauxit.

Schwefelverbindungen. Bei Zugabe von Sulfid-Lösung zu Eisen(II)-salzlösungen entsteht ein Niederschlag von grünlich schwarzem FeS. Die Unbeständigkeit von Fe(III)-Salzen mit schwachen Säuren zeigt sich auch am Verhalten von feuchtem FeS: durch die Oxidation mit Luftsauerstoff entsteht $Fe(OH)_3$ und elementarer Schwefel. FeS_2 mit dem S_2^{2-}-Anion kommt in der Natur als Pyrit vor (s. o.).

Halogenverbindungen. Die Eisen(II)halogenide, FeX_2, kann man allesamt durch direkte Umsetzung der Elemente erhalten. $FeCl_2$ kann man alternativ durch Lösen von Eisen in Salzsäure unter Sauerstoffausschluß herstellen.

$$Fe + 2\,HCl \longrightarrow FeCl_2 + H_2$$

Bis auf das Iodid lassen sich die Eisen(III)halogenide ebenfalls durch direkte Reaktion der Elemente gewinnen. FeI_3 zerfällt in FeI_2 und I_2.

Cyanokomplexe des Eisens. Am wichtigsten sind das gelbe und das rote Blutlaugensalz $K_4[Fe(CN)_6]$ und $K_3[Fe(CN)_6]$. Bei Zugabe von Fe^{2+} bzw. Fe^{3+} entsteht kolloidal lösliches „Berliner Blau".

$$\underset{\text{gelb}}{K_4[\overset{II}{Fe}(CN)_6]} \xrightarrow{Fe^{3+}} \underset{\text{tiefblau, „Berliner Blau"}}{K[\overset{III}{Fe}\overset{II}{Fe}(CN)_6]} \xleftarrow{Fe^{2+}} \underset{\text{rot}}{K_3[\overset{III}{Fe}(CN)_6]}$$

Die Bildung der Hexacyanoferrat-Komplexe wird zum analytischen Nachweis von Eisen-Ionen herangezogen. Das blutrote Thiocyanat dient ebenfalls dem Eisennachweis.

$$[Fe(H_2O)_6]^{3+} + 3\ SCN^- \longrightarrow [Fe(SCN)_3(H_2O)_3] + 3\ H_2O$$

23.1.2 Cobalt und Nickel

23.1.2.1 Gewinnung, Eigenschaften und Verwendung von Cobalt und Nickel

Cobalt und Nickel sind weit weniger häufig als Eisen. Cobalt- und Nickelerze sind in reiner Form sehr selten. Wichtige Erze sind der Cobaltglanz (CoAsS), der Cobaltkies (Co_3S_4) und der Rotnickelkies (NiAs). Cobalt und Nickel werden jedoch meist aus Magnetkiesen (sulfidischen Eisenerzen) gewonnen, die zusätzlich noch Kupfer, Mangan und Arsen enthalten.

Über verschiedene schmelztechnische und naßchemische Trennstufen werden Cobalt und Nickel zunächst in Form ihrer Sulfide isoliert, in die Oxide überführt und mit Kohle reduziert. Bei Cobalt reduziert man auch aluminothermisch. Rohnickel wird durch elektrolytische Raffination weiter gereinigt. Hochreines Nickel wird über das **Mond-Verfahren** erhalten: Feinstein, ein Zwischenprodukt im Aufbereitungsverfahren der Magnetkiese, bestehend aus 80 % Kupfer und Nickel neben 20 % Schwefel, wird bei etwa 700 °C „totgeröstet" und die gebildeten Oxide mit Wasserstoff reduziert. Dabei entsteht ein Nickelschwamm, der bei ca. 80 °C durch Kohlenmonoxid in flüchtiges Nickeltetracarbonyl überführt wird:

$$Ni + 4\ CO \longrightarrow Ni(CO)_4$$

Die thermische Zersetzung dieses Tetracarbonyls bei 180 bis 200 °C ergibt 99,8 bis 99,9 %iges Nickel.

Cobalt dient wegen seines starken Ferromagnetismus als Legierungsbestandteil u. a. zur Herstellung von Permanentmagneten und wird in der keramischen Industrie als Farbstoff benutzt (z. B. Cobaltblau, ein Kaliumcobaltsilikat). Das künstlich in Reaktoren herstellbare ^{60}Co-Isotop wird in den „Cobaltkanonen" bei der Krebstherapie eingesetzt. Cobalt und Nickel sind edler als Eisen und reagieren in kompakter Form an der feuchten Luft und in Wasser nicht. Daher werden Gebrauchsgegenstände aus Eisen häufig mit einer Nickelschicht als Korrosionsschutz überzogen. Nickel wird weiterhin für Münzen und in feinstverteilter Form (Raney-Nickel) als Hydrierungskatalysator (z. B. bei der Fetthärtung) verwendet. Das fein verteilte Raney-Nickel kann sich in trockenem Zustand an der Luft spontan entzünden. Daneben werden beide Metalle noch als Legierungsbestandteile verwendet (s. Eisen und Stahl, Abschn. 23.1.1.2).

Cobalt ist ein essentielles Spurenelement. Es tritt als Zentralatom im Vitamin B_{12} auf, wodurch es an zahlreichen physiologisch wichtigen Reaktionen beteiligt ist. Das Fehlen von Vitamin B_{12} führt zur sog. perniziösen Anämie.

Es sind inzwischen einige nickelhaltige Enzyme isoliert worden, die bei Pflanzen und Mikroorganismen, vor allem bei Archaebakterien eine Rolle spielen. Die Stäube des Metalls und einiger seiner Verbindungen sind carcinogen und besitzen ein allergenes und mutagenes Potential.

23.1.2.2 Chemische Eigenschaften von Cobalt und Nickel

Cobalt ist ein reaktionsträges, stahlgraues, hartes Metall, das sich nur langsam in nicht-oxidierenden verdünnten Säuren löst. In verdünnter Salpetersäure löst es sich leicht. Konzentrierte Salpetersäure wirkt passivierend. Cobalt tritt in seinen Verbindungen hauptsächlich in den Oxidationszahlen +2 und +3 auf. Bei einfachen Verbindungen ist die Oxidationszahl +2 die beständigere, während bei komplexen Verbindungen +3 stabiler ist.

Von den Cobaltoxiden sind das olivgrüne CoO und blaue Co_3O_4, das Cobalt in den Oxidationszahlen +2 und +3 enthält, am wichtigsten. Die blaue Farbe von Cobaltglas ist auf CoO zurückzuführen. Cobalt(II)hydroxid ist schwach amphoter; es löst sich in geringem Maße in konzentrierter Alkalilauge unter Bildung von tiefblauem tetraedrischem $[Co(OH)_4]^{2-}$. Mit Säure entsteht der rote oktaedrische Hexaaquakomplex $[Co(H_2O)_6]^{2+}$. Alle Halogenide des Cobalt(II) sind bekannt. Wasserfreies $CoCl_2$ ist blau gefärbt. Durch die bereits bei 35 °C wieder umkehrbare Wasseraufnahme entsteht das rosafarbene $[Co(H_2O)_6]Cl_2$. Der Farbwechsel bei dem sehr verbreiteten Trockenmittel „Blaugel“ beruht auf diesem Vorgang. Von den Halogeniden der Oxidationszahl +3 ist nur das Fluorid bekannt.

Die kinetisch ziemlich inerten Komplexe des Cobalt(III) sind oktaedrisch koordiniert und es sind, vom Hexafluorokomplex abgesehen, low-spin-Komplexe.

Nickel ist ein silberweißes zähes und duktiles Metall, das durch Passivierung in kompakter Form außer gegen Luft und Wasser auch gegen verdünnte, nicht oxidierende Säuren ziemlich stabil ist. Wie Cobalt löst es sich leicht in verdünnter Salpetersäure und wird von konzentrierter HNO_3 passiviert. In seinen Verbindungen betätigt Nickel hauptsächlich die Oxidationszahl +2. NiO entsteht durch Glühen aus den Ni(II)-Salzen flüchtiger Säuren. Nickel(II)hydroxid, $Ni(OH)_2$, erhält man als grünen Niederschlag aus Lösungen von Nickel(II)-Salzen durch Zugabe von Alkalilaugen. Mit Ammoniak bildet sich das blaue lösliche $[Ni(NH_3)_6](OH)_2$. Mit Säuren entsteht ein grüner Hexaquakomplex. Sämtlich Halogenide des Ni(II) sind bekannt.

Im Unterschied zu Cobalt sind Ni(II)-Komplexe kinetisch labil. Gegenüber schwachen Liganden zeigt es die Koordinationszahl 6; gegenüber stärkeren auch 4.

23.2 Die Platinmetalle

Die Platinmetalle unterscheiden sich deutlich von den Eisenmetallen, haben aber untereinander recht große Ähnlichkeit. Einige Eigenschaften sind in Tabelle 23.2 aufgeführt.

Tabelle 23.2: Einige Eigenschaften der Platinmetalle.

Die leichten Platinmetalle:

	Ruthenium (Ru)	Rhodium (Rh)	Palladium (Pd)
Ordnungszahl	44	45	46
Elektronenkonfiguration	$[Kr]4d^7 5s^1$	$[Kr]4d^8 5s^1$	$[Kr]4d^{10}$
Atommasse	101,07	102,91	106,42
Dichte [g/ml]	12,45	12,41	12,02
Schmelzpunkt [°C]	2310	1965±3	1554
Siedepunkt [°C]	3900	3727±100	3140
Elektronegativität	1,4	1,5	1,4

Die schweren Platinmetalle:

	Osmium (Os)	Iridium (Ir)	Platin (Pt)
Ordnungszahl	76	77	78
Elektronenkonfiguration	$[Xe]4f^{14}5d^6 6s^2$	$[Xe]4f^{14}5d^7 6s^2$	$[Xe]4f^{14}5d^9 6s^1$
Atommasse	190,2	192,22	195,08
Dichte [g/ml]	22,61	22,65	21,45
Schmelzpunkt [°C]	3045±30	2410	1772
Siedepunkt [°C]	5027±100	4130	3827±100
Elektronegativität	1,5	1,6	1,4

Alle Platinmetalle sind sehr selten. Bei ihren Vorkommen unterscheidet man zwischen primären und sekundären Lagerstätten. In den primären Lagerstätten kommen die Metalle nur in geringer Konzentration vor. Am bekanntesten sind die Lagerstätten im kanadischen Ontario, wo man sie in den Kupfer-Nickel-Magnetkiesen findet, und die Vorkommen in sibirischen und südafrikanischen Kupfer-Nickel-Kiesen. In den sekundären Lagerstätten, die durch natürliche Schwemmprozesse in fließenden Gewässern entstanden sind, kommen die Metalle vergesellschaftet und elementar vor.

Die Platinmetalle werden wegen ihres geringen Vorkommens vor allem als willkommene Nebenprodukte aus dem Anodenschlamm der elektrolytischen Raffination edlerer Metalle wie Silber, Kupfer oder auch Nickel gewonnen (vgl. Abschnitt 19.1.1).

Ruthenium ist das seltenste Element der Platinmetalle. Es ist ein mattgraues bis silberweiß glänzendes, hartes und sprödes Metall. In Abwesenheit von Oxidationsmitteln wird es von Säuren nicht angegriffen. In Anwesenheit von Oxidationsmitteln (z. B. $NaClO_3$) wird es von Alkalihydroxiden gelöst. Ruthenium adsorbiert und überträgt große Mengen von Wasserstoff, weshalb es als Katalysator für Hydrierungen und Dehydrierungen eingesetzt wird. Auf eine Keramikoberfläche aufgebracht, werden Rhodium und Platin in Kfz-Abgaskatalysatoren verwendet. Platin- und Palladiumlegierungen erlangen durch die Zugabe von Ruthenium eine größere Härte.

Ruthenium tritt in seinen Verbindungen in den Oxidationszahlen +1 bis +8 auf, wobei +3 und +2 am wichtigsten sind. Chemisch ähnelt es stark seinem nächst höheren Homologen, dem Osmium. Beim Erhitzen auf 800 °C im Sauerstoffstrom entsteht schwarzes Rutheniumdioxid RuO_2, im Chlorstrom $RuCl_3$; durch Erhitzen im Knallgasgebläse erhält man flüchtiges, sehr giftiges RuO_4.

Osmium ist mit einer Dichte von 22,59 g/ml neben Iridium das schwerste Element (zum Vergleich: die Dichte von Blei beträgt 11,34 g/ml); es ist bläulich weiß glänzend, sehr hart und spröde. Osmium wird als härtender Legierungsbestandteil mit anderen Platinmetallen verwendet. Als Hartmetallwerkstoff werden aus Osmium die Schreibfedern von Füllhaltern, Lagerzapfen von Instrumenten, elektrische Kontakte usw. hergestellt. Osmium adsorbiert wie Ruthenium leicht Wasserstoff.

Bei gewöhnlichen Temperaturen ist Osmium an der Luft stabil, es wird jedoch leicht von oxidierenden Säuren wie Salpetersäure, Schwefelsäure usw., aber auch von anderen oxidierenden Verbindungen, wie Hypochloritlösung (ClO^-), $NaHSO_4$-Schmelzen, Cl_2 oder HF angegriffen.

Die beständigsten Oxidationszahlen des Osmiums sind +4 und +6, es bildet u. a. Oxide, Halogenide, Sulfide, Phosphide.

Am wichtigsten ist das OsO_4, eine schon bei Raumtemperatur sublimierende, stark toxische und stark oxidierend wirkende Verbindung, die in der präperativen Organischen Chemie vorteilhaft zur Herstellung von *cis*-1,2-Diolen (Abschn. 31.1) verwendet werden kann.

Rhodium ist silberweiß, zäh und duktil; es gehört neben dem Ruthenium zu den seltensten Platinmetallen. Mit Iridium ist es das chemisch resistenteste Platinmetall. In kompakter Form wird es von keiner Säure angegriffen. Demgegenüber löst es sich in Alkali-, Cyanid und Sodaschmelzen.

Zusammen mit Platin, dessen Aktivität es steigert, wird es für Katalysator-Netze in der „Ostwaldschen Ammoniakverbrennung", also bei der Salpetersäure-Herstellung, für Kfz-Katalysatoren und als chemisch beständiger, stark reflektierender Überzug für Schmuck und hochwertige Spiegel benutzt.

In seinen Verbindungen tritt Rhodium bevorzugt in der Oxidationszahl +3 auf. In fein verteilter Form reagiert es mit Chlor zu $RhCl_3$ und mit Sauerstoff zu Rh_2O_3. Rh(III)chlorid ist in der Organischen Chemie ein häufig angewandter Katalysator.

Iridium ist mit der Dichte 22,65 g/ml neben Osmium das schwerste Element; es ist silberweiß, hart und spröde. In mancher Hinsicht ist es beständiger als Platin. Von Königswasser wird es nur langsam angegriffen. Man verwendet es als Legierungsbestandteil zusammen mit anderen Platinmetallen zur Herstellung von Schreibfedern für Füllhalter, Injektionsnadeln, Katalysatoren, Tiegeln, hochwertigem Schmuck usw. Das Urmeter in Paris besteht zu 90 % aus Platin und 10 % aus Iridium. ^{192}Ir ist ein β und γ-Strahler und wird in der Krebstherapie eingesetzt.

Die stabilsten Oxidationszahlen des Iridiums sind +3 und +4. In feiner Verteilung reagiert es bei Rotglut mit Sauerstoff zu IrO_2 und mit Chlor, abhängig von Verteilung und Temperatur zu $IrCl_3$ bzw. $IrCl_4$.

Palladium ist ein silberweiß glänzendes, duktiles Metall, das sich recht gut in Königswasser und in Gegenwart von Halogen in Halogenwasserstoffsäuren (z. B. HCl/Cl_2, HCl/Br_2) löst; Pd ist gegenüber Oxidationsmitteln wie NaClO oder Cl_2 bzw. Br_2 nicht besonders beständig. Palladium kann je nach Verteilungsgrad sehr viel Wasserstoff adsorbieren und wird aus diesem Grunde häufig als Hydrierungskatalysator verwendet. Dünne Pd-Bleche sind für Wasserstoff durchlässig.

Die wichtigste binäre Verbindung des Palladiums ist das polymere $PdCl_2$ in dem Pd planarquadratisch von vier Chloratomen umgeben ist.

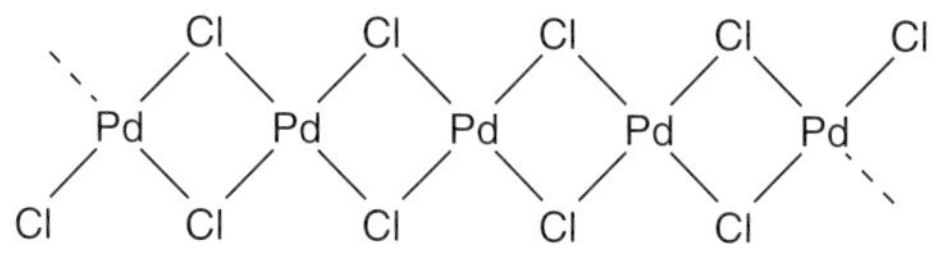

Palladium(II)chlorid

Platin ist ein grau- bis silberweißes Metall mit einem etwas weniger starken Glanz als Palladium. Solange keine Oxidationsmittel zugegen sind, ist Pt bei nicht zu hohen Temperaturen gegen die meisten Säuren stabil. Dagegen löst es sich schon bei Raumtemperatur in Königswasser. Pt hat fast den gleichen Ausdehnungskoeffizienten wie Geräteglas und eignet sich deshalb hervorragend zum Einschmelzen von Elektroden und ähnlichem. Die Verwendung des Platins entspricht, auch wegen seiner Fähigkeit zur Adsorption von Wasserstoff, denen der vorausgegangenen Platinmetalle.

Die häufigsten Oxidationszahlen des Platins sind +2 und +4. Zu seinen wichtigeren Verbindungen zählen das Dioxid PtO_2, das Di- und das Tetrachlorid $PtCl_2$ und $PtCl_4$ und die gelbe Hexachloroplatinsäure, $H_2[PtCl_6] \cdot 6H_2O$.

Cisplatin ist der internationale Freiname (INN) für das Krebstherapeutikum *cis*-Diammindichloroplatin(II), das vor allem bei Hodentumoren eingesetzt wird und hier zu vollständiger Heilung führt.

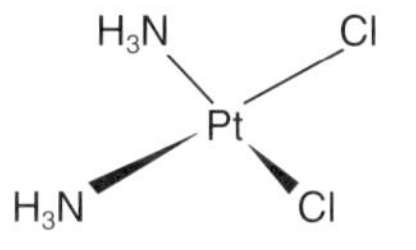

cis-Diammindichloroplatin(II)
„Cisplatin"

24 Lanthanoiden und Actinoiden

24.1 Die Lanthanoiden (Seltene Erden)

Auf das Element der dritten Nebengruppe Lanthan folgen im Periodensystem 14 Elemente, bei denen die 4f-Orbitale aufgefüllt werden: Cer, Praseodym, Neodym, Promethium, Samarium, Europium, Gadolinium, Terbium, Dysprosium, Holmium, Erbium, Thulium, Ytterbium und Lutetium. Die Lanthanoiden unterscheiden sich in ihren chemischen Eigenschaften kaum voneinander. Es sind silberglänzende Metalle, die an der Luft langsam matt werden. Sie treten fast nur in der Oxidationszahl +3 auf und sind unedle Metalle. Die neu hinzukommenden f-Elektronen werden in eine innere Schale eingebaut und tragen nicht zu einer Vergrößerung der Elektronenhülle (und dadurch auch nicht zu der Atom- und Ionenradien) bei. Die steigende Kernladung führt aber zu einer stärkeren Anziehung der Elektronen, weshalb die Atom- und Ionenradien bei den Lanthanoiden mit wachsender Ordnungszahl schrumpfen (**Lanthanoidenkontraktion**). Die verhältnismäßig kleinen Ionenradien der Nebengruppenelemente der fünften Periode sind eine direkte Folge hiervon. Verwendung finden die Lanthanoiden zum Beispiel in den Leuchtschichten von Farbfernsehröhren, als Shift-Reagentien in der NMR-Spektroskopie, als Kontrastmittel in der Kernspintomographie, als Dotierung für Laser, in der Kerntechnik als Neutronenabsorber, in der Metallurgie als Legierungsbestandteile, als Katalysatoren und zum Färben bzw. Entfärben von Gläsern. Elementares Cer dient als Zündstein in Feuerzeugen und Samarium wird für Permanentmagnete benutzt.

24.2 Die Actinoiden

So wie auf Lanthan die Lanthanoiden folgen, folgen auf das Actinium die 14 Actinoiden, bei denen das 5f-Niveau aufgefüllt wird: Thorium, Protactinium, Uran, Neptunium, Plutonium, Americium, Curium, Berkelium, Californium, Einsteinium, Fermium, Mendelevium, Nobelium und Lawrencium. Die Actinoiden sind allesamt instabil und zerfallen unter Aussendung radioaktiver Strahlung in andere Elemente. (Zur Radioaktivität siehe Exkurs 24.1). Die neu gebildeten Elemente sind selbst meist instabil und zerfallen weiter zu anderen Elementen, so daß man zu sogenannten Zerfallsreihen kommt. Das häufigste Uranisotop ^{238}U zerfällt über zwölf instabile Zwischenstufen zu dem stabilen Bleiisotop ^{206}Pb.

Nur ^{235}U, ^{238}U und ^{232}Th besitzen Halbwertszeiten, die groß genug sind, um diese Elemente seit dem Entstehen der Welt bestehen zu lassen. Diese Elemente sind die Mutterelemente, von denen die geringen Mengen an Pa, Np und Pu abstammen. Die restlichen Actinoiden kommen in der Natur nicht vor und wurden künstlich hergestellt. Uran findet sich vor allem als Pechblende, UO_2, in der Natur. Es dient als Brennstoff für Kernkraftwerke. Uranylacetat wird in der Elektronenmikroskopie zum Kontrastieren biologischer Schnitte benutzt. Thorium wird als Legierungsbestandteil für hochtemperaturfeste Materialien, wie Heizdrähte und Strahltriebwerke benutzt.

Exkurs 24.1 Radioaktivität

Die Kerne aller Elemente, die schwerer sind als Bismut, sind instabil; sie zerfallen spontan unter Aussendung radioaktiver Strahlung. Diese **Radioaktivität** wurde 1896 an Pechblende, einem Uranerz, entdeckt. Auch einige neutronenreiche Isotope der leichteren Elemente (z. B. ^{3}H, ^{14}C, ^{40}K etc.) zeigen diese Erscheinung. Die Korpuskeln der radioaktiven Strahlung sind die Zerfallsprodukte instabiler Atomkerne. Radioaktive Atome können auf zwei Arten zerfallen:

1. Sie können Heliumkerne (He^{2+}) abstrahlen (**α-Strahlung**, Reichweite in der Luft ca. 2,5 bis 9 cm). Ein Beispiel für einen α-Zerfall ist der Zerfall von ^{226}Radium zu ^{222}Radon:

$$^{226}_{88}Ra \longrightarrow {}^{4}_{2}He^{2+} + {}^{222}_{86}Rn$$

Die Zahl der Protonen (der Ordnungszahl!) und Neutronen *verringert* sich dabei um jeweils zwei.

2. Sie können in ihrem Kern Neutronen in Protonen umwandeln und die dabei freiwerdenden Elektronen abstrahlen (**β-Strahlung**, Reichweite in der Luft im Meterbereich). Bei diesem Prozeß *steigt* die Ordnungszahl des zerfallenden Atoms um eine Einheit. Die Atommasse ändert sich jedoch nicht merklich.

$$^{87}_{37}Rb \longrightarrow {}^{87}_{38}Sr + e^{-}$$

Sowohl α- als auch β-Teilchen werden mit sehr hoher Geschwindigkeit abgestrahlt. Bei beiden Zerfallsarten entstehen häufig energetisch angeregte Folgeprodukte, die ihre überschüssige Energie, d. h. die Energie, die nicht für die kinetische Energie der α- und β-Teilchen verbraucht wird, in Form von sehr harter (extrem kurzwelliger) Röntgenstrahlung (**γ-Strahlung**) abgeben. Diese γ-Strahlung ist es, die mit Zählrohren (**Geigerzählern**) gemessen werden kann. Die anderen Strahlungsarten können nur mit Hilfe von **Szintillationszählern** erfaßt werden.

Der radioaktive Zerfall ist ein **Quantenereignis**, d. h. man kann nicht voraussagen, wann ein bestimmtes instabiles Atom zerfallen wird. Die **Zerfallsgeschwindigkeit** ist proportional zur Anzahl der vorhandenen Kerne:

$$-\frac{dN}{dt} = \lambda \cdot N \text{ integriert: } \ln\frac{N}{N_0} = \lambda \cdot t \text{ oder } N = N_0 \cdot e^{-\lambda t}$$

Hierbei ist N_0 die Anzahl der Teilchen zur Zeit t_0, N die Anzahl der Teilchen zur Zeit t und λ die Zerfallskonstante.

Unter der **Halbwertszeit** $t_{1/2}$ versteht man die Zeit, nach der die Hälfte der zur Zeit t_0 vorhandenen Kerne (Teilchen) N_0 zerfallen ist, also wenn gilt: $N = N_0/2$.

$$\ln\frac{1}{2} = -\lambda \cdot t_{1/2} \text{ oder } t_{1/2} = \frac{\ln 2}{\lambda}$$

Die Halbwertszeit für ^{226}Ra beträgt 1622 Jahre. Dies bedeutet, daß von einem Gramm Radium nach 1622 Jahren noch ein halbes Gramm vorhanden ist und die andere Hälfte zu Radon zerfallen ist.

In **Kernreaktoren** macht man sich den exothermen Zerfall des Urankerns $^{236}_{92}U$ zur Energiegewinnung und zur Herstellung anderer technisch und wissenschaftlich wichtiger Isotopen zunutze. Das Uran wird dabei in Form von „Brennstäben", (reine Uranstäbe von ca. 6 m Länge und 2 bis 3 cm Durchmesser) eingesetzt.

$^{235}_{92}U$ wird durch die Absorption eines langsamen (energiearmen) Neutrons $^{1}_{0}n$, in $^{236}_{92}U$ überführt.

$$^{235}_{92}U + {}^{1}_{0}n \longrightarrow {}^{236}_{92}U$$

Dieses spaltet spontan unter Abgabe sehr großer Energiemengen hauptsächlich nach:

$$\begin{aligned} ^{236}_{92}U &\longrightarrow {}^{92}_{36}Kr + {}^{142}_{56}Ba + 2\,{}^{1}_{0}n \\ ^{236}_{92}U &\longrightarrow {}^{90}_{38}Sr + {}^{143}_{54}Xe + 3\,{}^{1}_{0}n \end{aligned} \qquad (24.1)$$

Die entstehenden Kerne zerfallen ebenfalls exotherm in weitere Folgeprodukte. Pro zerfallendem Urankern werden 2 bis 3 energiereiche Neutronen frei. Für eine kontrollierte Fortsetzung der Kernreaktion müssen zwei Dinge grundsätzlich beachtet werden. Zum einen sind die entstehenden Neutronen zu energiereich, um die Reaktion in Gl. 24.1 in einer Kettenreaktion zu ermöglichen und das

Exkurs 24.1 Radioaktivität (Fortsetzung)

ebenfalls in den Kernbrennstäben vorhandene $^{238}_{92}U$ wird statt dessen in $^{239}_{92}U$ überführt, welches die gewünschte Kernspaltung nicht zeigt. Die energiereichen Neutronen müssen durch **Moderatoren** (D_2O, H_2O, Graphit) gebremst werden. Zum anderen soll jedoch nur *ein* Neutron die Kettenreaktion weitertragen, um eine sich lawinenartig selbst steigernde, unkontrollierte Reaktion zu vermeiden. Man erreicht dies durch die teilweise Umhüllung der Uranbrennstäbe mit röhrenförmigen Neutronenabsorbern, die die Reaktion nach Gl. 24.1 unterbinden.

Pro Mol $^{236}_{92}U$ (≈ 236 g) werden dabei etwa $19 \cdot 10^9$ kJ an Energie freigesetzt. Auf ein kg umgerechnet wären dies $81 \cdot 10^9$ kJ. Das Verbrennen von 1 kg Steinkohle setzt im Vergleich dazu etwa $33{,}5 \cdot 10^3$ kJ frei.

Organische Chemie

Die Einteilung der Chemie in ein anorganisches und ein organisches Teilgebiet stammt noch aus der Zeit, zu der man der Überzeugung war, daß organische Verbindungen nur von der belebten Natur erzeugt werden können. Mit der Synthese des Harnstoffs durch Wöhler im Jahre 1828 wurde dieser Einteilung die Grundlage entzogen. Man ist in der Folge dazu übergegangen, die Organische Chemie als die Chemie des Kohlenstoffs und seiner Verbindungen zu definieren. Einfache Kohlenstoffverbindungen wie z. B. die Oxide, Carbonate, Cyanide oder Carbide werden dabei jedoch ausgenommen. Die Grenzen sind nicht exakt definiert und im Bereich der Komplexchemie oder der metallorganischen Chemie durchdringen sich beide Gebiete zunehmend.

Dennoch hat sich die historische Einteilung durch die besonderen Bindungsverhältnisse der Kohlenstoff-Kohlenstoff- und auch der Kohlenstoff-Wasserstoff-Bindung in der chemischen Praxis als sehr fruchtbar erwiesen. Charakteristisch für das Kohlenstoffatom ist seine Fähigkeit, sich in einer kovalenten Atombindung mit weiteren Kohlenstoffatomen zu beliebig langen, auch verzweigten Ketten oder Ringen zu verbinden. Entsprechend der vier Valenzelektronen des Kohlenstoffs werden vier Bindungen ausgebildet. Neben den Kohlenstoff-Kohlenstoff-Bindungen sind dies vor allem Bindungen zu Wasserstoff. Andere häufige Bindungspartner sind Sauerstoff und Stickstoff, aber beispielsweise auch die Halogene, Phosphor oder Schwefel. Außer den Edelgasen lassen sich fast alle Elemente in organische Verbindungen einbauen. Die Bindungspartner des Kohlenstoffs und die räumliche Anordnung der Kohlenstoffatome im Molekülgerüst (die *Molekülgeometrie*) beeinflussen die chemischen und physikalischen Eigenschaften organischer Verbindungen in charakteristischer Weise. Die Möglichkeit, daß einzelne Kohlenstoffatome in den Ketten oder Ringen (in den *Kohlenstoffgerüsten*) durch andere Atome (*Heteroatome*), z. B. B, Si, N, P, O, S ersetzt sein können, dehnt das Gebiet der Organischen Chemie noch weiter aus.

Stoffgebiete in der Organischen Chemie

In einer formalisierten Betrachtungsweise kann man sich alle organischen Verbindungen, deren Kohlenstoffatome andere Bindungspartner als Wasserstoff tragen, entstanden denken, als seien eine oder mehrere der ursprünglichen Kohlenstoff-Wasserstoff-Bindungen durch Bindungen zu anderen Atomen oder Atomgruppen ersetzt (*substituiert*). Diese Atome oder Atomgruppen werden deshalb als *Substituenten* bezeichnet. Die Substituenten bzw. die Kohlenstoffatome, an die sie gebunden sind, stellen häufig ein Zentrum erhöhter chemischer Reaktivität dar; man spricht dann von *funktionellen Gruppen*.

Prinzipiell gibt es die Möglichkeit, die organischen Verbindungen nach der Art ihres Kohlenstoffgrundgerüsts zu unterteilen oder nach der Art der funktionellen Gruppen, die sie tragen. Beide Einteilungen sind nicht optimal. Im ersten Fall wird dem Einfluß der funktionellen Gruppen nicht ausreichend Rechnung getragen, im anderen tritt der Einfluß von Struktur und eventuellen Heteroatomen zu sehr in den Hintergrund. Im folgenden wird nach funktionellen Gruppen unterschieden, wobei jeweils auf typische Einflüsse der Struktur hingewiesen wird.

25 Gesättigte Kohlenwasserstoffe

Im einfachsten Fall besteht eine organische Verbindung nur aus den Elementen Kohlenstoff und Wasserstoff. Man unterscheidet nach Bindungsverhältnissen und räumlicher Anordnung der Kohlenstoffatome (Geometrie) zwischen gesättigten, ungesättigten, offenkettigen, cyclischen (ringförmig geschlossenen) und aromatischen Kohlenwasserstoffen:

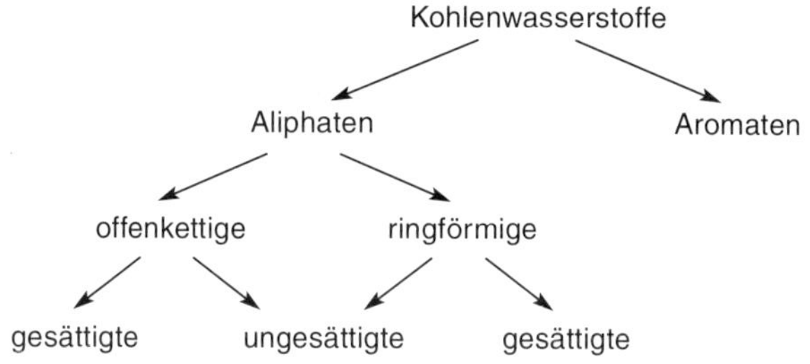

Die Bezeichnung "Aliphaten" leitet sich von dem griechischen "aliphos" (Fett) ab. Nach dem oben angegebenen Schema kann man zwischen gesättigten und ungesättigten, zwischen kettenförmigen und ringförmigen Aliphaten unterscheiden. Häufig werden die ringförmigen Aliphaten, die Cycloaliphaten (auch alicyclische, carbocyclische oder isocyclische Aliphaten genannt), als eigenständige Gruppe behandelt.

25.1 Gesättigte offenkettige Kohlenwasserstoffe

Es handelt sich hierbei um mehr oder weniger verzweigte Kohlenstoffketten, bei denen nur Einfachbindungen auftreten. Das Attribut „gesättigt" will zum Ausdruck bringen, daß sie chemisch ohne Spaltung von Kohlenstoff-Kohlenstoff-Bindungen keinen weiteren Wasserstoff mehr aufnehmen können. Sie werden als **Alkane** oder nach einer älteren Benennung als **Paraffine** bezeichnet. Durch Abstraktion eines Wasserstoffatoms erhält man **Alkyl-Radikale**.

Die Stammverbindung der Alkane ist das **Methan**. Methan ist ein farb- und geruchloses Gas und kommt mengenmäßig am häufigsten als Bestandteil des Erdgases (bis 93 %) vor. Als Ursache der „Schlagenden Wetter" gefürchtet, findet es sich in Steinkohleflözen und tritt im Gemisch mit Kohlendioxid als „Sumpfgas" auf. Es entsteht, wie die Vorkommen schon belegen, durch den anaeroben Abbau von Pflanzen, aber auch von Fäkalien und Schlammabsitzstoffen der Abwässer („Biogas"). Bei der Cellulosegärung im Verdauungstrakt der Wiederkäuer wird ebenfalls Methan frei und ist in diesem Zusammenhang als klimaaktives Spurengas ins Gerede gekommen. Das Methanmolekül besteht aus einem Kohlenstoff- und vier Wasserstoffatomen: **CH_4**.

25.1.1 Struktur und Bindungsverhältnisse des Methans

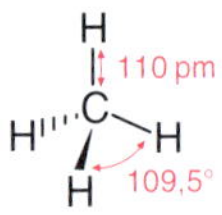

Strukturuntersuchungen am Methan ergeben einen einheitlichen Bindungswinkel für die H-C-H-Bindung von 109,5 ° und eine einheitliche Bindungslänge für die C-H-Bindung von 110 pm (1,10 Å). Die C-H-Bindungen zeigen in die Ecken eines regelmäßigen Tetraeders. Chemisch sind alle vier Wasserstoffe gleichartig *(äquivalent)*.

Die quantenmechanische Beschreibung des Methans erfolgt am besten nach dem Molekülorbitalmodell (MO-Modell). Das Kohlenstoffatom besitzt in seiner äußersten besetzten Schale, der L-Schale, vier Elektronen. Im Grundzustand besetzen zwei davon mit antiparallelem Spin das 2s-Orbital, die beiden restlichen Elektronen besetzen jeweils ein p-Orbital. Die Elektronenkonfiguration der obersten besetzten Schale wird nach dem üblichen Formalismus mit $2s^2$, $2p_x^1$, $2p_y^1$ angegeben. Das einzelne Elektron des Wasserstoffatoms besetzt im Grundzustand das 1s-Orbital.

Zur Ausbildung von vier Elektronenpaarbindungen mit vier Wasserstoffatomen muß zunächst ein 2s-Elektron des Kohlenstoffs in das unbesetzte p_z-Orbital angehoben werden. Für die vier C-H-Bindungen stehen dann das 2s- und die drei **orthogonalen** (aufeinander senkrecht stehenden) 2p-Orbitale zur Verfügung, und es könnten sich vier σ-Bindungen durch Kombination mit den 1s-Orbitalen der vier Wasserstoffatome ausbilden: Eine durch Überlappung mit dem 2s-Orbital, drei weitere durch eine etwas geringere Überlappung mit den drei p-Orbitalen des Kohlenstoffs. Diese Beschreibung kann aber nicht richtig sein! Sie erklärt weder die experimentell beobachteten Bindungswinkel, noch die völlig äquivalenten C-H-Bindungen. Im MO-Modell nimmt man deshalb an, daß das 2s-Orbital und die drei 2p-Orbitale des Kohlenstoffs zu vier einfach besetzten, **entarteten** (energiegleichen) sp^3-Hybridorbitalen kombinieren, deren Orbitallappen in die Ecken eines Tetraeders weisen (Abb. 25.1). Zur Wiederholung: die Schreibweise „sp^3" deutet an, daß *ein* s-Orbital mit *drei* p-Orbitalen zu *vier* neuen, gleichartigen Orbitalen kombiniert wurde. *Die Gesamtzahl der Orbitale darf sich nicht verändern.*

Durch Linearkombination der vier sp^3-Orbitale des Kohlenstoffs mit den vier 1s-Orbitalen der Wasserstoffatome erhält man vier äquivalente, doppelt besetzte, bindende σ-Molekülorbitale und vier unbesetzte lockernde (antibindende) σ*-Orbitale.

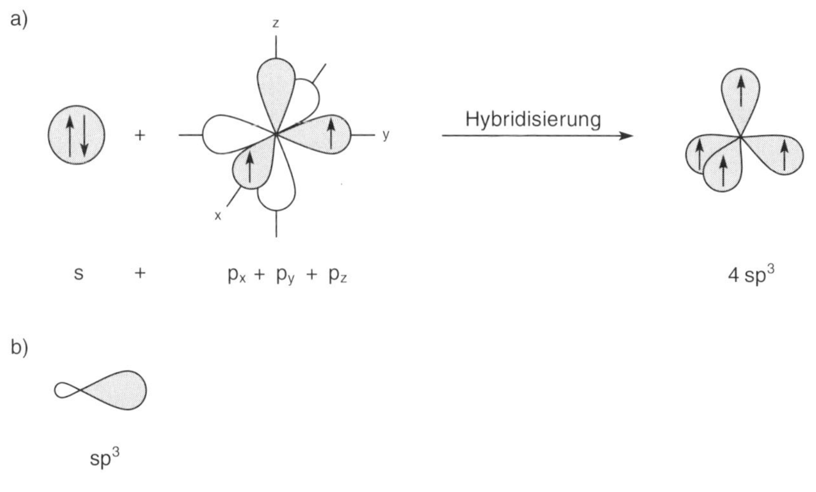

Abb. 25.1a) Linearkombination eines s-Orbitals mit 3 p-Orbitalen zu 4 sp^3-Hybridorbitalen. **b)** zeigt die beiden Orbitallappen der sp^3-Hybridorbitale.

Eine Möglichkeit, die geschilderten geometrischen Verhältnisse im Methan einigermaßen korrekt wiederzugeben, ist die **Keilstrichformel**. Die mit durchgezogenen Strichen dargestellten Bindungen liegen in der Papierebene, die gestrichelte Bindung zeigt hinter die keilförmig

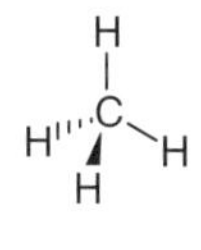

Methan (CH_4)

angedeutete Bindung vor der Papierebene. Das Kohlenstoffatom liegt in der Zeichenebene.

Bei der Wiedergabe organischer Verbindungen in der Literatur wird nur in Ausnahmefällen, wenn dies zum Verständnis besonderer Phänomene notwendig ist, auf eine explizite Strukturdarstellung zurückgegriffen.

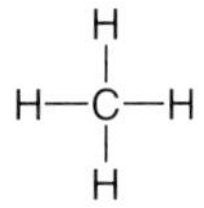

Fast immer stellt man die Moleküle unter Vernachlässigung der Bindungswinkel und ihrer relativen Lage in Raum zweidimensional dar.

Als weitere Vereinfachung läßt man üblicherweise auch noch die C-H-Bindungen weg. Für Methan ist dies gleichbedeutend mit der Summenformel: CH_4, bzw. für den Methylrest $-CH_3$. Weitergehende Vereinfachungen werden später eingeführt.

25.1.2 Die homologe Reihe der Alkane

Durch Einfügen zusätzlicher CH_2-Einheiten in eine beliebige C-H-Bindung lassen sich formal alle Alkane aufbauen: H_3C-H (Methan); H_3C-**CH_2**-H (C_2H_6, Ethan); H_3C-CH_2-**CH_2**-H (C_3H_8, Propan) usw.

Geht in einer Reihe von Verbindungen immer die folgende durch Hinzufügen einer identischen Gruppe aus der anderen hervor, spricht man von einer **homologen Reihe;** ihre einzelnen Glieder werden als **Homologe** bezeichnet.

Zu einer homologen Reihe läßt sich eine allgemeine Summenformel angeben. Für die Alkane lautet diese C_nH_{2n+2}.

Die ersten zehn Glieder (n = 1, ... 10) der homologen Reihe der Alkane sind:

Methan	(CH_4)	Hexan	(C_6H_{14})
Ethan	(C_2H_6)	Heptan	(C_7H_{16})
Propan	(C_3H_8)	Octan	(C_8H_{18})
Butan	(C_4H_{10})	Nonan	(C_9H_{20})
Pentan	(C_5H_{12})	Decan	($C_{10}H_{22}$)

Mit steigender Kohlenstoffzahl ändern sich die physikalischen Eigenschaften der Alkane. Bis zum Butan sind die Verbindungen bei Raumtemperatur gasförmig, beim Pentan findet der Übergang zum flüssigen Aggregatzustand statt, etwa vom Hexadecan ($C_{16}H_{34}$) an werden die Alkane fest.

An den grundsätzlichen Strukturparametern verändert sich im Vergleich zum Methan nichts. Die Bindungswinkel und die Kohlenstoff-Wasserstoff-Bindungslängen (~ 110 pm) bleiben unverändert. Die Kohlenstoff-Kohlenstoff-Einfachbindungen sind, wie die C-H-Bindungen auch, σ-Bindungen mit zylinderförmiger Elektronenverteilung um die Kern-Kern-Verbindungsachse, jedoch mit ~ 153 pm deutlich länger als C-H-Bindungslängen.

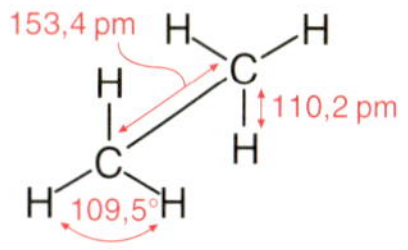

Ethan (C_2H_6)

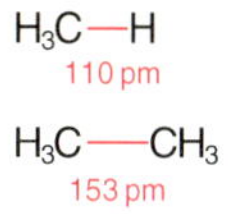

25.1.3 Konstitution und Konstitutionsisomerie

Wenn man, wie oben beschrieben, die homologe Reihe der Alkane formal durch sukzessives Einfügen einer weiteren CH_2-Gruppe **(Methylengruppe)** aufbaut, stellt man fest, daß es beim Propan zwei Möglichkeiten gibt, die zu zwei *nicht identischen* Butanmolekülen führen: es können Verzweigungen auftreten (Abb. 25.2).

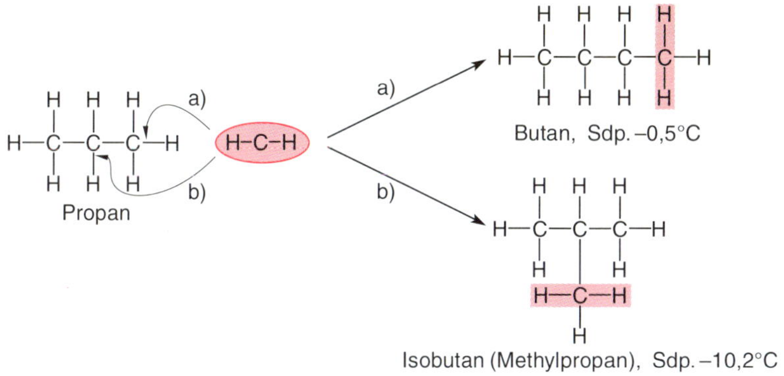

Abb. 25.2 Es gibt prinzipiell zwei Möglichkeiten, das Propanmolekül zum nächsthöheren Homologen aufzubauen, die zum Butan und zum Isobutan mit verzweigter Kette führen.

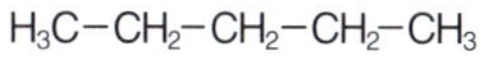

n-Pentan

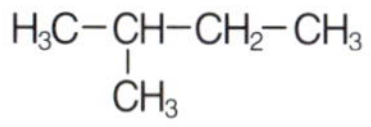

Isopentan (Methylbutan)

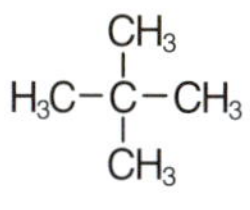

Neopentan (Dimethylpropan)

Beide Verbindungen haben die gleiche Summenformel (C_4H_{10}), aber unterschiedliche chemische und physikalische Eigenschaften. Man bezeichnet dies als **Isomerie**. Ist diese Isomerie durch unterschiedliche Anordnung (Verknüpfung) der Atome im Molekül verursacht, spricht man von **Struktur**- oder **Konstitutionsisomerie**. Konstitutionsformeln enthalten keine Aussage über die räumliche Ausrichtung der Atome eines Moleküls.

Die **Konstitution** gibt an, wie und welche Atome in einem Molekül miteinander verbunden sind. Konstitutionsisomere können nur durch Spaltung und Neuknüpfung von Bindungen ineinander überführt werden.

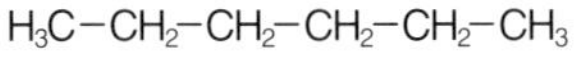

n-Hexan

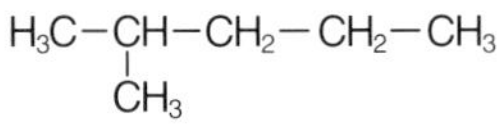

Isohexan (2-Methylpentan)

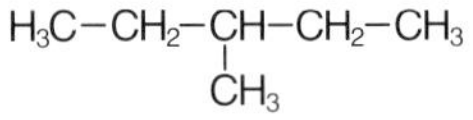

3-Methylpentan

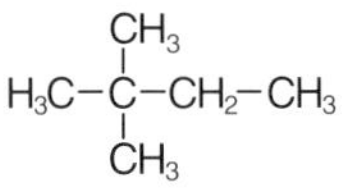

2,2-Dimethylbutan

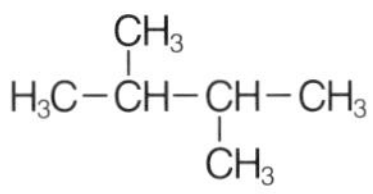

2,3-Dimethylbutan

Die oben verwendeten Darstellungen für das *n*-Butan und Isobutan sind **Konstitutionsformeln**.

Beim Pentan (C_5H_{12}) sind drei Konstitutionsisomere bekannt. Beim Hexan (C_6H_{14}) können schon fünf Isomere unterschieden werden, wie am Rand gezeigt ist. Die Zahl der Strukturisomeren steigt rasch mit wachsender Kohlenstoffzahl. Bei Decan ($C_{10}H_{22}$) sind 75 und bei Eicosan ($C_{20}H_{42}$) 366319 Isomere denkbar.

Zur Unterscheidung der Isomeren könnte man nun jeder Verbindung einen eigenen Namen geben, was aber spätestens beim Eicosan ein wenig unbequem wird. Viel sinnvoller ist die Einführung einer **systematischen Nomenklatur**, die einen Zusammenhang zwischen dem Namen und der Struktur einer Verbindung herstellt. Dazu wurden von der **IUPAC** (**I**nternational **U**nion of **P**ure and **A**pplied **C**hemistry) zur Vereinheitlichung der Namensgebung Nomenklaturregeln aufgestellt. Sie sind jedoch nicht immer einfach zu verstehen, enthalten viele Ausnahmen und sind ständig im Fluß. In diesem Buch können deshalb nur die wichtigsten Regeln vorgestellt werden.

25.1.4 Die Nomenklatur der Alkane

Nach den Regeln der IUPAC werden die Alkane (C_nH_{2n+2}) bis $n = 4$ mit ihren gebräuchlichen Trivialnamen bezeichnet. Die höheren Homologen werden systematisch benannt, indem man entsprechend der Kohlenstoffzahl an ein dem Griechischen oder Lateinischen entnommenen Zahlwort die Endung -**an** anhängt (vgl. Liste der ersten zehn Alkane). Vom Butan an werden die unverzweigten Alkane gelegentlich mit einem vorgestellten kleinen „*n*" (normal) gekennzeichnet. Bei verzweigten Alkanen verwendet man den Namen der längsten Kette als **Stammsystem**. Die Seitenketten werden wie Radikale behandelt und mit der Nummer des Kohlenstoffatoms, an dem die Seitenkette gebunden ist (**Verknüpfungsstelle**), dem Stammnamen vorangestellt. Die Verknüpfungsstellen müssen mit möglichst kleinen Zahlen versehen werden. Bei unterschiedlich langen Seitenketten hat die längste Priorität, bei gleich langen die mit den meisten Verzweigungen. Bei mehreren Seitenketten erfolgt die Angabe in alphabetischer Reihenfolge. In Abb. 25.3 sind einige Beispiele angegeben.

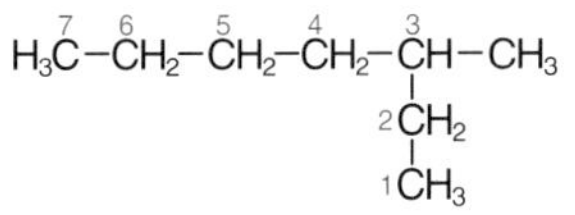

Stammsystem: Heptan
Substituent: Methyl
3-Methylheptan
nicht: 5-Methylheptan, 2-Ethylhexan

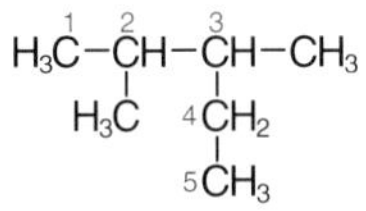

Stammsystem: Pentan
Substituent: Methyl
2,3-Dimethylpentan
nicht: 3,4-Dimethylpentan, 2-Ethyl-3-methylbutan

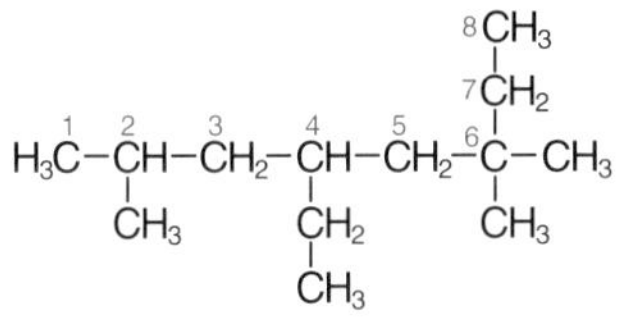

Stammsystem: Octan
Substituent: Ethyl-, Methyl-
4-Ethyl-2,6,6-trimethyloctan
nicht: 5-Ethyl-3,3,7-trimethyloctan

Abb. 25.3 Zählweise bei verzweigten Alkanen.

Einwertige Reste, wie sie formal durch Abspaltung eines Wasserstoffatoms oder eines anderen Radikals entstehen, bezeichnet man als **Alkylreste**. Sie werden häufig mit „R“ abgekürzt.

Einige Trivialnamen verzweigter Alkane bzw. Alkylreste werden beibehalten. Sie wurden schon bei der Vorstellung der Konstitutionsisomeren des Butans, Pentans und Hexans benutzt. Die wichtigsten sind:

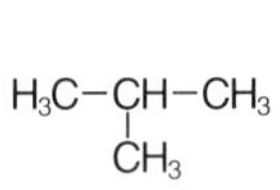

Isobutan

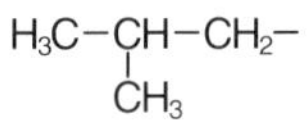

Isobutyl-Rest

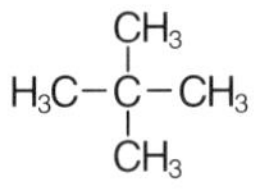

Neopentan

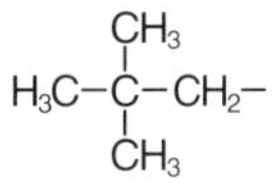

Neopentyl-Rest

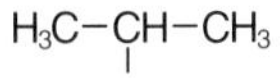

Isopropyl-Rest

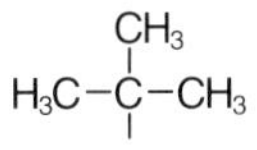

t-Butyl-Rest (*t* = tertiär)

Der Strich bei der zeichnerischen Darstellung von Alkylresten wie z. B. H_3C- stellt entgegen den sonst üblichen Konventionen kein Elektronenpaar, sondern ein einzelnes Elektron dar.

25.1.5 Primäre, sekundäre, tertiäre und quartäre Kohlenstoffatome

Bei aufmerksamer Betrachtung der Kohlenstoffatome in den bisher gezeigten Beispielen fällt auf, daß sich diese durch die Anzahl der direkt an sie gebundenen Kohlen- bzw. Wasserstoffatome unterscheiden. Es hat sich eingebürgert, die Kohlenstoffatome nach den direkt gebundenen C-Atomen zu unterscheiden: an **primäre** Kohlenstoffatome ist ein weiteres Kohlenstoffatom gebunden, an **sekundäre** sind zwei, an **tertiäre** drei und an **quartäre** vier weitere Kohlenstoffatome gebunden.

25.1.6 Vereinfachte Darstellung organischer Moleküle

Bei der Wiedergabe von Molekülen mit mehreren C-Atomen hat es sich bewährt, weitere Vereinfachungen einzuführen. Aufeinanderfolgende oder an das gleiche Atom gebundene identische Gruppen können zusammengefaßt werden:

$H_3C{-}CH_2{-}CH_2{-}CH_2{-}CH_2{-}CH_3$	$H_3C(CH_2)_4CH_3$
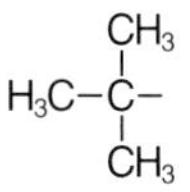	$(CH_3)_3C{-}$
vereinfachte Schreibweise	zusammenfassende Schreibweise

Häufig wird auch noch auf die explizite Darstellung der C- und H-Atome verzichtet:

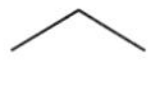
Propan (C_3H_8)

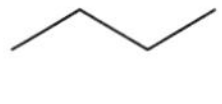
n-Butan (C_4H_{10})

Isobutan (C_4H_{10})

Linienenden und Winkel symbolisieren jeweils ein C-Atom mit der zum Erhalt der Vierbindigkeit notwendigen Zahl von H-Atomen.

25.1.7 Die Eigenschaften der Alkane

Mit wachsender Kohlenstoffzahl nehmen die van-der-Waals-Kräfte zwischen den Molekülen zu. Auf die infolgedessen steigenden Schmelz- und Siedepunkte wurde schon hingewiesen. In Tabelle 25.1 sind einige physikalisch-chemische Daten zusammengestellt. Wegen ihrer fast unpolaren Atombindungen zeigen die Alkane kein Dipolmoment und sind deshalb in stark polaren Lösungsmitteln sehr wenig löslich. Mit Wasser sind sie nicht mischbar. Man nennt diese Eigenschaft **hydrophob**. In allen unpolaren oder wenig polaren Lösungsmitteln, einschließlich anderer Kohlenwasserstoffe, lösen sie sich gut; sie sind **lipophil**.

Die alte Bezeichnung „Paraffine" (von lat. *parum affinis*, wenig verwandt) für die gesättigten offenkettigen Kohlenwasserstoffe soll zum Ausdruck bringen, daß diese Stoffklasse wenig reaktiv ist. Wer jedoch einmal die Zerstörungen gesehen hat, die eine Erdgasexplosion angerichtet hat, kann sich dieser Meinung nur schwer anschließen.

Durch die nahezu unpolaren Atombindungen und die Absättigung mit Wasserstoff reagieren Alkane, einige besonders reaktive Spezies

Tabelle 25.1: Physikalisch-chemische Eigenschaften einiger Alkane

Verbindung	Formel	Siedepunkt, °C	Schmelzpunkt, °C
Methan	CH_4	–164	–182
Ethan	C_2H_6	–89	–183
Propan	C_3H_8	–42	–190
Butan	C_4H_{10}	–0,5	–138
2-Methylpropan (Isobutan)	C_4H_{10}	–12	–159
Hexan	C_6H_{14}	69	–95
Cyclohexan	C_6H_{12}	81	6
Octan	C_8H_{18}	126	–57
2,2,4-Trimethylpentan (Isooctan)	C_8H_{18}	99	–107
Decan	$C_{10}H_{22}$	174	–30
Pentadecan	$C_{15}H_{32}$	271	10
Eicosan	$C_{20}H_{42}$	343	37

ausgenommen, nicht oder nur sehr langsam mit polaren und ionischen Reagentien. Die typischen Reaktionen von Alkanen sind die im nun folgenden Abschnitt beschriebenen Radikalreaktionen.

25.1.8 Radikalreaktionen

Unter **Radikalen** versteht man reaktive Teilchen mit meist einem einzelnen ungepaarten Elektron. Sie entstehen primär durch **homolytische Spaltung** (**Homolyse**) von Atombindungen. Bei der Homolyse erhält jedes der entstehenden Bruchstücke eines der beiden bindenden Elektronen. Elektronenpaarbindungen sind im folgenden Schema mit ·· angedeutet.

$$(H_3C)_3C{\cdot\cdot}CH_3 + \text{Energie} \xrightarrow{\text{Homolyse}} (H_3C)_3C^{\bullet} + {}^{\bullet}CH_3$$

$$Cl{\cdot\cdot}Cl + \text{Energie} \xrightarrow{\text{Homolyse}} Cl^{\bullet} + Cl^{\bullet}$$

Die vermeintliche Reaktionsträgheit der Alkane ist in erster Linie eine Folge der hohen **Aktivierungsenergie**, also der Energie, die notwendig ist, um eine Reaktion in Gang zu setzen. Bei den Alkanen müssen für die homolytische Bindungsspaltung sehr stabile C-C- oder C-H-Bindungen mit Bindungsenergien von 300–400 kJ/mol aufgebrochen werden!

Zu den wichtigsten Reaktionen der Alkane (und zu den häufigsten Reaktionen in der organischen Chemie überhaupt) gehört die **Verbrennung** in Kraftwerken, Heizungen und Verbrennungsmotoren. Diese Oxidation verläuft nach komplizierten Mechanismen unter Beteiligung von Radikalen. Man erinnere sich: Sauerstoff (O_2) ist ein Diradikal.

Die Verbrennung von Methan bzw. Propan läuft nach folgender Gleichung ab:

$$CH_4 + 2\,O_2 \longrightarrow CO_2 + 2\,H_2O \quad -892\ \text{kJ/mol}$$

$$C_3H_8 + 5\,O_2 \longrightarrow 3\,CO_2 + 4\,H_2O \quad -2223\ \text{kJ/mol}$$

Diese Verbrennungsreaktionen verlaufen oft sehr heftig; stöchiometrische Mischungen von Methan und Sauerstoff sind daher besonders brisant. Man sollte deshalb im Umgang mit gasförmigen oder niedrig siedenden Alkanen deren Neigung zur Bildung explosionsfähiger Gemische mit Luft bedenken!

Bei unvollständiger Verbrennung, z. B. in schlecht ziehenden Gasheizungen kann das hoch toxische Kohlenmonoxid (CO) entstehen:

$$2\,CH_4 + 3\,O_2 \longrightarrow 2\,CO + 4\,H_2O$$

Exkurs 25.1 informiert über Benzin, eines der wichtigsten Energieträger hochzivilisierter Länder.

Die Reaktion der Alkane mit Halogenen ist das klassische Beispiel für eine **Radikalkettenreaktion**. Man beachte, daß auch Halogen-Alkan-Gemische unter bestimmten Bedingungen explosionsartig abreagieren können. Der Reaktionsmechanismus soll am Beispiel der Chlorierung von Ethan aufgezeigt und erklärt werden:

$$Cl{-}Cl \xrightarrow{\text{Wärme oder Licht}} 2\,Cl^{\bullet} \qquad \text{Startreaktion}$$

$$\left.\begin{array}{l} Cl^{\bullet} + H_3C{-}CH_3 \longrightarrow H_3C{-}CH_2^{\bullet} + HCl \\ H_3C{-}CH_2^{\bullet} + Cl{-}Cl \longrightarrow H_3C{-}CH_2Cl + Cl^{\bullet} \end{array}\right\} \text{Kettenfortpflanzung}$$

$$\left.\begin{array}{l} Cl^{\bullet} + Cl^{\bullet} \longrightarrow Cl{-}Cl \\ Cl^{\bullet} + H_3C{-}CH_2^{\bullet} \longrightarrow H_3C{-}CH_2Cl \\ H_3C{-}CH_2^{\bullet} + {}^{\bullet}H_2C{-}CH_3 \longrightarrow H_3C{-}CH_2{-}CH_2{-}CH_3 \end{array}\right\} \text{Kettenabbruch-reaktion}$$

In der **Startreaktion** wird ein Chlormolekül durch Bestrahlung mit ultraviolettem Licht oder Wärmezufuhr in zwei Chloratome gespalten.

Das mit seinen sieben Außenelektronen sehr reaktive Chloratom kann ein Ethanmolekül angreifen und diesem ein Wasserstoffatom entreißen (Kettenfortpflanzung). Es entsteht ein Ethyl-Radikal und ein Chlorwasserstoff-Molekül (HCl). Das Ethyl-Radikal ist ebenfalls sehr reaktiv und spaltet aus einem Chlormolekül ein Chloratom ab. Man erhält Chlorethan und wieder ein Chlor-Radikal, welches erneut ein Ethanmolekül angreifen kann. Die Konzentration von Radikalen im Reaktionsgemisch ist wegen ihrer großen Reaktivität sehr gering und die beiden Kettenfortpflanzungsreaktionen können sehr oft hintereinander ablaufen.

Die häufigsten **Kettenabbruchreaktionen** sind die Rekombinationen von zwei Radikalen.

Die Summenformel für die radikalische Chlorierung von Ethan lautet:

$$H_3C{-}CH_3 + \tfrac{1}{2}\,Cl_2 \longrightarrow H_3C{-}CH_2{-}Cl + HCl$$

Man nennt diesen Reaktionstyp **radikalische Substitution**, weil während der Reaktion ein Wasserstoffatom des Ethans (Alkans) durch ein Chloratom ersetzt (**substituiert**) wird. Es können selbstverständlich auch mehrere H-Atome desselben Moleküls ersetzt werden. Im Falle des Ethans endet die Substitution schließlich beim Hexachlorethan (C_2Cl_6).

Exkurs 25.1: Benzin

Benzin ist ein Gemisch aus etwa 150 verschiedenen Kohlenwasserstoff-Verbindungen (C_5 bis C_{12}), das neben Alkanen auch Cycloalkane, Alkene und Cycloalkene (Kap. 26) enthält. Benzin wird durch verschiedene Verfahren gewonnen; das weitaus wichtigste davon ist die Destillation von **Erdöl**. Dabei enthält man in verschiedenen Siedepunktsbereichen unterschiedliche Fraktionen (Tab. 1). Die Ausbeute an Benzin ist dabei allerdings gering, nur etwa 15 bis 20 %. Durch sog. **Cracking** kann sie auf etwa 40 bis 60 % gesteigert werden. Dabei wird das Erdöl, von dem die Benzinfraktion bereits abgetrennt ist, nochmals katalytisch unter hohem Druck auf 400 bis 800 °C erhitzt, wobei die hochsiedenden Bestandteile des Erdöls in Kohlenwasserstoffe mit niedrigerer molarer Masse gespalten werden.

Die Verbrennung von Benzin, wie sie z. B. in KFZ-Motoren stattfindet, ist eine stark exotherme Reaktion:

$$C_nH_{2n+2} + \frac{3n+1}{2}\,O_2 \longrightarrow n\,CO_2 + (n+1)\,H_2O$$

Sie läuft allerdings nicht vollständig nach dieser Gleichung ab, so daß Nebenprodukte wie CO und sauerstoffhaltige organische Verbindungen, z. B. Aldehyde (Kap. 31) entstehen. Bei der Verbrennungsreaktion sind Radikale beteiligt. Das sog. *Klopfen* des Benzins wird durch die zu frühzeitige Entzündung des Benzin-Luft-Gemisches während der Kompressionsphase im Kolben verursacht, was letztlich zu Motorschäden führt. Die Klopfeigenschaften eines Treibstoffs werden durch seine **Octanzahl** ausgedrückt. Normalbenzin hat eine Octanzahl von 86 (zum Vergleich: das sehr klopffreudige *n*-Heptan hat die Octanzahl 0; reines, sehr klopffestes Isooctan, 2,2,4-Trimethylpentan, die Octanzahl 100.) Das früher weit verbreitete Antiklopfmittel **Tetraethylblei** ist heute aus Umweltschutzgründen aus den meisten Treibstoffen verbannt. Stattdessen erhöht man die Klopffestigkeit durch einen größeren Anteil an verzweigten und aromatischen Kohlenwasserstoffen im Benzin (durch das sog. **Reforming** von Schwerbenzinfraktionen), oder durch Zusatz organischer Verbindungen wie z. B. *tert*-Butylalkohol. Chemisch wirken diese Zusätze als Radikalfänger.

Die Nebenprodukte der Verbrennung, die letztlich für schädliche Autoabgase und Smog verantwortlich sind, sucht man durch den Einbau von *Abgaskatalysatoren* (z. B. ein Platinnetz) einzudämmen. Da diese von Blei „vergiftet" (unwirksam gemacht) werden, ist auch aus diesen Gründen Tetraethylblei als Benzinzusatz für Autos mit Abgaskatalysatoren nicht geeignet.

Tabelle 1: Fraktionen aus der Erdöl-Destillation

Fraktion	Siedebereich, °C
Petrolether	40–70
Leichtbenzin	70–90
Motorenbenzin	90–180
Ligroin (Schwerbenzin)	150–180
Kerosin	180–270

Daten aus: Römpp, Chemie-Lexikon, Thieme 1989

Bei der Diskussion von Reaktionsmechanismen muß man sich stets vor Augen halten, daß diesen keinerlei reale Bedeutung zukommt. Ein Reaktionsmechanismus ist vielmehr die modellhafte Beschreibung eines Reaktionsablaufs und erklärt die bei einer Reaktion auftretenden makroskopisch beobachtbaren Phänomene.

In diesem Abschnitt haben wir eine Art von Isomerie, die sog. Konstitutionsisomerie kennengelernt. Im folgenden lernen wir eine weitere Form kennen.

25.1.9 Konformationsisomerie

In diesem Abschnitt soll veranschaulicht werden, welche Effekte die Drehung (**Rotation**) einer Atomgruppe um eine σ-Bindung verursacht.

Strukturen, die durch die Rotation um Einfachbindungen auseinander hervorgehen, bezeichnet man als **Konformere** oder **Konformationsisomere**. Konformere stellen Minima potentieller Energie dar.

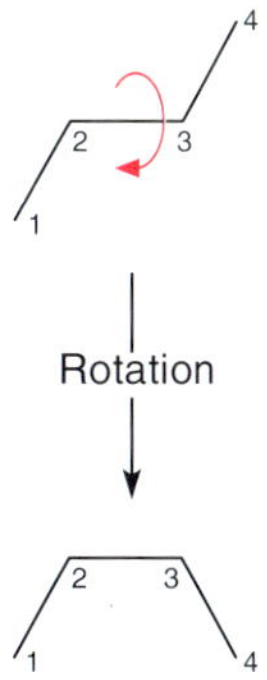

Konformationsisomere gehören zur Gruppe der Stereoisomeren. Zur Wiederholung: Die Konstitution gibt die Verknüpfung der Atome im Molekül an. Die Konformation berücksichtigt zusätzlich die Strukturen, die durch Drehung um Einfachbindungen entstehen. Der Unterschied wird unmittelbar augenfällig, wenn man einmal auf dem Papier eine Rotation um die σ-Bindung zwischen dem zweiten und dritten Kohlenstoffatom des n-Butans um 180° durchführt.

Tatsächlich sind die beiden n-Butan-Konformere nicht genau identisch, denn sie besitzen einen geringfügig unterschiedlichen Energieinhalt.

Zur Wiedergabe der Konformationen haben sich zwei Formalismen etabliert: Eine perspektivische Darstellung in einer erweiterten Keilstrich-Schreibweise (**Sägebockformel**) und die **Newman-Projektion**.

Sägebockformel

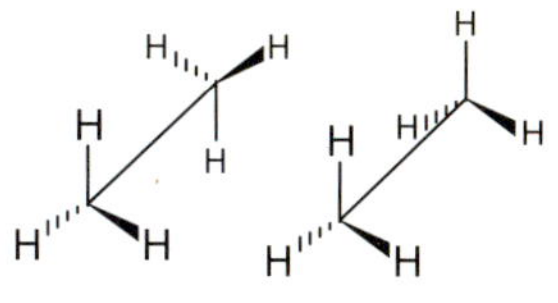

Bei der Newman-Projektion betrachtet man das Molekül von vorne in Richtung der Kern-Kern-Verbindungsachse der Bindung, deren Konformation beschrieben werden soll. Diese Bindung ist nicht sichtbar und steht senkrecht auf der Papierebene. Die verbleibenden drei sichtbaren Bindungen des vorderen Atoms werden durch drei durchgezo-

Newman-Projektion

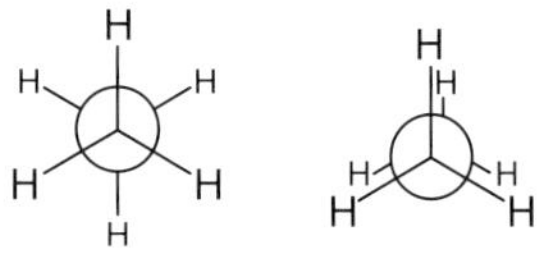

gene Striche dargestellt, die sich in einem Punkt in der Mitte treffen. Dieser Punkt kann als Atomkern des vorderen C-Atoms betrachtet werden. Die drei sichtbaren Bindungen des hinteren Atoms werden von einem Kreis ausgehend gezeichnet, dessen Mittelpunkt auf der Kernachse liegt. Man kann sich dabei vorstellen, daß der Kreis den Atomkern des hinteren Kohlenstoffatoms repräsentiert.

Abbildung 25.4 zeigt die energetischen Verhältnisse in einem Ethanmolekül bei Rotation um die C-C-Achse. Die beiden dargestellten Konformationen repräsentieren zwei energetische Extreme, die durch Drehung der hinteren Methylgruppe um 60 ° auseinander hervorgehen. Sämtliche anderen Drehwinkel sind ebenfalls möglich, aber nicht alle Konformationen sind gleich wahrscheinlich. Nach jeweils 120 ° erhält man eine identische Konformation. Trägt man die potentielle Energie des Ethanmoleküls gegen den Drehwinkel (**Torsionswinkel**) auf, erhält man ein aufschlußreiches Diagramm (Abb. 25.4). Die Konfor-

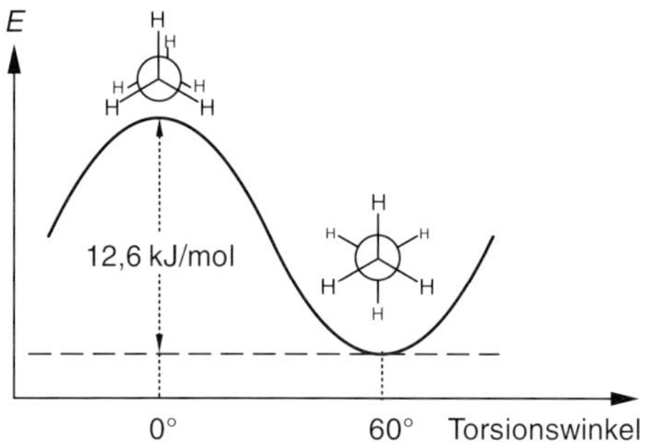

Abb. 25.4 Energieinhalt des Ethanmoleküls in Abhängigkeit von Torsionswinkel.

mationen, bei der die Wasserstoffatome und damit auch die Elektronenwolken der sechs Kohlenstoff-Wasserstoff-Bindungen weitest möglich voneinander entfernt sind, stellen Energieminima dar. *Nur Konformationen, die ein Minimum potentieller Energie wiedergeben, sind Konformere!* Die Wasserstoffatome stehen **auf Lücke** oder **gestaffelt** (**staggered**). Die Konformation, bei der sich die Wasserstoffatome bzw. die Elektronenwolken der C-H-Bindungen am nächsten kommen, stellt ein Energiemaximum dar. Man bezeichnet diese Konformation als **verdeckt** oder **ekliptisch** (**eclipsed**). Die **Torsionsenergie**, also die Energiedifferenz zwischen den beiden extremen Konformationen beträgt 12,6 kJ/mol und ist damit so niedrig, daß bereits bei Zimmertemperatur ein rascher Übergang zwischen den einzelnen Konformeren möglich ist. Die Abstoßung, die bei der Annäherung der Wasserstoffatome bzw. der Elektronenwolken der C-H-Bindungen während der Rotation um Einfachbindungen auftritt, wird als **Torsions-** oder **Pitzerspannung** bezeichnet.

Beim Ethan erhält man jeweils nach einer Drehung von 120 ° ein identisches Molekül. Anders sieht dies beim *n*-Butan aus, wenn man die Kohlenstoffbindung zwischen C-2 und C-3 betrachtet (Abb. 25.5).

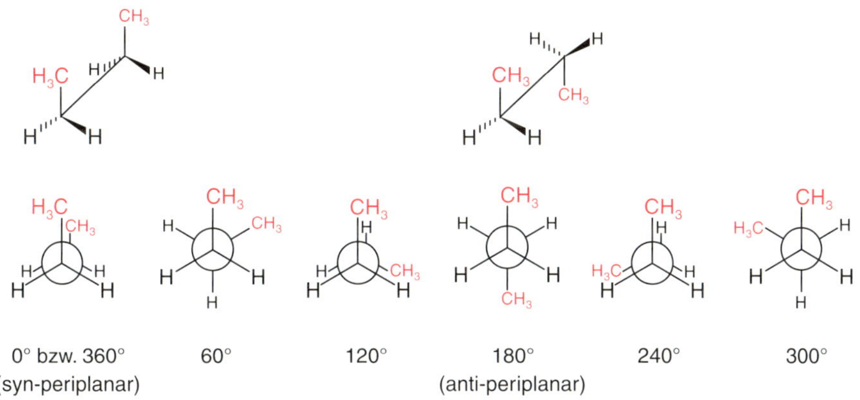

Abb. 25.5 Konformationen des Ethanmolekül. Unter jeder Konformation ist der dazugehörige Torsionswinkel angegeben.

Die ekliptischen Konformationen stellen wie beim Ethan ein Maximum potentieller Energie dar, während die gestaffelten Konformationen ein Minimum bezeichnen. Durch die, im Vergleich zu den Wasserstoffatomen, großen van-der-Waals-Radien behindern sich die Methylgruppen merklich. Das Konformer mit dem Drehwinkel von 180 ° ist gegenüber denen von 60 ° und 240 ° deutlich bevorzugt. Die Konformation mit dem Torsionswinkel von 0 ° besitzt den höchsten Energieinhalt. Zu der Torsionsspannung addiert sich noch die **van-der-Waals-** oder **sterische Spannung**.

25.2 Cycloalkane

Gesättigte, ringförmig geschlossene Kohlenwasserstoffe werden als **Cycloalkane** bezeichnet. Sie bilden eine homologe Reihe mit der allgemeinen Summenformel C_nH_{2n}.

Die ersten vier Glieder sind:

C_3H_6 C_4H_8 C_5H_{10} C_6H_{12}

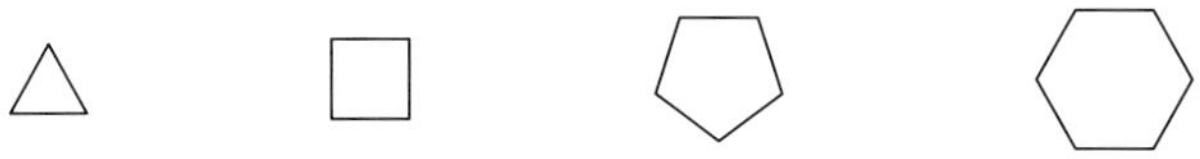

Cyclopropan Cyclobutan Cyclopentan Cyclohexan

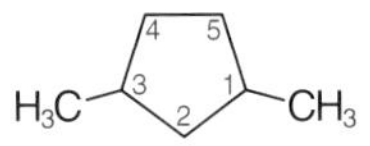

1,3-Dimethylcyclopentan

Ihr systematischer Name wird aus dem Namen des entsprechenden offenkettigen Alkans mit der Vorsilbe „Cyclo-" gebildet. Substituierte Kohlenstoffatome erhalten bei der Ringnumerierung kleinstmögliche Ziffern.

Die physikalischen und chemischen Eigenschaften der Cycloalkane gleichen vom Cyclopentan an weitgehend denen der offenkettigen Verbindungen. Cyclopropan und Cyclobutan zeigen etwas abweichende chemische Eigenschaften. Sie gehen beispielsweise unter Ringöffnung Additionsreaktionen ein, wie sie für ungesättigte Kohlenwasserstoffe typisch sind (vgl. Kap. 26). Diese erhöhte Reaktivität ist u. a. auf die Ringspannung (s.u.) in diesen Verbindungen zurückzuführen.

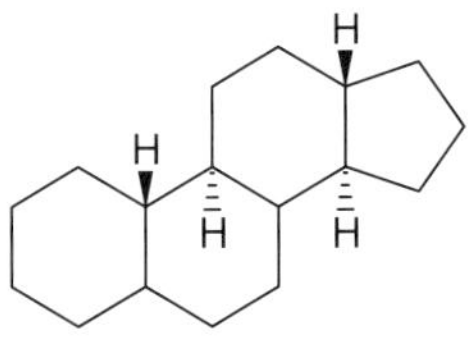

Gonan

Cyclopentan und Cyclohexan sind Bausteine der biochemisch wichtigen Steroide, deren Grundgerüst das Gonan ist (vgl. Abschn. 26.13).

Außer dem Cyclopropan, bei dem es aus geometrischen Gründen keine Alternativen gibt, sind alle Cycloalkanringe *nicht* eben gebaut. Die Ursachen hierfür sollen am Beispiel des Cyclopentans erklärt werden.

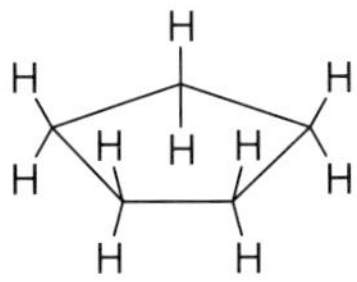

Die planare Konformation des Cyclopentans erfordert einen C-C-C-Bindungswinkel von 108 °. Dieser kommt dem Tetraederwinkel des sp^3-hybridisierten Kohlenstoffs (109,5 °) sehr nahe. Alle C-H-Bindungen stehen dann jedoch ekliptisch, so daß ein planares Cyclopentan einer starken Torsionsspannung ausgesetzt wäre. Durch eine leichte Verdrillung aus der Ringebene weicht der Fünfring dieser Spannung etwas aus. Dabei verändern sich die C-C-C-Bindungswinkel und es treten **Winkel**- oder **Deformationsspannungen** auf, die bei Ringen häufig auch als **Baeyer**- oder **Ringspannungen** bezeichnet werden. Diese Spannungen treten immer dann auf, wenn Bindungen nicht den durch die Orbitalsymmetrie geforderten Bindungswinkel einnehmen können. Die Konformation des Cyclopentans stellt einen „Kompromiß" zwischen den entgegengesetzt wirkenden Spannungen dar. Es stellt sich ein Gleichgewicht zwischen Torsions- und Winkelspannung ein. Die potentielle Energie des Cyclohexans liegt insgesamt etwas höher als bei seinem offenkettigen Pendant.

25.2.1 Die Konformationen des Cyclohexans

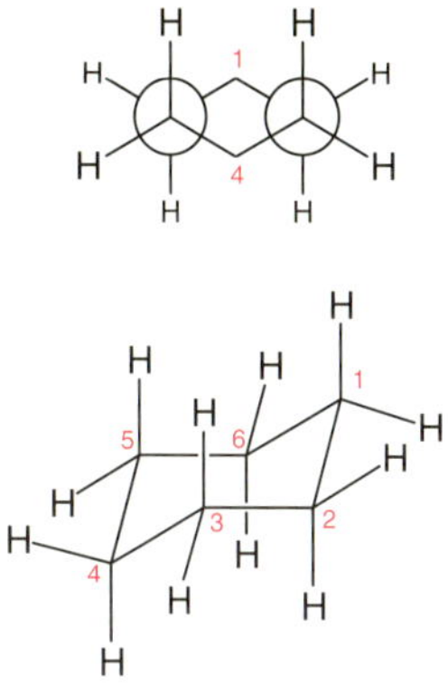

Sesselkonformation des Cyclohexans

In der energetisch günstigsten Konformation des Cyclohexans treten weder Winkel- noch Torsionsspannungen auf. Die C-C-C-Bindungswinkel betragen 109,5 ° und die C-H-Bindungen stehen auf Lücke. Die Konformation wird als **Sesselform** bezeichnet.

Die Konformationen lassen sich auch mit Hilfe der Newman-Projektion darstellen. Man betrachtet das Molekül dann parallel zu den Bindungen zwischen C-2 und C-3 sowie zwischen C-5 und C-6.

Bei Raumtemperatur befinden sich, wie bei den offenkettigen Kohlenwasserstoffen auch, verschiedene Konformere im dynamischen Gleichgewicht. Durch Drehungen um Einfachbindungen kann die Sesselform in ein anderes sesselförmiges Konformer „umklappen". Dazwischen gibt es eine Reihe verschiedener Übergangszustände und Konformere.

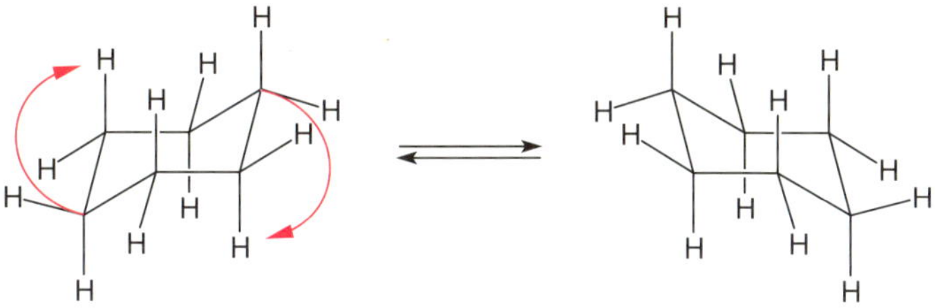

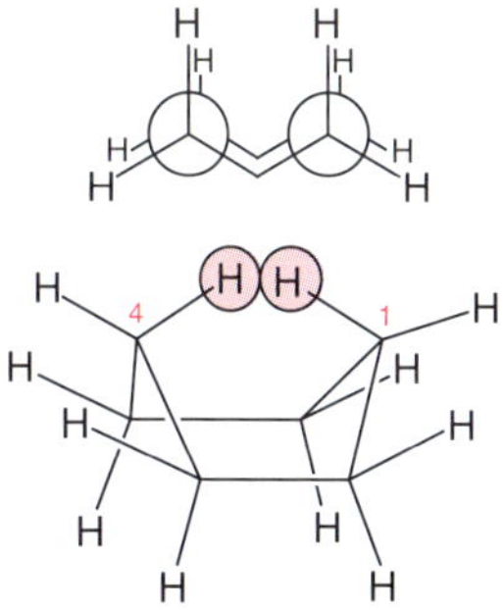

Klappt man nur eine der beiden Methylen- (-CH_2-) Gruppen um und die andere behält ihre ursprüngliche Lage bei, erhält man eine Konformation, die als **Wannenform** bezeichnet wird. Wie bei der Sesselform treten keine Winkelspannungen auf, jedoch starke Torsions- und sterische Spannungen. Jeweils zwei Ethylen- (-CH_2-CH_2-) Gruppen haben ekliptische Konformation und die nach innen gerichteten H-Atome an C-1 und C-4 nähern sich so stark, daß es zu van-der Waals-Abstoßungen kommt.

25.2.2 Axiale und äquatoriale Bindungen

Die beiden Sesselkonformeren des Cyclohexans erscheinen auf den ersten Blick völlig identisch. Sie sind es auch, solange nur Wasserstoffatome am Ring gebunden sind. Das ändert sich jedoch, sobald ein H-Atom durch eine andere Gruppe substituiert ist.

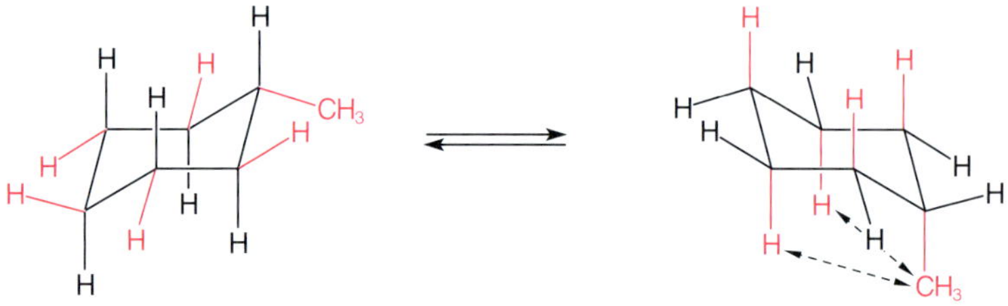

Man erkennt, wie die Methylgruppe beim Umklappen ihre Lage relativ zur Ringebene verändert. Beim linken Konformeren liegt die Bindung zu der Methylgruppe in erster Näherung in Richtung der Ringebene. Die so ausgerichteten, farbig hervorgehobenen Bindungen werden **äquatoriale** Bindungen genannt. Die Methylbindung des rechten Konformeren zeigt etwa in Richtung einer Achse senkrecht zur Ringebene. Diese Bindungen bezeichnet man als **axiale** Bindungen. Im Gleichgewicht überwiegt das Konformer mit der Methylgruppe in äquatorialer Position. Bei axialer Anordnung besteht eine etwas größere sterische Spannung zwischen der CH_3-Gruppe und den axialen H-Atomen.

25.2.3 *cis-trans*-Isomerie

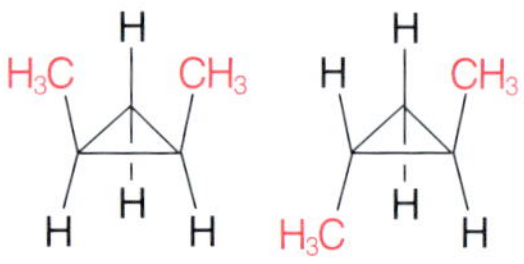

cis- *trans-*
1,2-Dimethylcyclopropan

Die ringförmige Gestalt der Cycloalkane ist Ursache für das Auftreten eines neuen Typs von Stereoisomerie, der **cis-trans-Isomerie**. Sie bezieht sich bei cyclischen Molekülen auf die relative Stellung zweier Substituenten zueinander: Beim *cis*-Isomeren befinden sich beide Substituenten auf der gleichen Seite der Ringebene, beim *trans*-Isomeren auf verschiedenen. Am Beispiel des Cyclopropans wird dies sofort einsichtig.

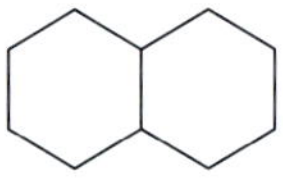

Decalin

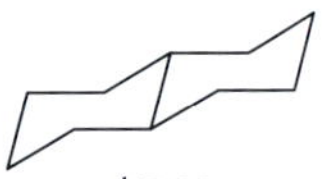

trans

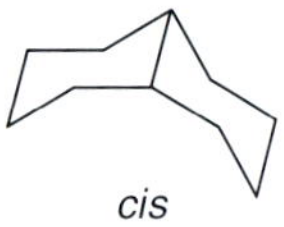

cis

Nicht so offensichtlich sind die Verhältnisse bei größeren Ringen, da diese nicht eben sind.

Als Beispiele sind in Abb. 25.6 das 1,2- und das 1,3-Dimethylcyclohexan in ihren beiden Sesselkonformationen angegeben. Entgegen dem Eindruck, den die zweidimensionale Darstellung vermittelt, sind die Methylgruppen in äquatorialer Position die mit der *geringeren* sterischen Spannung. Man überzeuge sich davon an einem dreidimensionalen Modell!

Ein im Hinblick auf die Steroide interessanter Fall sind die *cis*- und *trans*-Isomeren des Decalins. Decalin ($C_{10}H_{18}$) kann man sich als zwei Cyclohexanmoleküle vorstellen, die zwei Kohlenstoffatome gemeinsam haben. Man spricht bei solcherart verknüpften Bicyclen von **kon-**

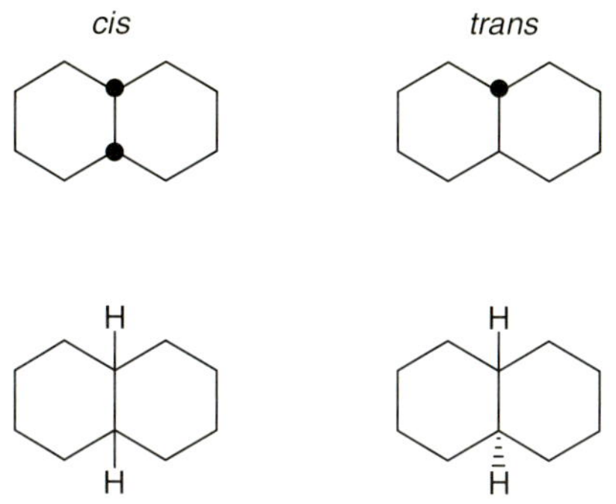

densierten Ringen. Die beiden Cyclohexanringe können nun *cis*- oder *trans*-verknüpft sein.

In der Literatur werden meist vereinfachte Darstellungen benutzt, wie in der obenstehenden Darstellung gezeigt ist.

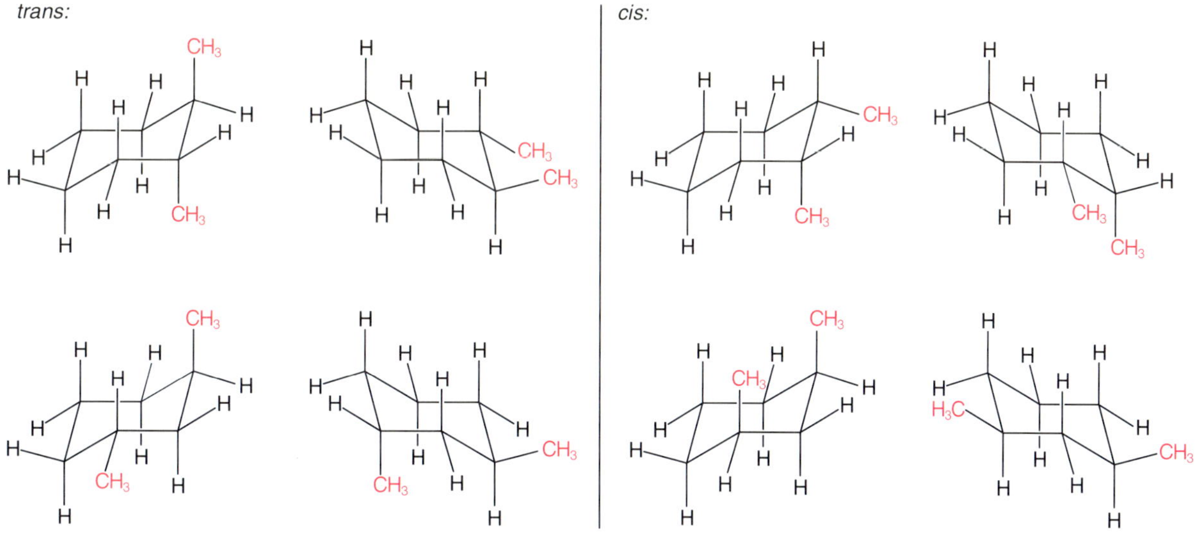

Abb. 25.6 *Cis*- und *trans*-Isomerie bei substituierten Cycloalkanen, hier am Beispiel von 1,2- und 1,3-Dimethylcyclohexan.

26 Ungesättigte Kohlenwasserstoffe

Abstrahiert man von Alkanen (C_nH_{2n+2}) formal zwei Wasserstoffatome, gelangt man in die homologe Reihe der Alkene. Alkene enthalten eine oder mehrere C-C-Doppelbindungen im Molekül. Der ungesättigte Charakter bestimmt das chemische Verhalten dieser Stoffklasse.

26.1 Alkene (Olefine)

C_nH_{2n}:

$H_2C{=}CH{-}(CH_2)_{(n-3)}{-}CH_3$

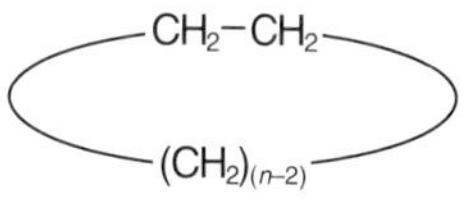

Ebenso wie die Cycloalkane haben auch die Alkene die allgemeine Summenformel C_nH_{2n}. Die durch das Fehlen der H-Atome freien Valenzen werden bei den Alkenen jedoch nicht durch einen Ringschluß, sondern durch Ausbildung einer Doppelbindung zwischen zwei Kohlenstoffatomen abgesättigt.

Alkene ähneln in ihren physikalischen Eigenschaften den Alkanen. So sind die niederen Alkene bis C_4 (Buten) unter Normalbedingungen Gase. Die ersten vier Vertreter der homologen Reihe der Alkene sind in Tabelle 26.1 aufgeführt.

Tabelle 26.1: Homologe Reihe der Alkene

n	Summenformel	systematischer Name	Trivialname
2	C_2H_4	Ethen	Ethylen
3	C_3H_6	Propen	Propylen
4	C_4H_8	Buten	Butylen
5	C_5H_{10}	Penten	

Ihr **systematischer Name** ist sehr einfach zu bilden. Er unterscheidet sich von dem der Alkane mit gleicher Kohlenstoffzahl nur durch

$H_2C{=}CH-$ Vinyl-

$H_2C{=}CH{-}CH_2-$ Allyl-

$H_2C{=}CH{-}CH_2{-}CH_3$
1-Buten

$H_3C{-}CH{=}CH{-}CH_3$
2-Buten

die Endsilbe. Das „-an“ der Alk**an**e wird durch das „-en“ der Alk**en**e ersetzt. Für die ersten drei Glieder der Alkene werden häufig noch die angegebenen Trivialnamen benutzt. Die Alkenylradikale $H_2C{=}CH$- und $H_2C{=}CH{-}CH_2$- behalten ihre Trivialnamen „Vinyl-“ und „Allyl-“ bei.

Das Auftreten von Doppelbindungen in der Kohlenstoffkette erfordert zusätzliche Angaben und Regeln. Die Numerierung der Kohlenstoffe erfolgt so, daß die Doppelbindung möglichst kleine Zahlen erhält. Zusätzlich muß die Lage der Doppelbindung angegeben werden; man nennt das Atom, von dem die Doppelbindung *ausgeht*. Das 2-Buten ist damit jedoch immer noch nicht vollständig beschrieben, wie im folgenden Abschnitt deutlich wird.

26.1.1 Die Kohlenstoff-Kohlenstoff-Doppelbindung

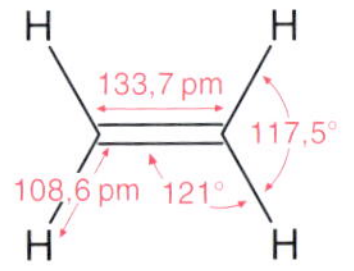

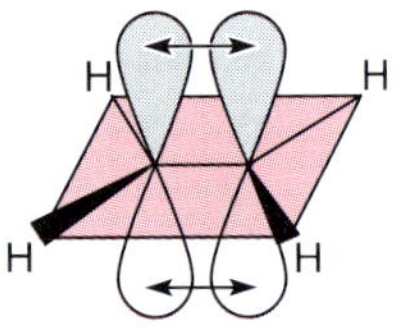

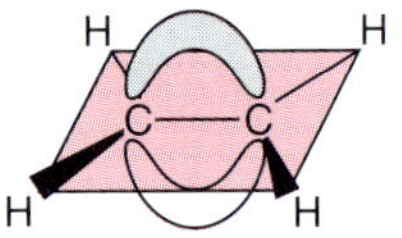

Für die Diskussion der C-C-Doppelbindung soll uns das einfachste Alken, das Ethen (C_2H_4), als Beispiel dienen.

Das Molekül ist eben gebaut (alle sechs Atome liegen in einer Ebene) mit Bindungswinkeln nahe 120 °. Die Bindungslänge der C-H-Bindungen entspricht der im Ethan (genau genommen ist sie ein klein wenig kürzer), der Abstand der beiden Kohlenstoffatome ist deutlich geringer (Ethan: 153,4 pm).

Nach dem MO-Modell kombinieren das 2s-Orbital und *zwei* 2p-Orbitale zu drei sp^2-Hybridorbitalen. Die positiven Lappen des sp^2-Hybrids weisen in die Ecken eines gleichseitigen Dreiecks, während das unverbrauchte p-Orbital senkrecht auf der Ebene dieses Dreiecks steht. Die Orbitale sind jeweils einfach besetzt. Zwei der sp^2-Orbitale bilden σ-Bindungen zu zwei H-Atomen, das dritte eine σ-Bindung zum anderen Kohlenstoff aus. Das unveränderte p-Orbital tritt mit dem p-Orbital des ebenfalls sp^2-hybridisierten benachbarten C-Atoms in bindende Wechselwirkung. Die Verteilung dieser bindenden Elektronen ist nicht rotationssymmetrisch wie bei der σ-Bindung, sondern „bananenförmig“ oberhalb und unterhalb der Kern-Kern-Verbindungsachse senkrecht zur Molekülebene. Die Bindung wird als **π-Bindung** bezeichnet, um anzudeuten, daß sie durch Kombination von zwei p-Orbitalen entstanden ist. Diese zusätzliche Bindung, erkennbar an dem deutlich kürzeren C-C-Abstand im Vergleich zum Ethan, verhindert die freie Rotation um die Kernverbindungsachse. Dies ist die Ursache für das Auftreten von **geometrischen** oder ***cis/trans*-Isomeren**. Dieser Typ von Stereoisomeren wurde im Zusammenhang mit den Cycloalkanen bereits diskutiert (vgl. Abschn. 25.2.3).

26.1.2 Geometrische Isomere

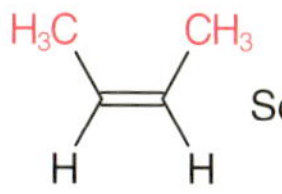

Schmp.: –139°C

cis-2-Buten

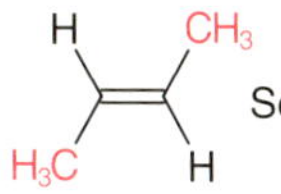

Schmp.: –106°C

trans-2-Buten

Im Beispiel des 2-Butens sind zwei Anordnungen der Methylgruppen relativ zu der zentralen Doppelbindung möglich. Beide Gruppen können sich auf der gleichen Seite der Doppelbindung oder auf gegenüberliegenden Seiten befinden. Zur gegenseitigen Umwandlung der Isomeren, auch **Stellungsisomere** genannt, muß die π-Bindung gelöst werden. Die dazu notwendige Energie ist so hoch, daß beide Isomere, die unterschiedliche physikalische und chemische Eigenschaften besitzen, getrennt werden können. Bei Konformeren ist dies normalerweise nicht möglich. Der vollständige Name des 2-Butens muß also noch den Zusatz „*cis*" oder „*trans*" enthalten (***Cis/trans*-Nomenklatur**).

Cis- und *trans*-Isomere besitzen zum Teil sehr unterschiedliche physikalische und chemische Eigenschaften, was dazu geführt hat, daß einige geometrische Isomerenpaare unterschiedliche Trivialnamen führen. Eines der bekanntesten Beispiele ist die Maleinsäure und die Fumarsäure.

Maleinsäure
Schmp.: ~ 130°C

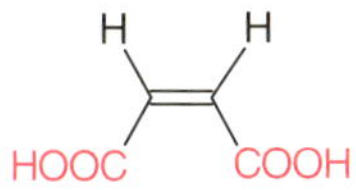

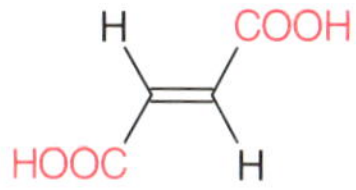

Fumarsäure
Schmp.: ~ 300°C

E/*Z*-Nomenklatur

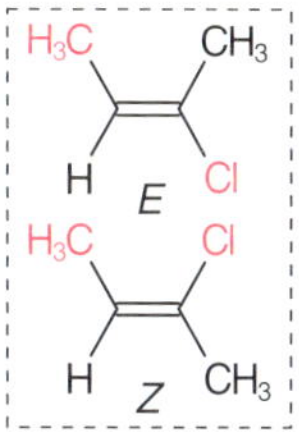

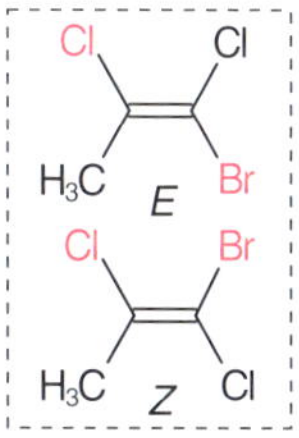

Bei mehr als einem Substituenten pro doppelt gebundenem C-Atom versagt die *cis/trans*-Nomenklatur. Sie wird durch die *E/Z*-Nomenklatur ersetzt. „*E*" steht für entgegen und „*Z*" für zusammen. Dieses Nomenklatursystem geht von der Prioritätenfolge der Substituenten nach **Cahn, Ingold** und **Prelog** aus. Danach steigt die Priorität eines Substituenten mit seiner Ordnungszahl. Die Cahn-Ingold-Prelog-Regeln werden im Zusammenhang mit der noch zu besprechenden Spiegelbildisomerie näher erläutert werden (Abschn. 26.11.2). Um festzulegen, ob es sich um ein *E*- oder *Z*-Isomeres handelt, bestimmt man bei jedem der doppelt gebundenen C-Atome den Substituenten mit der höchsten Priorität. Liegen diese bei beiden C-Atomen auf der gleichen Seite des Moleküls, handelt es sich um das *Z*-Isomere.

26.2 Cycloalkene

Cyclopropen

Cyclopenten

Cyclobuten

Cyclohexen

Neben den offenkettigen Alkenen gibt es selbstverständlich auch ringförmig geschlossene. Die allgemeine Summenformel für Cycloalkene ist C_nH_{2n-2}. Das Cyclopropen weist noch stärkere Ringspannung auf als das Cyclopropan und explodiert bereits bei Raumtemperatur. Die

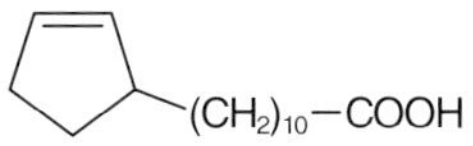

Hydnocarpussäure
Vorkommen in pflanzlichen Ölen

nächst höheren Homologen sind ebenfalls gespannt und selbst das Cyclohexen ist nicht spannungsfrei.

Cyclopenten findet sich u. a. in natürlichen Fettsäuren (Abschn. 31.5) wie der Hydnocarpussäure; das Cyclohexen ist ein weit verbreitetes Strukturelement in Terpenen und Steroiden (vgl. Absch. 26.12.5 und Exkurs 26.1).

26.3 Synthese von Alkenen

Zur Synthese von Alkenen bieten sich vor allem **Eliminierungen** an. Dies sind Reaktionen, bei denen unter Lösen von Bindungen zwei Teilchen (Atome, Ionen, neutrale oder geladene Atomgruppen) als **Abgangsgruppen** aus einem Molekül abgespalten werden. Im häufigsten Fall, der **β-Eliminierung**, stammen die Abgangsgruppen von benachbarten Atomen (meist C-Atomen) des Moleküls und die freiwerdenden Valenzen werden durch Ausbildung von Mehrfachbindungen abgesättigt. Eliminierungsreaktionen werden in Abschn. 31.1.6 ausführlicher besprochen.

Durch die **partielle Hydrierung** von Alkinen, Verbindungen mit C-C-Dreifachbindungen, sind Olefine ebenfalls zugänglich. Die Hydrierung am Pd/C-Kontakt führt zu *Z*-Isomeren, die Reduktion mit Lithium in flüssigem Ammoniak zu *E*-Isomeren. Die **Wittig-Methode** führt in sehr eleganter Weise eine Doppelbindung unter gleichzeitiger Kettenverlängerung an Stelle einer Carbonylbindung ein (Abschn. 31.4.6.7). In Abb. 26.1 sind diese Darstellungsmethoden noch einmal zusammengefaßt. Auf die verschiedenen Edukte wird in folgenden Abschnitten eingegangen werden.

Die niedrigeren Homologen der Alkene werden großtechnisch hauptsächlich durch **Cracken** von Erdöl gewonnen. Bei hoher Temperatur, erhöhtem Druck und ggf. unter Zusatz von Katalysatoren fragmentieren die höher siedenden Bestandteile des Erdöls in niedrigere Kohlenwasserstoffe, mit einem hohen Anteil an Alkenen. Die dabei gasförmig anfallenden Spaltprodukte (Methan, Ethan, Ethen usw.) nennt man **Crack-Gase**.

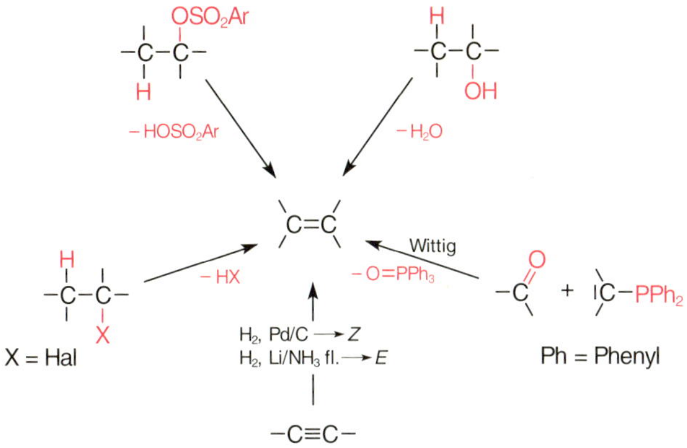

Abb. 26.1 Die wichtigsten Synthesemethoden für Alkene. Ar ist ein beliebiger aromatischer Rest (Kap. 27). Nicht weitergeführte Bindungen deuten an, daß von einem beliebigen Molekül nur das für die gerade betrachtete Reaktion relevante Fragment, das reagierende Zentrum, dargestellt wird.

26.4 Chemische Eigenschaften der Alkene

Die typischen chemischen Eigenschaften von Alkenen sind durch die Kohlenstoff-Kohlenstoff-Doppelbindung bestimmt. Definiert man eine **funktionelle Gruppe** als die Stelle eines Moleküls, die dessen *charakteristische* Eigenschaften und Reaktionen bestimmt, so können auch Mehrfachbindungen als funktionelle Gruppen angesehen werden.

Doppelbindungen zeichnen sich durch eine hohe Elektronendichte zwischen den C-Atomen und eine vergleichsweise große Entfernung der π-Elektronen von der Kern-Kern-Verbindungsachse aus. Die π-Elektronen sind deshalb wesentlich leichter verfügbar als die σ-Elektronen. Eine Doppelbindung ist jedoch *nicht* doppelt so stark wie eine Einfachbindung. Für ein Alken ergibt sich deshalb ein energetischer Vorteil, wenn eine Doppelbindung zugunsten von zwei Einfachbindungen aufgegeben wird.

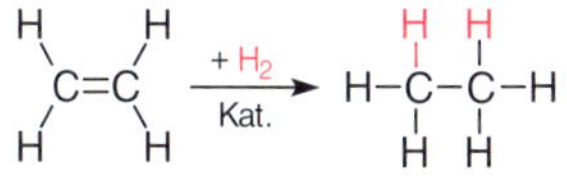

Die nebenstehende Reaktion ist zugleich ein Beispiel für die sehr häufig angewandte **katalytische Hydrierung** von Olefinen. Als Katalysatoren dienen für Laboransätze hauptsächlich Raney-Nickel (feinstverteiltes Ni), Palladium und Platin.

26.5 Elektrophile Addition

Die charakteristische Reaktion der Alkene ist die **Addition**. Sie wird in der Regel durch den Angriff eines Reagens mit Elektronenmangel (**Elektrophil**) auf die elektronenreiche Doppelbindung eingeleitet. Dieser Reaktionstyp wird deshalb als elektrophile Addition bezeichnet. Wichtige Beispiele sind in Abb. 26.2 zusammengefaßt.

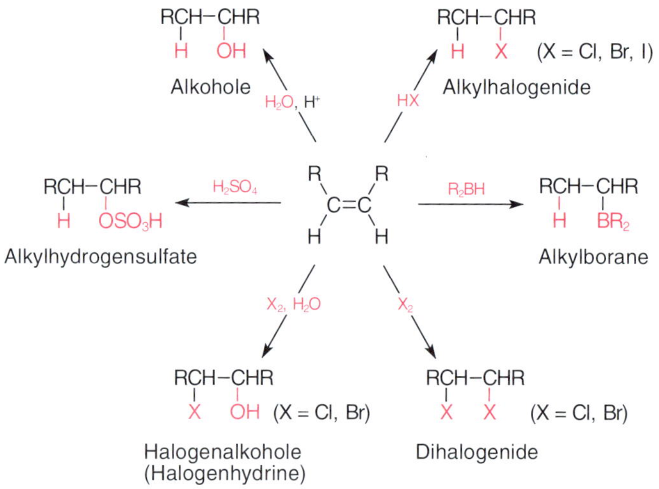

Abb. 26.2 Einige elektrophile Additionsreaktionen der Alkene. R = H, Alkyl (R bezeichnet normalerweise einen beliebigen organischen Rest, kann aber auch -- wie hier -- näher bestimmt sein).

26.5.1 Additionsreaktionen von Cyclopropan

Interessant ist in diesem Zusammenhang, daß das Cyclopropan als *gesättigter* Kohlenwasserstoff praktisch die gleichen Additionsreaktionen wie Alkene zeigt (Abb. 26.3). Dies ist auf die Ringspannung des Moleküls und eine etwas außerhalb der Kern-Kern-Verbindungsachse liegende Elektronendichte zurückzuführen, die Reaktionen zu einer offenkettigen Form begünstigt.

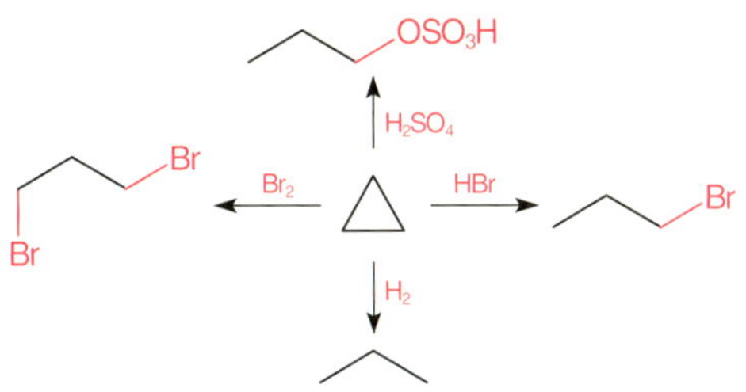

Abb. 26.3 Additionsreaktionen des Cyclopropans

26.5.2 Reaktionsmechanismus und Orientierung der Addition

Bei unsymmetrisch substituierten Doppelbindungen und unsymmetrischen Reagentien wie HCl, HBr, H_2SO_4 oder H_2O wird die Richtung oder **Orientierung** der Addition von Bedeutung:

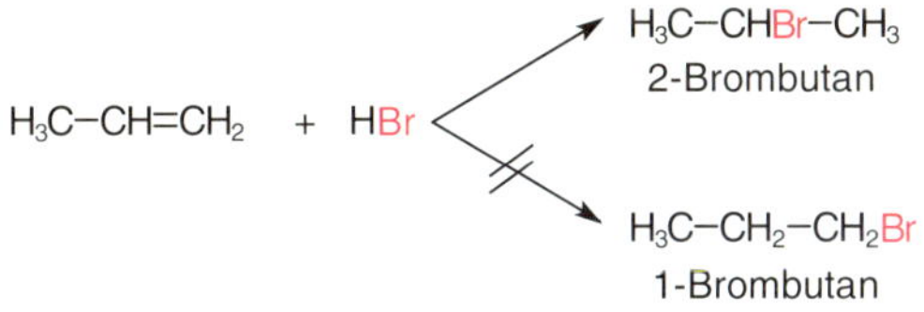

Das Experiment zeigt, daß sich bei der Addition von HBr an 1-Buten ausschließlich das 2-Brombutan bildet. Nach der **Regel von Markownikow** erhält das Kohlenstoffatom mit der größeren Zahl von H-Atomen auch noch das Proton von HBr. Diese Regel gilt allgemein für HX (X=Cl, Br, I, OH, OSO_3, ...) *nicht* jedoch für das in Abb. 26.2 erwähnte Alkylboran HBR_2.

Der Reaktionsmechanismus liefert die Erklärung für die beobachteten Phänomene: Die Addition wird durch den Angriff eines Elektrophils, bei Protonsäuren durch H^+, auf die Doppelbindung eingeleitet. Dabei wird die π-Bindung gelöst und eine neue σ-Bindung zum Proton gebildet. *Beide* bindenden Elektronen stammen vom Alken. Die ungesättigte Verbindung reagiert als Base und man erhält ein Kation mit der positiven Ladung an einem Kohlenstoffatom als Zwischenstufe, ein **Carbenium-Ion**.

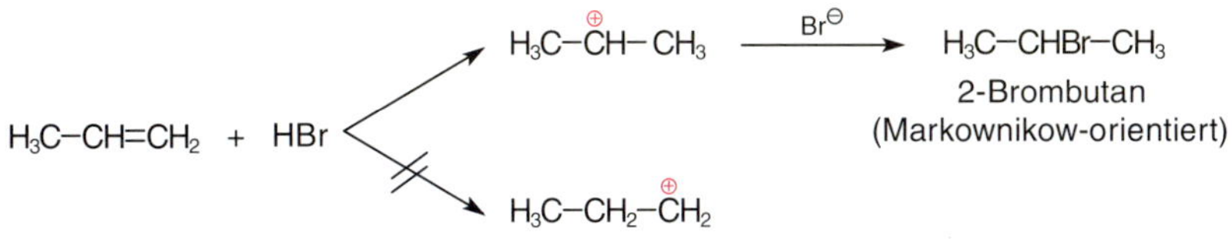

Die Addition eines Anions, bei der HBr-Addition eines Bromids, beendet die Reaktion. Der langsamste Schritt, der die gesamte Reaktionsgeschwindigkeit bestimmt, ist die Addition des Protons oder allgemeiner des Elektrophils. Nach diesem **geschwindigkeitsbestimmenden Schritt** wird der Reaktionsmechanismus als **bimolekulare (2) elektrophile** (E) **Addition (Ad)**, abgekürzt **Ad$_E$2**, bezeichnet. Bimolekular deshalb, weil im geschwindigkeitsbestimmenden Schritt zwei Teilchen, das Alken und ein Elektrophil, zur Reaktion kommen.

Stabilität der Carbenium-Ionen

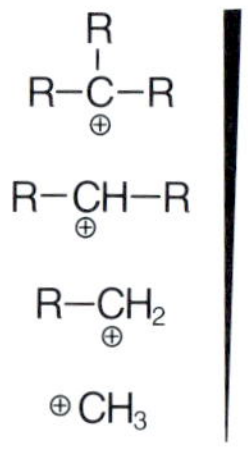

Die Orientierung wird einzig durch die Stabilität des intermediären Carbenium-Ions bestimmt. Normalerweise wächst die Stabilität eines Carbenium-Ions mit zunehmender Substitution.

Mit dieser Aussage versteht man auch kompliziertere ionische Additionsreaktionen, wie die **Hydroborierung** (anti-Markownikow-Addition von Boranen) oder die Bildung von Halogenalkoholen. Im ersteren Fall ist das Bor in BH_3-THF (**T**etra**h**ydro**f**uran), im zweiten das positivierte Halogen aus HOX das Elektrophil.

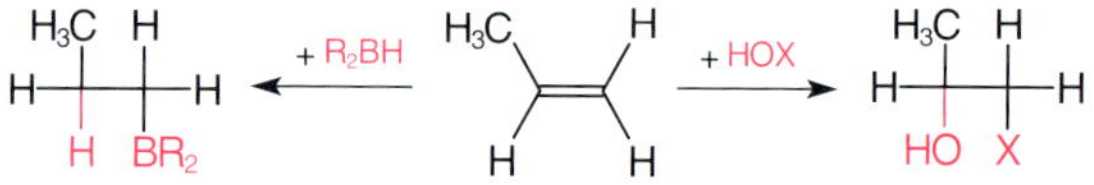

26.5.3 Struktur und Eigenschaften von Carbenium-Ionen

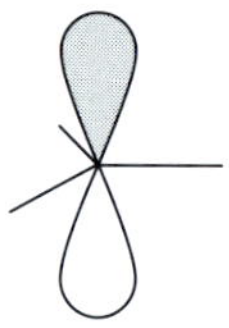

Carbenium-Ionen besitzen ein Elektronensextett an einem Kohlenstoffatom, sind aber nicht zu verwechseln mit Carbenen. (Letztere tragen ebenfalls ein Elektronensextett am Kohlenstoffatom, jedoch *keine* Ladung.) Das positiv geladene Kohlenstoffatom ist sp^2-hybridisiert, mit den drei sp^2-Orbitalen in einer Ebene und einem darauf senkrecht stehenden leeren p-Orbital.

Carbenium-Ionen sind reaktive Teilchen, die neben der erwähnten Anlagerung von Anionen auch Hydrid-Ionen (H^-) aus Kohlenwasserstoffen abstrahieren können. Eine weitere, auch großtechnisch interessante Reaktion ist die **kationische Polymerisation**, bei der das Carbenium-Ion selbst als Elektrophil auftritt:

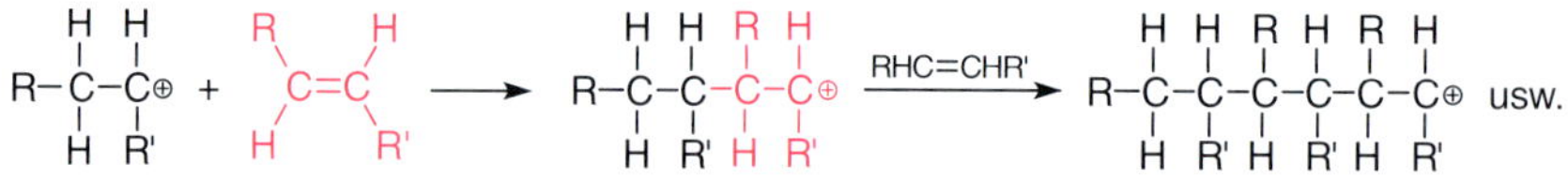

Ähnlich einer Radikalkettenreaktion bleibt stets ein reaktives Teilchen (hier das Carbenium-Ion) erhalten, das die Reaktion weiterträgt. Im Unterschied zu der schon besprochenen radikalischen Substitution befindet sich das reaktive Zentrum noch am gleichen Molekül. Die kationische Polymerisation wird durch Protonsäuren, z. B. H_2SO_4 oder auch durch Lewis-Säuren, wie BF_3 oder $AlCl_3$ gestartet. Der Kettenabbruch kann durch die Addition eines Anions oder auch durch Abspaltung eines Protons unter Rückbildung einer Doppelbindung erfolgen.

$$R{-}CH_2^{\oplus} + X^{\ominus} \longrightarrow R{-}CH_2{-}X$$

X = Hal, OH, OSO_3H usw.

$$RCH_2{-}CH_2^{\oplus} \xrightarrow[-H^+]{} R{-}CH{=}CH_2$$

Eine weitere wichtige Eigenschaft von Carbenium-Ionen muß hier erwähnt werden: Carbenium-Ionen können sich durch Wanderung von Alkyl- oder Arylgruppen umlagern. Diese Umlagerung wird als **Wagner-Meerwein-Umlagerung** bezeichnet. Sie führt zu einem stabileren Carbenium-Ion.

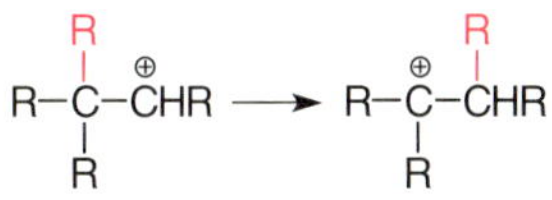

Wagner-Meerwein-Umlagerung

26.6 Radikalische Addition

Die Addition von Bromwasserstoff führt nicht immer zu Markownikow-orientierten Produkten. In Anwesenheit von Peroxiden (RODR) oder unter Lichteinwirkung wird das Proton an das C-Atom mit der *geringeren* Zahl von H-Atomen angelagert. Man erhält das **anti-Markownikow-Produkt**. Der Grund dafür ist ein Wechsel im Reaktionsmechanismus. Peroxide können bei Raumtemperatur leicht in Radikale spalten. Bei der elektrophilen Addition greift ein Teilchen mit Elektronenmangel an der elektronenreichen Doppelbindung an, aber auch Radikale sind bestrebt, durch Aufnahme eines Elektrons ihre Elektronenhülle zu komplettieren ($Rad^{\bullet}$ = Radikal).

Stabilität von Radikalen

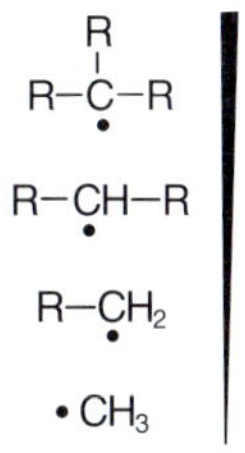

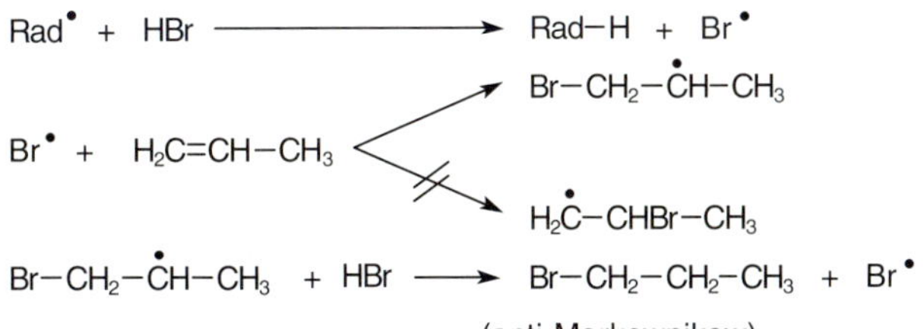

(anti-Markownikow)

Genau wie bei der ionischen Addition entsteht während der Reaktion das *stabilere* Zwischenprodukt. Letztlich ist für die Orientierung der Addition das *Elektrophil* verantwortlich, das die Reaktion einleitet. Bei der ionischen HBr-Addition ist es das Proton, bei der radikalischen Addition das Bromradikal.

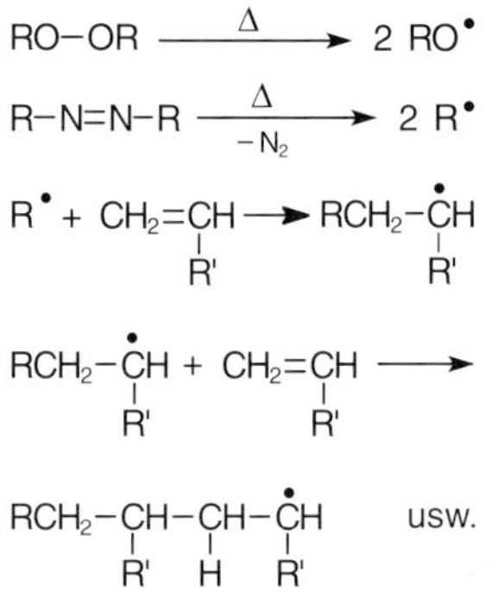

R' = H: Polyethylen (PE)
R' = CH_3: Polypropylen (PP)
R' = Cl: Polyvinylchlorid(PVC)

Die radikalische Polymerisation als Sonderform der radikalischen Addition hat große technische Bedeutung. Mit Hilfe eines Initiators (Radikalstarters), meist eines Peroxids oder einer Diazoverbindung R–N=N–R (Abschn. 30.2) wird ein Startradikal erzeugt, das die Polymerisation einleitet. Durch fortgesetzte Addition immer neuer olefinischer Doppelbindungen entstehen hochpolymere Kunststoffe. Die Polymerisation wird durch Rekombination von Radikalen, Disproportionierungen oder von zugesetzten Verbindungen beendet, deren Radikale so stabil sind, daß sie die Kettenreaktion nicht mehr fortführen können (**Telomerisation**). Diese **Initiatoren** sind Substanzen, die schon bei geringer Erwärmung, im Reaktionsschema mit „Δ" angedeutet, oder bei Belichtung leicht in Radikale spalten.

Polyvinylchlorid (PVC) wird durch radikalische Polymerisation von Vinylchlorid erzeugt.

Zur Herstellung von Vinylchlorid geht man von Ethen und elementarem Chlor aus. Durch Addition von Cl_2 an Ethen entsteht zunächst das 1,2-Dichlorethan, aus dem dann unter Chlorwasserstoffabspaltung Vinylchlorid gebildet wird. Der frei werdende Chlorwasserstoff kann zusammen mit Sauerstoff und Ethen ebenfalls zu Dichlorethan umgesetzt werden (Oxychlorierung).

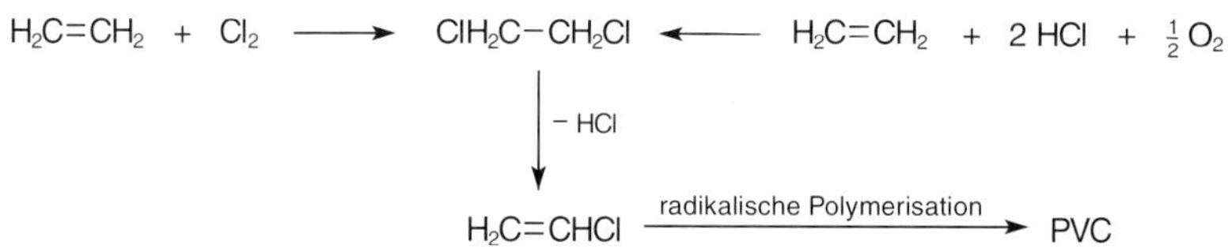

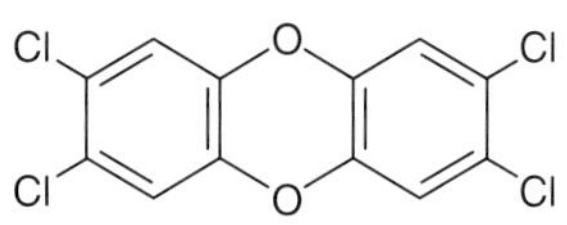

2,3,7,8-Tetrachlordibenzodioxin
(Seveso-GIft)

Nachteile des PVC sind einerseits die karzinogene Wirkung des monomeren Vinylchlorid, andererseits, daß bei der Verbrennung polychlorierte Dibenzodioxine (zu denen das Seveso-Gift zählt) und Dibenzofurane entstehen können.

Polyvinylchlorid und ökologisch äußerst bedenkliche Verbindungen wie Dioxine, die daraus entstehen können, haben die organische Chlorchemie als Industriezweig insgesamt ins Kreuzfeuer der öffentlichen Kritik gebracht. Allerdings existiert auch in der Natur eine umfangreiche bioorganische Chlorchemie (vgl. Kap. 29, Exkurs 29.1).

26.7 Substitutionsreaktionen

Da die meisten Alkene neben ihrer olefinischen Doppelbindung einen mehr oder weniger großen Alkylrest besitzen, zeigen sie neben den Additionsreaktionen auch Substitutionsreaktionen, wie sie für Alkane typisch sind. Durch die Wahl der Reaktionsbedingungen ist es möglich, den Reaktionsablauf im Sinne einer Addition (niedrige Temperaturen, hohe Konzentration des zu addierenden Reagens, Lösungsmittel) oder einer Substitution (hohe Temperaturen, geringe Konzentration des Addenden, Gasphase) ablaufen zu lassen. Es zeigt sich, daß vinylische Protonen gegen Substitution fast völlig inert, allylische hingegen sehr leicht substituierbar sind.

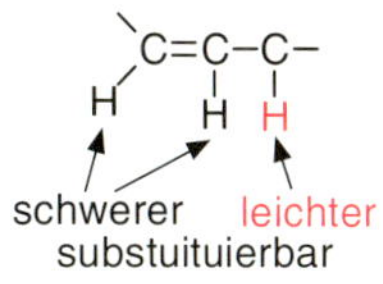

26.8 Oxidation zu 1,2-Diolen (Glycolen)

In neutraler oder basischer Kaliumpermanganatlösung, mit Osmium(VIII)oxid oder organischen Persäuren (RCOOOH) können Alkene zu **1,2-Diolen** oxidiert werden, wobei mit $KMnO_4$ und OsO_4 nur die *cis*-, mit Persäuren hingegen die *trans*-Diole gebildet werden. Die Umsetzung von cyclischen Alkenen mit $KMnO_4$ oder OsO_4 wird bei der Synthese von Prostaglandinen (PG) (Abschn. 31.1.7) eingesetzt. 1,2-Diole können oxidativ mit $NaIO_4$ gespalten werden und man verwendet die Reaktionsfolge Glycolbildung → Diolspaltung deshalb gelegentlich zur Charakterisierung von Alkenen. Darüber hinaus hat sie auch präparative Bedeutung (vgl. Abschn. 31.1.4 und 31.4.2).

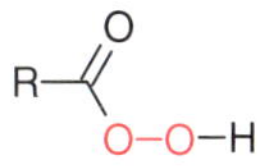

Persäure

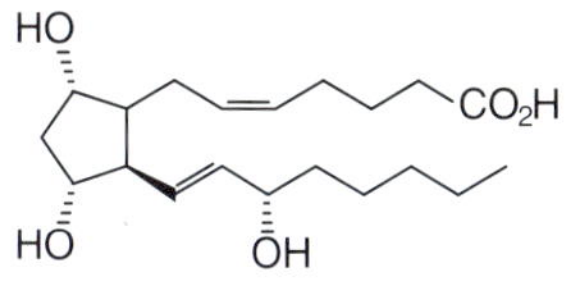

PG $F_{2\alpha}$

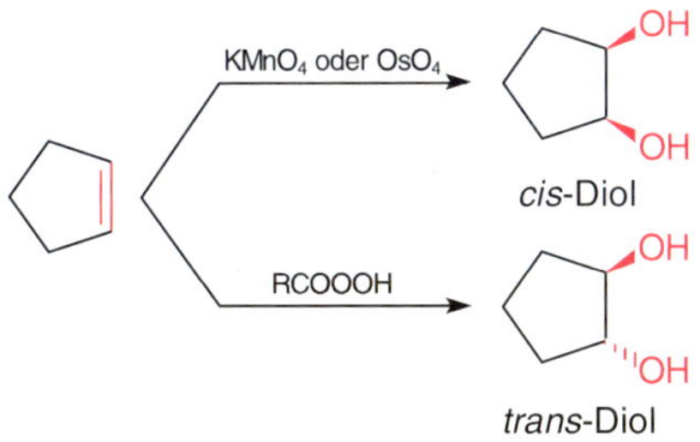

26.9 Die Ozonspaltung

Eine häufig angewandte Reaktion zur Untersuchung von Doppelbindungen in Naturstoffen ist die oxidative Spaltung der Doppelbindung mittels Ozon, die sogenannte Ozonspaltung. Je nach Aufarbeitungsmethode erhält man Aldehyde bzw. Ketone oder Carbonsäuren (Abschn. 31.4 und 31.5).

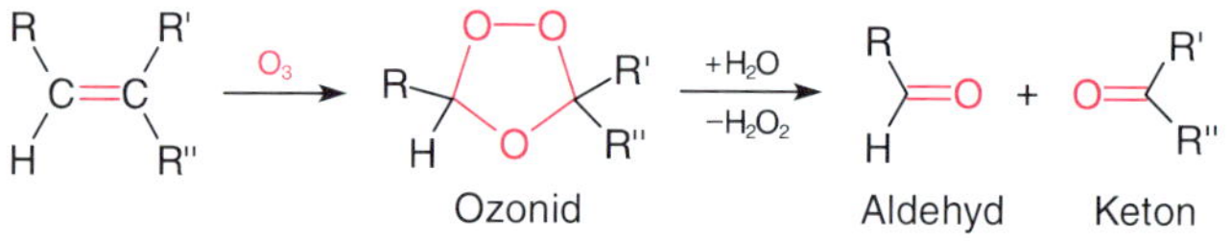

Will man eine Weiteroxidation des Aldehyds zur Carbonsäure vermeiden, so wird die **Hydrolyse** (Spaltung durch Wasser) des Ozonids unter Zusatz eines Reduktionsmittels (Natriumdithionit, $Na_2S_2O_4$, H^+/Zn oder H_2/Pd) durchgeführt. Aus der Analyse der Spaltprodukte kann auf die ursprüngliche Lage der Doppelbindung rückgeschlossen werden.

26.10 Die Addition von Brom an Doppelbindungen

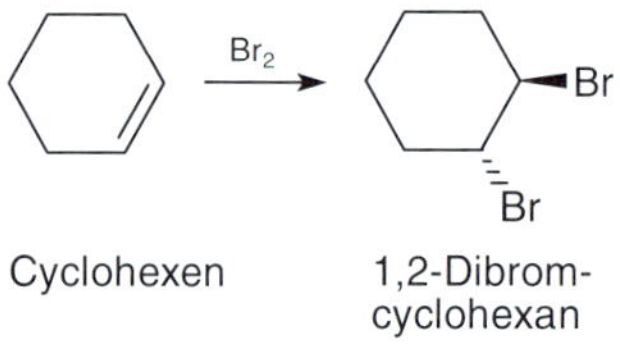

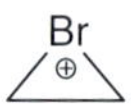

Bromonium-Ion

Gibt man zu einer Lösung eines Alkans einige Tropfen braunen Bromwassers, wird dieses sofort entfärbt. Die Reaktion dient oft zum qualitativen Nachweis von Doppelbindungen. Addiert man Br_2 an Cyclohexen, stellt man fest, daß immer das *trans*-1,2-Dibromcyclohexan entsteht. Man nimmt deshalb an, daß sich zunächst ein **Bromonium-Ion** als Intermediat bildet. Dadurch ist eine Seite des Moleküls blokkiert und das Bromid kann nur von der Rückseite her angreifen.

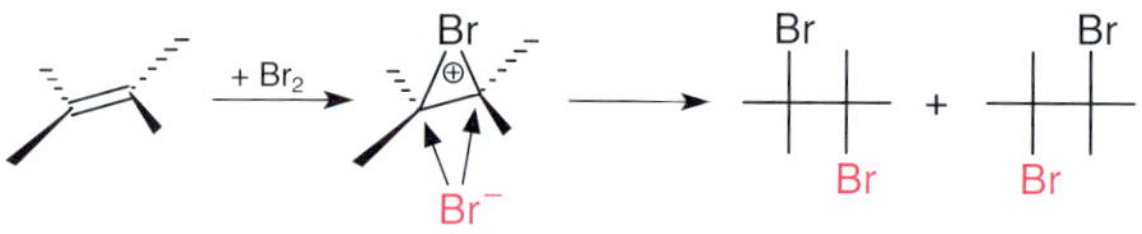

Die beiden entstehenden Additionsprodukte sind identisch. Abb. 26.4 zeigt jedoch am Beispiel der Addition von Brom an Maleinsäure, daß das nicht zwangsläufig so sein muß.

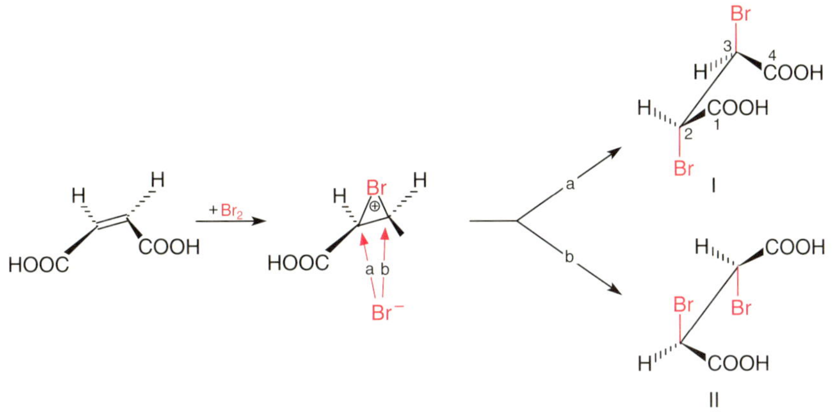

Abb. 26.4 Die Addition von Brom an Maleinsäure führt zu zwei unterschiedlichen Produkten, zwei isomeren Formen von Dibrombernsteinsäure.

Die Moleküle I und II sind nicht miteinander zur Deckung zu bringen. Man überzeuge sich von dieser Tatsache anhand eines Molekülmodells! Die Strukturen I und II verhalten sich wie Bild und Spiegelbild. Dies ist eine weitere Form der Stereoisomerie. Sie wird als **Enantiomerie** bezeichnet. Die beiden Dibrombernsteinsäuremoleküle sind **Enantiomere.** (Molekül I ist gegenüber der Zeichnung in Abb. 26.4 um 180° um die C-2/C-3-Achse gedreht.)

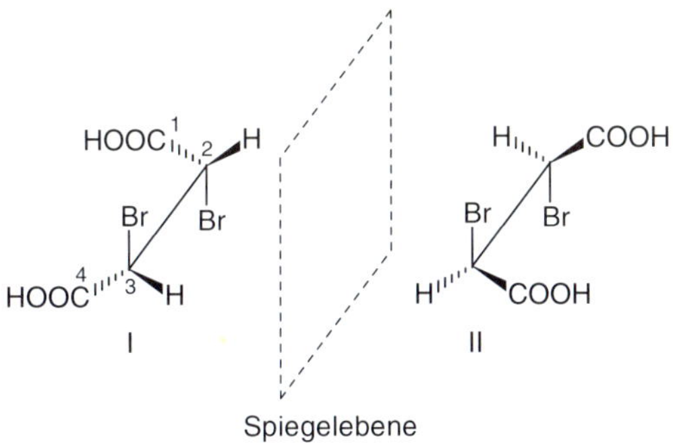

Das Auftreten der beiden Enantiomere ist ein weiterer Beweis für die strikte *anti-Addition* (von antiperiplanar, vgl. Abschn. 25.1.9) von Brom an isolierte Doppelbindungen und dem Auftreten von cyclischen Bromonium-Ionen. Um das zu verstehen, wollen wir uns im nächsten Abschnitt näher mit den Phänomenen der Enantiomerie befassen.

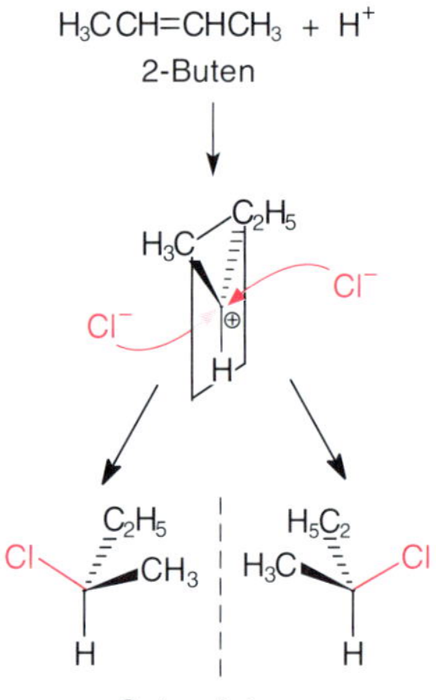

26.11 Enantiomerie (Spiegelbildisomerie)

Die Addition von Chlorwasserstoff an 2-Buten führt zu zwei unterschiedlichen Molekülen. Durch den Angriff des Protons auf die Doppelbindung entsteht ein Carbenium-Ion. Dieses ist eben gebaut und kann deshalb von zwei Seiten gleich gut durch das Chlorid angegriffen werden. Als Folge davon erhält man zwei Moleküle, die sich wie Bild und Spiegelbild verhalten und nicht miteinander zur Deckung gebracht werden können, sie sind **chiral**.

Chirale Verbindungen zeigen ein besonderes Verhalten gegenüber polarisiertem Licht, sie sind **optisch aktiv** (Abschn. 26.11.5). Ein Kohlenstoffatom mit vier unterschiedlichen Substituenten bezeichnet man als **Chiralitätszentrum, asymmetrisches Kohlenstoffatom** oder **Asymmetriezentrum**. Häufig wird ein solches Atom mit einem kleinen Stern versehen. Man darf jedoch nicht dem Fehler verfallen, jedes Molekül mit einem Asymmetriezentrum für chiral zu halten! Moleküle sind nur dann chiral, wenn Bild und Spiegelbild nicht zur Deckung gebracht werden können. Es ist ebensowenig zulässig, aus dem *Fehlen* von Chiralitätszentren auf achirale Moleküle zu schließen. Ein einfaches Beispiel für ein chirales Molekül ohne Asymetriezentrum ist die folgende Verbindung, ein *Allen*.

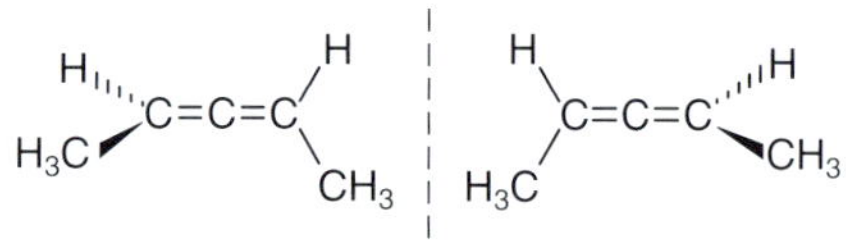

Chiralität liegt vor, wenn ein Molekül und dessen Spiegelbild nicht zur Deckung gebracht werden können. Diese beiden isomeren Formen nennt man Enantiomere.

Der Fall fehlender Molekülchiralität trotz Anwesenheit chiraler Kohlenstoffatome wird später vorgestellt. Der Vollständigkeit halber sei erwähnt, daß das Vorhandensein eines Asymmetriezentrums nicht an den Kohlenstoff gebunden ist, sondern daß es auch asymmetrische Stickstoff-, Phosphor-, Siliciumatome usw. gibt.

26.11.1 Nomenklatur und zeichnerische Darstellung von Molekülen mit Chiralitätszentren

Keilstrich- oder Sägebockdarstellungen von Molekülen illustrieren gut die sterischen Verhältnisse, sind aber umständlich und zeitaufwendig. Man bedient sich zur eindeutigen Wiedergabe der Konfiguration chiraler Moleküle der **Fischer-Projektion**.

> Die Konfiguration gibt die räumliche Struktur und die Lage aller Atome in einem Molekül an, mit Ausnahme der Strukturen, die durch Rotation um Einfachbindungen auseinander hervorgehen.

Bisher wurden die Kohlenstofftetraeder immer so gezeichnet, daß zwei Bindungen (drei Atome) in der Papierebene zu liegen kamen und je eine davor und dahinter zeigte. In der Fischer-Projektion wird der Kohlenstofftetraeder so gedreht, daß nur noch das zentrale Kohlenstoffatom in der Papierebene liegt und je zwei seiner Bindungen davor und dahinter zeigen. Waagrechte Bindungen sind nach vorn, senkrechte nach hinten ausgerichtet. *Dies hat zur Konsequenz, daß nur Drehungen um geradzahlige Vielfache von 90° in der Papierebene zulässig sind.* Kohlenstoffketten ordnet man so an, daß die C-Atome senkrecht untereinander stehen. Das höchst-oxidierte Kohlenstoffatom führt die Spalte an. (Es wird dringend empfohlen, zum besseren Verständnis Molekülmodelle zu Hilfe zu nehmen.)

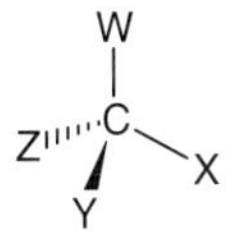

90°-Drehung um die C-W-Achse:

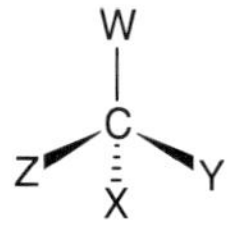

„Kippen" der C-W-Achse um 30° hinter die Papierebene:

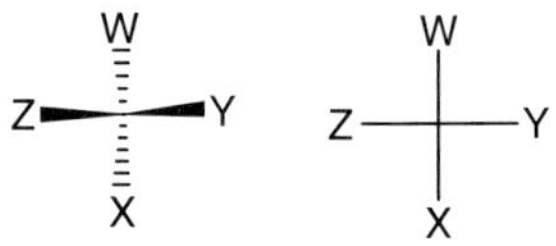

Wie werden nun die unterschiedlichen Atomanordnungen an Chiralitätszentren bezeichnet, um eindeutig eine Konfiguration zu beschreiben? Man bedient sich dazu einer Methode, die auf Cahn, Ingold und Prelog zurückgeht.

26.11.2 *R/S*-Nomenklatur nach Cahn, Ingold und Prelog

Zur Beschreibung der Konfiguration werden die Substituenten des fraglichen C-Atoms zunächst in einer bestimmten Reihenfolge geordnet.

Nach den Regeln von Cahn, Ingold und Prelog steigt die **Priorität** eines Substituenten mit steigender Ordnungszahl. Primär hängt die

Reihenfolge (Priorität) der Substituenten eines Kohlenstoffatoms von den *direkt* gebundenen Atomen ab.

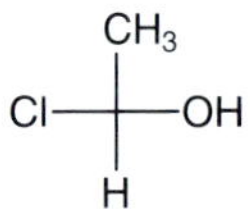

$Cl > OH > CH_3 > H$

Wenn damit keine Entscheidung getroffen werden kann, betrachtet man sich die auf das direkt gebundene Atom folgenden Atome.

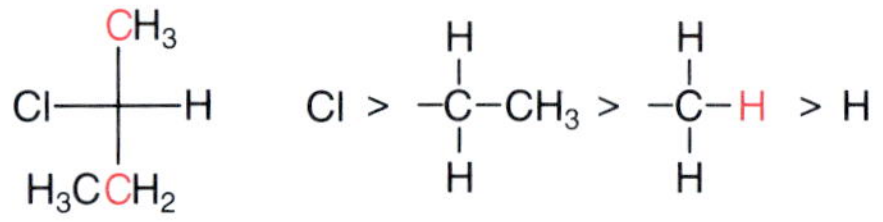

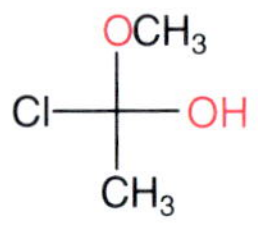

$Cl > O{-}CH_3 > O{-}H > CH_3$

Mehrfachbindungen werden behandelt, als würden von *jedem* der Bindungspartner eine entsprechende Zahl von Einfachbindungen ausgehen. Dadurch lassen sich auch für Substituenten wie *tert*-Butyl und Acetylen oder Vinyl und Isopropyl Sequenzen festlegen.

Der Acetylenrest hat danach höhere Priorität als der *t*-Butylrest und der Vinylrest eine höhere als der Isopropylrest.

Zur Festlegung der absoluten Konfiguration sind zwei Methoden besonders verbreitet. Die unmittelbar einsichtigste geht von der räumlichen Darstellung des Kohlenstofftetraeders aus. Dazu dreht man den Tetraeder im Raum so, daß der Substituent niedrigster Priorität (meist ein Proton) nach hinten zeigt und die drei übrigen nach vorne. Beginnend beim Substituenten höchster Priorität verbindet man die drei nach vorn zeigenden Reste mit einer Kreislinie in Richtung fallender Priorität. Wird der Kreis im Uhrzeigersinn gezeichnet, liegt eine *R*-Konfiguration vor. Bei umgekehrtem Drehsinn die *S*-Konfiguration (R = rectus, S = sinister). Als Beispiel diente wieder das 2-Chlorbutan.

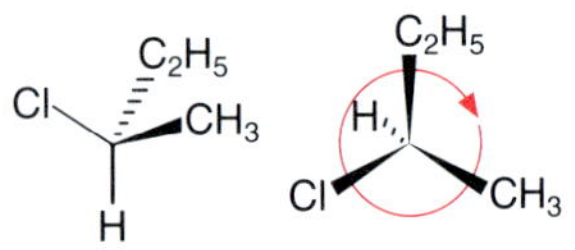

R-Konfiguration

Die Fischer-Projektion erlaubt eine etwas schnellere Konfigurationsbestimmung. Dazu wird der Substituent niedrigster Priorität nach unten geschrieben und beim weiteren Vorgehen ignoriert. Die drei übrigen Substituenten werden mit einem bogenförmigen Pfeil in Richtung fallender Priorität verbunden. der Drehsinn gibt wieder die absolute Konfiguration an. Es ist unbedingt darauf zu achten, daß der Rest mit der geringsten Priorität nach unten geschrieben wird. Dazu kann es notwendig werden, Substituenten gegeneinander auszutauschen. *Der einfache Austausch von zwei Substituenten führt zur Konfigurationsumkehr. Durch einen doppelten Austausch bleibt die ursprüngliche Konfiguration erhalten.*

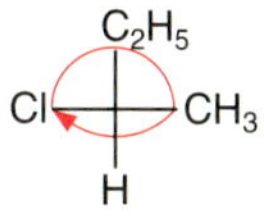

R

Zur Übung soll die Konfiguration des 1,2-Dichlorbutans schrittweise analysiert werden. Zunächst muß man sich vergegenwärtigen, daß die horizontalen Bindungen nach vorn und die vertikalen nach hinten zeigen. Eine 120°-Drehung um eine vertikale Achse durch den zentralen Kohlenstoff in der Papierebene bringt das Wasserstoffatom nach hinten und die drei übrigen Substituenten auf eine Ebene oberhalb der Zeichenebene. Aus der Prioritätenfolge ergibt sich eine *S*-Konfiguration.

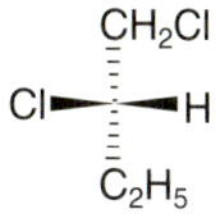

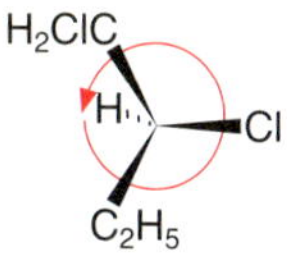

In der Fischer-Projektion muß zunächst das Wasserstoffatom nach unten gebracht werden. Dazu tauscht man H gegen C_2H_5. Dies führt zu einer Konfigurationsumkehr, daher muß ein zweiter Austausch vorgenommen werden. Nach diesem doppelten Austausch kann leicht erkannt werden, daß *S*-Konfiguration vorliegt.

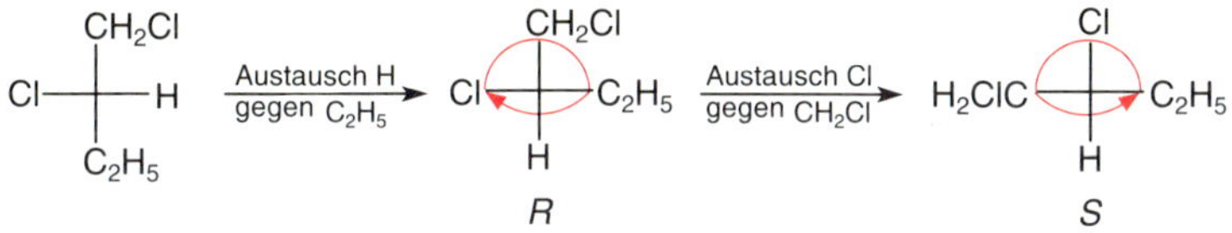

Neben der *R*,*S*-Nomenklatur gibt es noch die ältere DL-Nomenklatur, die hauptsächlich bei Kohlenhydraten und Aminosäuren Anwendung findet. „D“ und „L“ bezeichnet die *relative* Konfiguration, bezogen auf den D-Glycerinaldehyd. Die DL-Nomenklatur wird in Abschn. 33.1.1.1 genauer erläutert.

26.11.3 Addition von Brom an Maleinsäure

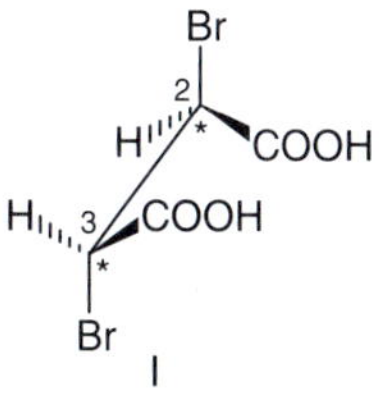

I

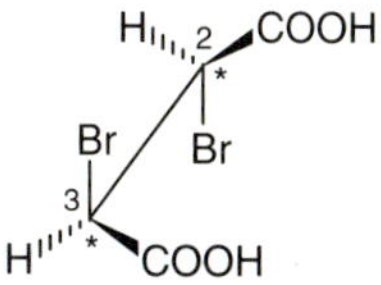

II

Mit den im letzten Abschnitt erworbenen Kenntnissen über Enantiomerie wollen wir uns jetzt noch einmal der Bromaddition an isolierte Doppelbindungen zuwenden. Wir betrachten wiederum die Addition von Brom an Maleinsäure.

Wegen der enormen Bedeutung der sterischen Verhältnisse von Molekülen in der Biochemie sollen die Konfigurationen der Enantiomeren I und II noch einmal schrittweise analysiert werden. Dazu

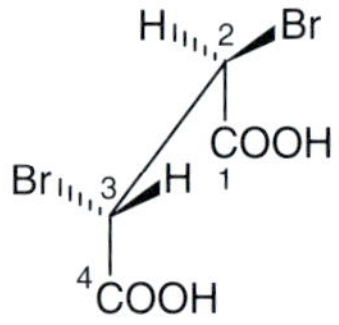

I

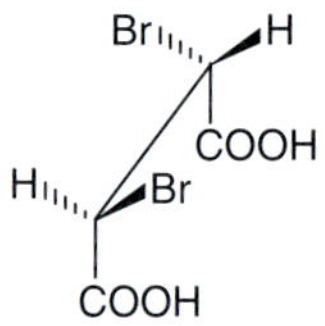

II

betrachtet man sich die Chiralitätszentren an C-2 und C-3 getrennt. Mit einiger Übung gelingt es, in Gedanken die Sägebockformel so zu drehen, daß einmal für C-2 und einmal für C-3 der Substituent niedrigster Priorität hinter die Papierebene zeigt. Die drei übrigen werden dann in Richtung fallender Priorität mit einem kreisförmigen Pfeil verbunden. Die Drehrichtung gibt wieder die absolute Konfiguration an.

Für den weniger Geübten empfiehlt sich das folgende Vorgehen, das mit zunehmender Erfahrung entsprechend abgekürzt wird. Ziel ist es, von der gestaffelten Sägebockform zur ekliptischen Fischer-Projektion zu gelangen. Zunächst überführt man die gestaffelte Konformation durch Drehung von C-2, bzw. C-3 um die C-2/C-3 Achse in die ekliptische Konformation und sorgt noch dafür, daß die Bindungen C-1/C-2 und C-3/C-4 nach unten gerichtet sind. (Wenn man diese und die folgenden Operationen für beide Enantiomere unabhängig voneinander durchführt und prüft ob beide Moleküle immer noch spiegelbildlich zueinander sind, kann man einigermaßen sicher sein, keinen Fehler gemacht zu haben.)

Im zweiten Schritt dreht man das Molekül so, daß C-2 und C-3 in der Zeichenebene senkrecht übereinander zu stehen kommen und die beiden Säurereste (COOH) an C-2 und C-3 nach hinten zeigen. Die in der ekliptischen Sägebockformel nach oben gezeichneten Substituenten weisen dann, wie bei der Fischer-Projektion definiert, über die Papierebene. Jetzt bestimmt man für jedes Chiralitätszentrum getrennt die Konfiguration. Dazu wird das Wasserstoffatom durch Substituententausch nach unten gebracht und durch einen weiteren Austausch, bei dem das H-Atom selbstverständlich ausgenommen bleibt, die ursprüngliche Konfiguration wieder hergestellt.

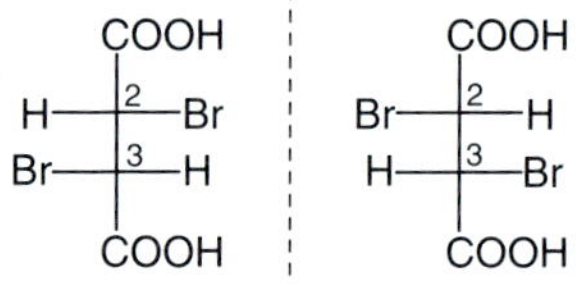

I II

ausgeführt für I:

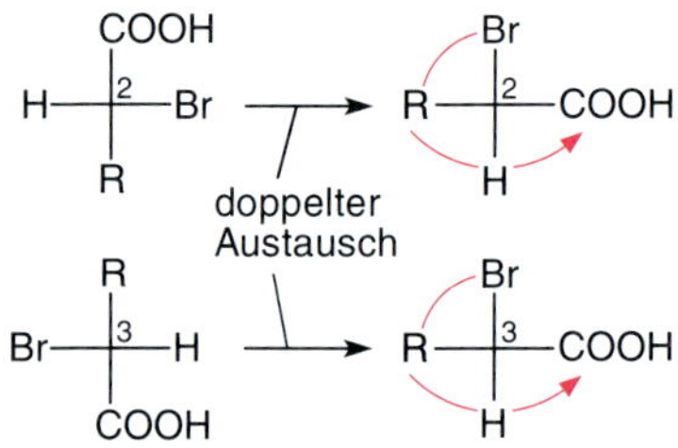

R = CHBr−COOH

Die beiden Enantiomeren I und II sind die (*S*,*S*)- und die (*R*,*R*)-1,2-Dibrombernsteinsäure. Die Lage der Chiralitätszentren braucht ausnahmsweise nicht angegeben werden, da es gleichgültig ist, an welchem Ende des Moleküls mit der Atomnumerierung begonnen wird.

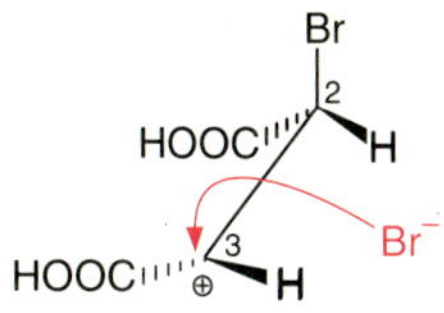

Als stereochemische Konsequenz für die strikte *anti*-Addition von Brom an Maleinsäure über ein Bromonium-Ion treten als Produkte *ausschließlich* die beiden Dibrombernsteinsäure-Enantiomeren I und II auf. Die *syn*-Addition (Addition der beiden Bromatome auf der gleichen Seite des Moleküls) würde zu einem anderen, deutlich unterscheidbaren Stereoisomeren III führen. Die ekliptische Konformation geht natürlich sofort in die gestaffelte über. Versuchen Sie, herauszufinden, welche Konfiguration an C-2 und C-3 vorliegt! Das Stereoisomer III besitzt zwei Chiralitätszentren und ist doch kein chirales Molekül. Sein Spiegelbild läßt sich durch Drehung wieder in III überführen; Bild und Spiegelbild sind also identisch. Die gestaffelte Konformation besitzt ein Inversionszentrum auf der C-2/C-3-Achse, die ekliptische eine Spiegelebene zwischen C-2 und C-3. Bei der Darstellung des Moleküls in der Fischer-Projektion findet sich ebenfalls eine Spiegelebene. Verbindung III, die (*R*,*S*)-2,3-Dibrombernsteinsäure zeigt keine optische Aktivität (s. Abschn. 26.11.5).

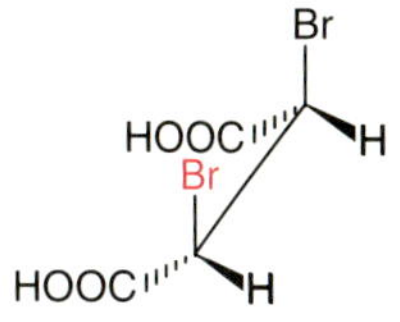

III

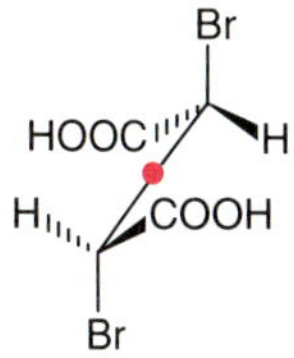

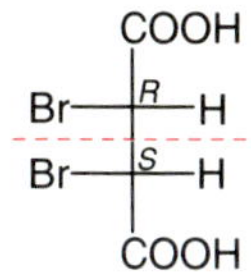

26.11.4 Verbindungen mit mehreren Chiralitätszentren

Das Fehlen optischer Aktivität trotz Vorhandenseins von Chiralitätszentren ist ein Spezialfall und man bezeichnet solche Substanzen als ***meso*-Verbindungen**. Verbindung III wird daher auch als *meso*-Dibrombernsteinsäure bezeichnet.

Durch die Substitution eines der beiden Wasserstoffatome, etwa durch Methyl bei der *meso*-Dibrombernsteinsäure wird das Symmetrieelement beseitigt und man erhält zwei Enantiomerenpaare.

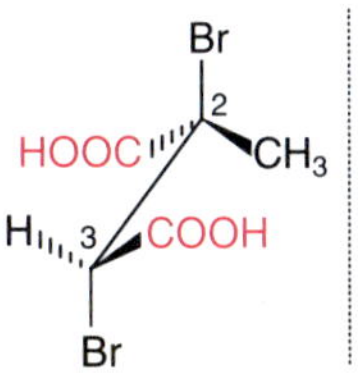

I

(2*R*,3*S*)-

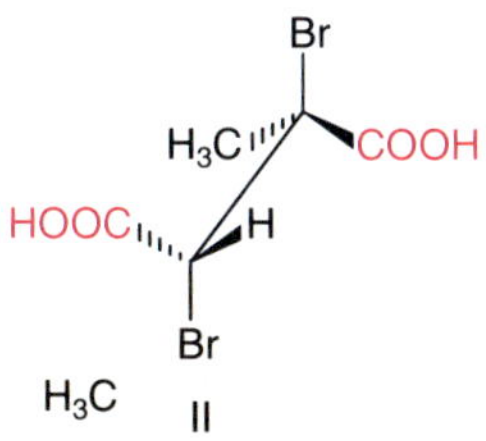

II

(2*S*,3*R*)-

2,3-Dibrom-2-methylbernsteinsäure

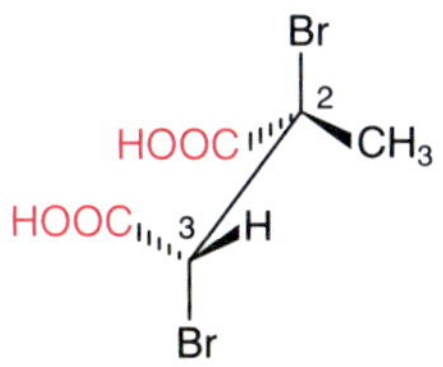

III

(2*R*,3*R*)-

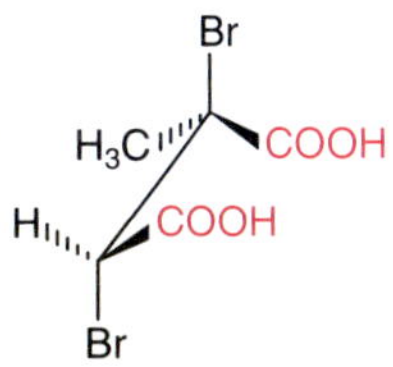

IV

(2*S*,3*S*)-

2,3-Dibrom-2-methylbernsteinsäure

Bei Moleküken mit n Chiralitätszentren können maximal 2^n Stereoisomere auftreten. Mesoformen vermindern diese maximal mögliche Stereoisomerenzahl.

Die beiden Enantiomerenpaare I/II und III/IV sind zueinander stereoisomer, aber nicht enantiomer; sie sind **diastereomer**. *Stereoisomere, die nicht enantiomer sind, bezeichnet man als* ***Diastereomere***. Sie haben (geringfügig) unterschiedliche chemische und physikalische Eigenschaften.

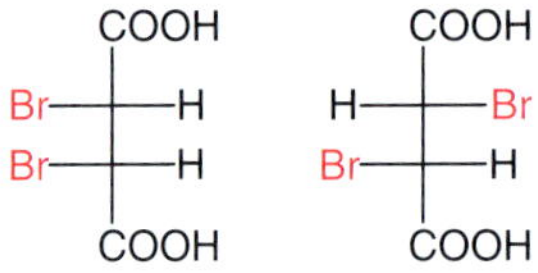

erythro *threo*

In der Literatur findet man häufig noch die Bezeichnungen *threo*- und *erythro*-Konfiguration. Sie bezieht sich auf Moleküle mit benachbarten Chiralitätszentren. Die *erythro*-Form ist diejenige, die in der Fischer-Projektion gleiche oder ähnliche Substituenten auf der gleichen Seite der Kohlenstoffkette trägt. Entsprechend liegen diese Substituenten bei der *threo*-Form auf verschiedenen Seiten (vgl. Abschn. 33.1.1.2).

26.11.5 Eigenschaften von Enantiomeren und optische Aktivität

Die physikalischen und chemischen Eigenschaften zweier Enantiomeren sind vollkommen identisch und können deshalb zur Unterscheidung von Enantiomeren nicht herangezogen werden. Enantiomerenpaare unterscheiden sich allerdings in zweifacher Hinsicht dennoch: in ihrem Verhalten gegenüber polarisiertem Licht und gegenüber chiralen Reagentien, wie in den folgenden Abschnitten erläutert wird.

26.11.5.1 Optische Aktivität

$$[\alpha]_\lambda^T = \frac{\alpha^T}{l \cdot c}$$

$[\alpha]_\lambda^T$ = spezifische Drehung in Grad bei der Wellenlänge λ und der Temperatur T

l = Schichtdicke der Probe in dm

c = Konzentration in g/ml

α^T = gemessene Drehung

Die reine Probe eines Enantiomeren ist in der Lage, die Schwingungsebene von linear polarisiertem Licht zu drehen; die Substanz ist **optisch aktiv.** Der Drehwinkel kann mit Hilfe eines Polarimeters gemessen werden. Der Betrag der Drehung wird durch die äußeren Faktoren Wellenlänge (λ) des verwendeten Lichts, Schichtdicke (l) und Konzentration (c) der Probe, Temperatur (T) und Lösungsmittel beeinflußt. Bei vorgegebener Temperatur und Wellenlänge kann aus der gemessenen Drehung, der Konzentration und der Schichtdicke die **spezifische Drehung** als charakteristische Eigenschaft einer Verbindung ermittelt werden. Spiegelbildisomere drehen die Schwingungsebene jeweils um den *gleichen Betrag*, jedoch in entgegengesetzte Richtungen. Wird die Ebene im Uhrzeigersinn gedreht, ist die Substanz „rechtsdrehend“. Das „linksdrehende“ Enantiomer dreht die Ebene um den gleichen Betrag nach links. Die Drehrichtung wird mit einem „+" für rechtsdrehend und einem „-" für linksdrehend vor dem Substanznamen angegeben. Die Konfiguration eines Enantiomers läßt *keine* Aussage darüber zu, in welche Richtung polarisiertes Licht gedreht wird. Mithin kann man der absoluten Konfigurationsangabe „*R*" oder „*S*" keine Information bezüglich der Drehrichtung entnehmen.

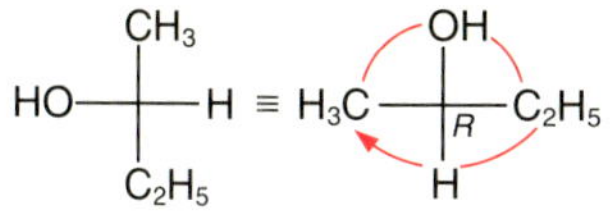

R-(–)-2-Butanol

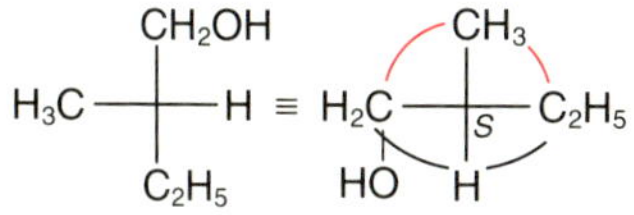

S-(–)-2-Methyl-1-butanol

Liegen beide Enantiomeren in gleicher Konzentration vor (**racemische Mischung**), ist die Probe optisch inaktiv, da sich die Drehrichtungen gegenseitig aufheben. Bei einem Enantiomerengemisch unbekannter Konzentration kann bei bekannter spezifischer Drehung auf das Mengenverhältnis der **optischen Antipoden** rückgeschlossen werden.

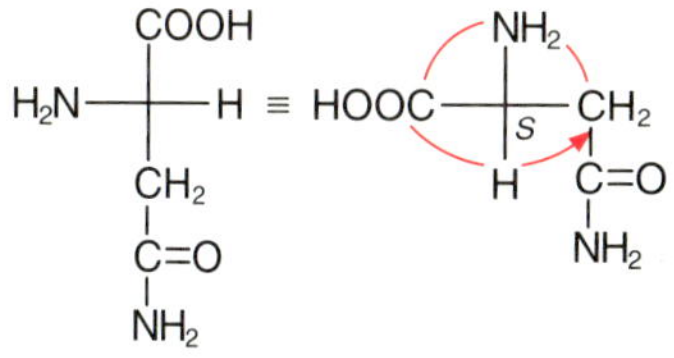

S-(+)-Asparagin

26.11.5.2 Verhalten gegenüber chiralen Reagentien

Optisch aktive Substanzen verhalten sich gegenüber chiralen Reagentien unterschiedlich. Dies ist in der Biochemie und in der Medizin von enormer Bedeutung. Als ein Nebenprodukt der alkoholischen Gärung entsteht beispielsweise nur das (-)-2-Methyl-1-butanol, Hefe kann nur (-)-Glucose umsetzen, (-)-Carvon verursacht den charakteristischen Geruch der Krauseminze, während das (+)-Carvon im Kümmel enthalten ist. Von vielen Medikamenten ist jeweils nur ein Enantiomer wirksam, während das andere unwirksam oder sogar giftig sein kann.

Die Umsetzung von achiralen Reagentien führt immer zu optisch inaktiven Produkten, selbst dann, wenn chirale Moleküle gebildet werden, denn beide Enantiomere entstehen gleich wahrscheinlich. Die Addition von Chlorwasserstoff an 2-Buten ergibt ein racemisches Gemisch von (*R*)-2-Chlorbutan und (*S*)-2-Chlorbutan, die Addition von Brom an Maleinsäure (*S*,*S*)- und (*R*,*R*)-1,2-Dibrombernsteinsäure im Verhältnis 1:1.

Um ein reines Enantiomer zu erhalten, ist es in diesen Fällen immer notwendig, die Racemate zu trennen. Dazu kommt eine Reihe von Methoden in Betracht:

- Die klassische Methode der **mechanischen Auslese** von Kristallen, von Pasteur erstmals 1848 bei dem Natriumammoniumsalz der Traubensäure (dem Racemat der (+)- und der (-)-Weinsäure) angewandt. Von dem Verfahren kann nur sehr selten Gebrauch gemacht werden, da aus Racematen nur in Ausnahmefällen beide Enantiomere getrennt und in makroskopisch unterscheidbaren Kristalliten ausfallen.

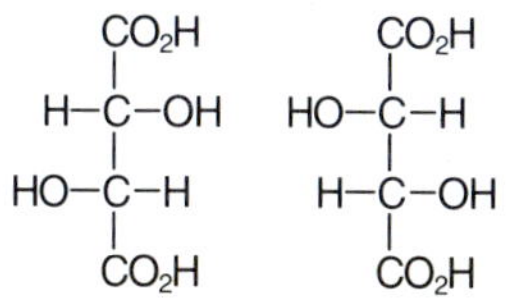

(*R*,*R*)-(+)- (*S*,*S*)-(–)-

Weinsäure

- Die **biochemische Spaltung**, die ebenfalls von Pasteur stammt, macht sich zunutze, daß Enzyme zumeist stereospezifisch nur die Umsetzung eines Enantiomeren bewirken; das andere bleibt in sehr reiner Form zurück. Der Nachteil der Methode liegt im Verlust des optischen Antipoden.

– Auch die **chemische Spaltung über Diastereomere** stammt von Pasteur. Racemate werden mit optisch aktiven Verbindungen umgesetzt, wobei streng darauf zu achten ist, daß keine Bindungen zu einem Chiralitätszentrum betroffen sind. Die entstehenden Produkte sind **diastereomer** und können nach den üblichen physikalischen Methoden, wie fraktionierte Destillation, Kristallisation, Chromatographie usw. getrennt werden. Ein klassisches Beispiel ist die Trennung racemischer Säuren durch Umsetzung mit einer optisch aktiven, meist natürlich vorkommenden Base oder von racemischen Basen mit optisch aktiven Säuren.

$$\left.\begin{array}{l}(+)\text{-HA}\\(-)\text{-HA}\end{array}\right]\xrightarrow{+\,(+)\text{-B}}\begin{array}{l}(+)\text{-BH}^+(+)\text{A}^- \xrightarrow{H^+} (+)\text{-HA} + (+)\text{-BH}^+\\(+)\text{-BH}^+(-)\text{A}^- \xrightarrow{H^+} (-)\text{-HA} + (+)\text{-BH}^+\end{array}$$

Racemat Diastereomere

– **Kinetische Racematspaltung**. Hier macht man sich die unterschiedliche Reaktionsgeschwindigkeit zunutze, mit der sich die Enantiomeren mit einem optisch aktiven Reagens umsetzen. Durch rasches Aufarbeiten der Reaktionsmischung oder durch Quenchen (Stoppen der Reaktion) kann zumindest eine partielle Trennung erreicht werden.

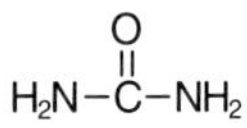

Harnstoff

– **Spaltung über Harnstoff-Einschlußverbindungen**. Harnstoff bildet mit einer Reihe organischer Substanzen Einschlußverbindungen (Chlathrate), wobei die eingeschlossenen Moleküle in eine links- oder rechtsdrehende Schraube eingelagert werden. Durch geeignete Reaktionsbedingungen kann erreicht werden, daß die Kristallisation bevorzugt in einer Schraubrichtung erfolgt. Die Trennung ist wegen der unterschiedlichen Löslichkeiten der diastereomeren Chlathrate möglich.

– **Chromatographische Methoden**. Bei Verwendung von optisch aktiven Adsorbentien (z. B. Cellulose) haben die Enantiomeren unterschiedliche Retentionszeiten, d. h. sie wandern unterschiedlich schnell durch das Trägermaterial. Sie können dadurch nacheinander eluiert werden.

Besser als das mühsame Trennen von Racematen ist, die Reaktionsführung so zu gestalten, daß entweder nur ein Enantiomeres entsteht (**enantiospezifische Synthese**) oder zumindest im Überschuß entsteht (**enantioselektive Synthese**).

26.12 Kohlenwasserstoffe mit mehreren Doppelbindungen

Neben den bisher besprochenen einfachen Alkenen gibt es ungesättigte Kohlenwasserstoffe, die mehr als eine Doppelbindung pro Molekül enthalten. **Diene** besitzen zwei, **Triene** drei Doppelbindungen. Man faßt Kohlenwasserstoffe mit mehreren Doppelbindungen unter dem Begriff **Polyene** zusammen. Nach den IUPAC-Regeln bildet der Name der längsten, die meisten Doppelbindungen enthaltenden Kohlenstoffkette den Stammnamen. Die Endung **-an** der Alkane wird durch **-dien, -trien, -tetraen,** ... (2, 3, 4 ... Doppelbindungen) ersetzt. Die Lage der Doppelbindungen wird durch vorangestellte Zahlen angegeben; sie bezeichnen das Kohlenstoffatom, von dem die Doppelbindung ausgeht. Dabei muß so numeriert werden, daß möglichst kleine Zahlen resultieren. Polyene können, neben anderen Kriterien, durch die Abfolge ihrer Doppelbindungen unterschieden werden.

$H_2C{=}C{=}CH_2$

1,2-Propadien (trivial: Allen)

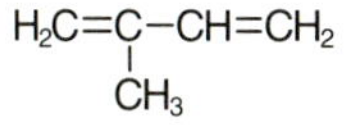

2-Methyl-1,3-butadien (trivial: Isopren)

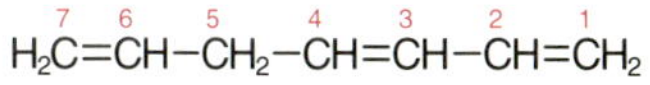

1,3,6-Heptatrien

- **Polyene mit kumulierten Doppelbindungen** sind solche, bei denen die Doppelbindungen direkt aufeinander folgen.
- **Polyene mit isolierten Doppelbindungen:** Doppelbindungen sind durch mindestens zwei Einfachbindungen von einander getrennt.
- **Polyene mit konjugierten Doppelbindungen:** Jede Doppelbindung ist von der nächsten durch eine Einfachbindung getrennt.

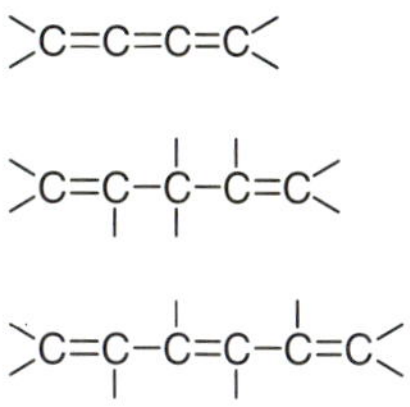

26.12.1 Polyene mit kumulierten Doppelbindungen

Der einfachste Kohlenwasserstoff mit kumulierten Doppelbindungen ist das 1,2-Propadien („Allen“, C_3H_4).

Das mittlere Kohlenstoffatom (C-2) ist sp-hybridisiert (s. Abschn. 26.13). Die beiden nicht in das sp-Hybridorbital einbezogenen p-Orbitale bilden jeweils eine π-Bindung mit C-1 und C-3. Die Wasserstoffatome an den **terminalen** Kohlenstoffatomen C-1 und C-3 liegen auf zwei senkrecht zueinander stehenden Ebenen. Das Butatrien ist der einfachste Kohlenwasserstoff mit drei kumulierten Doppelbindungen. Die Kohlenstoffatome C-2 und C-3 sind sp-hybridisiert. Die vier Wasserstoffatome liegen in einer Ebene. Aus diesem Grund können auch *cis/trans*-Isomere auftreten. Man erkennt, daß die relative Lage der Substituenten an den terminalen Kohlenstoffen mit der Zahl der Doppelbindungen alterniert.

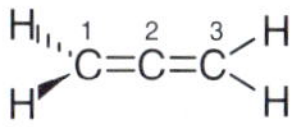

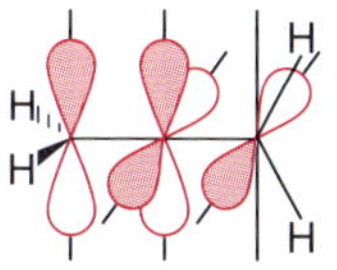

p-Orbitale im Allen

Kumulene vereinigen in ihrem chemischen Verhalten die typischen Eigenschaften von Alkenen und durch das Auftreten von *sp*-hybridisierten Kohlenstoffatomen die von Alkinen (s. Abschn. 26.13), Verbindungen mit C-C-Dreifachbindungen.

26.12.2 Polyene mit isolierten Doppelbindungen

$H_2C{=}CH{-}CH_2{-}CH{=}CH_2$

1,4-Pentadien

Der einfachste Vertreter ist das 1,4-Pentadien (C_5H_8). Polyene mit isolierten Doppelbindungen zeigen die gleichen chemischen Eigenschaften wie die einfachen Alkene. Sie brauchen deshalb hier nicht nochmals diskutiert werden.

26.12.3 Polyene mit konjugierten Doppelbindungen

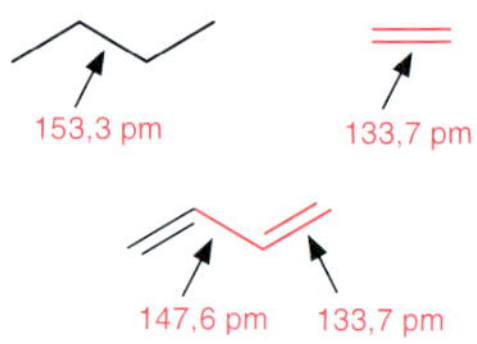

Kohlenwasserstoffe mit konjugierten Doppelbindungen unterscheiden sich sowohl physikalisch als auch chemisch signifikant von anderen Polyenen. Die **Bindungslängen** der am konjugierten System beteiligten Kohlenstoff-Kohlenstoff-Einfachbindungen sind etwas verkürzt. Die Molekülbereiche mit konjugierten Doppelbindungen sind *eben*. Die **Hydrierungswärmen** konjugierter Polyene sind etwas geringer als bei vergleichbaren Verbindungen mit isolierten Doppelbindungen, die elektrophile Addition ergibt **1,4-Addukte**, mit geeigneten „Dienophilen" findet die **Diels-Alder-Reaktion** (seihe unten) statt.

Hydrierungswärmen. Die Hydrierungswärmen isolierter Doppelbindungen, also die Energie, die bei der Hydrierung einer C-C-Doppelbindung frei wird, lassen sich unter Verwendung empirisch bestimmter Werte (Inkremente) einfach, zweifach und dreifach substituierter Doppelbindungen recht genau vorhersagen. Bei Anwendung dieser Inkremente auf konjugierte Doppelbindungen stellt man fest, daß die experimentellen Hydrierungswärmen hier stets etwas niedriger liegen als die berechneten. Konjugierte Polyene sind also *stabiler* als solche mit isolierten Doppelbindungen.

1,4-Addition. Setzt man 1,3-Butadien so mit Brom um, daß nur ein Äquivalent (ein Molekül Br_2 pro Butadienmolekül) addiert wird, kann man zwei unterschiedliche Additionsprodukte isolieren: das erwartete 3,4-Dibrom-1-buten und das 1,4-Dibrom-2-buten, das durch die Addition von Brom in 1- und in 4-Stellung entstanden ist.

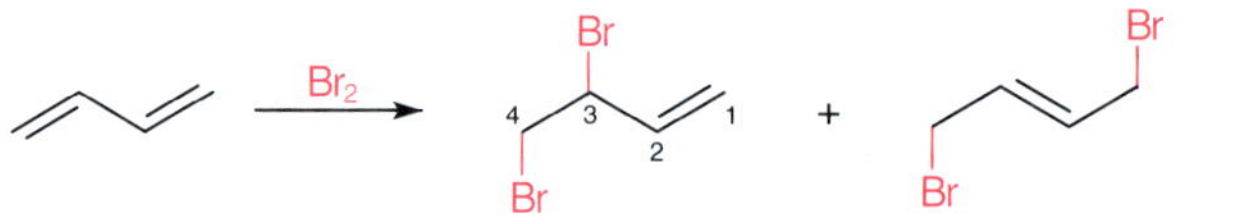

3,4-Dibrom-1-buten 1,4-Dibrom-2-buten

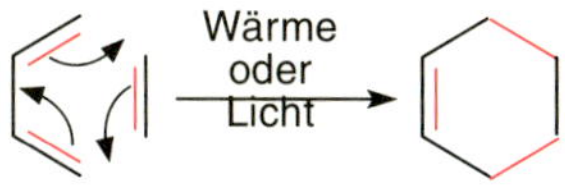

Die Diels-Alder-Reaktion ist die inter- oder intramolekulare Umsetzung eines Moleküls mit einer konjugierten Doppelbindung und einer weiteren Mehrfachbindung (**Dienophil**) zu einem cyclischen Produkt. Im einfachsten Fall ist dies die Umsetzung von 1,3-Butadien mit Ethen als Dienophil zum Cyclohexen.

Die Erklärung für diese scheinbar ungewöhnlichen Verhaltensweisen konjugierter Diene liegt in der besonderen Verteilung der π-Elektronen. Die Kohlenstoffatome konjugierter Systeme sind sp^2-hybridisiert und die π-Systeme der Doppelbindungen sind jeweils nur durch die σ-Bindung eines sp^2-Hybrids voneinander getrennt. Die benachbarten π-Systeme können über die Einzelbindungen hinweg über das gesamte konjugierte System wechselwirken. Die σ-Elektronen sind nicht mehr fest auf eine Mehrfachbindung fixiert, sondern über *alle* Kohlenstoffkerne des konjugierten Systems **delokalisiert**, jedoch mit einer deutlich höheren Aufenthaltswahrscheinlichkeit im Bereich der Doppelbindungen. Da die p-Orbitale dazu parallel ausgerichtet sein müssen, muß das Molekül eben gebaut sein. Die von zwei Doppelbindungen flankierten Einfachbindungen erhalten einen partiellen Doppelbindungscharakter. Dies ist einer der Faktoren, die zu der Verkürzung der Einfachbindung beitragen, der höhere s-Charakter des sp^2-Hybrids gegenüber dem sp^3-Hybrid ist ein weiterer. Die Rotation um die zentrale σ-Bindung wird durch ihren partiellen Doppelbindungscharakter behindert und es kommt zum Auftreten von Stereoisomeren mit geringfügig unterschiedlicher potentieller Energie. Die *transoide* Form ist um ca. 9 kJ/mol stabiler. Mit der Verteilung der π-Elektronen über einen größeren Raum (**Delokalisierung**) ist eine Absenkung der potentiellen Energie des Moleküls verbunden. Sie äußert sich u. a. in der etwas geringeren Hydrierungswärme konjugierter Polyene.

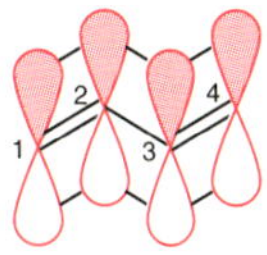

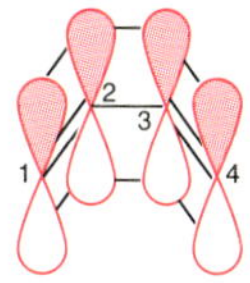

Die zunächst überraschende 1,4-Addition an 1,3-Diene ist ebenfalls eine Folge der Delokalisierung von π-Elektronen. Dies soll am Beispiel der elektrophilen Bromaddition an 1,3-Butadien erläutert werden.

26.12.4 Elektrophile Addition an konjugierte Diene

Der elektrophile Angriff von Brom auf eine der beiden Doppelbindungen erfolgt so, daß ein möglichst stabiles Carbenium-Ion entsteht, also auf eines der beiden endständigen (**terminalen**) Kohlenstoffatome. Es liegt nahe, ein Carbenium-Ion I mit der positiven Ladung auf C-3 zu formulieren. Dies ist aber nur *eine* Möglichkeit, die positive Ladung zu plazieren. Formales Verschieben der π-Elektronendichte zwischen die Atome C-2 und C-3 führt zu einem Carbenium-Ion II mit der positiven Ladung auf C-1. Die Bromaddition kann durch den Angriff des Bromids auf C-2 oder auf C-4 abgeschlossen werden.

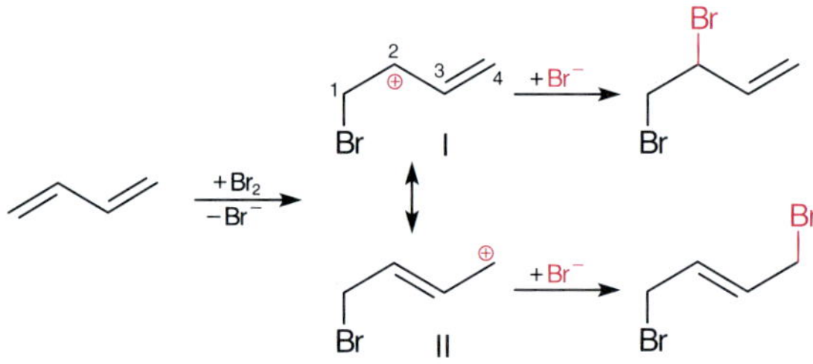

Formelbild I und II stellen **Grenzstrukturen** dar, denen allerdings *keine reale Bedeutung* zukommt. Die tatsächliche Struktur des Carbenium-Ions kann nicht durch herkömmliche Lewis-Formeln dargestellt werden. Sie ist ein energetisch günstigerer (stabilerer) Zwischenzustand aus der Kombination (Hybridisierung) der Grenzstrukturen I und II. Man bezeichnet dieses Phänomen als **Mesomerie** oder **Resonanz.**

> Wenn sich ein Molekül durch zwei oder mehrere Lewis-Formeln darstellen läßt, die sich nur in der Elektronenanordnung unterscheiden, liegt Mesomerie oder Resonanz vor.

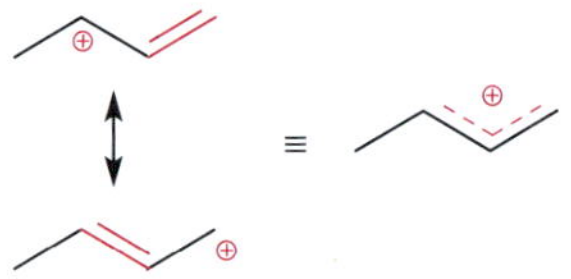

Der Energiegewinn, der sich aus der Kombination der Grenzstrukturen ergibt, nennt man **Mesomerie-** oder **Resonanzenergie**. Der Doppelfeil (↔), meist als **Mesomeriepfeil** bezeichnet, ist keinesfalls mit dem Gleichgewichtspfeil (⇆) zu verwechseln, der ein dynamisches Gleichgewicht zwischen *tatsächlich existierenden* Strukturen (z. B. zwischen Tautomeren, s. Abschn. 26.13.1.2) darstellt. Häufig wird eine mesomere Struktur durch gestrichelt gezeichnete Bindungen dargestellt. Damit soll der Bereich angedeutet werden, über den die π-Elektronen delokalisiert sind.

Die Verteilung der π-Elektronen bzw. der positiven Ladung über drei Kohlenstoffkerne führt zu einer besonderen Stabilisierung gegenüber den strukturell vergleichbaren primären Carbenium-Ionen. Die Stabilitätsfolge der Carbenium-Ionen muß deshalb durch das mesomeriestabilisierte Allylkation ergänzt werden.

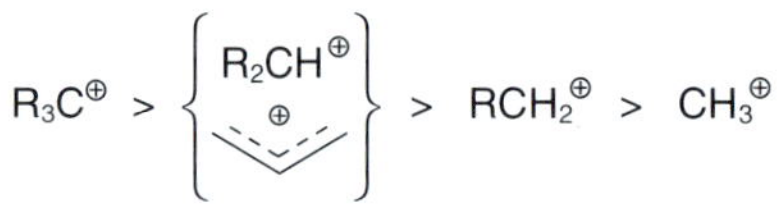

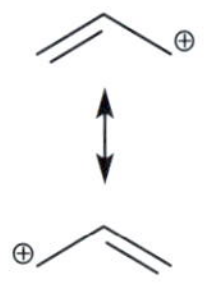

Allylkation

Durch OH^--Abspaltung aus Allylalkohol ist das Allylkation als einfachster Vertreter eines mesomeriestabilisierten Kations zugänglich. Mesomere Kationen werden häufig als substituierte Allylkationen betrachtet.

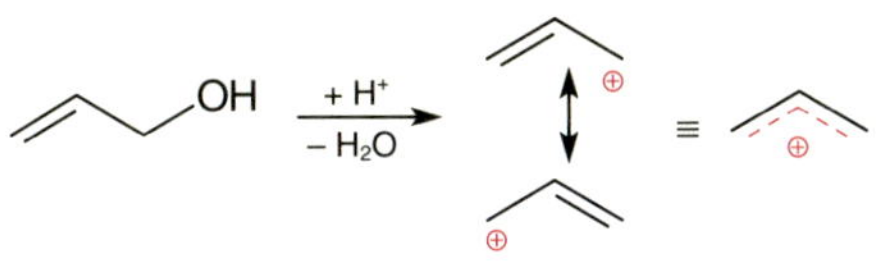

Die 1,4-Addition ist nicht auf die Bromaddition und auf 1,3-Diene beschränkt, sondern ein allgemeines Charakteristikum konjugierter Diene. So führt die Addition von Chlorwasserstoff an 3,5-Octadien zum 5-Chlor-3-octen (1,2-Addukt) und zum 3-Chlor-4-octen (1,4-Addukt).

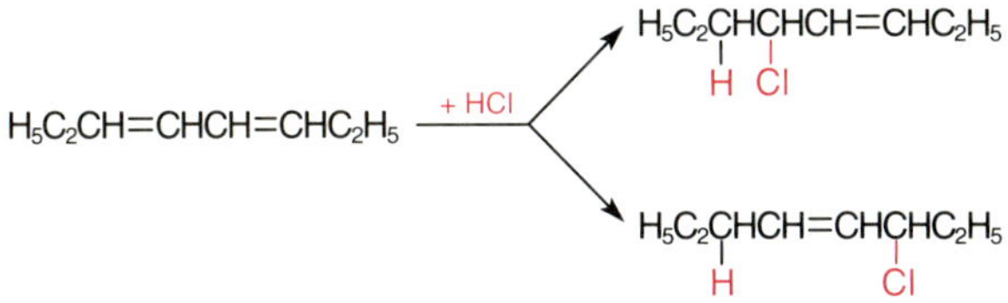

26.12.5 Radikalische Addition und Polymerisation

Wie Alkene mit isolierten Doppelbindungen, können auch konjugierte Polyene radikalische Additionen eingehen. Völlig analog zur elektrophilen Addition bilden sich mesomeriestabilisierte radikalische Zwischenstufen und man findet sowohl 1,2- als auch 1,4-Addition.

Die **radikalische Polymerisation** von 1,3-Dienen hat zur Herstellung von synthetischem **Kautschuk** große Bedeutung erlangt. Im Unterschied zu einfachen Alkenen bleibt bei der Polymerisation eine Doppelbindung pro Monomer erhalten. Normalerweise überwiegt die 1,4-Polymerisation (Kopf-Schwanz-Polymerisation).

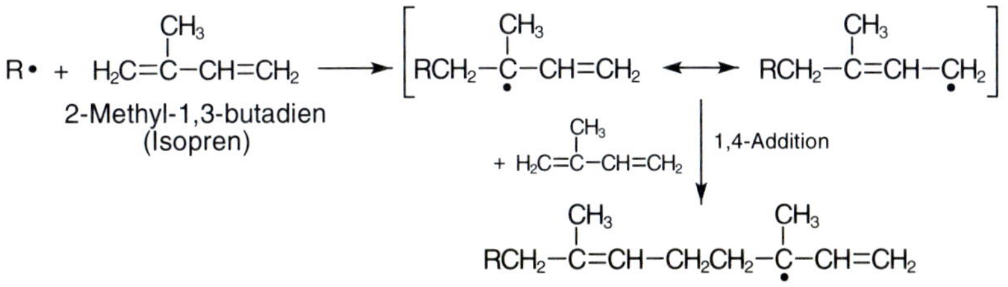

Im natürlichen Kautschuk weisen alle Doppelbindungen *cis*-Konfiguration auf; er ist als all-*cis*-1,4-Polyisopren aufzufassen (Abb. 26.5a).

Die all-*trans*-Konfiguration des 1,4-Polyisoprens (Abb. 26.5b) kommt als **Guttapercha** ebenfalls in der Natur vor.

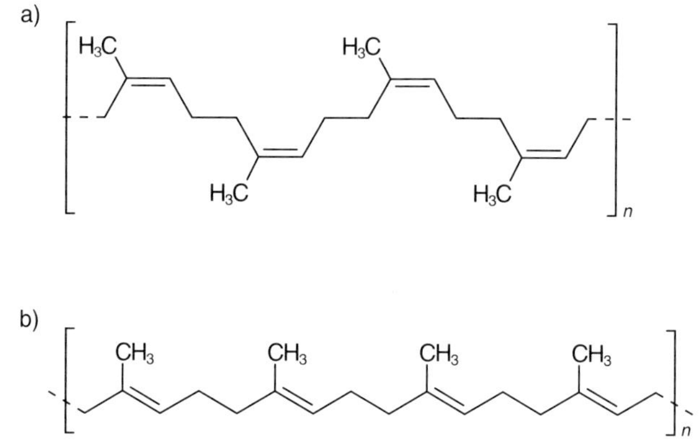

Abb. 26.5 a) Gestreckte Polymerkette von natürlichem Kautschuk. b) all-trans-Polymer des Isopren (Guttapercha).

Die unterschiedliche Konfiguration an den Doppelbindungen des 1,4-Polyisoprens bewirkt eine drastische Veränderung der mechanischen Eigenschaften. Die Polymerketten des Kautschuks werden wegen ihrer sperrigen Anordnung nur durch schwache van-der-Waals-Kräfte und wenige Verzweigungen zusammengehalten. Das Material wird dadurch elastisch und dehnbar (**Elastomer**). Die all-*trans*-Konfiguration erlaubt indessen eine regelmäßige Anordnung der Ketten. Guttapercha ist deshalb stärker kristallin und unelastisch.

Isopren fndet sich in der Natur nicht nur als Polyisopren. Es ist formaler Baustein von Terpenen und letztlich auch von Steroiden. Diese werden über Isopentenyldiphosphat als Zwischenstufe aus Isopren-Einheiten aufgebaut (**Isopren-Regel**). Nach der Anzahl der Isopren-Reste unterscheidet man Monoterpene (C_{10}), Sesquiterpene (C_{15}), Diterpene (C_{20}) usw. Terpene sind in Pflanzen weit verbreitet, vor allem als Bestandteil etherischer Öle. Abb. 26.6 zeigt einige wichtige Beispiele. Steroide, deren Grundstruktur sich ebenfalls auf das Isopren zurückführen läßt, bilden eine umfangreiche Klasse von Biomolekülen mit wichtigen physiologischen Funktionen (Exkurs 26.1).

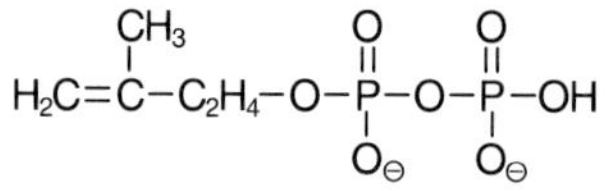

Isopentenylpyrophosphat

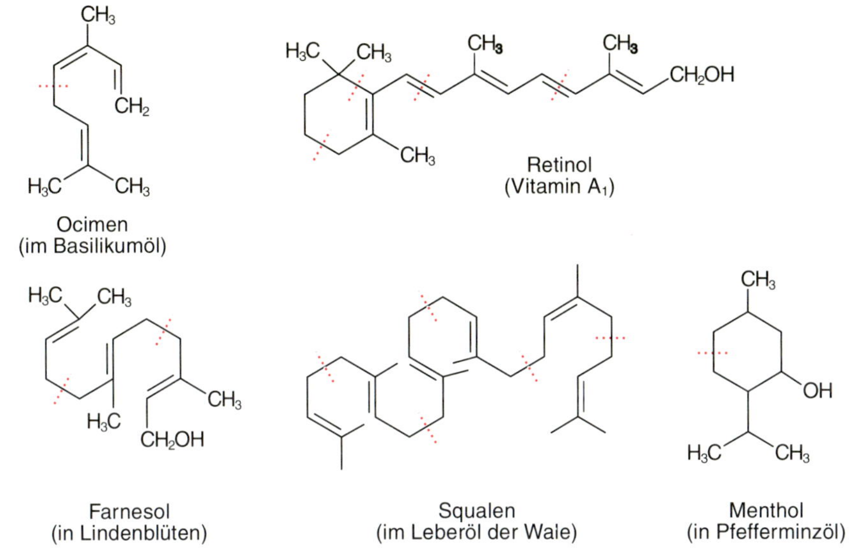

Abb. 26.6 Einige wichtige Terpene. Methylgruppen sind, wie allgemein in der Literatur üblich, durch Striche angedeutet. Die Isopreneinheiten, aus denen sich die Moleküle formal aufbauen, sind durch farbige Punkte abgegrenzt.

26.13 Kohlenwasserstoffe mit Dreifachbindungen

Alkine sind Kohlenwasserstoffe, die C-C-Dreifachbindungen enthalten. Sie besitzen, wie Diene, die Summenformel C_nH_{2n-2}.

C_4H_6: $H_2C{=}CH{-}CH{=}CH_2$
1,3-Butadien

$H_3C{-}C{\equiv}C{-}CH_3$
2-Butin

In ihren physikalischen Eigenschaften gleichen die Alkine weitgehend den entsprechenden Alkenen. So sind die niederen Alkine bis C_4 (1-Butin) bei Raumtemperatur Gase, mit leicht höheren Siedepunkten als die vergleichbaren Alkene. Die ersten vier Glieder der homologen Reihe der Alkine sind in Tab. 26.2 aufgeführt.

Die IUPAC-Nomenklatur ergibt sich aus den Beispielen und ist analog zu den Alkenen. Statt -en wird die Endung -in verwendet. Mehrere Dreifachbindungen im Molekül sind so zu benennen, daß insgesamt möglichst kleine Ziffern verwendet werden können. Bei Auftreten von Doppel- und Dreifachbindungen gilt das gleiche. Bei Wahlmöglichkeiten hat die **Doppelbindung** höhere Priorität. Radikalische Reste werden durch die Endung „**-inyl**“ gekennzeichnet.

$$\underset{5}{H_3C}{-}\underset{4}{CH}{=}\underset{3}{CH}{-}\underset{2}{C}{\equiv}\underset{1}{CH}$$ 3-Penten-1-in (nicht: 2-Penten-4-in)

$$\overset{1}{H_3C}{-}\overset{2}{CH}{=}\overset{3}{CH}{-}\overset{4}{CH_2}{-}\overset{5}{CH_2}{-}\overset{6}{C}{\equiv}\overset{7}{C}{-}\overset{8}{CH_3}$$ 2-Octen-6-in (nicht: 6-Octen-2-in)

Exkurs 26.1: Steroide

Steroide sind eine umfangreiche Stoffgruppe meist tetra-, aber auch penta- und hexacyclischer, chiraler Verbindungen. Die Steroide stellen einerseits für die Chemie wegen ihrer Konstitution und ihrer Synthese eine Herausforderung dar. Andererseits sind die in der Natur weit verbreiteten Verbindungen wegen ihrer Wirkungsvielfalt für die Biologie von hohem Interesse.

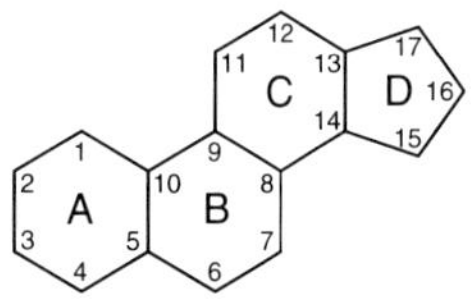

Perhydro-cyclopenta[*a*]-phenanthren

Den meisten natürlichen Steroiden liegt das **Gonan**gerüst zugrunde.

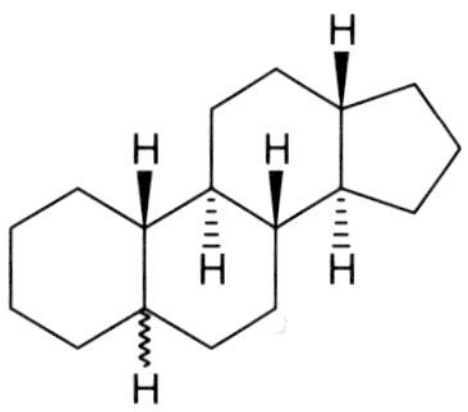

α/β-Gonan (Steran)

Der Trivialname „Gonan", früher „Steran", enthält sowohl die *trans*-Verknüpfung der Ringe B/C und C/D, als auch die *β*-Stellung der Substituenten an C-8, C-10 und C-13. Die Bezeichnung „*α*" oder „*β*" bezieht sich auf die Stellung von Substituenten relativ zum Substituenten an C-10. *α*-ständige Reste befinden sich *trans* zum C-10 Rest, *β*-ständige stehen *cis*. Statt der hier verwendeten Keil-strich-Schreibweise findet man in der Literatur meist nur durchgezogene Bindungen, um die *β*-Stellung anzudeuten.

Durch die Substitution des Gonans gelangt man zu den grundlegenden Kohlenstoffgerüsten der verschiedenen Steroidgruppen.

Ersetzt man das Proton an C-13 durch eine Methylgruppe, kommt man zum **Estran** (Östran), dem Grundgerüst der weiblichen Sexualhormone.

Die Methylsubstitution an C-10 und C-13 führt zum Androstan. ***α*-Androstan** ist die Ausgangsverbindung der männlichen Sexualhormone. Sind die Ringe A und B *cis* verknüpft, kommt man zum Grundgerüst der Gallensäuren, dem ***β*-Androstan.**

Weitere wichtige Grundgerüste sind in Abb. 1 zusammengestellt.

Im folgenden sind einige Beispiele für wichtige Steroide angeführt.

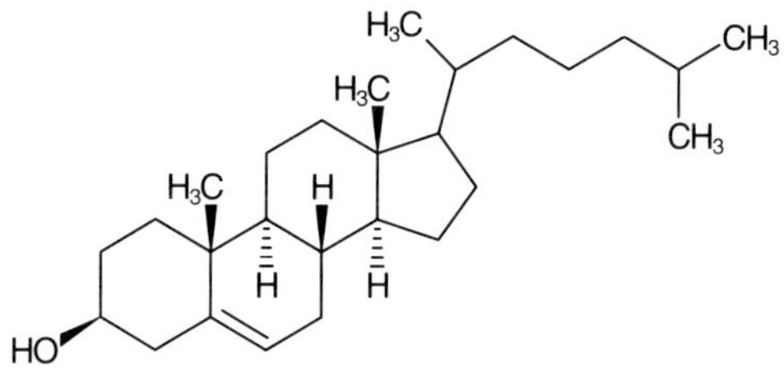

Cholesterin

Cholesterin, das am weitesten verbreitete Steroid, kommt in allen Organen vor. Dem Cholesterin liegt das Grundgerüst des Cholestans zugrunde. Es gehört wegen der Hydroxygruppe an C-3 zu der Gruppe der Sterole (Sterine). Es wird zu den Lipiden gerechnet (Kap. 33), und kommt vor allem in Zellmembranen vor. Komplexiert mit Lipoproteinen ist es mitverantwortlich für die Entstehung der Arteriosklerose.

Cholsäure ist ein Derivat des Cholans, in dem die Ringe A und B *cis* verknüpft sind. Cholsäure ist eine in der Leber gebildete Gallensäure.

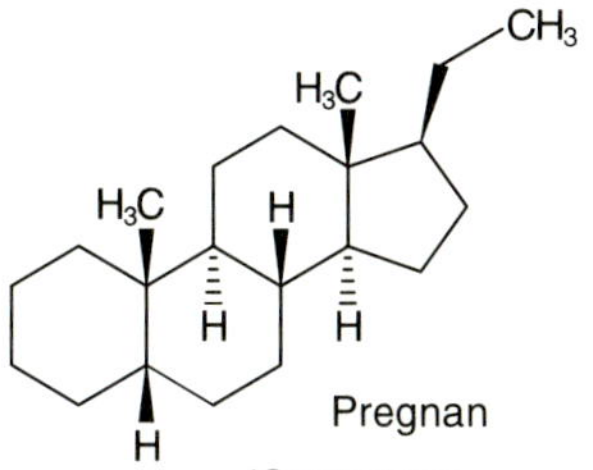

Pregnan
(Gestagene, Corticosteroide)

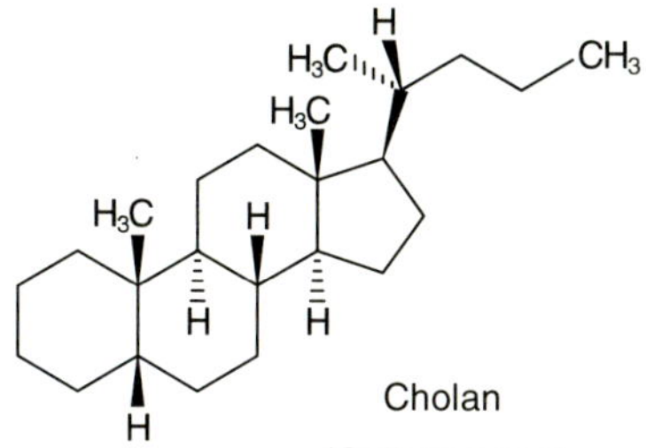

Cholan
(Gallensäuren)

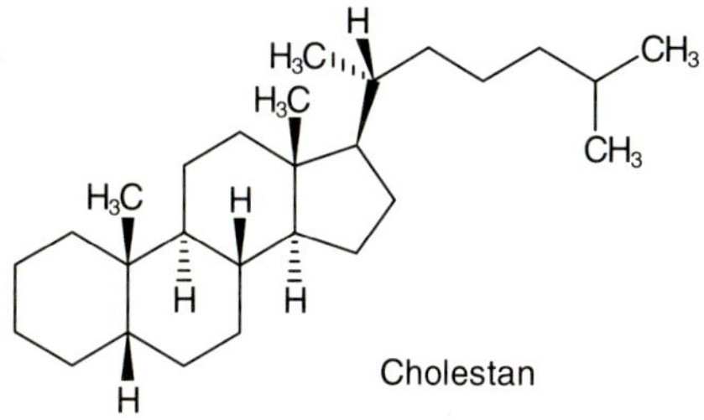

Cholestan

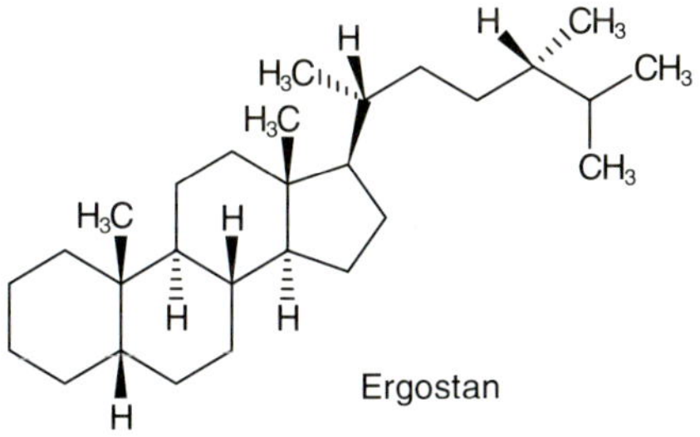

Ergostan

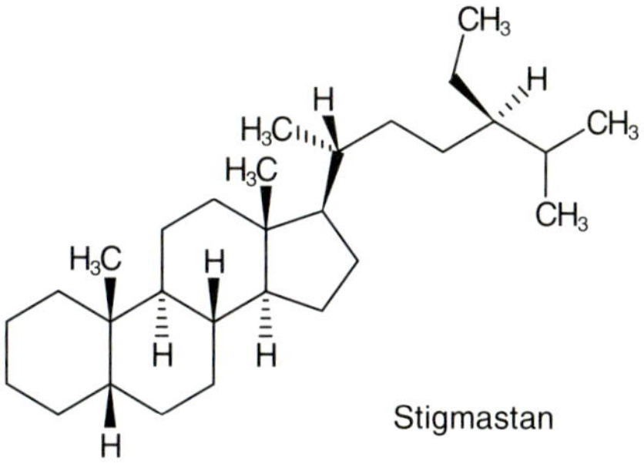

Stigmastan

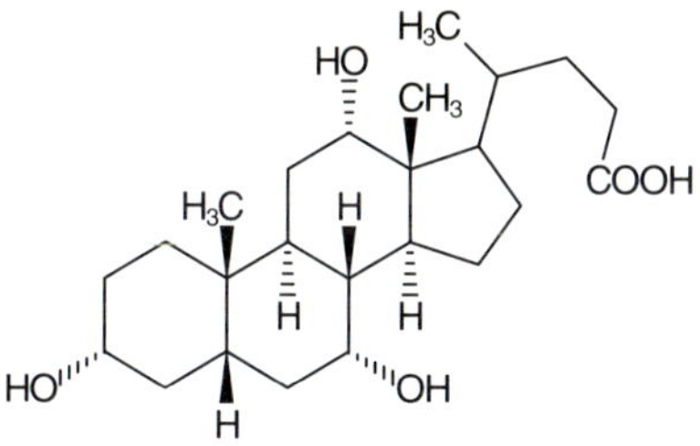

Cholsäure

Testosteron, ein männliches Sexualhormon, stammt demgegenüber vom 5α-Androstan ab.

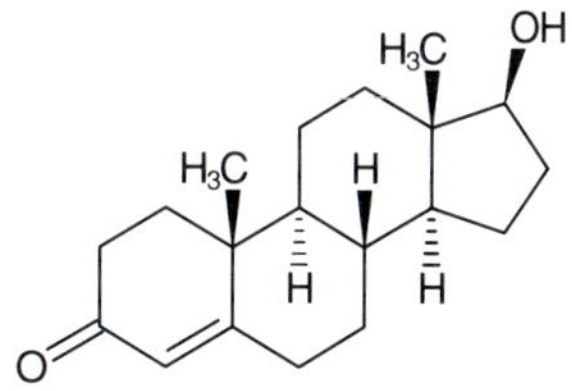

Testosteron

Dem **Estradiol** (Östradiol), einem weiblichen Sexualhormon, liegt das Estran (Östran) zugrunde.

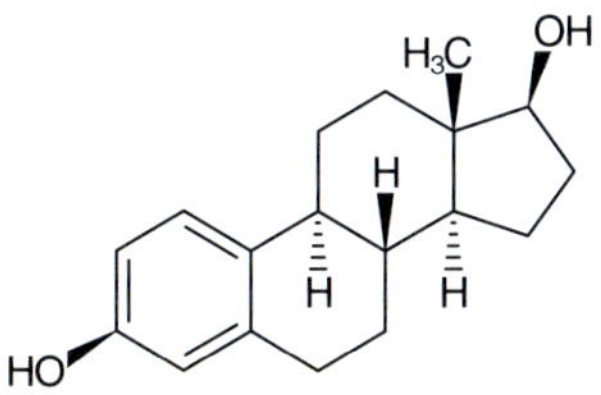

Estradiol

Cortison ist ein Steroidhormon der Nebennierenrinde und stammt wie Testosteron vom Pregnan ab. Es wird vielseitig therapeutisch eingesetzt.

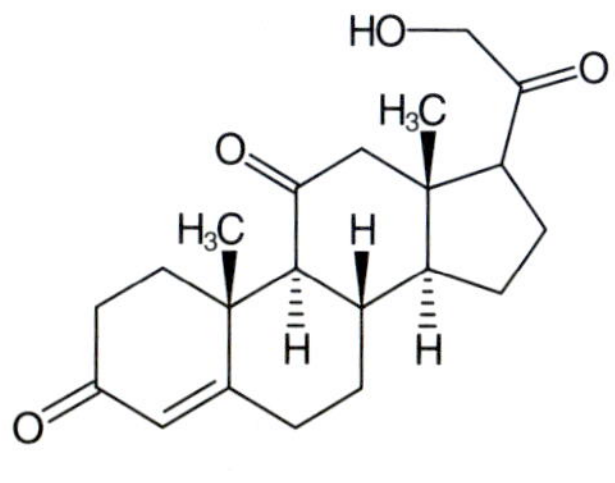

Cortison

Tabelle 26.2: Homologe Reihe der Alkine

systemat. Name	Trivialname	Formel	Sdp., °C
Ethin	Acetylen	H-C≡C-H (1 2)	–84
Propin	Methylacetylen	$H\text{-}C{\equiv}C\text{-}CH_3$ (1 2 3)	–23
1-Butin	Ethylacetylen	$H\text{-}C{\equiv}C\text{-}CH_2\text{-}CH_3$ (1 2 3 4)	8
2-Butin	Dimethylacetylen	$H_3C\text{-}C{\equiv}C\text{-}CH_3$ (1 2 3 4)	27

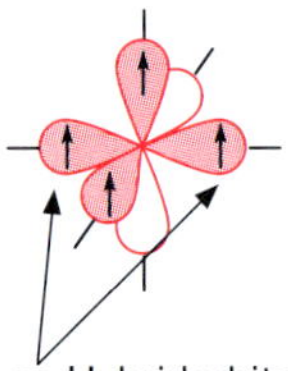

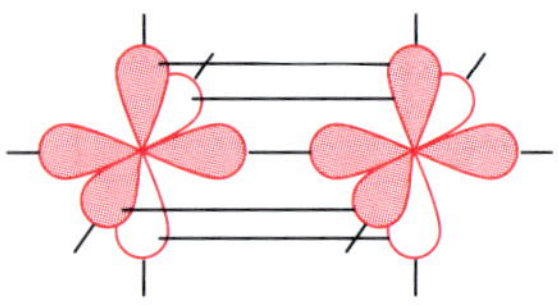

Die Bindungsverhältnisse der Alkine werden am besten durch die Annahme einer **sp-Hybridisierung** beschrieben. Das 2s- und *ein* 2p-Orbital des Kohlenstoffatoms bilden zwei (einfach besetzte) sp-Hybridorbitale. Die beiden restlichen Außenelektronen besetzen jeweils eines der verbleibenden p-Orbitale. Die Dreifachbindungen entstehen durch Kombination zweier sp-Orbitale zu einer σ-Bindung und je zweier p-Obitale zu zwei π-Bindungen. Das Ergebnis ist eine zentrosymmetrische, zylinderförmige Elektronendichteverteilung um die Kern-Kern-Verbindungsachse. Der C-C-Abstand ist gegenüber der olefinischen Doppelbindung nochmals verkürzt und auch die σ-Einfachbindungen sind wegen des höheren s-Anteiles des sp-Hybrids kürzer.

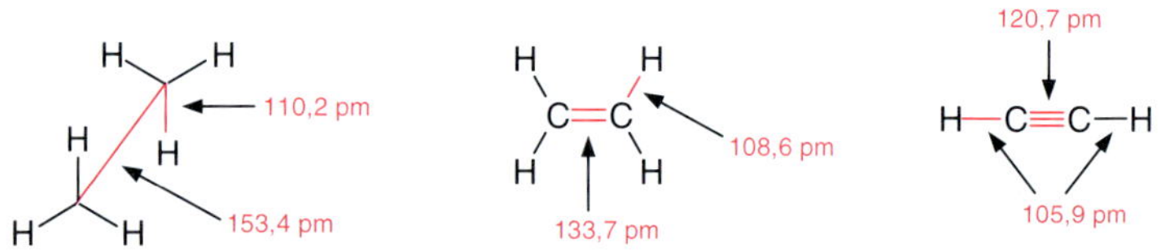

26.13.1 Chemische Eigenschaften der Alkine

Die typischen chemischen Eigenschaften der Alkine werden durch die Dreifachbindung bestimmt. Der geringe C-H-Abstand acetylenischer Protonen (≡C-H) hat unmittelbaren Einfluß auf das chemische Verhalten der Alkine. Wegen der höheren Kern-Kern-Wechselwirkung sind Protonen an C-C-Dreifachbindungen durch starke Basen abspaltbar; sie zeigen also sauren Charakter und bilden Salze (Acetylide). Allgemein gilt, daß die Elektronegativität eines Kohlenstoffs mit dem s-Anteil der Hybridisierung, also in der Reihe $sp^3 < sp^2 < sp$, zunimmt. Daneben zeigen Alkine die üblichen Additionsreaktionen ungesättigter Verbindungen. Sie sind allerdings *weniger* reaktiv gegenüber elektrophilen Reagentien als Alkene. Alkine können auch als Elektrophile auftreten.

26.13.1.1 Reaktionen der Alkine als Säuren

$$H{-}C{\equiv}C{-}H + NaNH_2 \longrightarrow H{-}C{\equiv}C|^{\ominus}\,Na^{\oplus} + NH_3$$

Mit Hilfe starker Basen lassen sich die Protonen endständiger Dreifachbindungen abspalten. Die Salze der Alkine werden als **Carbide** oder **Acetylide** bezeichnet. Die Bildung schwer löslicher Cu- oder Ag-Acetylide dient zum qualitativen Nachweis endständiger Dreifachbindungen. *In trockenem Zustand sind Schwermetallacetylide stark explosiv.*

$$HC{\equiv}CNa \xrightarrow[-NaOH]{+H_2O} HC{\equiv}CH$$

$$CaC_2 + 2\,H_2O \longrightarrow H_2C_2 + Ca(OH)_2$$

Acetylide können mit Säuren, meist genügt schon Wasser, wieder protoniert werden. Das früher hauptsächlich zu Beleuchtungszwecken verwendete Ethin („Carbidlampen") wurde „vor Ort" durch Auftropfen von Wasser auf Calciumcarbid freigesetzt. Ethin (Acetylen) verbrennt mit rußender und stark leuchtender, 1900 °C heißer Flamme. *Beim Umgang mit Ethin ist zu beachten, daß es mit Luft in einem weiten Bereich zwischen 2,3–82 % (!) hochexplosive Mischungen bildet.*

Das Acetylid-Anion kann zur Synthese höherer Alkine genutzt werden. Die Reaktion ist ein Beispiel einer nucleophilen Substitutionsreaktion (S_N). Dieser Reaktionstyp wird im Zusammenhang mit den Halogeniden (Abschn. 29.5.1) diskutiert werden.

26.13.1.2 Additionsreaktionen

Die wichtigsten Beispiele sind analog den Reaktionen der Alkene:

Hydrierung:

$$H{-}C{\equiv}C{-}H \xrightarrow{+H_2} H_2C{=}CH_2 \xrightarrow{+H_2} H_3C{-}CH_3$$

Bei geeigneter Reaktionsführung läßt sich die Hydrierung auf der Stufe der Alkene anhalten. Bei disubstituierten Dreifachbindungen lassen sich in Abhängigkeit von Reaktionsbedingungen und Katalysator überwiegend *cis*- oder überwiegend *trans*-Alkene erhalten.

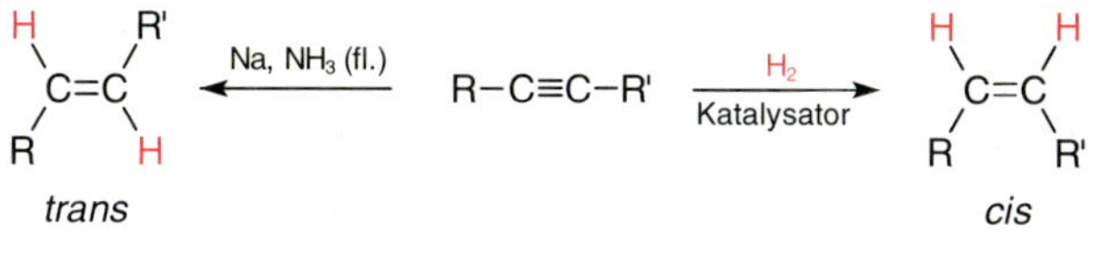

Als Katalysatoren dienen entweder das System Palladium/Kohlenstoff/Bariumsulfit/Chinolin oder Nickelborid.

Die Addition von Halogenen oder Halogenwasserstoff:

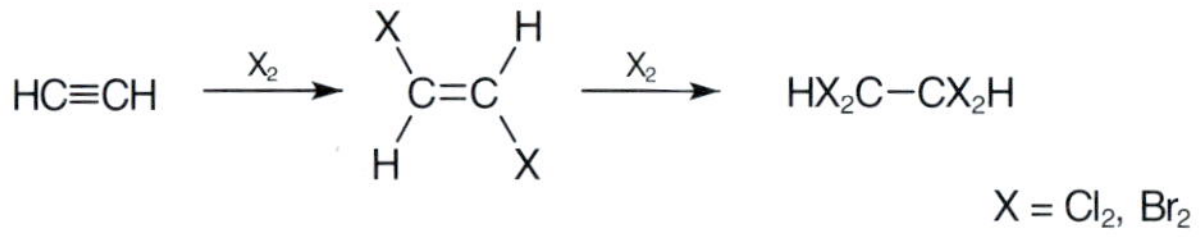

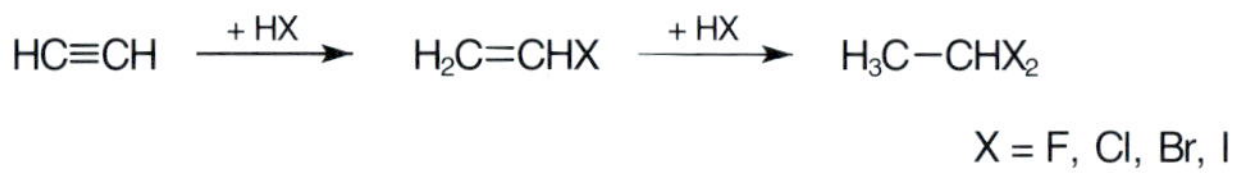

Die Additionen verlaufen stufenweise und das primäre Additionsprodukt läßt sich normalerweise abfangen.

Frage: Warum entsteht bei der Halogenwasserstoffaddition nicht das 1,2-dihalogenierte Additionsprodukt? (Vergleichen Sie Ihre Antwort mit den Ausführungen in Abschn. 26.5.2 und 27.3.2)!

Addition von Wasser:

Sie führt zu einem zunächst überraschenden Produkt.

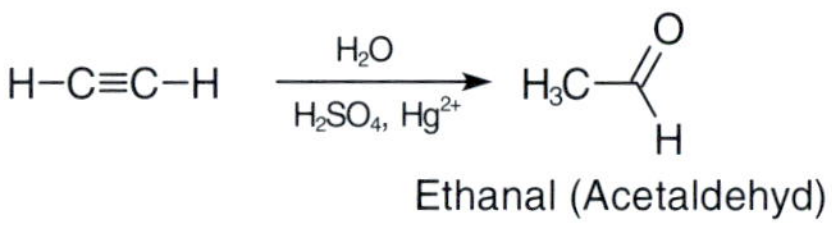

Tatsächlich wird primär unter H_2SO_4/Hg^{2+}-Katalyse Wasser in der üblichen Weise angelagert. Der Reaktionsmechanismus ist analog zur HX-Addition. Dabei entsteht der instabile Vinylalkohol, der sich unter Protonenwanderung zum stabilen Ethanal (Acetaldehyd) umlagert.

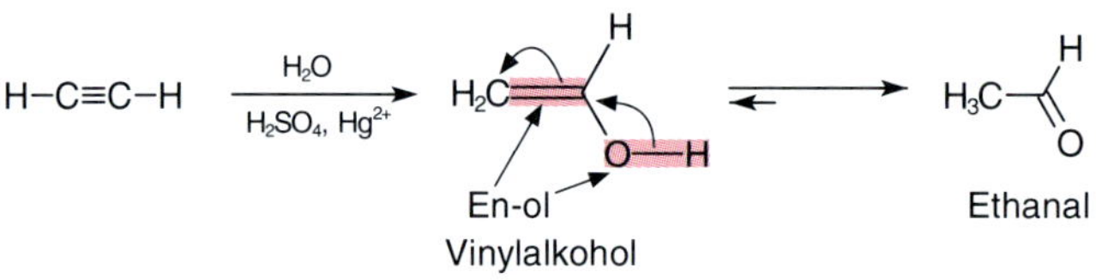

Die Abspaltung des alkoholischen Protons aus dem **Enol** führt zu einem mesomeriestabilisierten Anion. Die Wiederanlagerung erfolgt so, daß das stabilere Produkt, das Ethanal, entsteht.

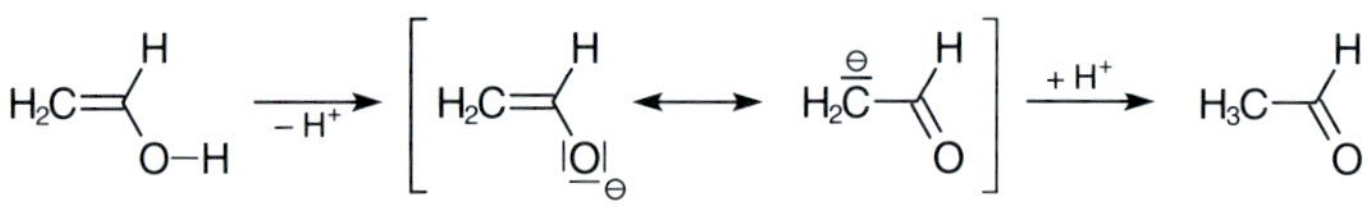

Vinylalkohol und Ethanal sind **Tautomere** oder **tautomere Formen**. Meist unterscheiden sich Tautomere nur durch die Stellung eines Protons.

> Stehen zwei (Konstitutions)-Isomere, die durch Verschiebung von σ-Bindungen auseinander hervorgehen, im Gleichgewicht, spricht man von **Tautomerie**.

Addition von Alkoholen:

Sie verläuft unter drastischen Reaktionsbedingungen (hohe Temperaturen, Druck) nach einem völlig anderen Mechanismus. Die Reaktion ist eine der vier von Reppe gefundenen „Hauptreaktionen der Acetylenchemie“. Dabei findet ein *nucleophiler* Angriff auf das Alkin statt; dieses fungiert also als *Elektrophil*. Die Reaktion dient zur Herstellung von Enolethern.

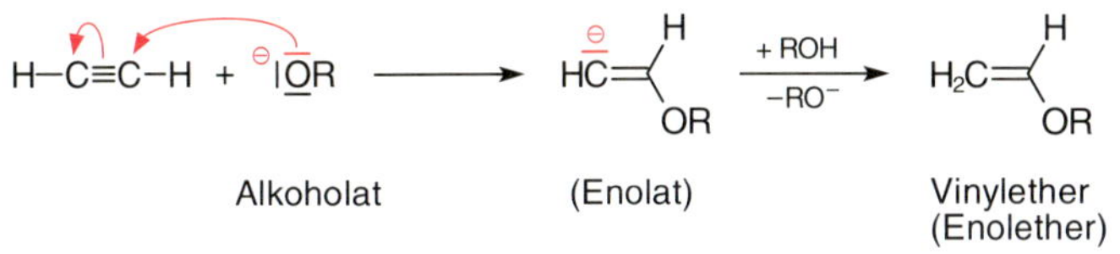

27 Aromatische Kohlenwasserstoffe

Alle bisher besprochenen Kohlenwasserstoffe (Alkane, Alkene und Alkine) gehören der Gruppe der Aliphaten an.

Aromaten zeigen andere chemische Charakteristika; ihre Struktur ist weitgehend eben, sie sind immer cyclisch, immer ungesättigt, stabiler als strukturell vergleichbare Aliphaten und besitzen eine ganz spezielle Elektronenkonfiguration. Diese Eigenschaften werden unter dem Begriff **Aromatizität** oder **aromatischer Charakter** zusammengefaßt.

27.1 Aromatizität am Beispiel von Benzol

An Versuchen, die Aromatizität, bzw. den aromatischen Charakter kurz und prägnant zu definieren, hat es in der Vergangenheit nicht gefehlt. Ihnen ist gemein, daß sie alle irgendwann in der Praxis, ganz besonders bei komplexeren Systemen an ihre Grenzen stoßen oder aber ein weit tieferes Eindringen in die Materie erfordern, als es im Rahmen dieses Buches möglich ist.

Man betrachtet Aromatizität am besten als einen Komplex von Eigenschaften, die zusammengenommen den aromatischen Charakter ausmachen. Die wichtigsten dieser Eigenschaften sollen am Benzol, dem Paradebeispiel eines Aromaten, beschrieben werden.

27.1.1 Struktur des Benzols

Benzol ist ein cyclischer Kohlenwasserstoff mit der Summenformel C_6H_6, die auf einen dreifach ungesättigten Charakter hinweist. Alle Kohlenstoff-Kohlenstoff- und alle Kohlenstoff-Wasserstoff-Bindungen sind gleich lang, und das Molekül ist eben. Die C-C-Bindungslängen liegen mit 139,7 pm *zwischen* einer Doppelbindung (133,7 pm) und einer Einfachbindung (147,6 pm) sp^2-hybridisierter Kohlenstoffatome. Die C-H-Bindungslänge entspricht der sp^2-hybridisierter Kohlenstoffatome und beträgt einheitlich 108,4 pm. Die C-C-C- und die C-C-H-Bindungen bilden Winkel von 120 °.

27.1.2 Eigenschaften des Benzols

Benzol findet sich als Bestandteil des Erdöls praktisch in allen Motorentreibstoffen. Es dient als Lösungsmittel und wird für zahlreiche Synthesen verwendet. Die farblose Flüssigkeit hat einen Siedepunkt von 80,1 °C. Benzol wirkt toxisch und ist carcinogen. Es sollte deshalb, wo immer es möglich ist, durch andere Lösungsmittel, z. B. Toluol ersetzt werden.

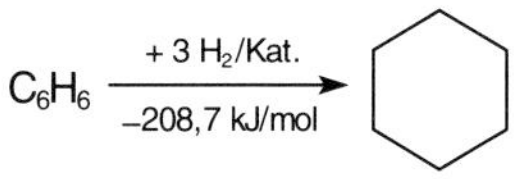

Benzol Cyclohexan

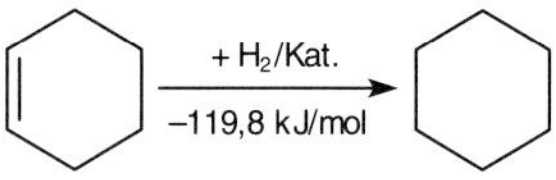

Cyclohexen Cyclohexan

Benzol Cyclohexadien

Die **katalytische Hydrierung** führt stufenweise über Cyclohexadien (Dihydrobenzol) und Cyclohexen (Tetrahydrobenzol) zum Cyclohexan (Hexahydrobenzol). Die Hydrierungswärme über alle Stufen beträgt 208,7 kJ/mol und bleibt damit um 150,8 kJ/mol hinter dem theoretisch erwarteten Wert von 359,5 kJ/mol zurück, der sich aus der dreifachen Hydrierungswärme des Cyclohexens (119,8 kJ/mol) ergibt. Die erste Stufe der Hydrierung zum Cyclohexadien ist sogar leicht *endotherm* (+23,5 kJ/mol).

Die **Reaktion mit Elektrophilen** verläuft anders, als man es für eine dreifach ungesättigte Verbindung erwarten würde. Im Gegensatz zu den Alkenen, deren charakteristische Reaktion die elektrophile *Addition* ist, zeigt das Benzol unter den gleichen Bedingungen keine oder nur eine sehr langsame Reaktion. Alkene werden durch eine $KMnO_4$-Lösung rasch oxidiert und sie addieren rasch Brom (s. Abschn. 26.5). Benzol dagegen reagiert nicht mit Kaliumpermanganatlösung und addiert Brom nur sehr langsam, bzw. im Dunkeln überhaupt nicht.

In Gegenwart eines Lewis-Säure-Katalysators reagiert Benzol mit Br_2 zu Brombenzol, mit rauchender Schwefelsäure entsteht unter **Sulfonierung** Benzolsulfonsäure. Statt der bei Alkenen üblichen Addition zeigt das Benzol, wie andere Aromaten auch, als typische Reaktion die **elektrophile Substitution**.

$$C_6H_6 + Br_2 \xrightarrow{\text{Katalysator}} C_6H_5Br + HBr$$

$$C_6H_6 + H_2SO_4/SO_3 \longrightarrow C_6H_5SO_3H + H_2O$$

Das chemische Verhalten ist Ausdruck einer besonderen Stabilisierung des π-Systems des Benzols gegenüber einem hypothetischen

Cyclohexatrien. Die üblicherweise verwendete Benzoldarstellung mit drei lokalisierten Doppelbindungen beschreibt die Bindungsverhältnisse nicht, denn sie erklärt nicht die Stabilität des ungesättigten Benzolsystems.

Benzol

27.1.3 Die Bindungsverhältnisse im Benzol

Im allgemeinen werden zwei grundsätzlich verschiedene quantenmechanische Näherungsmethoden zur Beschreibung der Bindungsverhältnisse des Benzols bzw. der Aromaten herangezogen. Beide erklären die besondere Stabilität aromatischer Systeme und somit auch deren charakteristische Eigenschaften. Im Rahmen dieses Buches muß allerdings auf die Darstellung der quantenmechanischen Hintergründe verzichtet werden. Statt dessen soll auf die prinzipiellen Unterschiede der beiden Näherungsmethoden hingewiesen und deren Ergebnisse vorgestellt werden.

Die Valance-Bond-(VB)-Methode

In der VB-Methode geht man von den Atomen eines Moleküls aus, die jeweils einige ihrer äußeren (Valenz-)Elektronen zur Bildung lokalisierter Elektronenpaarbindungen mit anderen Atomen des Moleküls zur Verfügung stellen. Man konstruiert Bindungsfunktionen für *Zwei*elektronenbindungen zwischen den Atomrümpfen. Diese Methode kommt dem in der organischen Chemie allgemein verwendeten Valenzstrichbild sehr nahe, hat aber den Nachteil, daß delokalisierte Mehrzentrenbindungen nicht dargestellt werden können. Das VB-Modell muß hierzu um das **Konzept der Resonanz** erweitert werden. Danach werden Mehrzentrenbindungen durch einen **Rensonanzhybrid** mehrerer **Grenzstrukturen** beschrieben, die *gemeinsam* die tatsächlichen Bindungsverhältnisse angeben. Diese erweiterte VB-Methode wurde zur Erklärung der Stabilisierung konjugierter Systeme, besonders des Allylkations (Abschn. 26.12.4), ohne weitere Erklärung bereits benutzt.

Die VB-Methode geht von fünf Grenzstrukturen für das Benzol aus:

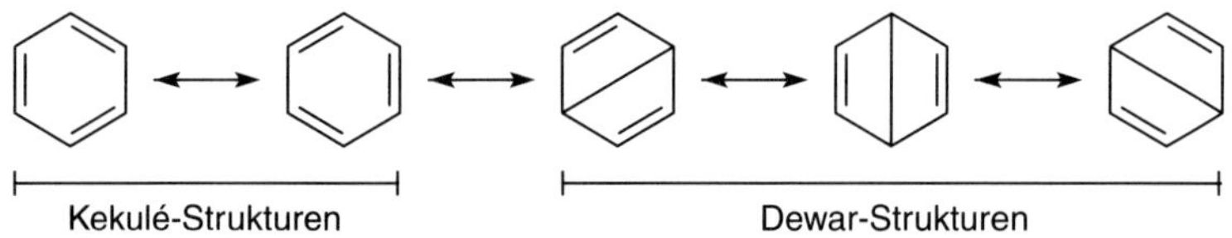

Die Benzolstruktur ist ein resonanzstabilisierter Hybrid aus diesen Grenzformeln, wobei die **Kekulé**-Strukturen den größten Anteil beitragen. Die quantenmechanische Berechnung des Benzols nach diesem Modell ergibt eine deutliche Energieabsenkung im Vergleich zu einem berechneten Molekül mit fixierten Bindungen (einem Cyclohexatrien).

Das Hückel-Molekülorbital-(HMO)-Verfahren

Dieses basiert auf dem Molekülorbitalmodell (MO-Modell). Ausgehend von den Atom*kernen* eines Moleküls werden unter Einbeziehung aller Elektronen das *ganze* Molekül umfassende Molekülorbitale konstruiert. Diese Orbitale erhält man durch Linearkombination (LCAO-Methode); nach dem **Pauli-Prinzip** darf jedes von ihnen maximal zwei Elektronen mit antiparallelem Spin aufnehmen. Durch die Verwendung von mehrzentrischen *Ein*elektronenfunktionen können delokalisierte Bindungen und konjugierte Systeme mit diesem Modell zwanglos erklärt werden. Die Darstellung der delokalisierten Bindung im Allylkation mit punktiert gezeichneter Bindung über drei Atomkerne (Abschn. 26.12.4) war eine Anleihe aus dem MO-Modell. Das HMO-Verfahren führt zur mathematischen Behandlung komplexerer Systeme weitere Vereinfachungen ein, von denen nur die auf **Hund** zurückgehende getrennte Betrachtung von σ- und π-Elektronen hier erwähnt werden soll.

Die Anwendung der HMO-Methode auf das Benzol

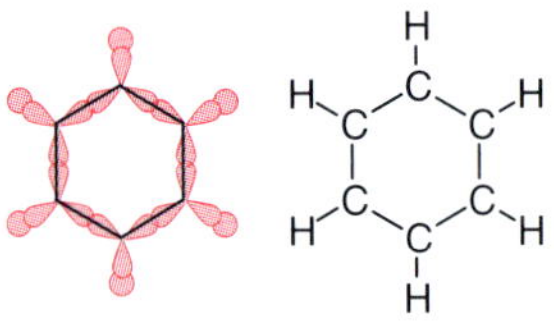

σ-Bindungen im Benzol

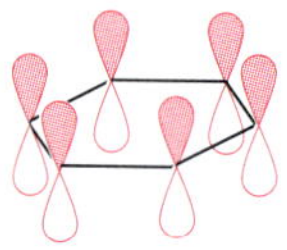

p-Orbitale

Benzol

Die Kohlenstoffatome des Benzols sind sp^2-hybridisiert. Die drei sp^2-Orbitale jedes C-Atoms bilden zwei σ-Bindungen zu zwei benachbarten C-Atomen des Sechsrings und eine zu einem Wasserstoffatom aus. Das verbleibende (p_z-) Orbital steht senkrecht auf der aus C- und H-Atomen gebildeten Molekülebene und es ist einfach besetzt. Durch Linearkombination dieser sechs *p*-Orbitale erhält man drei bindende und drei antibindende (lockernde) Molekülorbitale (Abb. 27.1). Die bindenden Orbitale sind jeweils doppelt besetzt. „*n*" stellt das Energieniveau nichtbindender Molekülorbitale dar, es ist energiegleich mit nicht kombinierten Atomorbitalen.

Es resultiert eine gleichmäßige ringförmige Elektronenverteilung oberhalb und unterhalb der Molekülebene, allerdings mit einer erhöhten Aufenthaltswahrscheinlichkeit an den Kohlenstoffzentren.

Mit dem MO-Schema des Benzols lassen sich auch einige seiner Eigenschaften korrelieren. Beispiele sind in Tabelle 27.1 aufgeführt.

Um den Charakter aromatischer π-Elektronen auch in der Moleküldarstellung erkennbar zu machen, schreibt man die π-Bindungen häufig nicht als lokalisierte Bindungen, sondern als Kreis innerhalb des durch die σ-Bindungen gebildeten Rings.

Tabelle 27.1 Zusammenhang zwischen den Ergebnissen der HMO-Methode und einigen Eigenschaften des Benzols

MO-Schema	Struktur/Eigenschaften
symmetrische Verteilung der π-Elektronen	identische Bindungslängen zwischen den C-Atomen des Rings
Energieabsenkung gegenüber lokalisierten π-Bindungen	geringere Hydrierungswärme; Reaktionsträgheit
volle Besetzung der bindenden Niveaus (abgeschlossene elektronische Konfiguration)	Tendenz zu Substitutionsreaktionen unter Erhalt des stabilisierten π-Systems

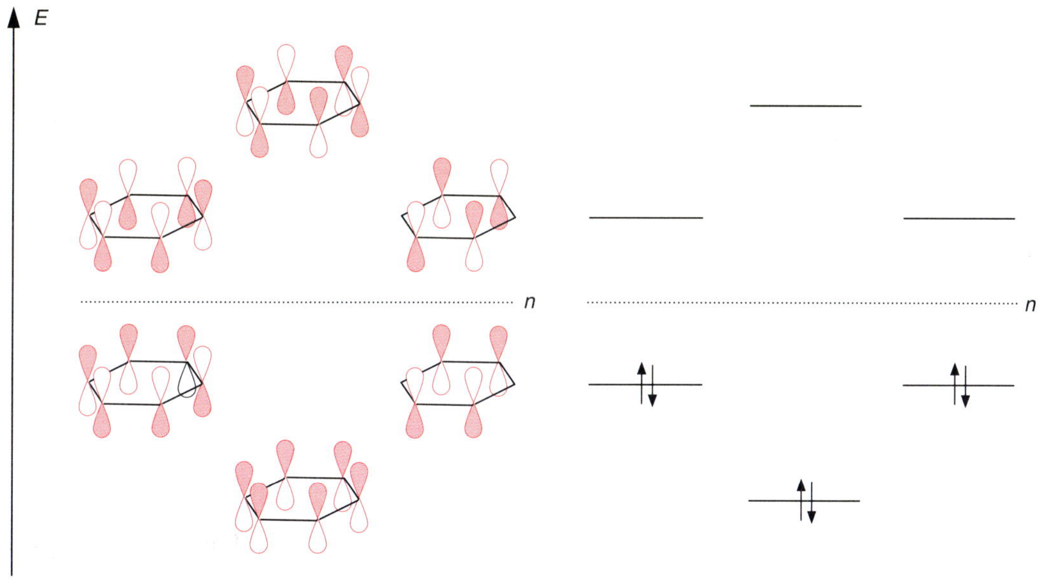

Abb. 27.1 Qualitatives MO-Schema der π-Elektronen des Benzols. Die Abbildung zeigt links die Molekülorbitale, rechts deren Besetzung.

27.1.4 Die Hückel-Regel

Eine allgemeine Regel besagt, daß in ebenen monocyclischen Systemen immer dann eine vollständige Besetzung der bindenden Molekülorbitale erfolgen kann, wenn das System $4n + 2$ π-Elektronen enthält (n = ganze Zahl). Diese Aussage ist als **Hückel-Regel** bekannt, sie gilt auch für ionische cyclische Verbindungen und für Ringe, die andere Atome als Kohlenstoff (**Heteroatome**) als Ringglieder enthalten. Abb. 27.2 zeigt einige Beispiele.

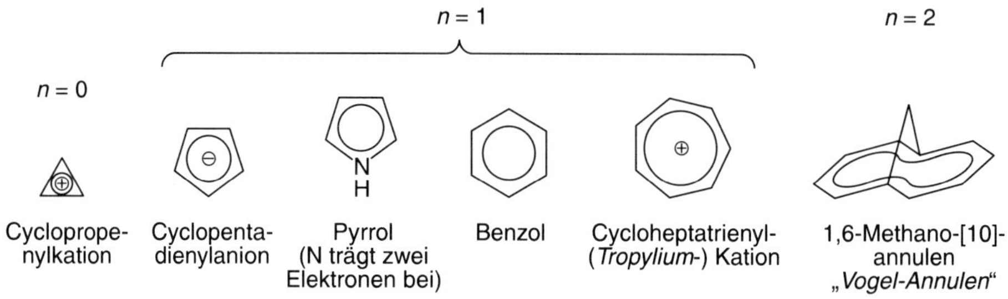

Abb. 27.2 Beispiele für aromatische Moleküle mit n = 0,1 und 2, also mit 2, 6 bzw. 10 π-Elektronen.

Cyclooctatetraen

Verbindungen mit $4n$ π-Elektronen werden als **antiaromatisch** bezeichnet. Ein Beispiel dafür ist Cyclooctatetraen C_8H_8 ($n = 2$). Es ist nichtplanar und verhält sich wie ein typisches konjugiertes Polyen. Das Dianion des Cyclooctatetraens dagegen, mit 10 π-Elektronen gehorcht der Hückel-Regel. In der Tat ist es planar und zeigt aromatische Eigenschaften.

27.2 Nomenklatur

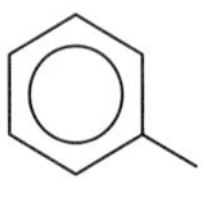

Phenyl-

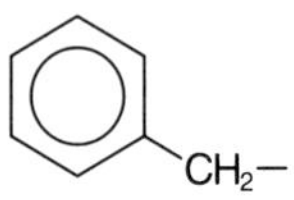

Benzyl-

In der Nomenklatur substituierter Benzole und Aromaten werden viele Trivialnamen beibehalten und unterschiedliche Benennungssysteme benutzt.

Das Benzolradikal wird als **Phenyl** bezeichnet. **Benzyl** steht für C_6H_5-CH_2-. Nicht näher spezifizierte aromatische Reste sind **Aryl**reste (**Ar**).

Meist werden Aromaten nach der substitutiven Nomenklatur benannt, in der Substituenten, geeignet abgekürzt, als Vor- oder Nachsilben (Prä- oder Suffixe) dem Stammnamen angefügt werden. Die im folgenden am Beispiel des Benzols aufgezeigten Regeln können entsprechend auch auf andere Aromaten übertragen werden.

27.2.1 Einfach substituierte Benzole

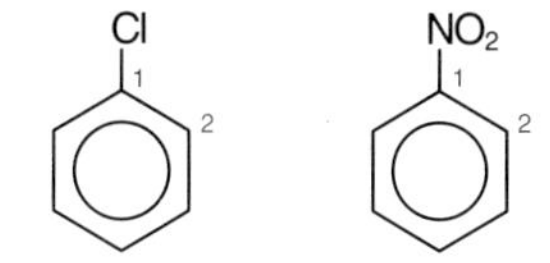

Chlorbenzol Nitrobenzol

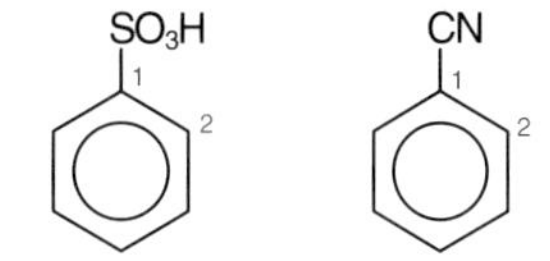

Benzolsulfon-säure Benzonitril

Bei vielen Benzolderivaten wird ein einzelner Substituent als Präfix vorangestellt. Die Ringbezifferung beginnt dann an dieser Stelle.

In manchen Fällen wird der Substituentenname auch als Suffix verwendet. Dadurch wird für die betreffende Verbindung die Zugehörigkeit zu einer Stoffklasse festgelegt.

Daneben werden noch viele Trivialnamen beibehalten. Einige Beispiele sind in Abb. 27.3 angegeben. Diese Benzolderivate verwendet man in der Chemie häufig als Lösungsmittel oder als Ausgangsstoffe für Synthesen.

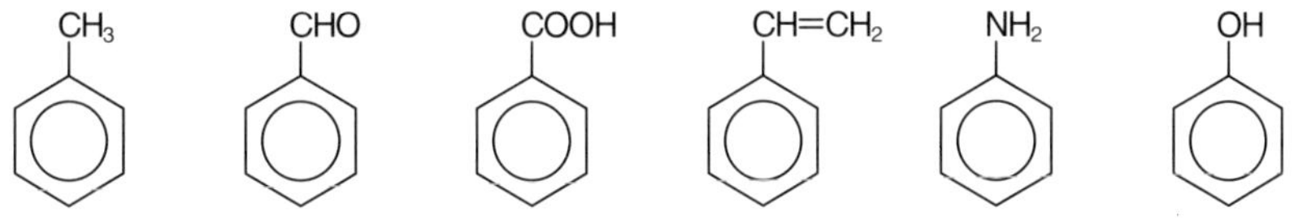

Toluol Benzaldehyd Benzoesäure Styrol Anilin Phenol

Abb. 27.3 Trivialnamen einiger Benzolderivate.

27.2.2 Mehrfach substituierte Benzole

Bei mehrfach substituierten Benzolen müssen die Verknüpfungsstellen mit dem Phenylring und die Substituenten in einer bestimmten Reihenfolge angegeben werden. Die Verknüpfungsstellen identischer Substituenten werden mit möglichst kleinen Ziffern belegt.

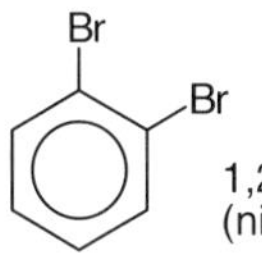

1,2-Dibrombenzol
(nicht 1,6-)

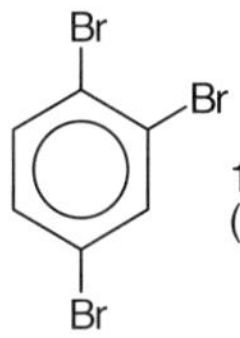

1,2,4-Tribrombenzol
(nicht 1,2,5-)

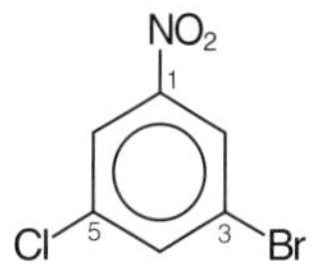

3-Brom-5-chlornitrobenzol

Bei unterschiedlichen Substituenten existieren in der Literatur verschiedene Benennungsmethoden. Manche Autoren geben die Substituenten in alphabetischer Reihenfolge an, wobei der *letztgenannte* die Bezifferung 1 erhält und diese nicht in den Namen aufgenommen wird.

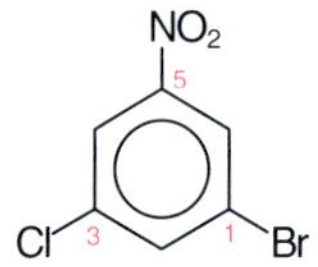

1-Brom-3-chlor-5-nitrobenzol

Beilsteins Handbuch der Organischen Chemie ordnet die Substituenten nach fallender Priorität, gemäß einer Prioritätenliste, *Chemical Abstracts* alphabetisch *ohne* Sonderbehandlung des letztgenannten Substituenten. Dieser Methode ist wegen ihrer höheren Systematik der Vorzug zu geben.

Verleiht eine der Gruppen dem Molekül einen zulässigen Trivialnamen, erhält die Verknüpfungsstelle mit dieser Gruppe die Ringbezifferung 1. Die restlichen Substituenten werden mit möglichst kleinen Zahlen belegt.

2-Brombenzoesäure

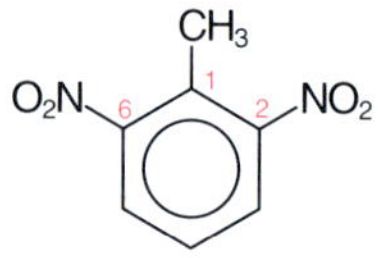

2,6-Dinitrotoluol

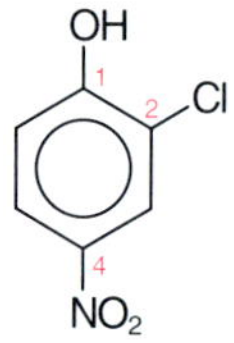

2-Chlor-4-nitrophenol

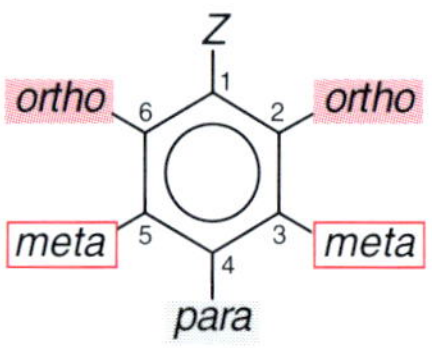

Für zweifach substituierte Benzole gibt es eine weitere Bezeichnungsweise: Die Vorsilbe ***ortho-*** (***o-***) steht für die Positionen 2- und 6-, ***meta-*** (***m-***) bezieht sich auf die Ringatome 3 und 5, ***para-*** (***p-***) kennzeichnet die Position 4 – alle bezüglich eines Substituenten in 1-Stellung.

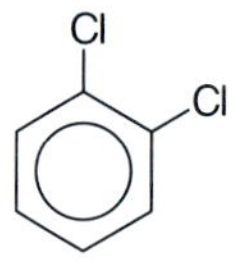

o-Dichlorbenzol

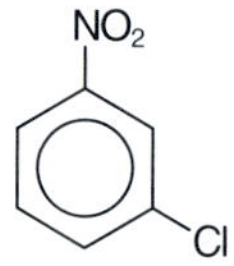

m-Chlornitrobenzol

p-Bromphenol

Auch bei mehrfach substituierten Benzolen werden viele Trivialnamen beibehalten, z. B.:

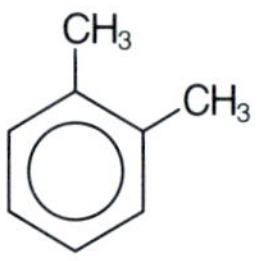

o-Xylol

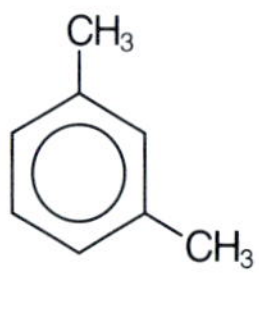

m-Xylol

p-Xylol

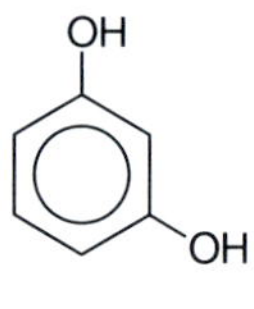

Resorcin

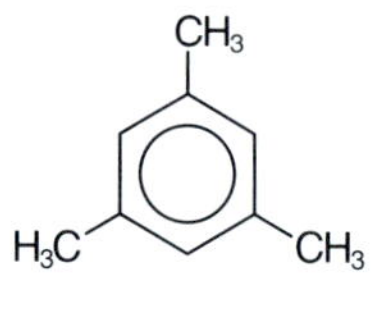

Mesitylen

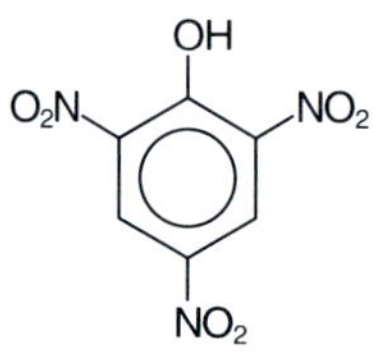

Pikrinsäure

27.3 Die elektrophile aromatische Substitution

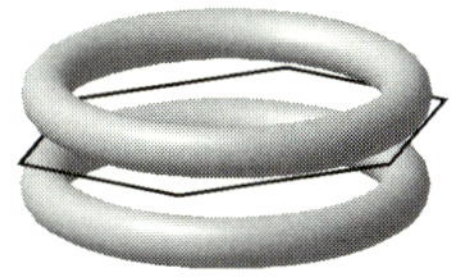

Aus dem MO-Schema des Benzols ergibt sich eine π-Elektronenverteilung in zwei ringförmigen Elektronenwolken oberhalb und unterhalb der Molekülebene mit deutlichen Schwerpunkten der Aufenthaltswahrscheinlichkeit in der Nähe der C-Atome. Trotz der relativen Stabilität der Konfiguration sind diese π-Elektronen für Elektrophile immer noch wesentlich leichter zugänglich als nicht aktivierte σ-Elektronen. Die typische Reaktion des Benzols bzw. der Aromaten ist die Elektrophile Aromatische Substitution, S_EAr.

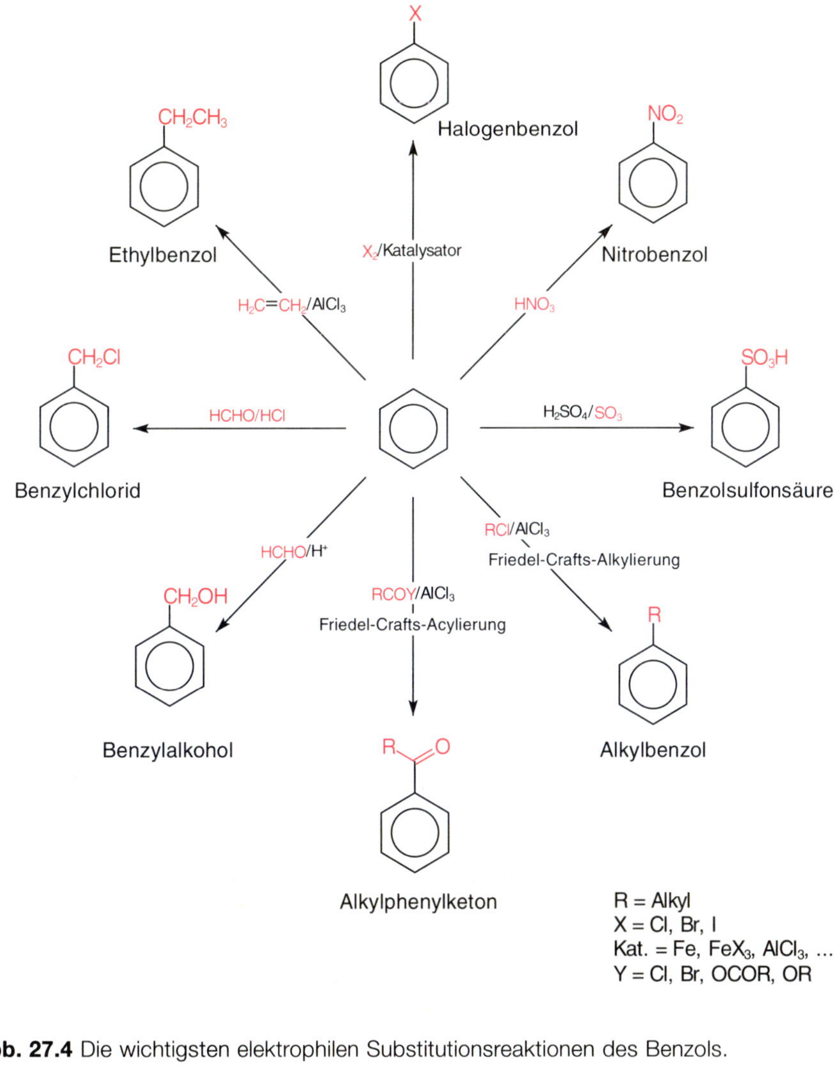

Abb. 27.4 Die wichtigsten elektrophilen Substitutionsreaktionen des Benzols.

In Abb. 27.4 sind die wichtigsten elektrophilen Substitutionsreaktionen des Benzols zusammengefaßt. Daneben gibt es noch weitere elektrophile aromatische Substitutionen, die auf reaktivere Aromaten als Benzol beschränkt sind.

27.3.1 Der Reaktionsmechanismus

Der allgemein akzeptierte Reaktionsmechanismus geht von einem Angriff eines elektrophilen Teilchens auf die π-Elektronenwolke des Aromaten aus. Primär soll sich zunächst ein **π-Komplex** zwischen den Reaktanden bilden, in dem das Elektrophil mit allen π-Elektronen wechselwirkt. Der Komplex geht dann in einen **σ-Komplex** mit lokalisierter Bindung über. Durch Abspaltung eines Protons wird die Reaktion abgeschlossen und das stabilisierte aromatische System zurückgebildet. Der beschriebene Mechanismus ist am Beispiel der Bromierung von Benzol in Abb. 27.5 dargestellt.

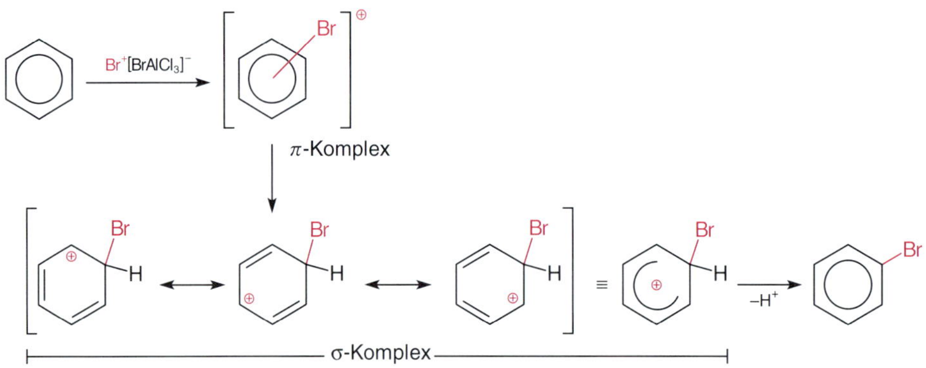

Abb. 27.5 Mechanismus der elektrophilen aromatischen Substitution.

Dieser Mechanismus, ein **Additions-Eliminierungs-Mechanismus**, ist in der Lage, die wesentlichen Beobachtungen in der Aromatenchemie zu erklären, insbesondere den Einfluß eines bereits vorhandenen (Erst-) Substituenten auf die **Reaktivität** eines Aromaten und auf die **Orientierung** der Zweitsubstitution.

27.3.2 Reaktivität von Aromaten und Orientierung der Zweitsubstitution

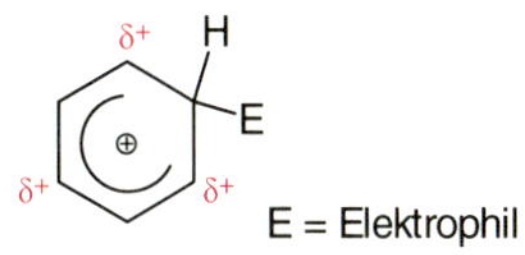

Wenn man sich die mesomeren Grenzstrukturen des σ-Komplexes in Abb. 27.5 betrachtet, stellt man fest, daß die π-Elektronenverteilung nicht mehr so symmetrisch wie beim Benzol ist. Die Positionen 2, 4 und 6 (die beiden *ortho*-Positionen und die *para*-Position) weisen eine positive Partialladung auf. (Erst-)Substituenten an diesen Stellen üben deshalb einen besonders starken Einfluß auf das Reaktionsgeschehen aus. Durch Substituenten, die die Elektronendichte im Kern erhöhen, wird der σ-Komplex stabilisiert und die Reaktivität gegenüber Elektrophilen wird gesteigert. Elektronenziehende Substituenten haben einen gegenläufigen Effekt.

Man unterscheidet zwei Wechselwirkungsmechanismen des aromatischen Kerns mit den Substituenten:

1) Induktive (I-) Effekte
2) Mesomere (M-) Effekte

Die **induktiven Effekte** beruhen auf einer Verschiebung von Ladungsdichte über Bindungen, entweder wegen unterschiedlicher Elektronegativität der Bindungspartner oder infolge erhöhter Polarisierbarkeit im Vergleich zum H-Atom.

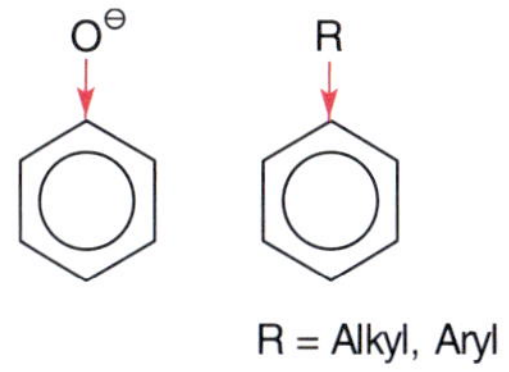

Induktive Effekte, die die Elektronendichte des aromatischen Kerns steigern, werden als **+I-Effekte**, die Reste, die diesen ausüben, als **+I-Substituenten** bezeichnet. Das negativ geladene Sauerstoffatom des Phenolatanions sowie Alkyl- und Arylreste sind Beispiele für +I-Substituenten. Gelegentlich wird der elektronische Einfluß durch Pfeile angedeutet. +I-Effekte erhöhen die Reaktivität im Vergleich zu Benzol. Elektronenliefernde Gruppen fördern einen elektrophilen Angriff in 2-, 4- oder 6-Stellung, da sie den σ-Komplex stabilisieren und fördern so die *o*- und *p*-Substitution[1].

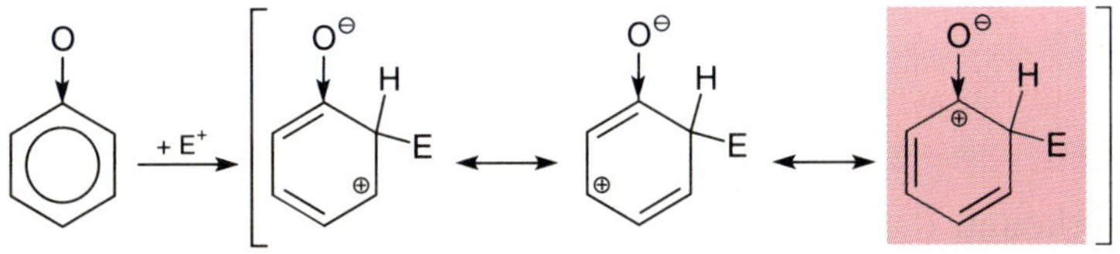

[1] Besonders stark stabilisierende Grenzstrukturen sind farbig eingerahmt.

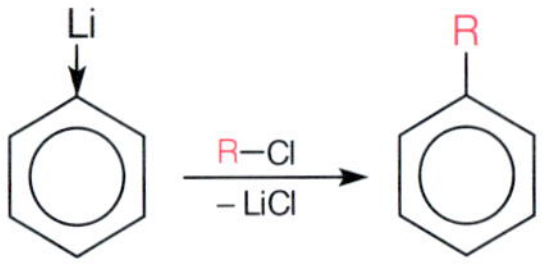

Alkalimetalle üben einen besonders starken +I-Effekt aus. Diese metallorganischen Verbindungen (Abschn. 29.5.4) reagieren gewöhnlich in einer **ipso-Substitution** (Reaktionszentrum ist das Atom, das den Substituenten trägt). Sie werden deshalb im Zusammenhang mit aromatischen Substitutionen selten erwähnt.

–I-Substituenten:

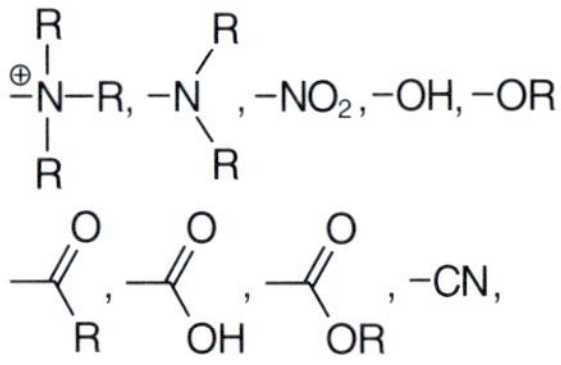

Halogene

(R = Alkyl, Aryl)

–I-Substituenten ziehen Elektronendichte aus dem aromatischen Ring ab und setzen die Reaktivität des Aromaten gegenüber Elektrophilen herab. Bei einem *o*- oder *p*-Angriff des Zweitsubstituenten wird der entstehende σ-Komplex durch den Erstsubstituenten stärker destabilisiert als bei einem *m*-Angriff, bei dem sich keine elektronenziehenden Gruppen direkt an einem positivierten Zentrum befinden. Typische –I-Substituenten sind die Ammoniumgruppe, Aminogruppen (Aniline), die Nitro-, Hydroxy- und Alkoxygruppe, Ketone, Carbonsäurereste und ihre Derivate (Ester, Nitrile). (Die einzelnen Stoffklassen werden in späteren Kapiteln behandelt.)

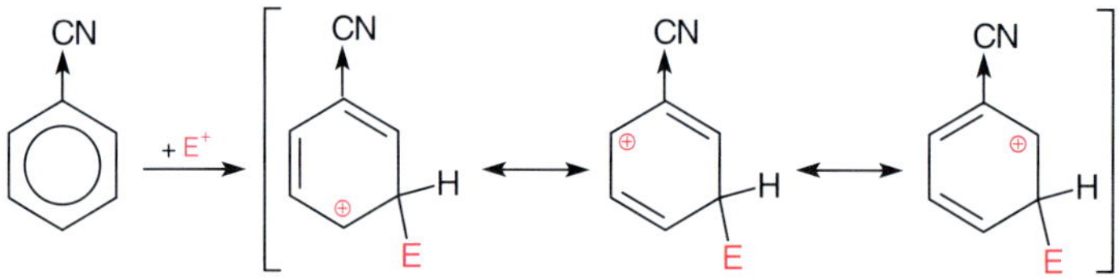

Mesomere Effekte beruhen auf der Fähigkeit von Substituenten, die Elektronendichte durch Mesomerie zu erhöhen oder herabzusetzen.

Substituenten mit einem freien Elektronenpaar können einen positiven mesomeren Effekt, einen **+M-Effekt** ausüben, indem sie sich mit ihrem Elektronenpaar am Resonanzhybrid bzw. am mesomeren System des Aromaten beteiligen. Dadurch erhöht sich die Elektronendichte des Aromaten und seine Reaktivität gegenüber Elektrophilen. Ein typisches Beispiel für einen **+M-Substituenten** ist die Aminogruppe. Weitere Beispiele sind am Rand angeführt.

+M-Substituenten:

$-O^-$, –OH, $-NR_2$ (R = H, Alkyl, Aryl)
–Cl, –Br, –I

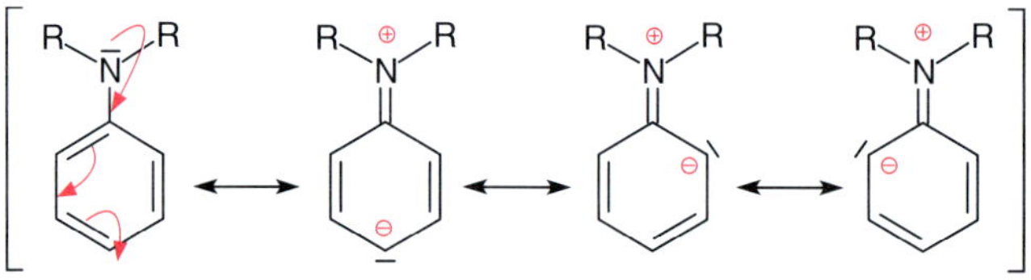

–M-Substituenten:

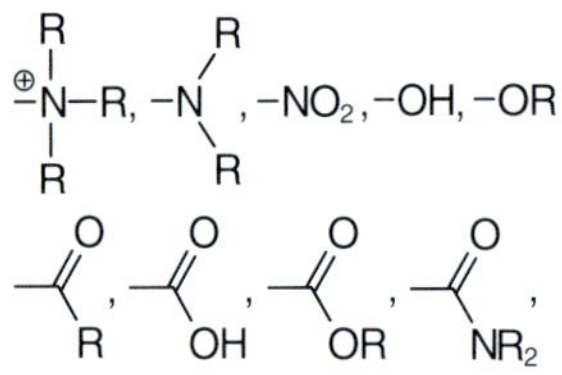

–CN

Man erkennt, daß sich die erhöhte Elektronendichte auf die Stellungen 2, 4 und 6 besonders stark auswirkt und diese von Elektrophilen viel leichter angegriffen werden können als die *m*-Positionen.

Durch **–M-Substituenten** wird die Elektronendichte des Aromaten herabgesetzt. Die wichtigsten Vertreter sind Carbonsäurederivate (COOH, COOR) und die Nitrogruppe.

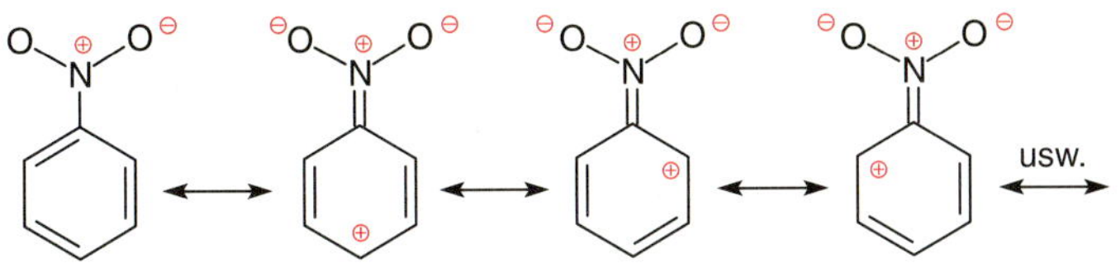

Insgesamt wird Elektronendichte vom aromatischen Kern auf die Nitrogruppe übertragen und die Reaktivität gegenüber Elektrophilen ist herabgesetzt. Ganz besonders sind davon die Ringatome 2, 4 und 6 betroffen, weshalb ein elektrophiler Angriff bevorzugt in *meta*-Stellung erfolgt. (Grenzstrukturen, die sich aus der Mesomerie der Nitrogruppe und des Benzolrings ergeben, wurden nicht dargestellt.)

Es ist sicher aufgefallen, daß einige der Gruppen sowohl als Beispiele für Substituenten mit einem induktiven, als auch mit einem mesomeren Effekt genannt wurden. Tatsächlich können sich beide Effekte überlagern und sich verstärken oder gegeneinander wirken.

Die elektronische Wirkung des Erstsubstituenten entscheidet darüber, an welcher Stelle des Rings die Zweitsubstitution erfolgt, er beeinflußt also die **Orientierung der Zweitsubstitution: *o*- und *p*-dirigierende Substituenten** fördern die Zweitsubstitution in 2, 4- und 6-Stellung, ***m*-dirigierende Substituenten** die in 3- und 5-Position.

Neben dem Kriterium der dirigierenden Wirkung können Substituenten auch nach ihrem Einfluß auf die Reaktivität unterschieden werden. Gruppen mit reaktivitätssteigernder Wirkung werden als **aktivierend** bezeichnet, **desaktivierende** Gruppen verringern die Elektronendichte des Aromaten. Aktivierende Gruppen sind *o*- und *p*-dirigierend, *m*-dirigierende Gruppen sind desaktivierend. Halogene bilden hiervon eine Ausnahme. Sie sind desaktivierend und gleichzeitig *o*-, *p*-dirigierend, d. h. bezüglich der Orientierung überwiegt der +M-Effekt, während der –I-Effekt die Reaktivität herabsetzt. Tab. 27.2 faßt diese Ergebnisse zusammen.

Tabelle 27.2 Dirigierende Wirkung funktioneller Gruppen und deren Einfluß auf die Reaktivität

	aktivierend	desaktivierend
o/p-dirigierend	NR_2, OH, OR, Alkyl, Aryl	Halogene
m-dirigierend		NR_3^+, NO_2, COR, Carbonsäurederivate

R = H, Alkyl, Aryl

27.3.3 Reaktionen aktivierter Aromaten

Es wurde schon darauf hingewiesen, daß es Reaktionen gibt, die nur aktivierte Aromaten eingehen können. Bekannte Beispiele solcher Reaktionen mit einiger synthetischer Bedeutung sind die Gattermann-, die Gattermann-Koch-, die Houben-Hoesch- und die Vilsmeier-Synthese sowie die Aminomethylierung (Abb. 27.6 und Absch. 31.4.2). Diese Reaktionen finden nicht statt mit Benzol und anderen nicht-aktivierten Aromaten.

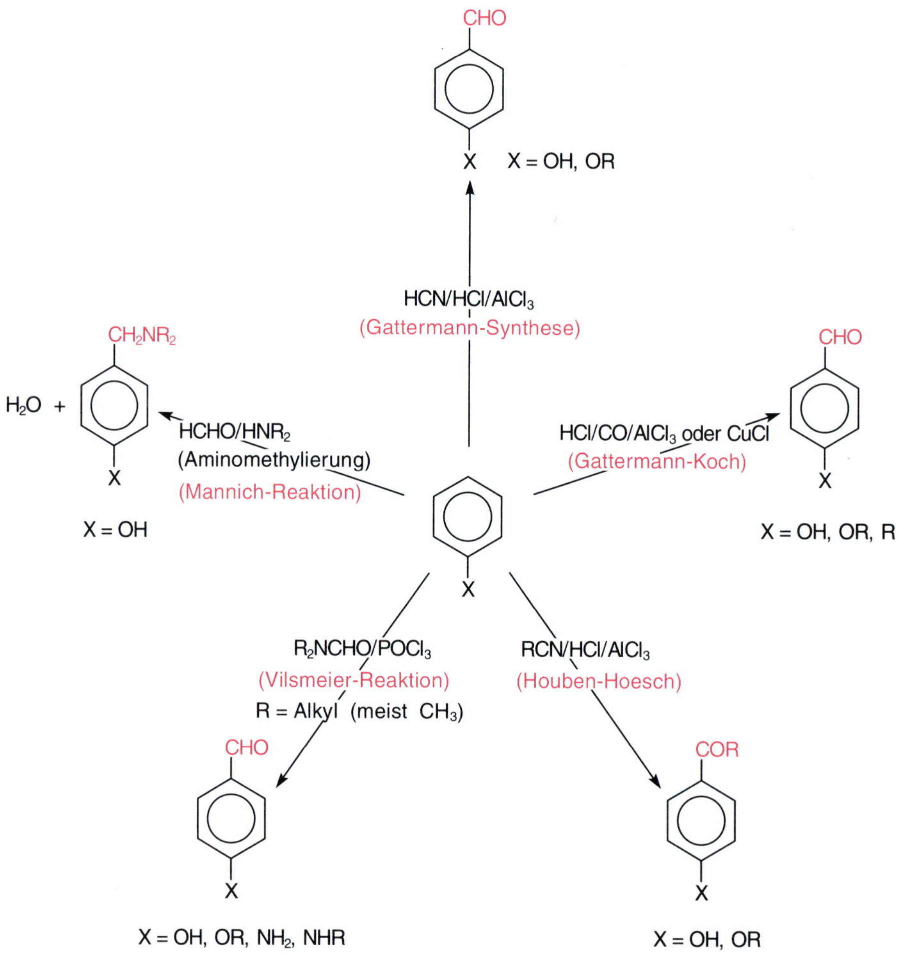

Abb. 27.6 Synthesen mit aktivierten Aromaten.

27.4 Die nucleophile aromatische Substitution

$Ar{-}N_2^{\oplus}\ X^{\ominus}$

Diazonium-Salz

Im Vergleich zur elektrophilen aromatischen Substitution tritt die nucleophile selten auf. Sie verläuft an elektronenarmen Aromaten nach drei unterschiedlichen zweistufigen Mechanismen, wovon einer auf Diazoniumsalze beschränkt ist und hier nicht besprochen werden soll.

Der Additions-Eliminierungs-Mechanismus verläuft in Analogie zur elektrophilen aromatischen Substitution. Die Reaktion ist bei unsubstituierten Aromaten sehr selten. Für X = H müßte im zweiten Schritt ein Hydrid-Ion (H^-) austreten, das jedoch eine sehr schlechte Abgangsgruppe ist.

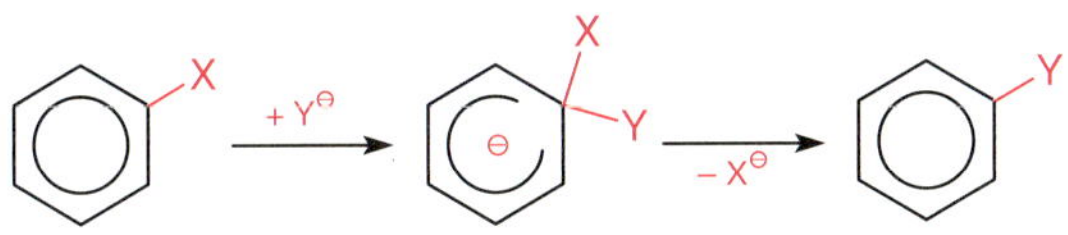

Die **Reaktivität** und die **Orientierung** der Substitution wird von den gleichen Faktoren beeinflußt, wie sie für die elektrophile aromatische Substitution erläutert wurden – allerdings mit umgekehrten Vorzeichen. Alles, was die Elektronendichte des Aromaten herabsetzt, *steigert* seine Aktivität gegenüber Nucleophilen. Substituenten, die ein Elektrophil in *m*-Position dirigieren und seinen Angriff erschweren, fördern die nucleophile Substitution in *o*- und *p*-Stellung.

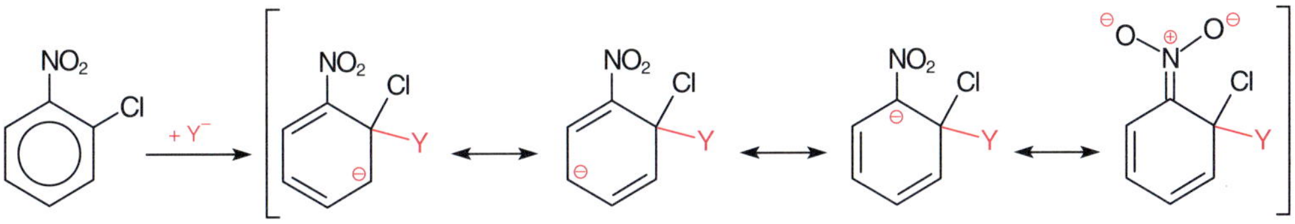

Der Eliminierungs-Additions-Mechanismus unterscheidet sich von dem vorherigen durch den Zeitpunkt der Abspaltung der austretenden Gruppe. Die Reaktion verläuft über ein **Arin** als Zwischenstufe und man bezeichnet diesen Weg deshalb oft als **Arin-Mechanismus.** Die Reaktion erfordert jedoch starke Basen.

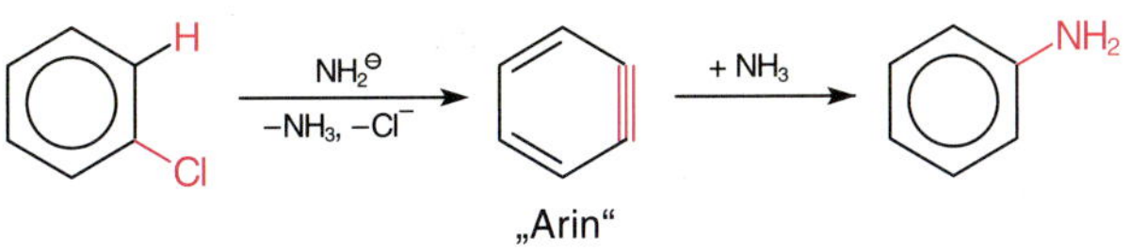

27.5 Beispiele für Aromaten

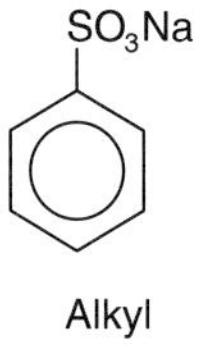

Alkylbenzolsulfonat

Die Zahl der Verbindungen, die einen aromatischen Kern enthalten, ist Legion. Viele von ihnen sind in der Technik, in der Pharmazie oder als Naturstoffe von Bedeutung.

Mengenmäßig sehr häufig sind alkylierte Benzolsulfonate, deren Natriumsalze als Detergentien (Reinigungsmittel) verwendet werden. Benzolsulfonate mit unverzweigten Alkylresten sind biologisch leichter abbaubar und neigen in Abwässern nicht so stark zur Schaumbildung wie verzweigte Alkylbenzolsulfonate.

Weitere Beispiele für einfache aromatische Verbindungen sind in Abb. 27.7 dargestellt.

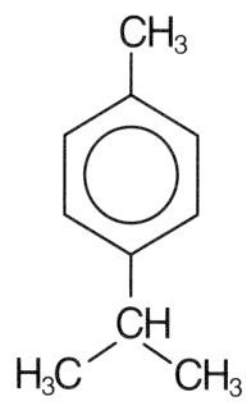

p-Cymol (Eukalyptus, Kümmel) ein Terpen

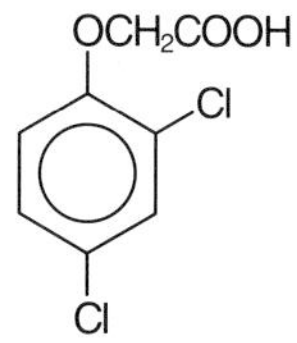

2,4-Dichlorphenoxyessigsäure (Herbizid)

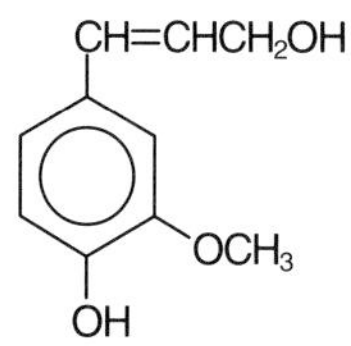

Conyferylalkohol (Baustein des Lignins)

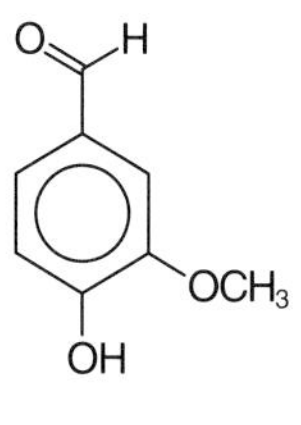

4-Hydroxy-3-methoxybenzaldehyd (Vanillin)

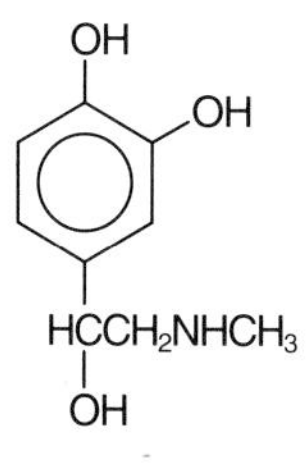

Adrenalin (ein Hormon)

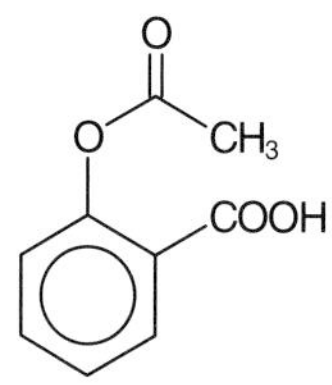

Acetylsalicylsäure (Aspirin)

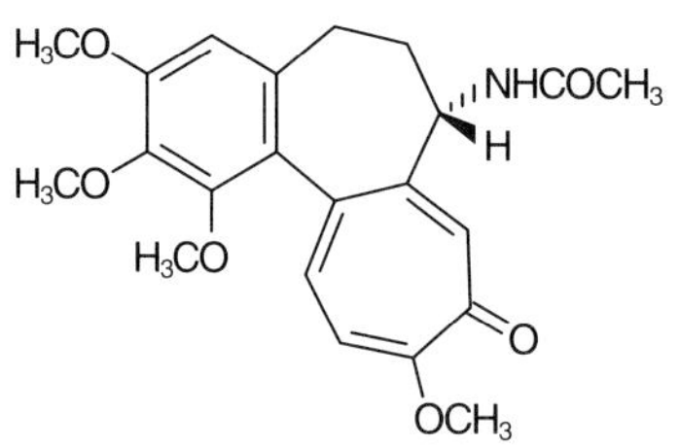

Colchicin (Alkaloid der Herbstzeitlose)

Abb. 27.7 Wichtige Beispiele einfacher Aromaten.

27.6 Einfache kondensierte aromatische Ringsysteme

In **kondensierten Ringsystemen** besitzen die einzelnen Komponenten gemeinsame Kohlenstoffatome. Viele solcher polycyclischen Aromaten sind in Steinkohlenteer und Ruß enthalten. Abb. 27.8 zeigt einige wichtige Beispiele. Zählweise und Nomenklatur der kondensierten Aromaten sind äußerst komplex. Die Bezifferung der Ringatome erfolgt normalerweise gegen den Uhrzeigersinn. Innere C-Atome, die an den Verknüpfungsstellen mehreren Ringen angehören, erhalten keine eigene Ziffer. Sie übernehmen die Nummer des vorangegangenen Ringatoms und zusätzlich einen kleinen Buchstaben (beginnend mit „a").

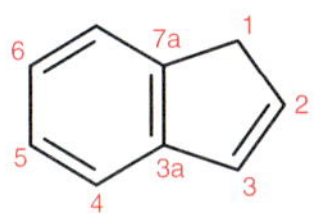

Inden

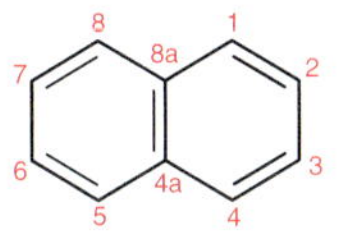

Naphthalin

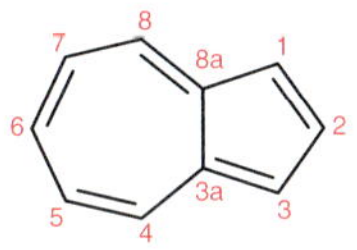

Azulen

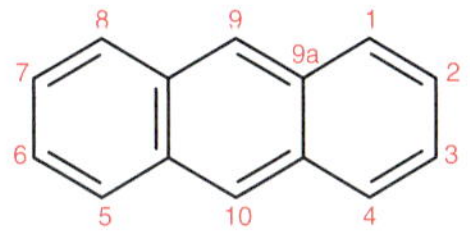

Anthracen

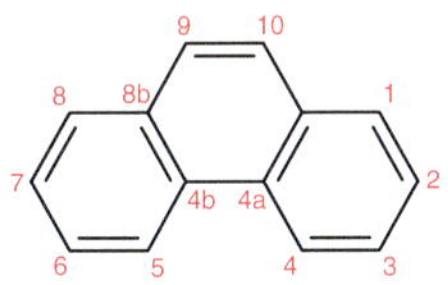

Phenanthren

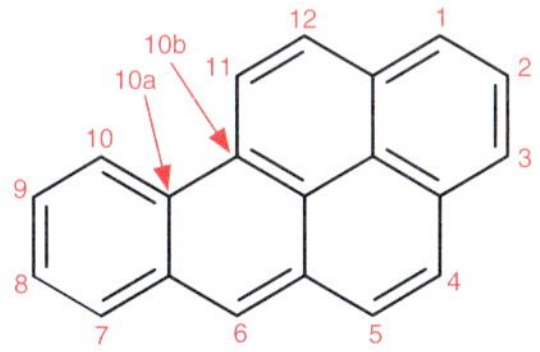

Benzo[*a*]pyren
(3,4-Benzpyren)

Manche polycyclischen Aromaten sind stark carcinogen; die krebsauslösende Wirkung rührt dabei nicht von diesen Verbindungen selbst her, sondern von den Folgeprodukten, in die sie im Körper überführt werden. Exkurs 27.1 erläutert diese Reaktionen.

Exkurs 27.1: Die carcinogene Wirkung von polycyclischen Aromaten

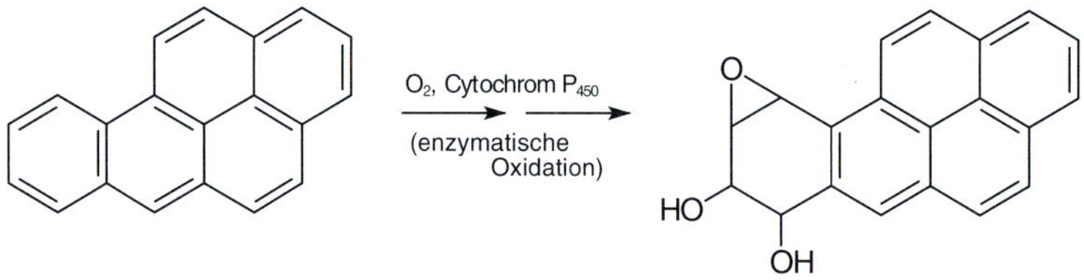

Benzo[a]pyren Diolepoxid

Polycyclische aromatische Kohlenwasserstoffe entstehen vor allem durch unvollständige Verbrennung organischen Materials. Man findet sie in Autoabgasen, Tabakrauch, aber auch in gebratenen, gegrillten und geräucherten Lebensmitteln.

Ihre carcinogene Wirkung ist vor allem auf die Oxidationsprodukte zurückzuführen, zu denen diese Stoffe im Körper umgesetzt werden (Biotransformation). Oben ist dies am Beispiel des Benzo[a]pyrens gezeigt. Es entsteht eine Diolepoxid-Zwischenstufe, die äußerst reaktiv ist und mit der DNA der Zelle reagiert.

Die carcinogene Wirkung des Benzols ist auf eine ähnliche Biotransformation zurückzuführen. Als Lösungsmittel wird Benzol heute deshalb weitgehend durch Toluol ersetzt. Toluol ist weit weniger giftig, da es über andere Wege metabolisiert wird: Es wird an der Methylgruppe oxidiert, so daß Benzoesäure entsteht, die wasserlöslich ist und über die Nieren ausgeschieden werden kann. (siehe unten).

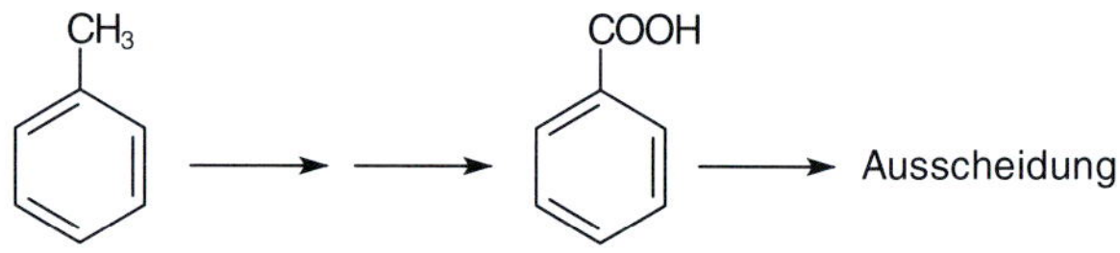

Toluol Benzoesäure

28 Heterocyclen

Heterocyclen sind Verbindungen, deren Ringe neben Kohlenstoffatomen ein oder mehrere andere Atome **(Heteroatome)** aufweisen. Dabei können die Ringsysteme gesättigt, ungesättigt oder aromatisch sein; auch kondensierte Ringsysteme kommen vor. Die häufigsten Heteroatome sind N, O und S. Daneben können jedoch viele weitere Atome in den Ring eingebaut sein, z. B. Si, P, As, Se, I, Au, Hg usw.

Heterocyclische Verbindungen sind in der Natur weit verbreitet. In der Chemie haben sie Bedeutung als Synthesebausteine; Tetrahydrofuran, Pyrrol und Pyridin sind außerdem häufig benutzte Lösungsmittel.

28.1 Nomenklatur der Heterocyclen

Die Nomenklatur der Heterocyclen und speziell der kondensierten Systeme ist außerordentlich komplex, weil zahlreiche Regeln beachtet werden müssen, sehr viele Trivialnamen beibehalten und noch zusätzlich verschiedene, nicht klar voneinander abgegrenzte Nomenklatursysteme benutzt werden.

Bei der **Ringbezifferung** (Abb. 28.1) erhalten Heteroatome und eventuelle gesättigte Atome möglichst kleine Zahlen. Bei Wahlmöglichkeit erfolgt die Bezifferung im Uhrzeigersinn. Bei kondensierten Systemen besteht ein wichtiger Unterschied zu den Homocyclen darin, daß Heteroatome an Verschmelzungspositionen (innere Atome) eine eigene Nummer erhalten.

Zur systematischen Benennung von Heterocyclen stehen zwei Methoden zur Verfügung: Die **Ersetzungs-Nomenklatur** und das **Hantsch-Widmar-Patterson-System.**

Die **Ersetzungsnomenklatur** („a“-Nomenklatur) geht von dem Namen des Carbocyclus mit entsprechender Ringgliederzahl aus. Die Namen der im Ring enthaltenen Heteroatome werden als „a“-Terme vorangestellt. Die wichtigsten „a“-Terme sind „Oxa“ für Sauerstoff, „Thia“ für Schwefel und „Aza“ für Stickstoff. „Sila“ steht für Silcium.

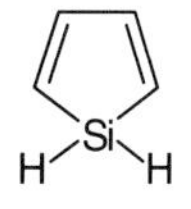

Silacyclopentadien

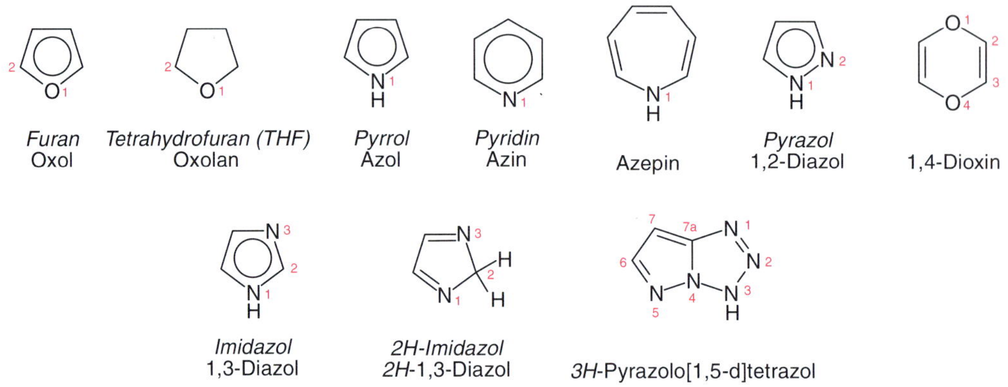

Abb. 28.1 Ringbezifferung verschiedener Heterocyclen. Die gebräuchlichen Trivialnamen sind kursiv gedruckt; darunter stehen die systematischen Namen.

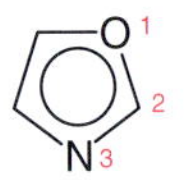

1,3-Oxazol
(aus Oxo-azo-ol)

Das **Hantsch-Widmar-Patterson-System** wird wesentlich häufiger angewandt. Der auf „a“ endenden Vorsilbe („a“-Term), welche das Heteroatom bezeichnet, folgt eine Nachsilbe, aus der die *Zahl der Ringglieder* und der *Sättigungsgrad* hervorgeht. Das „a“ der Vorsilbe entfällt, wenn ein Vokal folgt. Mehrere gleiche Heteroatome werden durch eine multiplikative Vorsilbe („Di-“, „Tri-“, „Tetra-“ usw.) angegeben; ihre Ringpositionen durch vorgestellte Zahlen. Bei verschiedenen Heteroatomen ordnet man nach *fallender* Gruppennummer im PSE, innerhalb der Gruppen nach *steigender* Ordnungszahl. Zusätzlich wird bei einigen Endsilben noch zwischen stickstoffhaltigen und stick-

Tabelle 28.1: Benennung von Heterocyclen nach dem Hantsch-Widmar-Patterson-System

	N-haltige Ringe		N-freie Ringe	
Ringglieder	ungesättigt	gesättigt	ungesättigt	gesättigt
3	irin	iridin	iren	iran
4	et	etidin	et	etan
5	ol	olidin	ol	olan
6	in	inan[1)]	in/inin[2)]	inan[1)]
7	epin	–	epin	epan
8	ocin	–	ocin	ocan

[1)] -an bei O, S, Se, Te, Bi, Hg. [2)] bei B, Hal, P, As, Sb

stofffreien Ringen unterschieden. Sie sind in Tab. 28.1 zusammengefaßt. In den obigen Beispielen (Abb. 28.1) sind unter den *kursiv* gedruckten, beibehaltenen Trivialnamen die systematischen Namen angegeben.

28.2 Chemische Eigenschaften

Die chemischen Eigenschaften der gesättigten Heterocyclen gleichen, wie bei den Homocyclen auch, weitestgehend den offenkettigen Verbindungen.

Heterocyclen, die der Hückel-Regel genügen, also **Heteroaromaten**, zeigen die Charakteristika von Aromaten, wobei die Heteroatome, wie die Substituenten der Homoaromaten, zusätzliche spezifische Einflüsse ausüben.

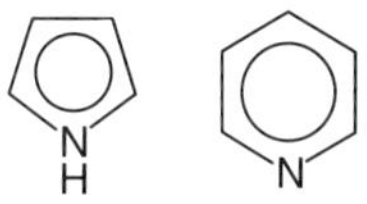

Pyrrol Pyridin

Dabei spielt die Elektronegativität des Heteroatoms und vor allem die Beteiligung seiner Elektronen am aromatischen System eine zentrale Rolle. Der Vergleich der Eigenschaften von Pyrrol und Pyridin ist in diesem Zusammenhang sehr aufschlußreich.

	Reaktivität[1]	Orientierung	Basizität
Pyrrol	hoch (aktiviert)	2-Substitution	schwach sauer[2]
Pyridin	nieder (desaktiviert)	3-Substitution	basisch

[1] gegenüber Elektrophilen im Vergleich zu Benzol
[2] Acidität etwa wie Ethin (Acetylen)

Pyrrol ist gegenüber Elektrophilen etwa so reaktiv wie stark aktivierte Benzole (etwa Anilin), während Pyridin sich wie ein stark desaktiviertes Benzolderivat verhält.

Nucleophile Substitutionen laufen demgegenüber bei Pyridin rasch ab.

Diese unterschiedlichen chemischen Eigenschaften lassen sich mit der Elektronenkonfiguration von Pyrrol und Pyridin erklären. Die des Pyridins gleicht prinzipiell der des Benzols. Jedes der sechs Ringatome stellt ein Elektron in einem einfach besetzten p-Orbital zu einem aromatischen Sextett zur Verfügung. Stickstoff besitzt in den p-Orbitalen ein Elektron mehr als der Kohlenstoff. Das sp^2-Orbital, das im Falle eines Kohlenstoffatoms die σ-Bindung zum Wasserstoff ausbildet, ist beim Stickstoff doppelt besetzt. Dieses freie Elektronenpaar ist *nicht* am aromatischen π-System beteiligt und steht zur Bindung eines Protons zur Verfügung – Pyridin reagiert also basisch (pK_B = 8,8). Durch die elektronenziehende Wirkung des elektronegativen Stickstoffs im Pyridin ist die π-Elektronendichte nicht mehr symmetrisch über alle Ringatome verteilt, sondern ist beim Heteroatom besonders hoch und bei den restlichen Ringatomen herabgesetzt. Die Reaktivität gegen Elektrophilen ist stark vermindert. Pyridin ist etwa so stark desaktiviert wie Nitrobenzol und geht beispielsweise keine Friedel-Crafts-Reaktionen mehr ein.

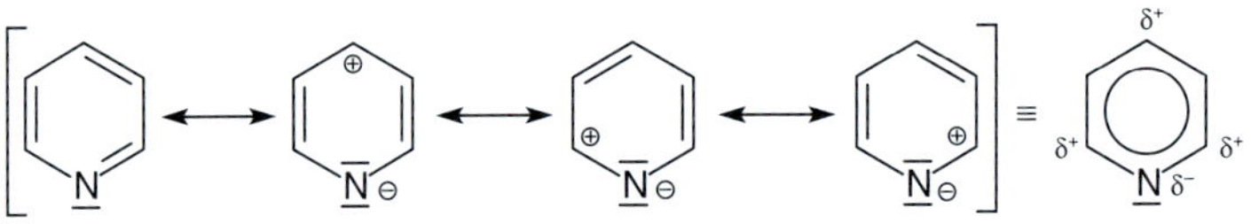

Im Pyrrol ist die elektronische Situation des Stickstoffs eine völlig andere. Die vier sp^2-hybridisierten C-Atome tragen wie gewöhnlich je ein Elektron zum π-System bei. Zur Erreichung eines aromatischen Sextetts muß der Stickstoff *zwei* Elektronen (die des freien Elektronenpaares) beitragen. Drei sp^2-Orbitale bilden jeweils eine σ-Bindung zu den beiden benachbarten C-Atomen und zum Wasserstoffatom aus. Aufgrund der Beteiligung des freien Elektronenpaares des Stickstoffs steht dieses nicht für die Protonenbindung zur Verfügung, und Pyrrol zeigt nicht die basischen Eigenschaften von Ammoniak oder Aminen (vgl. Abschn. 30.1). Bei Zusatz von Mineralsäuren wird in 2- bzw. 5-Stellung zum Pyrrylium-Kation protoniert, welches die Polymerisation des Pyrrols auslöst. Im Vergleich zu Benzol ist die Elektronendichte des aromatischen Kerns erhöht und Pyrrol reagiert wie ein aktiviertes Benzol (etwa wie Anilin).

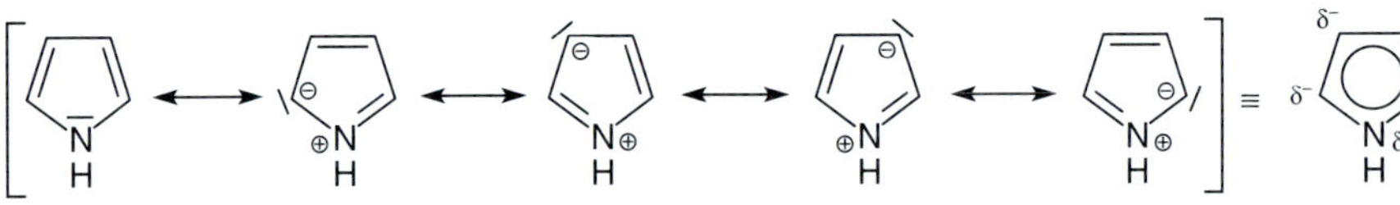

So läßt sich Pyrrol beispielsweise leicht in 2- bzw. 5-Stellung durch aromatische Diazoniumsalze substituieren. Diese Reaktion ist als **Azokupplung** bekannt und auf elektronenreiche Aromaten beschränkt. Die Azokupplung hat technische Bedeutung bei der Synthese von Azofarbstoffen (vgl. auch Abschn. 30.2).

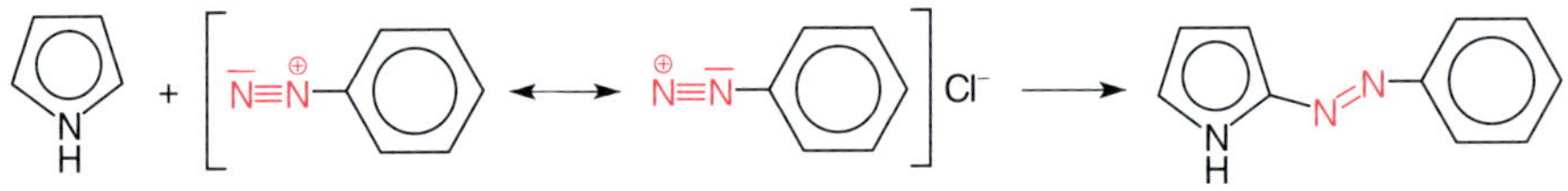

Man kann Heteroaromaten auch nach den Kriterien „elektronenreich“ und „elektronenarm“ einteilen. Elektronenreiche Vertreter sind im Vergleich zu Benzol gegenüber Elektrophilen aktiviert. Zu ihnen gehören neben dem Pyrrol auch Furan, Thiophen, Pyrazol, Imidazol, Oxazol, Isoxazol usw. Die Substitutionen finden hauptsächlich in 2- bzw. 5-Stellung statt. Elektronenarme Heterocyclen sind gegenüber Elektrophilen desaktiviert. Wichtige Beispiele sind das Pyridin und das Pyrimidin. Sie werden normalerweise in 3- bzw. 5-Stellung substituiert.

Thiophen

Imidazol

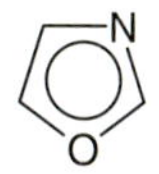

Oxazol

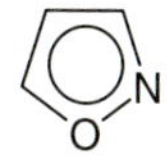

Isoxazol

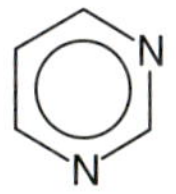

Pyrimidin
1,3-Diazin

An dem Beispiel der Barbitursäure und der Harnsäure kann man erkennen, daß einige Heterocyclen in verschiedenen tautomeren Formen auftreten können (Abb. 28.2). Je nach Bedingungen überwiegt die **Keto-** oder die **Enolform**.

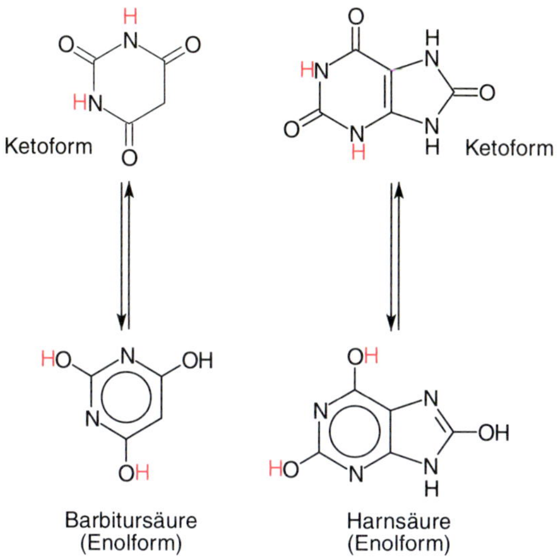

Abb. 28.2 Keto- und Enolformen der Barbitur- und Harnsäure.

28.3 Heterocyclen in der Natur

Stickstoffhaltige Heterocyclen kommen als Strukturelemente sehr vieler Naturstoffe vor (Abb. 28.3), so z. B. in Aminosäuren, Coenzymen, Nucleinsäuren und Porphyrinen.

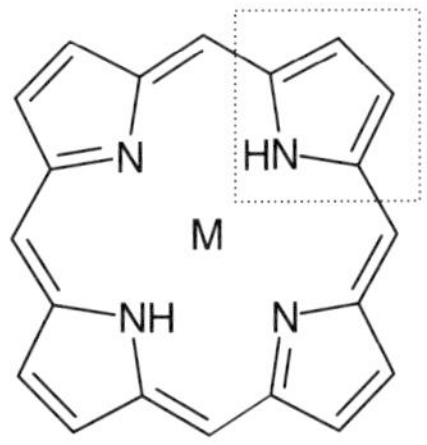

M = Metall
als Eisenkomplex im Hämoglobin
als Magnesiumkomplex im Chlorophyll

Porphyrin

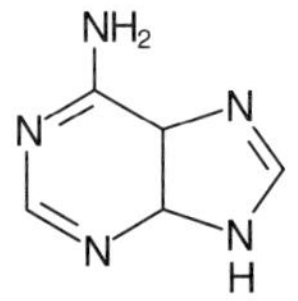

Adenin
(in Coenzymen und Nucleinsäuren)

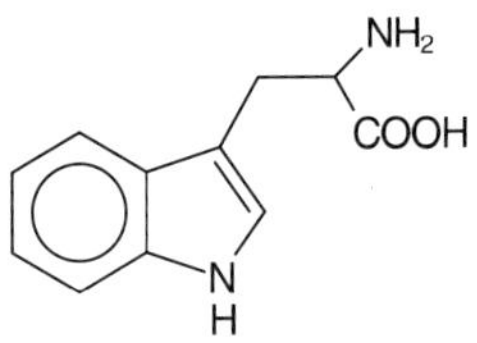

Tryptophan
(eine Aminosäure)

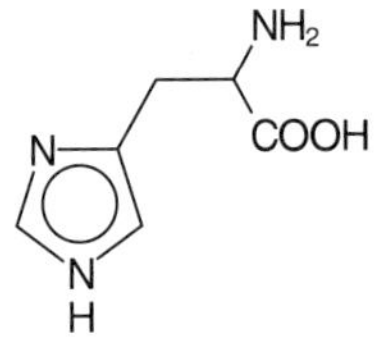

Histidin
(eine Aminosäure)

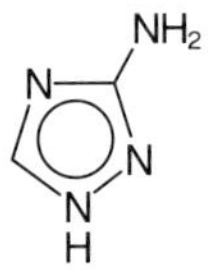

3-Amino-1,2,4-triazol
(Herbizid)

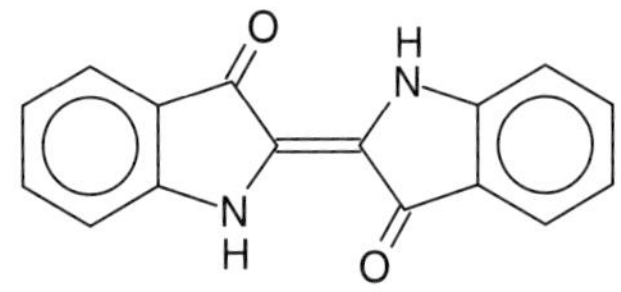

Indigo
(blauer Küpenfarbstoff)

Abb. 28.3 Heterocyclen in der Natur.

Alkaloide sind eine Gruppe chemisch vielfältiger, stickstoffhaltiger Basen, die in Pflanzen vorkommen. Sie haben oft ausgeprägte physiologische Eigenschaften.

Anders als Terpene und Steroide (Kap. 26) läßt sich die Biosynthese der Alkaloide nicht genau herleiten. Man nimmt an, daß sie durch verschiedene biochemische Reaktionen letztlich aus Aminosäuren entstehen. Die meisten Alkaloide sind optisch aktiv. Abb. 28.4 gibt eine Übersicht über wichtige Alkaloide und ihre Eigenschaften.

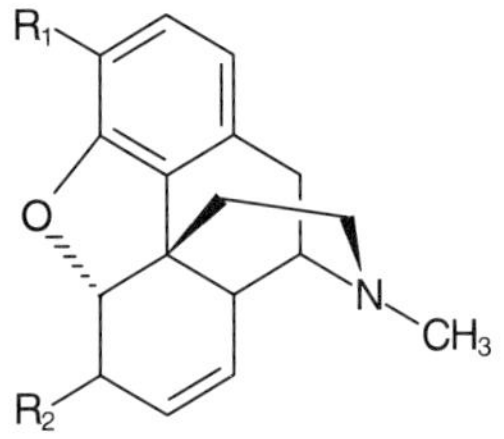

$R_1, R_2 = OH$: Morphin
$R_1, R_2 = O{-}\overset{\overset{O}{\|}}{C}{-}CH_3$: Heroin
} Betäubungsmittel
$R_1 = OCH_3$, $R_2 = OH$: Codein

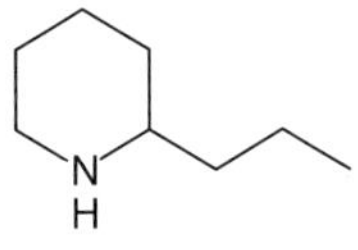

Coniin
Gift des Schierlings

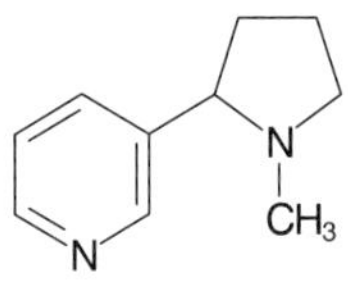

Nicotin
Inhaltsstoff des Tabaks

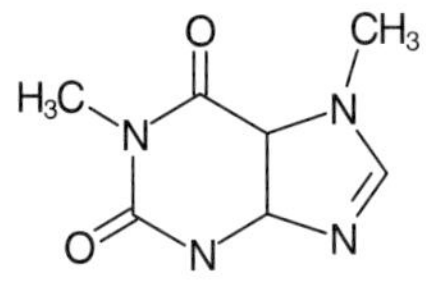

Coffein

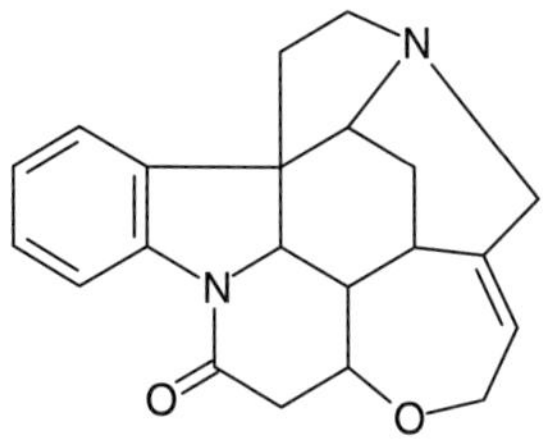

Strychnin
Pflanzengift

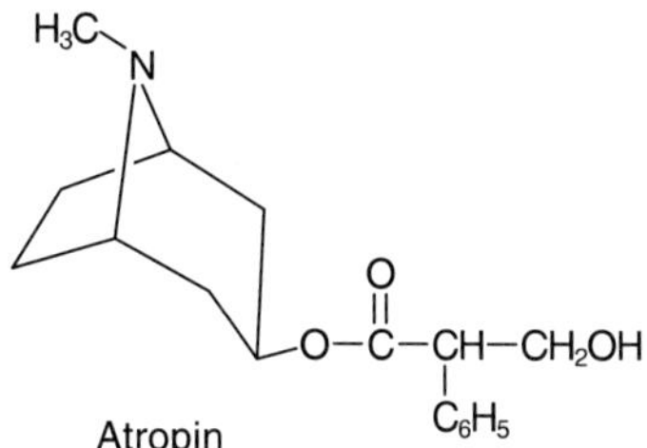

Atropin
Gift der Tollkirsche

Abb. 28.4 Wichtige Alkaloide.

29 Halogenkohlenwasserstoffe

Bisher wurden in erster Linie Stoffklassen besprochen, die nur aus den Elementen Kohlenstoff und Wasserstoff bestehen. Dabei mußten wir zur Erläuterung bestimmter Sachverhalte immer wieder auf organische Verbindungen zurückgreifen, die weitere Elemente enthielten. Spätestens am Beispiel der Aromaten und Heterocyclen zeigte sich, welch starken Einfluß Heteroatome und Substituentengruppen mit Heteroatomen auf das Verhalten von Molekülen haben. Die folgende Diskussion von Verbindungen mit wichtigen **funktionellen Gruppen**, die *nicht* C–C-Mehrfachbindungen sind, behandelt in erster Linie diese Einflüsse. Eine solche funktionelle Gruppe bildet ein Halogensubstituent in einem Alkan, die wir in diesem Kapitel besprechen. Die Eigenschaften und typischen Reaktionen der Halogenkohlenwasserstoffe werden durch die Kohlenstoff-Halogenbindung in charakteristischer Weise beeinflußt.

Einen unspezifischen, qualitativen Hinweis auf organische Halogenverbindungen gibt die **Beilstein-Probe**. Ein ausgeglühter Kupferdraht wird mit einer geringen Menge der Substanzprobe versehen und in den nicht leuchtenden Teil einer Bunsenbrennerflamme gehalten. Eine grünlich blaue Färbung läßt auf eine Halogenverbindung schließen.

29.1 Physikalische Eigenschaften

$^{\delta\oplus}C{-}X^{\delta\ominus}$

Im Unterschied zur Kohlenstoff-Kohlenstoff- oder Kohlenstoff-Wasserstoffbindung ist die Kohlenstoff-Halogenbindung polar. Dies hat einen unmittelbaren Einfluß auf ihre physikalischen Eigenschaften. Siedepunkte und Schmelzpunkte liegen höher als bei vergleichbaren Kohlenwasserstoffen (Tab. 29.1).

Tabelle 29.1: Schmelz- und Siedepunkte ausgewählter Halogenkohlenwasserstoffe

	CH_4	CH_3Cl	CH_2Cl_2	$CHCl_3$	CCl_4
Sdp. [C°]	–164,0	–24,2	39,8	61,1	76,7
	C_6H_6	C_6H_5Cl	1,2-$C_6H_4Cl_2$	1,3-$C_6H_4Cl_2$	1,4-$C_6H_4Cl_2$
Schmp. [°C]	5,5	–45,6	–16,7	–26,25	54
Sdp. [°C]	80,1	132	180,5	173	174,55

Aus "Handbook Of Chemistry And Physics", 68th edition, 1987–1988, CRC Press, Boca Raton, Florida.

Man erkennt, daß neben der Anzahl der Halogenatome die Molekülsymmetrie eine wichtige Rolle spielt.

Halogenalkane sind wasserunlöslich, mischen sich jedoch mit Kohlenwasserstoffen in jedem Verhältnis. Sie finden breite Anwendung als schwer entflammbare bzw. unbrennbare Lösungsmittel. Da sie jedoch oft giftig und schwer abbaubar sind, belasten sie die Umwelt und schädigen obendrein die Ozonschicht. Sie werden deshalb zunehmend durch andere Chemikalien ersetzt. Abb. 29.1 zeigt einige wichtige Vertreter der Halogenalkane.

CH_3Cl	CH_2Cl_2	$CHCl_3$	CCl_4
Chlormethan (Methylchlorid)	Dichlormethan (Methylenchlorid) Lösungsmittel	Trichlormethan (Chloroform)	Tetrachlormethan (Tetrachlorkohlenstoff) Lösungsmittel

$CFCl_3$, CF_2Cl_2, CF_3Cl, CF_4 } Freone (Kühlmittel)

Abb. 29.1 Einige wichtige Halogenalkane.

Neben diesen in Labor und Industrie genutzten Halogenalkanen entstehen auch eine Vielzahl halogenorganischer Verbindungen in der Natur selbst. Exkurs 29.1 gibt darüber einen Überblick.

Exkurs 29.1: Chlorchemie in der Natur

Die Chlorchemie der Natur wird erst seit kurzer Zeit diskutiert und erforscht. Heute kennt man über 700 natürlich vorkommende organische Chlorverbindungen, und ständig werden neue entdeckt. Produziert werden sie von einer Vielzahl Organismen: von Algen, Plankton, Bakterien, Flechten, Pilzen, bis hin zu höheren Pflanzen und Tieren. Neben Chlor werden in geringerem Ausmaß auch andere Halogene, Brom, Iod und – weit seltener – Fluor in Biomoleküle eingebaut.

In den **Ozeanen** werden Halogenkohlenwasserstoffe mit bis zu vier Kohlenstoffatomen durch Algen, aber auch durch Bakterien und das Phytoplankton gebildet. Man hat eine ganze Reihe unterschiedlich halogensubstituierter Methane, wie Chlormethan (CH_3Cl), Bromdichlormethan ($CHBrCl_2$) oder Bromoform ($CHBr_3$), Iodethan (C_2H_5I), Propyl-, Butyliodide usw. gefunden.

Ursache für in der **Luft** entstehende Organohalogene sind Halogenide, die in Aerosolen enthalten sind, die durch Verwirbelung von Seewasser gebildet wurden. Aus diesen kann photochemisch in Spuren Halogenwasserstoff entstehen, der wiederum unter dem Einfluß von Licht halogenierend wirkt.

Die größte Quelle natürlicher Halogenorganika stellen biologische Abbauprozesse im **Boden** dar. Hier treten auch halogenierte Aromaten, wie mono- bis pentahalogenierte Phenole, aber auch polychlorierte Dibenzofurane und Dibenzodioxine auf.

Über die biologische Funktion solcher natürlichen Chlorverbindungen wird noch diskutiert. Offenbar werden diese Stoffe von manchen Organismen gezielt synthetisiert, um dann als Giftstoffe gegen andere Lebewesen eingesetzt zu werden. Einige Verbindungen zeigen hormonähnliche Wirkungen. Manche Pilze nutzen Methylchlorid für enzymatische Methylierungen. Auch als Speicherform für biochemisch schlecht verfügbares Chlorid könnten manche Verbindungen in Frage kommen.

Alle genannten Entstehungsvorgänge für Organochlorverbindungen in der Natur laufen für sich betrachtet nur in Spuren ab. Bei den gewaltigen Mengen verrottenden organischen Materials oder den großen Algenvorkommen im Meer addieren sich die entstehenden Organohalogene jedoch zu ökologisch nicht mehr vernachlässigbaren Größenordnungen.

Die Stabilität von natürlichen chlororganischen Verbindungen ist sehr unterschiedlich. Viele Mikroorganismen besitzen Enzyme und biochemische Reaktionswege für die Umsetzungen und den Abbau von chlorierten Molekülen. Diese werden derzeit intensiv erforscht, da man hofft, sie im größeren Umfang auch zur Beseitigung von chlorierten Umweltchemikalien nutzen zu können.

29.2 Synthese von Halogenkohlenwasserstoffen

Bei der Besprechung der Alkane wurde die Bildung von Halogenalkanen (Alkylhalogenide) über eine radikalische Substitutionsreaktion als typische Reaktion der gesättigten Kohlenwasserstoffe dargestellt. Diese Reaktion findet vor allem technische Anwendung zur Herstellung der Halogenalkane. Einige weitere geläufigere Methoden sind in Abb. 29.2 zusammengefaßt.

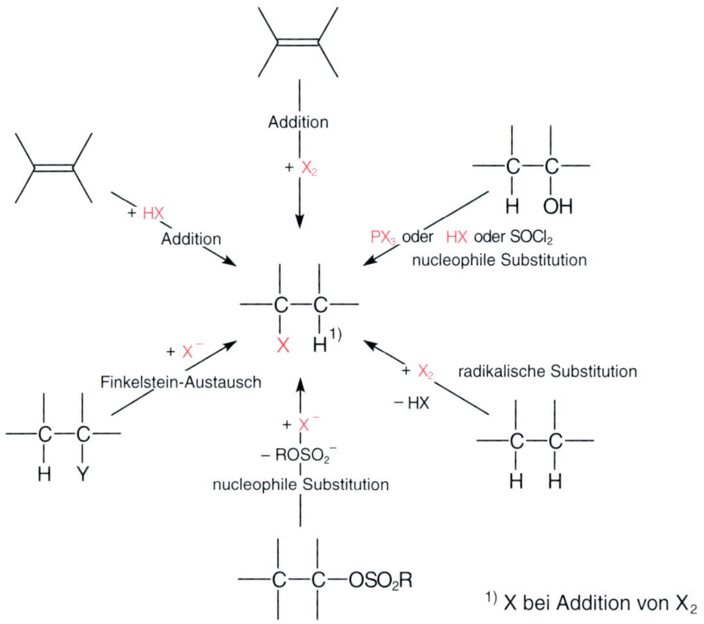

Abb. 29.2 Synthesewege zu Halogenalkanen.

Höher halogenierte Methane und Ethane sind wegen ihrer schweren Entflammbarkeit als Kältemittel, Treibgase oder sogar als Feuerlöschmittel (Halone) sehr häufig angewendet worden. Die Verbindungen gelten jedoch als Hauptverursacher des Ozonlochs.

29.3 Ozonabbau in der Stratosphäre

Der lichtinduzierte Ozonabbau in der Stratosphäre durch Halogenkohlenwasserstoffe beruht auf einem Prozeß, bei dem atomares Chlor oder Brom als Katalysatoren wirken. Insgesamt sind die in der Stratosphäre ablaufenden chemischen Prozesse sehr komplex und es soll im folgenden nur ein möglicher Reaktionsweg vorgestellt werden. „hν" ist das allgemein übliche Kürzel für lichtinduzierte Reaktionen.

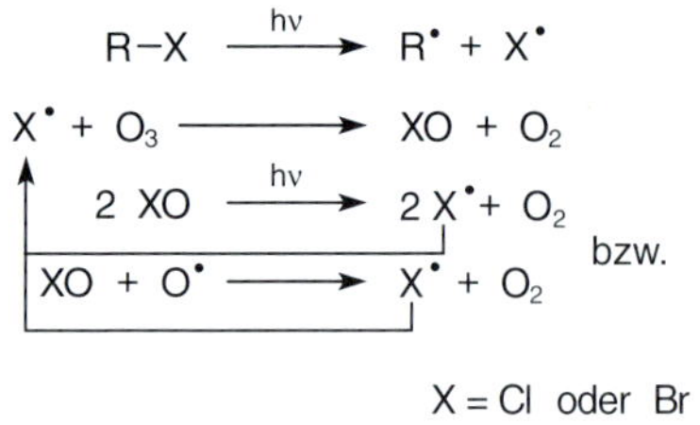

Die aufgezeigte Reaktionsfolge, eine Radikalkettenreaktion, kann sehr häufig durchlaufen werden, bis es zum Kettenabbruch kommt. Durch die Reaktion eines Halogenradikals ($X^{\bullet}$) mit einem Perhydroxyradikal ($HOO^{\bullet}$) oder des Oxyhalogenids (XO) mit einem Hydroxylradikal ($HO^{\bullet}$) bzw. mit Stickstoffdioxid (NO_2) wird die Reaktionskette unterbrochen.

$$X^{\bullet} + HOO^{\bullet} \longrightarrow HX + O_2$$

$$XO + HO^{\bullet} \longrightarrow HX + O_2$$

$$XO + NO_2 \longrightarrow XONO_2 \quad \text{Halogennitrat}$$

29.4 Halogenarene

Die Synthese der aromatischen Halogenarene (Arylhalogenide) erfolgt vornehmlich durch elektrophile Substitution (Ar: Aromat):

$$ArH + X_2 \xrightarrow[\text{als Katalysator}]{AlX_3} ArX + HX$$

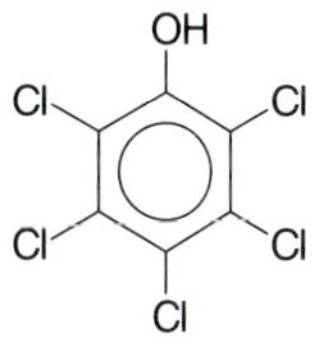

Pentachlorphenol

Ein berüchtigtes Beispiel für einen polychlorierten Aromaten ist das Pentachlorphenol (PCP), das als Holzschutzmittel und Fungizid breite Anwendung fand und inzwischen in Deutschland nicht mehr zugelasen ist.

29.5 Reaktionen der Halogenalkane

Auf die Polarität der Kohlenstoff-Halogenbindung wurde bereits hingewiesen. Die verminderte Elektronendichte am C-Atom ermöglicht einen Angriff durch Nucleophile. Eine typische Reaktion der Halogenalkane ist deshalb die nucleophile Substitution.

29.5.1 Nucleophile Substitution

$$RX + Y^{\ominus} \longrightarrow RY + X^{\ominus}$$

Die **Abgangsgruppe** X, häufig auch als **austretende Gruppe** bezeichnet, wird durch ein **Nucleophil** Y mit freiem Elektronenpaar (eine Lewis-Base) ersetzt (substituiert). Dabei nimmt die austretende

Gruppe das bindende Elektronenpaar mit und die neu eintretende Gruppe stellt beide bindenden Elektronen. Ein typisches Beispiel für eine solche Reaktion ist der **Finkelstein-Austausch** zur Synthese von Iod- und Fluoralkanen.

$$C_6H_5CH_2{-}Cl + I^{\ominus} \longrightarrow C_6H_5CH_2{-}I + Cl^{\ominus}$$

29.5.1.1 Mechanismus der nucleophilen Substitution

Es gibt zwei unterschiedliche Reaktionsmechanismen der nucleophilen Substitution (S_N): die **monomolekulare Substitution (S_N1)** und die **bimolekulare Substitution (S_N2)**. (Dies sind – idealisierte – Extremfälle, zwischen denen es beliebige Zwischenformen gibt).

Die **Reaktionsgeschwindigkeit der idealen S_N1-Reaktion** ist *nur* von der Konzentration des Eduktes abhängig. Sie verläuft über ein Carbenium-Ion und wird gefördert a) durch Lösungsmittel mit hoher Dielektrizitätskonstante und guten Solvatationseigenschaften und b) durch alle Strukturparameter, die ein Carbenium-Ion stabilisieren können, also hohe Alkylsubstitution des Reaktionszentrums ($CH_3 < CH_2 < CH$).

$$RX \xrightleftharpoons{\text{langsam}} R^{\oplus} + X^{\ominus} \xrightarrow[\text{schnell}]{+\,Y^{\ominus}} RY$$

Die S_N1-Reaktion an einer optisch aktiven Verbindung bewirkt eine, zumindest teilweise, Racemisierung, weil sich das Nucleophil von zwei Seiten an die Carbeniumzwischenstufe annähern kann. Im Idealfall ist keine der beiden Seiten bevorzugt und man erhält ein Racemat.

Die austretende Gruppe X^- wird *vor* Eintritt des Nucleophils abgespalten.

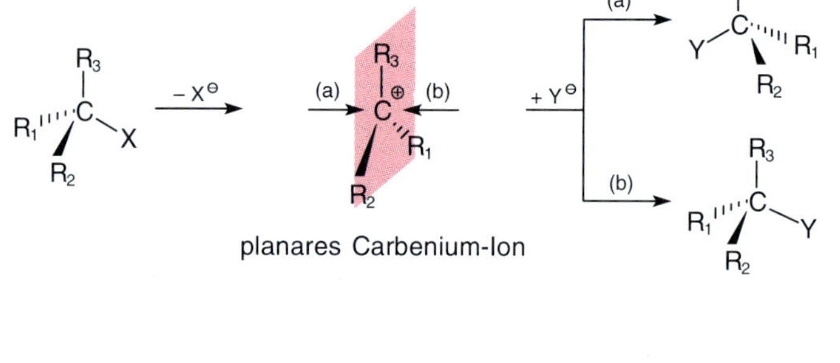

Abb. 29.3 Racemisierung optisch aktiver Verbindungen bei der S_N1-Reaktion.

Die **Reaktionsgeschwindigkeit der S_N2-Reaktion** ist sowohl von der Konzentration des Eduktes als auch von der des Nucleophils abhängig. Der Eintritt des Nucleophils und die Abspaltung der Abgangsgruppe erfolgen im Idealfall *gleichzeitig*.

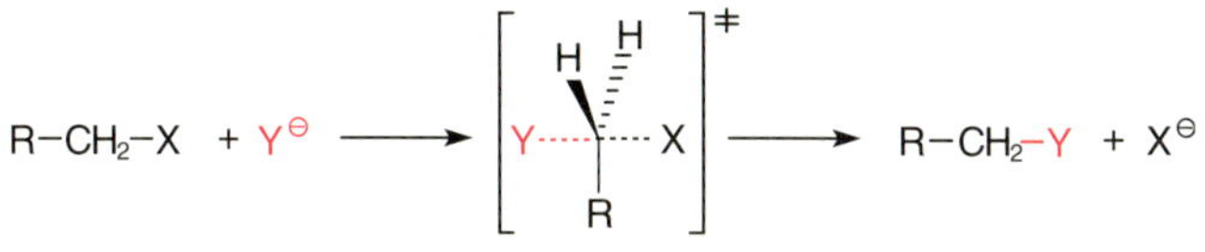

Die S_N2-Reaktion an einem asymmetrischen Kohlenstoffatom führt zu einer Konfigurationsinversion, die als **Walden-Umkehr** bekannt ist.

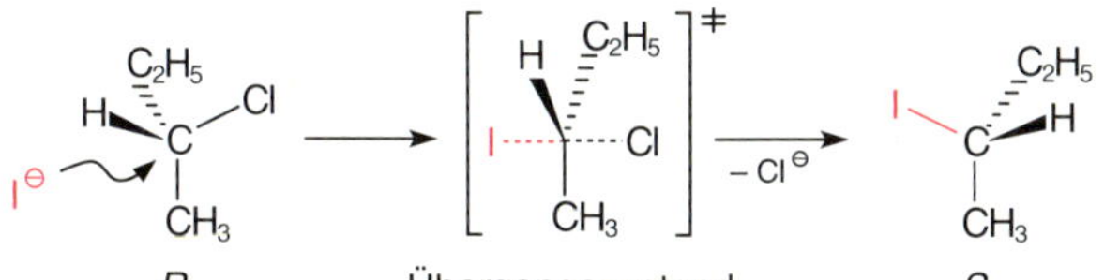

Die S_N2-Reaktion ist damit im Idealfall ein Beispiel für eine **stereospezifische Reaktion**.

Eine Reaktion ist stereospezifisch, wenn aus einem Edukt mit definierter Stereochemie wiederum ein Produkt definierter Stereochemie entsteht.

Die S_N2-Reaktion wird durch niedersubstituierte Reaktionszentren, durch dipolar aprotische Lösungsmittel und Nucleophile mit hoher Polarisierbarkeit gefördert – Bedingungen, die für die Bildung eines intermediären Carbenium-Ions wenig förderlich sind.

Man beachte die unterschiedlichen Zeitpunkte der Abspaltung der Abgangsgruppe bei S_N-Reaktionen und der elektrophilen aromatischen Substitution: Bei der S_N1-Reaktion wird die Abgangsgruppe *vor* Eintritt des Substituenten, bei der S_N2-Reaktion *gleichzeitig* mit dem Substituenten und bei der elektrophilen aromatischen Substitution *nach* Eintritt des Substituenten abgespalten.

29.5.2 Halogenalkane als Ausgangsprodukte für andere Stoffklassen

Halogene sind mit Ausnahme von Fluor gute (leicht abspaltbare) Abgangsgruppen. Die nucleophile Substitution an Halogenalkanen ermöglicht deshalb den Zugang zu den unterschiedlichsten Stoffklassen. Einige wichtigere Synthesen sind in Abb. 29.4 dargestellt.

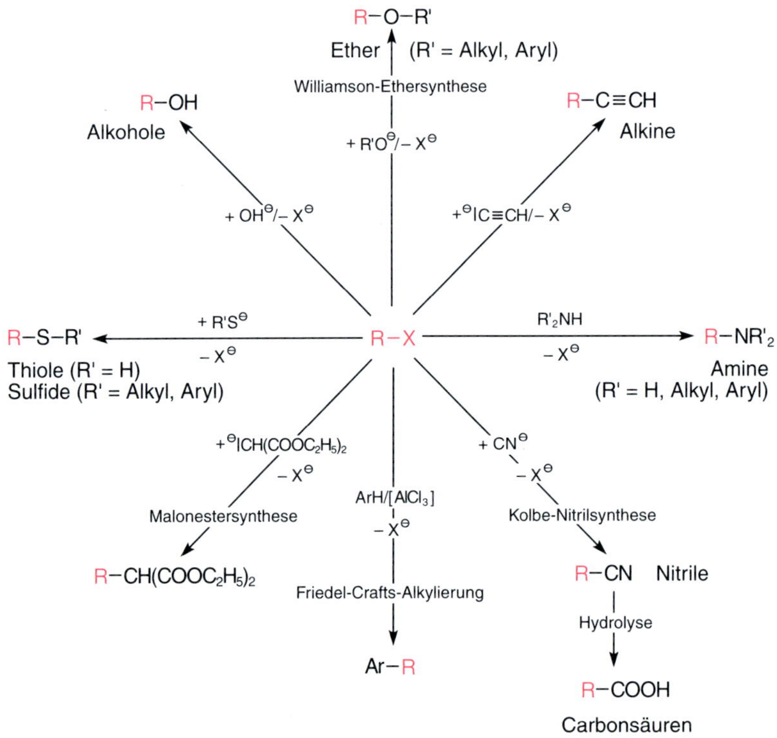

Abb. 29.4 Halogenalkane als wichtige Ausgangsmaterialien für sehr unterschiedliche Stoffklassen.

29.5.3 Eliminierungen

Aus Halogenalkanen lassen sich mit starken Basen über **Eliminierungsreaktionen** vorteilhaft Alkene oder Alkine herstellen.

$$\text{R–CH}_2\text{–CH}_2\text{–X} \xrightarrow{\text{Base}} \text{R–CH=CH}_2 + \text{HX}$$

$$\text{R–CHX–CH}_2\text{X} \xrightarrow[-\text{HX}]{\text{Base}} \text{R–CH=CHX} \xrightarrow[-\text{HX}]{\text{Base}} \text{R–C≡CH}$$

Eliminierungsreaktionen werden in Abschn. 31.1.6 ausführlicher diskutiert.

29.5.4 Metallorganische Verbindungen

Metallorganische Verbindungen enthalten eine Kohlenstoff-Metall-σ-Bindung. In diesen Verbindungen ist die Kohlenstoff-Metallbindung *umgekehrt* polarisiert als in den Halogenalkanen. Die negativ polarisierten organischen Reste werden sehr häufig als Nucleophile eingesetzt und haben große präparative Bedeutung zur Knüpfung von Kohlenstoff-Kohlenstoff-Bindungen erlangt.

$^{\delta\oplus}R{-}M^{\delta\ominus}$

Viele metallorganische Verbindungen können direkt aus den Halogenwasserstoffen synthetisiert werden (Abb. 29.5).

$$R{-}X + 2\,Li \longrightarrow R{-}Li + LiX \qquad R = \text{Alkyl, Aryl; } X = \text{Hal}$$

$$R{-}X + 2\,Na \longrightarrow R{-}Na + NaX \qquad R = \text{Alkyl, Alkenyl, Aryl; } X = \text{Cl, Br}$$

$$R{-}X + Mg \longrightarrow \underset{\text{Grignard-Verbindung}}{R{-}MgX} \qquad R = \text{Alkyl, Alkenyl, Aryl; } X = \text{Cl, Br, I}$$

$$2\,RI + 2\,Zn \longrightarrow 2\,ZnI \xrightarrow[-ZnI_2]{} ZnR_2 \qquad R = \text{Alkyl}$$

$$Al_2Mg_3 + 6\,R{-}X \longrightarrow 2\,AlR_3 + 3\,MgX_2 \qquad R = \text{Alkyl; } X = \text{Cl, Br}$$

$$4\,PbNa + C_2H_5Cl \longrightarrow Pb(C_2H_5)_4 + 4\,NaCl + 3\,Pb$$

Bleitetraethyl
Antiklopfmittel

Abb. 29.5 Synthese von metallorganischen Verbindungen aus Halogenalkanen.

Von den in Abb. 29.3 beschriebenen Verbindungen sind die Grignard-Verbindungen, R–Mg–X, als Bausteine für Synthesen besonders wichtig.

Je nach der Elektropositivität der beteiligten Metalle haben metallorganische Verbindungen teilweise ionischen Charakter. Da die Metalle oft kein Elektronenoktett erhalten, bilden metallorganische Verbindungen oft Dimere mit sogenannten Mehrzentrenbindungen, oder sind an Lösungsmittelmoleküle koordiniert.

Metallorganische Verbindungen sind sehr reaktiv. Sie reagieren teilweise sehr heftig mit Sauerstoff und Verbindungen mit aciden Wasserstoffatomen, z. B. Wasser.

$$CH_3{-}Li + H_2O \longrightarrow CH_4 + LiOH$$

30 Stickstoffhaltige Verbindungen

Stickstoff kann in organischen Molekülen in vielfältiger Weise vorkommen. Einige wichtige Beispiele sind nachfolgend in der Tabelle 30.1 zusammengestellt.

Tabelle 30.1: Übersicht über organische Stickstoffverbindungen

Verbindungsklasse	Struktur	R	R'
Amine	R-NR'	Alkyl, Aryl, ...	H, Alkyl, Aryl, ...
Hydrazine	RNH-NHR'	Alkyl, Aryl	H, Alkyl, Aryl
Hydrazone	R-CH=N-NHR'	Alkyl, Aryl	H, Alkyl, Aryl
Diazoniumverbindungen	R-N≡N X^-	Alkyl, Aryl	
Azoverbindungen	R-N=N-R'	Alkyl, Aryl	Alkyl, Aryl
Azide	R-N-N≡N	Alkyl, Aryl, Acyl	
Imine	R-CH=NR'	Alkyl, Aryl	H, Alkyl, Aryl
Nitrile [Cyanide]	R-C≡N	Alkyl, Aryl, ...	
Isonitrile [Isocyanide]	R-N≡C	Alkyl, Aryl, ...	
Cyanate	R-O-C≡N	Alkyl, Aryl	
Thiocyanate	R-S-C≡N	Alkyl, Aryl	
Isocyanate	R-N=C=O	Alkyl, Aryl	
Isothiocyanate	R-N=C=S	Alkyl, Aryl	
Säureamide	R-C(=O)-NR'_2	Alkyl, Aryl	Alkyl, Aryl
Amidine	R-C(=NH)-NR'_2	Akyl, Aryl	Alkyl, Aryl
Nitrosoverbindungen	R-N=O	Alkyl, Aryl	
Nitroverbindungen	R-NO_2	Alkyl, Aryl	

Aus dieser Liste sollen nur die Amine, die Diazoniumsalze und die Nitroverbindungen kurz vorgestellt werden. Die Nitrile und die Carbonsäureamide werden im Zusammenhang mit den Carbonsäuren (Abschn. 31.5 ff) behandelt. Cyclische Stickstoffverbindungen zählt man üblicherweise zu den Heterocyclen (Kap. 28). Dort werden auch die Alkaloide, stickstoffhaltige Naturstoffe mit oft bemerkenswerten pharmakologischen Eigenschaften besprochen.

30.1 Amine

Amine können formal als Substitutionsprodukte des Ammoniaks aufgefaßt werden. Je nach Substitutionsgrad spricht man von **primären, sekundären, tertiären** und **quartären Aminen** (Abb. 30.1). Letztere werden auch als **quartäre Ammoniumsalze** bezeichnet. Wie Ammoniak reagieren Amine als Basen.

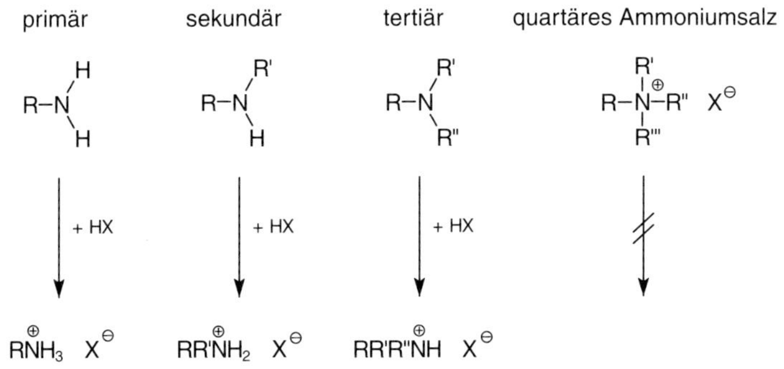

Abb. 30.1 Organische Amine als Substitutionsprodukte des Ammoniaks.

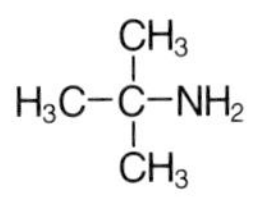

t-Butylamin
primäres Amin

Die Bezeichnung primär, sekundär und tertiär beziehen sich hier nur auf den Substitutionsgrad des *Stickstoffs*. (Ein primäres Amin kann also durchaus eine *tert*-Butylgruppe tragen).

30.1.1 Nomenklatur

Leider werden Amine nicht einheitlich benannt. Die Aminogruppe kann entweder als Präfix „Amino-", als Suffix „-amin" oder, besonders bei einfachen Aminen, als „-ylamin" (radikofunktionelle Nomenklatur) auftreten. Daneben sind noch zahlreiche Trivialnamen zulässig. Unsymmetrische sekundäre und tertiäre Amine werden häufig wie *N*-Substitutionsprodukte von primären Aminen behandelt.

$H_3C{-}CH_2{-}NH_2$	üblich:	Ethylamin
	möglich:	Ethanamin
	unüblich:	Aminoethan

Dagegen steht *2-Aminoethanol* für $H_2N{-}CH_2CH_2{-}OH$. Die Aminogruppe hat geringere Priorität als die Alkoholgruppe und wird deshalb als Präfix benutzt.

Weitere Beispiele:

$H_2N{-}CH_2CH_2{-}NH_2$	Ethylendiamin oder 1,2-Diaminoethan oder 1,2-Ethandiamin
$HN(CH_2CH_3)_2$	Diethylamin
$HN(CH_3)(C_2H_5)$	Ethylmethylamin oder *N*-Methylethylamin

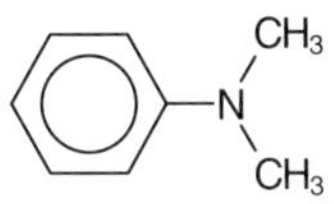

N,N-Dimethylanilin

30.1.2 Eigenschaften der Amine

Das chemische und physikalisch-chemische Verhalten der Amine ist sowohl von ihrer molaren Masse als auch vom Substitutionsgrad abhängig. Methyl- und Ethylamin sind Gase, von C_3 bis C_{11} sind die primären Amine flüssig, dann fest. Sekundäre und tertiäre Amine sind mit Ausnahme von Di- und Trimethylamin flüssig oder fest. Die aromatischen Amine sind flüssig oder fest. Die niederen Homologen, besonders der primären Amine sind wasserlöslich, die höheren und die aromatischen lösen sich im allgemeinen gut in organischen Lösungsmitteln. Die niederen Amine riechen noch ammoniakartig, die höheren unangenehm fischartig.

Durch ihre Basizität wirken Amine stark ätzend. Im Organismus können Amine gemeinsam mit nitrosierenden Verbindungen wie Nitriten (Nitritpökelsalz) *endogen* **Nitrosamine** bilden, von denen viele carcinogen sind (vgl. Exkurs 30.1). Technische Di- und Trialkylamine sind häufig mit Nitrosaminen verunreinigt. Die aromatischen Amine sind sämtlich stark giftig.

Exkurs 30.1: Nitrosamine

Nitrosamine (*N*-Nitrosoverbindungen) ist der Name für eine Gruppe von primären, sekundären oder tertiären Aminen, die am Stickstoff noch eine Nitrosogruppe (NO) tragen. Nitrosamine entstehen durch Nitrosierung von sekundären und tertiären Aminen durch desalkylierende Nitrosierung, sowie durch Reaktion von sekundären Aminen mit salpetriger Säure:

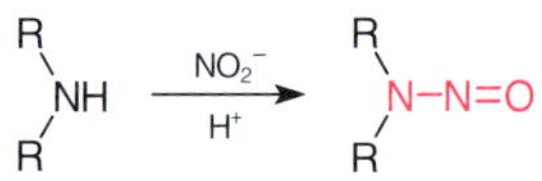

Nitrosamine findet man in Lebensmitteln, so in Wurstwaren, die durch Zugabe von Nitrit ($NaNO_2$) konserviert werden (Pökelung); ferner in Gemüsen, wo Nitrosamine in Gegenwart von Nitraten, die als Düngemittel zugegeben wurden, entstehen. Auch Kosmetika und manche Arzneimittel enthielten früher Nitrosamine, daneben kommen sie vor allem im Tabakrauch vor.

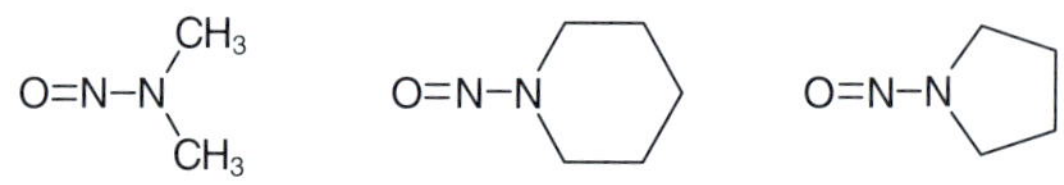

Dimethylnitrosamin *N*-Nitrosopiperidin *N*-Nitrosopyrrolidin

Nitrosamine können auch im Organismus (endogen) gebildet werden. So entstehen sie im sauren Milieu des Magens aus sekundären und tertiären Aminen und Nitrit nach der obigen Gleichung.

Die meisten Nitrosamine sind carcinogen, mit oft sehr organ-spezifischen Wirkungen. Das carcinogene Potential beruht auf der enzymatischen Oxidation der Nitrosamine, wobei eine instabile Zwischenstufe entsteht, die einen Alkylrest übertragen kann. Nitrosamine wirken so indirekt als Alkylierungsmittel, die insbesondere mit der DNA (Kap. 33) der Zelle reagieren und so das Erbgut dauerhaft schädigen.

30.1.3 Synthesewege zu Aminen

Ein vor allem technisch häufig angewandtes Verfahren zur Synthese von Aminen wurde schon in Abschn. 29.5.2 angesprochen: Die nucleophile Substitution von Halogenalkanen mit Ammoniak oder Aminen. Die Reaktion hat den Nachteil, daß immer auch höher alkylierte Amine als Nebenprodukte entstehen.

$$R\text{–}X + NH_3 \xrightarrow[-\,HX]{} R\text{–}NH_2 \xrightarrow[-\,HX]{+\,RX} R_2NH \xrightarrow[-\,HX]{+\,RX} R_3N \xrightarrow{+\,RX} R_4N^{\oplus}\ X^{\ominus}$$

Durch Zugabe eines großen Überschusses an Reagens kann die Mehrfachalkylierung zurückgedrängt werden. Zur gezielten Synthese von Aminen stehen zahlreiche Möglichkeiten zur Verfügung, von denen nur die allerwichtigsten hier erwähnt werden. Die reduktiven Methoden haben große präparative Bedeutung erlangt. Auf die hier im Folgenden erwähnten sauerstoffhaltigen Verbindungen wird in Kap. 31 näher eingegangen.

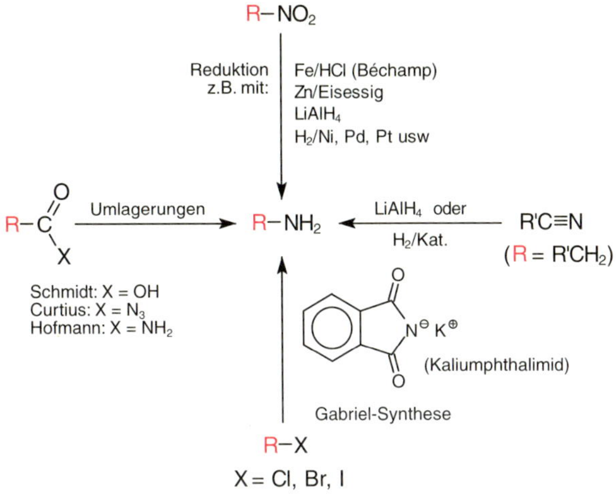

Abb. 30.2 Synthesewege zu primären Aminen.

In Abbildung 30.2 sind einige Synthesen für **primäre Amine** angeführt.

Die **Gabriel-Synthese** verläuft über zwei Stufen. Kaliumphthalimid wird mit Alkylhalogenid alkyliert und das entstehende *N*-Alkylphthalimid hydrolysiert, bzw. alternativ mit Hydrazin zum primären Amin und Phthalsäurehydrazid gespalten (Abb. 30.3).

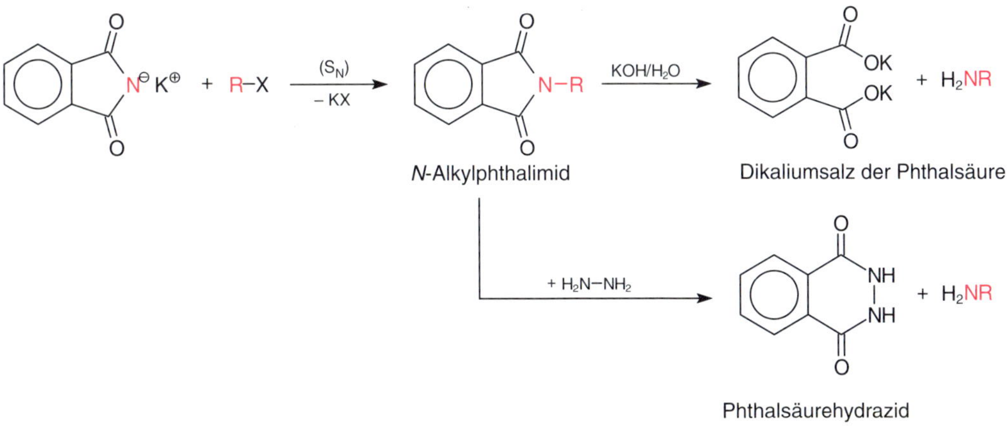

Abb. 30.3 Gabriel-Synthese.

Von den in Abbildung 30.2 angegebenen Umlagerungen verlaufen die Curtius- und die Hofmann-Umlagerung über ein Isocyanat (R–N=C=O) als Zwischenstufe (Abb. 30.4 b).

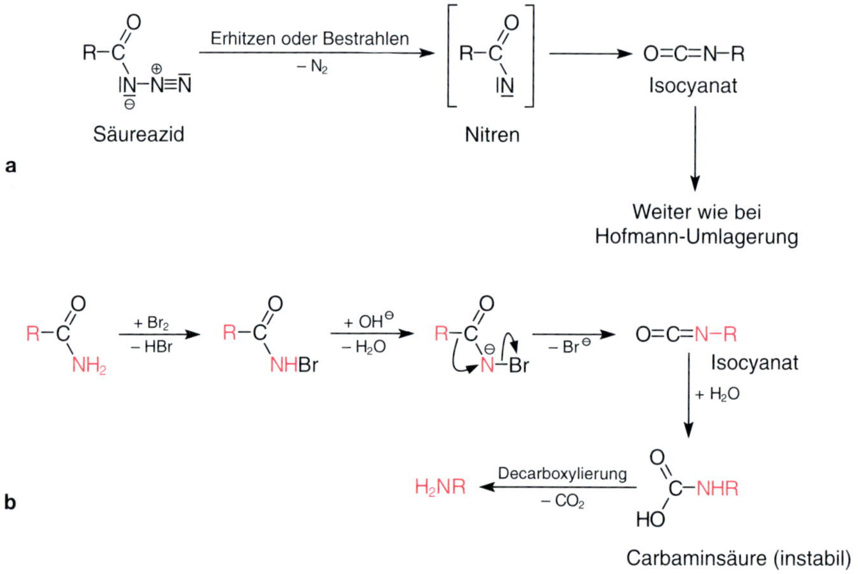

Abb. 30.4 Curtius- (a) und Hofmann-Umlagerung (b).

Die Curtius-Umlagerung (Abb. 30.4 a) geht vom Säureazid aus, das thermisch oder photochemisch Stickstoff abspaltet.

Das Nitren tritt möglicherweise bei der Photolyse, *nicht* jedoch bei der Thermolyse als instabile Zwischenstufe auf.

Die Schmidt-Reaktion verläuft geringfügig anders (Abb. 30.5). Diese Reaktion ist auch zur Synthese von α-Aminosäuren, vgl. Abschn. 33.3.1, geeignet.

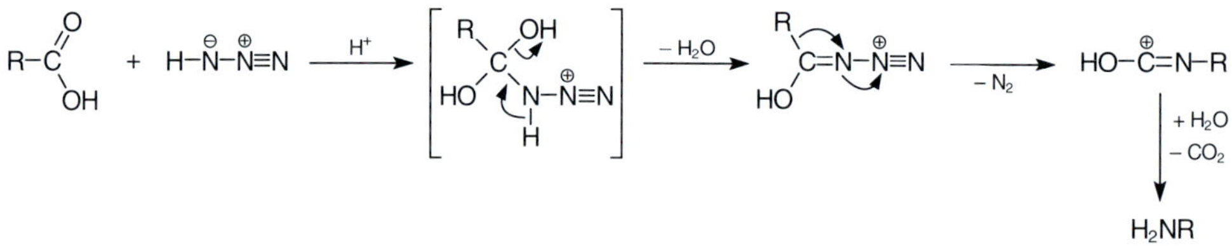

Abb. 30.5 Schmidt-Reaktion.

Zur spezifischen Synthese von **sekundären Aminen** soll hier nur die Alkylierung von Schiffschen Basen (vgl. Abschn. 31.4.4) mit Dialkylsulfat (einem Schwefelsäureester) erwähnt werden. Sie ist in Abbildung 30.6 dargestellt.

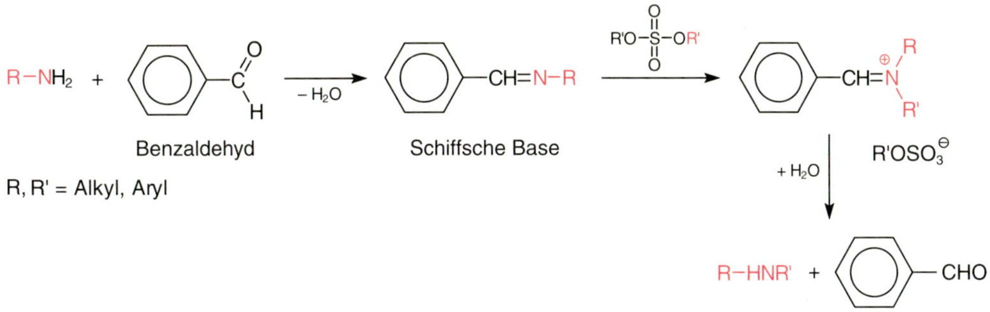

Abb. 30.6 Die Alkylierung von Schiffschen Basen führt zu sekundären Aminen.

Tertiäre Amine gewinnt man durch vollständige Alkylierung von Ammoniak bzw. von Aminen.

Neben den vorgestellten spezifischen Methoden, gibt es noch Synthesen, bei denen je nach eingesetztem Substrat, primäre, sekundäre und tertiäre Amine entstehen können, z. B. die **Reduktion von Carbonsäureamiden** oder die **reduktive Aminierung** (Abb. 30.7).

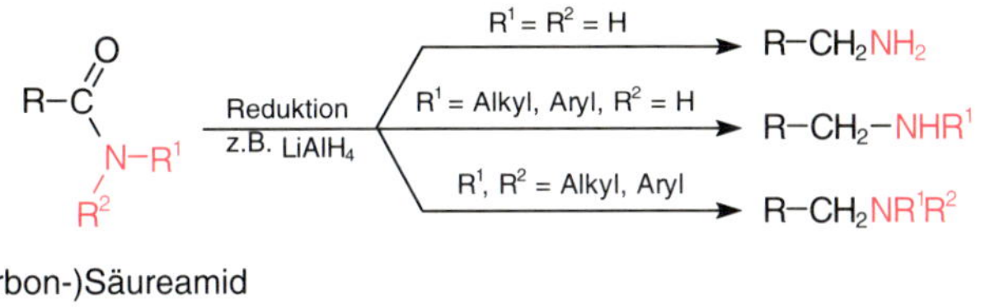

Abb. 30.7 Reduktion von Carbonsäureamiden führt je nach eingesetztem Substrat zu primären, sekundären oder tertiären Aminen.

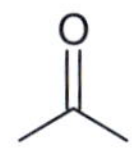

Carbonyl-Gruppe

Die reduktive Aminierung, die Umsetzung von Carbonylverbindungen mit Ammoniak oder Aminen unter reduktiven Bedingungen, führt bei Einsatz von NH_3 zu primären, von RNH_2 zu sekundären und von R^1R^2NH zu tertiären Aminen. Bei der Leuckart-Wallach-Reaktion wird Ameisensäure (Methansäure) als Reduktionsmittel verwendet (Abb. 31.8).

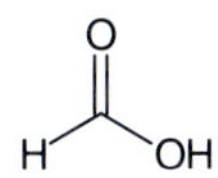

(HCOOH)

Ameisensäure

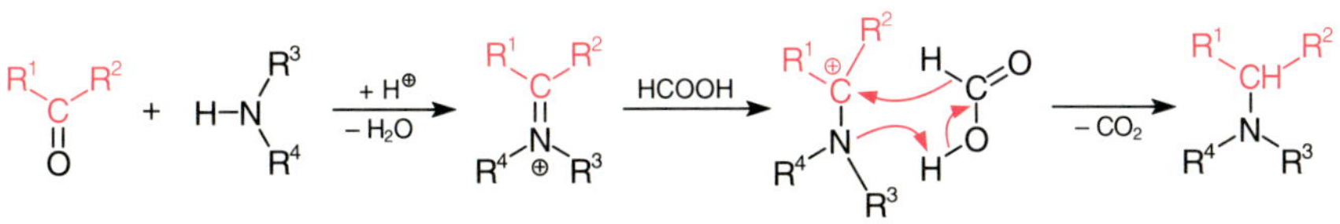

Abb. 30.8 Durch reduktive Aminierung von Carbonylverbindungen mit Ammoniak oder Aminen entstehen primäre, sekundäre oder tertiäre Amine.

30.1.4 Reaktionen der Amine

Das N-Atom der Amine besitzt wie im Ammoniak ein freies Elektronenpaar. Amine reagieren in Wasser als Basen, werden von Hydroxylionen jedoch wieder deprotoniert. Sie sind basischer als H_2O, aber saurer als OH^-.

$$RNH_2 + H_3O^{\oplus} \longrightarrow RNH_3^{\oplus} + H_2O$$

$$RNH_3^{\oplus} + OH^{\ominus} \longrightarrow RNH_2 + H_2O$$

Die Basizität der Amine hängt von der Art und der Anzahl der Substituenten R ab. Aliphatische Amine sind normalerweise stärker basisch als aromatische. Höher alkylierte Amine sind geringfügig basischer als primäre. In *Wasser* bewirken jedoch **Solvatationseffekte**, daß sekundäre Amine stärker basisch sind als tertiäre.

Amine sind aufgrund des freien Elektronenpaars meist nucleophil. Beispiel hierfür ist die schon mehrfach erwähnte Umsetzung von Aminen mit Halogenalkanen. Bei der **Hofmann-Eliminierung** werden Amine vollständig (erschöpfend) alkyliert. Das entstehende quartäre Ammoniumhalogenid wird in wäßriger Lösung mit Ag(I)oxid in Ammoniumhydroxid überführt. Beim Erhitzen (Δ) spaltet dieses in ein tertiäres Amin, ein Alken und Wasser.

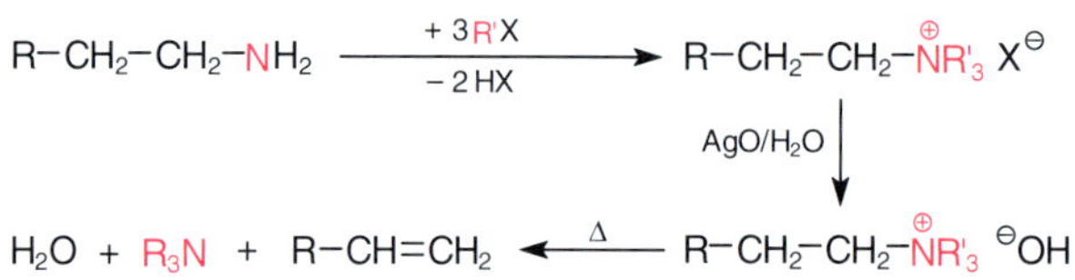

Diese Reaktion ist in zweifacher Hinsicht von Bedeutung. Zum einen bildet sich bei der thermischen Zersetzung des Ammoniumhydroxids (eine Eliminierungsreaktion, vgl. Abschn. 31.1.6) stets das Alken mit der geringeren Substitution an der Doppelbindung. Zum anderen kann aus der Menge des verbrauchten Halogenalkans und aus dem entstehenden Alken auf die ursprüngliche Struktur des eingesetzten Amins zurückgeschlossen werden. Die Reaktion besaß lange Zeit Bedeutung zur Konstitutionsaufklärung von stickstoffhaltigen Naturstoffen, besonders von Alkaloiden. Hofmann klärte so die Struktur des Piperidins auf (Abb. 30.9).

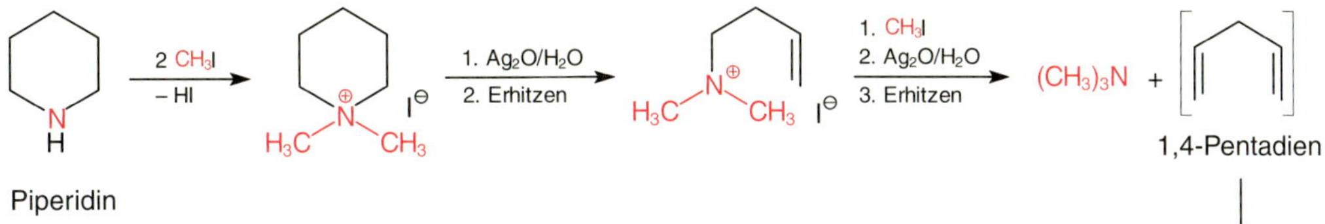

1,3-Pentadien

Abb. 30.9 Hofmann-Eliminierung nach erschöpfender Alkylierung am Beispiel des Piperidins. Diese Reaktion diente früher zur Konstitutionsaufklärung N-haltiger Naturstoffe.

Ammoniak, primäre und sekundäre Amine können mit Carbonsäurechloriden (X = Cl, Abschn. 31.9.1), -anhydriden (X = OCOR“, Abschn. 31.9.2) und -estern (X = OR“, Abschn. 31.9.4) zu **Carbonsäureamiden** (kurz: Säureamiden, Abschn. 31.9.5) reagieren.

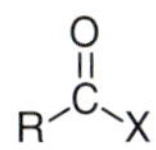

Carbonsäurederivat

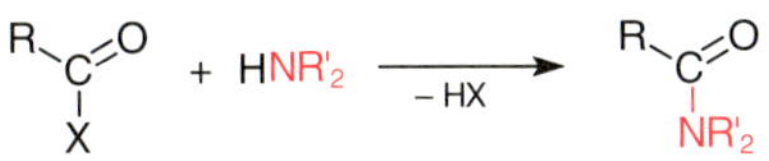

R' = H, Alkyl, Aryl

Mit aromatischen Sulfonylchloriden (Sulfochloride) reagieren Ammoniak, primäre und sekundäre Amine zu **Sulfonamiden**. Auf dieser Reaktion beruht die Trennung von primären, sekundären und tertiären Aminen nach Hinsberg.

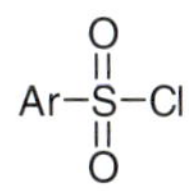

Sulfonylchlorid

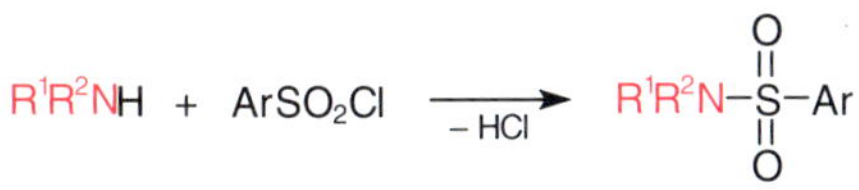

R^1, R^2 = H, Alkyl, Aryl

Sulfonamid

Aus primären Aminen (R^1 oder R^2 = H) bilden sich in Alkalien lösliche Sulfonamide, weil das acide Wasserstoffatom am Stickstoff der Sulfonamidgruppe als Proton abstrahiert werden kann.

Die Sulfonamide sekundärer Amine (R^1 und R^2 = H) sind in Alkalien unlöslich.

Tertiäre Amine reagieren nicht mit Sulfonylchloriden.

Bestimmte Amine der Sulfanilsäure werden in der Medizin als antibakteriell wirkende Medikamente („Sulfonamide“) eingesetzt.

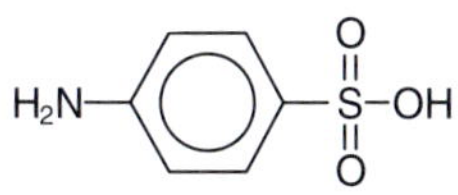

Sulfanilsäure

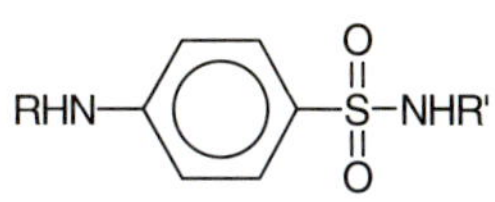

Sulfonamid
(allgemeine Struktur)

30.2 Diazo- und Nitrosoverbindungen

Die Reaktion von Aminen mit Salpetriger Säure ist in der präparativen Organischen Chemie von großer Bedeutung. Die Reaktionsprodukte sind sehr stark von dem N-Substitutionsgrad und dem Rest „R“ abhängig. Vor allem die Umsetzung von primären aromatischen Aminen (R = Ar) mit 'HNO_2' bietet den Zugang zu einer großen Zahl wichtiger Verbindungen. Die instabile Salpetrige Säure wird direkt in der Reaktionslösung aus Nitrit (meist $NaNO_2$) und einer Säure (z. B. HCl) gebildet. Reaktives Teilchen ist das Nitrosylkation (NO^+) bzw. Stickstofftrioxid (N_2O_3).

Reaktion mit primären aliphatischen Aminen:

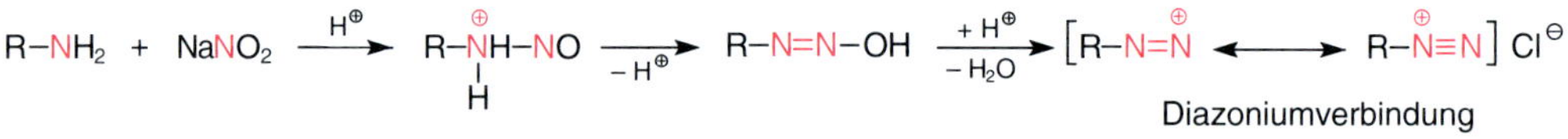

Aliphatische Diazoniumverbindungen spalten, wenn sie nicht durch den Rest R stabilisiert werden können, sehr leicht Stickstoff ab. Das dabei entstehende Carbenium-Ion kann sich durch Eliminierung eines Protons (→ Alkene), OH^--Anlagerung (→ Alkohole), Umlagerung usw. stabilisieren.

Reaktion mit sekundären aliphatischen Aminen:

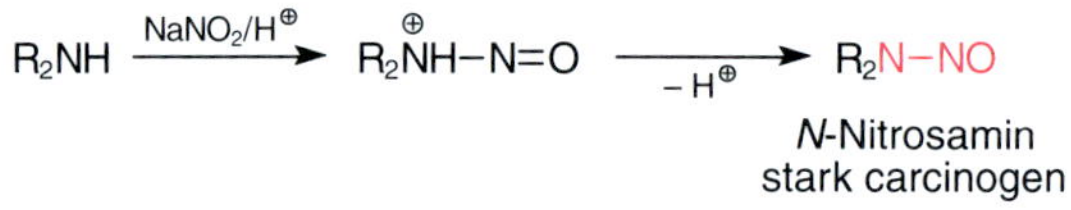

Sekundäre aromatische Amine reagieren analog.

Reaktion mit tertiären aliphatischen Aminen:

In der Kälte und in mäßig sauren Lösungen (pH < 3) findet keine Reaktion mit Salpetriger Säure statt. Bei pH 3 bis 6, hoher Nitritkonzentration und erhöhter Temperatur wird das tertiäre Amin oxidativ zu Aldehyd und sekundärem Amin gespalten.

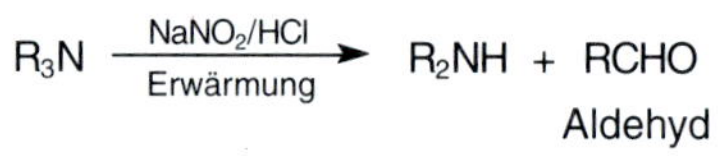

Bei tertiären aromatischen Aminen kann eine elektrophile aromatische Substitution (mit NO^+ als Elektrophil) am Kern stattfinden.

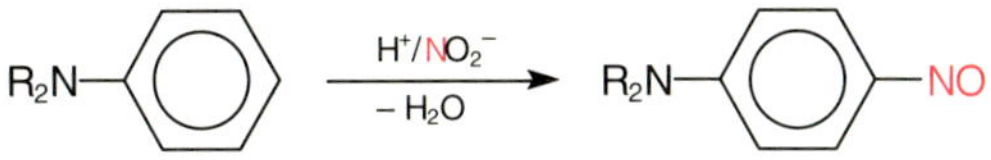

Reaktion mit primären aromatischen Aminen:

Primäre aromatische Amine setzen sich zu Diazoniumsalzen um, die in Lösung und in der Kälte (0 ° bis 10 °C) einigermaßen stabil sind. Im trockenen Zustand neigen sie zur Explosion.

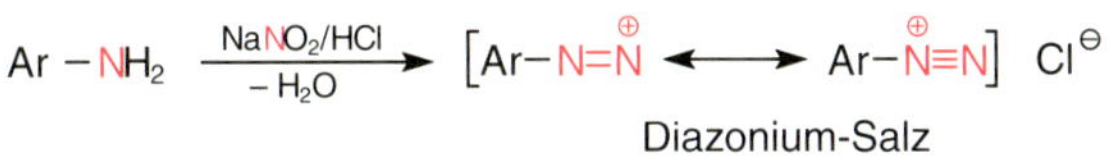

Das unterschiedliche Verhalten gegenüber Salpetriger Säure kann zur Unterscheidung der verschiedenen Amine herangezogen werden.

Die aromatischen Diazoniumsalze werden in vielfältiger Weise präparativ genutzt. Abbildung 30.10 gibt einen Überblick über einige wichtige Anwendungen.

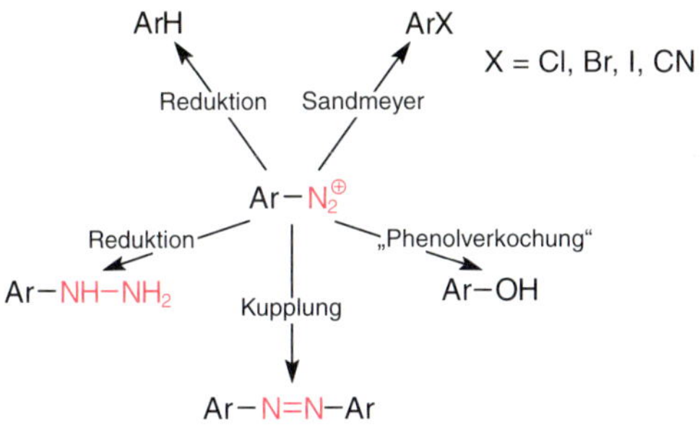

Abb. 30.10 Reaktionsmöglichkeiten aromatischer Diazonium-Salze.

Die **Sandmeyer-Reaktion** verläuft wahrscheinlich über Arylradikale, wobei zugefügtes Cu(I)salz als Katalysator wirkt.

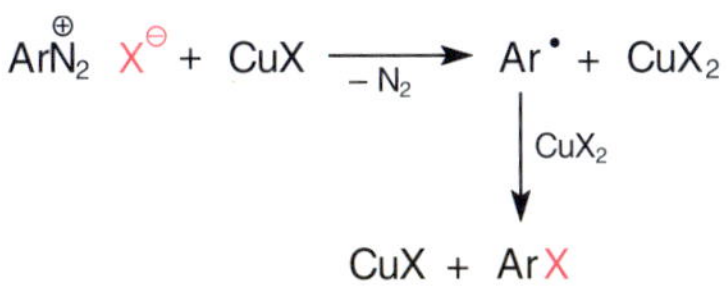

Zur Herstellung von Aryliodiden ist kein Elektronenüberträger notwendig, weil das Iodid selbst diese Rolle übernehmen kann. Bei der Gattermann-Variante der Reaktion verwendet man Cu-Pulver und HCl bzw. HBr.

Die **Azokupplung** ist eine elektrophile aromatische Substitution, bei der Aryldiazoniumsalze als Elektrophile wirken. Die Reaktion wird zur Synthese von Azoverbindungen (R–N=N–R') benutzt, von denen die **Azofarbstoffe** besondere Bedeutung erlangt haben. Die Kupplung gelingt nur mit den elektronenreicheren Aromaten (auch Heteroaromaten), weshalb Phenole und Aniline als Kupplungspartner bevorzugt werden.

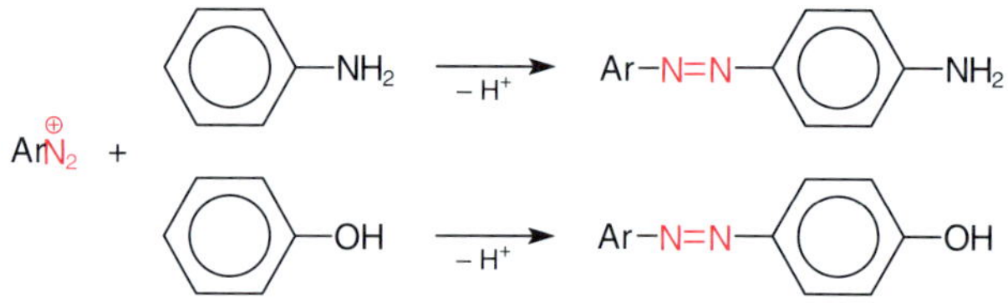

Beide Reaktionen laufen nur in bestimmten pH-Bereichen optimal ab. Für Amine ist eine leicht saure, für Phenole eine schwach alkalische Umgebung vorteilhaft. Substituierte Benzole kuppeln meist in 4-Position (*para*) zu einem Erstsubstituenten.

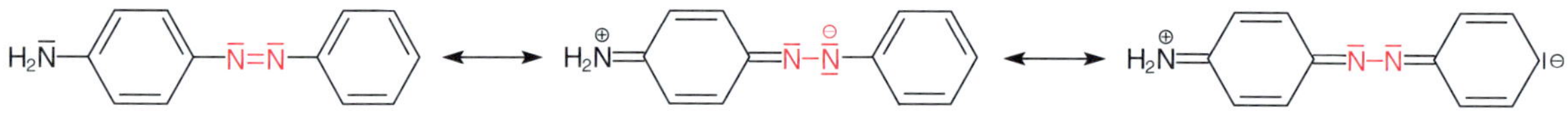

Die aromatischen Azoverbindungen sind sämtlich farbig. Ihre Farbigkeit beruht auf der Delokalisation der π-Elektronen im Molekül. Je ausgedehnter diese ist, desto tiefer wird die Farbe. Als erster Farbstoff wurde das **Anilingelb** synthetisiert. Die mesomeren Grenzstrukturen mit der Ladungstrennung leisten einen geringeren Beitrag zum Resonanzhybrid, zeigen jedoch gut die Delokalisation der π-Elektronen über das gesamte System.

Die Farbe einer Azoverbindung ist häufig vom pH-Wert abhängig und man kann diese Farbstoffe als **pH-Indikatoren** einsetzen, wie in Abbildung 30.11 für Methylorange gezeigt ist.

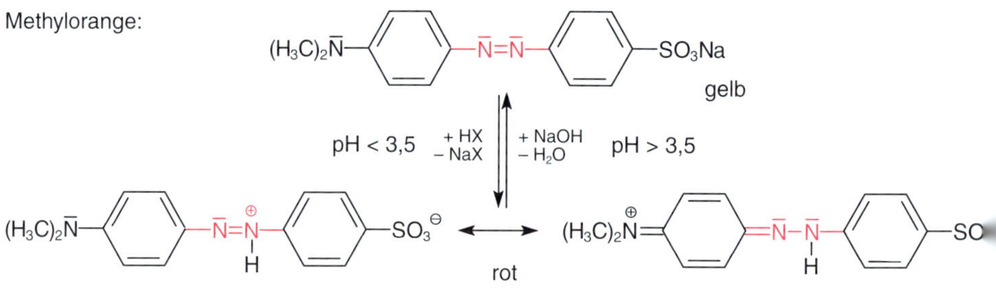

Abb. 30.11 Methylorange: Beispiel einer Azoverbindung als pH-Indikator.

Neben den Monoazoverbindungen mit nur einer Azogruppe gibt es noch Bis-, Trisazoverbindungen usw. **Kongorot** ist ein bekanntes Beispiel für einen Bisazofarbstoff. Durch Protonierung der beiden Azogruppierungen färbt sich die Verbindung blau. Sie kann deshalb als Indikator für Mineralsäuren verwendet werden.

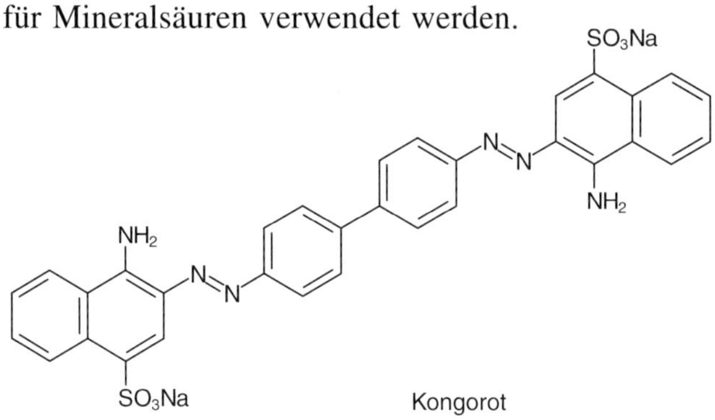

Kongorot

30.3 Nitroverbindungen

$H_3C{-}NO_2$
Nitromethan

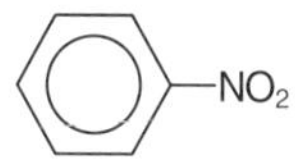

Nitrobenzol

Formal entstehen Nitroverbindungen durch den Ersatz eines H-Atoms an einem Kohlenstoff durch die Nitrogruppe ($-NO_2$). Die systematische Nomenklatur sieht das Präfix »Nitro-« vor dem Namen des Stammkohlenwasserstoffs vor.

Die Struktur der Nitrogruppe ist ein Resonanzhybrid aus den mesomeren Grenzstrukturen I und II.

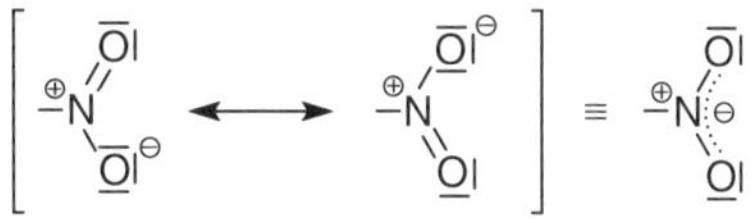

I II

$H_3C{-}NO_2$
Nitromethan

$H_3C{-}O{-}N{=}O$
Methylnitrit

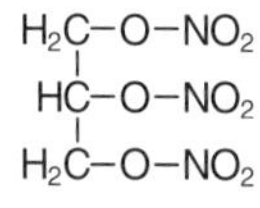

Glycerintrinitrat
„Nitroglycerin"

Das N-Atom ist direkt an den Kohlenstoff gebunden. Bei den konstitutions- (struktur-)isomeren Nitriten, den Estern der Salpetrigen Säure, ist der Stickstoff über ein Sauerstoffatom gebunden.

Fälschlicherweise werden auch einige Salpetersäureester ($R{-}ONO_2$) mit der Vorsilbe »Nitro-« versehen. Bekanntestes Beispiel ist das „Nitroglycerin", das korrekterweise als Glycerintri*nitrat* zu bezeichnen ist.

Während die aromatischen Nitroverbindungen leicht durch direkte Nitrierung zugänglich sind (vgl. Abschn. 27.3, S_EAr), müssen zur Synthese der Nitroalkane meist drastische Bedingungen (400 bis 450 °C), bzw. andere Synthesemethoden angewandt werden.

Nitromethan läßt sich nach Kolbe aus Chloressigsäure (2-Chlorethansäure) und Natriumnitirit ($NaNO_2$) in einer S_N-Reaktion herstellen.

$$Cl{-}CH_2{-}COOH \xrightarrow[-\,HCl]{NaNO_2} [O_2N{-}CH_2{-}COOH] \xrightarrow[-\,CO_2]{} O_2N{-}CH_3$$

Chlor wird dabei durch Nitrit nucleophil substituiert. Die primär entstehende Nitroessigsäure ist instabil und decarboxyliert sofort.

Die Substitution von Bromid oder Iodid durch Nitrit ist eine allgemeine anwendbare Methode. Es ist darauf zu achten, daß die Reaktion möglichst nach S_N2 abläuft, weil der monomolekulare Mechanismus nach S_N1 über ein Carbenium-Ion hauptsächlich zu O-Alkylierung führt.

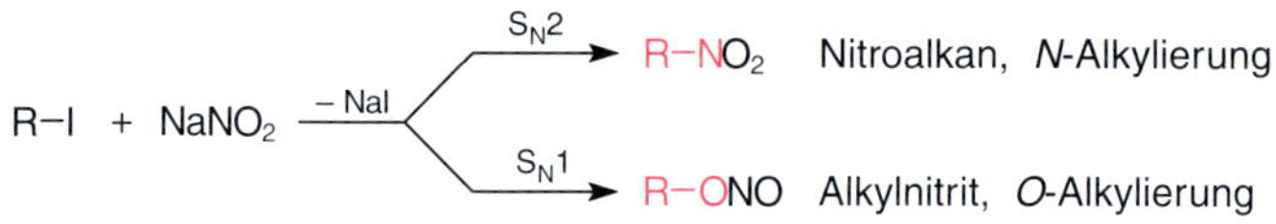

Bei Reagentien mit zwei unterschiedlichen nucleophilen Zentren reagiert das nucleophilere, leichter polarisierbare, wenn der bimolekulare Mechanismus zum Tragen kommt. Das Carbenium-Ion, das bei einem S_N1-Mechanismus entsteht, reagiert dagegen bevorzugt mit dem weniger polarisierbaren Zentrum (der härteren Base).

Speziell tertiäre Nitroalkane (R_3C-NO_2) lassen sich vorteilhaft durch Oxidation von tertiären Alkylaminen (R_3C-NH_2) mit $KMnO_4$ herstellen.

$$R_3C{-}NH_2 \xrightarrow{KMnO_4} R_3C{-}NO_2$$

Nitroalkane sind wegen ihrer Polarität gute, häufig benutzte Lösungsmittel. Präparativ werden sie zur Synthese von Aminen und zur Knüpfung von C–C-Bindungen benutzt. Der Stickstoff der Nitrogruppe übt einen starken -I-Effekt auf das benachbarte (α)-Kohlenstoffatom aus, das dadurch selbst positiviert wird. Wasserstoffatome am α-Kohlenstoff von Nitroalkanen sind deshalb acid und können durch Basen abgespaltet werden (C–H-acide Verbindung, Abschn. 31.4.4). Das Anion kann dann als Nucleophil reagieren.

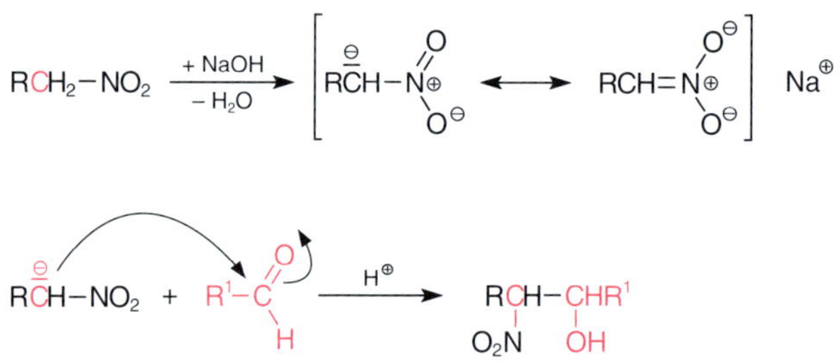

Aus 1-Nitropropan wird technisch Hydroxylamin (H_2NOH) durch Säurezusatz in einer intramolekularen Redoxreaktion gewonnen.

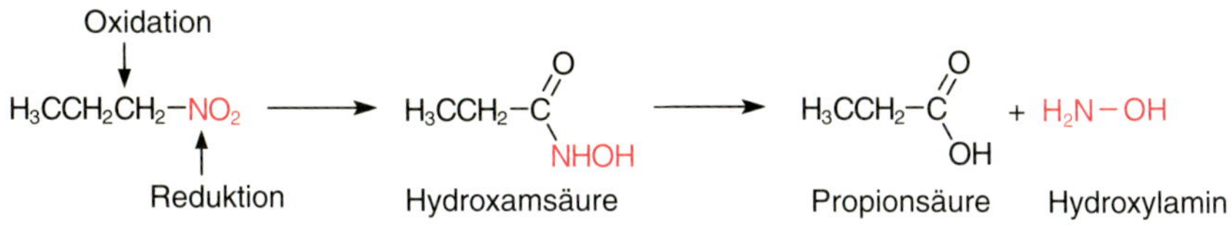

Höher nitrierte Aromaten wie 1,3,5-Trinitrobenzol oder das viel leichter herstellbare Trinitrotoluol (TNT) werden als Sprengstoffe benutzt. Xylolmoschus findet wegen seines moschusähnlichen Geruchs in der Parfümherstellung Anwendung. In der Natur treten Nitroverbindungen selten auf. Beispiele sind das als Antibiotikum verwendete Chloramphenicol und das 1-Nitro-2-phenylethan (Abb. 30.12).

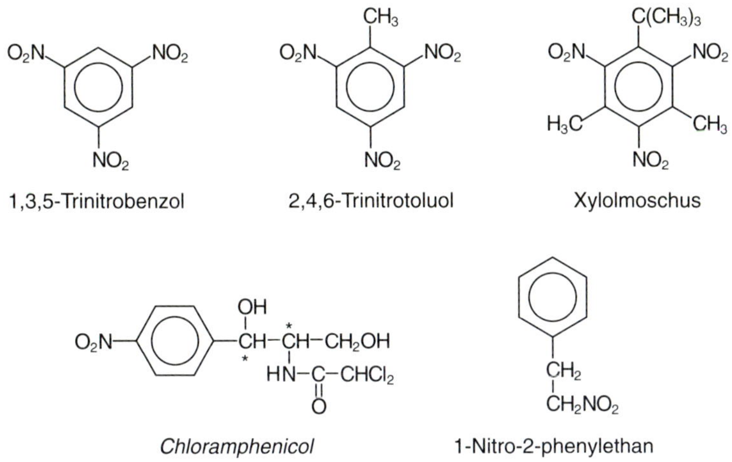

Abb. 30.12 Beispiele für aromatische Nitroverbindungen.

30.4 Weitere Anwendungsbeispiele

Viele organische Stickstoffverbindungen sind Ausgangsstoffe für industriell genutzte Polymerverbindungen. Ein wichtiges Beispiel ist Hexamethylendiamin (oder 1,2-Diaminohexan). Es wird mit einer zweiten Komponente, der Adipinsäure, zu Nylon verarbeitet.

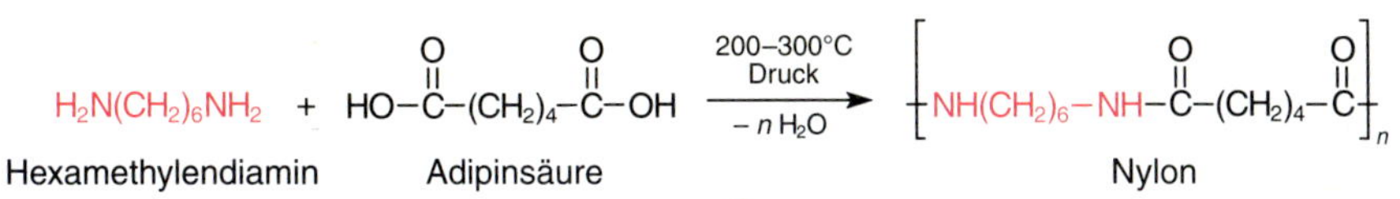

$$R-\underset{\displaystyle NH_2}{\underset{|}{CH}}-COOH$$

α-Aminosäure

Nylon (genauer Nylon 6,6) enthält die NH–CO-Gruppierung und ist daher ein Polyamid. Amide und weitere polymere Formen der Amide werden in Abschnitt 31.9.5 ausführlicher besprochen.

In der belebten Natur gibt es eine außerordentlich wichtige Verbindungsklasse, die neben der Aminogruppe noch eine Säurefunktion trägt: die Aminosäuren. α-Aminosäuren sind die Bausteine der Proteine. Sie sollen im Zusammenhang mit den Carbonsäuren bzw. der Proteine näher betrachtet werden (Kap. 31 und 33).

Aminosäuren werden im Organismus zu Aminen abgebaut. Man spricht dann von **biogenen Aminen**. Einige Beispiele hierfür sind in Abbildung 30.13 dargestellt.

$H_2N-CH_2-CH_2-COOH$

„β-Alanin"
3-Aminopropansäure
biochemisches Abbauprodukt
(aus L-Asparaginsäure)

$H_2N-(CH_2)_3-COOH$

„γ-Aminobuttersäure"
4-Aminobutansäure
Neurotransmitter
(aus L-Glutaminsäure)

$H_2N-CH_2-CH_2-OH$

„Ethanolamin"
2-Aminoethanol
biochemische Vorstufe
(aus L-Serin)

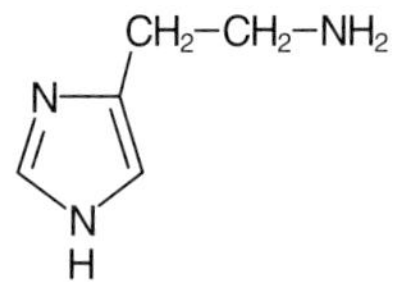

„Histamin"
1*H*-Imidazol-4-ethanamin
wird u.a. bei allergischer
Reaktion freigesetzt
(aus L-Histidin)

$H_2N-(CH_2)_5-NH_2$

„Cadaverin"
1,5-Pentandiamin
entsteht bei Fäulnis,
Leichengift
(aus L-Lysin)

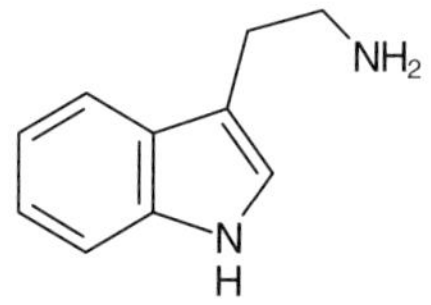

„Tryptamin"
2-(Indol-3-yl)ethylamin
stimuliert Muskelkontraktion;
mikrobiologisches Abbauprodukt
(aus L-Tryptophan)

Abb. 30.13 Beispiele für biogene Amine.

31 Sauerstoffhaltige Verbindungen

Die formale Oxidation von Methan führt über Methanol, Formaldehyd und Ameisensäure zum Kohlendioxid.

$$CH_4 \longrightarrow CH_3OH \longrightarrow HCHO \longrightarrow HCOOH \longrightarrow CO_2$$

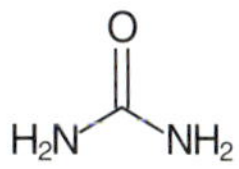

Harnstoff

In dieser Reihenfolge werden deshalb auch die sauerstoffhaltigen Verbindungen **Alkohole, Carbonylverbindungen** und **Carbonsäuren** behandelt. Das CO_2 selbst zählt nicht mehr zu den organischen Molekülen, wohl aber einige seiner Derivate, wie z. B. Harnstoff, der als erste organische Verbindung überhaupt von Wöhler 1828 synthetisch hergestellt wurde.

31.1 Alkohole

Alkohole besitzen die allgemeine Formel ROH, wobei R sowohl ein gesättigter als auch ein ungesättigter, ein aliphatischer oder alicyclischer Rest sein kann. Verbindungen, bei denen die Hydroxygruppe (OH-Gruppe) direkt an einen aromatischen Rest gebunden sind, unterscheiden sich in ihren Eigenschaften deutlich von den o. g. Hydroxyverbindungen und werden als **Phenole** nicht zu der Gruppe der Alkohole gezählt.

Man unterscheidet zwischen **primären, sekundären** und **tertiären** Alkoholen, abhängig davon, wieviel Kohlenstoffatome an das C-Atom gebunden sind, das die OH-Gruppe trägt.

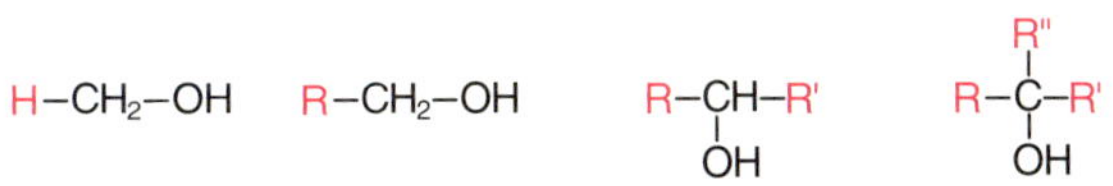

primärer sekundärer tertiärer Alkohol

Methanol nimmt mit R = H eine Sonderstellung ein, zählt jedoch zu den primären Alkoholen.

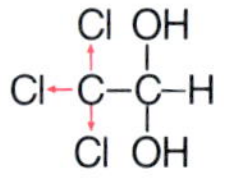

Chloralhydrat

In einem Molekül können auch mehrere OH-Gruppen vorkommen, am selben Atom (**geminal**) allerdings nur, wenn die Verbindung durch elektronenziehende Gruppen stabilisiert ist, wie beispielsweise im Chloralhydrat. **Zweiwertige** Alkohole tragen zwei, **dreiwertige** drei Hydroxygruppen an benachbarten C-Atomen. Sie werden allgemein als **mehrwertige** Alkohole bezeichnet. Als Beispiele sind 1,2-Ethandiol (Glycol) und 1,2,3-Propantriol (Glycerin) angegeben. Im folgenden soll jedoch nur auf die einwertigen Alkohole näher eingegangen werden.

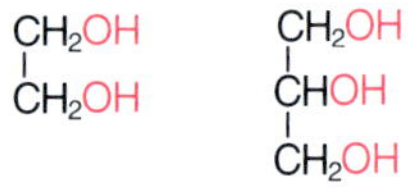

zweiwertiger Alkohol   dreiwertiger Alkohol

Die charakteristischen Eigenschaften von Alkoholen werden durch die polare OH-Gruppe bestimmt. Die Ausbildung von Wasserstoffbrücken führt zu einem deutlich erhöhten Siedepunkt im Vergleich zu unpolaren Molekülen.

Tabelle 31.1: Siedepunkte unterschiedlich substituierter Ethane.

Verbindung	C_2H_6 Ethan	C_2H_5Cl Ethylchlorid	$C_2H_5NH_2$ Ethylamin	C_2H_5OH Ethanol
Sdp.[°C]	–88,5	13,1	16,6	78,32

In der homologen Reihe der gesättigten einwertigen Alkohole ($C_nH_{2n+1}OH$) sind die niedrigen Homologen bis $n = 3$ in jedem Verhältnis mit Wasser mischbar, von $n = 4$ bis $n = 12$ sind die öligen Flüssigkeiten nur noch beschränkt mit Wasser mischbar, von $n = 13$ an sind die Alkohole fest und wasserunlöslich.

31.1.1 Nomenklatur der Alkohole

Die verbreitetste systematische Bezeichnungsweise ist das Anhängen des Suffix „-ol“ an den Namen des zugrundeliegenden Kohlenwasserstoffs.

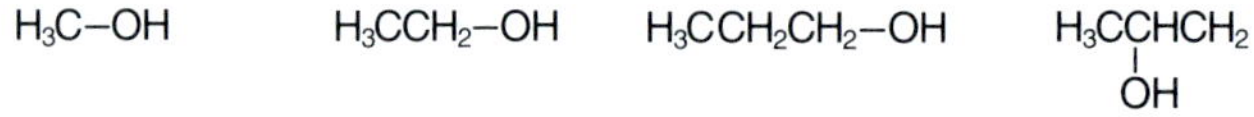

Methanol Methylalkohol | Ethanol Ethylalkohol | Propanol Propylalkohol | 2-Propanol Isopropylalkohol

Daneben gibt es noch die radikofunktionelle Nomenklatur, nach der an den Radikalnamen der Stammverbindung „-alkohol“ angehängt wird. Die häufig verwendete Bezeichnung „Isopropanol“ für 2-Propanol (Isopropylalkohol) ist falsch, weil kein „Isopropan“ existieren kann. Mehrwertige Alkohole werden als -di-, -tri- usw. -ole bezeichnet. Für zweiwertige Alkohole verwendet man noch die triviale Bezeichnung „Glycole“. Besitzt eine Verbindung neben der Alkoholgruppe weitere Substituenten mit höherer Priorität (Säuren, Säurederivate, Nitrile, Aldehyde, Ketone), wird die OH-Gruppe als Präfix „Hydroxy-“ vorgestellt.

$HO{-}CH_2{-}CH_2{-}OH$

1,2-Ethandiol (Glycol)

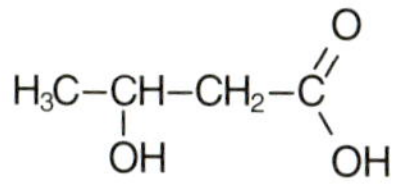

3-Hydroxybuttersäure
3-Hydroxybutansäure

31.1.2 Herstellung von Alkoholen

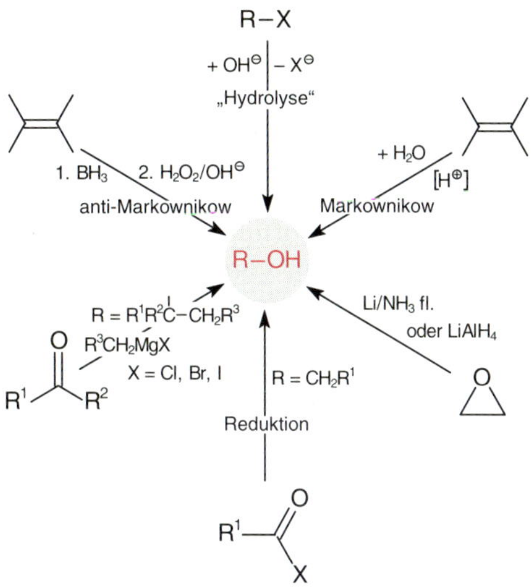

Abb. 31.1
Synthesemethoden für Alkohole.

Die Addition von Wasser an Alkene und die reduktiven Methoden werden häufig angewandt, während die Hydrolyse von Halogenalkanen (nucleophile Substitution von X^- gegen OH^-) kaum praktische Bedeutung hat, weil letztere meist aus den Alkoholen synthetisiert werden. Neben den in Abb. 31.1 zusammengefaßten Synthesemethoden gibt es noch einige erwähnenswerte technische Herstellungsweisen.

Die großtechnische **Synthese von Methanol** erfolgt nach verschiedenen Methoden, die auf der Reaktion von Kohlenmonoxid bzw. Kohlendioxid mit Wasserstoff (Synthesegas) bei höheren Drücken und Temperaturen an einem geeigneten Katalysator beruht.

$$CO + 2\,H_2 \xrightleftharpoons[]{\text{250°C, 5–10 MPa; Kat.}} H_3COH$$

$$CO_2 + 3\,H_2 \xrightleftharpoons[]{\text{Kat.}} H_3COH + H_2O$$

Zur **Synthese von Ethanol** wird großtechnisch die Hydratisierung von Ethen (Ethylen) und nach wie vor die alkoholische Gärung angewandt. Die wirtschaftliche Bedeutung von Ethanol geht weit über die einer sehr vielseitigen Chemikalie hinaus. Als meist hochgeschätzter Bestandteil einer unübersehbaren Vielfalt von Getränken ist Ethanol der „Alkohol" schlechthin. Er zählt zu den Hypnotika und seine Wirkung dürfte durch Selbstversuche hinreichend bekannt sein. Die tägliche Aufnahme von 20 ml reinem Ethanol bei der Frau und 60 ml beim Mann führt auf Dauer zu irreversiblen gesundheitlichen Schäden.

Das aus Erdgas und Erdöl durch Cracken erhältliche Ethylen wird entweder durch direkte **Hydratisierung** bei hohen Drucken und Temperaturen in Gegenwart eines Katalysators oder über den Schwefelsäureester zum Ethanol umgesetzt.

$$H_2C{=}CH_2 + H_2O \xrightarrow{p,\ T,\ H_3PO_4 \text{ als Kat.}} H_3CCH_2OH$$

$$2\ H_2C{=}CH_2 + H_2SO_4 \longrightarrow (C_2H_5O)_2SO_2 \xrightarrow{2\ H_2O} 2\ CH_3CH_2OH + H_2SO_4$$

Bei der technischen Durchführung der **anaeroben alkoholischen Gärung** (Fermentation) geht man von Naturprodukten mit hohem Stärkegehalt (Kartoffeln, Getreide usw.) aus. Die Stärke $[(C_6H_{10}O_5)_n]$ wird enzymatisch in Glucosemoleküle (eine Hexose, $C_6H_{12}O_6$) gespalten und diese dann durch Enzyme der Hefe hauptsächlich in Ethanol und Kohlendioxid vergoren:

$$C_6H_{12}O_6 \xrightarrow{\text{Hefe}} 2\ C_2H_5OH + 2\ CO_2$$

Daneben treten noch eine ganze Anzahl weiterer Produkte auf, z. B. höhere Alkohole (Isobutanol, Pentanole usw., die sog. „Fuselalkohole").

31.1.3 Die chemischen Eigenschaften der Alkohole

$\overset{\delta\oplus}{-C}-\overset{\delta\ominus}{O}-\overset{\delta\oplus}{H}$

Das chemische Verhalten der Alkohole ist vor allem durch die Polarität der funktionellen Gruppe bestimmt, in der der Kohlenstoff und der Wasserstoff eine positive, der Sauerstoff eine negative Partialladung trägt. Die leichte Oxidierbarkeit der Hydroxygruppe zählt ebenfalls zu den charakteristischen Eigenschaften und wird in der Praxis als halbquantitativer Nachweis (Alkoholteströhrchen) genutzt.

$$3\ H_3CCH_2OH + \underset{\text{gelb-orange}}{2\ Cr_2O_7^{2\ominus}} + 16\ H^{\oplus} \longrightarrow 3\ H_3CCOOH + \underset{\text{grün}}{4\ Cr^{3\oplus}} + 11\ H_2O$$

Analog zum Wasser zeigt die OH-Gruppe amphotere Eigenschaften. Starke Säuren protonieren die Alkoholgruppe, sehr starke Basen bilden unter Protonenabspaltung **Alkoholate** (Alkoxide).

$$C_2H_5\overset{\oplus}{O}H_2\ Cl^{\ominus} \xleftarrow{HCl} C_2H_5OH \xrightarrow[-\frac{1}{2}H_2]{Na} \underset{\text{Natriumethanolat}}{C_2H_5O^{\ominus}\ Na^{\oplus}}$$

Alkohole gehören zu den präparativ nützlichsten Chemikalien, denn sie erlauben die Herstellung einer Vielzahl von chemischen Stoffgruppen (vgl. Abb. 31.2).

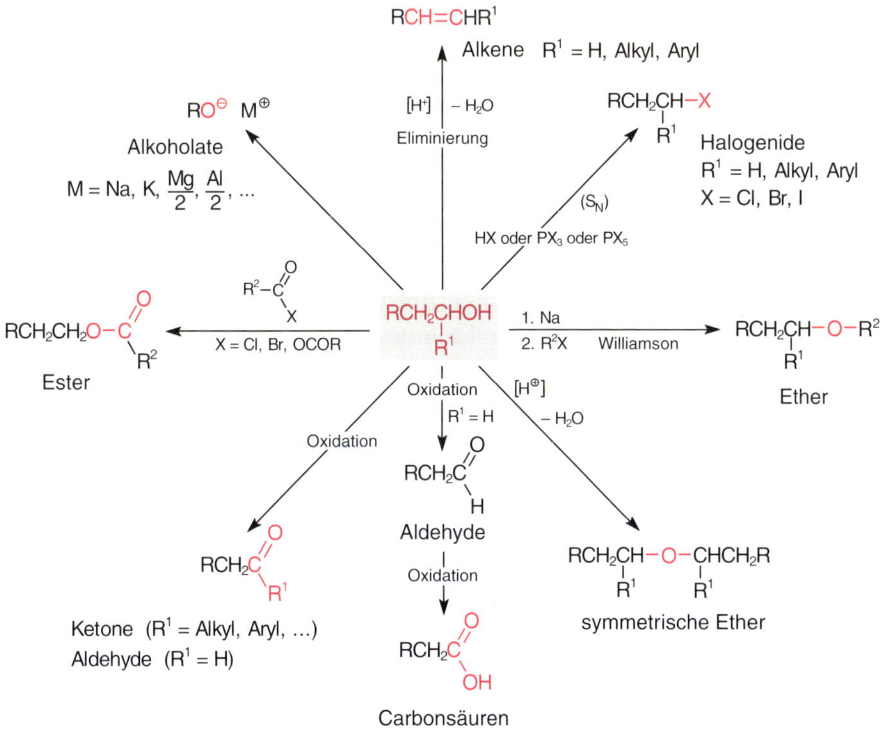

Abb. 31.2
Wichtige Reaktionen der Alkohole.

31.1.4 Die Oxidation von Alkoholen

Die Oxidation von Alkoholen führt zu Aldehyden, Ketonen und Carbonsäuren. Man verwendet eine Vielfalt verschiedener Oxidationsmittel. Häufig angewandte Reagenzien sind Dichromat/Schwefelsäure ($Cr_2O_7^{2-}/H_2SO_4$), Kaliumpermanganat ($KMnO_4$) und Pyridiniumdichromat (PDC, selektiv für primäre, sekundäre, allylische und benzylische OH-Gruppen).

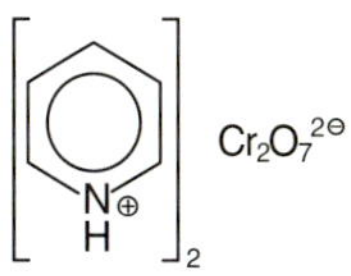

PDC

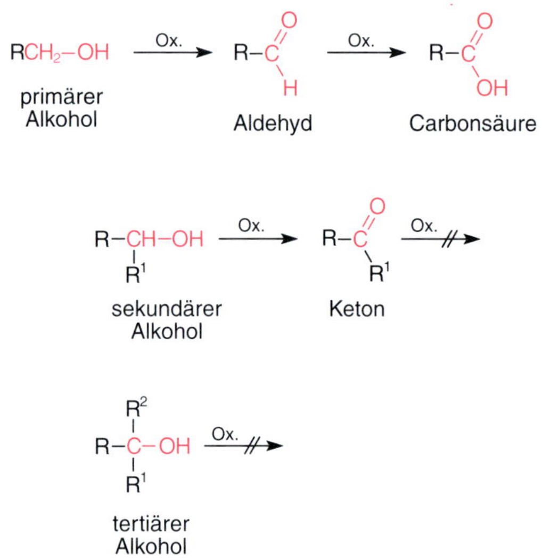

Primäre Alkohole werden bei Anwendung starker Oxidationsmittel, wie Dichromat oder Permanganat, leicht über den Aldehyd zur Carbonsäure oxidiert. Bei sekundären Alkoholen endet die Oxidation beim Keton. Die Weiteroxidation unter drastischen Bedingungen führt wie bei den tertiären Alkoholen zur Fragmentierung des Moleküls.

Glycolspaltung. Durch oxidative Spaltung von vicinalen Dihydroxyverbindungen (Glycolen) mit Pb(IV)-acetat oder Metaperiodat (IO_4^-) erhält man Aldehyde oder Ketone (Abschn. 31.4). Überschüssiges Kaliumpermanganat ($KMnO_4$) oder Dichromat ($Cr_2O_3^{2-}$) oxidiert bis zur Carbonsäure.

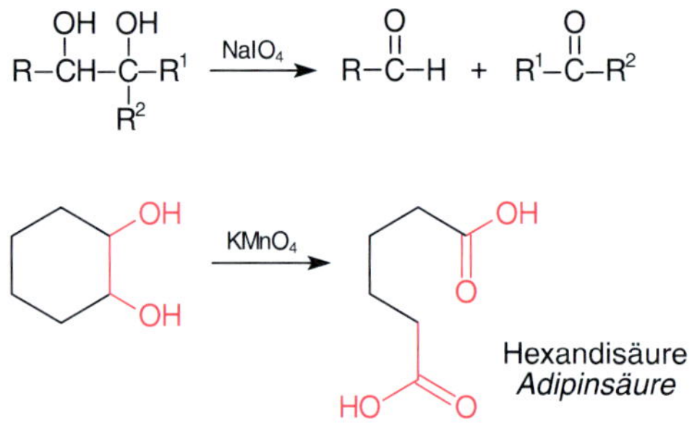

1,2-Diole sind leicht aus Alkenen durch Oxidation mit $KMnO_4$, OsO_4 oder H_2O_2 zugänglich. Je nach verwendetem Oxidationsmittel erhält man *cis*- oder *trans*-Diole.

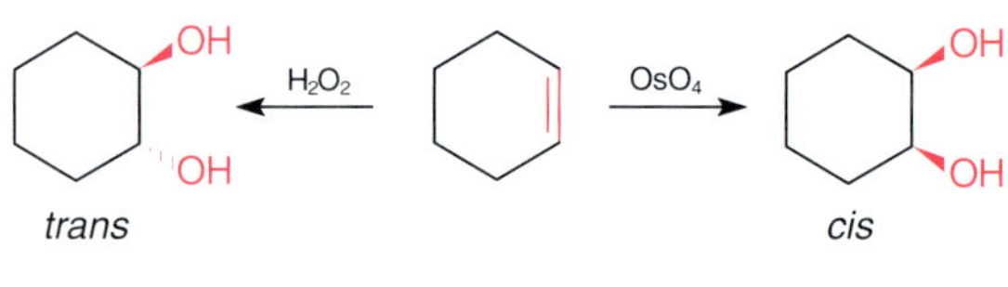

31.1.5 Die Umsetzung von Alkoholen zu Ethern

R–O–R

ein Ether

Zur Synthese von Ethern (Abschn. 31.3) bevorzugt man nach wie vor die klassische **Williamson-Ethersynthese**, in der Halogenalkane durch Alkoholate oder Phenolate nucleophil substituiert werden (S_N2).

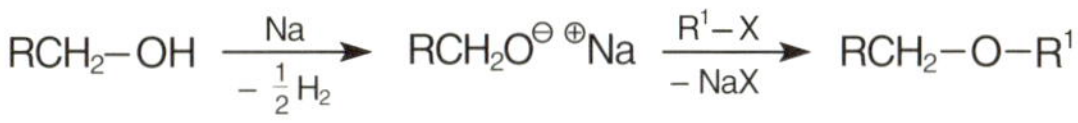

Die Reaktion verläuft mit primären Halogeniden besonders gut. Tertiäre Halogenide eliminieren meist Halogenwasserstoff (vgl. Eliminierungen, Abschn. 29.5.3). Um Ether tertiärer Alkohole zu erhalten, muß man deshalb tertiäre Alkoholate mit primären oder sekundären Halogeniden umsetzen. Symmetrische Dialkylether kann man durch säurekatalysierte Wasserabspaltung aus Alkoholen herstellen.

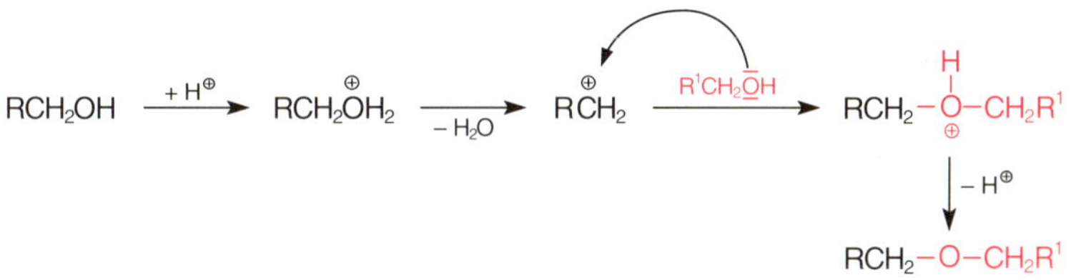

Die Einwirkung von Säuren auf Alkohole muß nicht notwendigerweise zu symmetrischen Ethern führen. Der Säurezusatz kann auch eine Wasserabspaltung (Eliminierung) bewirken (vgl. Abschn. 26.3 und 31.1.6).

Mit einem Überschuß an Schwefel- oder Phosphorsäure kondensieren Alkohole zu Schwefelsäureestern bzw. Phosphorsäureestern:

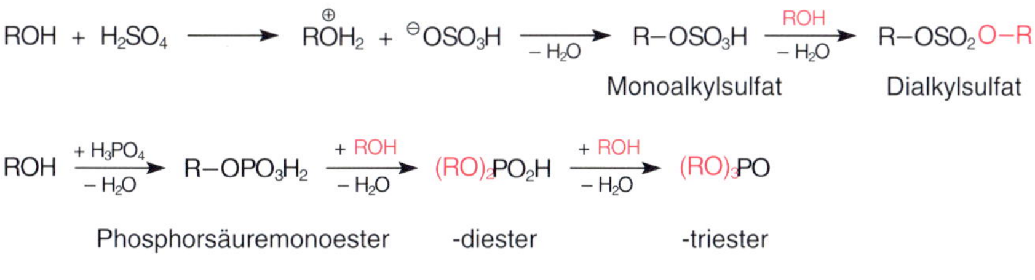

Dialkylsulfate, besonders Dimethyl- und Diethylsulfat sind wichtige **Alkylierungsmittel**. Da sie auch mit der DNA in der Zelle reagieren können, sind sie stark giftig und wirken carcinogen. Organische Phosphorsäureester sind biochemisch von herausragender Bedeutung, man denke nur an die Adenosinphosphate, Phospholipide und Nucleotide (vgl. auch Kap. 33).

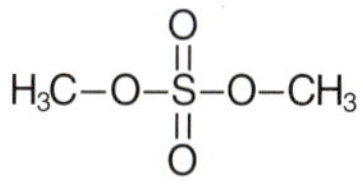

Dimethylsulfat

Adenosinphosphate bestehen formal aus Adenin, einem Zucker (der *β*-D-Ribofuranose, Abschn. 33.1 ff) und Phosphorsäure.

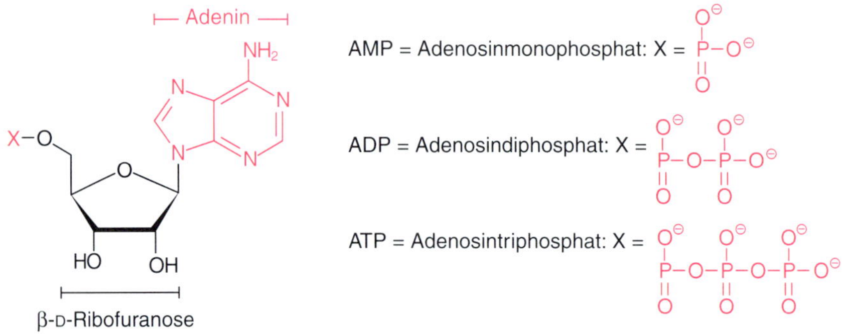

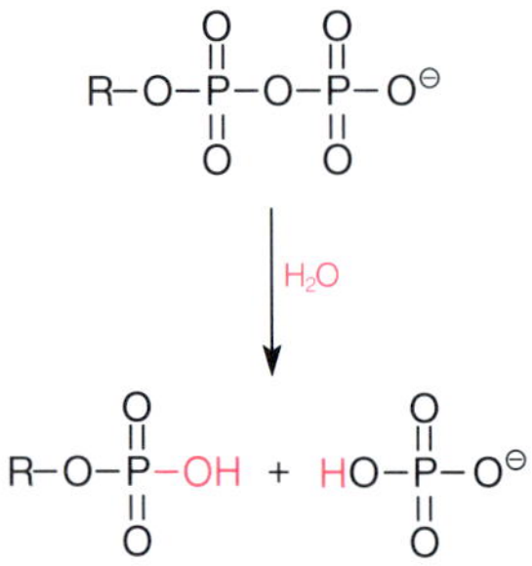

Adenosinphosphate spielen als Energielieferanten für endergonische biochemische Prozesse eine zentrale Rolle in Stoffwechselvorgängen. Einerseits können sie durch die exergonische Spaltung der Phosphorsäureanhydridbindung Energie zur Verfügung stellen, andererseits durch die Bildung von Phosphorsäuredi- und -triester Energie aus Verbrennungsprozessen und der Photosynthese übernehmen.

Der Energieaustausch in biologischen Prozessen erfolgt enzymatisch über die reversible Umwandlung von ATP in ADP.

$$ATP + H_2O \underset{\text{Energieaufnahme}}{\overset{\text{Energieabgabe}}{\rightleftharpoons}} ADP + HOPO_2^{2\ominus} + H^{\oplus}$$

31.1.6 Eliminierungsreaktionen

Es wurde schon kurz erwähnt, daß Alkohole säurekatalysiert Wasser abspalten und in Alkene übergehen können.

$$RCH_2CH_2OH \xrightarrow[-H_2O]{H^{\oplus}} RCH{=}CH_2$$

Diese Reaktion ist ein einfaches Beispiel für die wichtige Gruppe der Eliminierungsreaktionen. Bei Eliminierungen werden aus einem Molekül zwei Teilchen (Atome, Atomgruppen, Ionen) entfernt. Erfolgt die Abspaltung von demselben C-Atom, liegt eine **1,1**-(oder **α**-)**Eliminierung** vor. Bekanntestes Beispiel ist die Bildung von Dichlorcarben aus Chloroform unter Einwirkung starker Basen. 1,1-Eliminierungen sind relativ selten. Der weitaus häufigste Reaktionstyp ist die **1,2**-(oder **β**-)**Eliminierung**. Die beiden aus dem Substrat austretenden Teilchen stammen von benachbarten Kohlenstoffatomen und es bildet sich eine Mehrfachbindung aus.

$$HCCl_3 \xrightarrow[-HCl]{KOH} |CCl_2$$

Dichlorcarben

1,1-(α-)Eliminierung

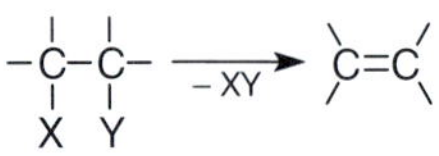

1,2-(β-)Eliminierung

In Lösung verlaufen 1,2-Eliminierungen basenunterstützt meist als HX-Abspaltungen. Die Reaktion ist die genaue Umkehrung der elektrophilen Addition von HX an die Doppelbindung.

Man unterscheidet verschiedene Reaktionsmechanismen:

E1: Abspaltung von X^- *vor* H^+
E2: Abspaltung von X^- und H^+ *gleichzeitig*
E1cB: Abspaltung von X^- *nach* H^+

Bei der idealen monomolekularen Eliminierung, der **E1-Reaktion** dissoziiert im geschwindigkeitsbestimmenden Schritt das Substrat RX in ein Carbenium-Ion und ein Anion X^-. In einem zweiten schnellen Schritt löst sich dann ein β-ständiges Proton unter Doppelbindungsbildung.

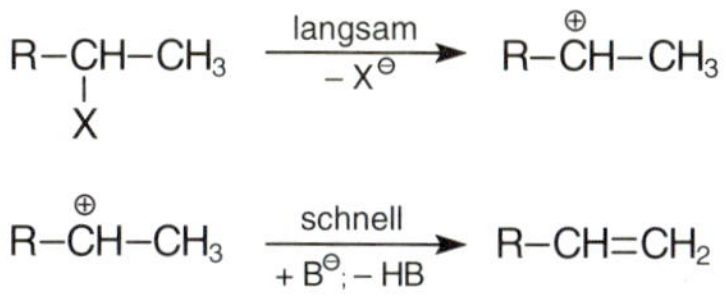

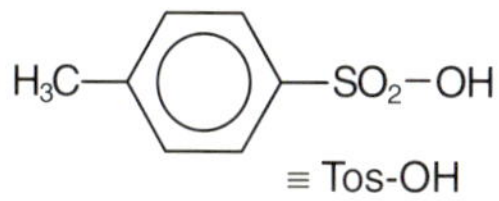

p-Toluolsulfonsäure eine gute Abgangsgruppe

Bisher wurden drei Reaktionsmechanismen vorgestellt, bei denen ein Carbenium-Ion als Zwischenstufe auftritt. Die elektrophile Addition an eine Doppelbindung (Ad_E2, Abschn. 26.5), deren Umkehrung, die monomolekulare Eliminierung (**E1**) und die monomolekulare Substitution (**S_N1** Abschn. 29.5.1). Die im Zusammenhang mit S_N1- und Ad_E2-Reaktionen gemachten Aussagen über die Stabilität und Eigenschaften von Carbenium-Ionen treffen auch für die E1-Reaktion zu. Die gemeinsame Zwischenstufe von E1 und S_N1 bedingt eine Konkurrenz beider Reaktionen zueinander. (Weshalb ist Ad_E2 *keine* Konkurrenzreaktion?) Im Ergebnis fallen, von den für Carbenium-Ionen typischen Umlagerungsprodukten abgesehen, sowohl Eliminierungs- als auch Substitutionsprodukte in wechselnden Verhältnissen an. Hoher Substitutionsgrad und sterisch anspruchsvolle Gruppen an den Reaktionszentren, sowie hohe Temperatur fördern allgemein die Eliminierung.

Gibt es mehrere Möglichkeiten, ein Proton abzuspalten, stellt sich die Frage nach der Richtung (**Orientierung**) der Eliminierung. Im Normalfall entsteht bei E1-Reaktionen das Saytzeff-Produkt, also das Produkt mit der höher substituierten Doppelbindung. Auch gute, nicht zu basische Abgangsgruppen (X = Halogen, H_2O, HOTos) fördern das

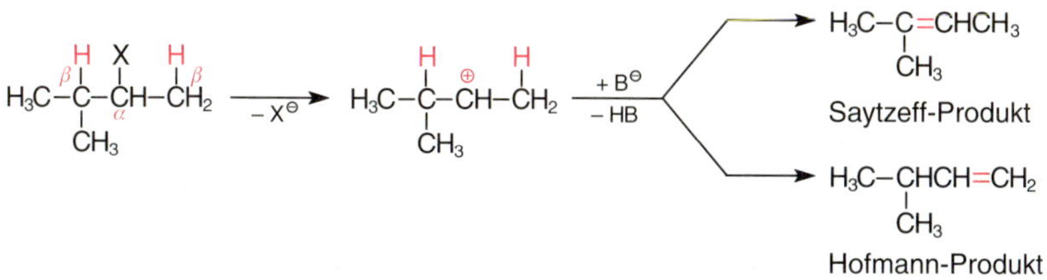

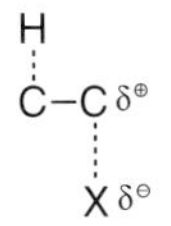

E1-artig

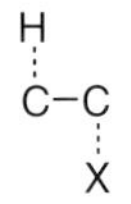

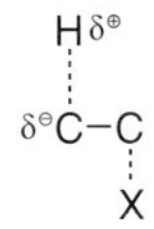

E1cB-artig

Saytzeff-Produkt. Unter bestimmten, für E1-Reaktionen ungünstigen Bedingungen, wie schlechte Solvatationseigenschaften des Lösungsmittels und stark basische Abgangsgruppen (z. B. -$NHNH_2$), kann jedoch sehr wohl auch das Hofmann-Produkt überwiegen.

Die **E2-Reaktion** ist einstufig und idealerweise lösen sich H und X *gleichzeitig* unter Ausbildung der Doppelbindung in einer konzertierten (simultanen) Reaktion.

Im Unterschied zu E1 ist die Reaktionsgeschwindigkeit von der Konzentration des Substrats, der Base und von der Abgangsgruppe abhängig. Die Orientierung nach Saytzeff oder Hofmann hängt im Wesentlichen davon ab, wie weit die Abspaltung des Protons relativ zur Abgangsgruppe X fortgeschritten ist. Schlechte Abgangsgruppen und starke (Proton-)Basen fördern im allgemeinen die Bildung des Hofmann-Produkts. Die Hofmann-Eliminierung ist das klassische Beispiel für die Bildung des Alkens mit der geringer substituierten Doppelbindung (vgl. Abschn. 30.1.4).

Die bimolekulare Eliminierung, E2, muß mit der S_N2-Reaktion konkurrieren. Die E2-Reaktion wird gefördert durch erhöhte Temperatur, hohe Substituentenbelastung der Reaktionszentren, sperrige Basen (sie können nur an der Peripherie des Moleküls angreifen) und leicht austretende Abgangsgruppen.

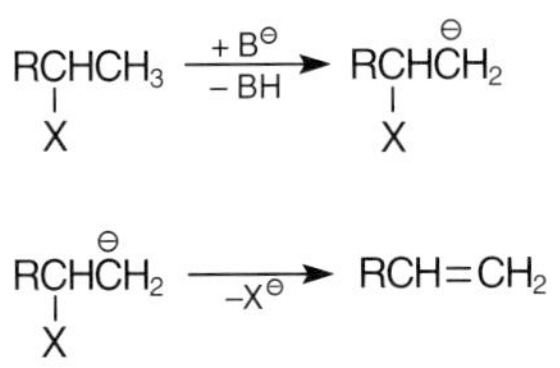

Die **E1cB-Reaktion** ist die dritte Variante einer Eliminierung, bei der zunächst ein Proton abgespalten wird (geschwindigkeitsbestimmender Schritt); in der zweiten Stufe folgt dann die Abtrennung des Anions. Die Reaktion tritt weniger häufig auf. Sie ist an Substrate gebunden, die die negative Ladung stabilisieren können oder über ein „acides Proton" verfügen. Beispiele für solche Verbindungen werden im Zusammenhang mit Carbonylverbindungen später in diesem Kapitel vorgestellt.

31.1.7 Beispiele für natürlich vorkommende Alkohole

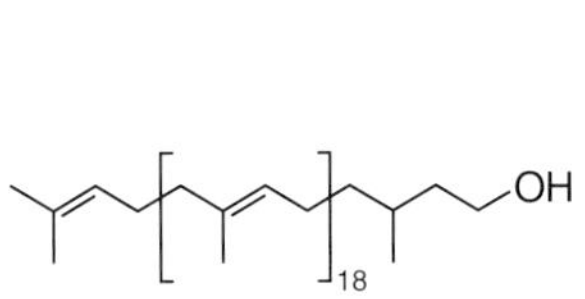

Dolichol

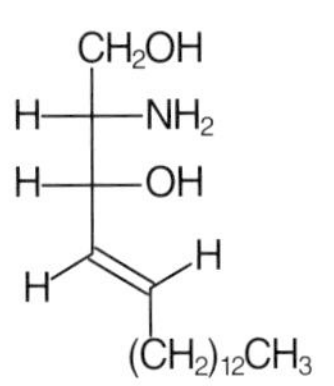

Sphingosin

Hydroxyverbindungen sind in der Natur sehr zahlreich vertreten. Langkettige Alkanole mit sechs bis 22 C-Atomen bezeichnet man als **Fettalkohole**, die mit mehr als 22 C-Atomen als **Wachsalkohole**. Leicht flüchtige Alkolhole kommen als Riechstoffe in etherischen Ölen vor. **Kohlenhydrate** (Kap. 33) sind Polyhydroxyaldehyde (Aldosen) bzw. Polyhydroxyketone (Ketosen). **Dolichol** ist ein im Nierengewebe und als Bestandteil der Lipidmembran von Nervenzellen auftretender Isoprenoid-Alkohol. **Sphingosin** ist ein Aminoalalkohol, der besonders im Nervengewebe vorkommt.

31.2 Phenole

Bei den Phenolen ist die OH-Gruppe *direkt* an einen Benzolring gebunden. Deprotonierung der Hydroxygruppe (z. B. in verdünnter Natronlauge) führt zu mesomeriestabilisierten Phenolat-Ionen.

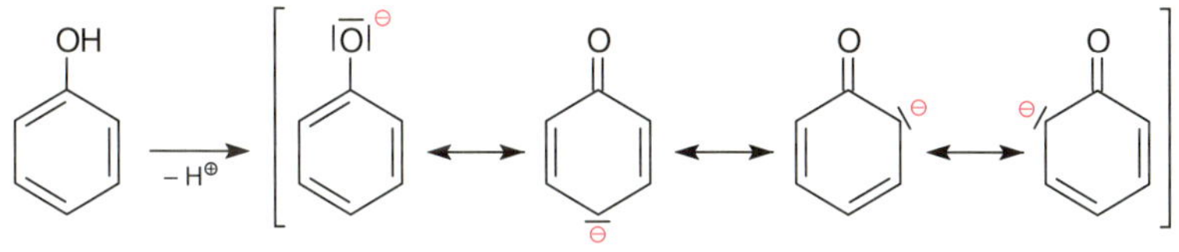

Die Stabilisierung durch die Delokalisierung der negativen Ladung ist so wirksam, daß Phenol saure Eigenschaften zeigt (pK_a = 10, um ca. 8 Zehnerpotenzen niedriger als der von Ethanol!). Durch elektronenziehende Substituenten am Benzolring kann die Acidität weiter gesteigert werden. Pikrinsäure besitzt einen pK_a-Wert von 1,02. Sie ist hochgiftig und explodiert bei Stoß oder Schlag.

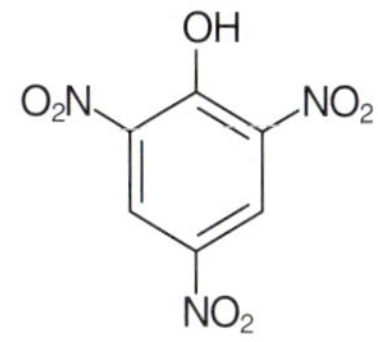

Pikrinsäure

Phenolether können nach Williamson aus Phenolat und Halogenalkanen hergestellt werden.

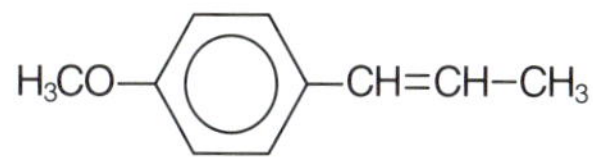

Anethol
(Hauptbestandteil des Anisöls)

$$C_6H_5{-}O^{\ominus}\ Na^{\oplus} + X{-}R \longrightarrow C_6H_5{-}O{-}R + NaX$$

Von den bifunktionellen Phenolen seien nur die drei unsubstituierten stellungsisomeren Dihydroxyphenole, Brenzcatechin, Resorcin und Hydrochinon, genannt. Der einfachste Vertreter der trifunktionellen Phenole ist Pyrogallol.

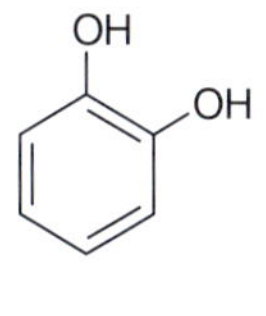

1,2-Dihydroxybenzol
Brenzcatechin

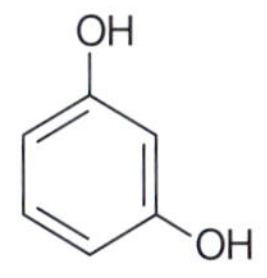

1,3-Dihydroxybenzol
Resorcin

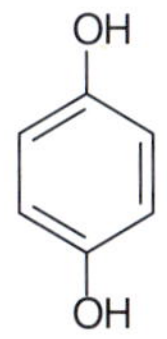

1,4-Dihydroxybenzol
Hydrochinon

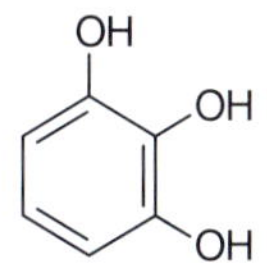

1,2,3-Trihydroxybenzol
Pyrogallol

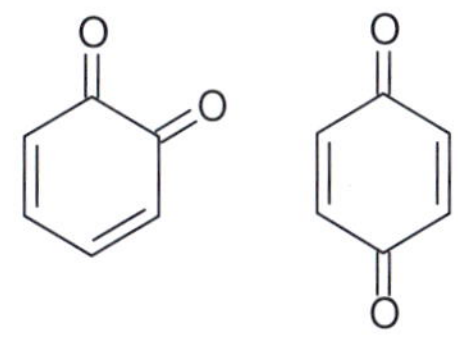

o- *p*-
Benzochinon

Durch Oxidation von Brenzcatechin und Hydroxychinon gelangt man zu 1,2- (*o*-) und 1,4- (*p*-Benzochinon. Beide Verbindungen werden als Oxidationsmittel eingesetzt. Die reversible Umwandlung von Chinone in Hydrochinone wird bei vielen biochemischen Redoxprozessen genutzt. So fungiert **Ubichinon** bei Atmung und Photosynthese als Elektronenüberträger.

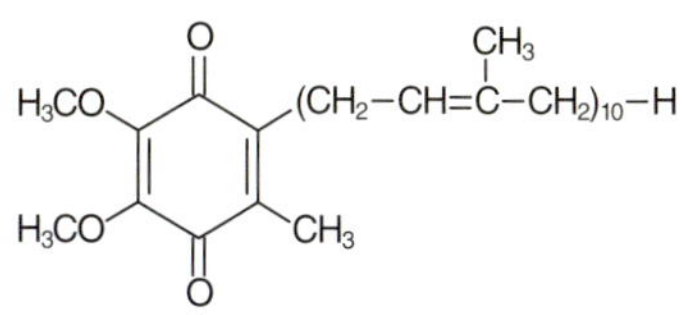

Ubichinon

31.3 Ether

Auf Ether und ihre wichtigsten Synthesen wurde im Zusammenhang mit den Alkoholen schon mehrfach hingewiesen. Ether sind Verbindungen des Typs R–O–R^1, wobei R und R^1 sowohl Alkyl, Alkenyl (Enolether, vgl. Abschn. 26.13.3) oder Aromaten sein können. Man kann sie formal als Disubstitutionsprodukte des Wassers auffassen. Bei **einfachen** oder **symmetrischen Ethern** ist R = R^1. Bei unterschiedlichen Resten spricht man von **gemischten** oder **unsymmetrischen Ethern**. Daneben gibt es cyclische Ether, häufig zu den Heterocyclen gezählt, und entsprechend den mehrwertigen Alkoholen auch Mehrfachether. Geminale Diether sind ebenfalls bekannt; es sind dies die Acetale und Ketale, die im Zusammenhang mit den Aldehyden und Ketonen besprochen werden sollen.

Einfache Ether werden bevorzugt nach der radikofunktionellen, kompliziertere häufig nach der substitutiven Nomenklatur benannt (vgl. Beispiele).

Ether sind im Gegensatz zu Alkoholen nicht zur Bildung von Wasserstoffbrücken befähigt und sieden deshalb bei wesentlich niedrigeren Temperaturen als die entsprechenden Alkohole (Tab. 31.2).

Tabelle 31.2: Siedepunkt einiger Ether sowie einiger Alkohole zum Vergleich.

Formel	CH_3OH	C_2H_5OH	C_6H_5OH	CH_3OCH_3	$CH_3OC_2H_5$	$(C_2H_5)_2O$
Name	Methanol	Ethanol	Phenol	Dimethylether	Ethylmethylether	Diethylether „Ether“
Sdp.[°C]	65	78	182	–25	7	35

Formel	$C_6H_5OC_2H_5$			$H_3COCH_2CH_2OCH_3$	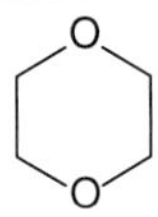
Name	Ethylphenylether „Anisol“	Oxiran „Ethylenoxid“	Tetrahydrofuran	Dimethoxyethan „Glycoldimethylether“	Dioxan
Sdp.[°C]	154	11	66		101

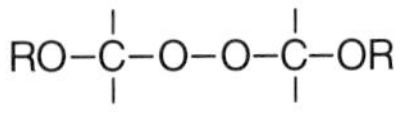

Etherperoxid

Ether sind wenig oder gar nicht wasserlöslich. Wegen ihrer guten Lösungseigenschaften für unpolare Stoffe werden sie häufig als Lösungs- oder Extraktionsmittel eingesetzt, obwohl sie mit Vorsicht zu handhaben sind. Der im Labor meist eingesetzte Diethylether bildet bereits bei 1,8 Vol. % mit Luft explosionsfähige Gemische und entzündet sich selbst schon bei 180 – 190 °C. Ether bilden an der Luft unter Lichteinwirkung **Peroxide**. Wegen ihrer Schwerflüchtigkeit reichern sie sich bei der Destillation im Rückstand an und führen wegen ihrer hohen Explosionsneigung immer wieder zu schwersten Laborunfällen.

Ether kommen in der Natur zahlreich vor, zum Beispiel als Phenolether in Glycosiden (Kap. 33), in Alkaloiden sowie als Geruchs- und Geschmacksstoffe.

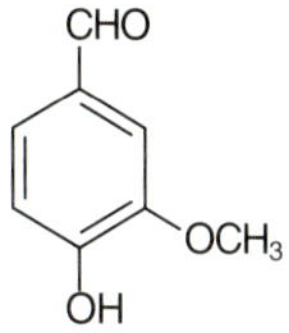

Vanillin

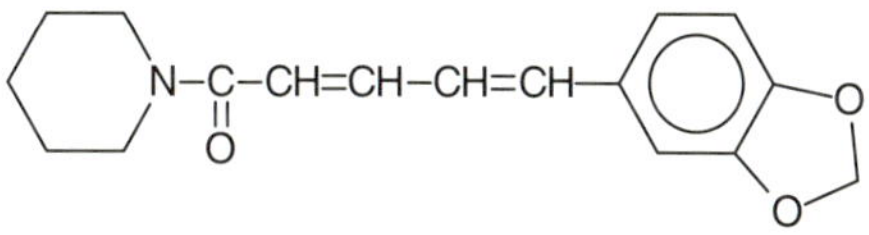

Piperin (Schärfe des schwarzen Pfeffers)
[cyclischer Diether]

31.4 Aldehyde und Ketone

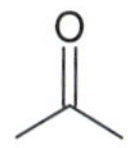

Carbonylgruppe

Das charakteristische Strukturmerkmal von Aldehyden (Alkohol dehydriert) und Ketonen ist die **Carbonylgruppe**. Bei Aldehyden trägt der Carbonyl-Kohlenstoff ein H-Atom, bei Ketonen einen weiteren Rest R^1.

Aldehyd Keton

Die Reste R und R^1 können in einem weiten Bereich variieren, sie können aliphatisch, aromatisch, gesättigt oder ungesättigt sein.

Die funktionelle Carbonylgruppe ist in der Organischen Chemie außerordentlich wichtig. Aldehyde und Ketone sind sehr vielseitige Verbindungen, die auch in der organischen Synthese große Bedeutung haben.

31.4.1 Nomenklatur

Aldehyde erhalten gemäß der systematischen Nomenklatur die Endung „-al" oder, wenn das Molekül auch noch eine höherrangige funktionelle Gruppe besitzt, die Vorsilbe „Oxo-". Daneben existieren noch das Präfix „Formyl-" sowie die Suffixe „-aldehyd" und „-carbaldehyd". Abb. 31.3 zeigt einige Beispiele.

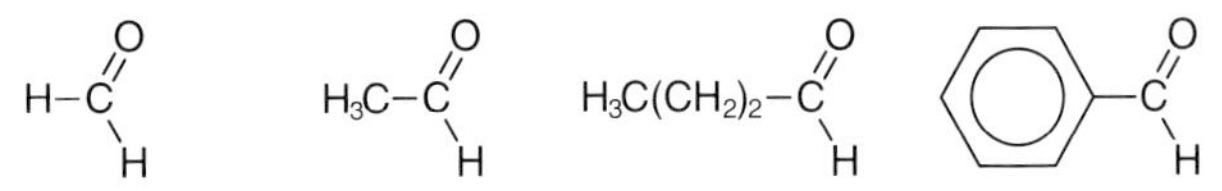

systematisch:	[Methanal]	Ethanal	Butanal	
trivial:	Formaldehyd	Acetaldehyd	Butyraldehyd	Benzaldehyd

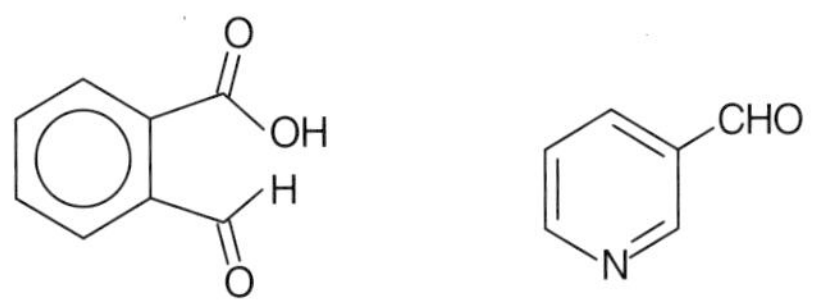

systematisch:	2-Formylbenzoesäure	3-Pyridincarbaldehyd
trivial:		Nicotinaldehyd

Abb. 31.3 Einige Aldehyde und deren Bezeichnungen.

Die Namen der **Ketone** erhalten – entsprechend der systematischen Nomenklatur – die Endung „-on" oder, falls das Molekül funktionelle Gruppen höherer Priorität enthält, die Vorsilbe „Oxo-". Des weiteren wird hin und wieder die Endung „-keton" mit den Bezeichnungen der an die CO-Gruppe gebundenen Alkyl- bzw. Arylreste kombiniert. Für häufig verwendete Ketone werden auch noch Trivialnamen verwendet. Beispiele sind in Abb. 31.4 aufgeführt.

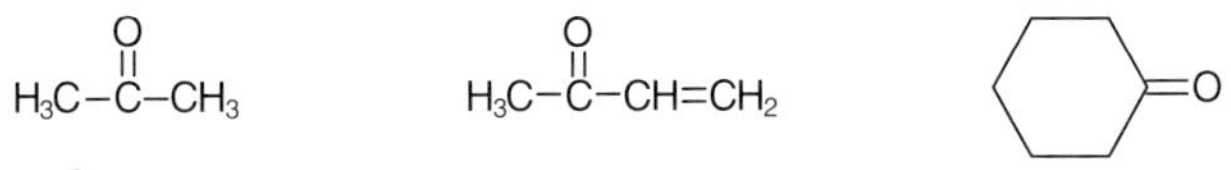

Aceton Dimethylketon 2-Propanon	Methylvinylketon 3-Buten-2-on	Cyclohexanon

Benzophenon Acetophenon

Abb. 31.4 Beispiele für Ketone und deren Namen.

31.4.2 Synthesen für Aldehyde und Ketone

Bei der Synthese von Aldehyden und Ketonen nehmen die oxidativen Methoden großen Raum ein. Daneben existieren aber auch Reduktionen, Formylierungen, Acylierungen, Hydrolysen, Aldolreaktionen usw. Aus der Vielzahl der Möglichkeiten wurden in Abb. 31.5 einige wenige zusammengetragen.

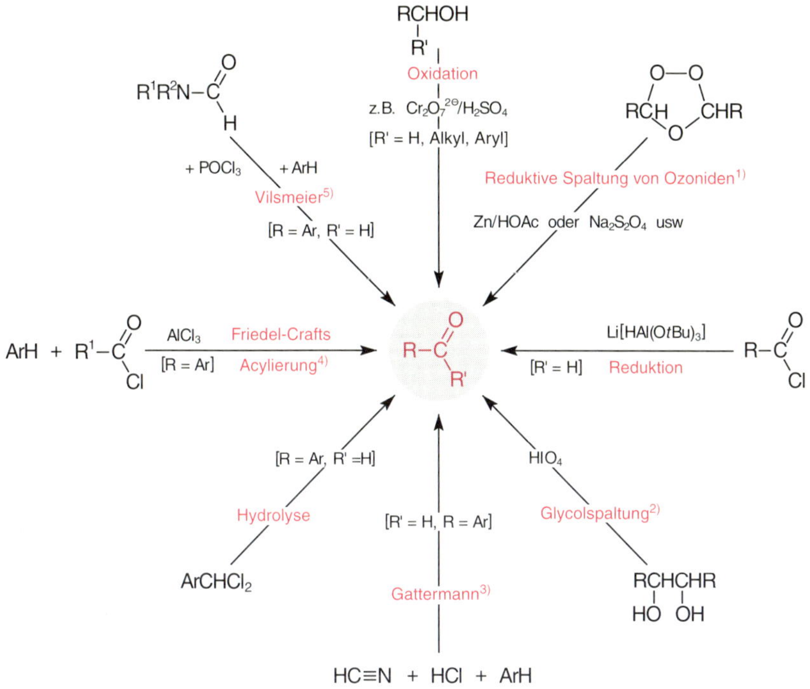

Abb. 31.5 Synthesen für Aldehyde und Ketone.

[1] vgl. Abschn. 26.9. [2] vgl. Abschn. 31.1.4.

[3] aktivierte Aromaten: Phenole, Phenolether, vgl. Abschn. 27.3.2.

[4] nicht mit starkt desaktivierten Aromaten, vgl. Abschn. 27.3.

[5] mit reaktiven Aromaten: Polycyclen, Phenole, Phenolether, *N,N*-Dimethylanilin, O-,S-,N-haltige Heterocyclen, vgl. Abschn. 27.3.2.

Die **Acylierung** von Aromaten nach Friedel-Crafts zu Ketonen wurde schon bei der Besprechung der Aromaten diskutiert (Abschn. 27.3).

Bei der Friedel-Crafts-Acylierung reagieren Säurechloride (RCClO) mit einem Aromaten zu Alkylarylketonen. Wollte man auf die gleiche Weise Aldehyde herstellen, so müßte man das Säurechlorid der Ameisensäure HCClO (R = H) einsetzen.

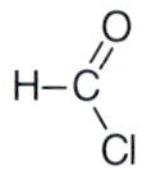

Formylchlorid (unbeständig)

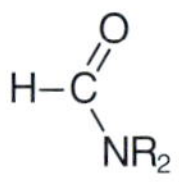

Formamid

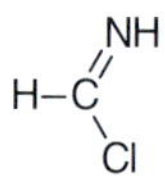

Formimidchlorid

Formylchlorid ist jedoch nicht beständig und man geht deshalb den Weg über ein Formamid (**Vilsmeier-Reaktion**) oder nach **Gattermann** über das Formimidchlorid (das übrigens ebenfalls sehr leicht zu den Edukten HCN und HCl zurückreagiert). Da Ameisensäurederivate angelagert werden, spricht man bei diesen Reaktionen von **Formylierungen**. Beide Reaktionen sind auf aktivierte Aromaten (Phenole, Aniline, Heterocyclen usw.) beschränkt.

Vilsmeier:

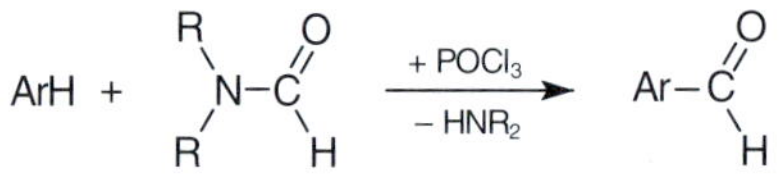

Reaktionsmechanismus:

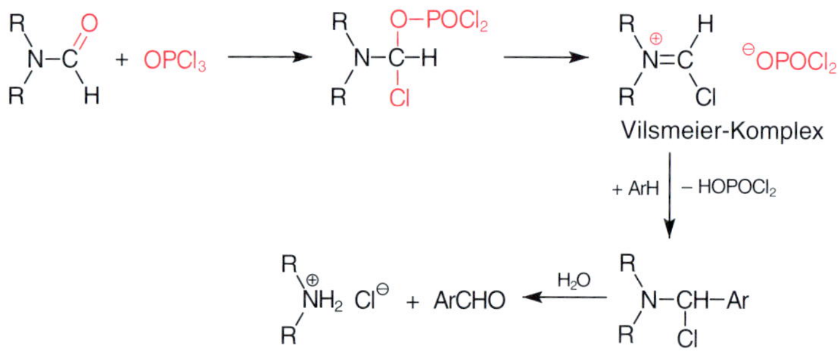

Gattermann:

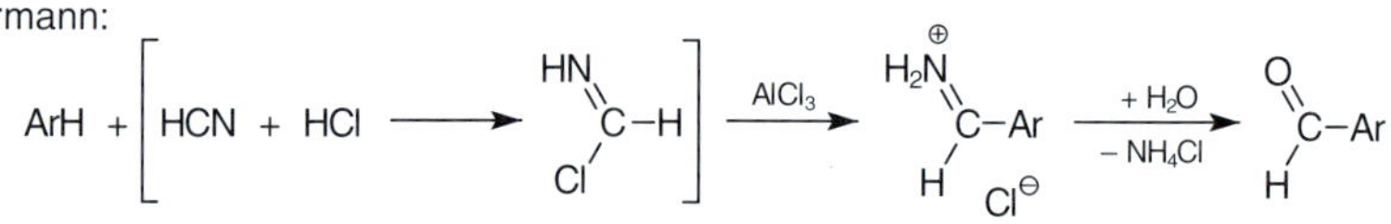

Eine wichtige technische Herstellungsmethode für Aldehyde ist die **Oxosynthese**, in der bei erhöhter Temperatur (100–180 °C) und erhöhtem Druck (30–300 bar) Kohlenmonoxid und Wasserstoff an Alkene

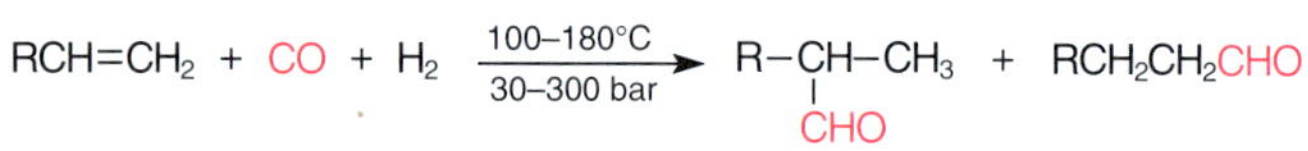

addiert werden. Als Katalysatoren können Co, Rh, und Ru sowie deren Metallcarbonyle dienen.

31.4.3 Physikalische Eigenschaften von Aldehyden und Ketonen

Das charakteristische Strukturelement der Aldehyde und Ketone ist die Carbonylgruppe. Sie weist eine polare Kohlenstoff-Sauerstoff-Bindung auf, die die physikalischen und chemischen Eigenschaften entscheidend bestimmt. Der Kohlenstoff ist sp^2- hybridisiert, die Carbonylgruppe ist eben und die Bindungswinkel betragen 120 °. Die starke Polarisation der C–O-Bindung wird häufig durch eine mesomere Grenzstruktur mit Ladungstrennung zum Ausdruck gebracht.

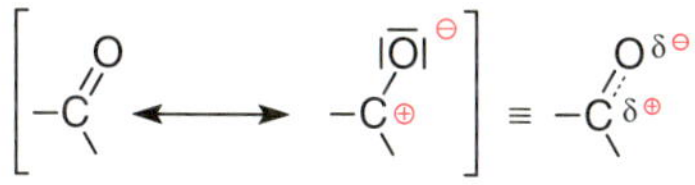

Aldehyde und Ketone sieden höher als Alkane oder Alkene mit der gleichen Kohlenstoffzahl, aber wegen des Fehlens von Wasserstoffbrücken niedriger als die entsprechenden Alkohole (Tab. 31.3).

Tabelle 31.3: Vergleich der Siedepunkte einiger Verbindungen mit jeweils drei C-Atomen.

Formel	$H_3CCH_2CH_3$	$H_3CCH(OH)CH_3$	$H_3C(CH_2)_2OH$	H_3CCOCH_3	H_3CCH_2CHO
Name	Propan	2-Propanol	Propanol	*Aceton* (Propanon)	*Propional-dehyd* (Propanal)
Sdp.[°C]	−45	82	97	57	49

31.4.4 Die chemischen Eigenschaften von Aldehyden und Ketonen

Die Charakteristika der funktionellen Carbonylgruppe bestimmen die typischen Reaktionen der Aldehyde und Ketone:

- Die Reduktion zu Alkoholen und die Oxidation von Aldehyden zur Carbonsäure,
- die Elektrophilie des Carbonylkohlenstoffatoms (die Carbonylverbindung wirkt als *Lewis*-Säure) und
- die Acidität der Protonen an den α-Kohlenstoffatomen (α-Protonen), bedingt durch die hohe positive Partialladung des Carbonylkohlenstoffs (Carbonylverbindung als *Brønstedt*-Säure).

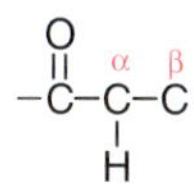

Die Chemie der Aldehyde und Ketone ist außerordentlich vielschichtig. Sehr viele der klassischen Synthesemethoden greifen auf Carbonylverbindungen zurück.

31.4.5 Redoxreaktionen

Das Verhalten von Aldehyden und Ketonen gegenüber Oxidations- bzw. Reduktionsmitteln wurde schon mehrfach erwähnt.

Aldehyde und Ketone lassen sich mit komplexen Hydriden ($LiAlH_4$, $NaBH_4$ usw.) oder katalytisch (Ni, Pt, Pd usw.) mit Wasserstoff zu Alkoholen reduzieren.

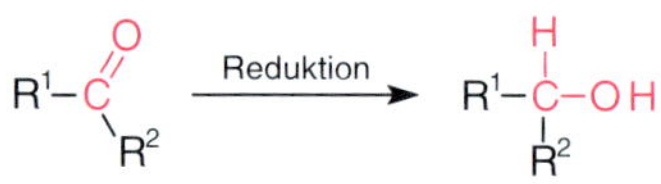

Die Reduktion zum Kohlenwasserstoff gelingt nach Clemmensen mit Zinkamalgam und Salzsäure oder mit Hydrazin und einer starken Base (KOH, RO^-) nach **Wolff-Kishner**.

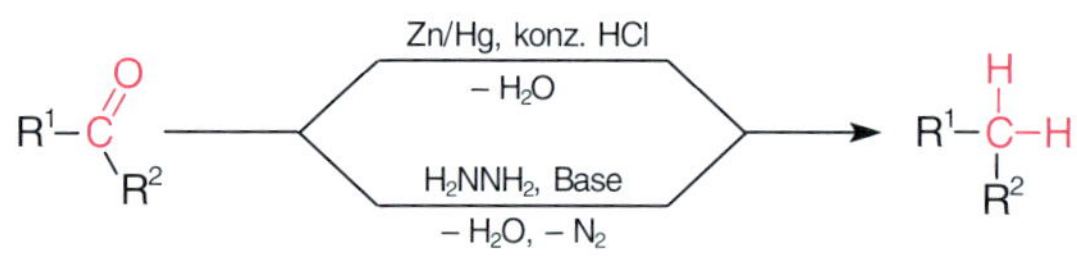

Die Oxidation ohne Fragmentierung des Moleküls ist nur bei den Aldehyden möglich. Als Oxidationsmittel werden häufig $KMnO_4$ oder $K_2Cr_2O_7$ eingesetzt. Die Oxidation in basischer Lösung mit Cu^{2+} als Tartratkomplex (Fehling: Farbwechsel blau ⟶ dunkelbraun oder rot) oder Ag^+ (Tollens: Silberspiegelbildung), dienen zum Aldehydnachweis.

Ein besonders schönes Beispiel für die Fähigkeit der Aldehyde, sowohl Oxidations- als auch Reduktionsreaktionen einzugehen, ist die **Cannizzaro-Reaktion**. Bevorzugt Aldehyde ohne α-Proton wie Formaldehyd oder Benzaldehyd **disproportionieren** unter Baseneinwirkung zu Alkohol und Carbonsäure.

Benzaldehyd Benzylalkohol Benzoesäure

31.4.6 Reaktionen der Aldehyde und Ketone als Elektrophile

Das positiv polarisierte Kohlenstoffatom der Carbonylgruppe ermöglicht als typische Reaktion die **nucleophile Addition**. Die Reaktion kann als Angriff einer Lewis-Base B auf den als Lewis-Säure fungierende Carbonylkohlenstoff gesehen werden. Bei Nucleophilen des Typs H^+B^- wird das Nucleophil, von wenigen Ausnahmen abgesehen, stets an das Carbonylkohlenstoffatom und das Proton stets an den Sauerstoff der Carbonylgruppe addiert.

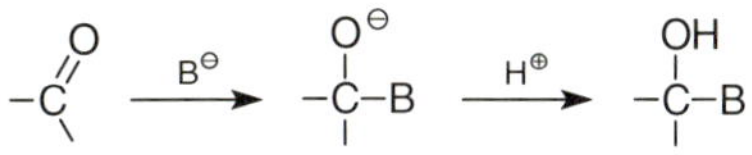

Die Reaktion kann sowohl säure-, als auch basenkatalysiert sein.

a) säurekatalysiert:

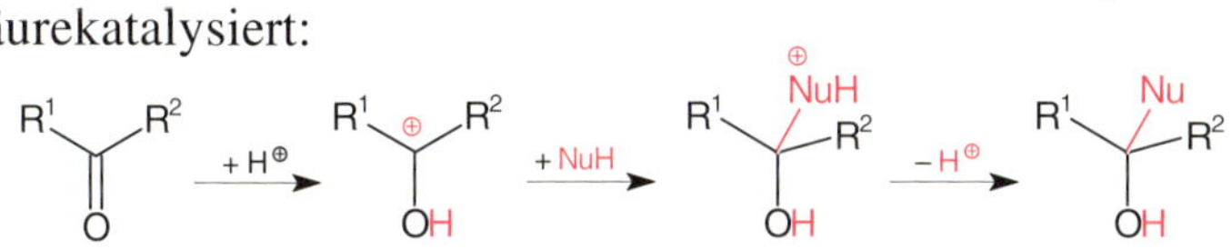

b) basenkatalysiert:

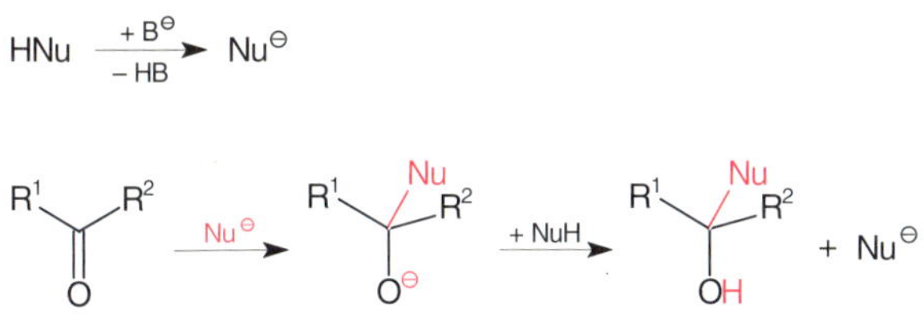

Die katalytische Wirkung der Base verändert nicht die Reaktivität der Carbonylverbindung, sondern steigert die des Nucleophils durch Abspaltung eines Protons.

31.4.6.1 Addition von Wasser

Wasseraddition führt zu geminalen Dihydroxyverbindungen, den **Hydraten**. In wässriger Lösung liegt jedoch nur der Formaldehyd überwiegend hydratisiert vor. Normalerweise liegt das Gleichgewicht weit auf der Seite der Carbonylverbindung.

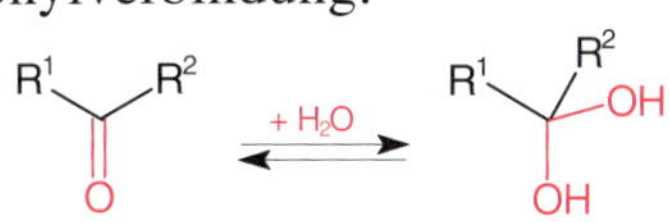

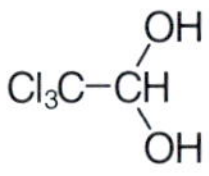
Chloralhydrat

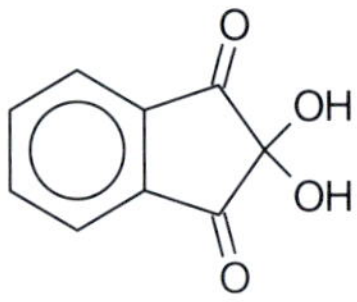
Ninhydrin

Die meisten Hydrate sind nur in Lösung beständig und können nicht isoliert werden. Chloralhydrat und Ninhydrin sind Beispiele für stabilisierte Hydrate.

31.4.6.2 Addition von Alkoholen

Analog der Addition von Wasser verläuft die Addition von Alkohol. Durch die Anlagerung eines Alkoholmoleküls entsteht zunächst ein **Halbacetal**, das mit einem weiteren Alkoholmolekül zu einem (**Voll-**)**Acetal** kondensiert.

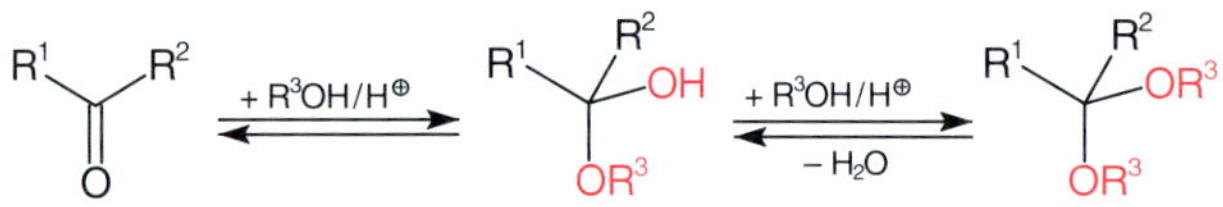

Acetale werden durch Säuren wieder gespalten, sind jedoch gegenüber Basen stabil. Besonders cyclische Acetale (z. B. durch Acetalisierung mit 1,2-Ethandiol) werden deshalb zum **Schutz von Carbonylgruppen** eingesetzt. Am Beispiel der folgenden Reaktion soll dies erläutert werden.

Die direkte Reduktion mit $LiAlH_4$ würde zunächst die Carbonyl-, dann erst die Estergruppe reduzieren. Man schützt die Carbonylgruppe deshalb als cyclisches Acetal.

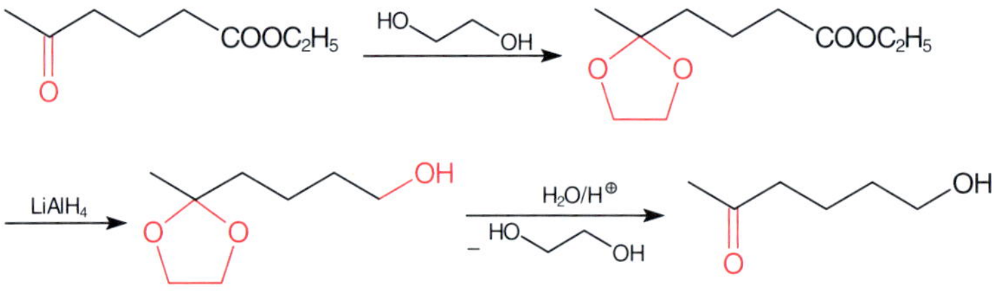

31.4.6.3 Hydrogensulfitaddition

Bei der Reaktion von Hydrogensulfit mit einer Carbonylverbindung übernimmt der Schwefel die Rolle des Nucleophils und man erhält feste, in Wasser gut lösliche Addukte. Die Reaktion wird zur Reinigung und Isolierung von Carbonylverbindungen angewendet. Wegen der Größe der eintretenden Gruppe reagieren sterisch gehinderte Aldehyde und Ketone nicht; ebensowenig aromatische Ketone.

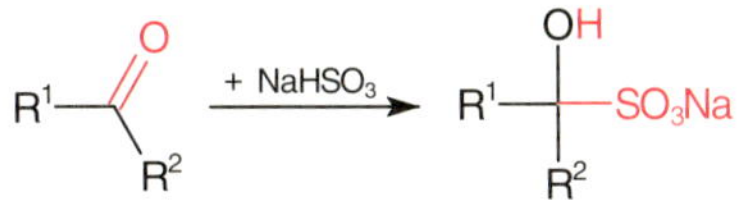

31.4.6.4 Reaktionen mit Stickstoffverbindungen

Basische Stickstoffverbindungen können mit dem freien Elektronenpaar des Stickstoffs die Carbonylgruppe nucleophil angreifen.

Reaktion mit Ammoniak und Aminen:

Leitet man trockenes Ammoniak in eine etherische Lösung aliphatischer Aldehyde, entstehen unter Wasserabspaltung die instabilen Aldimine, die sofort zu Triazinen trimerisieren.

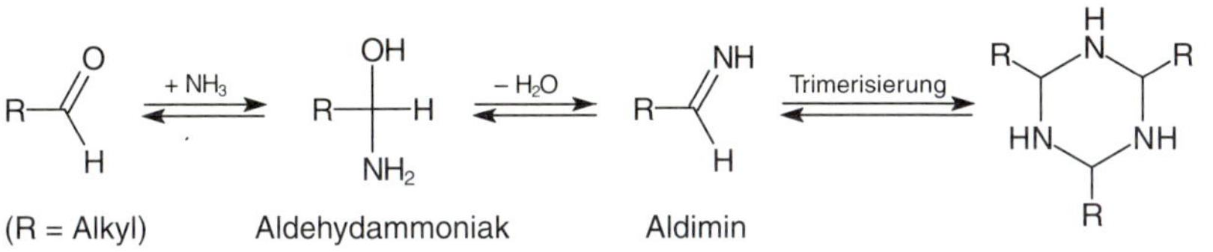

(R = Alkyl) Aldehydammoniak Aldimin

Hexahydro-1,3,5-triazin

Bei R = H entsteht Hexamethylentetramin (Urotropin).

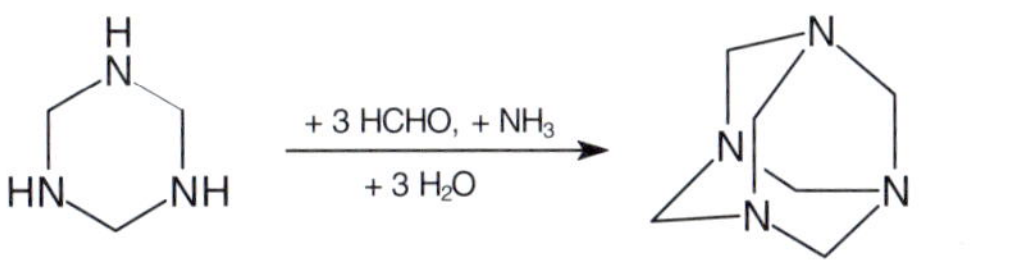

Hexahydro-1,3,5-triazin

Hexamethylentetramin „Urotropin“

Carbonylverbindungen ohne Wasserstoff am α–C-Atom, wie HCHO oder PhCHO (Formaldehyd oder Benzaldehyd) können mit *sekundären* Aminen analog den Alkoholen unter Bildung von „Aminalen“ reagieren.

Ph = Phenyl = 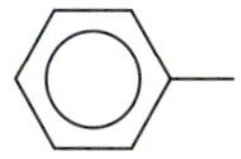

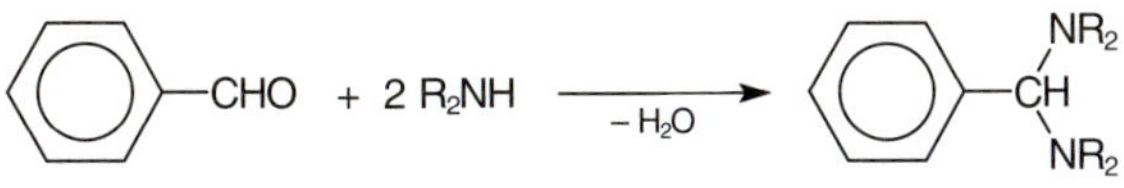

„Aminal“

Das aus Amin und Carbonylverbindung entstehende Primäraddukt ist nicht stabil:

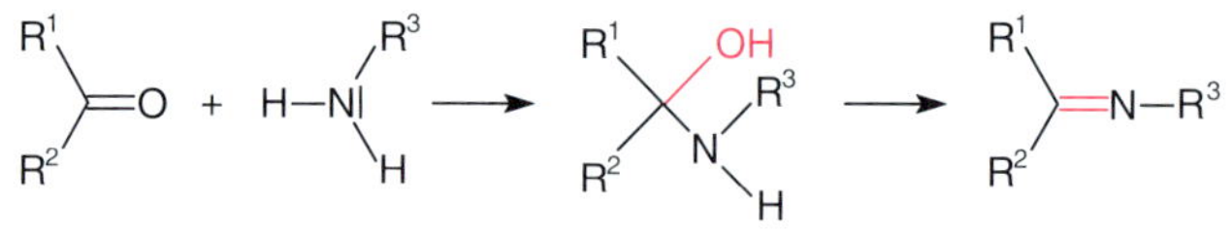

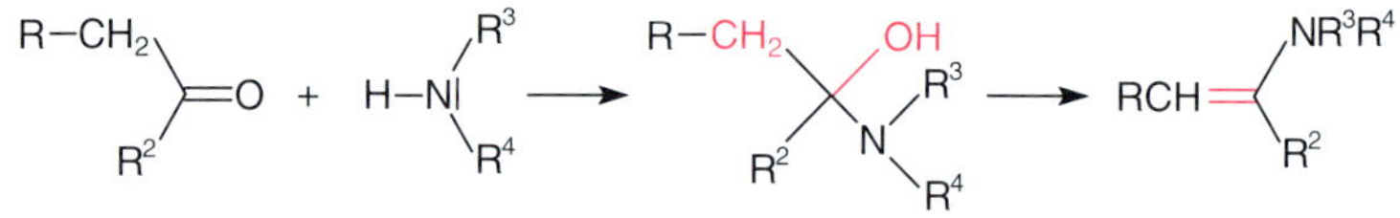

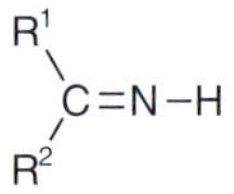

Schiffsche Base

Primäre Amine bilden unter Wasserabspaltung aus dem instabilen Primäraddukt **Azomethine** (**Schiffsche Basen**), die als substituierte Imine aufgefaßt werden können.

Sekundäre Amine eliminieren ebenfalls Wasser aus dem Primäraddukt. Mangels anderer Möglichkeiten wird hier das im Vergleich zum Stickstoffproton weniger acide α-Proton abgetrennt. Statt Azomethine erhält man **Enamine**.

Reaktion mit Hydroxylamin (NH_2OH):

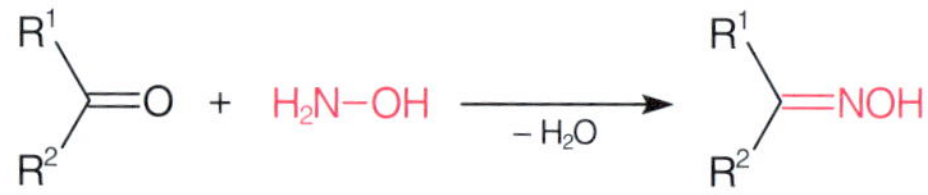

Aldehyde bilden bei dieser Reaktion Aldoxime, Ketone bilden Ketoxime.

Reaktion mit Hydrazinen ($H_2N–NHR^3$):

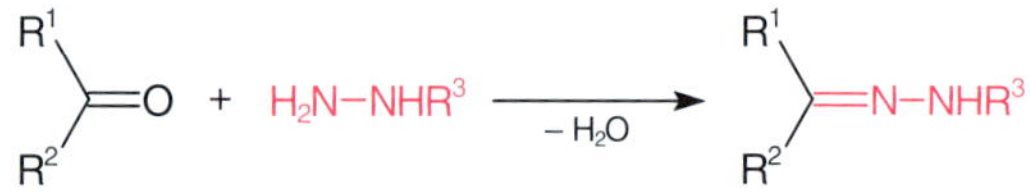

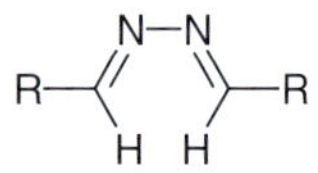

Aldazin

Das unsubstituierte Hydrazin (R^3 = H) ist für die Umsetzung weniger geeignet, weil die zweite Amingruppe ebenfalls reagieren kann und Aldazine entstehen. Meist setzt man Phenylhydrazin (R^3 = Ph) ein.

Addition von Blausäure:

Durch säure- oder basenkatalysierte Addition von Blausäure (HCN) an Aldehyde und Ketone erhält man **Cyanhydrine**.

Die Reaktion ist unter der Bezeichnung **Cyanhydrinsynthese** bekannt.

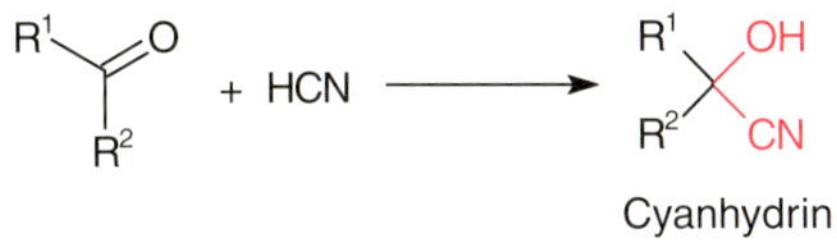

Führt man die Reaktion in Gegenwart äquimolarer Mengen Ammoniak, primärer oder sekundärer Amine durch, entstehen Aminonitrile, aus denen durch saure Hydrolyse α-Aminosäuren erhältlich sind (**Strecker-Synthese**).

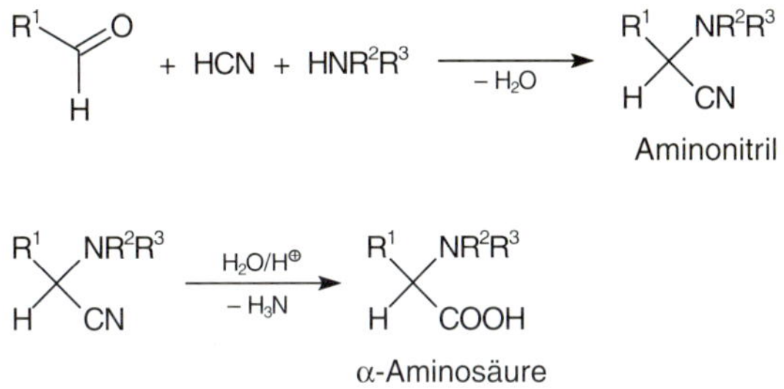

31.4.6.5 Addition von Acetyliden

In Abschn. 26.13.2 wurde gezeigt, daß das Proton an der C–C-Dreifachbindung durch starke Basen unter Bildung von Acetyliden abgespaltet werden kann. Letztere können gegenüber Carbonylverbindungen als Nucleophile auftreten und es entstehen 3-Hydroxyacetylenderivate. Die Reaktion besitzt für Naturstoffsynthesen einige Bedeutung (Terpene, Steroide, Carotionoide usw.). Die Dreifachbindung kann weiter umgesetzt werden. So erhält man beispielsweise durch saure Hydrolyse in Gegenwart von Hg(II)-Salzen α-Hydroxyketone bzw. -aldehyde, und die partielle Hydrierung führt zu allylischen Alkoholen.

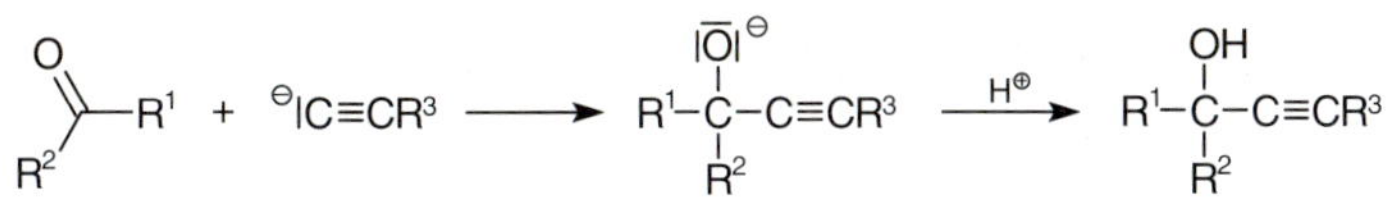

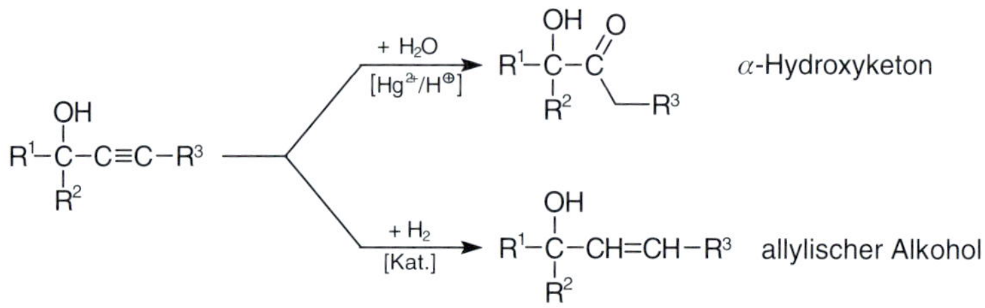

31.4.6.6 Addition von Grignard-Verbindungen

Das stark negativ polarisierte Kohlenstoffatom der Grignard-Verbindungen (vgl. Abschn. 29.5.4) kann am Carbonylkohlenstoff nucleophil angreifen.

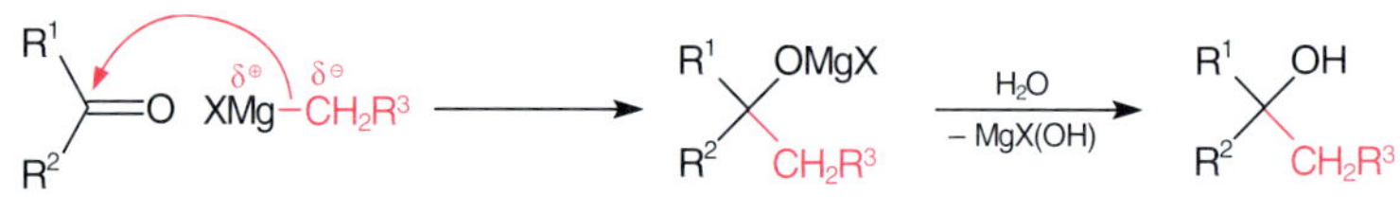

Dabei entstehen aus Formaldehyd primäre, aus Aldehyden sekundäre, und aus Ketonen tertiäre Alkohole. Diese Reaktion ist präparativ besonders wichtig, da sie zur Ausbildung von neuen C–C-Bindungen führt.

31.4.6.7 Die Wittig-Reaktion

Die Umsetzung von Triphenylphosphin mit (substitutierten) Halogenalkanen führt zu Triphenylalkylphosphoniumsalzen.

Mit starken Basen (CH_3Li, PhLi usw.) läßt sich das Phosphoniumsalz zum Phosphorylid/ylen deprotonieren.

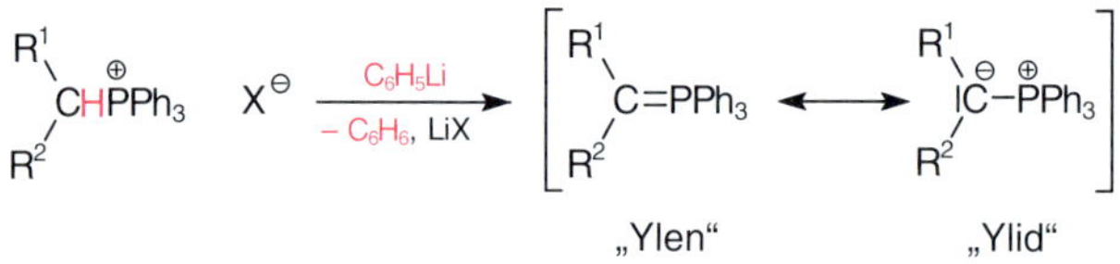

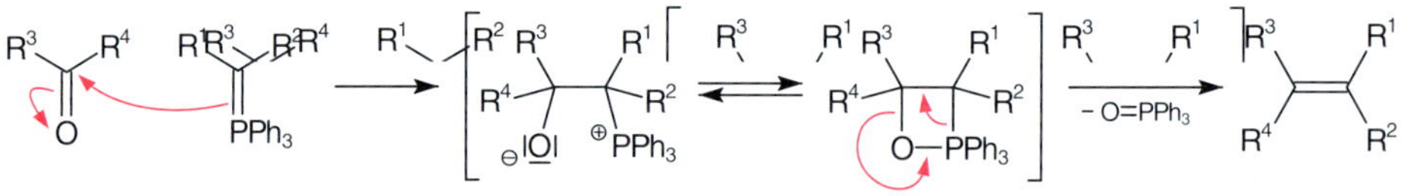

Die Wittig-Raktion ist präparativ von großem Interesse, da die neu geknüpfte C–C-Doppelbildung **regioselektiv** genau an der Stelle der ursprünglichen C–O-Doppelbindung entsteht.

31.4.7 Reaktionen der Aldehyde und Ketone als Nucleophile

Bei den vorangegangenen Reaktionen wurde die Carbonylgruppe stets nucleophil angegriffen, fungierte also selbst als Elektrophil. Wir sahen jedoch schon bei der Wittig-Reaktion, daß ein Proton in der α-Stellung zur Carbonylgruppe leicht abgespalten werden kann, also acide ist. Durch die entstehende negative Ladung können Carbonylverbindungen selbst als Nucleophile fungieren.

Verbindungen, die leicht ein Proton von einem C-Atom abspalten können, bezeichnet man auch als **C–H-acide Verbindungen**. Die Acidität des α-Protons ist auch Ursache für das Auftreten der **Keto-Enol-Tautomerie**, in der reversibel ein Proton vom α-Kohlenstoff zum Carbonylsauerstoff wandert. Das entstehende Enol befindet sich mit der Carbonylform in einem dynamischen Gleichgewicht.

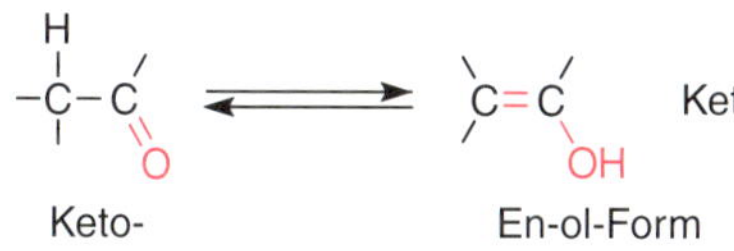

Keto-Enol-Tautomerie

Tautomerie ist eine spezielle Form der Konstitutionsisomerie, in der sich die Isomeren durch Verschiebung (Wanderung) einer beweglichen Gruppe oder eines Atoms reversibel ineinander umwandeln können. Tautomere unterscheiden sich in der Lage von Mehrfachbindungen und der Stellung der beweglichen Gruppe. Ist das bewegliche Teilchen ein Proton, spricht man auch von **Prototropie**.

Für einfache Aldehyde und Ketone liegt das Gleichgewicht ganz auf der Seite der Ketoform. Bei β-Dicarbonylverbindungen, wie z. B. Acetylaceton (2,4-Pentandion) überwiegt häufig die Enolform, weil sich ein konjugiertes π-System und zusätzlich eine Wasserstoffbrükkenbindung ausbilden kann.

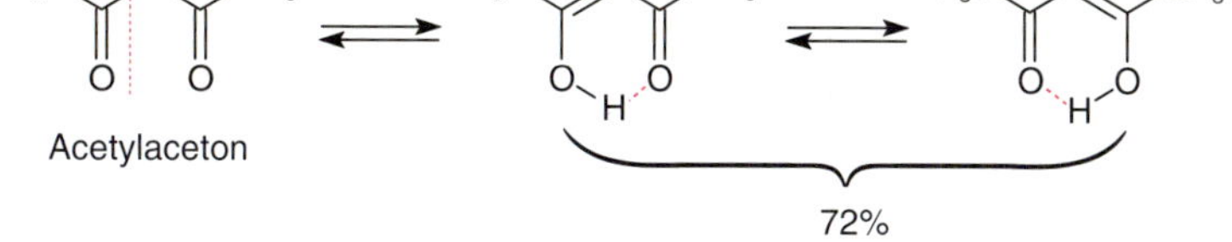

Aldoladdition und Aldolkondensation

Bei der Aldoladdition bzw. -kondensation reagieren zwei Carbonylverbindungen derart miteinander daß die eine als Nucleophil (**Methylenkomponente**), die andere als Elektrophil (**Carbonylkomponente**) auftritt. Die Aldolreaktion verläuft sowohl basen- als auch säurekatalysiert, wobei sich im letzteren Fall normalerweise sofort eine Wasserabspaltung anschließt (**Aldolkondensation**).

Der erste Schritt der **basenkatalysierten Reaktion** ist die Abspaltung eines aciden α-Protons unter Bildung eines mesomeriestabilisierten Carbanions, eines **Enolat-Ions**.

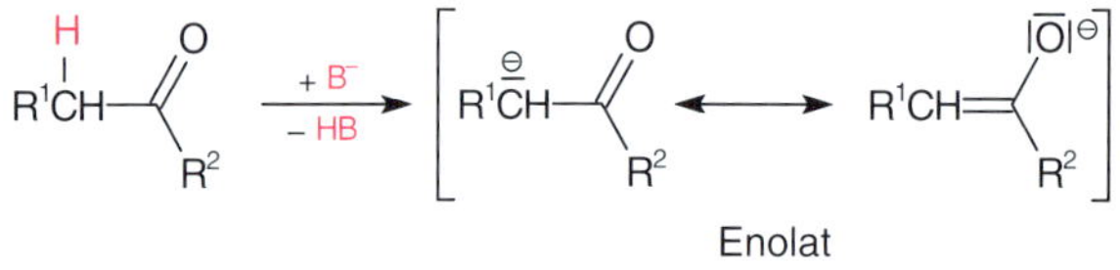

Das nucleophile Carbanion greift als Methylenkomponente mit seinem freien Elektronenpaar ein Carbonylkohlenstoffatom an und es bildet sich zunächst ein Alkoholat-Ion, das entweder von HB oder dem Lösungsmittel ein Proton übernimmt.

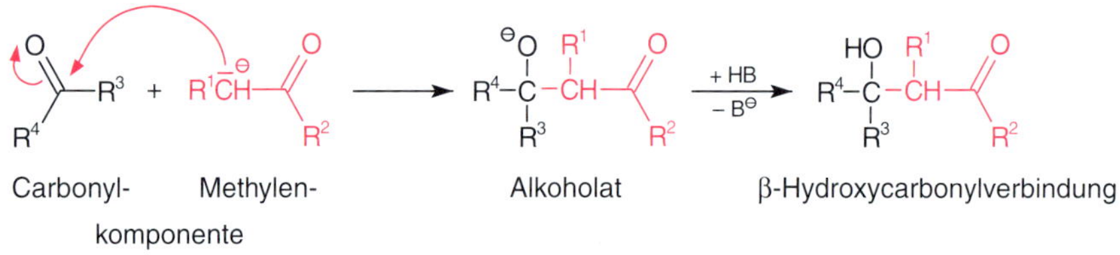

Sehr häufig schließt sich der **Aldoladdition** eine Eliminierung von Wasser an. Man spricht dann von einer **Aldolkondensation**. Die Aldolkondensation wird gefördert, wenn sich dadurch, wie etwa beim Zimtaldehyd, ein ausgedehntes konjugiertes π-System ausbilden kann.

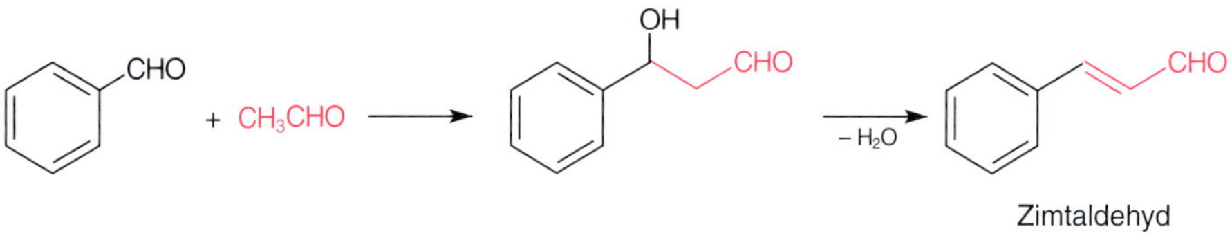

> Unter **Kondensation** versteht man die Vereinigung von Molekülen unter Wasserabspaltung. Sie kann auch innerhalb eines Moleküls (intramolekular) erfolgen.

Bei der **säurekatalysierten Aldolisierung** reagiert das Enol der Methylenkomponente (I) mit der protonierten Carbonylkomponente (II).

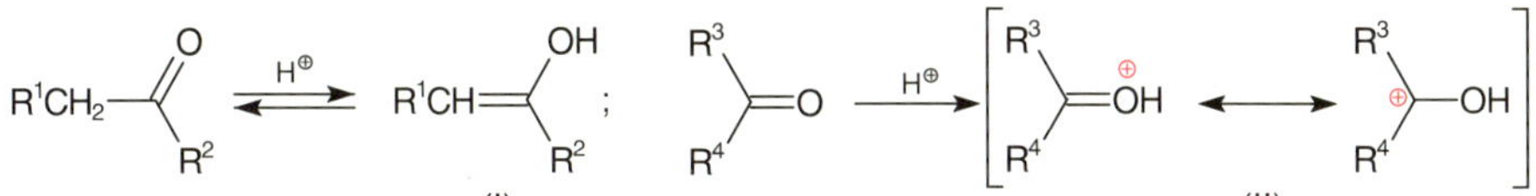

(I) (II)

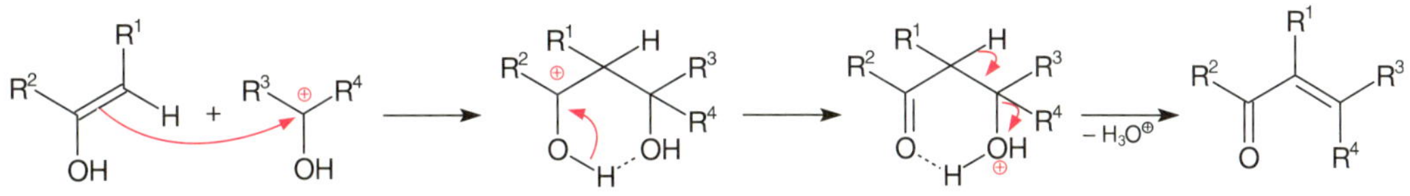

(I) (II)

Die Aldolreaktion ist nicht auf Carbonylverbindungen als Mcthylenkomponente beschränkt, sondern verläuft in gleicher Weise auch mit anderen Molekülen, die über ein acides α-Proton verfügen, wie Nitro- oder Cyanoverbindungen. Andere Beispiele werden bei der Besprechung der Carbonsäuren und deren Derivaten vorgestellt werden.

Aldoladditionen und Aldolkondensationen sind wichtige Reaktionen in der organischen Synthese, da sie zur Ausbildung von C–C-Bindungen und damit zum Aufbau komplexer Moleküle führen.

31.5 2-Hydroxycarbonyl- und 1,2-Dicarbonylverbindungen

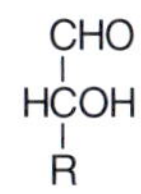

2-Hydroxyaldehyd

Durch die Einwirkung von Oxidationsmitteln auf Glycol oder Glycerin erhält man Glycolaldehyd bzw. Glycerinaldehyd als einfachste Vertreter der α- oder **2-Hydroxylaldehyde**.

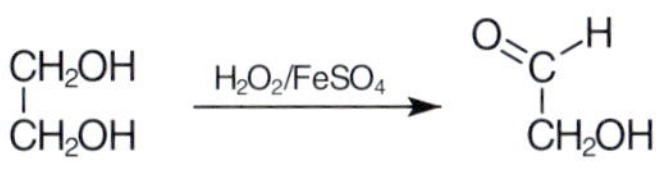

2-Hydroxyacetaldehyd
„Glycolaldehyd"

2,3-Dihydroxypropionaldehyd
„Glycerinaldehyd"

Neben dem Glycerinaldehyd entsteht durch die Oxidation der *sekundären* Alkoholgruppe Dihydroxyaceton. Beide Verbindungen stehen in basischer Lösung über das Endiol miteinander im Gleichgewicht.

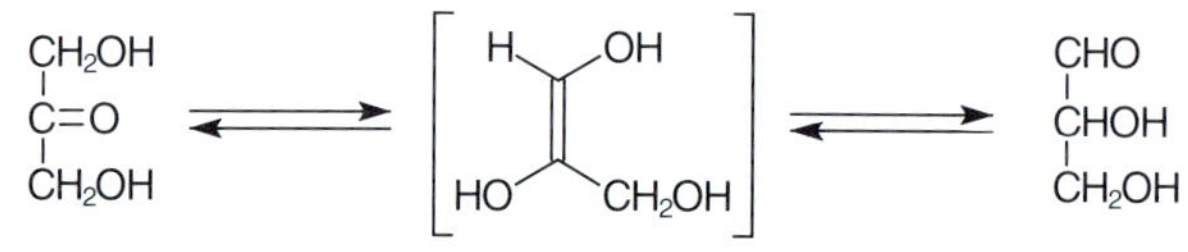

Dihydroxyaceton

Läßt man Benzaldehyd in wäßrig alkoholischer Lösung in Gegenwart von Alkalicyanid (z. B. NaCN) bei erhöhter Temperatur reagieren, kann man in guter Ausbeute Benzoin (2-Hydroxy-1,2-diphenylethanon) isolieren. Diese Reaktion wird als **Benzoinkondensation** bezeichnet.

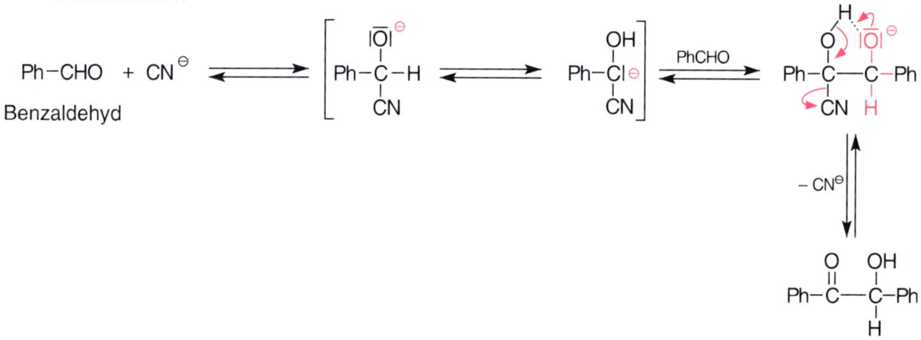

Benzoin

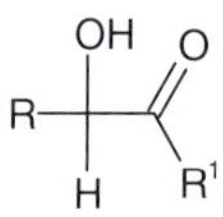
Acyloin

Bei der Benzoinkondensation dient das Cyanid lediglich als Katalysator. Das Benzoin ist ein Vertreter der 2-Hydroxyketone, die als **Acyloine** bezeichnet werden. **Acetoin** ($R = R^1 = CH_3$) ist einer der wichtigen Aromastoffe in der Butter, es kann bei der alkoholischen Gärung entstehen und ist gelegentlich zusammen mit Biacetyl (s. u.), einem weiteren Hauptbestandteil des Butteraromas, in untergärigen Bieren enthalten.

Eine weitere wichtige Darstellungsmethode für Acyloine wird in Zusammenhang mit den Carbonsäureestern beschrieben (s. Abschn. 31.10.4.2, Reduktion von Estern).

Durch Oxidation der Acyloine (z. B. mit Cu(II) oder HNO_3) sind 1,2- oder ***α*-Diketone** erhältlich.

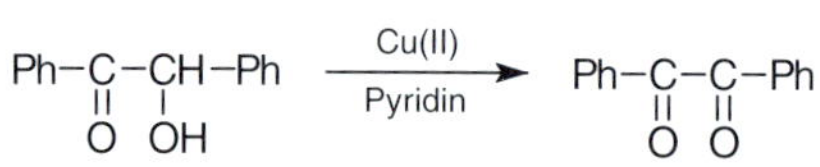

Benzil

Eine andere Methode ist die Oxidation von Ketonen mit Selendioxid.

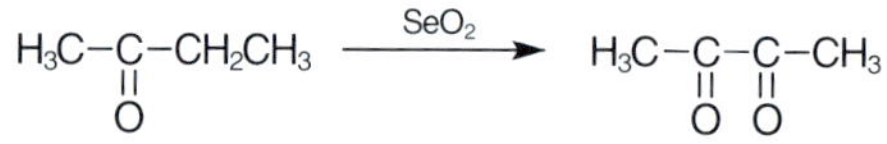

Biacetyl (Diacetyl)

Glyoxal, das aus Acetaldehyd durch Oxidation entstehen kann, ist der einfachste Vertreter eines **Dialdehyds**.

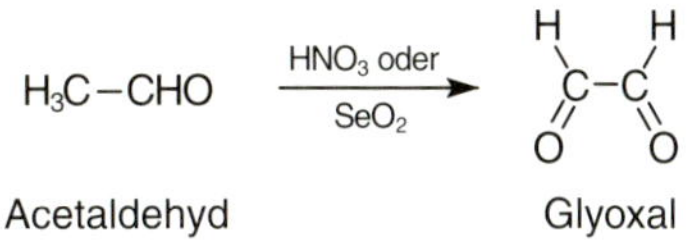

Sowohl Glyoxal als auch Benzil (beiden fehlt ein α-ständiges Proton) disproportionieren bei Behandlung mit Basen in einer intramolekularen **Cannizzaro-Reaktion**.

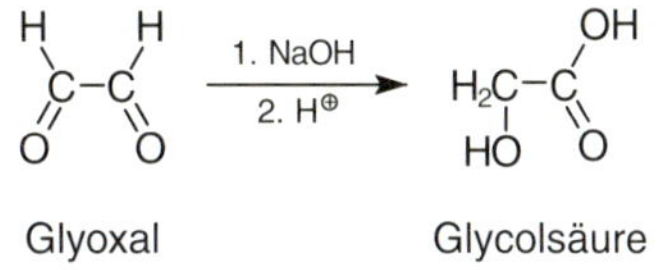

Bei der analogen Reaktion des Benzils wandert eine Phenylgruppe zum benachbarten C-Atom. Die Reaktion ist als **Benzilsäureumlagerung** bekannt.

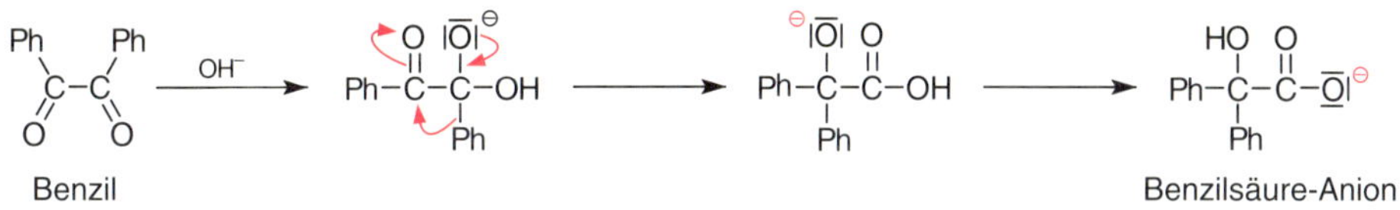

31.6 Carbonsäuren

Die Oxidation von Aldehyden führt, wie schon mehrfach erwähnt, zu den Carbonsäuren.

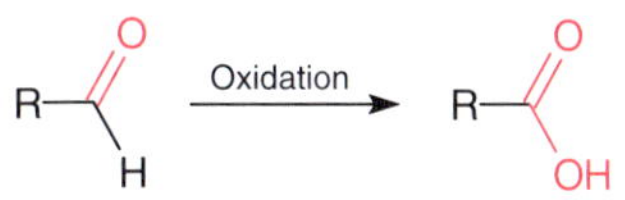

Die Reste „R" variieren in einem weiten Bereich. Sie können aliphatisch, carbocyclisch oder isocyclisch, gesättigt, ungesättigt oder aromatisch sein. Aliphatische Carbonsäuren werden auch als **Fettsäuren** bezeichnet. Die Säurefunktion (die Carboxygruppe) kann im gleichen Molekül mehrfach vorkommen. Es sind dies die **Di-**, **Tri-**, ..., **Polycarbonsäuren**.

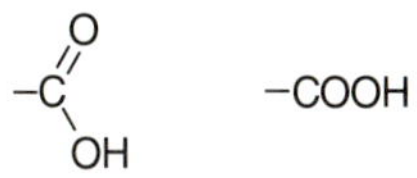

Carbonsäurerest (Carboxygruppe)

31.6.1 Nomenklatur

$\overset{4}{H_3C}-\overset{3}{CH_2}-\overset{2}{CH_2}-\overset{1}{COOH}$

trivial: Buttersäure
systematisch: Butansäure

$HOOC-CH_2CH(COOH)CH_2-COOH$

1,2,3-Propantricarbonsäure
„Tricarballylsäure“

Viele Carbonsäuren haben Trivialnamen, die auch heute noch verwendet werden. In der systematischen Nomenklatur erhalten die Carbonsäuren das Suffix „-säure“ oder etwas weniger häufig „-carbonsäure“. Sie unterscheiden sich dadurch, daß im ersteren Fall das Kohlenstoffatom der funktionellen Gruppe (der Carboxy-Gruppe) mit in den Namen des Stammkohlenwasserstoffs einbezogen wird. Die Nachsilbe „-carbonsäure“ wertet die gesamte Carboxygruppe als Substituenten. Die letztgenannte Methode findet bevorzugt bei carbocyclischen Carbonsäuren und solchen mit mehr als zwei Säurefunktionen Verwendung.

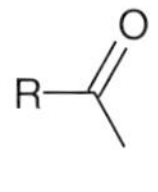

Acylrest

Unter einem **Acylrest** oder Säurerest versteht man in der Organischen Chemie die Atomgruppierung, die durch formale Abspaltung der Hydroxygruppe aus einer Säurefunktion entsteht. Zur Bezeichnung der Acylgruppe verwendet man den lateinischen Wortstamm der zugrundeliegenden Säure und hängt die Endung „-yl“ oder „-oyl“ an.

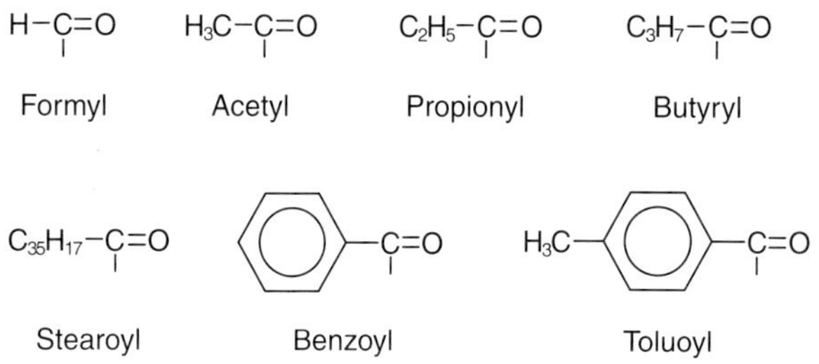

31.6.2 Beispiele für Carbonsäuren

In Tab. 31.4 sind wichtige Vertreter für Carbonsäuren und Fettsäuren zusammengestellt.

Von wenigen Ausnahmen abgesehen besitzen alle natürlich vorkommenden Fettsäuren eine gerade Kohlenstoffzahl, da ihre Biosynthese aus Acetyleinheiten (CH_3CO–) erfolgt.

$H_2C=CH-COOH$

Acrylsäure

$H_2C=C(CH_3)-COOH$

Methacrylsäure
(2-Methylpropensäure)

Beispiele für **ungesättigte Monocarbonsäuren** sind die Acrylsäure (Propensäure) und vor allem die Methacrylsäure (2-Methylpropensäure), deren Ester radikalisch zu Polymethacrylsäureestern (Plexiglas) polymerisiert werden können. Von der 2-Butensäure gibt es zwei geometrische Isomere. Die *trans-* bzw. *E*-Form wird als Crotonsäure, die *cis-* bzw. *Z*-Form als Isocrotonsäure bezeichnet. Crotonsäureester finden als Lösungsmittel oder Weichmacher Verwendung. Die instabilere

Tabelle 31.4: Wichtige Vertreter der gesättigten Carbonsäuren

Trivialnamen	system. Name	Formel	Vorkommen
Ameisensäure	Methansäure	$HCOOH$	Ameisen, Brennesseln
Essigsäure	Ethansäure	CH_3COOH	Weinessig (aerobe Essiggärung)
n-Buttersäure	*n*-Butansäure	$CH_3(CH_2)_2COOH$	als Glycerinester in Butter, Fußschweiß
i-Buttersäure	*i*-Butansäure	$(CH_3)_2CHCOOH$	Johannisbrot
n-Valeriansäure	*n*-Pentansäure	$CH_3(CH_2)_3COOH$	Sexuallockstoff
i-Valeriansäure	*i*-Pentansäure	$(CH_3)_2CHCH_2COOH$	als Ester in der Baldrianwurzel
Capronsäure	*n*-Hexansäure	$CH_3(CH_2)_4COOH$	Pheromon der Termiten
Caprinsäure	*n*-Decansäure	$CH_3(CH_2)_8COOH$	in verschiedenen Käsesorten
Laurinsäure	*n*-Dodecansäure	$CH_3(CH_2)_{10}COOH$	Lorbeeröl, Kokosöl, Walrat
Palmitinsäure	Hexadecansäure	$CH_3(CH_2)_{14}COOH$	als Glycerinester Hauptbestandteil tierischer und
Stearinsäure	Octadecansäure	$CH_3(CH_2)_{16}COOH$	pflanzlicher Fette

cis-Form der 9-Octadecensäure [$CH_3(CH_2)_7CH{=}CH(CH_2)_7COOH$], wird als **Ölsäure** bezeichnet und ist Hauptbestandteil der natürlich vorkommenden Öle. Ihr Isomer, die *trans*- bzw. *E*-9-Octadecensäure, findet sich chemisch gebunden in vielen fetthaltigen Nahrungsmitteln (vgl. auch Abschn. 33.2).

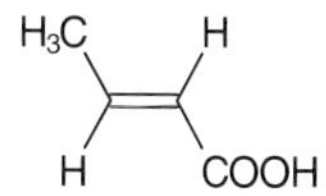

Wichtige **gesättigte Dicarbonsäuren** sind in Tab. 31.5 aufgeführt.

Maleinsäure und Fumarsäure sind die beiden geometrischen Isomere der einfachsten **ungesättigten Dicarbonsäure**, der Butendisäure.

Häufig genannte **aromatische Carbonsäuren** sind die Benzoesäure (Benzolcarbonsäure), die Phthal- und Terephthalsäure (1,2- bzw. 1,4-Benzoldicarbonsäure).

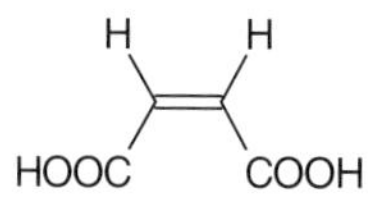

Maleinsäure

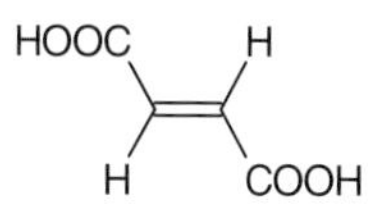

Fumarsäure

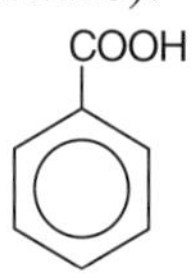

Benzoesäure

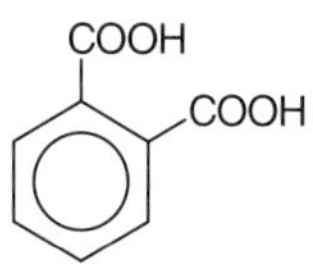

Phthalsäure

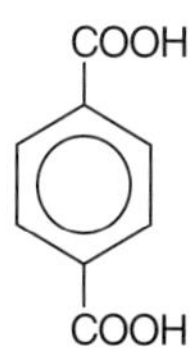

Terephthalsäure

Tabelle 31.5: Wichtige gesättigte Dicarbonsäuren

Name	Formel	Vorkommen/Verwendung
Oxalsäure (Ethandisäure)	HOOC-COOH	Sauerampfer, Rhabarber
Malonsäure (Propandisäure)	$HOOCCH_2COOH$	Zuckerrübe/Malonestersynthese
Bernsteinsäure (Butandisäure)	$HOOC(CH_2)_2COOH$	Bernstein, unreife Weintrauben und Tomaten, Zwischenprodukt im Zitronensäurecyclus (Kap. 33)
Adipinsäure (Hexandisäure)	$HOOC(CH_2)_4COOH$	Herstellung von Nylon (vgl. Kap. 30)

31.6.3 Eigenschaften von Carbonsäuren

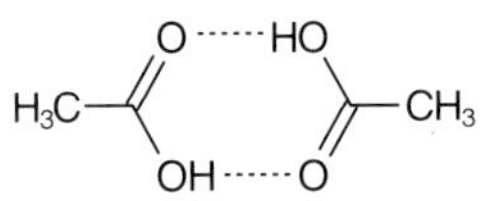

Carbonsäuren haben im Vergleich zu Aldehyden gleicher Kohlenstoffzahl einen signifikant höheren Siedepunkt. Er liegt noch einmal deutlich über dem entsprechender Alkohole (vgl. Tab. 31.6). Man führt dies auf die Bildung von dimeren Assoziaten zurück.

Tabelle 31.6: Siedepunkte von Ameisensäure und Essigsäure im Vergleich mit den entsprechenden Alkoholen und Aldehyden

Summenformel	Name	Siedepunkt [°C]
HCHO	Formaldehyd	–21,0
H_3COH	Methanol	64,7
HCOOH	Ameisensäure	100,75
H_3CCHO	Acetaldehyd	20,2
H_3CCH_2OH	Ethanol	78,32
H_3CCOOH	Essigsäure	118,5

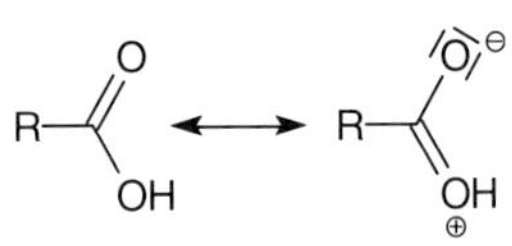

Als Folge der Mesomerie in der Hydroxygruppe ist die Carbonylaktivität (die Elektrophilie der Carbonylgruppe) trotz der zusätzlichen elektronenziehenden Gruppe *geringer* als die Aldehyde und Ketone.

Carbonsäuren reagieren in wässriger Lösung sauer. Ab ca. acht C-Atomen geht jedoch die Wasserlöslichkeit verloren.

$$RCOOH + H_2O \longrightarrow RCOO^{\ominus} + H_3O^{\oplus}$$

Carboxylat-Anion

Die gegenüber den Alkoholen und Carbonylverbindungen stark erhöhte Acidität läßt sich mit der mesomeren Stabilisierung des Carboxylat-Anions erklären.

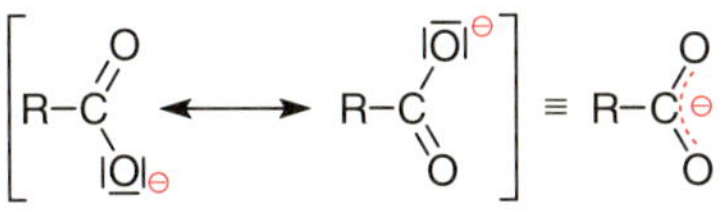

Carbonsäuren sind im Vergleich zu Mineralsäuren schwache Säuren. Eine 1 mol/l-Lösung Essigsäure ist beispielsweise nur zu einem Prozent dissoziiert. Mit Basen bilden sich die Salze der Carbonsäuren, die **Carboxylate**.

Die Salze bzw. die Carboxylat-Ionen haben z. T. eigenständige Namen. Man sollte sich deshalb die wichtigsten merken (Tab. 31.7).

Tabelle 31.7: Namen einiger wichtiger Carboxylat-Ionen

Säure	Säureanion	Säure	Säureanion
Ameisensäure	Formiat	Milchsäure (Abschn. 31.6)	Lactat
Äpfelsäure (Abschn. 31.6)	Malat	Weinsäure (Abschn. 31.6)	Tartrat
Buttersäure	Butyrat	Zimtsäure	Cinnamat
Essigsäure	Acetat	Brenztraubensäure (Abschn. 31.7)	Pyruvat
Bernsteinsäure	Succinat		

31.6.4 Synthese der Carbonsäuren

Allgemein anwendbare Synthesemethoden sind die Oxidation von Kohlenwasserstoffen, Alkoholen und Aldehyden, die Reduktion von CO_2, sowie die Hydrolyse von Cyanoverbindungen. Die Rückführung von Carbonsäurederivaten, die später besprochen werden, wie z. B. die Hydrolyse von Estern wird ebenfalls häufig angewendet. In anderem Zusammenhang wurden bereits die Ozonspaltung von Alkenen (Abschn. 26.9) und die oxidative Spaltung von Glycolen (Abschn. 31.1.4) erwähnt. Abb. 31.6 gibt eine Übersicht über diese Synthesemethoden.

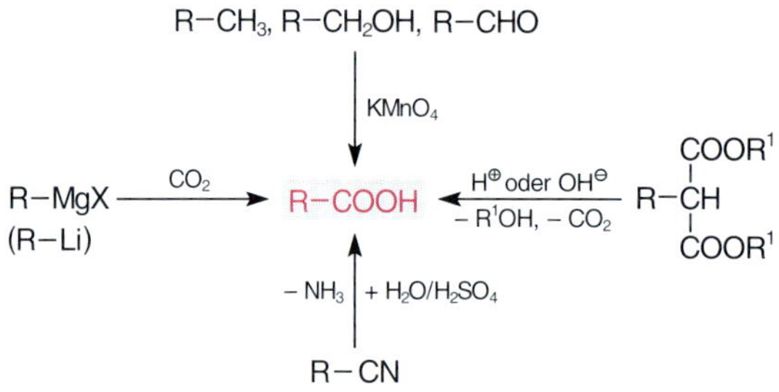

Abb. 31.6 Methoden zur Darstellung von Carbonsäuren.

31.6.5 Chemische Eigenschaften von Carbonsäuren

Viele Carbonsäuren sind thermodynamisch nicht besonders stabil und spalten beim Erhitzen (evtl. mit Katalysator) Kohlendioxid ab (**Decarboxylierung**).

$$RCOOH \xrightarrow{\Delta} RH + CO_2$$

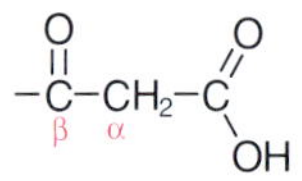

β-Ketocarbonsäure

Während bei einfachen Carbonsäuren drastische Bedingungen erforderlich sind, verläuft diese Decarboxylierung bei β-Ketocarbonsäuren oft schon unter 100 °C, z. T. sogar bei Raumtemperatur.

Carbonsäuren lassen sich nur unter Molekülfragmentierung zum CO_2 oxidieren und sind gegenüber Oxidationsmitteln entsprechend stabil. Bei der Leuckart-Wallach-Reaktion (Abschn. 30.1.3) dient Ameisensäure als Reduktionsmittel.

Die Reduktion zum primären Alkohol gelingt nur mit kräftigen Reduktionsmitteln wie $LiAlH_4$. Die Tatsache, das $NaBH_4$ normalerweise nicht mehr in der Lage ist, die Carboxygruppe zu reduzieren, wird präparativ zur selektiven Reduktion von Carbonylgruppen bei gleichzeitiger Anwesenheit von Carboxylgruppen genutzt.

$$R-C(=O)-CH_2-COOR^1 \xrightarrow{NaBH_4} R-CH(OH)-CH_2-COOR^1$$

Die Hydroxygruppe der Carbonsäuren kann nucleophil durch andere Gruppen (X) substituiert werden (nucleophile Substitution an der Acylgruppe). Dies ist von herausragender Bedeutung, da auf diese Weise die funktionellen Derivate der Carbonsäuren entstehen (Tab. 31.8). Diese sind von großem chemischen Interesse und auch in biologischen Systemen von zentraler Bedeutung.

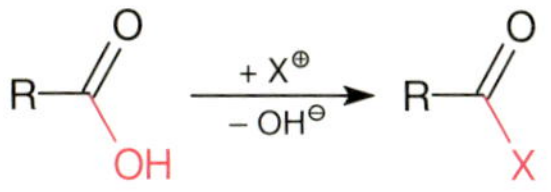

Tabelle 31.8: Wichtige Carbonsäurederivate RCOX

X	Carbonsäure-
–Halogen	-halogenide
$-O-\underset{\Vert}{C}-R'$ mit $=O$ (–O–C(=O)–R')	-anhydride
–OR'	-ester
$-NR'_2$	-amide
$-NHNH_2$, –NHNHR	-hydrazide
$-N=\overset{\oplus}{N}=\overset{\ominus}{N}$	-azide

Das doppelt gebundene Carbonylsauerstoffatom kann ebenfalls z. B. durch Schwefel (Thiocarbonsäuren) oder durch NH (Imidsäuren) ersetzt sein. Letztere sind instabil und tautomer zu den Säureamiden.

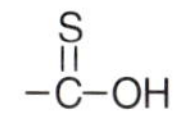

Thiocarbonsäure

Funktionelle Gruppen in Nachbarschaft zur Carboxygruppe wirken sich nachhaltig auf deren Eigenschaften aus. So steigern elektronenziehende Substituenten in α-Stellung die Acidität der Carbonsäure.

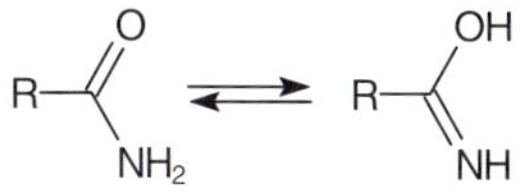

Säureamid Imidsäure

Benzoesäure wird durch Nitriersäure (HNO_3/H_2SO_4) in 3-Stellung nitriert. Die Carboxygruppe wirkt auf den Aromaten desaktivierend und *m*-dirigierend.

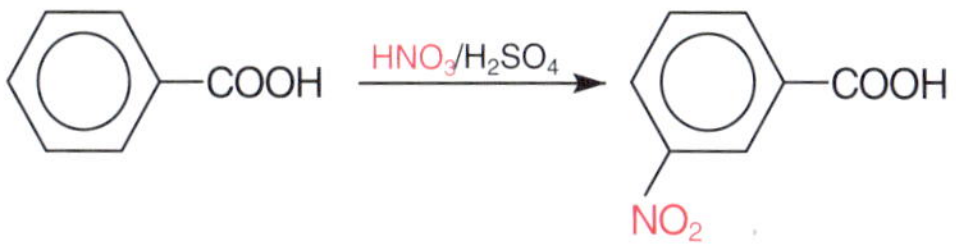

pK_a: 4,20 3,49

Weitere wichtige substituierte aliphatische Carbonsäuren sind die **Hydroxy-** und die **Amino(carbon)säuren**. Beide kommen als Naturstoffe vor. Die *α*-Aminosäuren sind als Bausteine der Proteine (Abschn. 33.3.2) von herausragender biologischer Bedeutung.

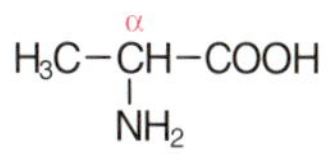

Alanin
eine α-Aminosäure

31.7 Hydroxycarbonsäuren

Hydroxycarbonsäuren enthalten neben ihrer Säurefunktion noch eine oder mehrere Alkoholgruppen. Sie zeigen dementsprechend die Eigenschaften von Säuren und die von Alkoholen. Einige natürlich vorkommende Hydroxysäuren sind die Milchsäure, die Mandelsäure, die Äpfelsäure, die Weinsäure und die Citronensäure.

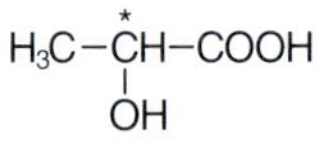

Milchsäure

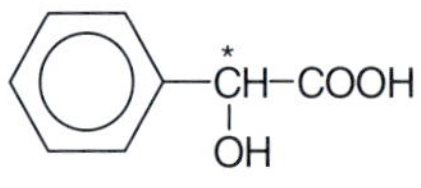

Mandelsäure

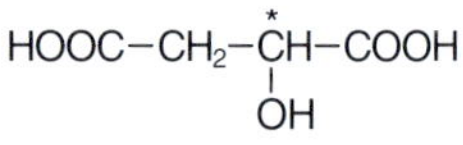

Äpfelsäure

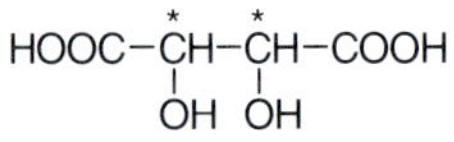

Weinsäure

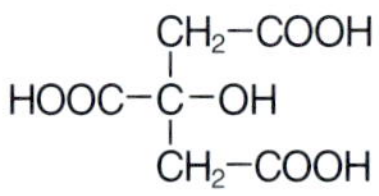

Citronensäure

Für die Herstellung der Hydroxycarbonsäuren gibt es einige allgemein anwendbare Methoden:

***α*-Hydroxysäuren** (2-Hydroxysäuren) können durch Substitution des Halogenids durch Hydroxyl-Ionen aus *α*-Halogensäuren hergestellt werden.

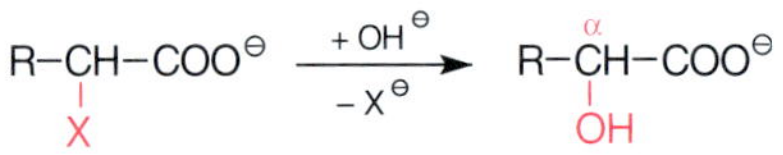

Die Cyanhydrinsynthese (Abschn. 31.4.6.4) ist ebenfalls gut geeignet. Das Cyanhydrin wird basisch zum Säureanion und NH_3 hydrolysiert.

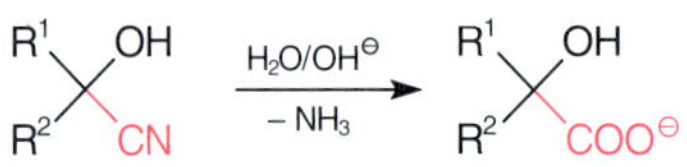

***β*-Hydroxycarbonsäuren** (3-Hydroxysäuren) kann man durch Hydratisierung von *α*,*β*-ungesättigten Carbonsäuren oder durch die Reformatski-Synthese erhalten.

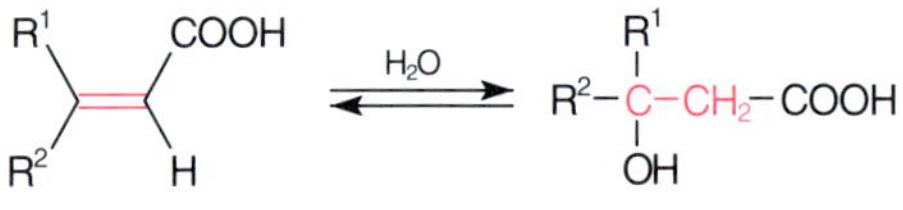

Die Reformatski-Reaktion ist analog der Grignard-Reaktion.

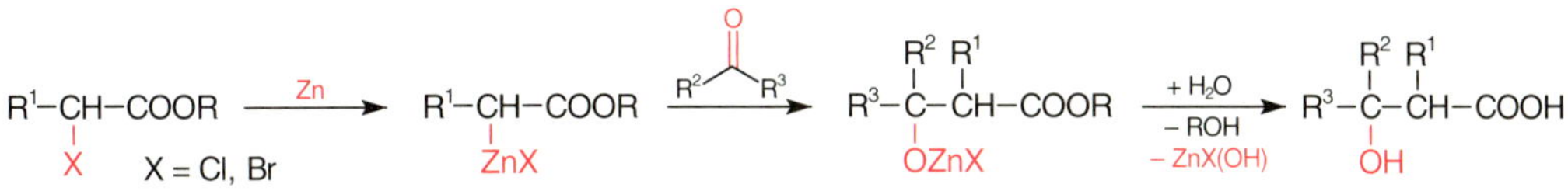

β-Hydroxycarbonsäuren verlieren, besonders wenn sie noch *α*-arylsubstituiert sind, sehr leicht Wasser und gehen in die *α,β*-ungesättigten Carbonsäuren über. Es ist die Rückreaktion der oben angegebenen Hydratisierung.

***γ*- und *δ*-Hydroxycarbonsäuren** (4- und 5-Hydroxysäuren) lassen sich durch Reduktion von Oxocarbonsäuren (Abschn. 31.8) oder analog den *α*-Hydroxycarbonsäuren durch Substitution von Halogencarbonsäuren herstellen.

31.8 Oxocarbonsäuren

Oxocarbonsäuren enthalten neben ihrer Säurefunktion noch eine Carbonylgruppe. Es sind letztlich oxidierte Hydroxycarbonsäuren und sie zeigen sowohl die Eigenschaften von Carboxy- als auch die von Carbonylverbindungen. Je nach Substitution der Carbonylgruppe unterscheidet man die selteneren **Aldehydcarbonsäuren** und die **Ketocarbonsäuren**.

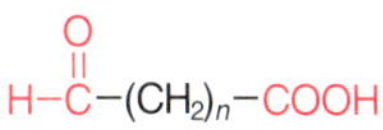

Aldehydcarbonsäure

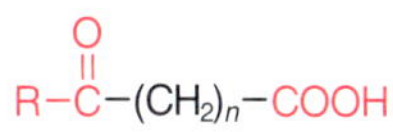

Ketocarbonsäure

Die Stellung der Carbonylgruppe wird bei den Hydroxycarbonsäuren entweder durch kleine griechische Buchstaben oder – systematisch – durch Zahlen angegeben.

Die einzige Aldehydsäure von einiger Bedeutung ist die Glyoxylsäure (Oxoessigsäure), die vorübergehend in unreifen Früchten vorkommt. Ihr Semihydrat, das aus wässriger Lösung auskristallisiert, ist ein Beispiel für eine geminale Dihydroxyverbindung.

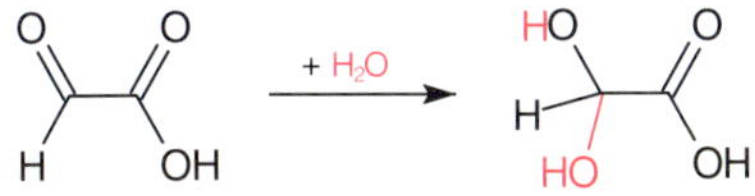

Glyoxylsäure (Oxoessigsäure)

Hydrat

Die einfachsten Beispiele der Ketocarbonsäuren sind die Brenztraubensäure, die Acetessigsäure und die Lävulinsäure.

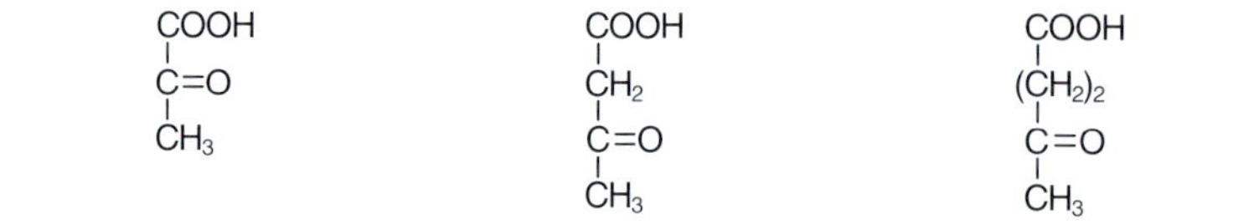

Brenztraubensäure (2-Oxopropansäure) eine α-Ketocarbonsäure — Acetessigsäure (3-Oxobutansäure) eine β-Ketocarbonsäure — Lävulinsäure (4-Oxopentansäure) eine γ-Ketocarbonsäure

Brenztraubensäure spielt in Form ihrer Salze (Pyruvate) eine sehr gewichtige Rolle im Energiestoffwechsel beim Kohlenhydratabbau. Sie läßt sich auf einfache Weise durch trockene Destillation (Brenzen) von Traubensäure, dem racemischen Gemisch der Weinsäure, herstellen. Man nimmt an, daß die Reaktion über eine Hydroxymalein- bzw. über eine Oxalessigsäurestufe verläuft.

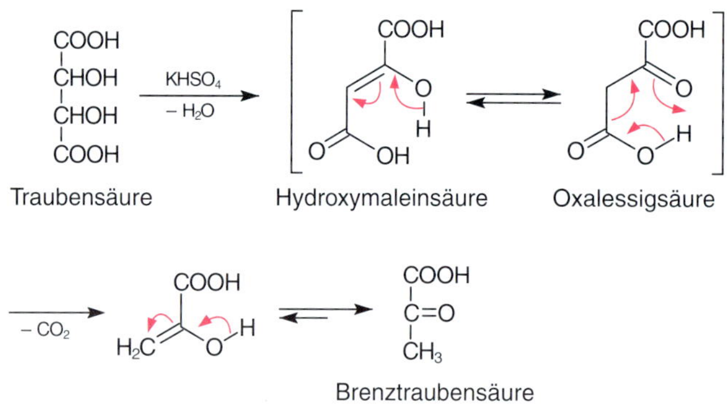

Acetessigsäure wird in Form ihrer Ester zu vielen Synthesen herangezogen. Eine mögliche Herstellungsmethode ist die in Abschn. 31.10.4.2 vorgestellte Esterkondensation. Acetessigsäure steht mit ihrem Enol im Gleichgewicht, wobei in unpolaren aprotischen Lösungsmitteln der Anteil des Enols stark ansteigt. Beim Erwärmen decarboxyliert die freie Säure wie andere *β*-Ketocarbonsäuren leicht. Die CO_2-Abspaltung verläuft wahrscheinlich über einen cyclischen Übergangszustand, wie er oben für die Decarboxylierung der Oxalessigsäure-Zwischenstufe formuliert wurde.

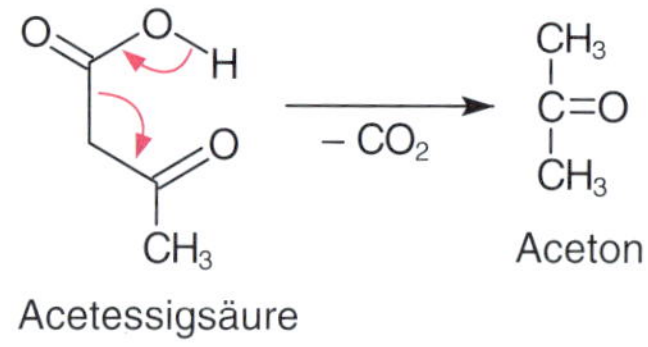

31.9 Peroxycarbonsäuren

Durch Umsetzung von Carbonsäuren mit Wasserstoffperoxid (H_2O_2) in Gegenwart von Mineralsäuren erhält man Peroxycarbonsäuren.

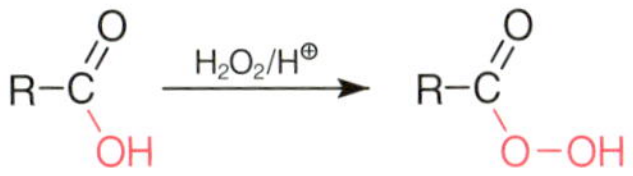

Die „Persäuren", wie sie oft im Laborjargon bezeichnet werden, sind präparativ für die Herstellung von Epoxiden und für einige spezielle Oxidationsreaktionen, wie die Baeyer-Villinger-Oxidation (s. Abschn. 31.10.4.1) verwendbar.

Epoxid

31.10 Funktionelle Carbonsäurederivate

31.10.1 Säurehalogenide

Carbonsäurehalogenide (Acylhalogenide) sind chemisch sehr reaktiv und im allgemeinen leicht aus den Carbonsäuren herstellbar. Man verwendet sie deshalb oft als Zwischenprodukte zur Synthese weniger reaktiver Säurederivate. Säurehalogenide werden meist schon durch die Luftfeuchtigkeit zur freien Säure und Halogenwasserstoff hydrolysiert.

Die wichtigsten Säurehalogenide sind die Chloride. Man erhält sie vorteilhaft durch die Umsetzung von Carbonsäuren mit Thionylchlorid ($SOCl_2$).

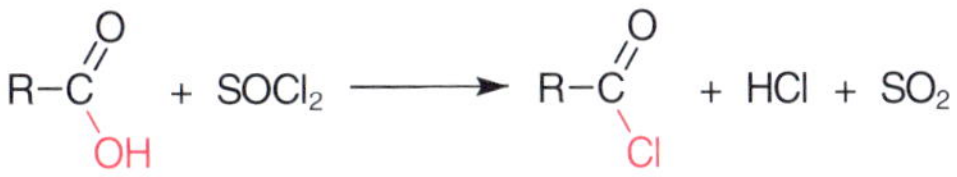

Säurechlorid

Die entstehenden Nebenprodukte (HCl und SO_2) sind gasförmig und bereiten deshalb keine Probleme bei der Isolierung des Säurechlorids. Weitere Synthesemöglichkeiten sind die Umsetzung der Säure mit PCl_3 oder PCl_5.

In Abb. 31.7 sind einige wichtige Reaktionen der Carbonsäurechloride zusammengestellt. In Abschn. 27.3 wurde bereits die präparativ sehr wichtige Friedel-Crafts-Acylierung angesprochen.

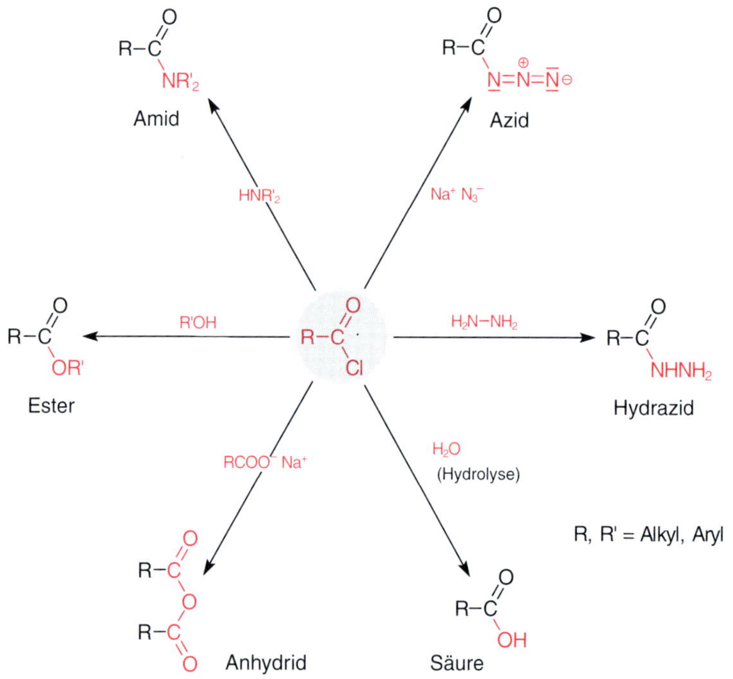

Abb. 31.7 Wichtige Reaktionen der Carbonsäurechloride.

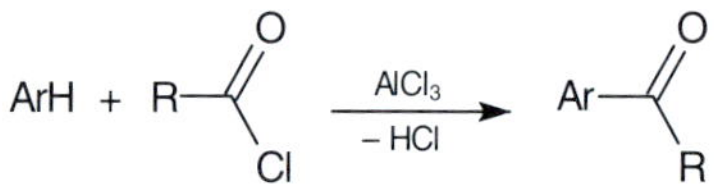

Meist werden die Carbonsäurehalogenide gemäß IUPAC nach der radikofunktionellen Nomenklatur bezeichnet, indem man an den Namen des Acylrestes den Namen des Halogenids anhängt. Man findet aber auch die Endung „-halogenid" an den vollständigen Namen der Säure angehängt.

31.10.2 Carbonsäureanhydride

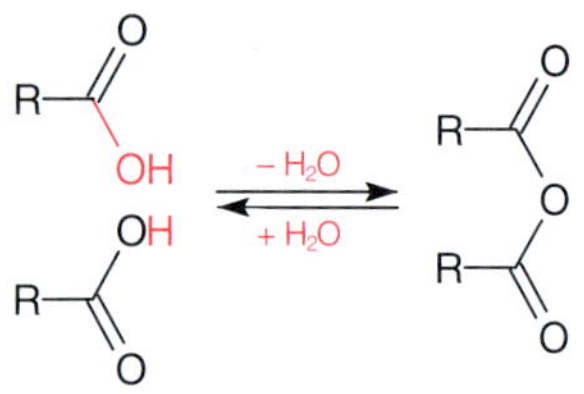

Die Anhydride der Carbonsäuren sind ebenfalls sehr reaktive Verbindungen. Wie der Name schon sagt, können sie durch Abspaltung von Wasser aus den Säuren erhalten und umgekehrt mit Wasser zu den Säuren hydrolysiert werden. Man kennt **symmetrische** (R=R'), **unsymmetrische** (R≠R') und **cyclische Carbonsäureanhydride**. Letztere gehen aus der intramolekularen Kondensation von Dicarbonsäuren hervor; sie sind meist deutlich stabiler als ihre offenkettigen Pendants.

Häufiger genannte Beispiele für Carbonsäureanhydride:

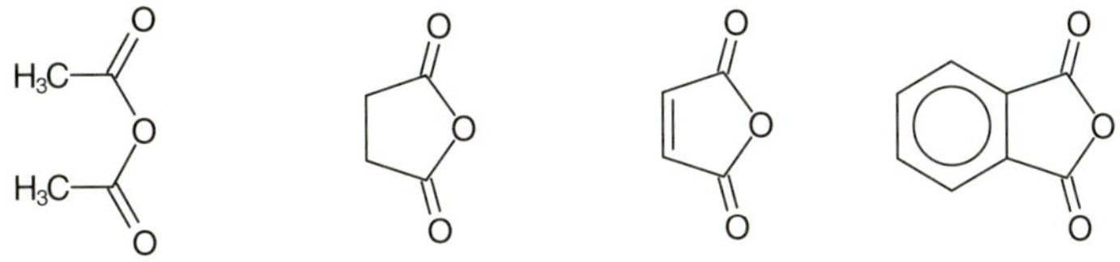

Acetanhydrid (Essigsäureanhydrid) | Bernsteinsäureanhydrid | Maleinsäureanhydrid | Phthalsäureanhydrid

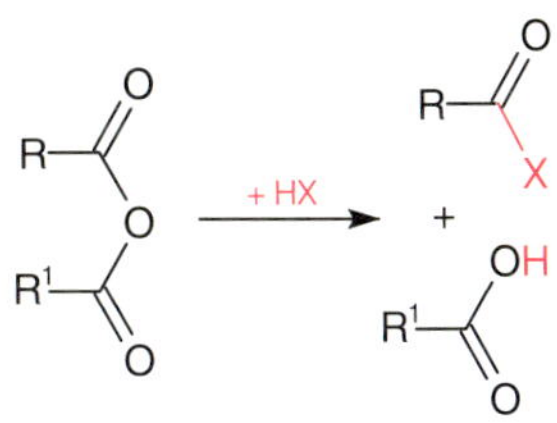

Wie die Säurechloride können die Anhydride zur Herstellung der funktionellen Säurederivate benutzt werden. Anhydride sind dabei etwas weniger reaktiv als vergleichbare Chloride und reagieren deshalb geringfügig langsamer. Mit Lewis-Säure-Katalysatoren gehen sie auch Friedel-Crafts-Acylierungen ein. Während bei den acyclischen Anhydriden jeweils ein Molekül Carbonsäure frei wird, bleibt bei den cyclischen Anhydriden eine Carboxyfunktion im *gleichen* Molekül erhalten. Beispiele für Reaktionen der Säureanhydride zeigt Abb. 31.8.

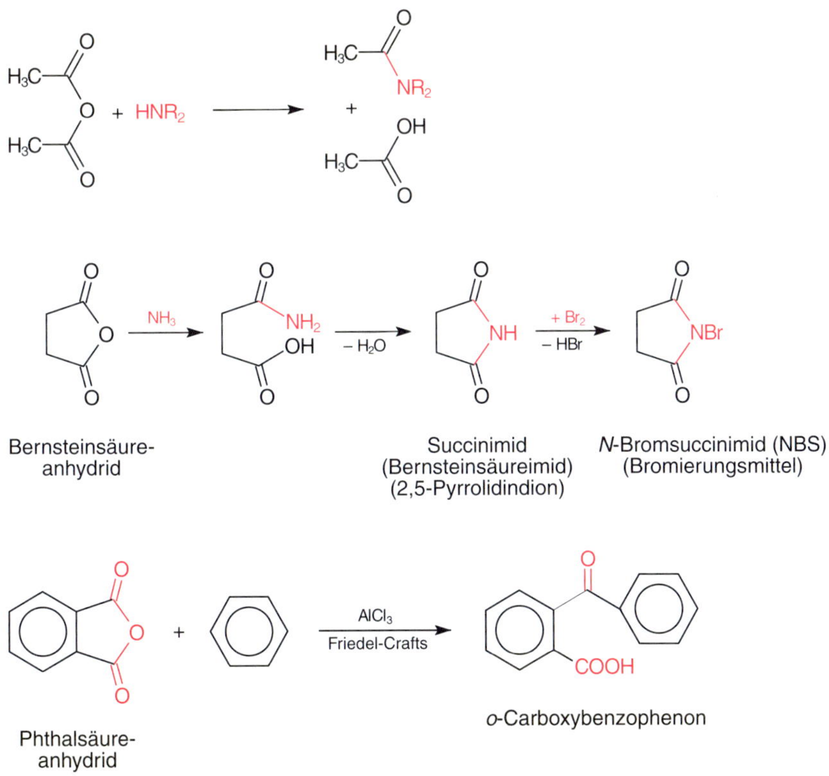

Abb. 31.8 Einige bedeutende Reaktionen der Säureanhydride.

31.10.3 Ketene

$H_2C{=}C{=}O$

Keten

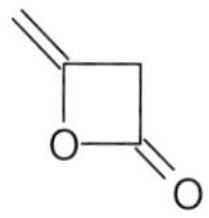

Diketen

Durch Abspaltung von Wasser aus Essigsäure bei hohen Temperaturen, vermindertem Druck und Verwendung von Katalysatoren (600–700 °C, 130–530 hPa [100–400 Torr]) wird technisch Keten hergestellt. Es ist außerordentlich reaktiv, nur bei tiefen Temperaturen einigermaßen beständig und dimerisiert leicht zum Diketen. Keten stellt den Grundkörper der Ketene ($R^1R^2C{=}C{=}O$) dar, die man auch als innere Anhydride der Carbonsäuren auffassen kann.

31.10.4 Carbonsäureester

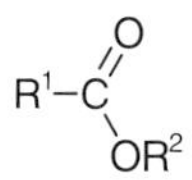

Ester

Carbonsäureester sind die Kondensationsprodukte aus einer Carbonsäure und einem Alkohol.

Durch den weiten Variationsbereich von R^1 und R^2 (aliphatisch und aromatisch) sind die Ester der Carbonsäuren in der Gruppe der Säurederivate die variantenreichsten und wohl wichtigsten Vertreter. Sie sind in der Natur als Fette, fette Öle, Wachse und Riechstoffe in Blüten und Früchten weit verbreitet. Einfache Ester dienen als Lösungsmittel (z. B. Essigsäureethylester) und Weichmacher (z. B. Phthalsäureester), Polyester als Kunststoffe oder synthetische Fasern (Diolen®).

Die **Nomenklatur** der Ester bedient sich zweier Methoden. Im deutschsprachigen Raum wird meist dem Namen der zugrunde liegenden Säure der Radikalname des Restes R^2 am Hydroxysauerstoff nachgestellt, dann folgt die Endung „-ester" (a). International wird häufig eine „-yl/-at" Kombination benutzt (b). Der radikalischen Bezeichnungsweise des Restes R^2 der Etherbindung folgt der „anionisierte" Name der Säure.

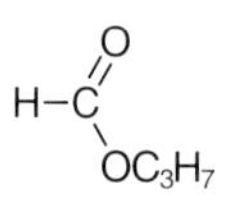

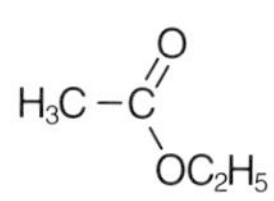

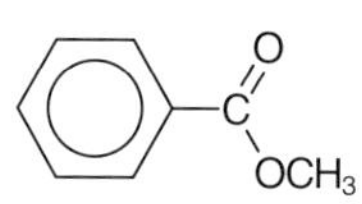

a)	Ameisensäurepropylester	Essigsäureethylester	Benzoesäuremethylester
b)	Propylformiat	Ethylacetat	Methylbenzoat

Da Ester keine Wasserstoffbrücken ausbilden können, liegen ihre Siedepunkte deutlich unter denen von Alkoholen oder Säuren gleicher Kohlenstoffzahl, teilweise sogar unter denen der Alkohol- und Säurekomponente (Tab. 31.9).

Tabelle 31.9: Siedepunkt von Essigsäureethylester im Vergleich mit einigen Alkoholen und Säuren

Name	Essigsäureethylester	Essigsäure	Ethanol	1-Butanol	Propionsäure
Formel	$CH_3COOC_2H_5$	CH_3COOH	C_2H_5OH	C_4H_9OH	C_2H_5COOH
Sdp. [°C]	77,06	118,5	78,32	117,5	141,35

31.10.4.1 Synthesc von Estern

Unter den Estersynthesen ist die säurekatalysierte Kondensation einer Carbonsäure mit einem Alkohol, die **Veresterung**, am weitesten verbreitet. Es handelt sich hierbei um eine typische Gleichgewichtsreaktion. Das Reaktionsgleichgewicht wird durch Entfernen des Wassers oder des Esters, abcr auch durch einen großen Überschuß an Säure oder Alkohol in Richtung des Esters verschoben.

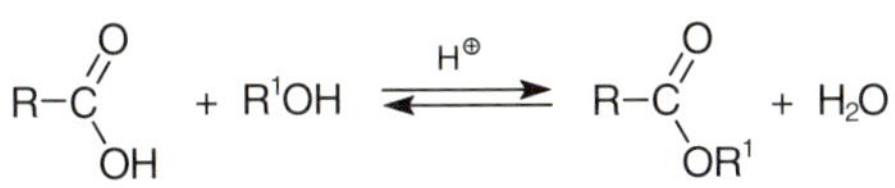

Prinzipiell kann der Sauerstoff der Esterbindung sowohl von der ursprünglichen Hydroxygruppe der Säure (**Acyl-Sauerstoff**), als auch vom Alkohol (**Alkyl-Sauerstoff**) kommen. Dies wirft die Frage nach dem Reaktionsmechanismus auf.

Reaktionsmechanismus der Veresterung

Der weitaus überwiegende Teil der Veresterungen folgt einem Additions-Eliminierungs-Mechanismus, bei dem die Carboxygruppe durch die Hydroxygruppe des Alkohols nucleophil attackiert wird. Der Alkoxysauerstoff des Esters stammt in diesem Fall vom Alkohol. Die zugesetzte Säure steigert die Nucleophilie des Carboxykohlenstoffs.

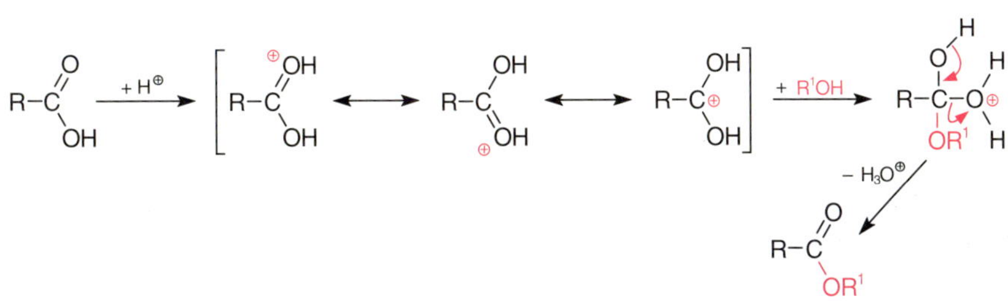

Im Ergebnis wird durch eine nucleophile Substitution am ungesättigten *Acyl*-Kohlenstoffatom eine Hydroxygruppe gegen eine Alkoxygruppe ausgetauscht.

Ist die Möglichkeit zur Bildung stabiler Carbanionen oder eines besonders stabilen Carboxylat-Ions gegeben, tritt ein Wechsel im Reaktionsmechanismus auf. Hierbei handelt es sich um eine nucleophile Substitution nach S_N1 am tertiären *Alkyl*-Kohlenstoffatom. Der Sauerstoff der Esterbindung stammt dann von der Säure. Dieser Reaktionsverlauf wird als $A_{Al}1$-Mechanismus bezeichnet.

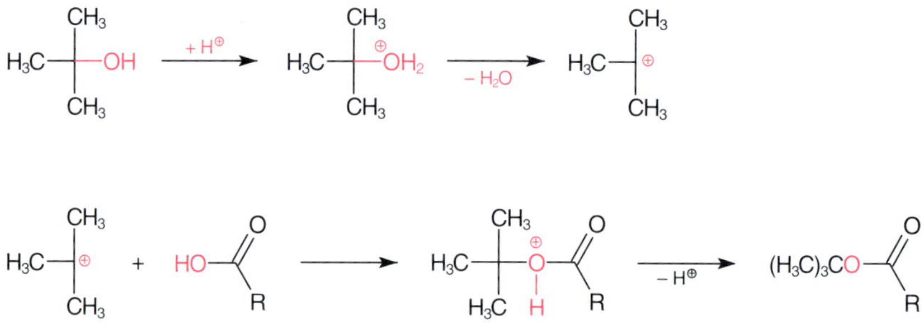

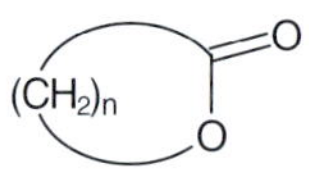
Lacton

Durch die intramolekulare Veresterung von Hydroxycarbonsäuren erhält man cyclische Ester, die als **Lactone** bezeichnet werden. Nur die fünf- und sechsgliedrigen Ringe (*n* = 3 oder 4) sind beständig und lassen sich auch ohne größere Probleme herstellen. Je nachdem, welche Stellung die Alkoholgruppe relativ zur Säuregruppe einnimmt, werden die cyclischen Ester als *α*-, *β*-, *γ*-, *δ*- usw. Lactone bezeichnet.

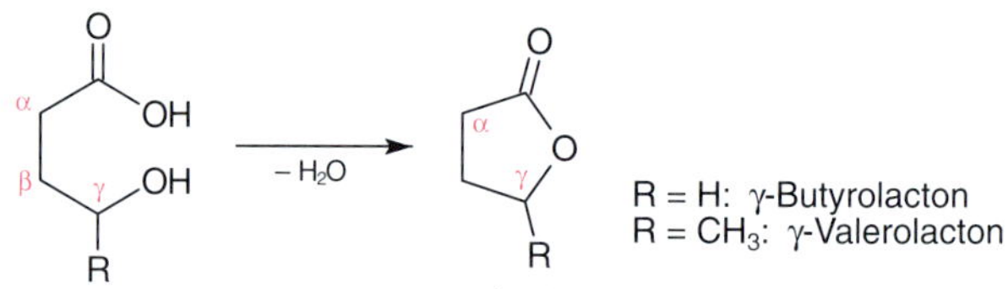

γ-Lacton

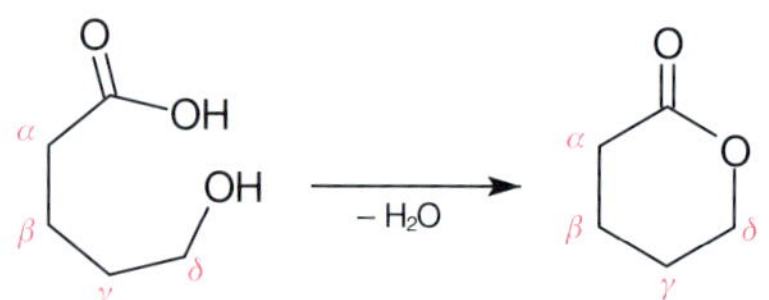
δ-Valerolacton

Lactone treten, meist ungesättigt, als Naturstoffe auf. Sie finden auch als Pharmazeutika Verwendung. Phenprocoumon, ein Cumarinderivat, wird als Antikoagulans eingesetzt.

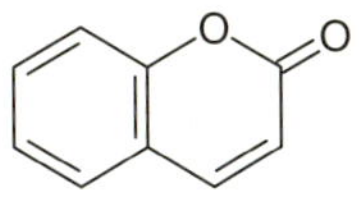

Cumarin
z.B. im Waldmeister

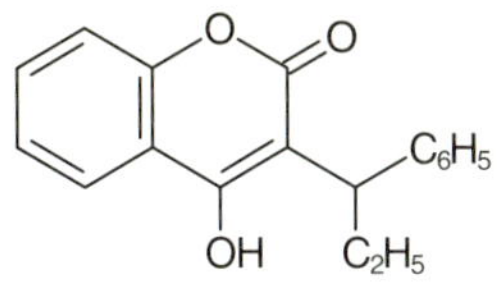

4-Hydroxy-3-(1-phenylpropyl)-cumarin
Handelsfreiname: *Phenprocoumon*
Marcumar®

Neben der **intra**molekularen Veresterung von Hydroxycarbonsäuren gibt es noch die **inter**molekulare Reaktion.

Lactide sind cyclische Doppelester von α-Hydroxycarbonsäuren.

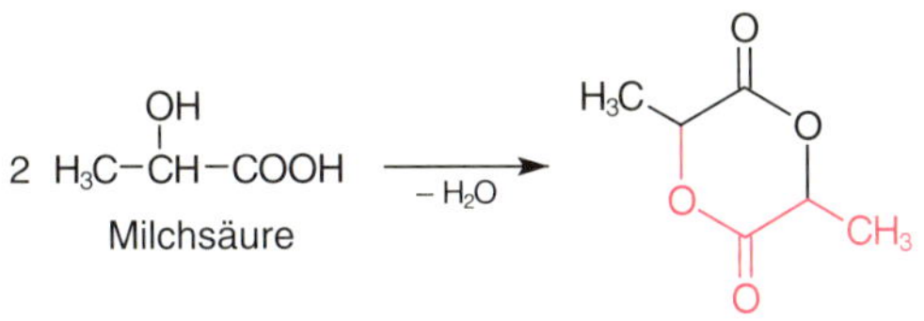

3,5-Dimethyl-1,4-dioxan-2,5-dion
trivial: *Lactid*

Der Trivialname des Doppelesters der Milchsäure wird gleichzeitig als Bezeichnung für cyclische Doppelester allgemein genutzt.

Polyester entstehen durch intermolekulare Polykondensation von Hydroxycarbonsäuren oder von Dicarbonsäureestern und Diolen. Formal führt die fortgesetzte (lineare) Kondensation der Milchsäure zu den **Polymilchsäuren**.

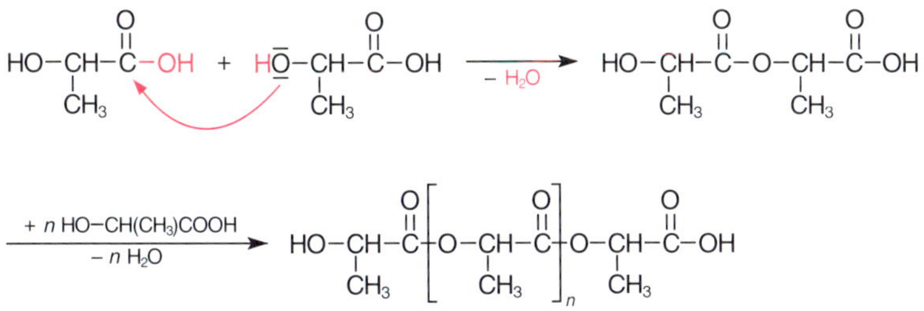

In der Praxis erfolgt die Polymerisation der Milchsäure als **Ringöffnungspolymerisation** aus dem Lactid der Milchsäure. Die Reaktion verläuft ähnlich der in Abschn. 31.10.5 vorgestellten Herstellung von Perlon. Polymilchsäure wird als biologisch abbaubares Nahtmaterial in der Chirurgie eingesetzt.

Polyethylenterephthalat (PET) ist ein gegenwärtig viel beachteter Kunststoff zur Herstellung wiederverwendbarer Getränkeflaschen. PET-Fasern können aber auch versponnen und zu Textilien verarbeitet werden (Diolen®).

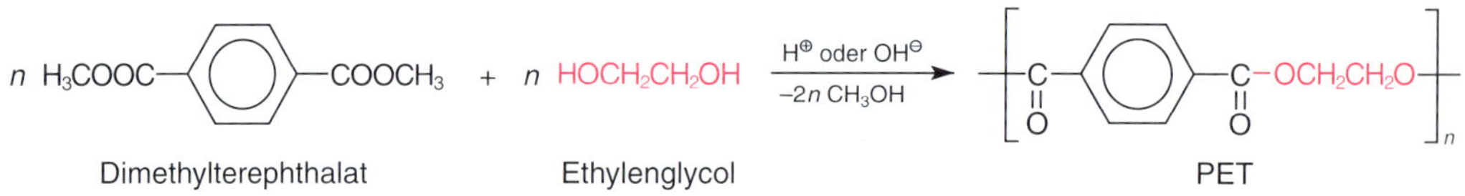

Weitere Estersynthesen sind, um nur einige Beispiele zu nennen, die Umsetzung von Carbonsäurechloriden oder -anhydriden mit Alkoholen (**Schotten-Baumann-Reaktion**), von Ketenen mit Alkoholen, die Umesterung, die Oxidation von Ketonen mit Peroxysäuren (**Baeyer-Villinger-Oxidation**) und die S_N2-Reaktion von Silbersalzen der Carbonsäuren mit Halogenalkanen (Abb. 31.9).

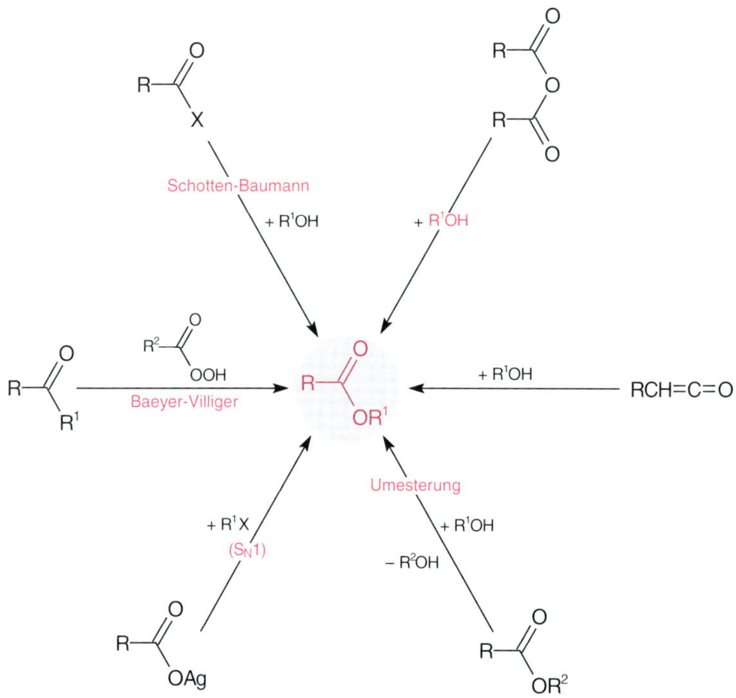

Abb. 31.9 Synthesen für Carbonsäureester.

31.10.4.2 Reaktionen der Ester

Hydrolyse und Ammonolyse

Eine der wichtigsten Reaktionen der Ester ist die **Hydrolyse**. Sie stellt die Umkehrung der Veresterung dar (vgl. Abschn. 31.9.4.1).

Neben den zwei bei der Veresterung vorgestellten Mechanismen werden noch weitere Möglichkeiten diskutiert. Sie unterscheiden sich in der Reaktionsmolekularität, der Katalyse und darin, ob die Acyl-Sauerstoff- oder die Alkyl-Sauerstoffbindung gespalten wird. Hier sollen die beiden am häufigsten auftretenden Reaktionsmechanismen nach $A_{AC}2$- und nach $B_{AC}2$ vorgestellt werden.

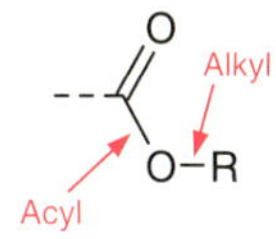

Der **$A_{AC}2$-Mechanismus** ist die sauer („A", von *acid*) katalysierte bimolekulare („2") Esterhydrolyse, bei der die Sauerstoff-*Acyl*bindung („AC") getrennt wird. Die Reaktion ist die genaue Umkehrung der säurekatalysierten Esterbildung und wurde oben schon diskutiert. (Die Veresterung über ein Carbenium-Ion nach S_N1 würde einem $A_{Al}1$-Mechanismus entsprechen.)

Der **$B_{AC}2$-Mechanismus** ist der am häufigsten beschrittene Weg für eine Esterhydrolyse. Es ist der *basen*katalysierte bimolekulare Vorgang, bei dem ebenfalls die Acyl-Sauerstoffbindung getrennt wird. Der genaue Reaktionsablauf ist von der Nucleophilie der verwendeten Base abhängig. Stark nucleophile Basen wie das meist eingesetzte Hydroxyl-Ion greifen den Carbonylkohlenstoff direkt unter Addition an.

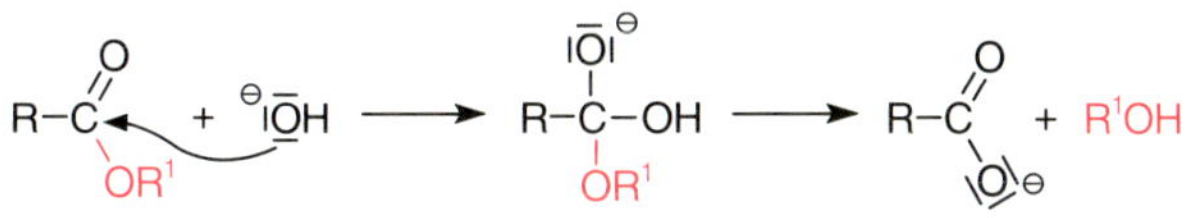

Da die Hydroxyl-Ionen verbraucht werden, handelt es sich nicht um eine echte Katalyse. Man erhält einen Alkohol und ein mesomeriestabilisiertes Carbonsäure-Anion. Das Reaktionsgleichgewicht wird dadurch ganz auf die Produktseite verschoben.

Die Alkoholyse der Carbonsäureester, die als **Umesterung** bezeichnet wird (Abb. 31.9), ist der Hydrolyse nahe verwandt. Die Reaktion kann sowohl säure- als auch basenkatalysiert sein. Die Umesterung kann nicht nur zwischen einem Alkohol und einem Ester, sondern bei höheren Temperaturen auch zwischen zwei verschiedenen Estern ablaufen.

$$R^1COOR^2 + R^3COOR^4 \xrightarrow{\Delta} R^1COOR^4 + R^3COOR^2$$

Ammonolyse und Aminolyse

Die Umsetzung von Estern mit Ammoniak bzw. mit primären oder sekundären Aminen zu Säureamiden nennt man Ammonolyse bzw. Aminolyse. Die Reaktion erfordert entweder höhere Temperaturen oder aktivierte Ester (z. B. Chloressigsäureester).

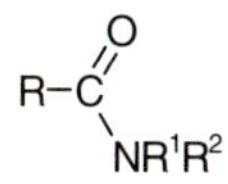

Säureamid

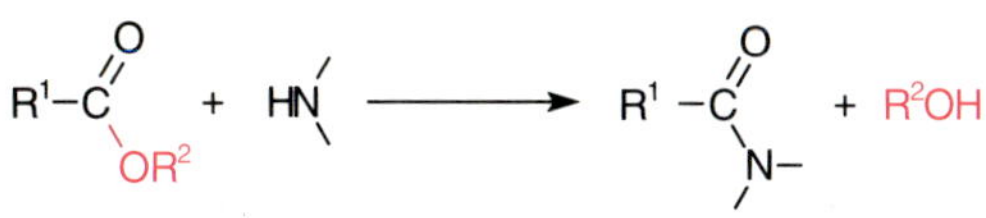

$Cl{-}CH_2COOR$

Chloressigsäureester

Die Esterkondensation

Die Kondensation zweier Ester bzw. eines Esters mit einem Aldehyd ist eine sehr verbreitete Methode zur Herstellung von *β*-Ketoestern bzw. *α*,*β*-ungesättigten Estern. Die unter der Bezeichnung **Claisen-Kondensation** (Abb. 31.10a) bekannte Reaktion ist basenkatalysiert. Die intramolekulare Kondensation eines Diesters, die **Dieckmann-Kondensation** (Abb. 31.10b) führt zu cyclischen Produkten.

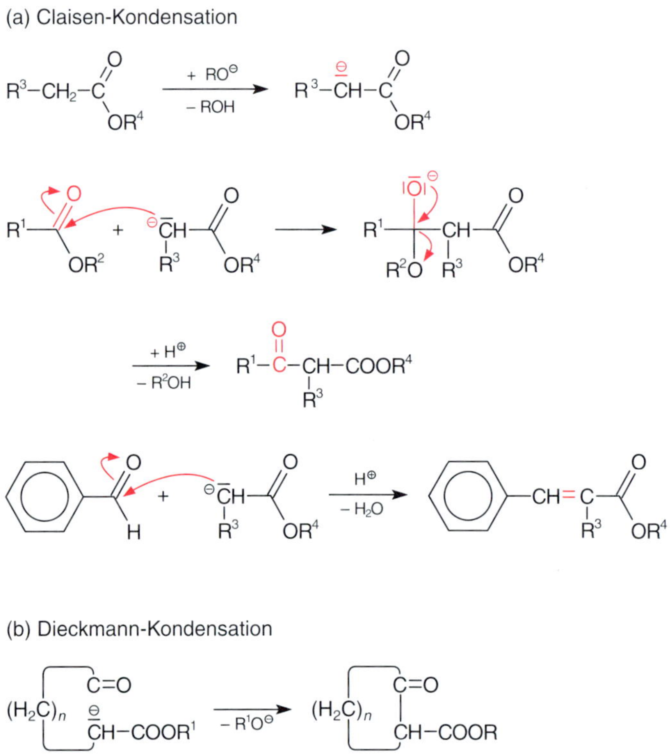

Abb. 31.10 a) Claisen-Kondensation zweier Ester sowie eines Esters mit einem Aldehyd. b) Intramolekulare Esterkondensation eines Diesters (Dieckmann-Kondensation)

Reduktion von Estern

Ester können sowohl katalytisch, als auch mit komplexen Hydriden reduziert werden. Die Estergruppe wird dabei zum primären Alkohol reduziert.

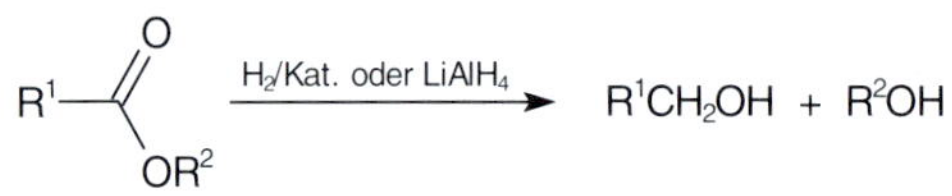

Für die katalytische Reduktion mit Wasserstoff sind hohe Temperaturen und hoher Druck erforderlich.

Die Reduktion von Carbonsäureestern (oder Chloriden) mit Natrium in Gegenwart von Alkohol führt zu primären Alkoholaten.

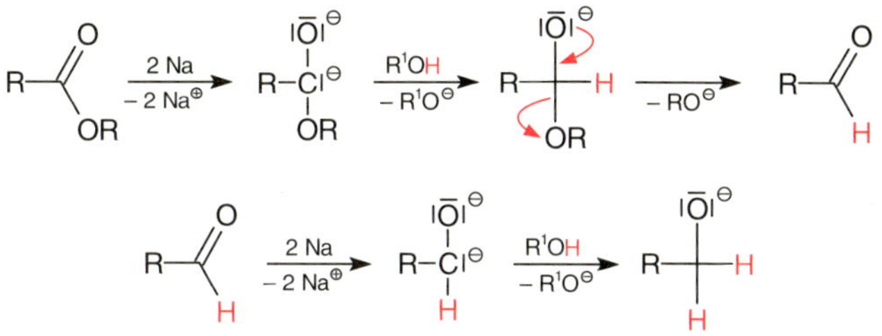

In Abwesenheit eines Lösungsmittels bzw. in inertem Lösungsmittel findet eine Acyloinkondensation[1)] statt.

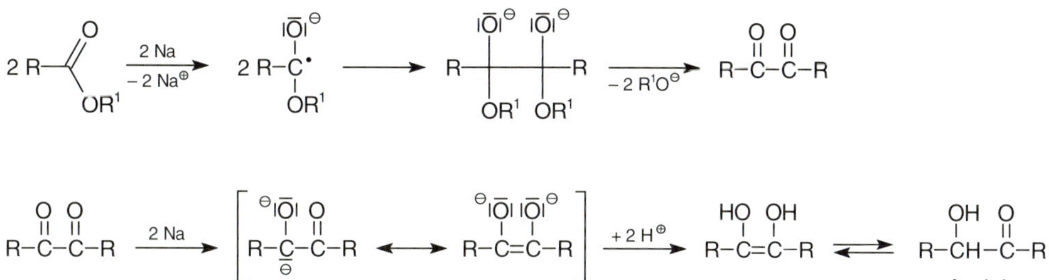

Acyloin

31.10.5 Carbonsäureamide

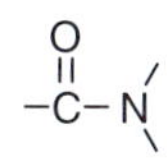

Säureamid

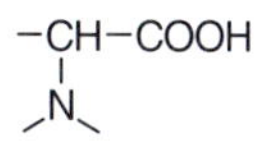

Aminosäure

Bei den Carbonsäureamiden ist die Hydroxygruppe der Carbonsäuren durch eine $-NR_2$-Gruppe ersetzt, wobei R in einem weiten Bereich variieren und sowohl Wasserstoff, als auch ein aliphatischer, alicyclischer, aromatischer oder heteroaromatischer Rest sein kann.

Im Unterschied zu den *Aminen* ist das Stickstoffatom der *Amide* an ein elektronenarmes sp^2-hybridisiertes Acyl-Kohlenstoffatom gebunden. Die Eigenschaften der Amide unterscheiden sich daher deutlich von denen der Amine.

Säureamide sind nicht mit Aminosäuren zu verwechseln, bei denen die Aminogruppe in α-Stellung zur Säurefunktion an einen sp^3-hybridisierten Alkylkohlenstoff gebunden ist.

[1)] Der Begriff „Acyloinkondensation" wird sowohl für die obige Reduktion, als auch für die Dimerisierung von Aldehyden zu Acyloinen (Abschn. 31.5) verwendet.

Nomenklatur der Säureamide

Zur Bezeichnung der Säureamide wird die Endung „-yl" am Namen des zugrundeliegenden Acylrestes durch „-amid" ersetzt.

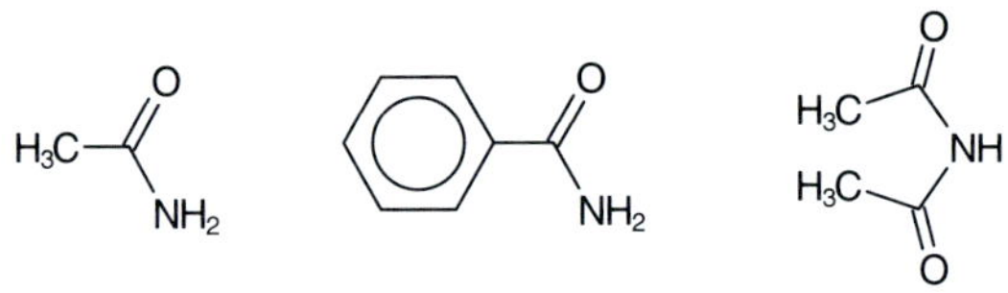

Acetamid Benzamid Diacetamid

Alkylsubstituenten am Stickstoff der Amidgruppe werden vorangestellt.

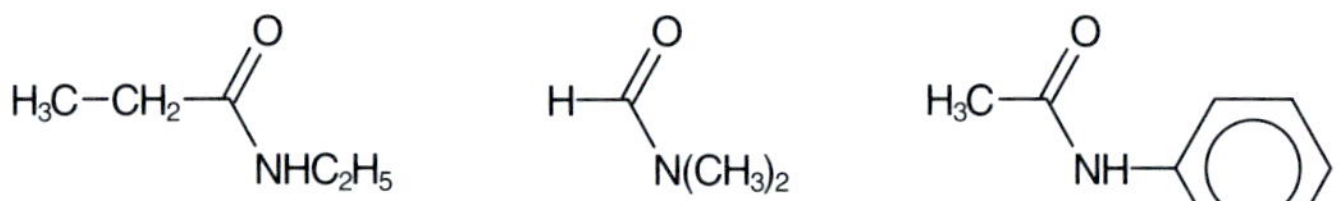

N-Ethylpropionamid *N,N*-Dimethylformamid (DMF) Acetanilid

Synthesen der Säureamide

Säureamide erhält man durch direkte Umsetzung von Ammoniak bzw. von Aminen mit allen bisher besprochenen Säurederivate.

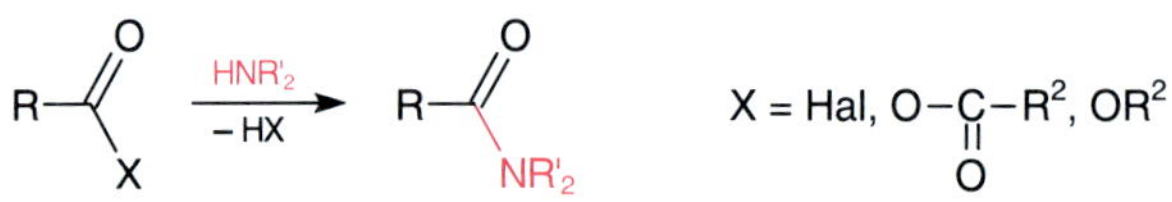

Die freien Säuren lassen sich selbstverständlich nicht direkt mit Ammoniak oder Aminen zu Amiden umsetzen (was passiert?). Wohl aber können aus Ammoniumsalzen durch Erhitzen, evtl. im Ammoniakstrom, Amide erhalten werden.

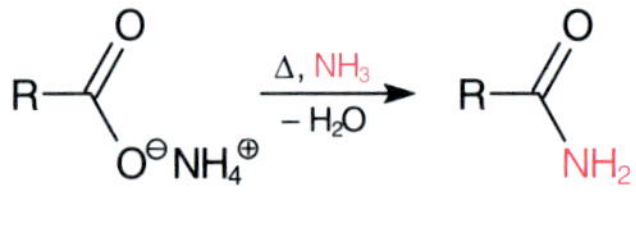

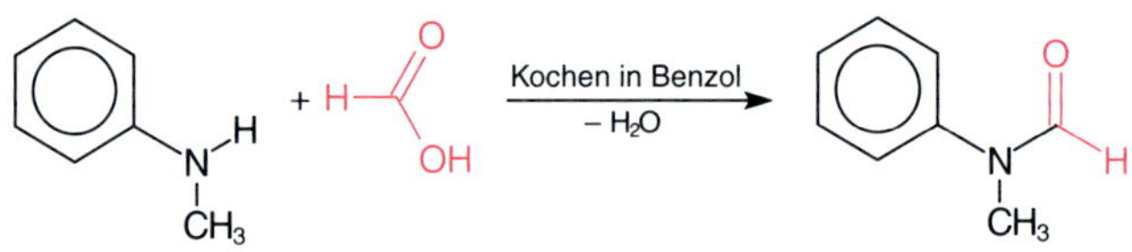

Daneben gibt es noch eine ganze Reihe weiterer Synthesen, von denen einige in Abb. 31.11 zusammengefaßt sind.

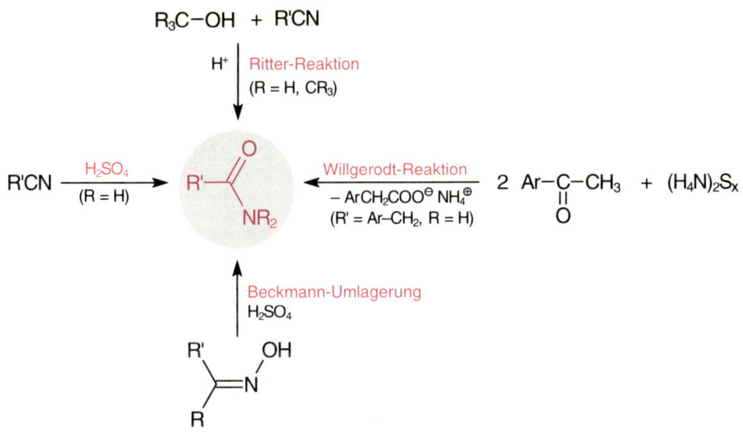

Abb. 31.11 Synthesen für Säureamide

Während der **Beckmann-Umlagerung** wandert – bei unterscheidbaren geometrischen Isomeren und Bedingungen, die nicht zur Isomerisierung führen – der zur OH-Gruppe des Oxims *anti*-ständige Rest. Cyclische Ketoxime erfahren eine Ringerweiterung. Die Reaktion hat technische Bedeutung zur Synthese von Perlon®, einem Polyamid, erlangt (Abb. 31.12).

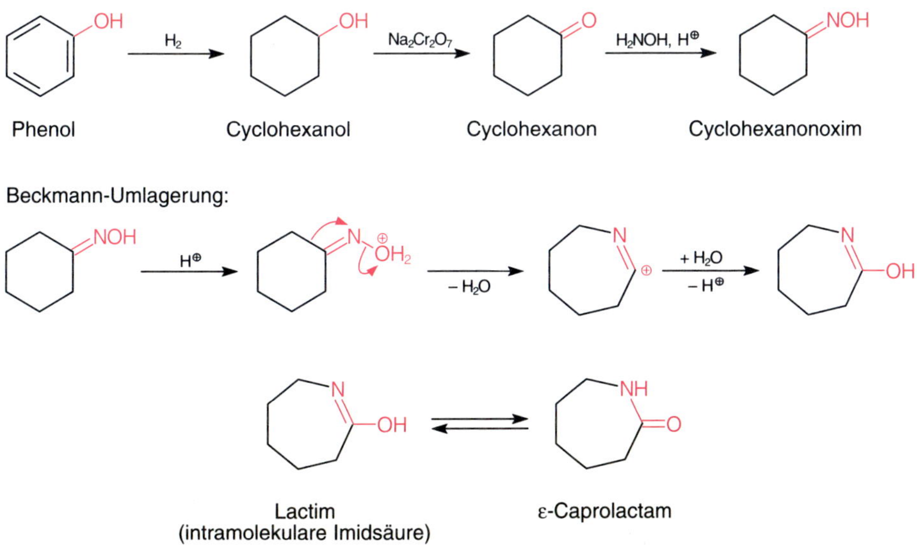

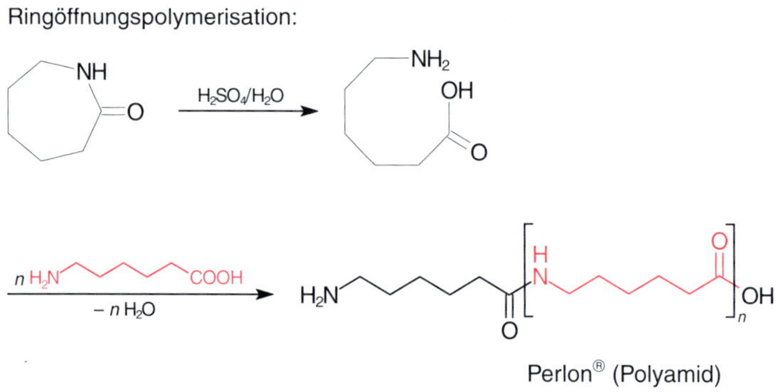

Abb. 31.12 Synthese von Polyamid (Perlon®)

Eigenschaften der Carbonsäureamide

Mit Ausnahme von Formamid, Methyl- und Dimethylformamid (DMF) sind alle Amide bei Raumtemperatur feste, kristalline Verbindungen. Amide reagieren in wäßriger Lösung neutral; sie sind sehr schwache Basen und schwache Säuren. Säureamide sind tautomer mit den Imidsäuren.

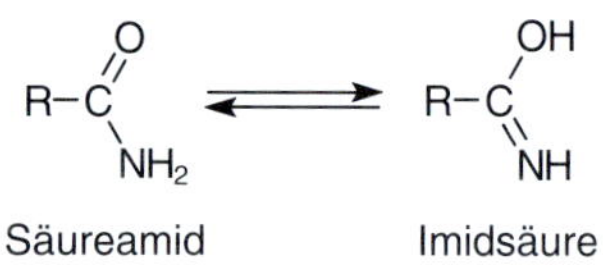

Häufig werden die Bezeichnungen „Imidsäure" und „Säureimide" falsch gebraucht. **Säureimide** sind entweder cyclische Diamide, analog den Säureanhydriden oder sekundäre Amide.

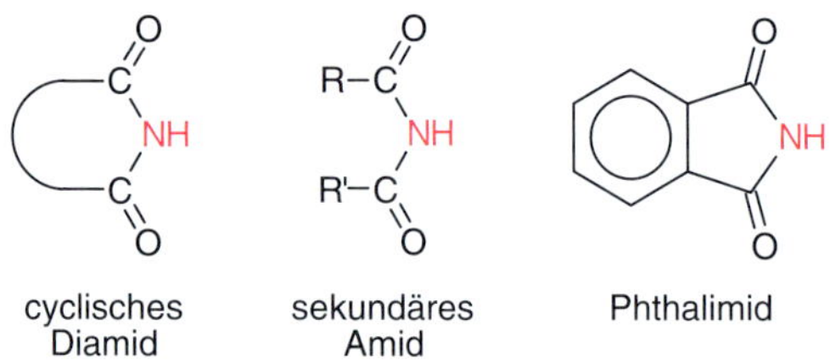

Säureamide sind mesomeriestabilisiert. Damit erklärt sich ihre vergleichsweise geringe Reaktivität gegenüber Nucleophilen und die schwache Basizität der Amidgruppe. Durch den partiellen Doppelbindungscharakter ist die Drehbarkeit um die C–N-Achse eingeschränkt und die vier beteiligten Atome der Amidgruppe liegen in einer Ebene.

Mit starken Basen wie Natriumamid oder Natrium kann das Amid-Proton abstrahiert werden. Starke Säuren protonieren das *Sauerstoffatom* der Amidgruppe.

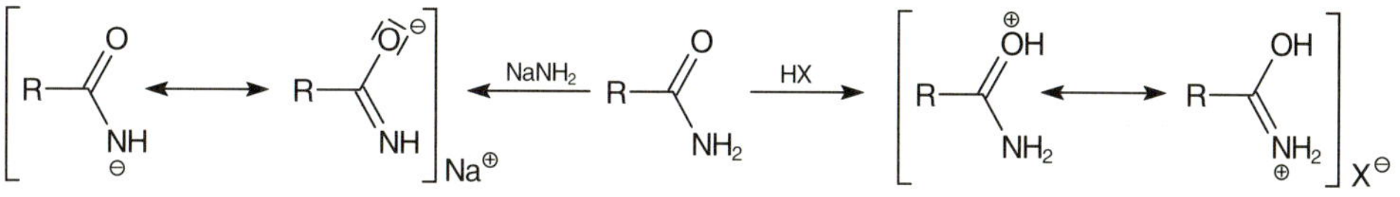

Säureamide können mit $LiAlH_4$ oder B_2H_6 zu Aminen reduziert werden.

Lactame

Der Begriff Lactam ist uns bereits in Abb. 31.12 bei der Perlon-Synthese begegnet. Unter **Lactamen** versteht man intramolekulare Amide von Aminosäuren. Sie sind analog zu den Lactonen der Hydroxycarbonsäuren.

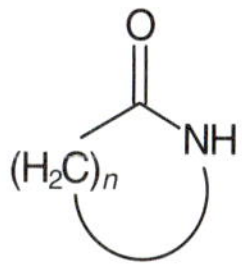

Lactam

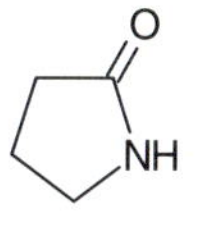

4-Butanlactam = 2-Pyrrolidinon
„γ-Butyrolactam"

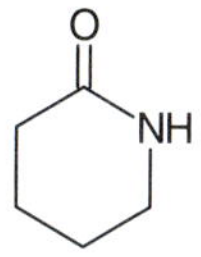

5-Pentanlactam = 2-Piperidon
„δ-Valerolactam"

β-Lactame kommen in vielen Antibiotika vor. Nach ihrem gemeinsamen Strukturelement bezeichnet man diese als ***β*-Lactam-Antibiotika**. Die populärsten Vertreter sind die von Fleming 1929 entdeckten **Penicilline**, die aus einem *β*-Lactamring und einem ankondensierten Thiazolring bestehen. Sie unterscheiden sich nur durch den Rest R.

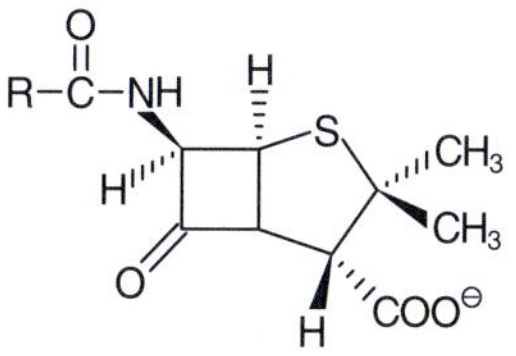

Daneben gibt es noch vier weitere Gruppen natürlich vorkommender *β*-Lactam-Antibiotika.

Bisher wurden die Begriffe „Lacton“, „Lactam“ und „Lactid“ vorgestellt. Daneben gibt es noch einige ähnlich klingende Bezeichnungen, die immer wieder Anlaß zu Verwechslungen geben und deshalb an diese Stelle nochmals zusammengefaßt werden (Tab. 31.10).

Tabelle 31.10: Übersicht zu Carbonsäurederivaten, die leicht verwechselt werden.

Bezeichnung	Erklärung	Formel	
Lactam	intramolekulares Amid von Aminocarbonsäuren	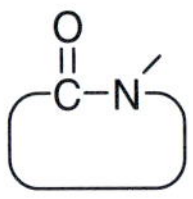	(vgl. Abschn. 31.10.4.1)
Lactat	Ester und Salze der Milchsäure	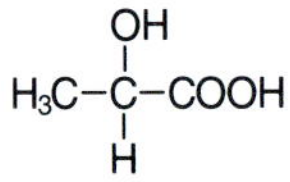	(vgl. Abschn. 31.7)
Lactid	allgemein: cyclischer Doppelester von α-Hydroxycarbonsäuren	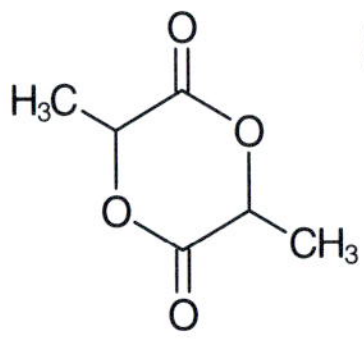	(vgl. Abschn. 31.10.4.1)
Lactim	Tautomer eines Lactams; intramolekulare Imidsäure	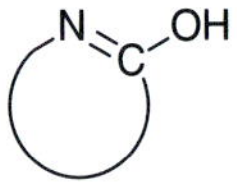	(vgl. Beckmann-Umlagerung, Abschn. 31.10.5)
Lacton	intramolekularer Ester von Hydroxycarbonsäuren	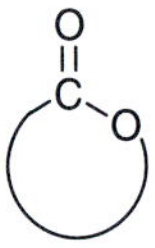	(vgl. Abschn. 31.10.4.1)
Lactose	Milchzucker		(vgl. Abschn. 33.1 Kohlenhydrate)

Die Peptidbindung

Zwei Aminosäuren können kondensieren, indem die Aminogruppe der einen Aminosäure mit der Säurefunktion der anderen ein Säureamid bildet. Die entstandene C–N-Verknüpfung nennt man Peptidbindung

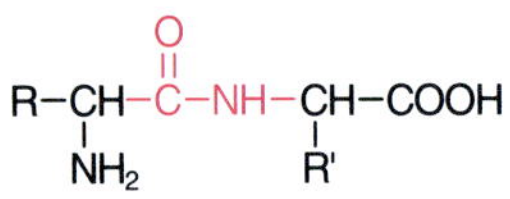

Aufgrund der Resonanz hat die C–N-Bindung partiellen Doppelbindungscharakter. Die beteiligten Atome liegen daher in einer Ebene. Der hohe Doppelbindungscharakter der C–N-Bindung ist auch aus der im Vergleich zu C–N-Einfachbindungen kurzen Bindungslänge (132 pm) und der eingeschränkten Drehbarkeit um die C–N-Achse ersichtlich.

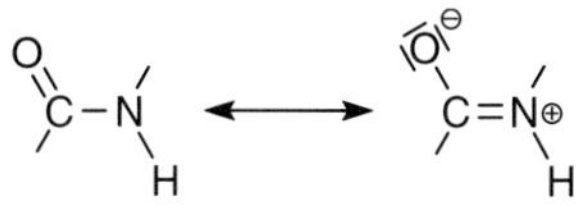

„Peptidbindung"

Im engeren Sinn versteht man unter Peptidbindung nur jene, die wie in unserem Beispiel durch Kondensation von α-Aminosäuren zustande kommen. (Auf deren enorme Bedeutung in der Natur wird in Abschn. 33.3 eingegangen). In den übrigen Fällen spricht man von **Isopeptidbindungen**. Ein Beispiel dafür haben wir beim Perlon® kennengelernt (vgl. Abb. 31.12). In diesem Fall liegen Peptidbindungen zwischen ε-Aminosäuren vor.

32 Spektroskopische Methoden zur Strukturaufklärung

In diesem Buch wurde das Wissen um das mikroskopische Aussehen, die Struktur chemischer Verbindungen als selbstverständlich vorausgesetzt. Das ist es natürlich nicht, die Entwicklung leistungsfähiger Methoden zur Strukturaufklärung haben die Chemie entscheidend vorangebracht.

Im folgenden sollen die wichtigsten spektroskopischen Methoden vorgestellt werden, wobei der NMR-Spektroskopie, als der wohl informativsten Methode, ein breiterer Raum gegeben wurde.

Spektroskopische Methoden bedienen sich der Wechselwirkung von elektromagnetischer Strahlung mit Materie. Die Wechselwirkung führt zu Änderungen des energetischen Zustandes der Materie. Strahlung kann nur absorbiert werden, wenn ihre Energie der Energiedifferenz zwischen zwei Zuständen entspricht. Nur dann tritt die elektromagnetische Strahlung mit Materie in Resonanz und bewirkt die Promotion in ein energetisch höheres Niveau (Abb. 32.1). Bei dem umgekehrten Vorgang wird elektromagnetische Strahlung durch Materie emittiert.

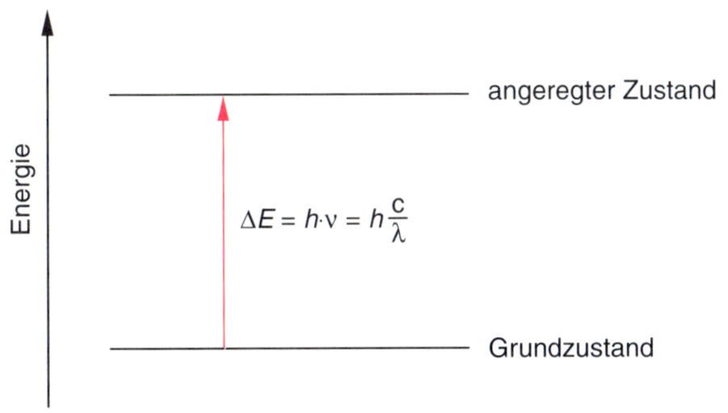

Abb. 32.1 Durch Absorption von Licht geeignerter Wellenlänge wird ein Molekül vom Grund- in einen angeregten Zustand angehoben. (h: Plancksches Wirkungsquantum, c: Lichtgeschwindigkeit, λ: Wellenlänge des Lichts, ν: Frequenz des Lichts).

In Abhängigkeit von der Wellenlänge bzw. der Energie der Strahlung werden unterschiedliche Zustände, in der Spektroskopie meist Molekülzustände, angeregt. In Tab. 32.1 ist elektromagnetische Strahlung nach ihrer Wirkung auf Materie eingeteilt.

Tabelle 32.1: Das elektromagnetische Spektrum und seine Wirkung auf Moleküle

Bereich	Röntgen	ultraviolett	sichtbar	infrarot	Mikrowellen		Radiowellen
Anregung von	Elektronenübergängen			Molekülschwingungen	Rotationen	Elektronenspinzuständen (ESR)	Kernspinzuständen (NMR)
	innere	äußere Oribitale					
Wellenlänge in mm	10^{-10}	10^{-8}	$4 \cdot 10^{-7}$	$8 \cdot 10^{-7}$	10^{-3}	10^{-2}	10^{-1} 10^{0} m

In einem **Spektrum** wird die Intensität elektromagnetischer Strahlung nach dem Durchgang durch eine Substanzprobe in Abhängigkeit von der Wellenlänge registriert. Die Wellenlängen (Energien), die eine Zustandsänderung bewirken, geben sich durch Strahlungsabsorption, d. h. durch eine signifikante Minderung der ursprünglichen Strahlungsintensität zu erkennen.

32.1 UV/Vis-Spektroskopie

Elektromagnetische Strahlung im ultravioletten (UV) und im sichtbaren (Vis) Bereich ist in der Lage, Elektronenübergänge von Valenzelektronen zwischen diskreten Energiezuständen anzuregen. Routineanwendungen sind normalerweise auf Wellenlängen $\lambda > 200$ nm beschränkt. Man kann in diesem Bereich Übergänge aus p- und d-, bzw. aus π-Niveaus beobachten. Zur Strukturermittlung eignet sich die Methode im allgemeinen nicht, weshalb hier nicht näher darauf eingegangen wird.

32.2 Infrarot(IR)-Spektroskopie

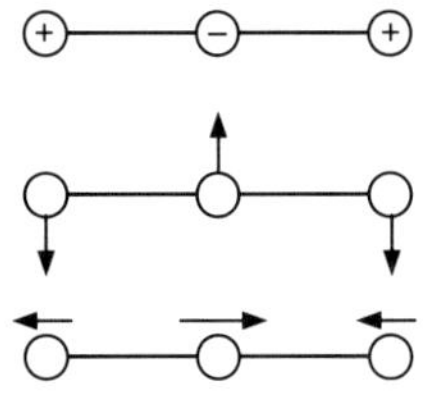
Valenzschwingung

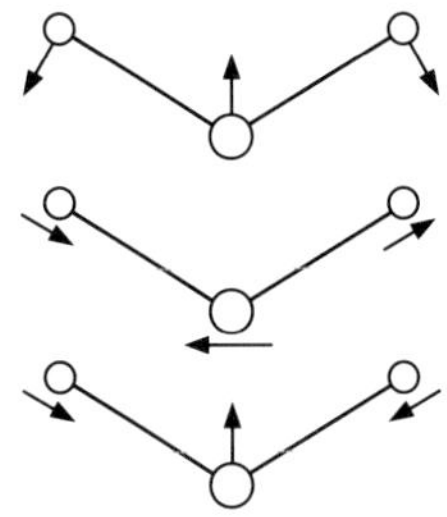
Deformationsschwingung

Moleküle kann man sich ganz formal als ein System vorstellen, in dem einzelne Massepunkte (die Atome) um ihre Gleichgewichtslage schwingen. Solche Schwingungen werden durch Infrarot(IR)-Licht verstärkt, wenn damit eine periodische Änderung des Dipolmoments verbunden ist (**Auswahlregel** für die IR-Aktivität). Man beachte, daß dies auch bei unpolaren Molekülen der Fall sein kann, da sich auch ein Dipolmoment von Null während der Schwingung ändern kann! Man unterscheidet nach **Valenzschwingungen** in Richtung der Kern-Kern-Verbindungsachse und **Deformationsschwingungen**, die durch Änderung des Bindungswinkels zwischen drei Atomen zustande kommen. Deformationsschwingungen werden weiter nach der relativen Bewegung der betrachteten Atome zueinander unterteilt.

Die Schwingungsenergie und damit die Resonanzfrequenz ist von der Bindungsstärke und der Masse der beteiligten Atome abhängig. Es ist offensichtlich, daß sich hieraus ein Potential zur Charakterisierung von bestimmten Atomgruppen ergibt.

Ein IR-Spektrum erhält man, wenn die Absorption von IR-Licht durch eine Probe gegen die Wellenlänge oder die Frequenz aufgetragen wird. Standardmessungen erstrecken sich über einen Bereich von 2 bis 16 µm ($2–16 \cdot 10^{-6}$ m). Üblicherweise werden in IR-Spektren nicht die Wellenlängen λ, sondern die Wellenzahlen $\nu = 1/\lambda$ in cm^{-1} angegeben.

In IR-Spektren unterscheidet man vornehmlich zwei Bereiche, das **„fingerprint"**-Gebiet unterhalb von 1500 cm^{-1} und das Gebiet der **Gruppenfrequenzen** über 1500 cm^{-1}. Im fingerprint-Bereich liegen die Absorptionen, die durch Anregung von Schwingungen zustande kommen, an denen das gesamte Molekül beteiligt ist. Die Lage dieser Absorptionsbanden ist so charakteristisch für ein Molekül, daß man durch Spektrenvergleich die Identität zweier Verbindungen mit hoher Sicherheit feststellen kann.

Manche funktionelle Gruppen, wie z. B. die C=O-Doppelbindung (Carbonyl- und Carboxyl-Verbindungen) oder die CN-Dreifachbindung (Nitrile) zeigen Absorptionen, die vom restlichen Molekül weitgehend unabhängig sind; das IR-Spektrum kann deshalb hervorragend zur Identifikation von solchen funktionellen Gruppen oder Strukturelementen herangezogen werden. In Tab. 32.2 sind die Absorptionen einiger wichtiger Gruppen aufgeführt.

Tabelle 32.2: IR-Absorptionsbereich wichtiger Bindungen und funktioneller Gruppen

Bindung	Verbindungsklasse	absorbierte Frequenz, cm^{-1}	Art der Schwingung	Intensität[1]
C–O	Alkohole, Ether, Carbonsäuren, Ester	1000–1300	Valenz-	s
C=O	Aldehyde, Ketone, Carbonsäuren, Ester	1690–1760	Valenz-	s
N–H	Amide, Amine	3300–3500 1550–1650	Valenz- Deform.	m s
C–N	Amine	1180–1360	Valenz-	m
C≡N	Nitrile	2210–2260	Valenz-	m
C–Hal	Halogenalkane	500–1400	Valenz-	s

nach: Römpp, Chemie-Lexikon, Thieme 1993

[1] s: stark, m: mittel

Abb. 32.2 zeigt das IR-Spektrum von 2-Chlorpropionsäuremethylester. Man beachte das typische Signal bei 1750 cm^{-1} für die C=O-Gruppe.

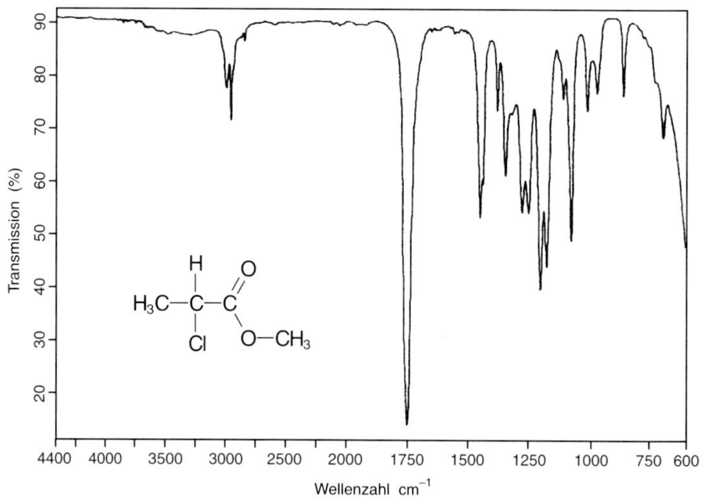

Abb. 32.2 IR-Spektrum von 2-Chlorpropionsäuremethylester (aufgenommen als Film auf NaCl-Tablette).

32.3 NMR-Spektroskopie

Bei der NMR-Spektroskopie werden die Atomkerne eines Moleküls als Sonden für die Beobachtung sehr feiner Verteilungsunterschiede der *Elektronen* benutzt.

Atomkerne kann man als rotierendes, gekoppeltes System von Nukleonen (Protonen und Neutronen) auffassen, deren Eigendrehimpulse sich zu einem **Gesamtdrehimpuls** P vektoriell addieren. P ist gequantelt und die zugehörige **Drehimpuls-** oder (**Kern**)**Spinquantenzahl** I kann die Werte $I = 0, 1/2, 1, 3/2 ..., 6$ annehmen. Für die in der chemischen Praxis wichtigen Kerne ^{1}H und ^{13}C ist $I = 1/2$. I wird oft als Kernspin oder einfach Spin bezeichnet. I ist Null, wenn die Massenzahl eines Atoms durch vier teilbar ist. Solche Kerne sind für die NMR-Spektroskopie wertlos. Leider gehören so wichtige Kerne wie ^{12}C oder ^{16}O dazu.

Mit dem Drehimpuls P eines rotierenden, geladenen Teilchens ist ein magnetisches Moment μ verknüpft, das bei Kernen meist in die gleiche Richtung wie P zeigt. Legt man ein homogenes äußeres Magnetfeld der Flußdichte B_0 an, richtet sich P so im Feld aus, daß seine Komponente in Feldrichtung P_z ein ganz oder halbzahliges Vielfaches von $\hbar$ (= $h/2\pi$) ist (**Richtungsquantelung**). Die möglichen Ausrichtungen werden durch die **magnetische Quantenzahl** m angegeben, wobei m die Werte m = $I, I\text{-}1, ..., \text{-}I$ annehmen kann. Für Kerne mit $I = 1/2$ sind somit zwei Ausrichtungen, $m = 1/2$ und $m = -1/2$, möglich. Diese Ausrichtungen entsprechen zwei geringfügig unterschiedlichen Energiezuständen des Atomkerns. Die Energiedifferenz zwischen diesen beiden Zuständen ist proportional der Flußdichte B_0 und einer Stoffkonstanten γ, die als **gyromagnetisches Verhältnis** bezeichnet wird (Abb. 32.3). Im Verhältnis zu der thermischen Energie eines Moleküls ist die Energiedifferenz sehr klein und die Besetzungsunterschiede sehr gering.

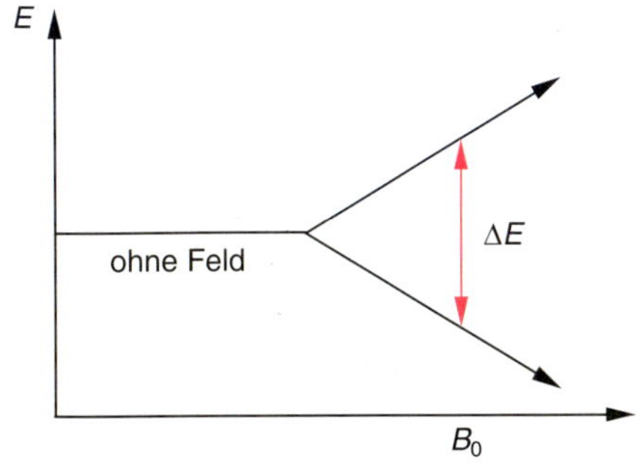

Abb. 32.3 Aufspaltung der Kernzustände für I = 1/2 im magnetischen Feld B_0.

Elektromagnetische Strahlung, deren Energie der Energiedifferenz ΔE zwischen beiden Zuständen entspricht, induziert Übergänge vom tieferen zum höheren Niveau (**Resonanz**). Ihre Energie liegt im Bereich der Mikrowellen. Wenn man entweder bei konstantem B_0 die Frequenz ν oder bei konstanter Frequenz die Flußdichte B_0 variiert, geben sich die Übergänge durch Strahlungsabsorption zu erkennen.

Nach den bisherigen Erläuterungen sollte es für jede NMR-aktive Kernsorte (mit $I > 0$) eine charakteristische Übergangsfrequenz geben, die nur noch von der Flußdichte abhängig ist.

Das Magnetfeld, daß von außen auf den Kern einwirkt, wird jedoch durch die Bindungselektronen in der Nachbarschaft in charakteristischer Weise beeinflußt. Diese Eigenschaft läßt sich zur Strukturuntersuchung nutzen.

32.3.1 ^{1}H-NMR-Spektroskopie

Jeder Wasserstoffkern eines organischen Moleküls ist als Verbindungsbestandteil in das molekulare Elektronensystem einbezogen. Die Elektronen treten, wie das Proton, mit dem außen angelegten Magnetfeld in Wechselwirkung. Dies hat zur Folge, daß in der unmittelbaren Umgebung des Kerns (am Kernort) ein anderes, bei diamagnetischen Molekülen kleineres Feld, als das außen angelegte wirkt. Man sagt, „der Kern ist gegenüber dem äußeren Feld abgeschirmt". In einem Molekülverband ist ein Proton von vielen Kernen und Bindungen umgeben, deren Eigenschaften sich insgesamt auf die Flußdichte am Kernort auswirken. Am Ort des Kerns liegt also nicht das äußere Magnetfeld B_0 vor, sondern ein Magnetfeld B_{eff}, das diese Wirkungen beinhaltet:

$$B_{eff} = B_o - \sigma B_o$$

Die dimensionslose Größe σ faßt die Wirkung, die die „**chemische Umgebung**" auf den Kern ausübt, zusammen; man bezeichnet sie als **Abschirmkonstante**.

Wenn durch den Einfluß der chemischen Umgebung B_{eff} kleiner als B_0 ist, wird auch die Energiedifferenz zwischen den beiden Kernniveaus nach Abb. 32.3 geringer. Die Resonanz muß bei kleineren Frequenzen (größeren Wellenlängen) bei konstantem B_0 oder im Falle konstanter Frequenz bei kleinerem B_0 eintreten. Für jedes Proton in einer bestimmten chemischen Umgebung ist ein gesondertes Resonanzsignal zu erwarten.

Für die praktische Anwendung der NMR-Spektrokopie ist es nicht notwendig, die absoluten Resonanzfrequenzen anzugeben. Man bezieht deshalb auf eine Referenzverbindung. Aus rein praktischen Gründen hat man **T**etra-**m**ethyl-**s**ilan [TMS, $(CH_3)_4Si$] gewählt. Um darüber hinaus von der Flußdichte B_0, die gerätetypisch ist, unabhängig zu sein, wurde die **chemische Verschiebung** (δ) definiert.

$$\delta = \frac{\nu_{\text{Substanz}} - \nu_{\text{Referenz}}}{\nu_{\text{Referenz}}} \cdot 10^6$$

Der Faktor 10^6 wird eingeführt, um zu handlichen Zahlen zu kommen, da die Frequenzdifferenzen $\Delta\nu = \nu_{\text{Substanz}} - \nu_{\text{Referenz}}$ im Hz-Bereich, die absoluten Frequenzen jedoch im MHz-Bereich liegen; die chemische Verschiebung δ wird deshalb in ppm angegeben. Für TMS ergibt sich nach der obigen Definition ein δ-Wert von Null.

Protonen mit kleinem δ bezeichnet man als stark abgeschirmt, d. h. die Wirkung des äußeren Feldes ist stark vermindert. Wenn man bei konstanter Frequenz arbeitet, muß man B_0 erhöhen, um eine Resonanz

Tabelle 32.3: Chemische Verschiebung der Protonen einiger wichtiger Substanzklassen und funktionellen Gruppen*

Strukturelement	δ in ppm
CH_3–C–	0,7 bis 1,8
–C–CH_2–C–	1,2 bis 1,4
>C=C(H)–	1,6 bis 1,9
–C≡C–H	1,7 bis 3,1
aromatische H	6,0 bis 9,5
–C(X)–H (X = Halogen)	3,1 bis 3,8
–C(H)–O–C–	3,1 bis 3,3
–C(H)–C(=O)–	8 bis 10,5

* Sauerstoffgebundene Protonen von Alkoholen und Carbonsäuren nehmen meist an Wasserstoffbrückenbindungen teil und geben deshalb über weite Bereiche „verschmierte Signale".

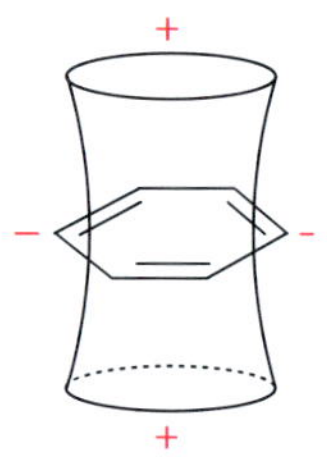

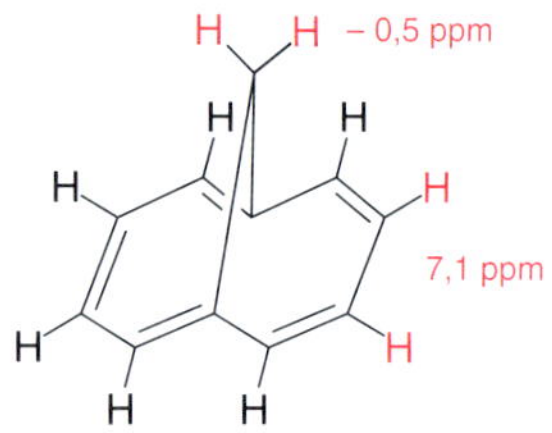

zu erreichen. Der Ausdruck „das Signal ist zu hohem Feld verschoben“ stammt daher. Entsprechend sind Protonen-Signale mit großem δ zu tiefem Feld verschoben. Protonen in gleicher chemischer Umgebung zeigen auch gleiche δ-Werte; sie sind **chemisch äquivalent**.

Tabelle 32.3 zeigt die chemische Verschiebung einiger wichtiger Substanzklassen. Man erkennt, daß alle Wasserstoffatome der aufgeführten Beispiele weniger stark abgeschirmt sind als die zwölf äquivalenten Protonen des TMS. Ferner sieht man, daß elektronegative Substituenten wie Halogene oder Sauerstoff zur Entschirmung beitragen. Auffällig ist die große chemische Verschiebung, die Protonen eines aromatischen Systems erfahren. Sie ist Folge des sogenannten **Ringstromeffekts**: Bringt man ein aromatisches System mit seinem delokalisierten ringförmig geschlossenen π-System in ein Magnetfeld, wird ein Ringstrom induziert, dessen magnetisches Moment außerhalb des Ringes entschirmend, innerhalb stark abschirmend wirkt. Das ^{1}H-NMR-Spektrum von 1,6-Methano[10]annulen zeigt den Ringstromeffekt sehr eindrucksvoll.

^{1}H-NMR-Spektren liefern aber nicht nur Informationen über die chemische Umgebung eines Protons. Die Fläche unter den Resonanzsignalen ist proportional der Anzahl äquivalenter Protonen. Über den Resonanzsignalen wird üblicherweise die Integralkurve ausgegeben. Aus den „Stufenhöhen“ kann man direkt das Zahlenverhältnis ablesen. Bevor dies an einem einfachen praktischen Beispiel erläutert wird, ist es sinnvoll, ein weiteres Phänomen der NMR-Spektroskopie zu erörtern.

32.3.2 Kopplungen

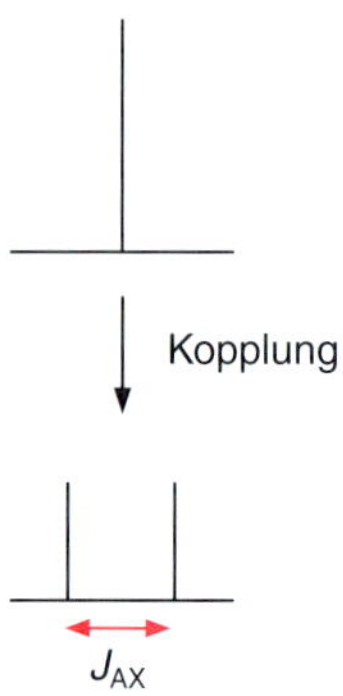

Der Zustand eines Protons wird nicht nur von den elektronischen Verhältnissen am Kernort, sondern auch von Nachbarkernen beeinflußt. Die magnetischen Zustände der Protonen werden durch **Spin-Spin-Kopplung** mit anderen Kernen, für die $I > 0$ gilt, weiter aufgespalten. Im Spektrum äußert sich diese Kopplung, indem die einfachen Signale (Singuletts) aufspalten in ein Signalmuster (Multiplett).

Kopplungen lassen sich nur zwischen chemisch nicht äquivalenten Kernen nachweisen.

Betrachtet man ein Proton H_A und dessen chemisch nicht äquivalenten Nachbarn H_X, so kann sich die Komponente des Drehimpulses von H_X in Feldrichtung $P_Z(X)$ bzw. das magnetische Moment $\mu_Z(X)$ entweder parallel oder antiparallel zu B_0 ausrichten. Auf H_A wirkt dadurch ein sehr kleines Zusatzfeld, das das Feld am Kernort von H_A um jeweils den gleichen Betrag schwächt oder verstärkt. Das Signal von H_A spaltet unter der Wirkung von H_X in ein **Dublett** von Signalen. Die Mitte zwischen diesen Signalen ist die Resonanzfrequenz, an der das Signal des ungestörten H_A erscheinen würde. Dieser Wert entspricht der chemischen Verschiebung. Der Signalabstand des Dubletts ist die Kopplungskonstante J_{AX} Die Indizes „A“ und „X“ bedeuten, daß die chemischen Verschiebungen von H_A und H_X weit auseinander liegen. Umgekehrt weisen im Alphabet nahe beieinander stehende Buchstaben darauf hin, daß die δ-Werte der koppelnden Kerne sehr ähnlich sind.

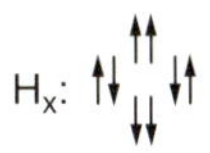

Hat H_A zwei äquivalente Nachbarn H_X (z. B. $-CH_2-$), können sich diese auf vier verschiedene Weisen bezüglich H_A orientieren. Die antiparallelen Anordnungen der beiden H_X sind energetisch äquivalent und man erhält ein Triplett von Signalen der relativen Intensität 1:2:1. Die Lage des mittleren Signals gibt die chemische Verschiebung an.

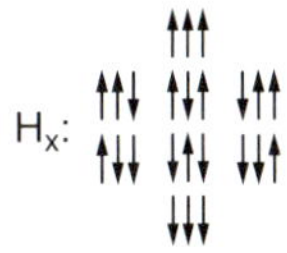

Bei drei äquivalenten Nachbarn (z. B. eine Methylgruppe) sind schon acht Einstellungen möglich. Man erhält ein Quartett im Intensitätsverhältnis 1:3:3:1.

Als Regel gilt, daß bei n äquivalenten Nachbarn ein Signal in n+1 Linien aufspaltet.

Der Abstand zwischen den Signalen entspricht der Kopplungskonstanten J und ist unabhängig vom äußeren Magnetfeld B_0; man gibt sie deshalb in Hz an.

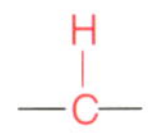

^1J(H,C)

Man unterscheidet nach der Anzahl von Bindungen zwischen den koppelnden Kernen nach ^1J-, ^2J- (geminalen), ^3J- (vicinalen) und ^{3+n}J- (weitreichenden oder long range) Kopplungen. Die Elementsymbole der koppelnden Kerne werden in Klammer angegeben. Bei Kopplungen zwischen Protonen also beispielsweise ^3J(H, H).

^2J(H,H)

Die **Kopplungskonstante** J wird u. a. bestimmt durch a) die Anzahl und Art der Bindungen zwischen den koppelnden Kernen, b) die Hybridisierung der beteiligten (C-)-Atome, c) dem Winkel, den die σ-Bindungen der koppelnden H-Atome zueinander einnehmen (Valenz- und Torsionswinkel), d) die Substitution. Die Interpretation von Kopplungen ist häufig schwierig, da oft sehr komplexe Spektren (Spektren höherer Ordnung) entstehen. In Tabelle 32.4 sind einige typische Werte für H,H-Kopplungen zusammengestellt.

^3J(H,H)

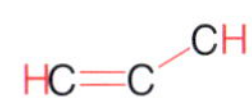

Weitreichende (long range) Kopplungen über mehr als drei Bindungen sind bei gesättigten Verbindungen in der Regel kleiner als 1 Hz und nicht mehr nachweisbar. Allylische Protonen besitzen jedoch Kopplungskonstanten zwischen –3,5 und +2,5 Hz; die Werte sind stark winkelabhängig.

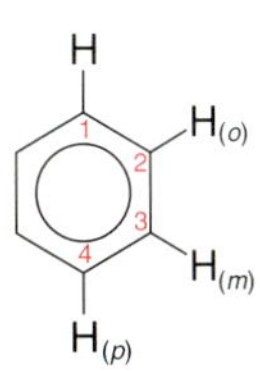

Von besonderem Interesse sind die Kopplungen in aromatischen Systemen, anhand derer häufig das Substitutionsmuster von Aromaten erkennbar ist. Nicht nur die chemische Verschiebung, sondern auch die Kopplungskonstanten sind von der Art des Substituenten abhängig. In Tab. 32.5 sind typische Bereiche angegeben. Man sieht, daß selbst Kopplungen über fünf Bindungen noch erkennbar sind.

Tabelle 32.4: Charakteristika einiger H,H-Kopplungen

Kopplung	Bereich [Hz]	Bemerkungen
^2J (J_{HCH})	+3 bis −18	Positiver (kleiner): bei zunehmendem Valenzwinkel; durch elektronegative Substituenten. Negativer durch π-Bindungen in der Nachbarschaft
^3J (J_{HC-CH})	um 7	bei freier C–C-Drehbarkeit; kaum Substituenteneinfluß
	3 bis 16	bei fixierter Konformation stark vom Torsionswinkel abhängig; 0 ≈ 12 Hz, 90 ≈ 3 Hz, 180 ≈ 16 Hz
^3J (J_{HC-CH})	$^3J_{cis}$: 6 bis 14	stark substitionsabhängig; sinkt mit steigender Elektronegativität
	$^3J_{trans}$: 14 bis 20	Substituenteneinflüsse wie „cis“

Tabelle 32.5: Kopplungskonstanten für Benzol und substituierte Benzole

Kopplung	Benzol	Benzolderivate
$^3J_{1,2}$ (J_{ortho})	7,5 Hz	6–10 Hz
$^4J_{1,3}$ (J_{meta})	1,4 Hz	1–3 Hz
$^5J_{1,4}$ (J_{para})	0,7 Hz	0–1 Hz

32.3.3 Interpretation eines einfachen ^{1}H-NMR-Spektrums

Anhand des Spektrums von 2-Chlorpropionsäureethylester soll ein einfaches ^{1}H-NMR-Spektrum erläutert werden (Abb. 32.4).

Das bei einer Meßfrequenz von 300 MHz aufgenommene ^{1}H-NMR-Spektrum mit TMS als Referenzsubstanz zeigt innerhalb des abgebildeten Ausschnitts drei Signalgruppen. (Die kleineren Peaks sind Verunreinigungen.) Direkt unter den Signalen sind die auf Protonen umgerechneten Signalintensitäten ausgegeben.

1. Ein Dublett (d) für drei Protonen bei $\delta = 1{,}66$;
2. ein Singulett (s) für drei Protonen bei $\delta = 3{,}76$;
3. ein Quartett (q) für ein Proton bei $\delta = 4{,}38$.

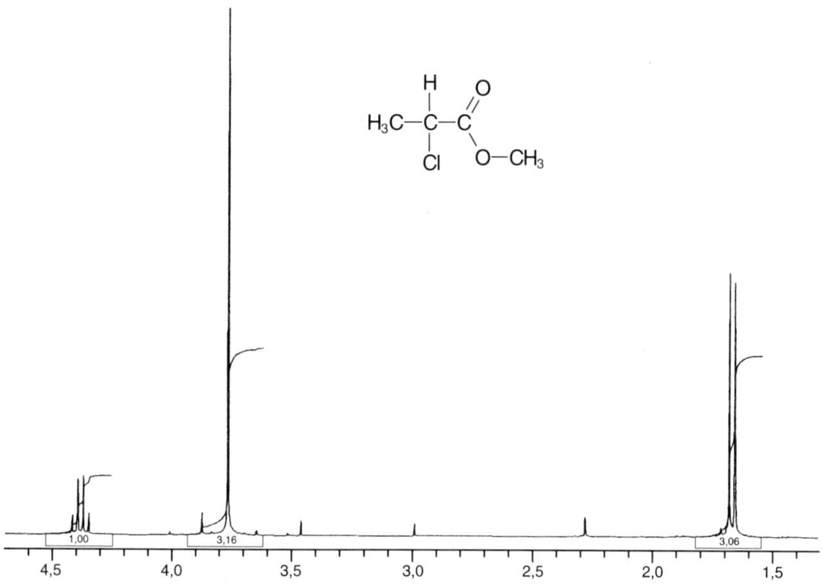

Abb. 32.4 ^{1}H-NMR-Spektrum von 2-Chlorproprionsäureethylester mit TMS als Referenzsubstanz. (Aufgenommen bei 300 MHz, $CDCl_3$ als Lösungsmittel).

Die Kopplungskonstanten ergeben sich durch Ausmessen der Signalabstände zu 6 Hz. Die Signalzuordnung kann bei bekannter Struktur und dem gewählten einfachen Beispiel alleine aus dem Kopplungsmuster erfolgen.

Das Dublett bei δ = 1,66 muß durch die Protonen an C-3 verursacht sein, denn nur sie können mit einem einzelnen Proton koppeln. Die chemische Verschiebung bestätigt die Zuordnung (vgl. Tab. 32.4).

Für das Singulett bei δ = 3,76 kann nur die Methoxygruppe verantwortlich sein, denn nur sie kann keine vicinale Kopplung aufbauen. Auch hier wird die Zuordnung durch Tab. 32.4 bestätigt.

Das Quartett bei δ = 4,38 wird durch ein Proton hervorgerufen, das mit drei vicinalen Protonen koppeln kann und somit kommt nur das Proton an C-2 in Frage. Die chemische Verschiebung liegt wiederum in dem von Tab. 32.4 angegebenen Bereich. Tabelle 32.6 faßt die Ergebnisse zusammen.

Tabelle 32.6: Signalzuordnung beim Spektrum des 2-Chlorpropionsäuremethylesters

chem. Verschiebung	Protonenzahl	H,H-Kopplung	Zuordnung
1,66	3	d, ^3J = 6 Hz	3-C**H**$_3$
3,76	3	s, –	-OC**H**$_3$
4,38	1	q, ^3J = 6 Hz	2-C**H**

32.3.4 ^{13}C-NMR-Spektroskopie

Neben dem Wasserstoff ist Kohlenstoff das wichtigste Element der Organischen Chemie. Leider hat das häufigste Isotop des Kohlenstoffs, ^{12}C, einen Kernspin (genauer, eine Kernspinquantenzahl) von Null und ist NMR-inaktiv. Für ^{13}C ist wie beim Proton $I = 1/2$ und das Isotop ist deshalb prinzipiell gut geeignet. Durch die geringe natürliche Häufigkeit von ^{13}C (etwa 1,1 %) ist die Empfindlichkeit der Kerne (das Verhältnis des Untergrundrauschens zur Signalintensität) jedoch sehr ungünstig. Die ^{13}C-Spektroskopie erfordert deshalb für ihre praktische Anwendung eine andere Meßtechnik, die als PFT (Puls-Fourier-Transform) Technik oder FT-NMR bezeichnet wird.

Der Unterschied zu den herkömmlichen Verfahren, in denen man entweder die Frequenz oder die Flußdichte variiert, strahlt man bei der Impulstechnik bei konstantem Magnetfeld ein Frequenzband ein, das um ca. zwei Zehnerpotenzen größer ist als die zu erwartende Spektrenbreite. Dadurch werden alle Kerne einer Sorte, also alle Protonen oder alle ^{13}C-Kerne eines Moleküls gleichzeitig angeregt.

Makroskopisch bewirkt der Impuls eine **Quermagnetisierung**, deren zeitlicher Verlauf verfolgt wird.

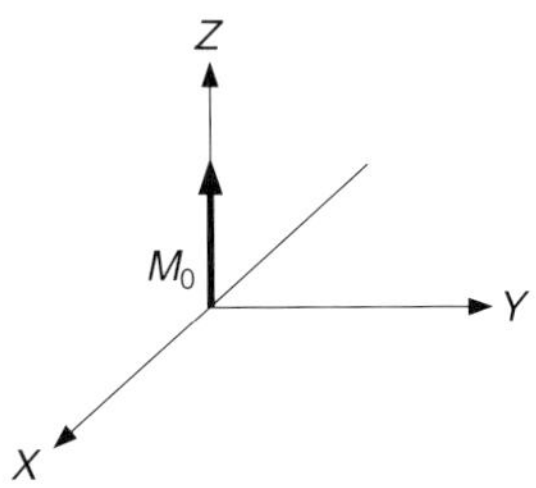

Im Vorangegangenen wurde erläutert, wie sich der Drehimpulsvektor P und das magnetische Moment μ unter Wirkung eines äußeren Magnetfeldes ausrichtet. Aus den geringfügigen Besetzungsunterschieden zugunsten der Ausrichtung in Feldrichtung resultiert in einer makroskopischen Probe eine Magnetisierung M_0 in Feldrichtung als Summe der Einzelkomponenten μ.

Durch einen Impuls aus der x-Richtung wird M_0 in der y,z-Ebene aus der Feldrichtunmg herausgedreht.

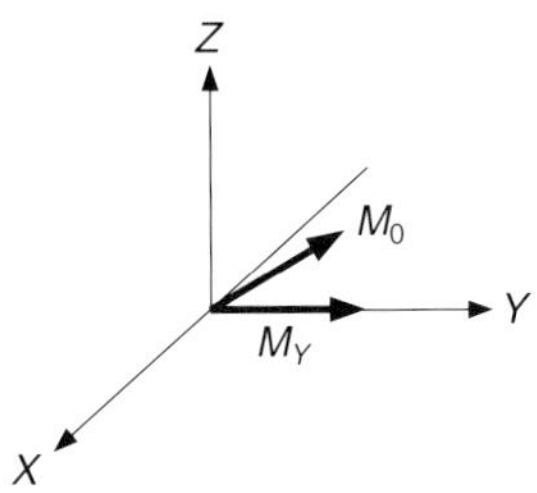

Die Auslenkung von M_0 ist von der Impulsdauer und der Amplitude der Frequenzkomponente des Impulses abhängig. Die y-Komponente von M_0, M_y, wird als Quermagnetisierung bezeichnet.

Nach Abschalten des Impulses, der nur einige Mikrosekunden lang ist, kehrt das angeregte System wieder in seinen Grundzustand zurück und M_y wird wieder Null. Statt der Absorption im traditionellen Verfahren wird bei der Impulstechnik der zeitliche Abfall der Quermagnetisierung M_y (Free Induction Decay, FID) registriert. Man erhält ein Interferogramm, das sowohl die Informationen über die Resonanzfrequenzen (die chemischen Verschiebungen), als auch über die Kopplungskonstanten beinhaltet. Die Interferogramme sind nicht direkt interpretierbar, sondern müssen in einer mathematischen Operation, der Fourier-Transformation, in die üblichen Spektren umgerechnet werden. Normalerweise wird dies online direkt am NMR-Gerät erledigt.

Die Impulstechnik ist auf alle Kerne mit endlichem Spin ($I > 0$) anwendbar und wird immer mehr zur Standardmethode.

Welche Informationen sind nun einem ^{13}C-Spektrum zu entnehmen? Eines sei gleich vorweggenommen: Aufgrund der Aufnahmetechnik lassen die Intensitäten der Signale keine verläßlichen Rückschlüsse auf die Anzahl der Kerne zu. Was bleibt, sind die chemischen Verschiebungen und die Kopplungen. In Tab. 32.7 sind einige typische δ-Werte aufgeführt. Auffällig ist der große Frequenzbereich von 0 (TMS) bis ca. 230 ppm, der meist eine detaillierte Zuordnung der Signale zuläßt.

Tabelle 32.7: Chemische Verschiebungen von ^{13}C in verschiedenen funktionellen Gruppen

C-Atom		δ in ppm
$R-CH_3$	(primär)	5–30
$R-CH_2-R'$	(sekundär)	20–40
R_3-CH	(tertiär)	35–65
>C=C<	Alken	105–145
	Aromaten	115–135
–C≡C–	Alkin	75–95
–C≡N–	Nitril	115–125
–C(=O)–	Aldehyd	185–205
	Keton	200–230
–COOH		170–185

nach: Pretsch, Clerc, Seibl, Simon: Strukturaufklärung organischer Verbindungen, 3. Aufl., Springer 1986.

32.3.5 Kopplungen bei ^{13}C-Spektren

Bei der ^{1}H-NMR-Spektroskopie wurden nur Kopplungen zwischen Protonen besprochen, weil $^{1}H,^{13}C$-Kopplungen wegen der geringen Häufigkeit von ^{13}C und der damit verbundenen geringen Intensität dieser Signale keine praktische Bedeutung haben.

Dies ist bei ^{13}C-NMR-Spektren völlig anders. Hier sind, bei Beschränkung auf Kopplungen über σ-Bindungen, drei Typen von besonderer Bedeutung:

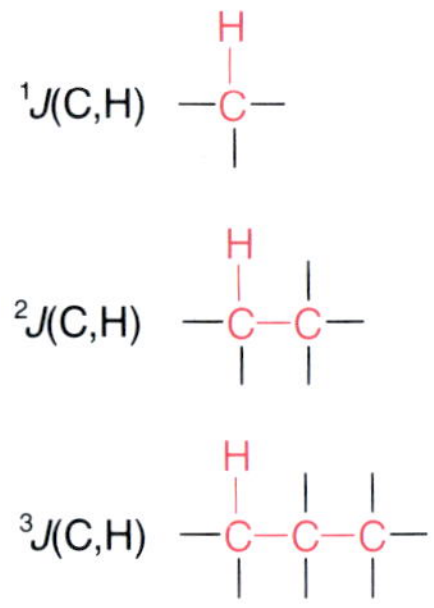

- die ^1J(C,H)-Kopplung von zwei direkt miteinander verbundenen Kernen
- die geminale ^2J(C,H)-Kopplung über zwei σ-Bindungen
- die vicinale ^3J(C,H)-Kopplung über drei Bindungen.

^{13}C,^{13}C-Kopplungen sind wegen der geringen Häufigkeit von ^{13}C äußerst unwahrscheinlich und man kann sie deshalb für Standardmessungen vernachlässigen.

^1J(C,H)-Kopplungen sind stark von der Hybridisierung des koppelnden Kohlenstoffs abhängig. In der Reihe Ethan, Ethen, Ethin steigen die Kopplungskontanten von ca. 125 Hz über 156 Hz auf 249 Hz im Ethin an. Daneben haben die elektronischen Eigenschaften von Substituenten großen Einfluß. Allgemein gilt, daß elektronegative Substituenten die Kopplungskonstante erhöhen, während sie von elektronenliefernden herabgesetzt wird.

^2J(C,H)- oder **geminale Kopplungen**. Die Kopplungskonstanten sind deutlich kleiner als bei ^1J und ihr Streubereich ist geringer. Auch sie zeigen eine starke Abhängigkeit von der Hybridisierung und der Substitution. Für Alkane, Alkene und Aromaten liegt der typische Bereich zwischen –10 und +20 Hz. Die Kopplungen zwischen Aldehydprotonen und den α-C-Atomen sind mit 20 bis 50 Hz deutlich ausgeprägter. Für das acetylenische Proton wird ein typischer Bereich zwischen 40 und 60 Hz angegeben.

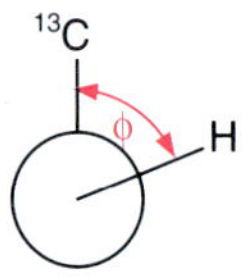

^3J(C,H)- oder **vicinale Kopplungen**. Die vicinalen Kopplungen sind wie bei den J(H,H)-Kopplungen stark winkelabhängig und streuen zwischen 0 Hz bei $\phi = 90°$ und etwa 9 Hz bei $\phi = 180°$. Alkene und Aromaten besitzen Kopplungskonstanten zwischen ca. 4 und 13 Hz, wobei *trans*-Kopplungen stets stärker sind als *cis*-Kopplungen. Elektronenziehende Substituenten vergrößern die Kopplungskonstante.

Kopplungen bei Aromaten. Wie bei den C,H-Kopplungen lassen sich weitreichende Kopplungen normalerweise nur bei Aromaten nachweisen. In Tab. 32.8 sind C,H-Kopplungen für Benzolderivate angegeben.

Tabelle 32.8: Typische Bereiche für C,H-Kopplungen in Benzolderivaten

Benzol	^1J(C,H)	152 Hz
Benzolderivate	^2J(C,H)	1 bis 4 Hz
	^3J(C,H)	7 bis 10 Hz
	^4J(C,H)	–2 bis –1 Hz

32.3.6 Entkopplungsexperimente

^{13}C-Spektren sind durch die Vielzahl der möglichen Kopplungen in der Regel sehr unübersichtlich. Durch die Verteilung der Signalintensitäten auf die Multipletts wird zudem das Verhältnis zwischen Signal und Untergrundrauschen sehr ungünstig, was zu erheblich verlängerten Meßzeiten führt. In der Praxis verzichtet man deshalb meist auf die Informationen aus den Kopplungskonstanten zugunsten einfach zu interpretierender Spektren.

Die Einstrahlung eines Frequenzbandes im Bereich der ^{1}H-Resonanzen in einer Intensität, die zur Sättigung der Protonenübergänge ausreicht, führt zur C,H-Entkopplung und man sieht im Spektrum nur noch die Verschiebungen der ^{13}C-Kerne.

Eine Variante dieser Methode erlaubt es, alle Kopplungen, bis auf die ^{1}J(C,H)-Kopplungen auszublenden. In den so aufgenommenen Spektren lassen sich also **Quartetts** für CH_3-Gruppen (primäre C-Atome), **Tripletts** für CH_2-Gruppen (sekundäre C-Atome), **Dubletts** für CH-Gruppen (tertiäre C-Atome) und **Singuletts** für Kohlenstoffe ohne direkt gebundenen Wasserstoff (quartäre C-Atome), erkennen. Diese Informationen erleichtern eine Signalzuordnung erheblich.

Abb. 32.5 zeigt als Beispiel das ^{1}H-Breitband-entkoppelte Spektrum von 2-Chlorpropionsäuremethylester mit TMS als internen Standard.

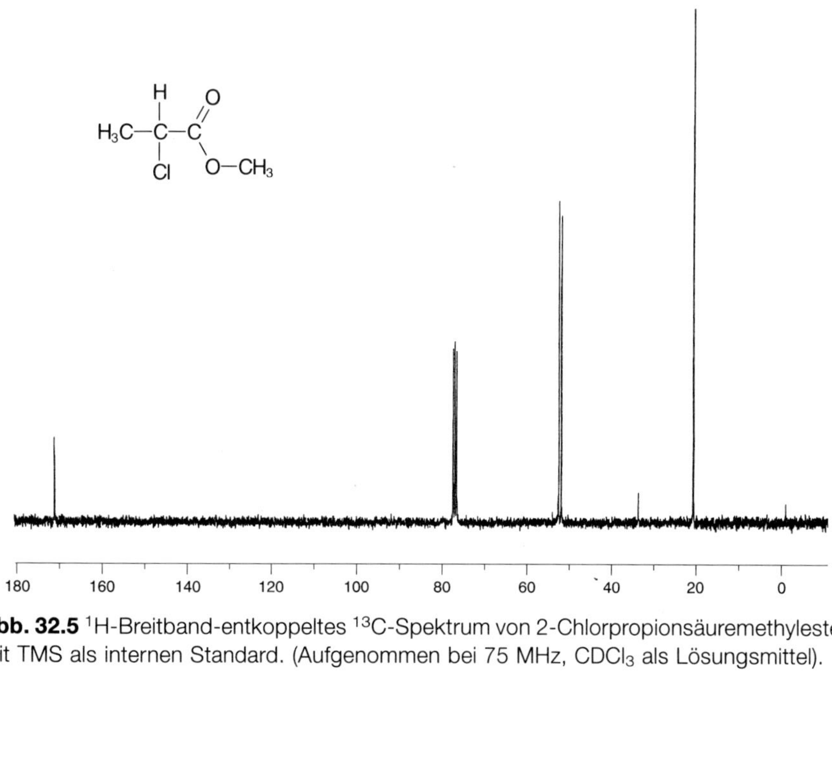

Abb. 32.5 ^{1}H-Breitband-entkoppeltes ^{13}C-Spektrum von 2-Chlorpropionsäuremethylester mit TMS als internen Standard. (Aufgenommen bei 75 MHz, $CDCl_3$ als Lösungsmittel).

Das Spektrum ist bei einer Meßfrequenz von 75 MHz mit $CDCl_3$ als Lösungsmittel gegen TMS als inneren Standard aufgenommen. Das Spektrum ist ^{1}H-Breitband-entkoppelt und zeigt deshalb für jedes Kohlenstoffatom der Verbindung ein Signal. Die Signalgruppe bei 76,60, 77,03 und 77,45 ppm ist ein Triplett, das durch die geminalen C,D-Kopplungen des Lösungsmittels zustande kommen. (Deuterium hat einen Kernspin von $I = 1$.)

Das Signal mit der größten Intensität bei $\delta = 21{,}45$ ppm ist auf das C(2)-Atom zurückzuführen. Die beiden Signale bei $\delta = 52{,}26$ und 52,88 können anhand des vorliegenden Spektrums nicht eindeutig zugeordnet werden. Sie werden durch C-2 und den Methoxykohlenstoff verursacht. Das wenig intensive Signal bei $\delta = 170{,}54$ ist dem quartären C(1) der Methoxycarbonylgruppe zuzuordnen.

Neben den hier vorgestellten Verfahren gibt es eine Vielzahl von Varianten der NMR-Spektroskopie, die sie insgesamt zu einer der leistungsfähigsten Methoden der Strukturaufklärung in der Chemie machen. So gestattet die NMR-spektroskopische Untersuchung anderer Kerne wie Stickstoff, Phosphor, auch von Metallen („Heterokern-NMR“) die Untersuchung einer Vielfalt von Verbindungen, auch anorganischer und metallorganischer Substanzen. Mehrdimensionale NMR-Spektroskopie wird inzwischen zur Untersuchung von Proteinen herangezogen. Heute kann man vor allem mit ^{31}P-NMR den Stoffwechsel am lebendigen Organismus verfolgen. Mit der bildgebenden Magnetischen Resonanztomographie, die Bilder ähnlich der Röntgentomographie – jedoch ohne Strahlenbelastung liefert – hat die NMR-Spektroskopie auch in die Medizin Eingang gefunden.

32.4 Massenspektrometrie

Im Unterschied zu den bisher behandelten spektroskopischen Methoden, beruht die Massenspektrometrie nicht unmittelbar auf der Wechselwirkung von Materie mit elektromagnetischen Wellen. Das Verfahren basiert vielmehr auf der Ionisierung und kontrollierten Zerstörung des zu untersuchenden Moleküls.

Die meisten organischen Substanzen mit einer molaren Masse > 1000 g/mol können im Hochvakuum bei einem Druck von ca. $1{,}3 \cdot 10^{-4}$ Pa verdampft werden. Dieser Dampf wird einem Elektronenstrom von ca. 70 eV ausgesetzt. Zweierlei Vorgänge sind dabei von Interesse: Zum einen kann das zu untersuchende Molekül durch Herausschlagen eines Elektrons positiv ionisiert werden, es entsteht das sog. **Molekül-Ion**. Andererseits ist der Elektronenstrom energiereich genug, um das Molekül zu fragmentieren. Man erhält so charakteristische **Fragment-Ionen.**

Im Massenspektrometer werden die erzeugten Ionen zunächst beschleunigt, dann von einem Magnetfeld abgelenkt und detektiert. Die Ablenkung durch das Magnetfeld ist bei gleicher Ladung z um so geringer, je größer die Masse m des Ions ist. Sie ist also abhängig vom Verhältnis m/z. Im **Massenspektrum** werden das Molekül-Ion und die Fragment-Ionen nach ihrem m/z-Wert und ihrer Intensität aufgezeichnet. So zeigt das Massenspektrum mit hoher Genauigkeit die molaren Massen des Molekül-Ions und seiner Bruchstücke an, und man kann auf die Elementarzusammensetzung von Molekül und Fragmentionen rückschließen. Das **Fragmentierungsmuster** erlaubt ferner Rückschlüsse auf die Struktur des untersuchten Moleküls.

33 Biomoleküle

In den vorigen Kapiteln sind wir bereits mehrfach auf Biomoleküle gestoßen, z. B. auf Terpene oder Steroide (Kap. 31). Hier wollen wir uns neben den Lipiden mit den drei großen Klassen von Biopolymeren befassen: den Kohlenhydraten, Proteinen und Nucleinsäuren und ihren monomeren Bausteinen.

33.1 Kohlenhydrate

Die Bezeichnung „Kohlenhydrate" ist historisch und geht auf die Beobachtung zurück, daß die damals bekannten Vertreter dieser Stoffklasse alle einer allgemeinen Summenformel $C_nH_{2n}O_n$ [$=C_n(H_2O)_n$] gehorchten. Sie sind in der Natur weit verbreitet und sowohl Grundlage der Ernährung als auch in Form von Biopolymeren, z. B. Cellulose, am Aufbau von biologischen Strukturen beteiligt.

Kohlenhydrate werden von grünen Pflanzen mit Hilfe von Sonnenlicht aus Kohlendioxid und Wasser aufgebaut (**Photosynthese**). Tiere (und Menschen) wiederum ernähren sich von Kohlenhydraten. Dabei werden diese wieder zu Kohlendioxid und Wasser abgebaut, wobei die freiwerdende Energie für anderweitige Lebensprozesse der Tiere genutzt wird.

Unter Kohlehydraten versteht man Polyhydroxyketone und Polyhydroxyaldehyde und deren Polymere. Je nach Anzahl der verknüpften Einheiten unterscheidet man **Monosaccharide** (aus einem Zuckerbaustein), **Disaccharide** (zwei Einheiten), **Tri-, Tetra-** usw. bis hin zu **Oligosacchariden** (bis zu zehn Einheiten), sowie **Polysacchariden**, die mehrere tausend Zuckerbausteine enthalten können.

Die Carbonylfunktion eines Zuckers kann sowohl als Aldehydgruppe vorliegen (man spricht dann von **Aldose**), oder als Ketofunktion (**Ketose**). Nach der Anzahl ihrer C-Atome werden die Monosaccharide wiederum eingeteilt in **Triosen** (C_3), **Tetrosen** (C_4), **Pentosen** (C_5), **Hexosen** (C_6) usw. Pentosen und Hexosen sind die wichtigsten und weitaus häufigsten Zucker, die man in der Natur findet. Alle Saccharide sind **chiral** und kommen in der Natur in enantiomerenreiner Form vor.

33.1.1 Monosaccharide

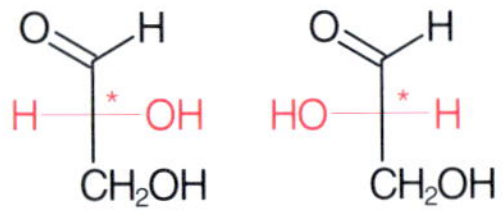

R(+)- S(–)-

Glycerinaldehyd

Der einfachste Zucker ist Glycerinaldehyd, eine Aldo*tri*ose. Er liegt in zwei stereoisomeren Formen vor, *R*- und *S*-Glycerinaldehyd. Die Drehrichtung des polarisierten Lichts wird wie bei anderen optisch aktiven Verbindungen mit „(+)" und „(–)" angegeben.

33.1.1.1 Die D,L-Nomenklatur

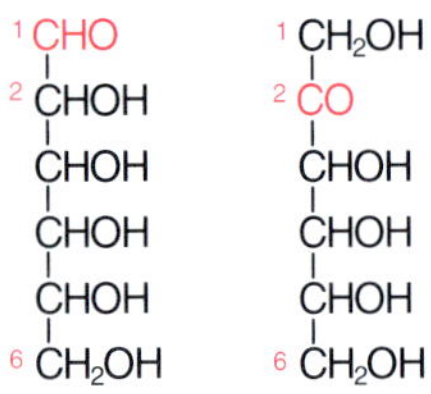

Aldohexose Ketohexose

Bei der stereochemischen Bezeichnung der Zucker bedient man sich eines etwas älteren Systems der Konfigurationsangabe, nach dem man zwischen D- und L-Zuckern unterscheidet. Der prinzipielle Unterschied zur *R*/*S*-Nomenklatur besteht darin, daß mit „D" und „L" nicht die absolute, sondern die *relative* Konfiguration (in bezug auf Glycerialdehyd, s. u.) angegeben wird. Man beachte, daß die Vorsätze D und L nicht auf den Drehsinn schließen lassen!

Nach der häufig angewendeten **Fischer-Projektion** zeichnet man die Kohlenstoffatome einer Saccharidkette untereinander, setzt bei Aldosen die Aldehydgruppe an die oberste Position und beginnt dort mit der Kettennumerierung. Ketosen ordnet man so an, daß die Ketogruppe möglichst weit nach oben kommt (eine möglichst niedrige Positionsziffer erhält).

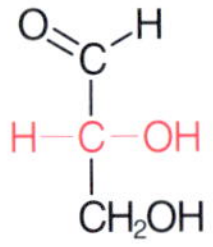

D-Glycerinaldehyd

Da es zunächst nicht möglich war, die absolute Konfiguration an asymmetrischen Kohlenstoffatomen zu bestimmen, wählte man das rechtsdrehende Enantiomer (+)-Glycerinaldehyd als Bezugssubstanz und ordnete dieser Verbindung willkürlich die Struktur zu, bei der in der Fischer-Projektion die OH-Gruppe rechts steht. Dieses Enantiomer wurde als D-Glycerinaldehyd bezeichnet.

Mit dieser Konvention konnte allen Verbindungen mit einem asymmetrischen Kohlenstoffatom, die ohne Lösen einer Bindung zum Asymmetriezentrum auf den D- oder L-Glycerinaldehyd zurückzuführen waren, eine **relative Konfiguration** zugeordnet werden. Verbindungen, deren Konfiguration dem D-Glycerinaldehyd entspricht, gehören zur D-Reihe, die anderen zur L-Reihe.

Später wurde durch Röntgenbeugung belegt, daß die absolute Konfiguration *zufällig* der damals willkürlich angenommenen entsprach.

Bei Auftreten von mehreren Chiralitätszentren im Molekül, wie es bei Zuckern fast immer der Fall ist, entscheidet die Konfiguration *des von der Aldehyd- bzw. Ketogruppe am weitesten entfernten Asymmetriezentrums* über die Zugehörigkeit zur D- oder L-Reihe. Steht am untersten asymmetrischen Kohlenstoffatom die OH-Gruppe auf der rechten Seite der Kohlenstoffkette, gehört das betreffende Saccharid zur D-Reihe.

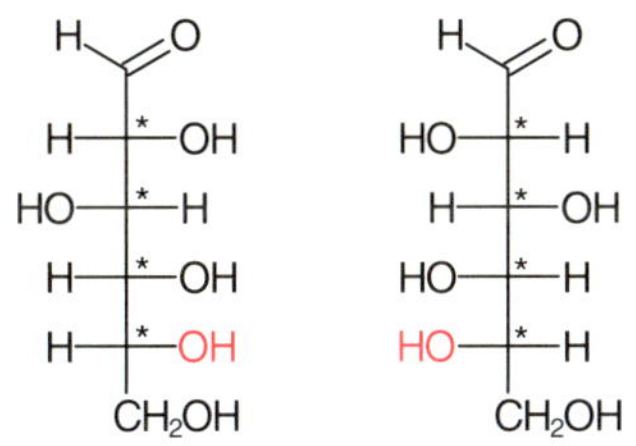

D(+)-Glucose L(–)-Glucose

33.1.1.2 Tetrosen, Pentosen und Hexosen

Die dem Glycerinaldehyd folgende Aldose ist die **Aldotetrose**. Sie kann in vier Stereoisomeren (zwei Enantiomerenpaaren) auftreten, die als Threose und Erythrose bezeichnet werden.

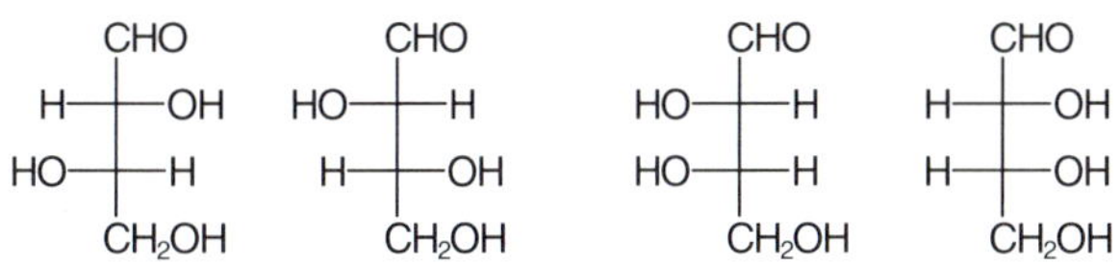

L(+)- D(–)- L(+)- D(–)-

Threose Erythrose

Die Vorsilben *threo* und *erythro* haben sich zur Bezeichnung von Diastereomeren mit zwei benachbarten Chiralitätszentren eingebürgert (vgl. Abschn. 26.11.4).

Die wichtigsten **Pentosen** sind die **D-Ribose** (in Ribonucleinsäuren), die **D-Xylose** (in Holz) und die **L-Arabinose** (in Gummiarten).

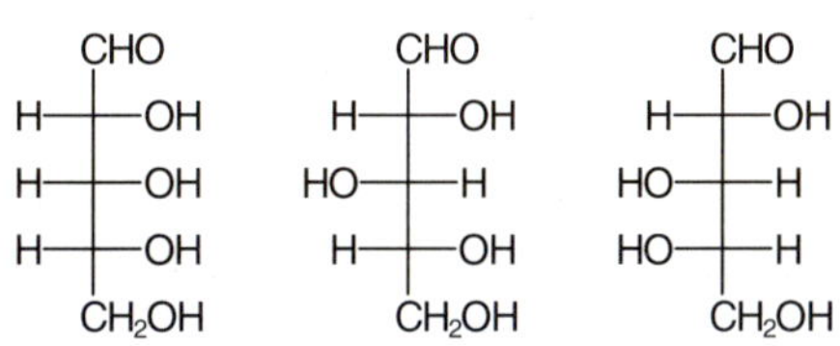

D(–)-Ribose D(+)-Xylose L(+)-Arabinose

Bei den **Hexosen** sind die Aldosen **D-Glucose**, **D-Mannose**, **D-Galactose** sowie die Ketosen **D-Fructose** und **L-Sorbose** besonders zu erwähnen.

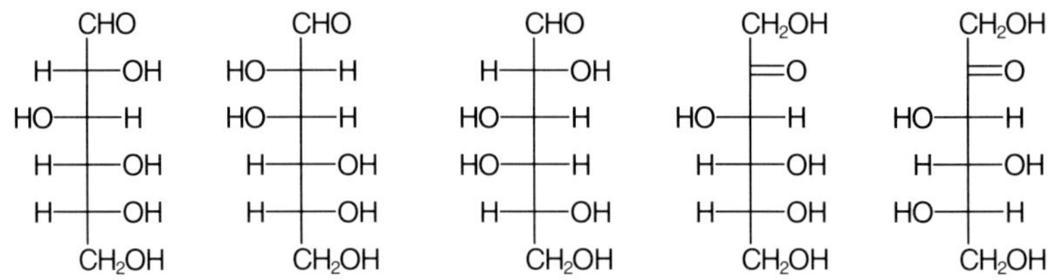

D(+)-Glucose D(+)-Mannose D(+)-Galactose D(–)-Fructose L(–)-Sorbose

D-Glucose („Traubenzucker") ist in fast allen süßen Früchten enthalten. D-Mannose kommt selten frei (z. B. in Orangenschalen), sondern meist an Glucose gebunden (s. u.) vor. D-Fructose (Fruchtzucker) findet sich beispielsweise in Honig und süßen Früchten. L-Sorbose wird durch das Bakterium *Acebacter xylinum* gebildet.

D(+)-Glucose und D(+)-Mannose bzw. D(–)-Fructose und L(–)-Sorbose sind Diastereomere, die sich jeweils nur in der Konfiguration an *einem* der Asymmetriezentren unterscheiden. Solche Diastereomere nennt man **Epimere**.

Epimere sind Verbindungen mit mehreren Chiralitätszentren, die nur an einem Zentrum unterschiedliche Konfiguration besitzen. **Epimerisierung** ist die Änderung der Konfiguration an *einem* von mehreren Chiralitätszentren; sie ist eine spezielle Form der Isomerisierung.

33.1.1.3 Die Chemie der Monosaccharide

Aldosen und Ketosen zeigen die Reaktionen der Alkohole und der Carbonylverbindungen, insbesondere aber die der α-Hydroxycarbonylverbindungen, vgl. Abschn. 31.4.5. Die Polyfunktionalität der Saccharide und das Fehlen unsubstituierter Methyl- bzw. Methylengruppen bedingen jedoch einige chemische Besonderheiten.

Oxidationen und Zuckersäuren

Der Nachweis von Aldosen und Ketosen mit Fehlingscher Lösung (Cu^{2+}) oder Tollens-Reagens (Ag^{+}) beruht auf der leichten Oxidierbarkeit der Aldehydgruppe und der α-Hydroxygruppe der Ketose. Eine

Unterscheidung zwischen Aldosen und Ketosen ist mit diesem Nachweis allerdings nicht möglich.

Einfache Zucker können je nach Oxidationsmittel und Bedingungen zu unterschiedlichen Produkten reagieren (Abb. 33.1).

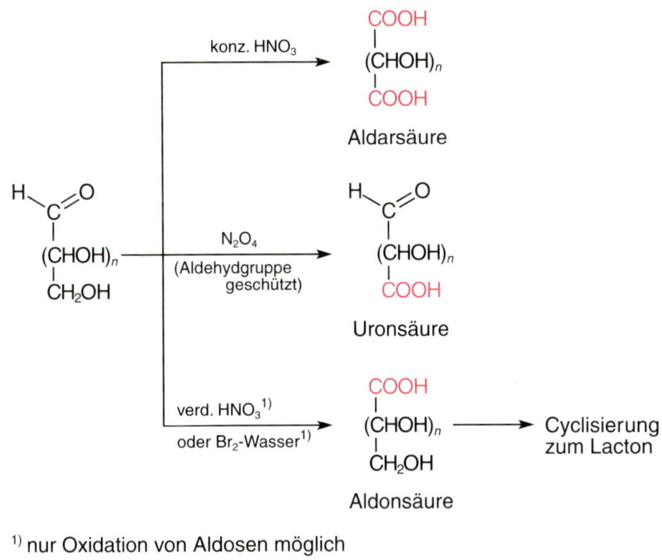

Abb. 33.1 Oxidationsreaktionen einfacher Monosaccharide.

Aldonsäuren bilden durch intramolekulare Veresterung leicht Lactone. Wie bei allen Lactonen ist das 4- oder γ-Lacton (der Fünfring) das stabilere.

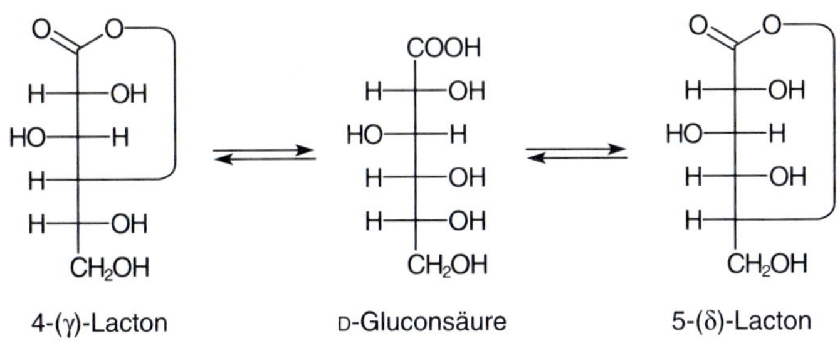

Ein wichtiges Beispiel für eine Aldonsäure ist Ascorbinsäure (Vitamin C).

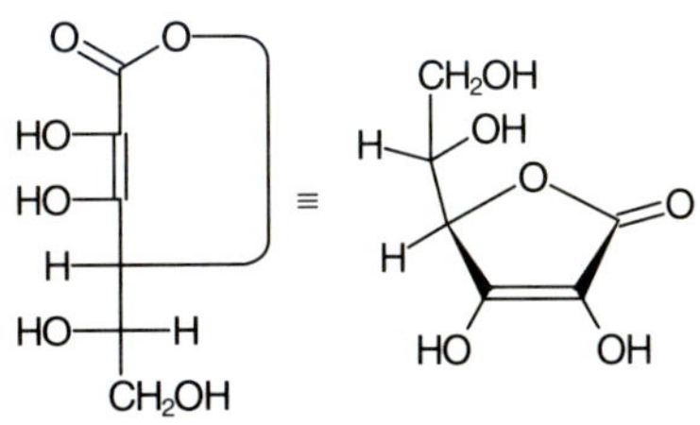

L-Ascorbinsäure (Vitamin C)

Wichtige Vertreter der **Aldarsäuren** sind **Weinsäure** (Threarsäure bzw. Erythrarsäure), **Schleimsäure** (Galactarsäure) und die **Zuckersäure** (Glucarsäure).

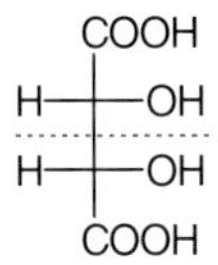

meso-Weinsäure

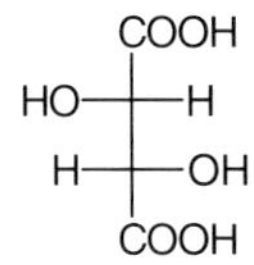

L(+)-Weinsäure

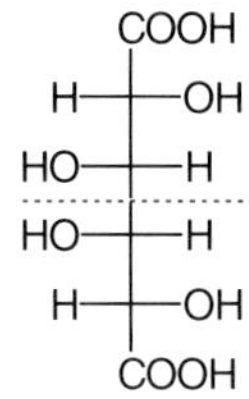

meso-Schleimsäure

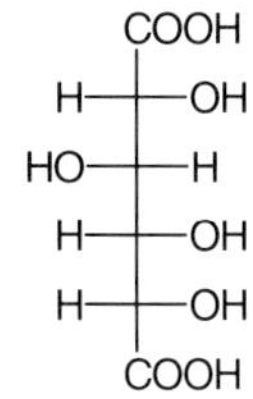

D-Zuckersäure

Zwei Vertreter der **Uronsäuren** sind nachfolgend aufgeführt. D-Glucuronsäure dient im Stoffwechsel offensichtlich zur Entgiftung, indem sie z. B. mit Phenolen sog. Glucuronide bildet und diese dadurch besser wasserlöslich macht, so daß sie über die Nieren ausgeschieden werden können.

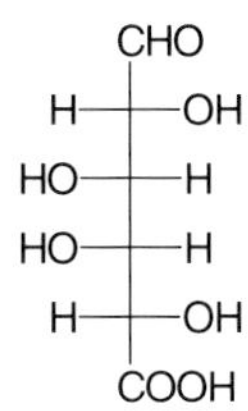

D-Galacturonsäure

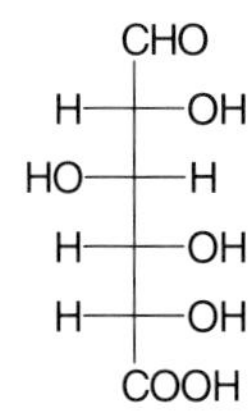

D-Glucuronsäure

Aldonsäuren, Uronsäuren und Aldarsäuren zählen zu den **Zuckersäuren**.

Reduktion

Aldosen und Ketosen lassen sich zu Zuckeralkoholen reduzieren, Polyhydroxyverbindungen, die man allg. **Alditole** nennt.

Die Alditole aus Hexosen, die Hexite, sind gut kristallisierende, süß schmeckende Verbindungen, die beispielsweise Verwendung als Zukkeraustauschstoffe (Diabetikerzucker) finden. Die wichtigsten Hexite sind Dulcit, D-Mannit und D-Sorbit.

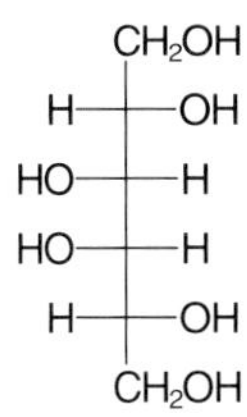

Dulcit (Galactit)

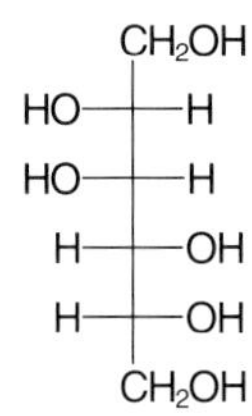

D-Mannit

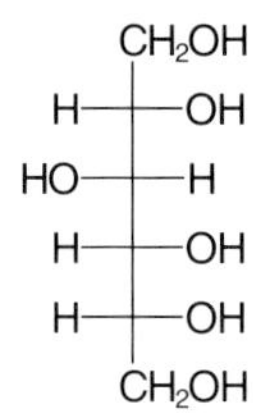

D-Sorbit (D-Glucit)

Dulcit und **D-Mannit** sind Bestandteile des Mannas. Mannit wird vor allem als Süßstoff verwendet. Es wird technisch hergestellt durch Hydrierung des Fructoseanteils von Invertzucker (s. u.). **D-Sorbit** kommt in vielen Früchten vor. Sorbit dient als Zuckeraustauschstoff und wird u. a. als Weichmacher in der Papier- und Lederindustrie benutzt. Man gewinnt Sorbit durch katalytische Hydrierung von Glucose.

Die wichtigsten Alditole aus Pentosen, die sog. Pentite, sind D-Arabit, Ribit und Xylit.

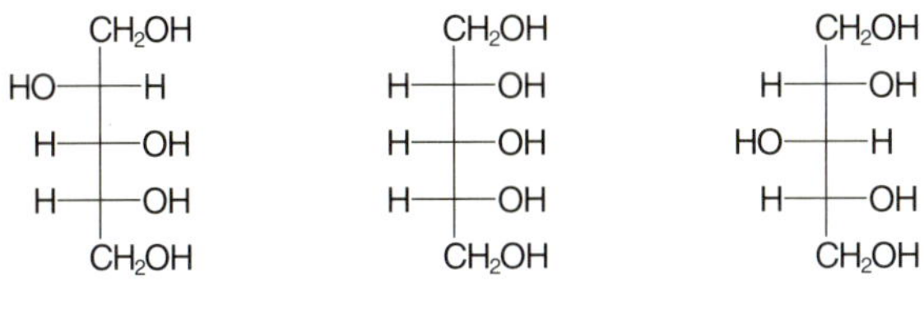

D(+)-Arabit kommt in Flechten und Pilzen vor. Man gewinnt es durch Reduktion der Arabinose. **Ribit** ist Bestandteil des Riboflavins (Vitamin B_2). Durch katalytische Reduktion von Xylose entsteht **Xylit**. Es kommt in geringen Mengen in Pilzen, Obst und Gemüse vor.

Osazonbildung

Die Bildung von Osazonen aus α-Hydroxycarbonylverbindungen war eine wichtige Reaktion zur Charakterisierung und Strukturaufklärung der Zucker, obwohl der Mechanismus noch ungeklärt ist. Mit Phenylhydrazin bildet sich zunächst das Hydrazon (vgl. Abschn. 31.4.4.2), und weiter unter Abspaltung von Wasser, Ammoniak und Anilin (Reduktion des Hydrazins!) schließlich das Osazon (Abb. 33.2). Aldosen und Ketosen reagieren gleichermaßen.

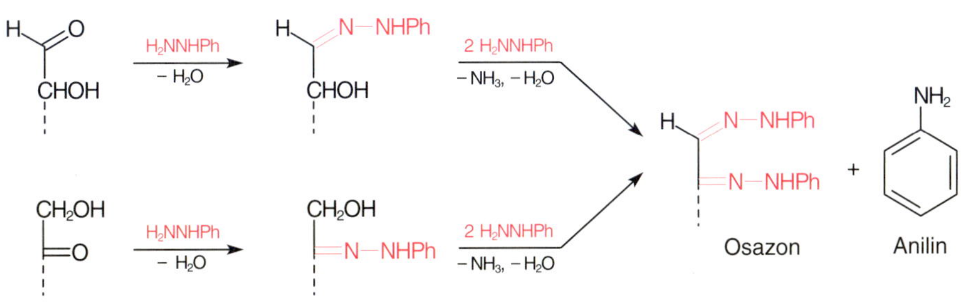

Abb. 33.2 Bildung der Osazone zur Charakterisierung von Zuckern.

Osazone sind im Gegensatz zu vielen Zuckern gut kristallisierende Verbindungen und dienen deshalb zur Reinigung und Charakterisierung. Ferner können sie zur Konfigurationsbestimmung von Zuckern herangezogen werden. Saccharide, die ab dem Kohlenstoffatom C-3 die gleiche Konfiguration haben, bilden dasselbe Osazon. So sind beispielsweise die Osazone der D(+)-Glucose, der D(+)-Mannose und der D(-)-Fructose identisch.

33.1.1.4 Bildung von cyclischen Halbacetalen und Halbketalen

Aldosen und Ketosen gehen viele Reaktionen der einfachen Aldehyde und Ketone ein, aber sie addieren überraschenderweise weder Hydrogensulfit noch Ammoniak (vgl. Abschn. 31.4.4.2). Man vermutete deshalb schon sehr früh, daß die Carbonylgruppe nicht frei vorliegt.

Bei den Aldonsäuren sahen wir, wie durch eine intramolekulare Veresterung cyclische γ- und δ-Lactone entstehen können. Analog führt die intramolekulare Addition der Hydroxygruppe von C-4 oder C-5 der Aldosen zur Bildung von cyclischen Halbacetalen. Für die D-Reihe der Aldohexosen gibt es die folgenden Möglichkeiten (Abb. 33.3).

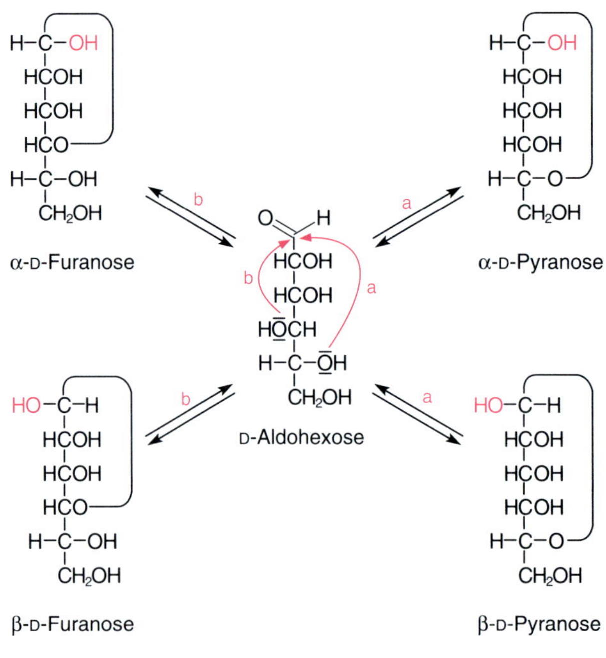

Abb. 33.3 Bildung cyclischer Halbacetale aus einer D-Aldohexose. Es entstehen sowohl pyranose (6-Ring) als auch furanose Formen (5-Ring).

Die fünfgliedrigen Halbacetale werden als **Furanosen** bezeichnet. Aldohexosen bilden bevorzugt **Pyranosen**, sechsgliedrige Halbacetale. (Diese Bezeichnungen leiten sich vom Pyran bzw. Furan ab.) Hexosen und Pentosen liegen normalerweise überwiegend in der Halbacetal-Form vor.

Man erkennt, daß durch die Halbacetalbildung ein weiteres asymmetrisches Zentrum entsteht und zwei Diastereomere gebildet werden, die sich in der Stellung der halbacetalischen Hydroxygruppe in Abb. 33.3 an C-1 unterscheiden. In der D-Reihe – und nur da – steht diese Hydroxygruppe konventionsgemäß bei der α-Form rechts, bei der β-Form links der Kohlenstoffkette. Die fünfgliedrigen Halbacetale werden als **Furanosen** bezeichnet, Aldohexosen bilden bevorzugt **Pyranosen**. Das durch die Halbacetalbildung neu entstandene Stereozentrum nennt man das **anomere** C-Atom.

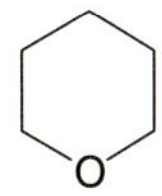

Tetrahydropyran

Tetrahydrofuran

> Saccharide, die sich nur in der Stellung der halbacetalischen Hydroxygruppe (α- oder β-Form) unterscheiden, sind **Anomere**. Anomerie ist eine spezielle Form der Epimerie.

Die Beschränkung der obigen Ausführungen auf die D-Reihe ist notwendig, weil die D- und die L-Reihe enantiomer zueinander sind, d. h. in *allen* Asymmetriezentren umgekehrte Konfiguration besitzen. Dies hat zur Konsequenz, daß bei den α- und β-Anomeren der L-Reihe auch die Stellung der halbacetalischen Hydroxygruppe vertauscht ist. Bei den α-Anomeren eines L-Saccharids steht die OH-Gruppe *links*.

Ketosen reagieren entsprechend zu Halbketalen (Abb. 33.4).

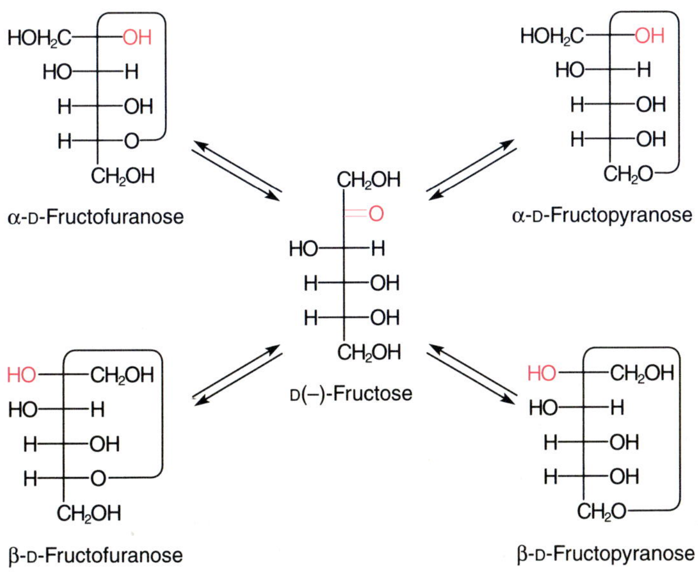

Abb. 33.4 Bildung cyclischer Halbketale am Beispiel der Fructose.

In Lösung liegen normalerweise Gemische aller möglichen Acetal- bzw. Ketalformen sowie geringe Mengen der offenkettigen Struktur im Gleichgewicht nebeneinander vor. Die Mengenverhältnisse sind von der relativen Stabilität der Tautomeren abhängig.

Als Folge der intramolekularen Halbacetalbildung zeigen frische Zuckerlösungen beim Stehenlassen eine fortschreitende Änderung ihres anfänglichen optischen Drehwertes, bis ein konstanter, konzentrationsunabhängiger Endwert erreicht ist. Dieser entspricht der Gleichgewichtsverteilung der verschiedenen Tautomeren. Man bezeichnet diesen Vorgang als **Mutarotation**.

Glycolspaltung zur Bestimmung der Ringgröße

In Abschn. 31.1.4 wurde gezeigt, daß vicinale Dialkohole (Glycole) mit Oxidationsmitteln wie Pb(IV)acetat oder Periodat (IO_4^-) unter Bindungsspaltung zu zwei Molekülen einer Carbonylverbindung oxidiert werden können. Die Methylierung der Hydroxygruppe an C-1 mit Methanol und trockenem HCl-Gas führt zum Vollacetal, einem Methylglycosid (s. Abschn. 33.1.1.6). Mit Periodat wird nun eine Glycolspaltung durchgeführt. Furanosen geben sich durch die Bildung von Formaldehyd, Pyranosen durch Bildung von Ameisensäure zu erkennen.

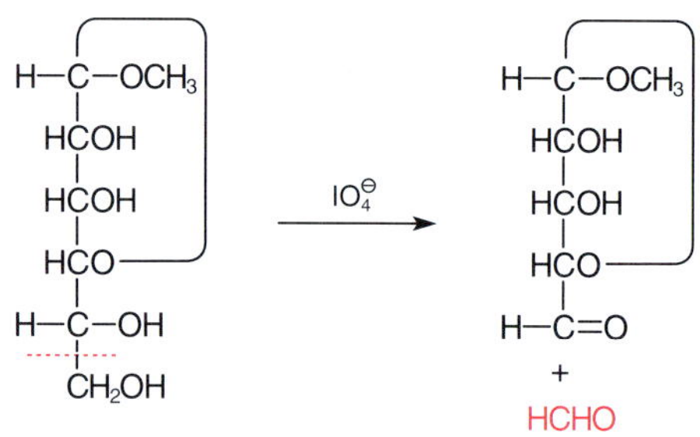

Methyl-α-D-furanosid

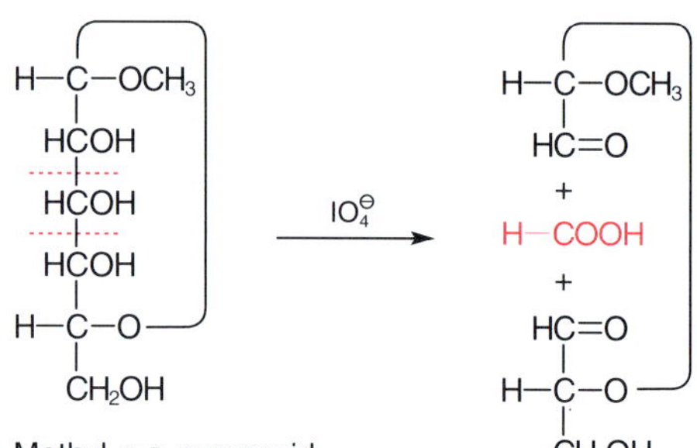

Methyl-α-D-pyranosid

33.1.1.5 Die zeichnerische Darstellung von Sacchariden

Zur zeichnerischen Darstellung der geschlossenen Halbacetale von Sacchariden sind mehrere Methoden in Gebrauch, von denen die drei wichtigsten vorgestellt und ihre gegenseitige Umwandlung erklärt werden soll.

Bisher wurde in Anlehnung an die Darstellungsweise der Saccharidketten die Ringstruktur durch die **Tollensschen Ringformeln** wiedergegeben. In vielen Fällen ist es jedoch notwendig, die genaue Stereochemie anzugeben. Die Tollensschen Formeln lassen darüber jedoch keine unmittelbare Aussage zu. Man verwendet in diesen Fällen gerne die Darstellungsweise nach **Haworth**. Die Transformation von der Tollensschen Schreibweise zu der Haworthschen soll am Beispiel der β-D-Glucose demonstriert werden (Abb. 33.5).

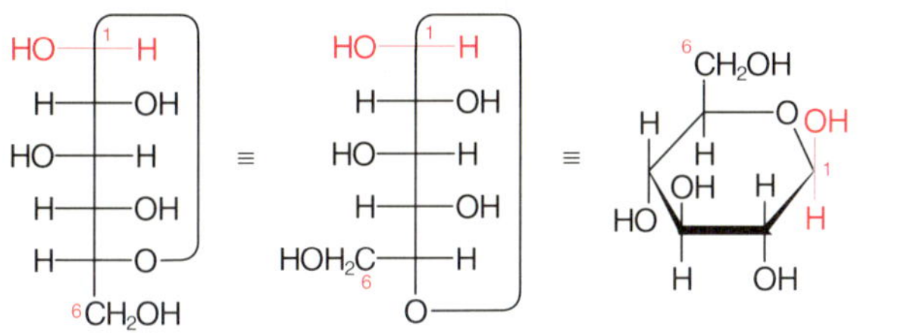

Abb. 33.5 β-D-Glucose als Tollens- und Haworth-Darstellung.

Zunächst bringt man alle Ringatome senkrecht untereinander. Die Hydroxymethylgruppe und das Sauerstoffatom der Etherbindung müssen deshalb die Plätze tauschen. Zum Konfigurationserhalt an C-5 ist noch die primäre Alkoholgruppe mit dem Proton zu vertauschen (*doppelter Austausch* s. Abschn. 26.11.2). Ergebnis ist die mittlere Darstellung in Abb. 33.5. Die Substituenten, die in der Tollens-Form *links* stehen, werden in der Haworth-Form *oberhalb*, die *rechts* stehenden *unterhalb* der Ringebene angeordnet.

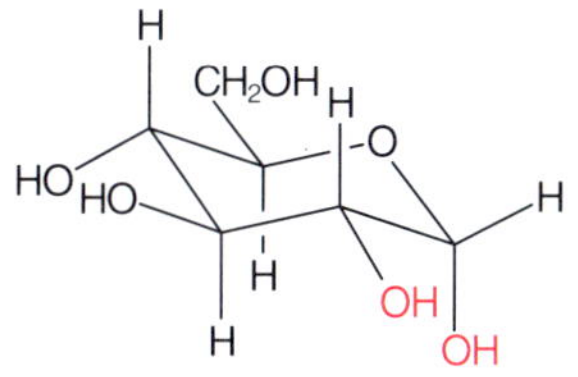

α-D-Glucose

Bei dem α-Anomer der D-Glucose befindet sich in der Haworthschen Schreibweise die Hydroxygruppe an C-1 unterhalb, beim β-Anomer oberhalb der Ringebene. An der perspektivischen Darstellung erkennt man sofort den Grund für das Überwiegen des β-Anomers der D-Glucose: Die Hydroxygruppen an C-1 und C-2 stehen *trans* zueinander und damit weitestmöglich voneinander entfernt.

Von der Haworthschen Ringform zu den **Konformationsformeln** nach **Reeves** ist es ein kleiner Schritt. Man braucht den Sechsring nur noch in die Sesselform zu bringen. Die Sesselkonformation mit den meisten Hydroxy- und der primären Alkoholgruppe in äquatorialer Stellung ist die stabilere. Die Darstellung der Konformation zeigt deutlich die höhere sterische Belastung der α-Konformation.

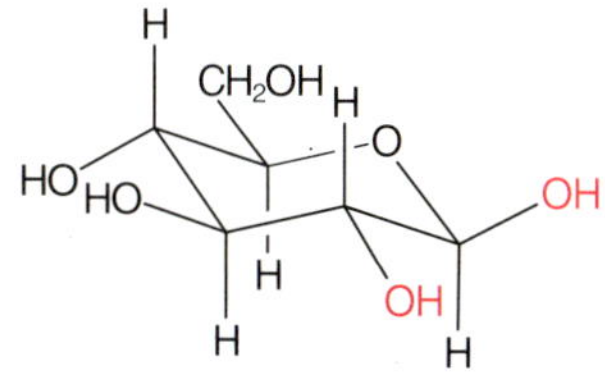

β-D-Glucose

33.1.1.6 Glycoside

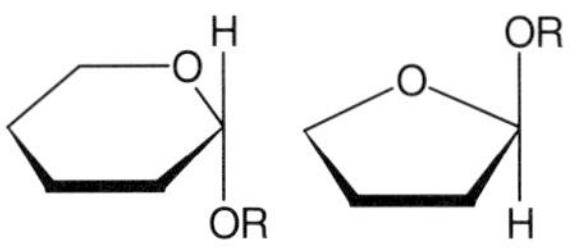

Pyranosid Furanosid

Die Hydroxygruppe des Halbacetals ist sehr reaktiv und kann mit wenig Säure leicht eine Etherbindung zu Vollacetalen (-ketalen) eingehen. Man bezeichnet diese Verbindungen als **Glycoside** und die neue Bindung als **glycosidische Bindung**. Man unterscheidet nach α- und β-Glycosiden. Der Rest R kann, wie bei den höheren Zuckern, ein weiteres Saccharid oder ein Nichtzucker sein, der als **Aglykon** bezeichnet wird.

Auf diese Weise erhält man durch die Umsetzung von D-Glucose mit Methanol in schwach salzsaurer Lösung Methyl-α-D- und -β-D-glucopyranosid. Methyl-α-D- und -β-D-glucofuranosid fallen als Nebenprodukte an (Abb. 33.6).

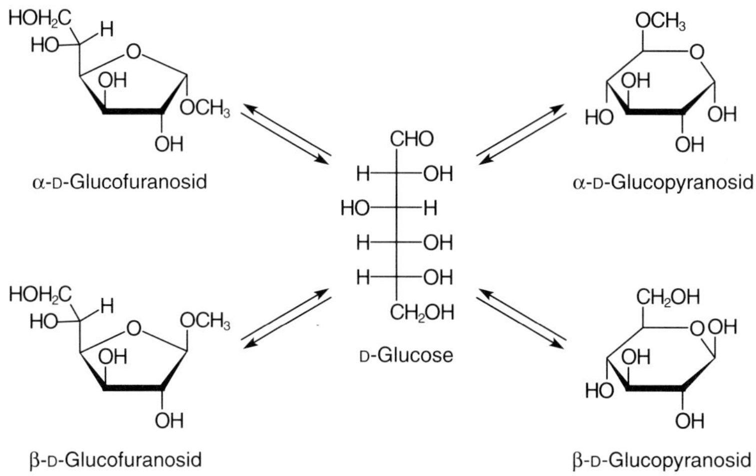

Abb. 33.6 Durch Umsetzung von D-Glucose mit Methanol entstehen verschiedene Formen des Methylglucosids.

Glycoside sind als Vollacetale gegegenüber Basen stabil, zeigen keine Mutarotation und reduzieren Fehlingsche Lösung nicht.

Mit Methylierungsmitteln wie Dimethylsulfat können auch die nicht acetalischen Hydroxygruppen verethert werden. Hierzu ist es notwendig, die halbacetalische OH-Gruppe zu schützen. Man geht deshalb meist vom Methylglycosid aus. Mit verdünnter Säure läßt sich die glycosidische Actalbildung leicht wieder spalten, während die übrigen Etherbindungen erhalten bleiben.

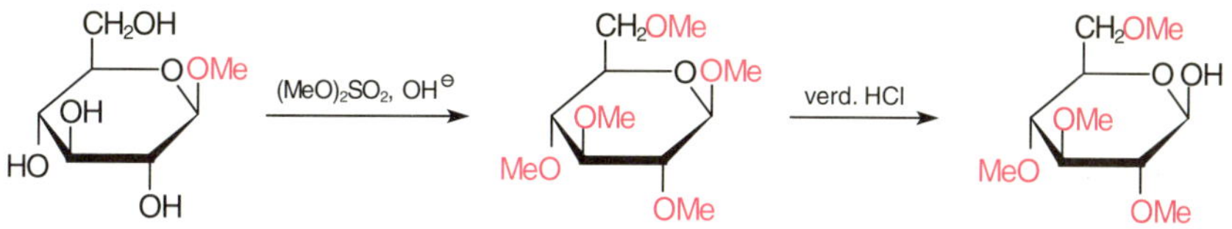

Methyl-β-D-glucopyranosid

2,3,4,6-Tetra-*O*-methyl-β-D-glucopyranose

Die Methylierung und anschließende Hydrolyse bzw. Oxidation hatten große Bedeutung bei der Strukturaufklärung von Zuckern.

33.1.2 Oligosaccharide

Oligosaccharide sind Kohlenhydrate, die glycosidisch aus zwei bis zehn Monosacchariden zusammengesetzt sind. Bei der Verknüpfung der Saccharidbausteine gibt es grundsätzlich zwei Möglichkeiten:

Zum einen können die Hydroxygruppen der beiden anomeren Kohlenstoffatome unter Kondensation zwei Vollacetale mit einem gemeinsamen Brückensauerstoff ausbilden, zum anderen kann eines der beiden halbacetalischen Kohlenstoffatome mit einer alkoholischen Hydroxygruppe des anderen Saccharids reagieren. Dies hat zur Folge, daß *eine* reaktive Halbacetalgruppierung erhalten bleibt.

Zucker ohne halbacetalische Hydroxygruppe zeigen keine Mutarotation, reagieren nicht zu Osazonen, bilden keine einfachen Alkylglycoside und wirken auf Fehlingsche Lösung nicht reduzierend. Man unterscheidet deshalb auch zwischen **reduzierenden** und **nicht-reduzierenden Zuckern**.

33.1.2.1 Disaccharide

Die wichtigsten Disaccharide sind die Cellobiose, die Lactose, die Maltose und, als nicht-reduzierender Zucker, die Saccharose.

Cellobiose (4-*O*-β-D-Glucopyranosyl-D-glucose) besteht aus zwei D-Glucoseeinheiten, bei denen ein Monomer β-glycosidisch mit dem C-4 des anderen verknüpft ist.

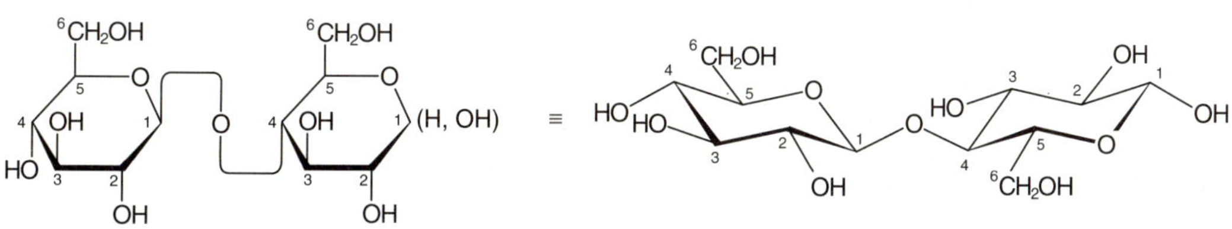

(α,β)-Cellobiose

β-Cellobiose

Die rechte Glucoseeinheit kann sowohl in der α- als auch in der β-Form vorliegen. Die 1,4-Verknüpfung bedingt den Erhalt einer Halbacetalgruppe an C-1. Cellobiose ist ein reduzierender Zucker. Das Disaccharid kommt vor allem als Baustein von Cellulose vor.

Maltose (4-*O*-α-D-Glucopyranosyl-D-glucose) ist ein Isomer der Cellobiose, in dem die beiden Glucosemoleküle α-glycosidisch 1,4-verknüpft sind. Maltose kommt in Wurzeln und Knollen, besonders aber in keimendem Samen (Malzzucker) vor. Es ist ein wasserlösliches Zwischenprodukt beim Stärkeabbau.

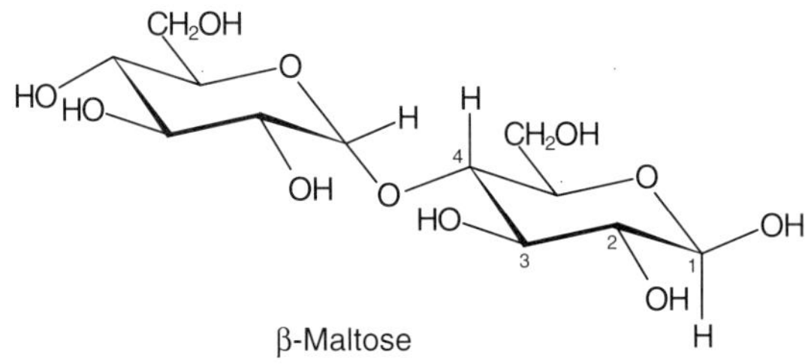

β-Maltose

Als einziger der aufgeführten reduzierenden Zucker kommt **Lactose** (4-*O*-β-D-Galactopyranosyl-D-glucose) frei in Milch und Milchprodukten (Milchzucker) vor. Lactose besteht aus Galactopyranose, die β-glycosidisch mit dem C-4 einer D-Glucopyranose verbunden ist.

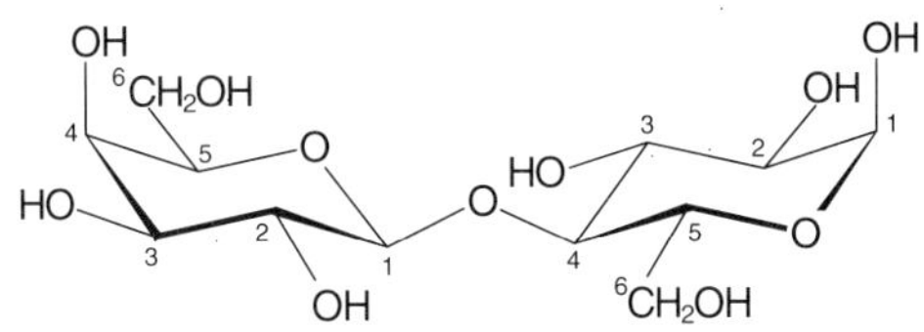

α-Lactose

Saccharose ist der Zucker schlechthin. Sie kommt in der Zuckerrübe und dem Zuckerrohr in Anteilen bis 25 % vor. Ihre technische Gewinnung erfolgt hieraus in großem Maßstab. Saccharose ist ein β-D-Fructofuranosyl-α-D-glucopyranosid. Die anomeren Kohlenstoffatome der α-D-Glucopyranose (C-1) und der β-D-Fructofuranose (C-2) sind glycosidisch verbunden. Saccharose ist ein nicht-reduzierender Zucker und kann nicht in einer α- und β-Form vorkommen.

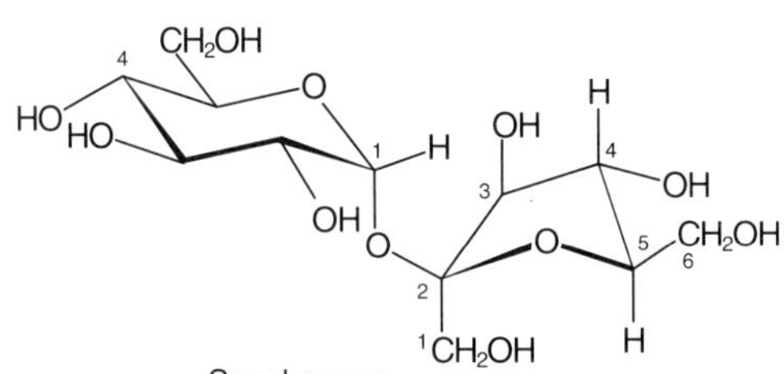

Saccharose

In verdünnten Mineralsäuren wird Saccharose in ihre Monosaccharide D-Glucose und D-Fructose gespalten. Dabei ändert sich der Drehsinn der Lösung von +66,5° zu –20°. Der Vorgang wird deshalb auch als **Inversion des Rohrzuckers** bezeichnet, die 1:1-Mischung aus D-Glucose und D-Fructose als **Invertzucker**. Die Umkehrung des Drehsinns rührt daher, daß D-Glucose weniger stark nach rechts (+52,5°), als D-Fructose nach links (–92°) dreht.

$$\text{Saccharose} \xrightarrow{H_2O,\ H^{\oplus}} \underbrace{\text{D-Glucose } (+52{,}5°) + \text{D-Fructose } (-92°)}_{-20°}$$

33.1.3 Polysaccharide

Polysaccharide enthalten oft bis zu mehreren tausend Monomereinheiten. Mit zunehmender Polymerisation verschwindet der süße Geschmack, der für die meisten einfachen Saccharide charakteristisch ist. Polysaccharide sind nicht oder nur kolloidal wasserlöslich. Das Prinzip der Verknüpfung unterscheidet sich nicht von dem der Oligosaccharide, es können jedoch zusätzlich Verzweigungen auftreten.

33.1.3.1 Die Einteilung der Polysaccharide

Polysaccharide können aus identischen Zuckerbausteinen aufgebaut sein, diese nennt man **Homoglycane**. **Heteroglycane** enthalten verschiedene Monomerbausteine.

Stärke ist das Reservekohlenhydrat der Pflanzen und kommt vor allem in Kartoffeln, Reis und Getreide vor. Stärkekörner bestehen zu 80 % aus Amylose und zu 20 % aus Amylopectin, die beide vollständig aus Glucose-Einheiten bestehen.

Amylose ist aus α-1,4-glycosidisch verknüpften Glucopyranosemolekülen aufgebaut. Amylosemoleküle sind zu spiralförmigen Ketten angeordnet. Der Stärkenachweis mit Iod/Iodid beruht darauf, daß I_5^--Ionen von der Helix der Amylosemoleküle umhüllt werden und so eine blaue Einschlußverbindung bilden. Amylosemoleküle bestehen aus 300 bis 1200 Monomeren, was eine molare Masse von $5 \cdot 10^4$ bis $15 \cdot 10^4$ g/mol ergibt.

Amylopectin (Abb. 33.7) ist wie die Amylose ein α-1,4-glycosidisch verknüpftes Glucan, das über zusätzliche 1,6-glycosidische Bindungen verzweigt ist. Die Polymeren sind mit 1500 bis 12 000 Monomereinheiten im Vergleich zur Amylose noch einmal deutlich größer.

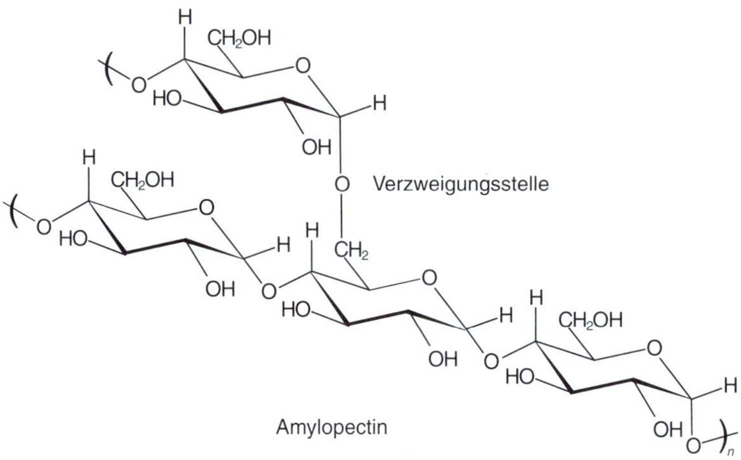

Abb. 33.7 Ausschnitt aus einem Amylopectin-Molekül.

Glycogen ist ein wichtiger Energiespeicher im tierischen und menschlichen Organismus. Es kommt besonders in der Leber, aber auch in anderen Zellen, z. B. dem Muskel vor. Glycogen hat den gleichen Aufbau wie Amylopectin, ist jedoch mit einer molaren Masse bis $16 \cdot 10^6$ g/mol und häufigeren Verzweigungen viel komplexer aufgebaut.

Bei Energiebedarf kann Glycogen deshalb vom Organismus rasch zu Glucose abgebaut werden. Diese wird über Pyruvat als Zwischenstufe weiter oxidiert, entweder aerob zu CO_2 und H_2O (oxidative Phosphorylierung) oder anaerob zu Milchsäure oder Ethanol umgesetzt.

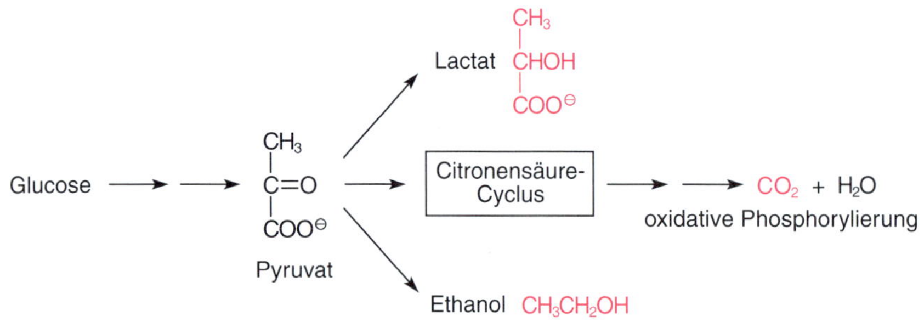

Cellulose ist der Gerüststoff fast aller Pflanzenteile. Sie macht 50 % von Holz aus und ist somit die häufigste organische Verbindung überhaupt. Baumwolle beispielsweise ist fast reine Cellulose. Cellulose besteht aus gestreckten, unverzweigten Glucopyranoseketten. Im Unterschied zu Amylose sind die Glucosemonomeren β-1,4-glycosidisch verknüpft. Cellulose ist aus 500 bis 5000 Glucoseeinheiten aufgebaut, woraus sich eine molare Masse von 50 000 bis 500 000 g/mol ergibt.

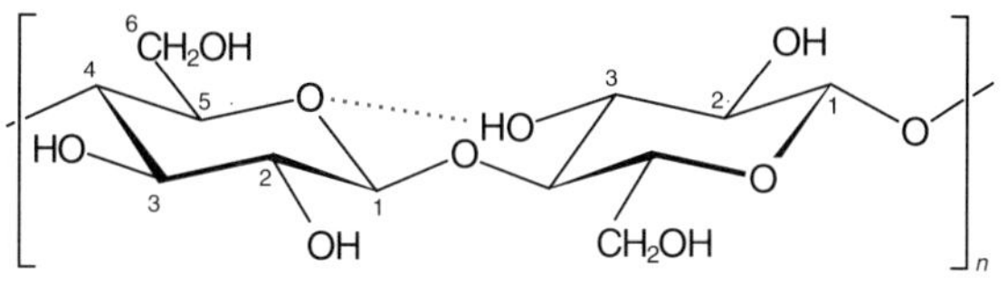

Die Festigkeit der Cellulose wird durch intramolekulare Wasserstoffbrücken zwischen den 3-Hydroxygruppen und dem Ringsauerstoffatom erreicht. Die freie Drehbarkeit um die glycosidische Sauerstoffbindung ist dadurch aufgehoben. Die einzelnen Celluloseketten werden durch intermolekulare Wasserstoffbrücken zusammengehalten und parallel zueinander orientiert.

Zellstoff wird durch verschiedene technische Reinigungsverfahren aus Holz gewonnen und besteht zu 85–90 % aus Cellulose. Er wird in großen Mengen in der Papier- und Textilindustrie verarbeitet.

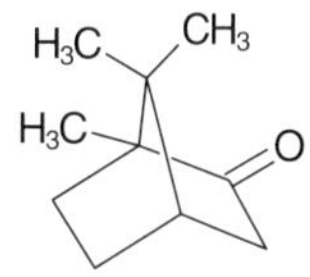

Campher

Celluloid ist der älteste Kunststoff überhaupt. Es besteht aus Cellulosedinitrat, bei dem zwei der drei noch vorhandenen Hydroxygruppen der Cellulose mit Salpetersäure verestert sind, sowie Campher als Weichmacher.

Chitin ist der Gerüststoff bei Insekten und Schalentieren. Er findet sich darüber hinaus in der Pilzcellulose. Chitin ist wie Cellulose ein Homoglycan aus β-1,4-verknüpften Glucosemolekülen. Im Unterschied zur Cellulose befindet sich an C-2 keine Hydroxy-, sondern eine Acetaminogruppe (Säureamid).

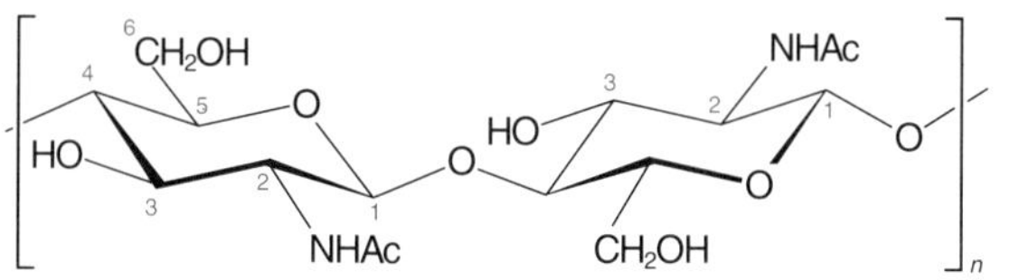

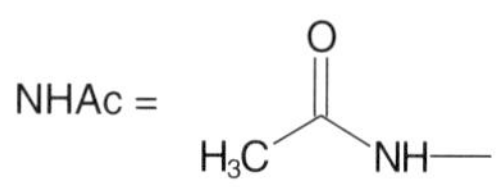

33.2 Fette und Öle

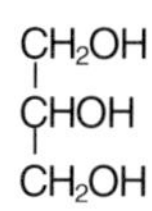

Glycerin

Fette und Öle sind Ester langkettiger Carbonsäuren (Fettsäuren) mit Glycerin (1,2,3-Propantriol). Die Fettsäureketten enthalten meist eine gerade Kohlenstoffanzahl, da sie sich biochemisch von der Essigsäure CH_3COOH herleiten.

Fette werden jauch **Glyceride** genannt. In Abhängigkeit der Reste R^1 bis R^3 sind die Verbindungen bei Raumtemperatur fest, halbfest oder viskose Flüssigkeiten. Die wichtigsten gesättigten Fettsäuren sind die Laurinsäure ($C_{11}H_{23}COOH$), die Myristinsäure ($C_{13}H_{27}COOH$),

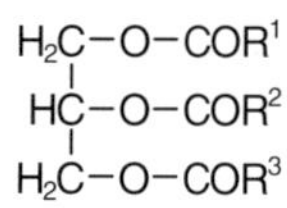

ein Fett

die Palmitinsäure ($C_{15}H_{31}COOH$) und als Vertreter der selten in der Natur vorkommenden Vertreter mit ungerader Kohlenstoffzahl die Margarinsäure ($C_{16}H_{33}COOH$). Sämtliche erwähnten Säuren sind unverzweigt. Die Ölsäure ($C_{17}H_{33}COOH$) besitzt zwischen C-8 und C-9 eine *Z*- oder *cis*-konfigurierte Doppelbindung. Die Linolsäure ist zweifach und die Linolensäure dreifach ungesättigt. Letztere ist Bestandteil fast aller fetten Öle.

Für die Bezeichnung der Fettsäuren ist eine Kurzschreibweise in Gebrauch: man gibt die Anzahl der C-Atome, gefolgt von der Anzahl der Doppelbindungen an. Die Ölsäure würde damit als 18:1-Fettsäure benannt.

Linolsäure

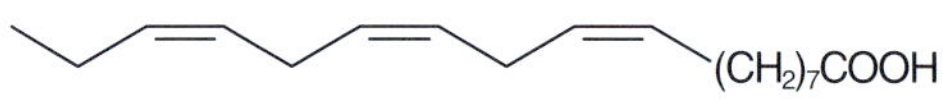

Linolensäure

Nach ihrer Herkunft unterscheidet man zwischen pflanzlichen und tierischen Fetten. Pflanzliche Fette enthalten fast ausschließlich Fettsäuren mit gerader Kohlenstoffzahl und die ungesättigten Fettsäuren sind *cis* konfiguriert. Tierische Fette enthalten, wenn auch in geringen Mengen, Fettsäuren mit ungerader Kohlenstoffzahl, sind verzweigt oder häufiger *trans* konfiguriert.

33.2.1 Seifen

Als Carbonsäureester lassen sich Fette und Öle in Glycerin und Carbonsäuren (Fettsäuren) hydrolysieren.

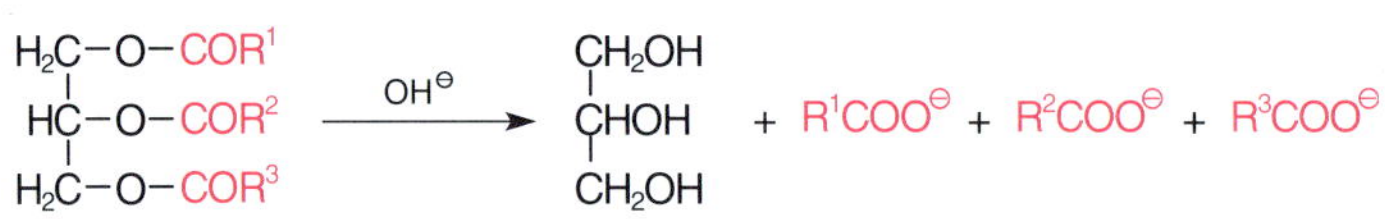

Die Hydrolyse wird gewöhnlich in alkalischer Lösung durchgeführt. Man erhält neben Glycerin die wasserlöslichen Alkalisalze der Fettsäuren (die freien Säuren sind nicht mehr wasserlöslich, vgl. Abschn. 31.5.3). Die Natrium- und Kaliumsalze der Fettsäuren bezeichnet man als **Seifen**. Seifen enthalten ein hydrophobes Ende (die Kohlenwasserstoffkette der Fettsäure) sowie einen hydrophilen Teil (die Carboxygruppe).

In wäßriger Lösung lagern sie sich zu sogenannten **Micellen** zusammen, wobei sich die hydrophoben Fettsäureketten im Innern befinden, während der hydrophobe Carboxyteil zur wäßrigen Lösung ausgerichtet ist. Dadurch sind sie oberflächenaktiv und dienen beim Waschen als Netz- und Emulgiermittel, da sie hydrophobe Schmutzteile (Fette, Öle) im Innern der Micelle lösen können. In der Technik bezeichnet man solche Stoffe als **Detergentien**.

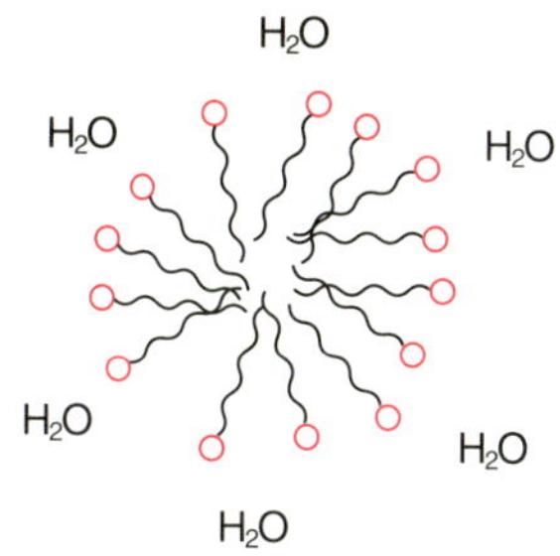

Moderne Detergentien sind meist Alkalisalze von Sulfonsäuren (Alkylsulfonate), $RSO_3^-K^+$. Sie sind, wie Seifen, nahezu vollständig biologisch abzubauen. Ihr Vorteil ist, daß sie – im Gegensatz zu Seifen – mit Mg^{2+}- und Ca^{2+}, die im „harten“ Wasser vorhanden sind, keine unlöslichen Niederschläge bilden.

33.2.2 Wachse

Wachse sind natürlich vorkommende Ester langkettiger Fettsäuren mit langkettigen Alkoholen. Bekannte Beispiele sind etwa das Walrat, ein Ester der Palmitinsäure (C_{16}) mit Cetylalkohol (C_{16}), oder Bienenwachs.

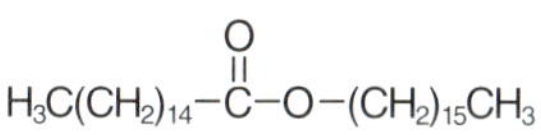

Walrat
(Cetylpalmitat)

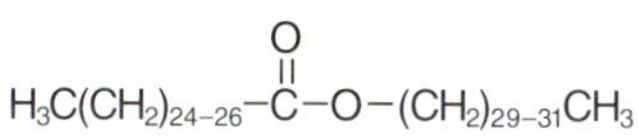

Bienenwachs

33.2.3 Andere Lipide

Fette und Wachse gehören zur Klasse der **Lipide**, wasserunlösliche Biomoleküle, die vom Organismus vor allem als Energiespeicher genutzt werden.

Eine wichtige Klasse von Lipiden sind **Phosphoglyceride**, in denen Glycerin mit zwei Fettsäuremolekülen und Phosphorsäure verestert ist. Diese Phosphorsäure ist meist noch zusätzlich mit einem Alkohol verestert.

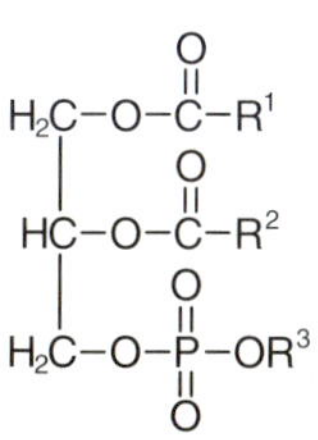

allgemeine Formel
eines Phosphoglycerids

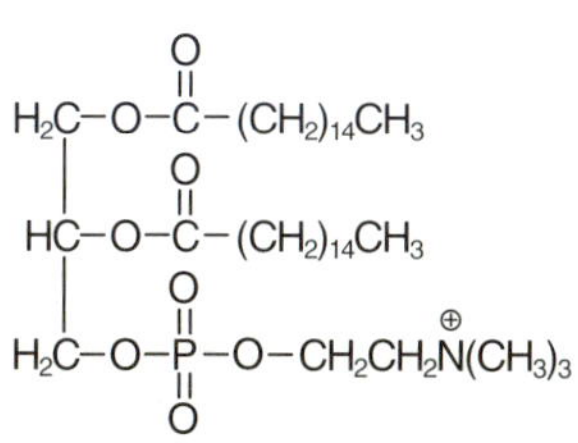

Phosphatidylcholin
ein Phosphoglycerid

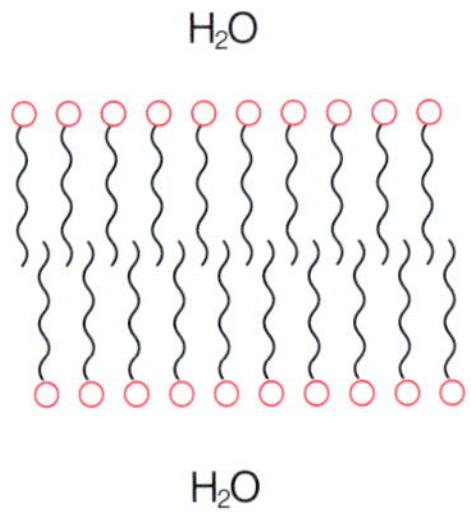

Phosphoglyceride sind wichtige Bestandteile biologischer Membranen. Dort bilden sie Doppelschichten aus, wobei die hydrophoben Teile ins Innere der Membran ragen, die hydrophilen Teile dagegen der wäßrigen Innen- und Außenseite der Zelle zugewandt sind.

Phospholipide können enzymatisch zu **Arachidonsäure** umgesetzt werden, aus der wiederum über enzymatische Oxidationsstufen **Eicosanoide** entstehen, Biomoleküle mit wichtigen physiologischen Eigenschaften. Dazu gehören z. B. die **Prostaglandine** und **Thromboxane** (Abb. 33.8).

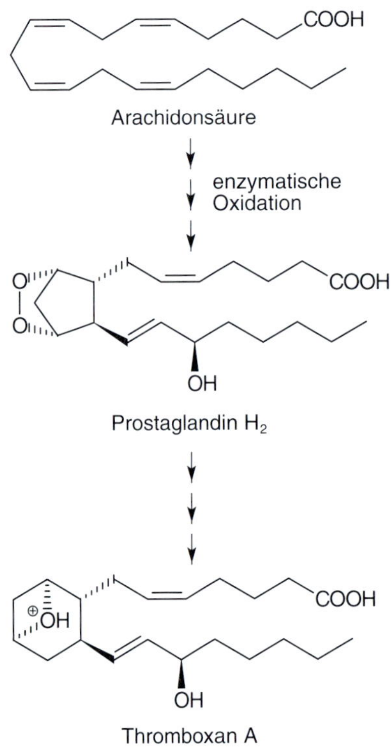

Prostaglandine: Vielfältige hormonelle Wirkungen, z.B. bei Fieber, Entzündung, Kontraktion des Uterus

Thromboxane: Wirken kontrahierend auf Blutgefäße, fördern die Aggregation der Blutplättchen

Abb. 33.8 Prostaglandine und Thromboxane entstehen aus Arachidonsäure.

33.3 Aminosäuren, Peptide und Proteine

33.3.1 Aminosäuren

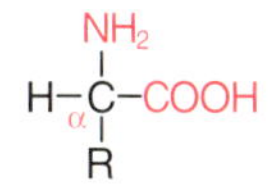
α-Aminosäure

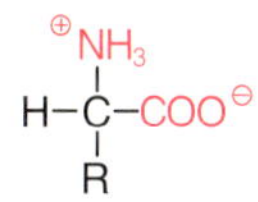
Zwitterion

Aminosäuren enthalten eine Carboxygruppe und eine Aminogruppe im selben Molekül. Sie wurden im Zusammenhang mit den Säureamiden (Abschn. 31.9.5) kurz erwähnt. α-Aminosäuren sind als Bausteine der Proteine in der belebten Natur von überragender Bedeutung. Das α-C-Atom trägt außerdem ein H-Atom sowie eine variable Seitenkette R.

Aminosäuren vereinen eine basische und eine saure Gruppe im selben Molekül. Sie liegen im Festzustand und in Lösung deshalb als **innere Salze** bzw. als **Zwitterionen** vor. α-Aminosäuren sind aus diesem Grunde in unpolaren Lösungsmitteln schwer löslich und schmelzen erst bei ca. 250 °C unter Zersetzung.

Die Seitenkette R verleiht einer Aminosäure charakteristische Eigenschaften. So gibt es saure, basische, polare und unpolare Seitenketten.

Alle Organismen bauen ihre Proteine aus demselben Satz von 20 Aminosäuren auf. Diese **Standardaminosäuren** sind in Abb. 33.9 aufgeführt. Sie sind alle chiral und kommen in der Natur nur in der L-Form vor.

Der Ladungszustand von Aminosäuren wird durch den pH-Wert ihrer Lösung beeinflußt. Je nach pH-Wert können Aminosäuren in verschiedenen Ladungszuständen vorliegen. Am **isoelektrischen Punkt (IP)** liegt die Aminosäure als Zwitterion vor, und ist nach außen neutral.

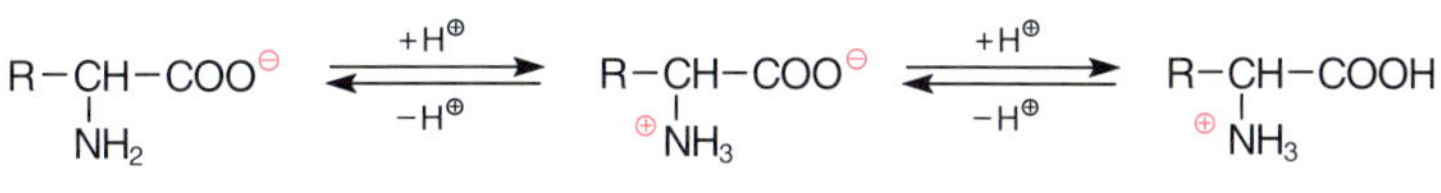

Der IP jeder Aminosäure liegt bei einem charakteristischem Wert (bei neutralen Aminosäuren in der Nähe des Neutralpunktes). Für saure Aminosäuren liegt IP bei niedrigerem, für basische Aminosäuren bei höherem pH-Wert.

Zusätzlich zu den Standard-Aminosäuren gibt es in der Natur andere ungewöhnliche Aminosäuren, die aus diesen durch chemische Modifikation entstehen und ebenfalls in Proteinen vorkommen. D-Aminosäuren findet man vor allem in Bakterien. Exkurs 33.1 gibt einen Überblick über diese ungewöhnlichen Biomoleküle.

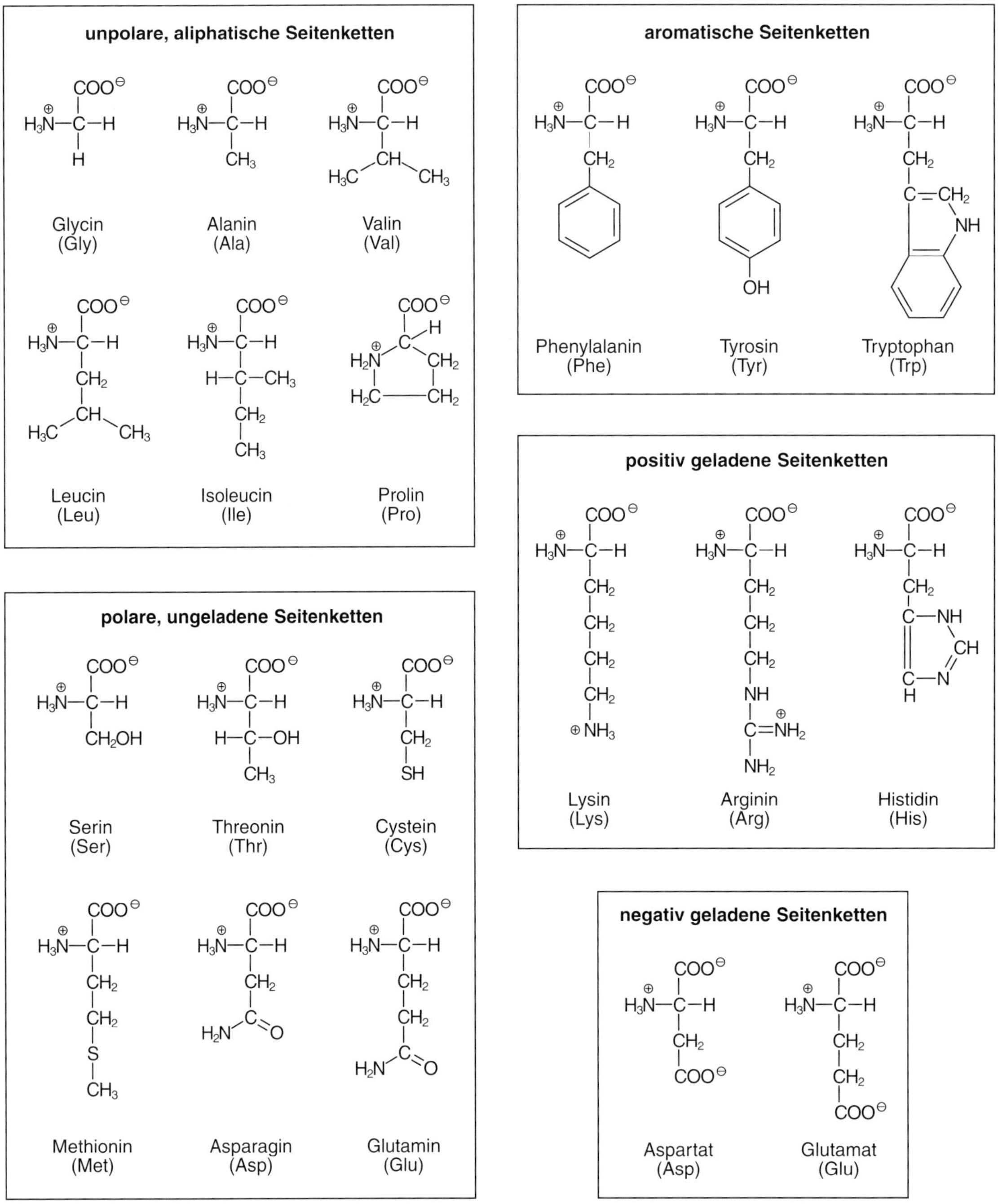

Abb. 33.9 Die 20 Standard-Aminosäuren, die in Proteinen vorkommen. Auch der Dreibuchstabencode jeder Aminosäure ist angegeben. (Aus: Lehninger/Nelson/Cox: Prinzipien der Biochemie, 2. Auflage. Spektrum Akademischer Verlag, 1994.)

Exkurs 33.1: Modifizierte und ungewöhnliche Aminosäuren

Neben den 20 Standard-Aminosäuren, die die Proteine aller Lebewesen aufbauen, findet man eine Vielzahl von sog. *Nichtstandard-Aminosäuren,* die durch chemische Modifikation aus Standard-Aminosäuren entstehen. Wichtige Vertreter sind z. B. 4-Hydroxyprolin und 5-Hydroxylysin in Kollagen. Ornithin und Citrullin spielen eine wichtige Rolle im Aminosäurestoffwechsel. Abb. 1 zeigt einige weitere Beispiele.

Es ist interessant, daß viele Organismen, vor allem Pilze und Bakterien, auch D-Aminosäuren besitzen. Diese entstehen aus den L-Enantiomeren durch enzymatische Racemisierung. So sind D-Alanin und D-Glutaminsäure in der Zellwand von Bakterien enthalten.

D-Aminosäuren sind außerdem häufig Bestandteil von Peptid-Antibiotika. Da D-Aminosäuren durch peptidspaltende Enzyme nicht abzubauen sind – diese erkennen nur das L-Enantiomer – mag dies ein Vorteil für den Organismus sein, der sie herstellt.

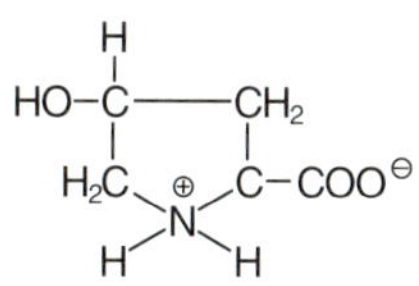

4-Hydroxyprolin

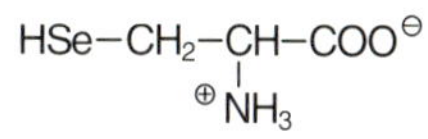

Selenocystein

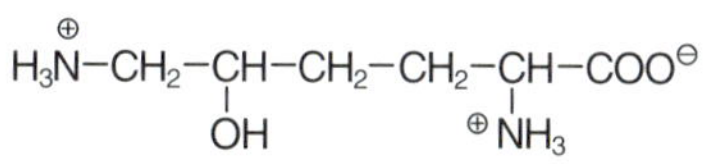

5-Hydroxylysin

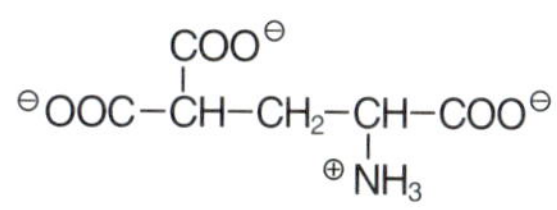

γ-Carboxyglutamat

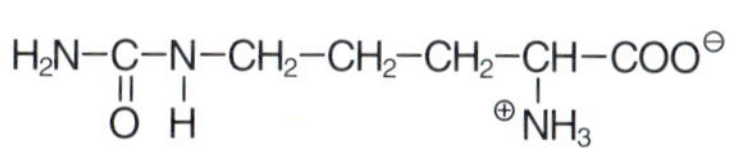

Citrullin

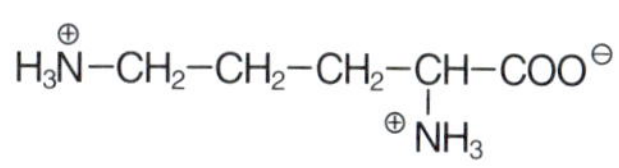

Ornithin

33.3.1.1 Synthesen für α-Aminosäuren

Einige Beispiele für Synthesen αvon Aminosäuren haben wir bereits kennengelernt. Abb. 33.10 gibt einen Überblick über den synthetischen Zugang zu Aminosäuren. Bei der „Reagenzglassynthese“ der Aminosäuren entsteht – im Gegensatz zur Biosynthese – im allgemeinen das Racemat. In der Regel muß sich an die Synthese deshalb noch eine Racemattrennung anschließen.

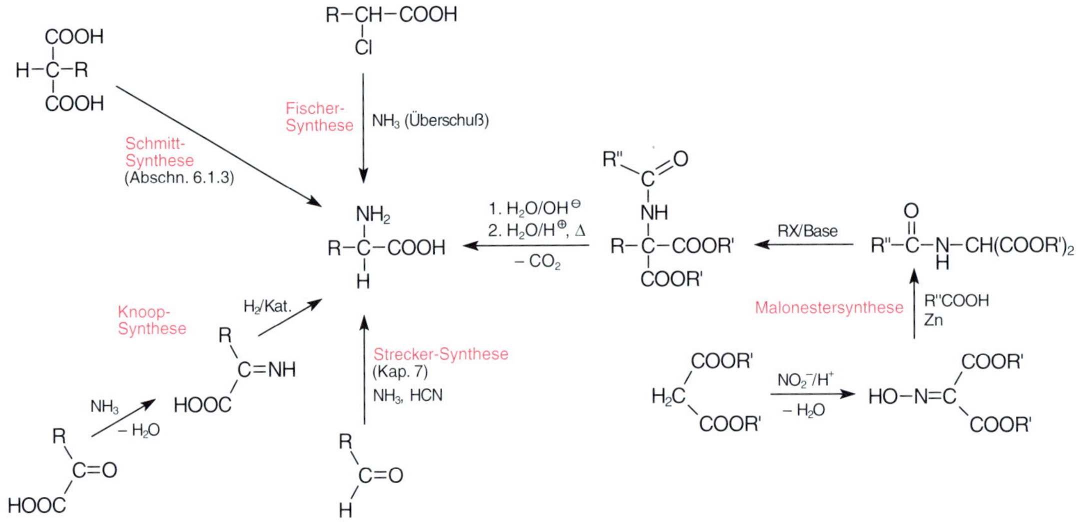

Abb. 33.10 Synthesewege zu Aminosäuren.

33.3.2 Peptide und Proteine

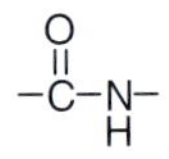

Peptidbindung

Die wohl wichtigste Eigenschaft der Aminosäuren ist ihre Fähigkeit, unter Wasserabspaltung **Peptidbindungen** einzugehen. In der Natur ist diese Reaktion enzymatisch katalysiert. Je nach Anzahl der miteinander verknüpften Aminosäuren werden die Peptide als Di-, Tri-, Tetra- usw. -peptide bezeichnet. **Oligopeptide** enthalten bis zu 10 Aminosäurereste, **Polypeptide** bis ca. 100. Die Grenze zu den darauf folgenden **Proteinen** ist jedoch fließend.

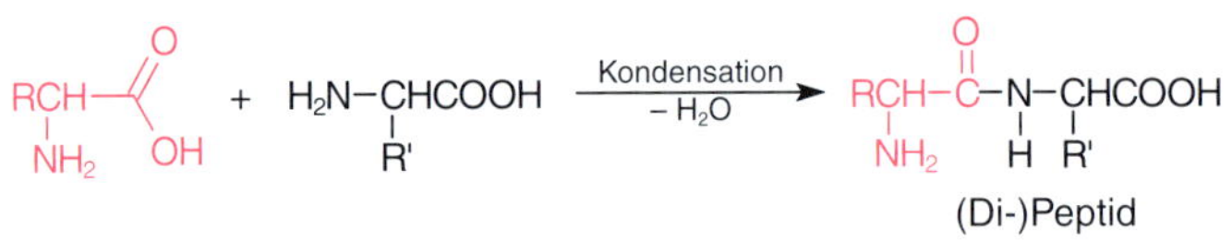

Bei der Darstellung von Peptiden und Proteinen ist es üblich, die freie α-Aminogruppe (das Amino-Ende) links und den Säurerest (Carboxy-Ende) rechts anzuordnen. Die zwitterionische Struktur bleibt meist unberücksichtigt.

Peptide und Proteine zeigen in der Hauptkette immer die gleiche, sich periodisch wiederholende Atomfolge und nur die Reste „R" variieren. Man bezeichnet die Folge der Peptidbindungen als **Rückgrat** der Peptid- bzw. der Proteinkette.

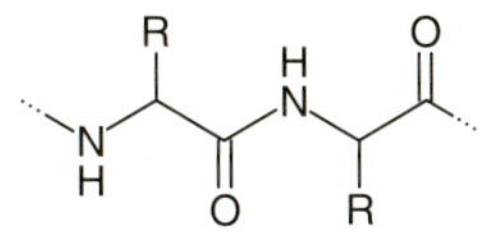

„Rückgrat“ einer Peptidkette

Peptide und Proteine sind fast immer aus unterschiedlichen Aminosäuren zusammengesetzt (Copolymere). Die beteiligten Monomere und ihre Reihenfolge bestimmen viele der spezifischen Eigenschaften und Funktionen von Peptiden und Proteinen. Eine der wichtigsten Aufgaben in der Peptidchemie ist die Charakterisierung der einzelnen Aminosäuren und die Bestimmung ihrer Reihenfolge, die **Sequenzanalyse**.

33.3.2.1 Sequenzanalyse

Die Identifizierung der Aminosäuren eines Peptids wird durch Hydrolyse in die einzelnen Aminosäuren und deren quantitativer Bestimmung, meist mit Hilfe chromatographischer Methoden durchgeführt. Dadurch geht die Information über die Sequenz allerdings verloren. Die Bestimmung der Aminosäuren erfolgt heute automatisch im Aminosäure-Analysator.

Für die Bestimmung der N-termialen Positionen bedient man sich der Methoden von Sanger und Edman.

Dabei macht man sich zunutze, daß die freie Aminogruppe am Aminoende als Nucleophil zur Verfügung steht.

Nach der **Methode von Sanger** (Abb. 33.11) reagiert eine endständige Aminogruppe mit 2,4-Dinitrofluorbenzol unter Verdrängung des Fluors (nucleophile aromatische Substitution):

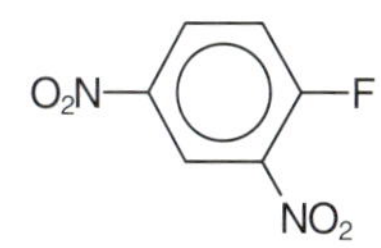

2,4-Dinitrofluorbenzol

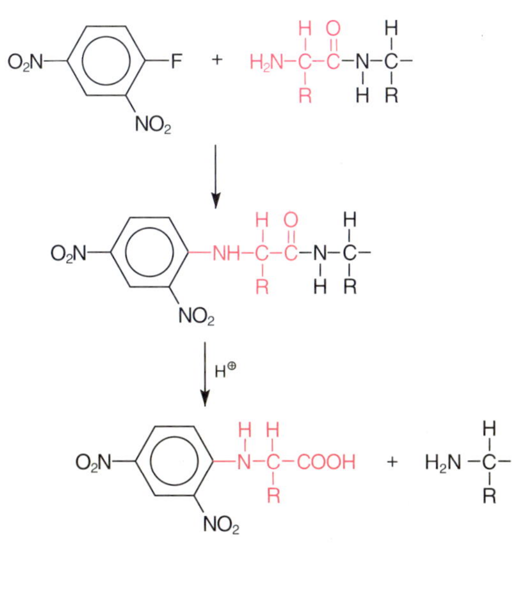

Abb. 33.11 Bestimmung der endständigen Aminosäure nach Sanger.

Bei anschließender Hydrolyse des Peptids bleibt der Dinitrophenylrest an der Aminogruppe der endständigen Aminosäure haften und kann charakterisiert werden. Durch die Hydrolyse geht allerdings die Information über die Aminsäuresequenz des Peptidrestes verloren.

Der **Edman-Abbau** mit Phenylisothiocyanat (Abb. 33.12) funktioniert ähnlich, hat jedoch den Vorteil, daß spezifisch die *N*-terminale Aminosäure abgespaltet werden kann und der Rest der Peptidkette intakt bleibt. Theoretisch könnten so nacheinander alle Aminosäuren sukzessive abgespalten und charakterisiert werden. Die steigende Menge an Verunreinigungen und die allmähliche, unkontrollierte Hydrolyse des Proteins infolge der stark sauren Reaktionsbedingungen beschränkt die Methode praktisch allerdings auf etwa 40 Aminosäuren. Das substituierte Phenylthiohydantion kann chromatographisch charakterisiert und identifiziert werden. Der Edman-Abbau kann automatisch durchgeführt werden.

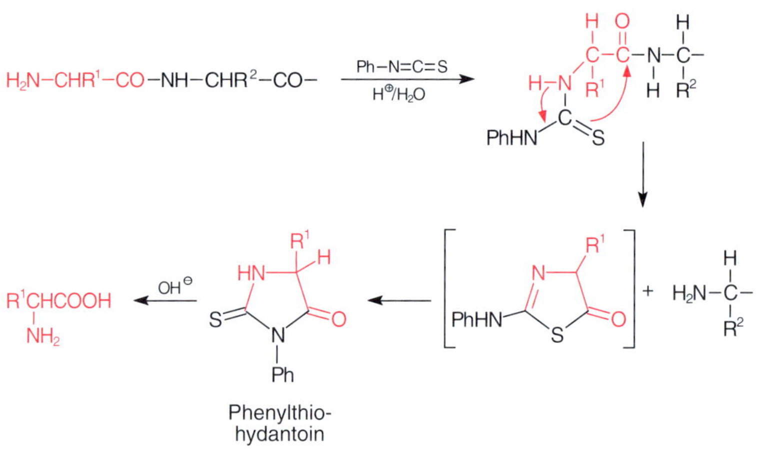

Abb. 33.12 Edman-Abbau.

Für die Sequenzanalyse längerer Polypeptidketten spaltet man enzymatisch an definierten, aber unterschiedlichen Positionen zwischen bestimmten Aminosäuren, trennt die unterschiedlichen Fragmente auf und untersucht jede für sich. Die Spaltung an unterschiedlichen Positionen führt zu sich überlappenden Teilstrukturen. Wenn diese bekannt sind, kann man durch Korrelation auf die gesamte Sequenz rückschließen.

Eine sehr moderne Methode der Sequenzanalyse und Charakterisierung von Peptiden ist die Massenspektrometrie (Abschn. 32.5).

33.3.2.2 Peptidsynthesen

Die Synthese von definierten Peptiden hat nicht nur zu grundlegenden Erkenntnissen über die Strukturparameter von natürlichen Proteinen beigetragen, sondern auch analytisch bestimmte Protein- und Peptidstrukturen bestätigt. Darüber sind Peptide als hochwirksame Pharmazeutika (z. B. „Peptid-Antibiotika") von Interesse.

Ein großes Problem bei der Polypeptidsynthese ist die Bifunktionalität der α-Aminosäurebausteine. Zwei verschiedene Aminosäuren können zu vier verschiedenen Dipeptiden reagieren, eventuelle Racemisierungen nicht inbegriffen.

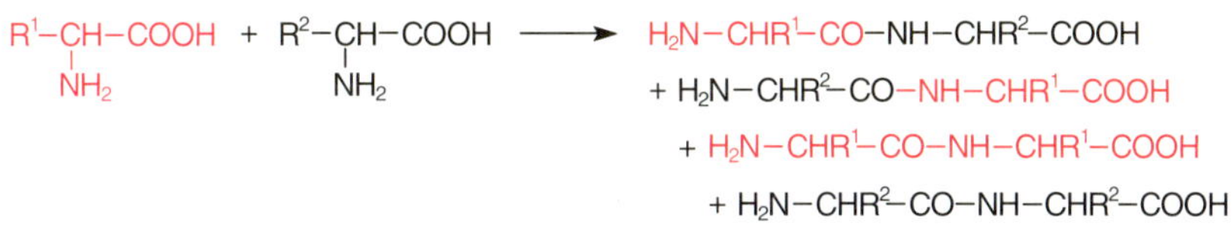

Ein Nachteil ist auch die geringe Nucleophilie der Aminogruppe und die geringe Reaktionsfähigkeit des Säurerestes. Erstere liegt überwiegend als Ammoniumgruppe, letzterer überwiegend als Carboxylat vor.

Die Reaktionspartner müssen also in geeigneter Weise aktiviert und gleichzeitig unerwünschte Bindungen verhindert werden. Die als Carbonylkomponente wirkende Aminosäure muß einerseits eine aktivierte Carbonylgruppe, andererseits eine desaktivierte Aminogruppe enthalten, während die Aminkomponente nur einer geschützten Carboxylgruppe bedarf.

Zur definierten Kondensation von Aminosäuren werden deshalb **Schutzgruppen** eingeführt, die nach beendeter Reaktion ohne Beeinträchtigung der Peptidbindung oder gar der Konfiguration wieder abgespaltet werden können. Die **Carboxylgruppe** wird gewöhnlich durch Veresterung als Methyl-, Ethyl-, *t*-Butyl-, Nitrobenzylester usw. geschützt. Zum Schutz der **Aminogruppe** sind überwiegend die Cbz- und die Boc-Gruppe in Gebrauch. **Cbz** steht für Benzyloxycarbonyl-, **Boc** für die *tert*-Butoxycarbonylgruppe.

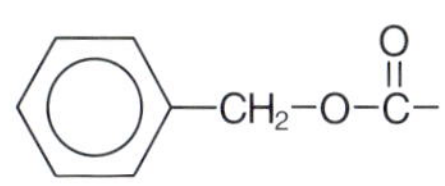

Cbz

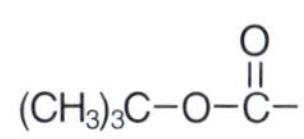

Boc

Zur Aktivierung der Carboxylgruppe kommen mehrere Methoden in Betracht:

Aktivierung als Kohlensäureester-Anhydrid:

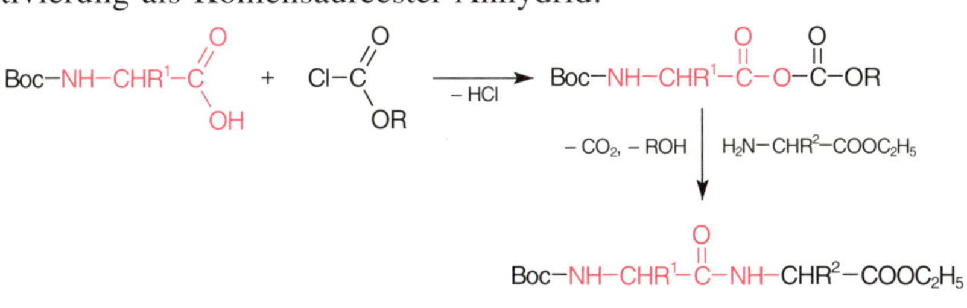

Aktivierung mit Dicyclohexylcarbodiimid:

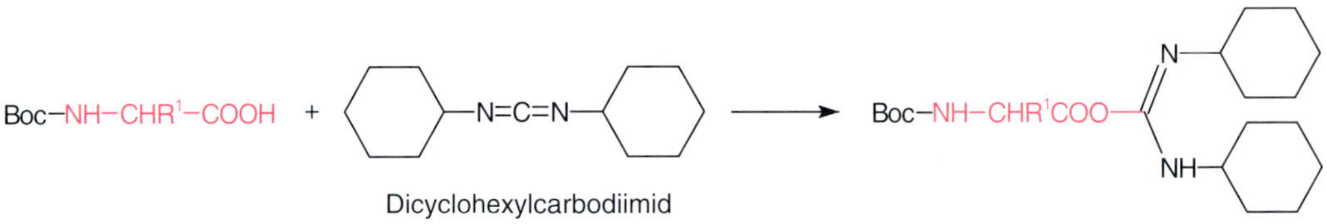

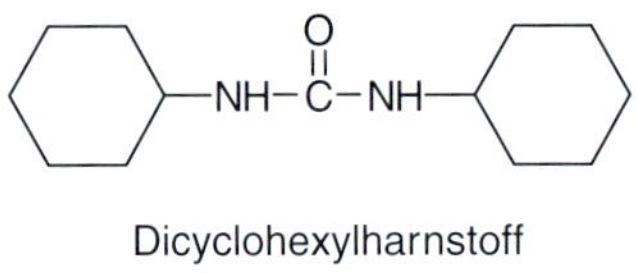

Die weitere Umsetzung mit einer *N*-unsubstituierten Aminosäure verläuft unter Abspaltung des sehr stabilen *N,N'*-Dicyclohexylharnstoffs.

Die Abspaltung der Boc- oder der Cbz-Gruppe

Zur Abspaltung der Benzyloxycarbonyl- oder der *t*-Butoxycarbonylgruppe bieten sich die katalytische Hydrierung, die Umsetzung mit Triethylsilan in Gegenwart von Pd(II)chlorid und Triethylamin oder die Hydrolyse mit Bromwasserstoff in Eisessig an. Letztere Methode wird vorteilhaft für die Abspaltung der Boc-Gruppe angewandt.

Die Merrifield-Festphasensynthese

Die Festphasensynthese von Merrifield hatte Anfang der 80er Jahre die Peptidsynthese revolutioniert. Das Peptid wird dabei an der Oberfläche eines polymeren Trägers (Polystyrol) synthetisiert. Das Polystyrol ist zu geringem Anteil chloriert (funktionalisiert). Der Vorteil ist, daß alle Zwischenstufen an das Polymer gebunden bleiben und leicht gereinigt werden können. Das Zielpeptid wird durch saure Hydrolyse vom Träger abgespalten. Die Festphasensynthese nach Merriefield läuft automatisiert ab und ist heute die wichtigste Methode der Peptidsynthese. Peptide aus bis zu etwa 50 Aminosäureresten lassen sich damit in guten Ausbeuten herstellen.Das Prinzip der Festphasensynthese ist am Beispiel eines Dipeptids in Abb. 33.13 skizziert.

Mit der Festphasensynthese nach Merrifield gelang vor wenigen Jahren die Synthese kompletter Enzyme, der Ribonuclease A, sowie der Reversen Transcriptase des AIDS-Virus.

33.3.2.3 Proteine

Proteine kommen in allen Zellen vor, wo sie die unterschiedlichsten Funktionen ausüben. Als **Enzyme** katalysieren sie biochemische Reaktionen. Die Proteine aller Lebewesen sind aus demselben Satz der 20 Standard-Aminosäuren aufgebaut.

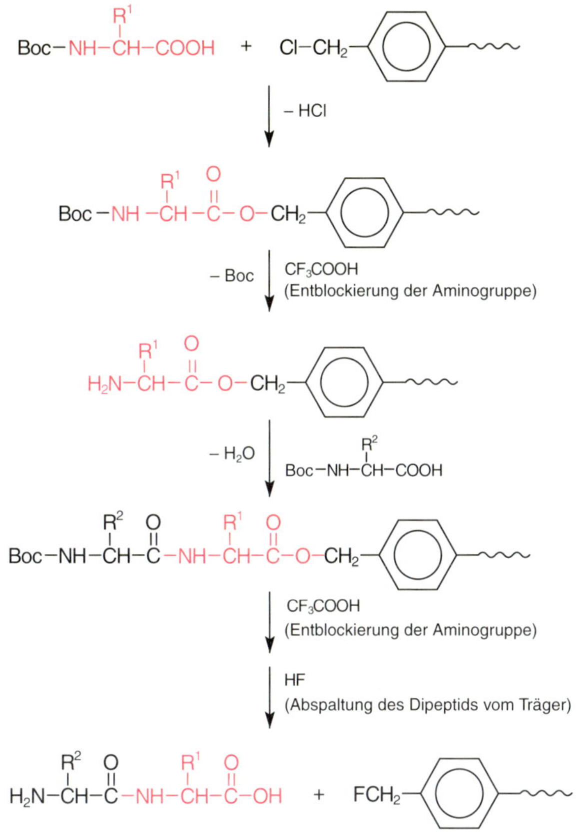

Abb. 33.13
Merrifield-Festphasensynthese.

Proteine, die nur aus Aminosäuren bestehen, bezeichnet man als **einfache Proteine. Zusammengesetzte** oder **konjugierte Proteine** enthalten zusätzlich Nichtaminosäuren als **prosthetische Gruppen**, z.B. Zucker, Lipide oder Metall-Ionen.

Nach der äußeren Gestalt von Proteinen unterscheidet man Skleroproteine (Faserproteine) und globuläre Proteine.

Skleroproteine üben strukturgebende Funktionen aus. Es sind feste, meist wasserunlösliche Substanzen. Zu dieser Gruppe gehören die Keratine, Fibroin und die Kollagene.

Globuläre (kugelförmige) Proteine kommen in allen Zellen vor. Zu ihnen gehören die Enzyme, Zellrezeptoren oder Transportproteine. Da sie sich meist im wäßrigen Milieu der Zellen befinden, enthalten sie an der Oberfläche Aminosäuren mit hydrophilen und geladenen Seitenketten, während hydrophobe Reste im Inneren des Proteins verborgen sind.

33.3.2.4 Primär-, Sekundär-, Tertiär- und Quartärstruktur von Proteinen

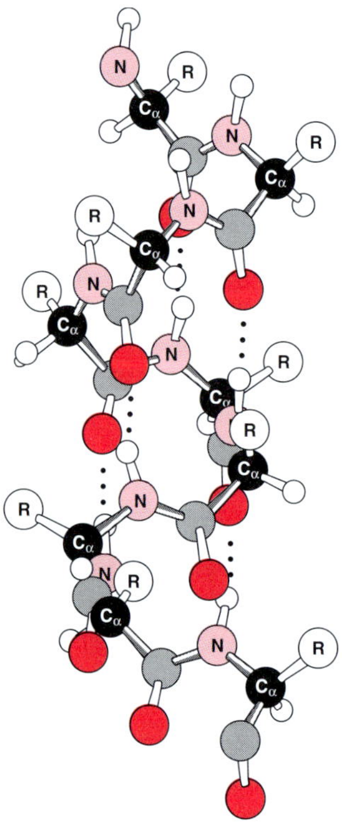

Abb. 33.14a α-Helix.

Unter der **Primärstruktur** von Proteinen versteht man die Reihenfolge (Sequenz) der Aminosäurereste. Sie ist das Ergebnis der Sequenzanalyse.

Die **Sekundärstruktur** ist die Konformation, die eine einzelne Peptidkette einnimmt. Wichtige Sekundärstrukturen sind die **α-Helix** und das **β-Faltblatt.**

Bei der α-Helix windet sich die Polypeptidkette wie eine Schraube um sich selbst. Die Schraube wird durch intramolekulare H-Brücken zusammengehalten. Je 3,6 Aminosäuren ergeben eine Windung. Die α-Helix ist meist rechtshändig. Die Seitenketten R der einzelnen Aminosäuren ragen nach außen (Abb. 33.14a).

Die α-Helix ist die wichtigste Konformation in den Faserproteinen, z. B. α-Keratin, dem Strukturprotein von Haaren, Wolle und Fingernägeln.

α-Keratine lassen sich im nassen Zustand stark dehnen. Dabei ändert sich die Sekundärstruktur und geht in die **β-Faltblattstruktur** der β-Keratine über, deren bekanntester Vertreter das Seidenfibroin ist. Federn und Schuppen bestehen ebenfalls aus β-Keratinen.

Bei der β-Faltblattstruktur liegt das Rückgrat der Polypeptidkette in einer gestreckten Zickzackkette vor. Die α-C-Atome befinden sich jeweils am „Knick“ des Faltblatts.

Beim β-Faltblatt sind sowohl *intramolekulare* H-Brücken (innerhalb einer Polypeptidkette) möglich, sowie *intermolekulare*, wenn sich mehrere Polypeptidketten aneinanderlagern. Letztere ist in Abb. 33.14b gezeigt. Dabei sind grundsätzlich eine parallele und eine antiparallele Anordnung möglich.

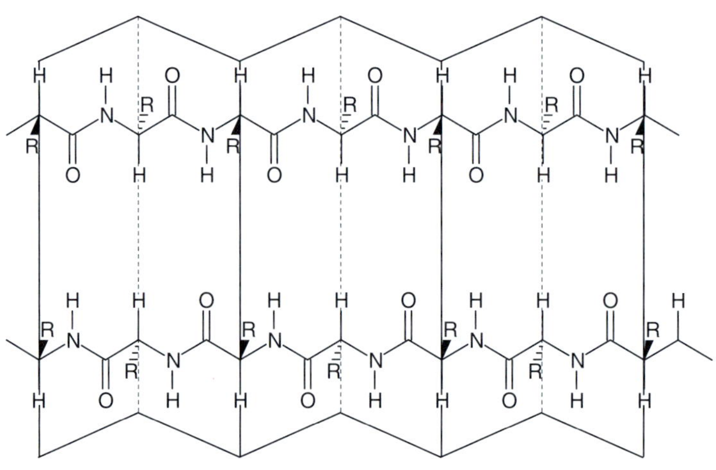

Abb. 33.14b Antiparalleles β-Faltblatt.

Bei der parallelen Anordnung verlaufen Amino- und Carboxyende der Ketten in der gleichen Richtung, bei der antiparallelen Anordnung in entgegengesetzter Richtung.

Die **Tertiärstruktur** beschreibt die räumliche Anordnung aller Aminosäuren und Polypeptidketten eines Proteins. Sie kommt zustande durch weitere Verknäuelung oder Faltung der Sekundärstruktur. So können α-Helices seilartig zu einer Superhelix gewunden sein. Disulfidbrücken können zwei Cystein-Reste, die in der Aminosäuresequenz weit auseinanderliegen, kovalent verbinden.

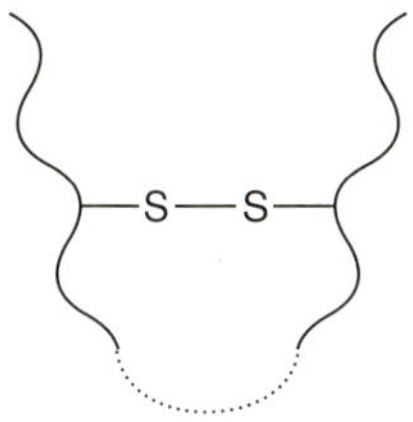

Disulfidbrücke

Weitere, nicht-kovalente Wechselwirkungen, die die Tertiärstruktur stabilisieren, sind Wasserstoffbrücken, ionische Bindungen zwischen geladenen Seitenketten und hydrophobe Wechselwirkungen zwischen aliphatischen oder aromatischen Resten. Diese Wechselwirkungen sind in Abb. 33.15 zusammengefaßt. Auffällig ist die Vielzahl nicht-kovalenter Wechselwirkungen, denen in der Biochemie, im Gegensatz zur klassischen Anorganischen oder Organischen Chemie, eine überaus große Bedeutung zukommt. Exkurs 33.2 geht darauf etwas ausführlicher ein.

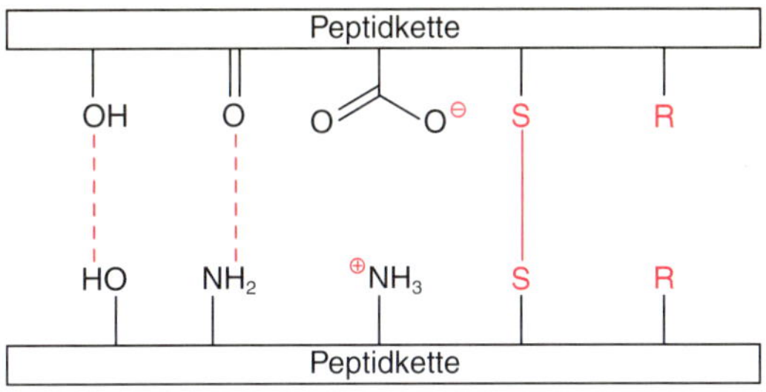

Abb. 33.15 Wechselwirkungen in Proteinen.

Ein Beispiel für ein Protein, das alle Strukturklassen gut erkennen läßt, ist **Kollagen**, das Strukturprotein von Knorpel, Sehnen, Knochen und Haut. In der Primärstruktur des Kollagens herrschen einige wenige Aminosäuren vor (Gly, Ala, Pro). Seine Sekundärstruktur ist eine linksgängige α-Helix. Jeweils drei Helices umschlingen sich zu einer Tripelhelix (Tertiärstruktur). Diese verleiht dem Kollagen eine besondere Stabilität und Festigkeit, so daß es für seine biologischen Aufgaben hervorragend gerüstet ist.

Die **Quartärstruktur** beschreibt eine weitere Strukturebene. Sie entsteht, wenn sich mehrere Polypeptidketten zu *supramolekularen* Einheiten zusammenlagern. So besteht Hämoglobin aus vier separaten Polypeptidketten, die aus jeweils einem Häm und einem Polypeptid, dem Globin bestehen.

Die Strukturen globulärer Proteine gehen durch Erhitzen, denaturierende Chemikalien wie organische Lösungsmittel oder Harnstoff oder extreme pH-Werte oft irreversibel verloren. Ursache dafür ist das Aufbrechen von H-Brücken, ionischen Wechselwirkungen und anderen Kräften, die die Proteinstruktur stabilisieren. Diesen Prozeß nennt man **Denaturierung**. Ein wohlbekanntes Beispiel dafür ist das Kochen eines Eis. Bei der Denaturierung geht stets die biologische Funktion verloren. Da die Denaturierung nicht die Aminosäuresequenz, die Primärstruktur, zerstört, gewinnen manche Proteine ihre *native* Struktur und Funktion zurück, wenn sie in eine stabilisierende Umgebung zurückgebracht werden (**Renaturierung**).

33.3.2.5 Konjugierte Proteine

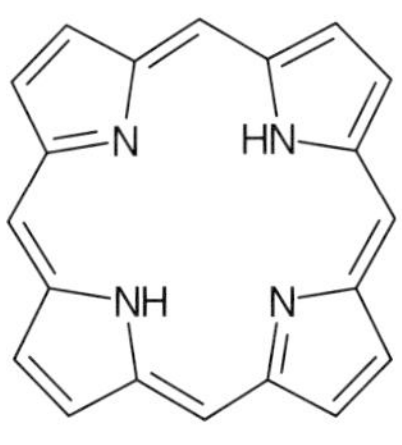

Porphyrin

Konjugierte Proteine enthalten neben α-Aminosäuren weitere Bausteine, sog. **prosthetische Gruppen**. Diese sind vor allem Metalle und Metallverbindungen, Farbstoffe, Kohlenhydrate, Phosphorsäurederivate und Lipide. Prostethische Gruppen können sowohl kovalent als auch nicht-kovalent an das Protein gebunden sein.

Als Beispiel für ein konjugiertes Protein betrachten wir **Hämoglobin**, das Eisentransportprotein des Bluts, das diesem auch die rote Farbe verleiht. **Hämoglobin** besitzt als prosthetische Gruppe das **Häm**, ein Eisen(II)komplex mit einem Porphyrin, dem Protoporphyrin IX. Das Porphyrin besetzt vier Koordinationsstellen des Fe.

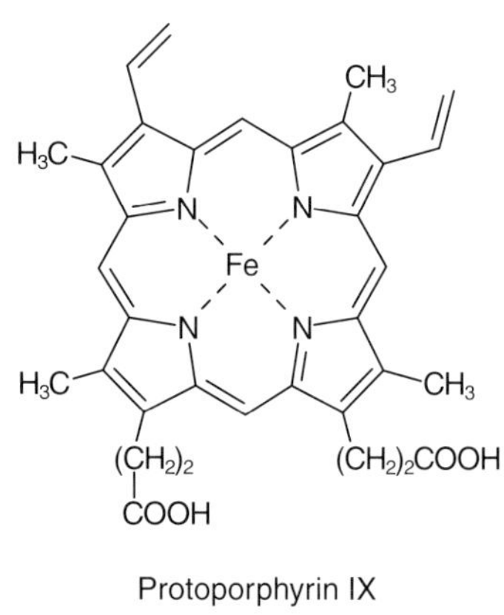

Protoporphyrin IX

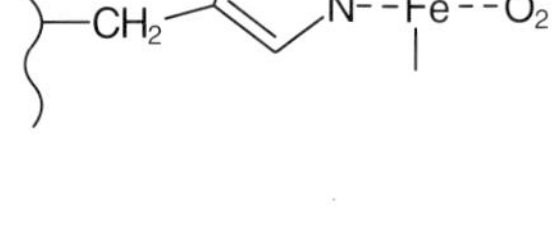

Wie oben erwähnt, setzt sich Häm aus vier Untereinheiten zusammen, die aus je einer Polypepetidkette, dem Globin und einer Häm-Gruppe bestehen. Das Eisen ist durch ein Stickstoffatom eines Histidin-Restes der Polypeptidkette als fünften Liganden koordiniert. Die sechste Koordinationsstelle des Fe(II) bleibt im sauerstoffreien Hämo-

Exkurs 33.2: Nicht-kovalente Wechselwirkungen zwischen Biomolekülen

Die in einer bestimmten Weise gefaltete, native Konformation eines Proteins ist eng mit seiner biologischen Funktion verknüpft. Sie geht verloren bei der Entfaltung (Denaturierung) des Proteins. Es sind vor allem die im Text beschriebenen nichtkovalenten Wechselwirkungen, die sog. *schwachen* Wechselwirkungen, die diese native Konformation stabilisieren. Sie sind sehr viel schwächer als kovalente Bindungen (vgl. Tab. 1). Da ein biologisches Makromolekül jedoch sehr viele Möglichkeiten zur Ausbildung solcher Bindungen hat, kann die Summe dieser schwachen Wechselwirkungen beträchtlich sein.

Die Stabilität eines Proteins ergibt sich jedoch nicht allein aus der Summe der Bindungsenergien dieser Wechselwirkungen. Man kann sich vorstellen, daß ein entfaltetes, denaturiertes Protein die gleiche Anzahl von H-Brücken oder ionischen Bindungen auch zu Wasser ausüben kann. Tatsächlich ist der Unterschied der Enthalpie zwischen gefalteter und denaturierter Form nur gering. Um die Stabilität der nativen Konformation eines Proteins zu verstehen, muß man daher die besonderen Eigenschaften des Wassers berücksichtigen: die optimale Anzahl von H-Brücken können Wassermoleküle nur mit anderen Wassermolekülen ausbilden. Jedes andere Molekül in Lösung, auch wenn es polar ist, stört deshalb diese optimale Struktur des Wassers und erzwingt in seiner Umgebung eine Hülle von geordneten Wassermolekülen. Dies führt zu einer Abnahme der Entropie. Ein gefaltetes Protein dagegen besitzt eine maximale Anzahl *intramolekularer* Wechselwirkungen. Die Wasserstruktur wird dadurch nur *minimal* gestört; die Entropie nimmt gegenüber der denaturierten Form zu. Es ist vor allem diese Entropiezunahme, die die Proteinfaltung begünstigt.

Schwache Wechselwirkungen sind die vorherrschenden Kräfte in biochemischen Systemen: Sie sind Grundlage für die **molekulare Erkennung** von Enzym und Substrat, von Hormon und Rezeptor, von Antikörper und Antigen, für die Basenpaarung in der DNA. In der **supramolekularen Chemie** bedienen sich Chemiker dieser Wechselwirkungen, um makromolekulare Komplexe mit spezifischen Bindungseigenschaften maßzuschneidern.

Tab. 1 Nicht-kovalente Wechselwirkungen und ihre Bindungsenergien

H-Brücken	8–21 kJ/mol
ionische Wechselwirkungen	ca. 40
hydrophobe Wechselwirkungen	4–8
van-der-Waals-Wechselwirkungen	ca.5

globin, dem Desoxyhämoglobin, unbesetzt. In einem Abstand, der keine koordinative Bindung mehr zuläßt, befindet sich in Richtung des sechsten Liganden ein weiterer Histidinrest.

Im Desoxyhämoglobin ist das Fe(II) um etwa 60 pm aus der Porphyrinebene heraus in Richtung des koordinativ gebundenen Histidins verschoben. Bei Sauerstoffbindung lagert sich ein Sauerstoffmolekül an die sechste Koordinationsstelle; hierbei wird der Eisen-highspin-Komplex in einen low-spin-Komplex mit geringerem Durchmesser umgewandelt, gleichzeitig bewegt sich das Eisen in die Porphyrinebene hinein. Durch diese Bewegung werden Konformationsänderungen im Protein ausgelöst, die bewirken, daß die anderen Häm-Gruppen des Hämoglobins weitere O_2-Moleküle leichter binden (**kooperative Bindung**).

Die Affinität des Hämoglobins zu Sauerstoff ist abhängig vom Sauerstoffpartialdruck und vom pH. Sie ist in der sauerstoffreichen Umgebung der Lunge hoch und niedrig in der sauerstoffärmeren Umgebung des Gewebes. Die Anwesenheit von CO_2 und Milchsäure im Muskel (niederer pH) fördert die Freisetzung von O_2 in diesen Geweben. Der Abtransport des Kohlendioxids, das bei der Muskelarbeit entsteht, erfolgt über die terminalen Aminogruppen der Globine, wobei sich ein Salz der Carbamidsäure (ein Carbamat, vgl. Abschn. 32.3.2.2) bildet.

Das **Myoglobin** der Muskelzellen ist dem Hämoglobin nahe verwandt. Myoglobin ist ein Monomer aus Häm und einem Globin, mit einer etwas größeren Sauerstoffaffinität als Hämoglobin.

In den **Glycoproteinen** ist die prosthetische Gruppe, ein Oligosaccharid, sauerstoff-, stickstoff- oder esterglycosidisch an das Peptid gebunden. Zu den Glycoproteinen gehören viele Serumproteine, Enzyme, Rezeptoren und Antikörper. Oft besitzt die Kohlenhydrat-Gruppe in Glycoproteinen eine Art Markerfunktion, die das Protein für Abbau oder Transport in bestimmte Zellkompartimente ausweist.

Phosphoproteine enthalten esterartig gebundene Phosphorsäurereste. Wichtige Beispiele sind das Casein der Milch, das Ovalbumin in Eiern und das Pepsin, ein Verdauungsenzym.

Lipoproteine sind Proteine im Blut, die für den Transport von Triacylglycerinen, Phospholipiden und Cholesterin verantwortlich sind. Die Lipide sind kovalent als Amide oder Ester an das Protein gebunden.

33.4 Nucleinsäuren

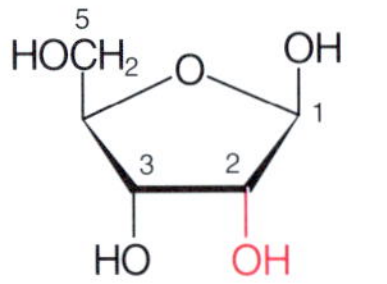

β-D-Ribofuranose

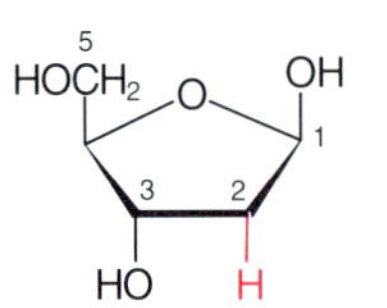

2-Desoxy-β-D-ribofuranose

Nucleinsäuren sind an Aufbau und Weitergabe der genetischen Information beteiligt. **Desoxyribonucleinsäure (DNA)** ist ein Polymer aus Nucleotiden, in deren Sequenz der Bauplan der Proteine verschlüsselt ist. Sie baut die Gene eines Lebewesens auf. In der Abfolge von je drei Nucleinsäuren ist die Information für eine spezifische Aminosäure verschlüsselt (**Triplett-Code**). **Ribonucleinsäure (RNA)** ist der Mittler zwischen DNA und den Proteinen. Als **Messenger-RNA** (**mRNA**) liest sie die genetische Information der DNA ab (**Transcription**) und dient wiederum der Transfer-RNA (**tRNA**) als Vorlage bei der Übersetzung der Nucleinsäuresequenz in eine Aminosäuresequenz (**Translation**).

Das Aufbauprinzip einer Nucleinsäure ist vergleichsweise einfach. Das Rückgrat bildet eine Pentose, entweder β-D-Ribofuranose (bei RNA) oder 2-Desoxy-β-D-Ribofuranosemoleküle (bei DNA), die über die Atome C-3 und C-5 mit Phosphorsäure verestert sind. Die Nucleobasen, in der Regel Derivate des Pyrimidins und des Purins, ragen, wie die Seitenketten der α-Aminosäuren etwa senkrecht aus der Hauptachse des Fadenmoleküls heraus. Die Nucleobasen sind über ihre Ringstickstoffe, N-1 bei den Pyrimidinen und N-9 bei den Purinen, N-β-glycosidisch mit C-1 der Pentose verknüpft.

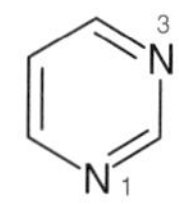

Pyrimidin

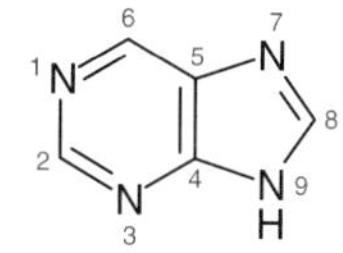

9*H*-Purin

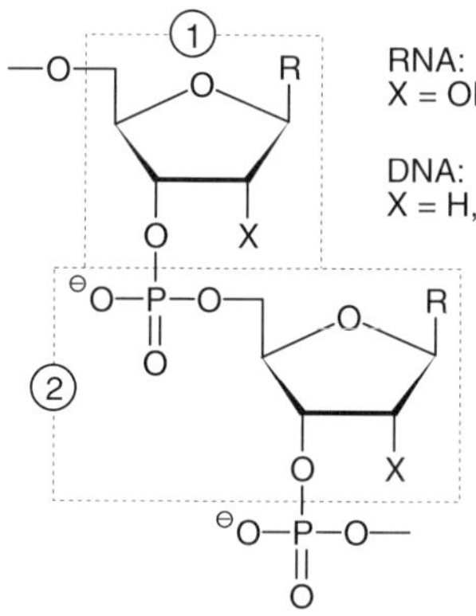

RNA:
X = OH, R = Uracil, Adenin, Guanin, Cytosin

DNA:
X = H, R = Thymin, Adenin, Guanin, Cytosin

Rückgrat einer Nucleinsäure

Die Struktureinheit 1, die aus Furanose und Nucleobase gebildet wird, bezeichnet man als **Nucleosid**. Die Struktureinheit 2, die noch den Phosphorsäureester einschließt, wird **Nucleotid** genannt.

Die **Nucleobasen**, die die DNA und RNA aufbauen, sind Uracil, Cytosin, Thymin, Adenin und Guanin. Uracil kommt nur in RNA vor, Thymin nur in DNA.

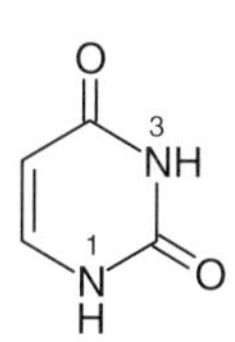

Uracil (RNA)

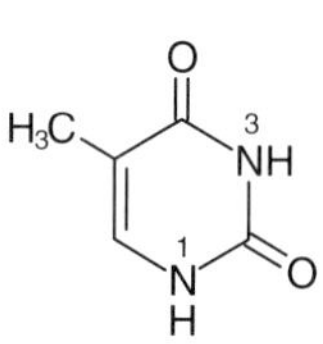

Thymin (RNA)

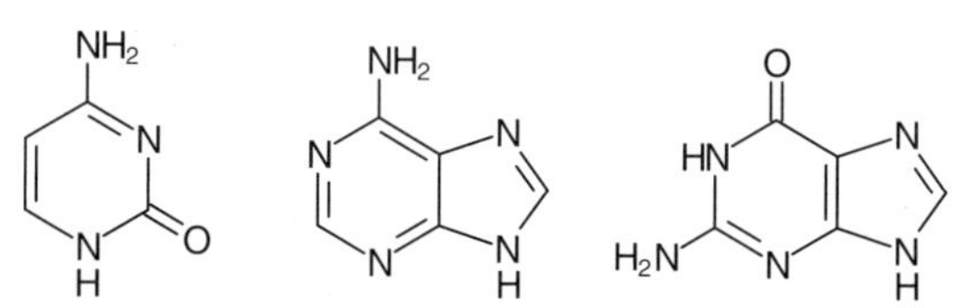

Cytosin Adenin Guanin

Die DNA ist bei Eukaryonten im Zellkern lokalisiert. Sie ist hochpolymer und enthält – abhängig von der Größe des Genoms – bis zu 10^8 Nucleotid-Einheiten. Ein DNA-Strang bildet eine α-Helix, die dimerisiert, wobei zwei *gegenläufige* Einzelstränge sich zu einer **Doppelhelix** assoziieren. Diese Doppelhelix wird durch Wasserstoffbrücken stabilisiert, die sich spezifisch zwischen zwei Basenpaaren ausbilden. Dabei paart Uracil (bzw. Thymin in RNA) spezifisch mit Adenin, Cytosin spezifisch mit Guanin (**Watson-Crick-Basenpaarung,** Abb. 33.16). In Abbildung 33.17 ist ein Ausschnitt einer doppelsträngigen DNA mit den möglichen Basenpaarungen dargestellt. Die Doppelhelix mit dieser spezifischen Basenpaarung ist für die biologische Funktion der DNA essentiell. Bei der Zellteilung muß die genetische Information verdoppelt werden, so daß jede Tochterzelle wieder den vollständigen Satz an Genen enthält. Dazu trennen sich die Doppelstränge voneinander, und jeder Einzelstrang dient als Vorlage für die Kopie eines exakt komplementären Strangs, der an ihm aufgebaut wird (**Replikation**).

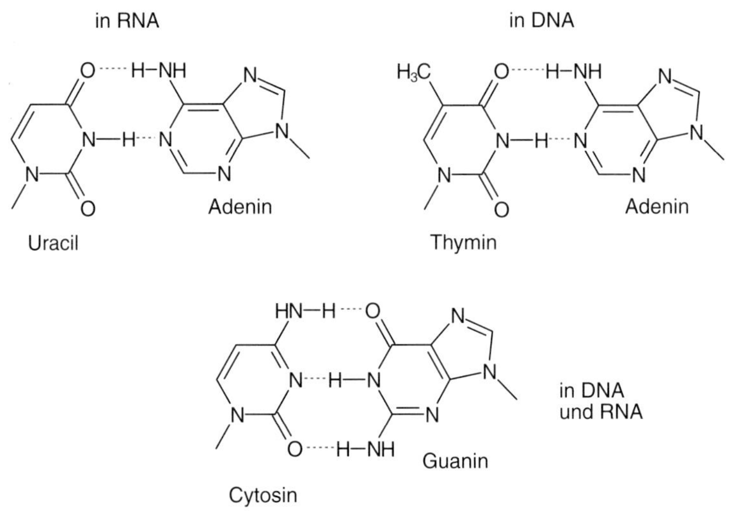

Abb. 33.16 Watson-Crick-Basenpaarung.

Bei der Proteinbiosynthese dagegen wird nur ein Teilabschnitt der DNA abgelesen, nämlich das *Gen,* in dem der Bauplan für ein bestimmtes Protein codiert ist. Dazu öffnet sich in einem komplizierten enzymatischen Prozeß die Doppelhelix lokal. An dem freiliegenden Einzelstrang-Stück kann nun die Messenger-RNA exakt komplementär synthetisiert werden.

Die RNA liegt als Einzelstrang mit meist irregulärer Struktur vor. Durch Zurückfalten entstehen auch hier oft doppel-helicale Bereiche mit intramolekularen H-Brücken. Neben der mRNA und tRNA gibt es

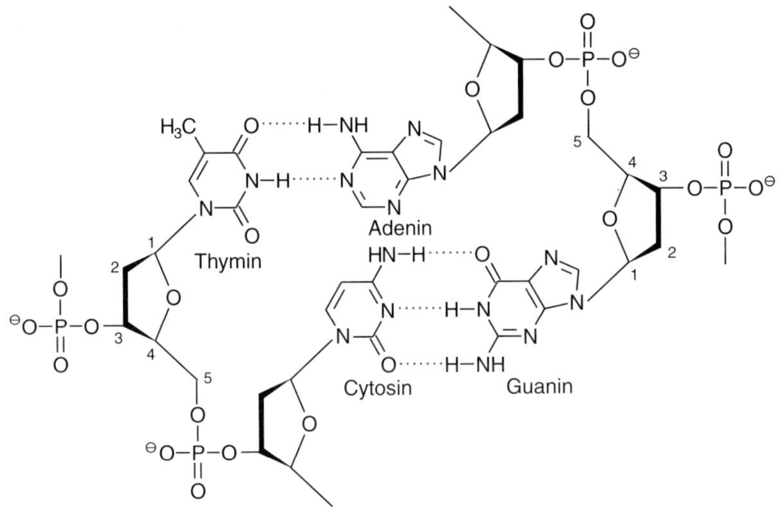

Abb. 33.17

noch die **ribosomale RNA (rRNA)**, die in den Ribosomen mit Proteinen assoziiert ist. An den Ribosomen findet die Proteinbiosynthese statt.

Ein wichtiges Thema der Molekularbiologie ist die Bestimmung der Basensequenz der DNA. Da die DNA-Sequenzierung im allgemeinen weniger aufwendig ist als eine Peptidsequenzierung, versucht man oft, die Aminosäuresequenz eines Proteins von der Basensequenz seines Gens abzuleiten.

Zur DNA-Sequenzierung bedient man sich – neben der spezifischen chemischen Spaltung der DNA und der Analyse der Spaltprodukte – vor allem molekularbiologischer Methoden. Ein sehr ehrgeiziges, internationales Projekt, das **Human Genome Project**, hat zum Ziel, das menschliche Genom komplett zu entschlüsseln. Man erhofft sich dadurch Erkenntnis der molekularen Ursachen von Krankheiten und deren gezielte Therapie.

Sachverzeichnis

B

C

D

I

J

K

Q

R

T

Anhang: Elektronenkonfiguration der Elemente

Ordnungszahl	Element	K-Schale	L-Schale		M-Schale			N-Schale				O-Schale				P-Schale			Q-Schale
		1s	2s	2p	3s	3p	3d	4s	4p	4d	4f	5s	5p	5d	5f	6s	6p	6d	7s
1	H	1																	
2	He	2																	
3	Li	2	1																
4	Be	2	2																
5	B	2	2	1															
6	C	2	2	2															
7	N	2	2	3															
8	O	2	2	4															
9	F	2	2	5															
10	Ne	2	2	6															
11	Na	2	2	6	1														
12	Mg	2	2	6	2														
13	Al	2	2	6	2	1													
14	Si	2	2	6	2	2													
15	P	2	2	6	2	3													
16	S	2	2	6	4														
17	Cl	2	2	6	2	5													
18	Ar	2	2	6	2	6													
19	K	2	2	6	2	6		1											
20	Ca	2	2	6	2	6		2											
21	Sc	2	2	6	2	6	1	2											
22	Ti	2	2	6	2	6	2	2											
23	V	2	2	6	2	6	3	2											
24	Cr	2	2	6	2	6	5	1											
25	Mn	2	2	6	2	6	5	2											
26	Fe	2	2	6	2	6	6	2											
27	Co	2	2	6	2	6	7	2											
28	Ni	2	2	6	2	6	8	2											
29	Cu	2	2	6	2	6	10	1											
30	Zn	2	2	6	2	6	10	2											
31	Ga	2	2	6	2	6	10	2	1										
32	Ge	2	2	6	2	6	10	2	2										
33	As	2	2	6	2	6	10	2	3										
34	Se	2	2	6	2	6	10	2	4										
35	Br	2	2	6	2	6	10	2	5										
36	Kr	2	2	6	2	6	10	2	6										
37	Rb	2	2	6	2	6	10	2	6			1							
38	Sr	2	2	6	2	6	10	2	6			2							
39	Y	2	2	6	2	6	10	2	6	1		2							
40	Zr	2	2	6	2	6	10	2	6	2		2							
41	Nb	2	2	6	2	6	10	2	6	4		1							
42	Mo	2	2	6	2	6	10	2	6	5		1							
43	Tc	2	2	6	2	6	10	2	6	5		2							
44	Ru	2	2	6	2	6	10	2	6	7		1							
45	Rh	2	2	6	2	6	10	2	6	8		1							
46	Pd	2	2	6	2	6	10	2	6	10									
47	Ag	2	2	6	2	6	10	2	6	10		1							
48	Cd	2	2	6	2	6	10	2	6	10		2							
49	In	2	2	6	2	6	10	2	6	10		2	1						
50	Sn	2	2	6	2	6	10	2	6	10		2	2						
51	Sb	2	2	6	2	6	10	2	6	10		2	3						
52	Te	2	2	6	2	6	10	2	6	10		2	4						

Ordnungszahl	Element	K-Schale	L-Schale		M-Schale			N-Schale				O-Schale				P-Schale			Q-Schale
		1s	2s	2p	3s	3p	3d	4s	4p	4d	4f	5s	5p	5d	5f	6s	6p	6d	7s
53	I	2	2	6	2	6	10	2	6	10		2	5						
54	Xe	2	2	6	2	6	10	2	6	10		2	6						
55	Cs	2	2	6	2	6	10	2	6	10		2	6			1			
56	Ba	2	2	6	2	6	10	2	6	10		2	6			2			
57	La	2	2	6	2	6	10	2	6	10		2	6	1		2			
58	Ce	2	2	6	2	6	10	2	6	10	2	2	6			2			
59	Pr	2	2	6	2	6	10	2	6	10	3	2	6			2			
60	Nd	2	2	6	2	6	10	2	6	10	4	2	6			2			
61	Pm	2	2	6	2	6	10	2	6	10	5	2	6			2			
62	Sa	2	2	6	2	6	10	2	6	10	6	2	6			2			
63	Eu	2	2	6	2	6	10	2	6	10	7	2	6			2			
64	Gd	2	2	6	2	6	10	2	6	10	7	2	6	1		2			
65	Tb	2	2	6	2	6	10	2	6	10	9	2	6			2			
66	Dy	2	2	6	2	6	10	2	6	10	10	2	6			2			
67	Ho	2	2	6	2	6	10	2	6	10	11	2	6			2			
68	Er	2	2	6	2	6	10	2	6	10	12	2	6			2			
69	Tm	2	2	6	2	6	10	2	6	10	13	2	6			2			
70	Yb	2	2	6	2	6	10	2	6	10	14	2	6			2			
71	Lu	2	2	6	2	6	10	2	6	10	14	2	6	1		2			
72	Hf	2	2	6	2	6	10	2	6	10	14	2	6	2		2			
73	Ta	2	2	6	2	6	10	2	6	10	14	2	6	3		2			
74	W	2	2	6	2	6	10	2	6	10	14	2	6	4		2			
75	Re	2	2	6	2	6	10	2	6	10	14	2	6	5		2			
76	Os	2	2	6	2	6	10	2	6	10	14	2	6	6		2			
77	Ir	2	2	6	2	6	10	2	6	10	14	2	6	7		2			
78	Pt	2	2	6	2	6	10	2	6	10	14	2	6	9		1			
79	Au	2	2	6	2	6	10	2	6	10	14	2	6	10		1			
80	Hg	2	2	6	2	6	10	2	6	10	14	2	6	10		2			
81	Tl	2	2	6	2	6	10	2	6	10	14	2	6	10		2	1		
82	Pb	2	2	6	2	6	10	2	6	10	14	2	6	10		2	2		
83	Bi	2	2	6	2	6	10	2	6	10	14	2	6	10		2	3		
84	Po	2	2	6	2	6	10	2	6	10	14	2	6	10		2	4		
85	At	2	2	6	2	6	10	2	6	10	14	2	6	10		2	5		
86	Rn	2	2	6	2	6	10	2	6	10	14	2	6	10		2	6		
87	Fr	2	2	6	2	6	10	2	6	10	14	2	6	10		2	6		1
88	Ra	2	2	6	2	6	10	2	6	10	14	2	6	10		2	6		2
89	Ac	2	2	6	2	6	10	2	6	10	14	2	6	10		2	6	1	2
90	Th	2	2	6	2	6	10	2	6	10	14	2	6	10		2	6	2	2
91	Pa	2	2	6	2	6	10	2	6	10	14	2	6	10	(2)	2	6	(3)1	2
92	U	2	2	6	2	6	10	2	6	10	14	2	6	10	(3)	2	6	(4)1	2
93	Np	2	2	6	2	6	10	2	6	10	14	2	6	10	4	2	6	1	2
94	Pu	2	2	6	2	6	10	2	6	10	14	2	6	10	6(5)	2	6	(1)	2
95	Am	2	2	6	2	6	10	2	6	10	14	2	6	10	7	2	6		2
96	Cm	2	2	6	2	6	10	2	6	10	14	2	6	10	7	2	6	1	2
97	Bk	2	2	6	2	6	10	2	6	10	14	2	6	10	9(8)	2	6	(1)	2
98	Cf	2	2	6	2	6	10	2	6	10	14	2	6	10	10(9)	2	6	(1)	2
99	Es	2	2	6	2	6	10	2	6	10	14	2	6	10	11(10)	2	6	(1)	2
100	Fm	2	2	6	2	6	10	2	6	10	14	2	6	10	12(11)	2	6	(1)	2
101	Md	2	2	6	2	6	10	2	6	10	14	2	6	10	13(12)	2	6	(1)	2
102	No	2	2	6	2	6	10	2	6	10	14	2	6	10	14	2	6		2
103	Lr	2	2	6	2	6	10	2	6	10	14	2	6	10	14	2	6	1	2
104	Db	2	2	6	2	6	10	2	6	10	14	2	6	10	14	2	6	2	2
105	Jl	2	2	6	2	6	10	2	6	10	14	2	6	10	14	2	6	3	2